Soil Strength and Slope Stability

土体强度与边坡稳定性分析

[美] J. Michael Duncan（J. 迈克尔·邓肯）
[美] Stephen G. Wright（斯蒂芬·G. 赖特）
[美] Thomas L. Brandon（托马斯·L. 布兰登） 著
王荣鲁　薛凯喜　赵妍　孙粤琳　何兰超　译

El. 900

Crest El. 922

2.2:1

2.75:1

1.1:1

0.9:1

0.5:1

0.2:1

Soil Strength and Slope Stability by J. Michael Duncan, Stephen G. Wright, Thomas L. Brandon
ISBN: 978-1-118-65165-0

Published by John Wiley & Sons, Inc., Hoboken, New Jersey
Published simultaneously in Canada

北京市版权局著作权合同登记号：图字 01-2016-7365

图书在版编目（CIP）数据

土体强度与边坡稳定性分析 / （美）J.迈克尔·邓肯（J. Michael Duncan），（美）斯蒂芬·G.赖特（Stephen G. Wright），（美）托马斯·L.布兰登（Thomas L. Brandon）著；王荣鲁等译. -- 北京：中国水利水电出版社，2016.12
书名原文：Soil Strength and Slope Stability
ISBN 978-7-5170-5055-1

Ⅰ. ①土… Ⅱ. ①J… ②斯… ③托… ④王… Ⅲ. ①边坡稳定－土力学－研究 Ⅳ. ①TV698.2

中国版本图书馆CIP数据核字(2016)第317192号

书　　名	**土体强度与边坡稳定性分析** TUTI QIANGDU YU BIANPO WENDINGXING FENXI
原 书 名	Soil Strength and Slope Stability
原　　著	［美］J. Michael Duncan（J. 迈克尔·邓肯） ［美］Stephen G. Wright（斯蒂芬·G. 赖特） ［美］Thomas L. Brandon（托马斯·L. 布兰登）
译　　者	王荣鲁　薛凯喜　赵妍　孙粤琳　何兰超
出版发行	中国水利水电出版社 （北京市海淀区玉渊潭南路1号D座　100038） 网址：www.waterpub.com.cn E-mail：sales@waterpub.com.cn 电话：（010）68367658（营销中心）
经　　售	北京科水图书销售中心（零售） 电话：（010）88383994、63202643、68545874 全国各地新华书店和相关出版物销售网点
排　　版	中国水利水电出版社微机排版中心
印　　刷	北京瑞斯通印务发展有限公司
规　　格	184mm×260mm　16开本　22印张　522千字
版　　次	2016年12月第1版　2016年12月第1次印刷
印　　数	0001—2000册
定　　价	**85.00**元

译者序

地球是人类赖以生存的家园，人类在改造、利用自然的过程中，不可避免地要对地球岩石圈表层进行改造。其中，道路修筑、水利建设、露天采矿、国防工程等人类活动都会涉及大量的边坡工程。随着我国经济建设的持续发展，与之相关的边坡稳定性问题也日益突出，边坡的失稳（滑坡）常常威胁生命财产的安全，并带来巨大的经济损失。受超强厄尔尼诺现象影响，2016年我国大部区域入汛时间早、汛情来势猛，洪涝及地质灾害呈现多年少有的南北并发、多地齐发态势，滑坡造成了交通中断、河道堵塞、厂矿城镇被淹没、堤坝溃决、工程建设受阻等各种危害。

土力学中，边坡稳定分析是和另外两个分支，即土压力和地基承载力是同时发展起来的，它们一起构成了土体稳定分析的相关理论体系。边坡稳定性是个古老又复杂的课题，人类与边坡失稳作斗争的努力始终没有中断过，这一努力表现为认识滑坡演化机理、不断完善边坡稳定分析理论和方法、开发滑坡治理和预警技术等诸多方面。同时，对滑坡认识的不断深入也是建立在地质学、岩石力学、土力学和计算力学等学科分支的形成、发展和完善的基础上的，反过来又促进了这些学科的发展。随着我国“一带一路”战略规划的实施，公共设施和基础设施建设蓬勃兴起，在公路、铁路等交通设施建设以及水利工程、港口工程及城市地下空间开发中都会遇到大量的边坡工程问题。因此，开展土力学及边坡稳定性研究、完善分析理论和方法具有重大的理论价值和现实意义。

本书原著作者从事该方面的研究较早，并持续至今，早在2005年就出版了第1版，并于2014年再版。原著对土力学基础理论和边坡稳定性研究方法等进行了详细的阐述，是难得的好书。薛凯喜副教授在美国做访问学者时首次看到此书，并将部分内容传给其他译者。当我们仔细研读这本著作时，突然萌生了译成中文并在国内出版的念头，经与出版社及原著作者联系，得到他们的欣然同意，对此我们心存感激，同时也相信该书的翻译出版会大大方便国内的读者。

本书在翻译过程中，得到了国家自然科学基金项目“极端降雨作用下红壤土坡响应试验与灾变机理研究”（课题号：41462011）、“重大水利工程复合水环境滑坡动力灾变机理与预测模型研究”（课题号：41372297）、国家重点基础研究发展973计划课题“梯级水库群挡水建筑物（土石坝）风险防控机理与方法”（2013CB036404）和江西省科技支撑计划项目“复杂应力状态下岩石流变特性试验研究”（课题号：20123BBG70214）的资助。

参与本书翻译工作的大多为多年从事土力学与边坡稳定分析的学者和技术人员，大都具有国外留学经历和高级技术职称，他们在悉心理解的基础上翻译成书。本书共分为16章，第1～5章由薛凯喜副教授翻译，第6、15章由何兰超高工翻译，第7、8章由孙粤琳高工翻译，第9～11章由王荣鲁高工翻译，第12～14章由赵妍高工翻译，第16章由郑理峰工程师翻译，序、前言及附录由汪正兴工程师翻译。全书由王荣鲁高工、薛凯喜副教授负责统稿。郑理峰和汪正兴参与了部分统稿工作及图件翻译、清绘工作。东华理工大学的硕士生贺其、侯恒军、邹玉亮、何松、常留成和李世鹏等参与了书稿的校对工作。同时，还得到了青岛理工大学贺可强教授、北京地震局王飞副研究员、中国水利水电科学研究院徐耀博士及美国密苏里科技大学李兆超博士的大力支持和帮助。在此一并表示衷心的感谢！

由于译者的专业知识和英语水平有限，书中难免有疏漏和不当之处，敬请广大读者批评指正。

译者

2016年11月于北京、南昌

原著序

边坡稳定性无疑是岩土工程领域最复杂和最具挑战性的分支学科，并且其演化机理往往很难完全理清。本书第1版中作者用一种具有权威性、综合性和多信息相融合的方式揭示了边坡稳定的本质问题。本书自从2005年出版以来，已在岩土工程专业领域广泛传播，且成为介绍边坡稳定性相关理论的经典文献。作者并未因此止步，更多卓越的工作促成了第2版的更新。新版16章中有11章内容进行了扩充或增补，新扩充或增补的资料主要聚焦于第1版出版后新近涌现出的新知识、新经验和实践案例等。这些新的深刻见解和富有重要应用价值的内容必将为广大工程技术人员、学者和学生们提供宝贵经验。

虽然新版大量有价值的增补内容不能在此一一表述，但基于本人认识，其中部分内容尤其值得点出。第2章中，新增了部分边坡失稳案例，如卡特里娜飓风诱发的新奥尔良“I型挡墙”失稳事件，从中可获取很多有价值的新知识；第3章中增加了对非饱和土强度包络线的讨论；第5章中对土体抗剪强度认识有了新的扩展，融入了新概念，将强度包络线和各类原位测试结果的相关性建立起来。第1版面世后的9年间，我们对土体强度及边坡稳定性分析理论的认识有了显著的进步，特别是确定了高塑性黏土的完全软化强度。第5章还详细讨论了各类室内测试方法，包括运用多段线和幂指曲线技术表述土体的强度包络线，并将完全软化强度运用于边坡稳定性分析过程中；第6章讨论了有限强度折减法计算边坡安全系数的问题，其中更新了孔隙压力的确定方法；第7章进一步阐述了边坡稳定性分析的有限元法，并给出了一种用弯曲状强度包络线确定土体强度的方法；第8章对边坡加固方法进行了增补，如用于MSE挡墙的FHWA法（2009）等；第9章和第10章更新了对库水位快速下降和地震力影响下边坡稳定性分析的相关理论。虽然前述新内容仅仅涵盖了新版更新内容的一部分，但通过上述几点可窥见本书新版的丰富内涵。

正如本书第1版一样，新版延续了之前的撰写方式，即便是刚刚接触专业知识的大学生也可通过基本理论知识的学习，顺利过渡到如同经验丰富的工程技术人员一样，快速理解书中所述的高深知识。作者衷心希望本书能够为相关学者、研究生或工程技术人员提供有价值的借鉴。

美国地质学会指导委员会理事
美国地质学会路堤、大坝和边坡分会主席
Dr. Garry H. Gregory，Ph. D.，P. E.，D. GE

原著前言

在《土体强度与边坡稳定性分析》第1版面世以后的9年间，室内外岩土体强度测试方法有了长足的进展，稳定性分析方法日趋先进，随之，一系列边坡稳定性分析新技术也涌现出来。在现场原位测试领域，尤其是基于相关性理论进行土体强度估算的静力触探方法（Cone Penetration Testing）有效提高了其测试效率。新版中的第5章增加了对城市固体废弃物力学行为的相关研究进展，并对诸如碎石、砾石、砂土、粉土和黏土抗剪强度的典型值做了全面梳理。新版中还进一步丰富了一些典型的边坡失稳灾变案例，如卡特里娜飓风（Hurricane Katrina）中新奥尔良地区I型挡墙失稳事件，以及黏土体在长时荷载作用下逐渐软化而拖后边坡失稳等。本书对现阶段土体强度和边坡稳定性理论进行了相对全面的论述，可供岩土工程专业的研究生和专业技术人员参考。

本书的再次更新出版得益于众多国内外同行的帮助，我们对他们所做出的贡献致以最崇高的谢意。首先感谢 Harry Seed 教授，是他培养了我们对土体强度和边坡稳定性领域的终生兴趣。我们也非常荣幸能够有机会与 Nilmar Janbu 教授一起工作，Janbu 先生在1969年于伯克利休假期间还给我们教授了很多边坡稳定性和土体抗剪强度领域十分有价值的课程。一起工作的同事对我们更为深入地理解本书所探讨的理论也有非常重要的贡献，他们分别是：Jim Mitchell、Roy Olson、Clarence Chan、Ken Lee、Peter Dunlop、Guy LeFebvre、Fred Kulhawy、Suphon Chirapuntu、Tarciso Celestino、Dean Marachi、Ed Becker、Kai Wong、Norman Jones、Poul Lade、Pat Lucia、Tim D'Orazio、Jey Jeyapalan、Sam Bryant、Ed Kavazanjian、Erik Loehr、Loraine Fleming、Bak Kong Low、Bob Gilbert、Garry Gregory、Vern Schaefer、Tim Stark、Binod Tiwari、Mohamad Kayyal、Marius DeWet、Clark Morrison、Ellen Rathje、George Filz、Mike Pockoski、Jaco Esterhuizen、Matthew Sleep 及 Daniel VandenBerge。在教学、科研和工程实践中，我们与巴拿马运河管理局的专家们 Al Buchignani、Laurits Bjerrum、Jim Sherard、Tom Leps、Norbert Morgenstern、George Sowers、Robert Schuster、Ed Luttrell、Larry Franks、Steve Collins、Dave Hammer、Larry Cooley、John Wolosick、Noah Vroman、Luis Alfaro、Max DePuy 及其团队建立了深厚的友谊，感谢他们。另外，特别感谢 Alex Reeb、Chris Meehan、Bernardo Castellanos、Daniel VandenBerge 和 Beena Ajmera，他们在本书插图制作、文献、引证及索引编辑等方面做出了重要贡献。最后，还要感谢我们亲爱的妻子们，她们是 Ann、Ouida 和 Aida，在本书撰写的无数个日日夜夜里，是她们背后默默的支持、理解和鼓励在激励着我们。

目　　录

第1章　绪　　论

在土木工程领域，边坡稳定性分析是一项重要的、富有意义的且极具挑战性的工作，与边坡稳定性相关的探索进一步促进了我们对复杂岩土体力学的了解。过去80多年的工程实践经验和研究成果表明，土力学相关理论与边坡稳定性问题并非完全契合。

过去几十年间，我们研究边坡的稳定性问题，尤其是边坡失稳灾变问题，使我们认识到坡体的物理力学性能会随着时间而发生变化。随着人们安全意识的提高，原有室内外试验手段的局限性逐步凸显，更为有效的新仪器被开发出来用于观察边坡的力学行为，这提高了我们对土力学与边坡稳定性相关问题的理解。借助更为广泛的分析测试手段，现有的边坡稳定性分析技术更加精准，相对于现场测试而言，我们可以采用计算机分析边坡稳定性演化行为的全过程。通过上述技术进步，边坡稳定性评价工作更加成熟，当然经验和判断仍然是最重要的，但是通过系统观察，详细测试与分析可促使我们对土力学的理解和分析更加全面。

虽然边坡稳定性评价领域取得了明显的进步，但仍面临诸多挑战。即使是对工程地质条件和岩土体性质的勘察是符合工程实践标准的，在众多工程项目中现有的分析程序是十分有效的，但仍存在很多未知的风险。作为一个最为典型的案例，韦科大坝的溃坝事件给我们上了很有价值的一课。

1961年10月，韦科大坝的建设被突然发生的滑坡所阻断，滑移面沿约1500ft[1]长的页岩断层开展，碎屑体均为超固结、干硬性黏土质矿物。图1.1所示为滑坡发生后不久在现场拍摄的这一85ft高的坝体滑动后的实景图。在坡体滑动区域，页岩体被抬升至顶面，

图1.1　韦科大坝下游滑坡现场鸟瞰图（美国陆军工程兵团摄）

[1] 英制单位，英尺，1ft=0.3048m。

坝体中轴线被两处断层所穿越。韦科大坝当时建造在完整的页岩面上，并且建造初期并未发现显著的断层活动迹象。

事故发生后，整个坝体断面在滑塌后下降了将近40ft，美国陆军工程兵团对本次事件的原因进行了详尽的调查，并研究相关的加固方案。调查结论显示，坝基岩页岩基面向下游滑动了数百英尺，研究中发现页岩体在滑动面处遍布水平节理，节理裂缝的间隔宽度约1/8英寸，这一重要结论展示出页岩体高度各向异性的自然属性，且水平方向的强度只有竖向常规测量强度的40%。尽管常规测试手段和分析结论认为大坝在建造过程中能够确保其稳定性，但使用水平方向力学强度指标进行分析的过程中滑动破坏的现象与观察到的结论是一致的（Wright和Duncan，1972）。

这次事故表明常规测试手段只重视岩土体试样的竖向力学强度，容易使我们忽视其强度薄弱面，尤其是碰到干硬裂隙性黏土的时候。经历过该次事件后，岩土工程师们通过更加精准的试验测试完全能够避免类似事故的发生。

在工程科学实践中往往存在一些固化思想，比如认为经过理性思考后确定的用于测试土体强度和分析边坡稳定性的技术流程是可靠的。然而，旧金山湾水下边坡失稳事件再次给予我们深刻教训。

1970年8月，在旧金山港一处新的海洋转运基地建设过程中，发生长约250ft、高约90ft的水下边坡失稳事件，伴随大量土体滑向海沟，如图1.2所示。滑动区土质均为旧金山海湾淤泥，这是一种被广泛研究的高塑性海洋黏土。

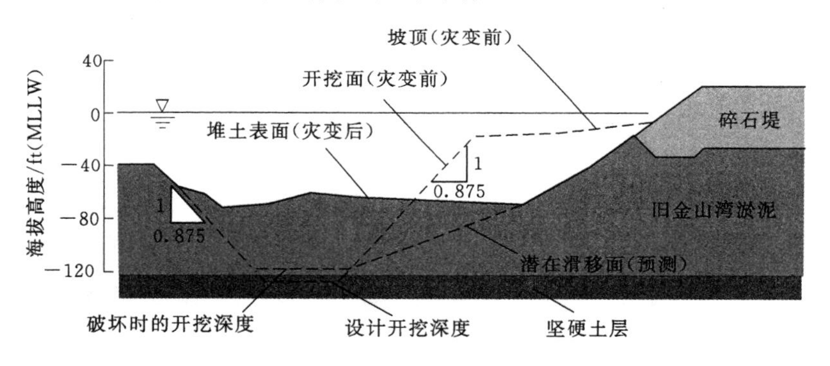

图1.2 旧金山湾港口施工坡体滑塌剖面示意图

按照以前实际工程的建设经验，旧金山海湾地区进行海湾淤泥质土的开挖放坡一般为1∶1。但是在新港的建造过程中，工程师希望将边坡开挖得更加陡峭，从而降低开挖和填方的土方量，最终降低工程建造费用。于是，为了研究这种可能性，项目团队开展了充分的调查、测试与分析工作。

经过详尽的实验室土样测试和充分的边坡稳定性评价，结论是可以将边坡倾角放至0.875∶1，以此倾角计算的边坡安全系数为1.17。尽管如此低的安全系数属于不正常范围，但可能出现的意外情况已被广泛预判，最终边坡仍然按照预定倾角实施开挖。最终结果是边坡失稳破坏，如图1.2所示。事后的工程调查显示室内测试的海湾淤泥质土的强度指标需要进一步的修正，其强度指标在经历数周的建设之后出现下降，且在数分钟之内就会完全失稳，原因是土体的蠕变会造成强度的衰减（Duncan和Buchignani，1973）。

该案例告诉我们，通常使用的边坡稳定性分析方法在某些情况下可能并非完全科学。如果对常规测试手段仅仅进行一个方面的改进，比如进行海湾淤泥质黏土不排水强度试验，最终不一定能够得到一个完全准确的计算结果。在海湾淤泥质黏土边坡开挖过程中，采用常规试样、常规测试技术，并采用传统安全系数计算方法往往是可靠的。当重新去界定试样的制作和强度测试程序后，对不排水抗剪强度指标的测试结果可能会偏高，从而导致我们实际计算的安全系数下降，最终导致边坡失稳破坏。因此，通过改变传统的工程实践方法来降低安全系数的做法从工程经验的角度来讲并不可靠。

结论

从上述案例和其他相似的边坡失稳事件中可以得出如下较为清晰的结论：

（1）我们获取的最为重要的经验教训来自于生产实践，尤其是边坡失稳事件，期间对边坡稳定性分析的方式或手段有了巨大的进步。同时，我们也深刻意识到所有的分析方法都源于实践经验。尽管在分析岩土体物理力学行为时我们所采用的计算或分析方法具有深刻的理论背景，但值得我们谨记的是这些理论背景都是半经验的。之所以说先前我们采用的分析方法行之有效，这也是因为我们从实践经验中得到的结论是符合逻辑的。我们在分析计算边坡稳定性的过程中不能单独改变某一个参量或者分析流程中的某一个步骤，这会造成结果的失准。

（2）我们不应该期待以后从更多的边坡失稳事件中获取经验教训。从经验的角度来讲，新的状况会随时出现，即便是某些情况看起来仅有细微差别。因此我们认为当前的半经验方法尚不足以解决所有问题，它应该得到进一步的发展。韦科大坝的失稳事件使我们清晰的认识到在胡椒页岩❶上进行大坝建造时，采用常规的测试方法确定其抗剪强度并用于计算坝体稳定性是不合理的。而这起事件中所遵循的分析流程是当前广泛采用的，由此可知，认为现有的边坡稳定性分析理论很完善是一种草率的行为。在工程实践中我们需要审慎地利用现有的专业知识，同时不断地去发展现有的边坡稳定性分析方法，必须清晰地意识到下次的经验教训很可能潜伏在明天的工程项目当中。

撰写这本书的目的是将边坡稳定性分析过程中相关案例的经验教训与岩土体强度指标的计算融合在一起，以期为学生或工程技术人员提供一份清晰有效的参考资料。

本书第1版出版后，在边坡稳定性分析理论创新及工程实践方面又取得了很大进步。尤其值得关注的是从卡特里娜飓风造成边坡失稳事件之后，相关科学家对岩土体原位测试手段进行了改进。在设计过程中如何理解岩土体因时空差异而造成剪切强度软化的问题并将其运用于设计过程中，还有地震力作用下伪静态稳定性分析技术的进步和加筋土坡的长期稳定性等，本版对上述理论进行了更新。

---

❶ 英译名：pepper shale。一种广泛分布于美国西部的层状沉积岩，形成于白垩纪时期。——译者

第2章　典型滑坡案例与诱发因素分析

2.1　概述

经验是最好的老师，但也往往让我们付出惨重代价。灾变事件值得我们注意并使我们认识到不能让类似的事件重复发生。从失败中学习或者从别人的失败中学习，可促使我们深切了解到其设计过程中到底哪方面出现了差错。本章介绍了13个边坡失稳案例，并就其发展、演化过程及破坏结果进行了简述，并依托工程案例重新简略计算了灾变时的具体情况。实例中影响边坡稳定性的因素及诱发因素被逐一识别，具体情况详见本章所述。

2.2　典型滑坡灾变案例

2.2.1　伦敦路边坡垮塌事件

伦敦路滑坡位于加利福尼亚州奥克兰市，灾变时间为1970年1月一场大雨后。1970年1月14日，《奥克兰时报》的头条刊登道："暴风雨肆虐全州——14个家庭惨遭滑坡掩埋——现场一片废墟。"图2.1给出了滑坡灾变后现场被冲垮的房屋实景图，该滑坡的覆盖范围约有15英亩，滑坡体距离原有地面的落差达到60ft。正如图2.1所示，从坡顶的陡坡处可以非常明显地看到滑坡的总体滑移距离很大。有14栋住宅在这次滑坡事件中被摧毁，位于山脚下的一处输油管道同样被毁坏，可能是在滑坡发生过程中造成了管道破裂。考虑到边坡加固的经济性问题，该处边坡最终未治理恢复，这些住宅的原有居民也将永远失去此处家园。

图2.1　伦敦路滑坡（奥克兰，加利福尼亚）（J. M. Duncan 摄）

从该区域雨量监测点的历史记录中得知，除了1970年1月该地有强降雨外，在滑坡发生前的整个一年间该处的年均降雨量较往年增加了约140%。后期的分析显示，长期降雨造成的潮湿环境是造成本次大规模滑坡的主要原因。

1982年1月，受太平洋气流影响，一场大暴雨在旧金山湾地区倾盆而下，造成了24号公路滑坡事件，滑坡实景如图2.2所示。在1月初的某天，暴风雨导致24h内降雨量骤然增加到10in[1]，而该地区往年年均降雨量也不过25ft。突然发生的洪水造成该地区发生数以千计的滑坡、崩塌灾害，并以浅层滑塌破坏为主。强降雨促使山体表层土体快速饱和，很多地点出现崩滑地质灾害，由此出现树倒、屋毁及断路等伴生灾害。24号快速路滑坡位于加利福尼亚州奥林达市，仅是在这次暴风雨中发生的数以千计的滑坡灾害中的一个典型示例，山体表层饱和土顺滑而下，直接滑移至道路表面，如图2.2所示。

图2.2 24号公路加利福尼亚奥林达附近发生的流滑（J. M. Duncan 摄）

伦敦路大规模滑坡和24号快速路流滑滑坡相距不足10mi[2]，属于同一地区两种不同的滑坡类型。伦敦路滑坡滑移面很深，持续两年的极端降雨事件是其主要诱发因素。虽然工程技术人员并未对伦敦路滑坡灾害发生的区域进行详尽的地质调查，但我们仍然能从现场观察推测出一些有意义的结论。滑坡体主要岩土矿物是蛇纹岩，这是一种强度和刚度都很高的变质岩，但当其长期暴露在大气和水环境中时，这种变质岩会逐渐风化变异为粉末状软弱土。虽然风化后的岩体在外观上并没有大的改变，但我们可以徒手使其碎裂到几英尺的深度，从本质讲这种风化后的蛇纹石基本丧失了原有的强度和刚度。由此可以推测出，伦敦路滑坡体在原有山体被开挖塑造成型后的数十年或数百年间缓慢风化变异，经历若干年的物理化学作用后岩体的物理力学性质发生了非常大的变化，最终，岩土体强度的衰减，再加上持续两年的多雨天气以及由其造成的地下水位抬升等综合因素促使其发生灾变。

相比于伦敦路滑坡，发生在24号公路上的流滑滑坡是典型的浅层滑坡，滑坡体厚度不足3in。这种类型的滑坡往往发生在短时强降雨之后，属于突破性滑坡。雨水在相对较短的时间内只能入渗到表层数英寸的土体内部，在这样的深度范围内，表层土体会迅速饱和并损失掉大部分强度。在旧金山湾东部地区的山体上覆盖有大量的低塑限淤泥质黏土或粉质黏土，其强度远低于风化后的高强度基岩，这种表层土的深度范围在0～15in之间。这种土是由下部基岩经过长时间的风化、侵蚀并发生浅层搬运后形成的，这种沉积物还会随着时间的推移不断下滑。当处于干燥状态时覆盖在基岩上的表层土非常坚硬，总体是稳定的。强降雨发生时，雨水快速渗透到地面以下，坡体表面的裂缝还会加剧其渗透性。虽然该类型边坡的滑动灾变机理尚在研究过程中，但滑坡案例清晰地告诉我们，浅层滑坡从

[1] 英制单位，英寸，1in=2.54cm。

[2] 英制单位，英里，1mi=1609.344m。

稳定状态过渡到快速滑移状态的时间非常短，往往表现为大量水土混合物在数分钟的时间内快速下滑。较高的滑动速度增大了该类滑坡的危险性，以至于人们没有足够的时间采取预警措施。

上述两种类型的滑坡在世界各地均有发生，当长时间的持续降雨发生后可能会出现滑移面很深的大规模滑坡体，其滑移速度相对较慢，滑坡发生后可以覆盖很大的范围，覆盖层可能高于 10in；一两天的短时强降雨只能对表层土体的含水率造成影响，但短时的强度衰减所诱发的浅层滑坡一旦启动则滑移速度非常快。

2.2.2　图夫滑坡（瑞典）

1977 年 9 月，一处巨型滑坡突然发生在瑞典哥德堡市北部郊区的图夫镇，滑坡发生处山势很缓。该滑坡的实景图和三处地质剖面如图 2.3 所示。勘察发现，滑坡所生地由三层岩土体构成，上层是被称为“敏感性黏土”的土体，往深部依次为一层很薄的透水性散粒材料和下部基岩。整个滑坡范围约 40 英亩，共造成 40 处房屋损毁，并造成 11 人死亡。敏感性黏土是该滑坡土体的主要构成类型，这种土因高敏感性和极端碎裂行为而著称。这

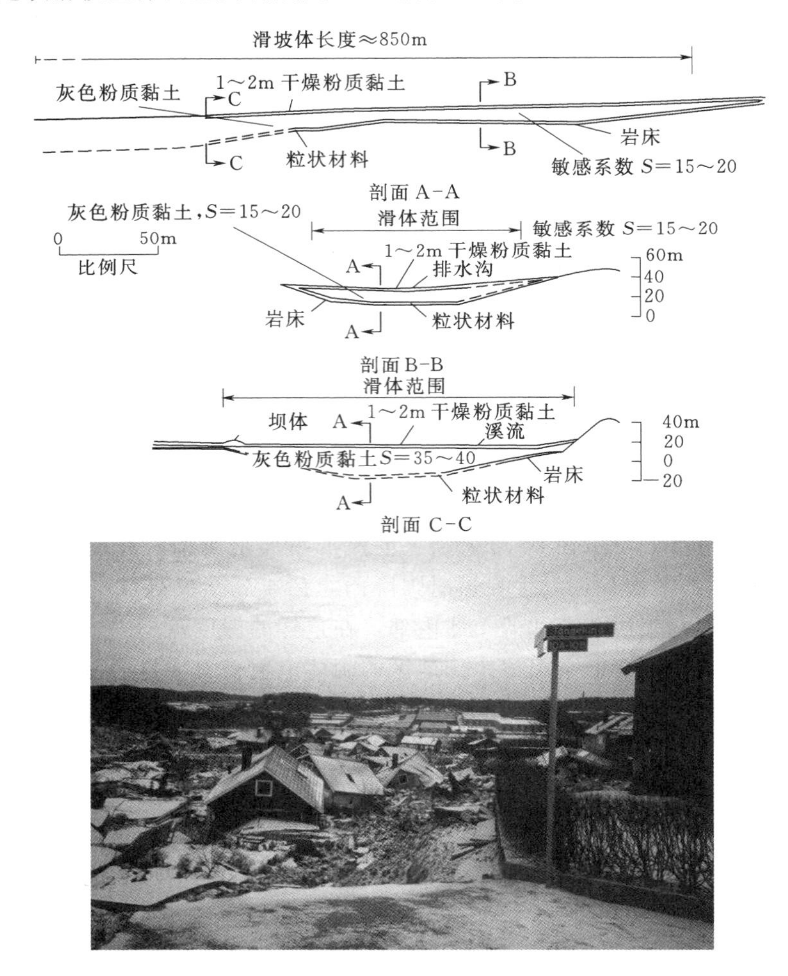

图 2.3　瑞典图夫镇敏感性黏土滑坡后实景图（J. M. Duncan 摄影和制图）

种土体发生灾变后将会丧失几乎所有的抗剪强度，并会如同黏滞性流体一样发生流动。

分析认为该滑坡最初是因路堤一处小的滑移开始的，由此使得这个边坡进入不稳定状态，进而整个滑坡体开始出现蠕滑。类似上述小滑坡延坡顶方向重复出现，并使得堆积覆盖的区域越来越大，坐落在湿滑黏土上的房屋受这种牵引式滑坡的影响逐渐被破坏。向下方滑移的土体以及被冲垮的房屋相当于给山下的边坡进行加载，逐渐积累的扰动最终造成了大规模的滑坡事件。中部土体向上或向下的逐渐破坏是本次大规模滑坡的主要诱因。

上坡面逐渐堆积造成的滑坡被称为“后推式滑坡”，下坡面逐渐堆积造成的滑坡被称为“牵引式滑坡”，而图夫滑坡是两者的融合。路堤受排水侵蚀逐渐变陡，并造成小规模滑塌启动，这些小规模的滑塌进而改变了敏感性黏土的物理结构。同时，其下部的可渗透性散粒材料处水压力增大造成整体滑动灾变的产生。在挪威发现类似的工程地质条件，其潜在滑坡灾变风险极高。

2.2.3 “4·25”基隆山体滑坡

2010年4月25日，台湾3号高速公路南下3.1km处的基隆市七堵区玛东山区，发生台湾公路有史以来最严重的大走山（即山体滑坡）意外，整座山体由西往东轰然倾泻而下，并快速移到高速公路上，本次滑坡形成的堆积体长约200m、宽100m，约五六层楼高，面积约有2个足球场大小，造成南下北上双向六线道路全部断开。滑坡造成4辆汽车被掩埋，5人死亡。上述滑坡灾变后的鸟瞰图如图2.4所示。该滑坡灾变前属于已治理工程，潜在滑体经由572根地锚锚固，且每个地锚施加了预应力133kip[1]。调查结果显示该滑坡灾变的原因有两点：一是薄层的砂岩与页岩在持续劣化；二是锚索在服役期间遭受腐蚀或失效。

图2.4 台湾3号高速公路滑坡（Lee等，2012；照片由台湾岩土工程学会和交通部提供）

图2.5 3号高速公路滑坡事件中发现的锈蚀锚索（Lee等，2012；照片由台湾岩土工程学会和交通部提供）

图2.5展示了滑坡灾变后裸露出的一处锚索断裂照片显示在治理完毕后的10年间锚索腐蚀严重，试图进行防锈保护所采用的外部灌浆措施，其保护效果并非完全有效。当前用于

[1] 英制单位，千磅，1kip＝4.448kN。

对锚索进行永久防锈的措施已经被开发出来（FHWA，1999），且已经被运用到工程实践过程中。分析表明，对该边坡而言，即使所有的锚固装置完全失效，边坡仍会在自身作用下保持稳定，除非是原有的岩土体受孔隙水压及自身的劣化作用发生了变化。虽然说锚索的失效不会立即造成边坡滑动，但其失效会因原有的力学平衡被打破而导致边坡快速失稳。

2.2.4　高速公路、大坝及防洪堤的滑坡失稳事件

（1）加利福尼亚州皮诺尔市滑坡。

图 2.6 显示的是发生在加利福尼亚州皮诺尔市 80 号州际公路附近的一处滑坡，路基下方为被夯实良好的黏土层。图中可以看出滑移面非常陡峭，这表明路基填土自身的强度很高，要不然就不会发生高约 30ft 且滑移面近似垂直的滑坡。灾变的原因是地基土中含有有机质土壤，这种有机质土壤在快速路修建的过程中没有被移除，从而成为路基边坡总最为薄弱的土层。

图 2.6 显示滑坡发生后自然地面左侧隆起，右侧下沉。降雨期间路基周边形成积水，地下水自左向右逐渐渗透至路堤基础是该滑坡的直接诱发因素。该滑坡发生在 1969 年冬天一场大雨之后。

图 2.6　80 号州际公路路堤边坡失稳

图 2.7　得克萨斯州休斯敦市高塑性黏土路堤滑坡

（2）得克萨斯州休斯敦市滑坡。

图 2.7 所示为发生在美国得克萨斯州休斯敦市快速路路基处的一处滑坡，该路堤由高塑性黏土砌筑并经过压实处理，边坡坡度为 2∶1，路堤建成后在相当长的一段时间内一直保持稳定。然而，随着时间的流逝，路堤填土不断经历干湿循环作用，由此产生膨胀并逐渐软化和弱化。最终，路堤运行 20 年后发生滑坡灾变。

现在越来越多的岩土工程师意识到应该采用完全弱化后的土体抗剪强度指标进行稳定性计算。相关测试工作可以在室内完成，需在饱水的情况下采取非固结条件制备试样，并通过正常固结试验仪完成各类力学指标的测定。常规试验手段的测试结果与完全软化后的测试结果对比情况可参考 Kayyal 和 Wright（1991）的论文成果。

（3）加利福尼亚州圣路易斯大坝滑坡。

1981 年 9 月 4 日，在距离加利福尼亚州旧金山地区约 100mi 的圣路易斯大坝上发生了一处巨型滑坡，现场实景图如图 2.8 所示。坡体自左向右滑动，滑动的最长距离大约 1000ft。滑坡灾变区域的大坝总体高度 200ft，建造在一处高塑性黏土构成的冲积型边坡

上，下部为岩石。坡体材料是由下部伏岩经常年风化、侵蚀及浅层搬运，并逐步下移沉积所构成，最终汇集成为坐落在旧金山湾东侧的一处山丘。

图 2.8 圣路易斯大坝上游边坡破坏

注：美国政府，农垦局摄。

圣路易斯大坝建成于 1969 年，地基上部的高塑性黏土边坡天然含水率低，强度很大。然而，当堤坝建成后因水库蓄水问题，水分缓慢入渗从而使得土体强度逐渐弱化。在大坝发生滑坡灾变后的 12 年间，坝体后方的水库在多雨季节存水蓄能，在干旱季节排水抗旱，从而导致堤坝土体经历了数十次干湿循环作用。Stark 和 Duncan（1991）专门对冲击边坡开展了相关试验，分析结果表明库水位上升或下降对边坡土体强度具有显著影响，土体最终残余强度相较于干燥状态下的土体下降幅度很大。上述滑坡即发生在库水位大规模快速下降之后，灾变发生后，该堤坝在原址进行了重建，并加筑了一道 60ft 高的扶壁式挡墙（ENR，1982）。

（4）加利福尼亚州三角洲堤坝溃坝事件。

由于萨克拉门托河和圣华金河的汇流作用，在加利福尼亚州距离旧金山东约 50mi 处形成了一处面积约 1000mi² 的三角洲地带。该三角洲地势低洼，低于海平面约 25ft，且被水域分割为 50 个小型岛屿。这些岛屿为避免海水冲袭而修建了相对简易的防洪堤，如图 2.9 所示。从 1900 年开始，上述堤防工程被逐渐加高，而下部由腐殖土构成的地基被持续压缩，且该工程的修建是在没有任何工程师的指导下完成的。粗劣的建造工艺最终造成溃坝事件时有发生，从建成之初就有约每年一次的高发频次。

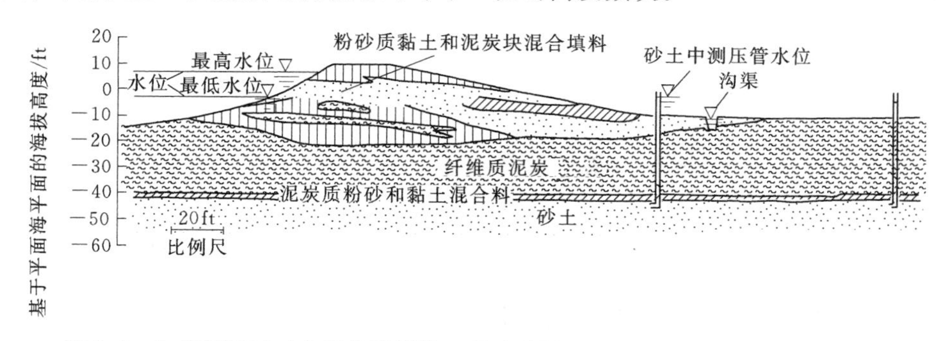

图 2.9 加利福尼亚三角洲典型堤防工程地质剖面（Duncan 和 Houston，1983）

1950 年之前，防洪堤因建造高度不够经常出现海水漫过的情形，同时造成进一步的损坏。大部分防洪堤建造在腐殖土地基上，这是一种比常规矿物质土轻的土体，其重度和强度远低于河流冲刷而产生的水平推力，因此 1950 年之后防洪堤在河水的渗透和侵蚀作用下发生整体垮塌的事件已发展为常态，相当多的溃坝事件发生在河水水位较高的时候，且其坝体滑移面恰巧在地基的界面处。一位目击者称，当溃坝事件发生时，一段约 300ft 的堤段被洪水波携带直接冲进岛内，整座岛屿被完全摧毁。为了对该岛屿进行重建，防洪堤需要重新建造，而岛屿内的水需要被完全抽空，这个过程可能需要数月时间。

（5）新奥尔良“Ⅰ型挡墙”失稳事件。

2005 年 8 月 29 日凌晨，卡特里娜飓风在新奥尔良市登陆，记录显示这次风暴潮造成大量防洪系统失效，巨大的洪水促使 17 街和伦敦大道交叉口处的内港口“Ⅰ型挡墙”被摧毁。“Ⅰ型挡墙”防洪系统建造在压实性黏土层上，且经过钢板桩锚固处理，图 2.10 所示为“Ⅰ型挡墙”的断面图。

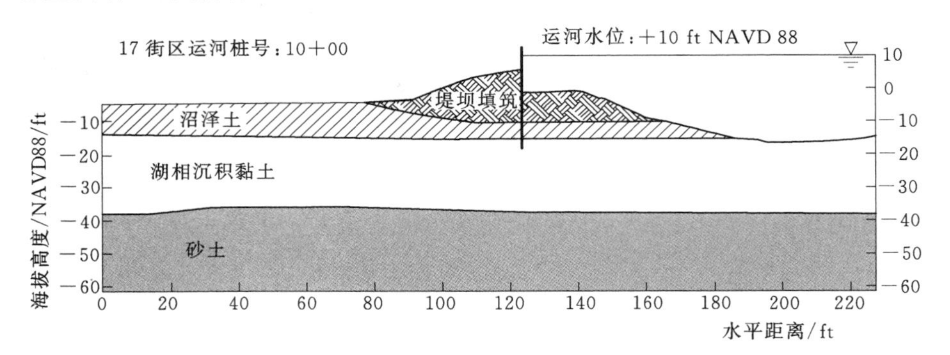

图 2.10　17 街运河处发生灾变的Ⅰ型挡墙地质剖面（新奥尔良，路易斯安那州）

卡特里娜飓风到来时，市政排水运河与当地湖泊被直接连通，大量雨水被注入地下排水系统，排水泵因电力丧失而停止运行，防洪系统因水位上升而出现多处漫堤。其间，IPET 对飓风所引发的次生灾害做了详细报道。造成防洪系统挡墙失稳的一个重要因素是其板桩的布设距离不合理，随着水位上升至提防工程上部，洪水逐步渗透至挡墙内部，孔隙水压的升高给挡墙失稳提供了先期动力（Brandon 等，2008；Duncan 等，2008）。图 2.11 是上述灾变发生时的演化机理图，设计过程中并未考虑洪水漫过防洪系统是造成这次灾难的主要原因。新的防洪系统由美国陆军工程师团在 2011 年重新设计。

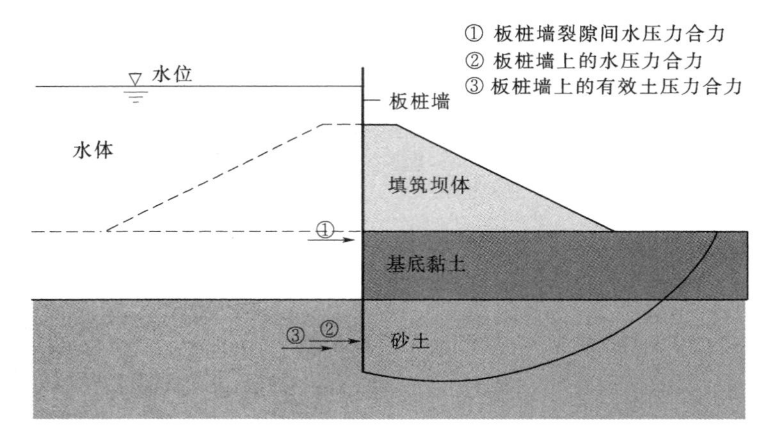

图 2.11　滑动面形成后Ⅰ型挡墙上的水平作用力示意图

2.3　奥姆斯特德滑坡

奥姆斯特德水闸和大坝修筑在俄亥俄河上，距离俄亥俄河和密西西比河交汇点的上游约 50mi。为了满足通航要求，工程项目选址确定在北伊利诺伊州河岸上的一处大型活动滑坡地带，该活动滑坡沿河堤的分布范围约 3300ft。1987 年，在对船闸和大坝建设项目进行前期工程地质条件调查期间就发现大量反映该区域属于不稳定地质条件的证据，如陡坡下滑、裂缝、树木倾倒、圆丘状地形等。滑坡区域的高度差约 70ft，如图 2.12 所示。调查期间分别安装了测斜仪和水压计用于测定潜在滑移面和孔隙水压力（Filz 等，1988）。

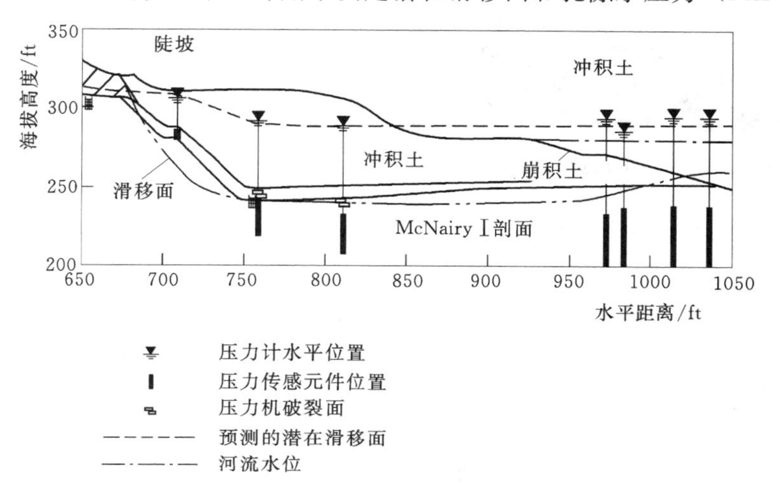

图 2.12　坝址在俄亥俄河上的奥姆斯特德水闸的下游库岸滑坡

1988 年 5 月底到 6 月初的 10 天内，河流水位下降超过了 7ft，同期地下水位下降了约 1～3ft。河流水位下降后滑坡即开始滑动，且在坡顶部位出现了一处近似垂直滑面的滑坡体。滑坡启动过程中通过 12 处测斜仪确定了滑移面的具体位置，并通过 5 处孔隙水压计记录了期间孔隙水压的变化情况。

调查发现剪切滑移面的基本物质组成为黏土、淤泥和砂土，该土层较薄处不到 1in，相对较厚的区域达到 1ft，因此，准确的确定层间土的抗剪强度相当困难。首先，剪切强度随着剪切方向的改变而改变，当其完全经过淤泥质土和砂土时的强度较高，而单纯穿越黏土时强度较低；其次，因部分层间土厚度太薄，导致难以获取原状土并实施室内试验。好在当时已对滑坡体的滑动范围做出了清晰的界定，综合运用强度估算、边坡稳定性分析等技术手段进行反演分析，通过调整安全系数维持在 1.0，最终计算出剪切面的残余强度。反演分析的结论最终用于后期指导修复设计，并对坡体进行加固处理，以确保其保持长期稳定性。

2.4　巴拿马运河沿岸滑坡

巴拿马运河自 130 年前由法国人初建开始就一直遭受滑坡地质灾害的袭扰（McCullough，1999）。为了在开凿过程中保持河道岸坡的稳定性，施工过程中甚至必须将岸坡放缓至比前期预想的缓坡坡度还要小。但糟糕的是构成运河两侧岸坡的黏土质页岩随着时间的推移快速发生劣化，进而多处岸坡在施工完毕后很快就出现滑塌现象。

运河的开凿工作在 1914 年结束，但岸坡的滑塌现象后期一直持续了很多年。1986 年 10 月，靠近库克拉地区的一处岸坡在经历前期多次小型滑塌后最终发生了整体滑动，该

图 2.13　1986 年巴拿马运河库卡拉查（Cucaracha）滑坡

注：照片由巴拿马运河管理局提供。

滑坡现场实景图如图 2.13 所示，滑坡发生后运河被阻断近 12h，后期开展的航道淤泥疏浚工作持续 3 个月，直至当年 12 月运河才恢复通航。

在发生库卡拉查滑坡之前的数年间，因运河两岸并未发生大型滑坡事件，使得运河管理部门对岸坡防治工作的预算逐渐减少。1986 年之后，巴拿马运河管理委员会（现称巴拿马运河航道管理局）重新评估了河岸滑坡灾害对航运所造成的影响，并立即投入大量资源对潜在滑坡体进行监测评估和加固处理。同时，运河管理委员会进一步增多了岩土工程技术人员数量，并通过制定详细的滑坡灾害防治方案来有效降低运河在运营过程中的受灾风险。滑坡灾害防治管理方案包括对库卡拉查滑坡进行灾变原因分析，并采取有效措施予以加固。其中，最为重要的是采取措施精准和连续地测量潜在滑坡体的表面位移，系统地监测岸坡可能出现的不稳定迹象，改善坡面排水条件，安装地下水平排水管，并开挖和卸除岸坡表面堆载等。上述措施和方法将运河可能遭受的滑坡地质灾害视为重要风险源，进而实施持续关注和动态管理，最终获得了极大的成功。

2.5　里约·曼塔罗（Rio Mantaro）山体滑坡

1974 年 4 月 25 日，在秘鲁的里约·曼塔罗谷地发生了历史上最大的山体滑坡事件。滑坡发生后的现场实景图如图 2.14 所示，图 2.15 所示为滑坡体一处断面图。滑坡发生在一处约 3.7mi 长、1.5mi 高的山坡上。从图 2.15 所示的断面图可以看出该边坡的高度和陡峭程度与亚利桑那州大峡谷（南峡）的地貌相似。整个滑坡体体积约 20 亿 yd^3[❶]。据估算，滑体以 120mi/h 的速度下移，迎面撞上对面山谷后跌回谷地并形成 550ft 高的巨型土坝。滑坡体下移撞击对面山谷的能量被 30ft 外的一处地震台监测到，其当量相当于 4 级地震。

图 2.14　1974 年秘鲁的里约·曼塔罗山体滑坡

注：照片由美国国家科学院提供。

滑坡所在地原有一处名为 Mayunmarca 的小镇，大约拥有居民 450 人，滑坡发生后

❶　英制单位，立方码，1yd＝0.9144m。

整个小镇和当地居民完全消失，且没有任何迹象可以搜寻。

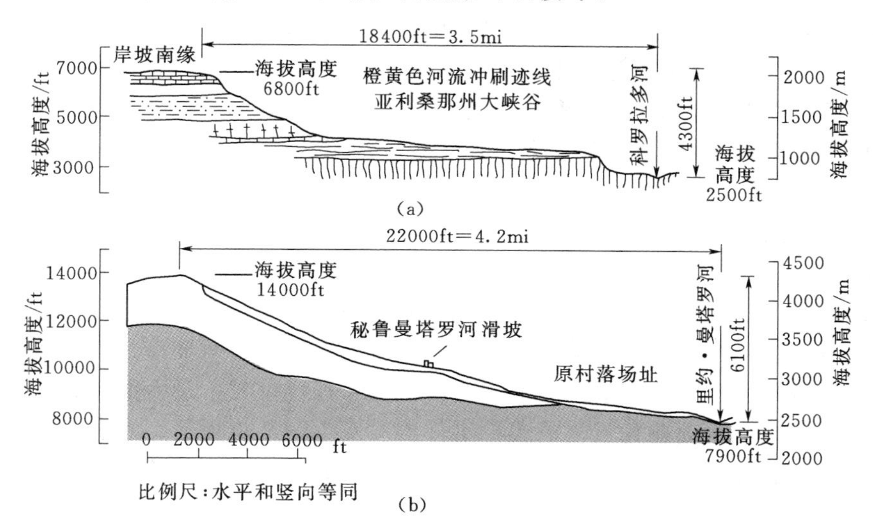

图 2.15 两处典型滑坡剖面比较

(a) 亚利桑那州的大峡谷；(b) 曼塔罗河滑坡

2.6 凯托曼山区（Kettleman Hills）垃圾填埋场失稳

1988 年 3 月 19 日，美国加利福尼亚州凯托曼山区（Kettleman Hills）危险性废弃物填埋场一处高约 90ft 的斜坡发生滑坡灾变（Mitchell 等，1990；Seed 等，1990），现场约有 580000yd^3 固体废弃物卷入其中（Golder Associates，1991）。现场平面图与穿越整个滑体的断面图如图 2.16 所示。滑动面穿过了垃圾下方的复合垫层，该垫层由 3 层防渗膜、6 层土工格栅、3 层粗粒土垫层及 2 层压实性黏土所构成。Mitchell 等（1990）对滑移面

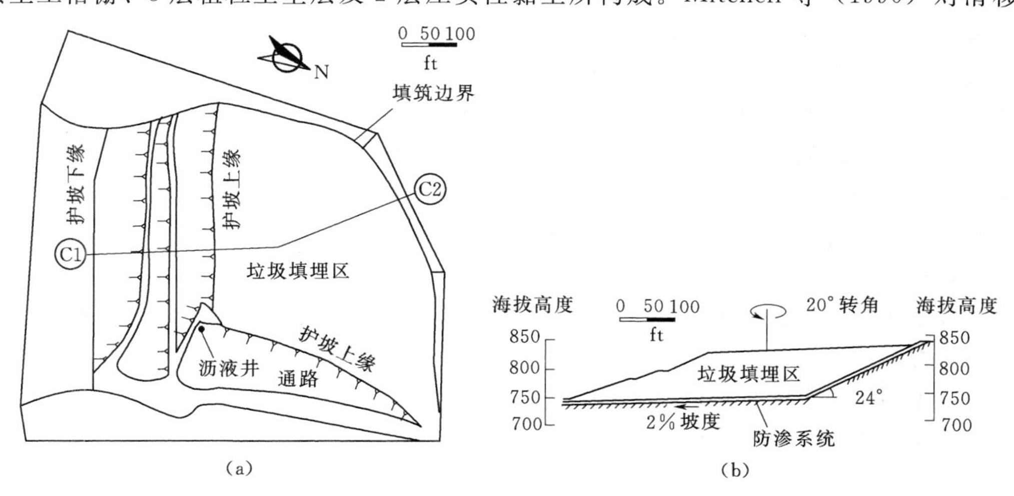

图 2.16 加利福尼亚州凯托曼山区垃圾填埋场边坡失稳

(a) 表面的形貌（1988 年 3 月 15 日）；(b) 截面 C1－C2（Mitchell 等，1990）

土体进行测定后发现，土体的内摩擦角仅有 8°，在高密度聚乙烯土工膜接口部位与土工织物之间，或者土工织物与土工格栅之间存在更低的内摩擦角，且下覆黏土已经处于完全饱和状态。Seed 等（1990）通过考虑三维计算效应，认为湿润条件下上述边坡失稳前其安全系数已经逼近 1.0 的临界值。有意思的是图 2.16 中 C1－C2 断面为最大断面，其安全系数并非最小，而靠近顶部的浅层断面的安全系数更小一些（Seed 等，1990）。

2.7　边坡灾变诱发因素

准确理解用于表征边坡处于不稳定定状态的两种情况非常重要：①在设计和建造新的边坡工程过程中，要充分考虑边坡工程在整个生命周期内随时间推移、加载或渗流而造成土体物理力学性质发生变化；②在边坡失稳后修复工程建设时，最为重要的是理清导致边坡失稳的主要因素，从而避免重复的失稳事件再次发生。经验是最好的老师，从边坡工程失稳事件中我们获知在设计、建造或边坡修复过程中需要考虑哪些关键因素，从而维持其稳定性并确保安全。

在讨论导致边坡失稳的诱发因素前，充分理解边坡稳定性分析原理是必要的，即土体强度应大于土体内部出现的剪应力，以确保土体处于力学平衡状态。基于上述基本原理我们不难推断：当土体抗剪强度小于土体内部出现的剪应力时，土体将失去平衡，进而发生边坡失稳现象。这种不平衡状态可能通过两种方式出现：①土体抗剪强度的衰减；②剪应力的升高。在本书第 1 章讨论的边坡失稳事件和本章讨论的失稳事件中，上述两种情况均有出现。

2.7.1　抗剪强度的衰减

造成边坡岩土体抗剪强度衰减的原因很多，但经验表明在边坡稳定性分析领域以下原因需要引起足够的重视。

（1）孔隙水压升高（有效应力降低）。

极端强降雨事件往往造成地下水位提升或出现对边坡不利的雨水渗透，这也通常是导致边坡土体孔隙水压升高并伴随有效应力降低的主要原因。任何类型的土体均会受到孔隙水压变化的影响，但不同土体因其渗透系数（或水力函数）的不同而存在时间上的差异性。当土体渗透系数较高时，土体内部孔隙水压的变化非常快，反之相对较慢。虽然黏土质土的原生渗透系数非常低，但其往往因存在裂缝、裂纹或包裹有高渗透性材料而出现渗透系数激增的情况，由此可观察到黏土沉积物孔隙水压的变化会出现突然增长的现象。

（2）裂缝开展。

边坡整体失稳前期往往会出现坡体表面的裂缝扩展，而开裂的主要原因是土体内部产生的拉应力超过了其抗拉强度。裂缝的出现一定程度上例证了土体抗拉强度的存在，而裂缝出现后也预示着土体在其扩展平面上失去了抗拉强度。

（3）土体膨胀（孔隙率提高）。

黏土，尤其是高塑性黏土或超固结黏土在遇水过程中往往会发生膨胀，低围压与长时间的浸水过程会促使膨胀量增加，但实验室很难测得与现场试验相一致的膨胀结果。Kayyal（1990）以得克萨斯州休斯敦市一处城市快速路路基填土为研究对象，试验表明路基填土所使用的高塑性压实黏土在路基建成后的10～20a间因裂缝扩展、膨胀和强度衰减而逐渐破坏。然而对于相同类型的土体，浅层滑坡在很多地区都会经常出现，无论是在潮湿气候条件还是干燥气候条件下。

Skempton（1964）通过对三处富水区域的超固结伦敦土滑坡进行试验研究，过程中选取了滑坡剪切破坏带1in范围内的土体，研究结果表明破裂带区域的剪应力造成局部土体膨胀并伴随强度丧失。

（4）滑移面扩展。

在黏土，尤其是高塑性黏土边坡中，因剪切滑移作用会出现明显的滑移面。当某一平面出现相对剪切位移时，剪切面两侧的土体颗粒倾向于平行于该平面的重新分布，由此而最终扩展为呈现乌光色泽、外观近似肥皂样式的滑移面。上述滑移面可在普通岩土试样或壕沟边墙破坏的土体中发现。滑移面处的土体比其周边黏土软弱，这是因为普通土体其颗粒分布是随机的。滑移面土体的内摩擦角被称为残余内摩擦角，意思是该土体所具有的最小内摩擦角。对高塑性黏土而言，最小内摩擦角仅有5°～6°，而该类型土体的峰值内摩擦角一般为20°～30°。滑移面最容易在小粒径黏土矿物组成的土体中产生，而典型的粉土或砂土会抑制滑面的形成。很多随机生成的滑移面多是因为构造运动而产生的，这对分析边坡稳定性并无显著的意义。

（5）黏土岩分解。

黏土质页岩或黏土岩常被开挖后用于进行基础回填，在干燥状态下经过压实后会呈现相对稳定的状态。但随着时间的推移，受降雨入渗或地下水位提升的影响，上述块状岩石会逐步分解为黏土颗粒，随着黏土岩膨胀劣化并逐步填充原有孔隙，这种地基承载力相应下降，潜在不稳定风险巨大。

（6）长期荷载下蠕变。

黏土，尤其是高塑性黏土在长期荷载作用下的变形会随时间而增长，长期荷载下黏土体承载力明显低于短时荷载作用下的承载力。上述蠕变现象在循环荷载作用下更为明显，如冻融循环作用和干湿循环作用。当循环荷载出现极端不利的情况时，边坡土体将向下坡方向移动，所产生的变形是永久性变形，不会因荷载的卸除而自动恢复。长期荷载作用下边坡土体的变形量会逐年增加，这可能也是促使边坡沿滑动面产生持续性滑动破坏的主要原因。

（7）沥滤作用。

孔隙水在渗流过程中因土体孔隙而产生的沥滤作用会改变其本身的化学组分。如海洋性黏土，海盐在沥滤作用下滞留在黏土孔隙内使其成为敏感性黏土，当这种黏土受到外界扰动后变成流黏土，而流黏土几乎没有强度。

（8）应变软化。

易碎性土体具有应变软化的特性，当该土的应力应变曲线出现峰值以后，在维持应变不变的情况下，土体内部剪应力会随时间的延续而降低。这种类型的应力应变行为使得土体可能产生渐进式破坏，因此，在计算过程中不能采用峰值强度来计算土体潜在滑移面的破坏过程。

（9）风化作用。

在各种物理、化学和生物作用下岩石和硬结性土体会出现强度衰减，这称为风化作用

(Mitchell，1993)。物理作用下，岩石或高强度土体被劣化为小片状，化学和生物作用会改变其物质组成。软弱性土在风化作用下也可能变为高强度土体，亦或是强度进一步衰减(Mitchell，1993)。

(10) 循环加载。

循环荷载作用下，土体内部颗粒之间的联系可能会被打破，孔隙水压可能会升高。土体在循环荷载作用下其强度会出现衰减，并且变为相对松散的结构。饱和砂土在循环荷载作用下会产生液化现象，使得土体如同液体一样产生流动现象。

水在土体强度衰减过程中扮演了十分重要的角色。正如后续要讨论的一样，水会通过多种不同的方式增加剪应力。事实上，任何边坡破坏都会出现水在其中扮演一定的劣化作用，且其劣化途径不止一种。

边坡灾变的另外一个重要影响因素是土体内部含有黏土质矿物，黏土质矿物的存在使得土体含有化学惰性粒子，因此，它比沙砾土、砂土和无塑性粉土等土体的力学行为更加复杂。黏土质土的力学行为受土体颗粒、孔隙水及水中离子之间的物理化学作用影响，黏土矿物越多，土体越“活跃”，土体所表现出的膨胀性、蠕变性及应变弱化特性也会越明显，并且其力学行为在持续的物理化学作用下会不断变化。黏土质矿物的含量及其“活性”可定性地用塑性指数加以描述(PI)。正因如此，塑性指数(PI)越高，则首先预示着这种土潜在的问题越大。相关研究可参考 Mitchell 和 Soga(2005)对黏土全面物理化学性能的研究成果。

可以肯定地说，除了水和黏土矿物的作用外，边坡因其他原因发生灾变的事件较为少见。月球表面由于缺少水分和黏土质矿物，因此没有边坡失稳事件发生，这也是佐证了上述观点。在月球所处的自然环境中，除非有流星撞击，否则边坡土体将一直处于稳定状态。然而，在地球上赋存大量的水和黏土质矿物，因此发生边坡失稳事件非常频繁，甚至发生在毫无征兆的情况下。

2.7.2　剪应力的升高

即便是在土体性质没有改变的情况下，边坡土体也可能因加载等问题发生失稳，主要原因是土体内部剪应力提高，且超过了土体自身的抗剪强度。可能造成剪应力提高的途径有如下几种：

(1) 顶部加载。

如果出现坡体顶部加载的情况，土体内部因力学平衡问题必然出现内部剪应力提升。最为常见的是建筑物的建造或者其他土体填埋在浅层地基上。为避免边坡土体内部剪应力出现显著提升，较为可靠的方法是通过边坡稳定性分析来确定新建建筑物与边坡坡顶的相对距离。

(2) 斜坡顶部裂隙孔隙水压提高。

土质边坡顶部往往发育有不同程度的表面裂缝，当裂缝中全部或部分充满水后，静水压将通过裂缝传递给整个坡体，由此造成坡体内部剪应力提高。当裂缝内部的水赋存足够长的时间，水会沿土体裂隙不断下渗，进而造成孔隙水压力的提高，这种情况对边坡剪应力的提高更为剧烈。

(3) 孔隙水造成土体重度增大。

降雨入渗及坡体内部的渗流作用会促使土体重度增大，该效应非常明显。如果再有其他的造成土体含水量增大的情况，土体内部剪应力的抬升会更为明显，从而对边坡稳定性造成更大的不利。

（4）底部开挖。

坡底开挖致使边坡变得更为陡峭，由此造成坡脚剪应力升高，最终导致坡体稳定性降低。除此以外，坡脚受流水侵蚀作用可能会被逐渐掏空，该物理过程所产生的后果与底部开挖对边坡造成的影响相类似。

（5）地下水位下降。

边坡受外部水压的影响其稳定性相对较高（这可能是水对边坡稳定性提高的位移条件），当水位下降时，坡体稳定性受内部剪应力提高的影响而降低。如果出现外部水位快速下降的情况，土体内部的孔隙水压并不会随着水位的下降而快速降低，由此产生剪应力相对升高的情景。上述情况被称为快速降水，在大坝建设或者存在外部水位的边坡设计的过程中应考虑出现该工况时边坡的稳定性问题。

（6）地震力作用。

地震过程中，边坡土体将承受水平和垂直方向的循环荷载，其荷载强度可能在某一瞬时高于土体强度，时间历程通常只有数秒或几分之一秒。即使振动过程中土体自身的强度没有发生变化，但循环荷载作用下土体的稳定性同样会出现衰减。如果振动引起土体自身强度的降低，那将产生更为严重的后果。

2.8 小结

一旦出现边坡失稳事件，我们往往不能判断其因某一个因素而发生破坏。比如，水会通过多种方式对边坡稳定性造成影响，单独分析一种因水产生劣化导致边坡失稳是不科学的。同样的，黏土具有非常复杂的物理力学性能，因此也很难判断边坡是因其软化还是渐进式强度衰减而发生破坏，亦或是两者兼具。Sowers（1979）在其著作中对上述问题做了如下描述。

> 在多数情况下，边坡失稳是多因素同时作用的结果。因此，尝试寻求某一单因素作为边坡失稳的原因不仅很困难，同时在技术上也是不正确的。通常情况下，边坡失稳是经过地球环境的综合作用后已经处于灾变的边缘，所谓的单一因素最多只能称之为诱发因素而已。这正如通过炸药引爆一栋建筑物，导火索仅仅是诱发的一个方面。

事实上，很难通过单一因素去界定边坡的稳定性问题，全面考虑所有可能诱发边坡失稳的因素，从而综合评判坡体所处的稳定性状态是非常重要的。同样的，在边坡设计或者施工的过程中，尝试改变土体的物理力学性质或者考虑所有在边坡服役过程中可能出现的不同情况，将所有不利的情况全部排除在外，这样才能确保边坡的长期稳定。

第3章　土力学基本理论

3.1　概述

边坡稳定性分析必须能正确地反映问题，并通过恰当表述实现分析目的。这就给广大岩土工程师们提出了如下要求：①掌握土力学原理；②具备地质学和场地条件知识；③具备场地土力学知识。本章涉及的土力学基本理论，对于正确理解和表达边坡稳定性分析问题是必需的。

排水与不排水状况的概念对土体的力学性能具有根本性的重要意义。因此，在研究土力学原理之初，有必要重温一下这些概念。

排水与不排水的通俗定义（即，排水意味着干燥或无水分，不排水意味着非干燥或有水分）不能用于描述这些词汇在土力学中的准确涵义。与土体加载或卸载的时间长度相比，在土力学中使用这些定义关系到水流进或流出土体的难易程度和速度。问题的关键在于，是否改变了荷载，是否改变了土体中空隙或孔隙的水压力。这种压力我们称之为孔隙水压力或简称为孔隙压力。

排水状况下，水在大量土体中流入或流出的速率与土体加载或卸载时的速率是一致的。即在排水状况下，荷载的改变并不引起土体中孔隙压力的变化；或者，在加载或荷载消散的情况下，孔隙压力也随之发生变化，随着时间的推移土体能够达到排水状况。当我们在描述土体处于排水状况时，不应理解为土体是干燥的。尽管完全饱和土中的孔隙是饱水的，但它仍然可以排水。

不排水状况下，荷载的改变并不引起水在大量土体中的流入或流出。在不排水状况下，当土体加载或卸载时，由于土体中水的流入或流出速率不能与荷载速率保持一致，因此荷载的变化将引起孔隙压力的变化。不排水状况可能持续几天、几周或几个月，这有赖于土的性质和土体尺寸。荷载变化停止以后，随着时间的推移，土体将由不排水状态向排水状态转变，由于荷载的消散，孔隙压力也将随之发生变化。

图3.1所示直剪试验装置中黏土试样的例子表明了这些状况。黏土的渗透性低而压缩性高。当法向荷载 P 和剪切荷载 T 增加时，黏土的体积有减小的趋势。由于黏土颗粒自身几乎不可压缩，黏土体积的减小完全是由孔隙体积的减小导致的。然而水也几乎不可压缩，因此，黏土中孔隙体积要减小，水就必须从黏土中排出。

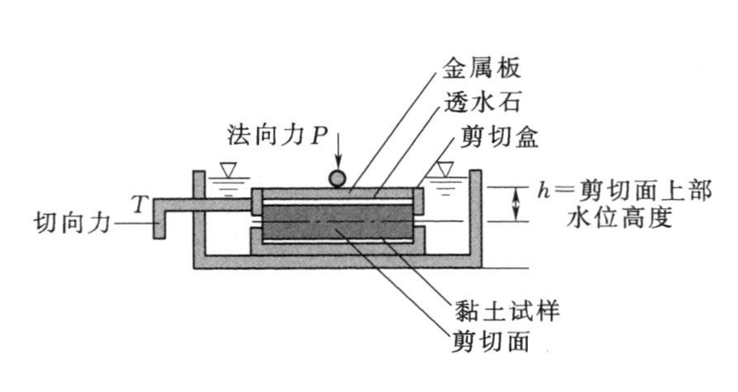

图3.1　直接剪切试验装置

如果荷载 P 和荷载 T 迅速增加（比

如在 1s 之内），黏土样本将处于不排水状态并且将持续一段时间。1s 之内可以完成荷载 P 和荷载 T 的增加，然而这个时间对于黏土产生明显的排水量而言却比较短暂。即使在 1s 之内有少量的水排出，这种排出量也是微不足道的。事实上，荷载发生变化的瞬时，黏土是不排水的。

如果维持荷载 P 和荷载 T 恒定，并持续较长时间（比如一天），黏土试样将由不排水状态向排水状态转变。这是因为，一天之内，水有充足的时间从黏土中排出。在此期间，孔隙的体积将减小并恢复原来的平衡。事实上，这种平衡是逐渐达到的，严格意义上而言，这种平衡不可能完全达到，只能是一种近似。同时，实践表明，恒定荷载在持续一天之后，黏土将排水。

从这个例子中我们可以明白，不排水与排水这些词汇应用于土力学时的差别就在于时间。每一种土自身的特性决定了土体由不排水状态向排水状态转变所需的时间。作为一种实用方法，这个时间可以用 t_{99} 确定，当体积变化平衡达到 99%时，我们认为实际上已经平衡了。利用太沙基一维固结理论，我们可以估计 t_{99} 的值：

$$t_{99}=4\frac{D^2}{c_v} \tag{3.1}$$

式中 t_{99}——体积变化平衡达到 99%时所需的时间；

D——水从土体中流出时所经过的最大距离（长度）；

c_v——土的固结系数（单位时间内长度的平方）。

对图 3.1 中的试样而言，D 为试样厚度的一半，约为 1.0cm，c_v 为 $2cm^2/h$（$19ft^2/a$）。利用这些数据我们可以估得 t_{99} 为 2.0h。新荷载施加后的瞬时，试样是不排水的。两小时或更长时间之后，试样将排水。

顺便指出，直剪试验作为排水和不排水状态的例子，并不意味着直剪装置同时适用于土体的排水和不排水剪切试验。直剪试验适用于土体的排水剪切试验，但不适用于不排水剪切试验。排水直剪试验所用试样薄，致使 D 小；剪切速率低，致使在整个试验中试样基本处于排水状态。但将直剪试验应用于不排水剪切试验却不太好，因为阻止试样排水的唯一方式是快速施加荷载，受应变速率的影响，所测得的强度值会偏高。三轴试验将试样密封于非渗透膜中，从而能够完全阻止试样的排水，故更适于不排水试验。因此，三轴试验的实施可以足够缓慢，这不仅可以消除对试验不利的速率的影响，而且能够维持试样的不排水状态。

小结

1）不排水状况与排水状况的差别在于时间。

2）不排水状况意味着荷载的变化要比水流进或流出土体要快。孔隙水压力的增大或减小是对荷载变化的响应。

3）排水状况意味着在荷载变化缓慢或荷载恒定并持续较长时间条件下，水能够流进或流出土体，并使得土体关于孔隙水的流动达到平衡状态。排水状况下，孔隙水压力是受水力边界条件控制的，且不受到荷载变化的影响。

3.2　总应力与有效应力

将单位面积上所受的力定义为应力。总应力是所有力之和除以总面积。这些力包括土粒间的接触力和孔隙水压力，总面积包括孔隙面积与固体颗粒面积两部分。

有效应力是通过固体颗粒接触而传递的力，它等于总应力减去孔隙水压力。图3.1中，试样潜在剪切面上的总法向应力等于

$$\sigma=\frac{W+P}{A} \tag{3.2}$$

式中　σ——总应力（单位面积上所受的力）；

W——试样上半部分的重量及透水石、金属板、钢球的重量；

P——通过钢球所施加的法向荷载，F；

A——总面积（L^2）。对于典型的直剪装置，剪切盒的面积为$0.0103m^2$，W约为12.4N。

当不向试样施加荷载时（即$P=0$），则水平面上的法向应力为

$$\sigma_0=\frac{12.4}{0.0103}=1.2(kPa) \tag{3.3}$$

有效应力等于总应力减去水压力。考虑不向试样施加荷载（当$P=0$）的状况：如果试样有足够的时间达到排水条件，此时水压力为静水压力，其值受到剪切盒内所储水的深度控制。对于典型的直剪装置，水的深度（图3.1中的h）约为0.051m。在水平面上相应的静水压力为

$$u_0=\gamma_w h=9.81\times0.051=0.5(kPa) \tag{3.4}$$

式中　u_0——试样的初始水压力；

γ_w——水的单位重量（$\gamma_w=9.81kN/m^3$）；

h——水平面以上水的高度（$h=0.051m$）。

当$\sigma_0=1.2kPa$、$u_0=0.5kPa$时，有效应力等于0.7kPa：

$$\sigma_0'=\sigma_0-u_0=1.2-0.5=0.7(kPa) \tag{3.5}$$

式中　σ_0'——有效应力。

当向试样施加荷载$P=200N$时，总法向应力的改变量为

$$\Delta\sigma=\frac{200}{0.0103}=19.4(kPa) \tag{3.6}$$

加载之后的总应力为

$$\sigma=\sigma_0+\Delta\sigma=1.2+19.4=20.6(kPa) \tag{3.7}$$

总应力值的定义与粒间接触力的大小及所传递的孔隙水压力的大小无关。对于不排水状况和排水状况而言，总应力是相同的。总应力的值仅依赖于平衡状态，它等于所有法向应力的和除以总面积。

当快速施加荷载P并且试样不排水，此时孔隙压力将发生变化。试样被限制在剪切盒内不能发生变形。黏土是饱和的（孔隙饱水），因此只有水排出之后试样的体积才能发生变化。此时，所加荷载完全由孔隙水承担，并表现为孔隙水压力增大。土骨架（土

颗粒之间相互接触形成的架构体或聚合体）不会改变形状和体积，并且不承担新施加的荷载。

在这些情况下，孔隙水压力的增加等于总应力的改变：

$$\Delta u = \Delta\sigma = 19.4(\text{kPa}) \tag{3.8}$$

式中 Δu——不排水状况下由于荷载的变化而引起的水压力增加。

施加荷载之后的水压力等于初始水压力与水压力增加值之和：

$$u = u_0 + \Delta u = 0.5 + 19.4 = 19.9(\text{kPa}) \tag{3.9}$$

有效应力等于总应力［式（3.7）］减去水压力［式（3.9）］：

$$\sigma' = 20.6 - 19.9 = 0.7(\text{kPa}) \tag{3.10}$$

由于 200N 的荷载所引起的水压力的增加值等于总应力的增加值，因而有效应力并未发生改变。

考虑到试件不排水，因此，荷载施加之后的有效应力［式（3.10）］与荷载施加之前的有效应力［式（3.5）］相等。荷载施加较快而水来不及排出，因此饱和试样不发生体积变化，土骨架不发生应变，由土骨架承担的荷载（用有效应力值衡量）亦不会发生变化。

如果荷载恒定并持续一段时间，那么将发生排水现象，试件最终将会排水。当试件内部的水压力（孔隙压力）与外部的水压力相等时，将会发生排水状况。该状况的发生受到直剪设备内所储存的水的水平所控制。事实上，在大约 2h 左右试件将发生排水，并且这种排水状况将持续下去，直至荷载再次变化。2h 之后，试样的平衡已达到 99%，体积变化基本完成，水平面上的孔隙压力等于静水压力水头，$u=0.5\text{kPa}$。

排水状况下，有效应力为

$$\sigma' = 20.6 - 0.5 = 20.1(\text{kPa}) \tag{3.11}$$

并且 200N 的荷载完全由土骨架承担。

小结

1）总应力是所有竖向力（包括通过土颗粒接触传递的力与通过水压力传递的力）之和除以总面积。

2）有效应力等于总应力减去水压力。它等于由土骨架所传递的力除以总面积。

3.3 排水抗剪强度与不排水抗剪强度

抗剪强度定义为土体所能承受的最大剪应力值。图 3.1 所示的直剪试样在水平面上的剪应力等于剪力除以剪切面积：

$$\tau = \frac{T}{A} \tag{3.12}$$

无论在排水或不排水状况下土体是否发生破坏，土体的抗剪强度均受有效应力控制。抗剪强度与有效应力的关系可以用莫尔-库仑强度包线描述，如图 3.2 所示。在图 3.2 中 s 或 τ 与 σ' 的关系可以表示为

$$s = c' + \sigma'_{ff}\tan\phi' \tag{3.13}$$

式中　s——抗剪强度；

c'——有效黏聚强度；

σ'_{ff}——土体破坏时剪切面上的有效应力；

ϕ'——与有效应力对应的内摩擦角。

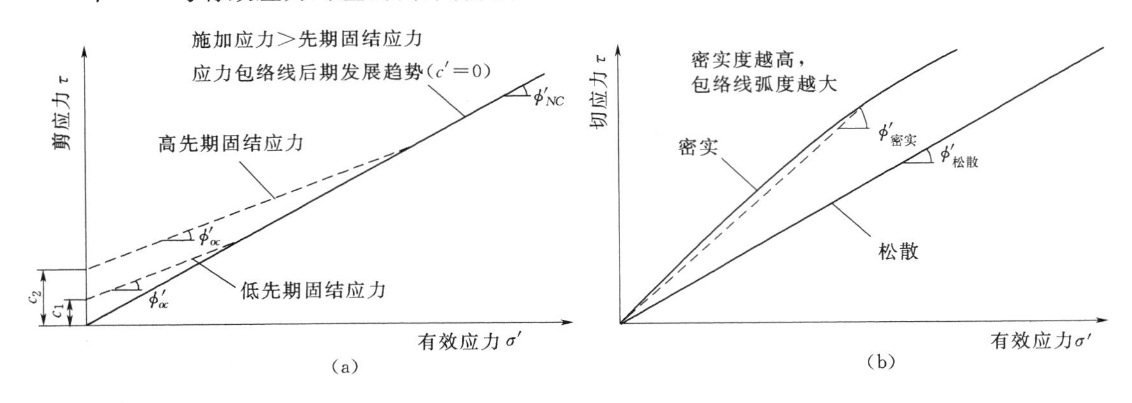

图 3.2　有效应力抗剪强度包络线

（a）黏土；（b）砂、砾石、堆石

有效强度包络线在某种程度上可能是弯曲的。在低应力条件下，这种曲率最为重要，这将在第 5 章和第 6 章中讨论。

3.3.1　抗剪强度的来源

如图 3.1 所示，如果在试样上施加剪切荷载 T，相对于底部，剪切盒的顶部将移动到左端。如果剪切荷载很大，黏土将在水平面发生剪切破坏，并且发生较大的位移。破坏将随着沿水平面的破裂区的发展或通过土体的破裂而发生。

相对于下半部分，当试样的上半部分移动到左边时，土的强度将发挥作用，破裂区内的土颗粒将由原先位置移动到相邻土颗粒的位置。土颗粒之间的结合将被打破，某些单个的土颗粒可能发生破坏，一些土颗粒经旋转调整至新的位置，一些土颗粒会因滑动而穿过相互接触的临近土颗粒。土颗粒的这些运动会受到颗粒之间结合作用的抵抗，这些作用包括滑动摩擦阻力，以及颗粒发生位移时来自颗粒位移和位置调整的干扰。这些类型的抵抗作用共同构成了土体抗剪强度。

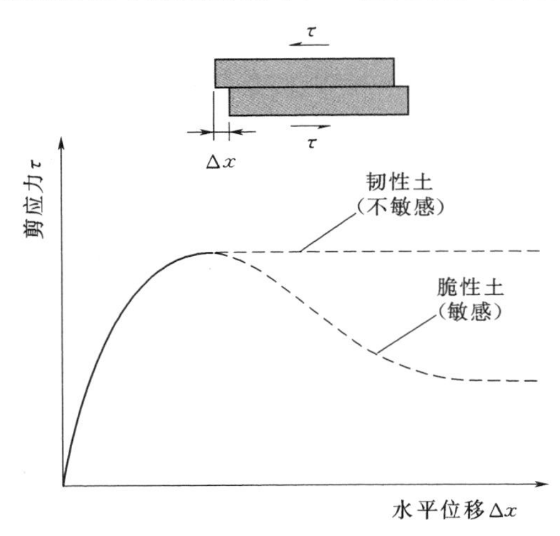

图 3.3　直剪试验的剪应力-剪位移曲线

颗粒之间接触力的大小和土的密度，是控制土体强度的两个最为重要的因素。较大的粒间接触力（较大的有效应力值）和较大的密度会产生较大的强度。

当 τ 增加时，剪切盒上部与下部的剪切位移（Δx）也将增大，如图 3.3 所示。剪切位移是由破裂区的剪应变产生的。在直剪试验中剪切位移很容易测定，然而由于剪切区的厚度不易获得，这致使剪应变不易确定。尽管直剪试验可以用于测量土体的强度，但只能提供有关应力-应变行为的定性信息。直剪试验可以确定土体是塑性的（土体破坏后仍具有较高的剪切抵抗力）还是脆性的（土体破坏后剪切抵抗力大幅降低）。

3.3.2 排水强度

土的排水强度是指特定情况下土体的抗剪强度：当土体加载足够缓慢时，不会因加载而产生超孔隙压力。

当荷载缓慢加载于土体，或荷载持续足够长时间以致土体充分排水时，土体内部水压力始终保持原有平衡状态，这时即为排水工况。在实验室内，可通过向试样缓慢加载从而获得排水条件，此时土体加载时不产生超孔隙压力。

假设图 3.1 所示的直剪试样在 200N 的垂直向荷载下达到了排水状况，然后通过缓慢增加 T（不产生超孔隙压力）使试样破坏。根据式（3.11），在 200N 的荷载下平衡时，在水平面上的有效法向应力等于 20.1kPa，当黏土试样缓慢受剪时，该值将保持恒定。式（3.13）给出了试样的抗剪强度与有效法向应力 σ' 的关系。如果黏土正常固结，c' 将等于零。对于正常固结的砂土或粉质黏土，ϕ' 的值介于 25°与 35°之间。作为一个例子，假设 ϕ' 等于 30°。正常固结黏土的排水强度为

$$s=c'+\sigma'_{ff}\tan\phi'=0+20.1\times0.58=11.6(\text{kPa}) \qquad (3.14)$$

式中，$c'=0$，$\tan\phi'=\tan30°=0.58$。

3.3.3 排水剪切期间体积的变化

土体受剪时是趋于压缩还是趋于膨胀（扩大），取决于土的密度和它所受到的有效应力。在密实的土体中，土颗粒紧密地连接在一起，当土颗粒彼此相对移动时，这种紧密连接作用将对其产生巨大的干扰。在非常密实的土体中，土颗粒之间不能发生相对移动，除非土颗粒跨过其他颗粒，而这将导致土体膨胀。

较高的有效应力有趋于阻止膨胀的作用，因为土体的膨胀会对有效围压产生抵抗作用。如果有效围压足够高，土体不会发生膨胀。相反，当剪切发生时，单个的土颗粒会发生破坏。

在低密度的土体中，土颗粒组合松散，其平均间距较大。松散土体受剪时，土颗粒趋于移动到相邻土颗粒的空隙中，土体的体积减小。

密度越小有效应力越大，受剪时土体越趋于压缩。相反，密度越大围压越低，受剪时土体越趋于膨胀。在黏土中，密度主要由曾受到过的最大有效应力控制。

正常固结的土曾受到过的有效应力要比当前受到的有效应力低，对于给定的有效应力而言，其密度可能是最小的。因此，受剪时正常固结的黏土趋于压缩。

超固结土之前曾受到过较高的有效应力，因此，当有效应力相同时，它的密度要比正常固结土的密度大。因此，受剪时，超固结土的压缩要比正常固结土小，或者，若之前的最大有效应力（前期固结压力）足够大，在剪切期间黏土也将发生膨胀。

3.3.4 不排水剪切期间孔隙压力的变化

受剪时，正常固结的或轻微超固结的饱和黏土趋于压缩。这将导致在不排水状况下，随着剪应力的增加，孔隙压力变大。这是因为只有土体排水时，饱和土的体积才能发生变

化。同理，不排水状况下，严重超固结的土受剪时有膨胀的趋势，随着剪应力的增加，孔隙压力将减小。因此，当黏土在不排水状况下受剪时，在剪切期间土体内的有效应力将发生变化。对于正常固结或轻微超固结的土，有效应力将减小，而对于严重超固结的土，有效应力将增大。

3.3.5 不排水强度

不排水状况下，加载至土体发生破坏时土的强度称为不排水强度。当加载速率高于土体排水速率时即会发生不排水状况。实验室内，不排水条件可以通过向试样快速加载（试样中的水来不及排出）或将试样密封于非渗透膜内来实现。（前述已提及，最好通过使用非渗透膜来控制排水，而不建议快速加载，以避免不具有代表性且不利的高应变速率场的产生。）

假设图3.1所示的直剪试样在200N的垂直向荷载下达到了排水状况，然后通过快速增加 T（抑制排水）使试样破坏。根据式（3.11），在剪切荷载增加前，200N的荷载下平衡时在水平面上的有效应力等于20.1kPa，孔隙压力等于0.5kPa，如式（3.4）所示。

当施加剪切荷载 T 且来不及排水时，由于黏土在20.1kPa的有效应力下正常固结，孔隙水压力将增大。

在这些条件下，随着剪切荷载 T 增加，典型的正常固结黏土试样内的孔隙压力将增加约12kPa，破坏时破坏面上的有效法向应力 σ'_{ff} 将发生同样数量的减少。因此，破坏时在破坏面上的有效应力等于20.1kPa减去12kPa，约为8kPa。黏土的不排水强度约为4.6kPa：

$$s=c'+\sigma'\tan\phi'=0+8.0\times0.58=4.6(\text{kPa}) \tag{3.15}$$

直剪试样在排水和不排水状况下发生剪切破坏时，在水平破坏面上的有效法向应力与剪应力如图3.4所示。对于排水状况，由于没有超孔隙压力，破坏面上的有效法向应力将维持恒定，而剪应力将增加直至发生剪切破坏。对于不排水状况，孔隙压力的增加将导致破坏面上的有效应力减小，并使抗剪强度降低。

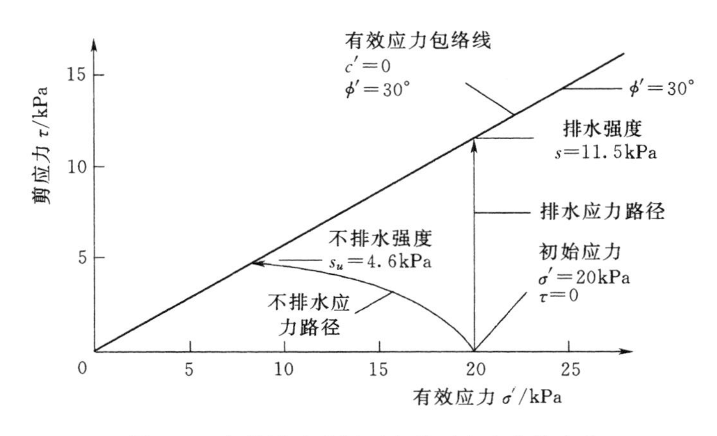

图3.4　直剪试验破坏面上的正应力和剪应力

不排水强度低于排水强度是正常固结黏土的典型特征。这是因为在不排水剪切期间，正常固结黏土的孔隙水压力增加而有效应力降低所导致的。对于严重超固结黏土，恰好相反：在剪切期间，由于孔隙水压力减小而有效应力增加，因此不排水强度要高于排水强度。

3.3.6 强度包线

土体的强度包线是通过采用一系列的压力进行强度试验并将试验结果绘制在莫尔应力图上而得到的，如图 3.5 所示。通过这种方法不仅可以得到有效应力强度包线，也可以得到总应力强度包线。图 3.5 所示的强度包线代表了非扰动黏土试样的试验结果。无论排水与不排水，黏土的强度都是由有效应力和密度控制的，因而，有效应力包线代表了黏土的基本行为特征。总应力包线不仅反映了不排水剪切过程中的孔隙压力，也反映了有效应力的基本行为特征。

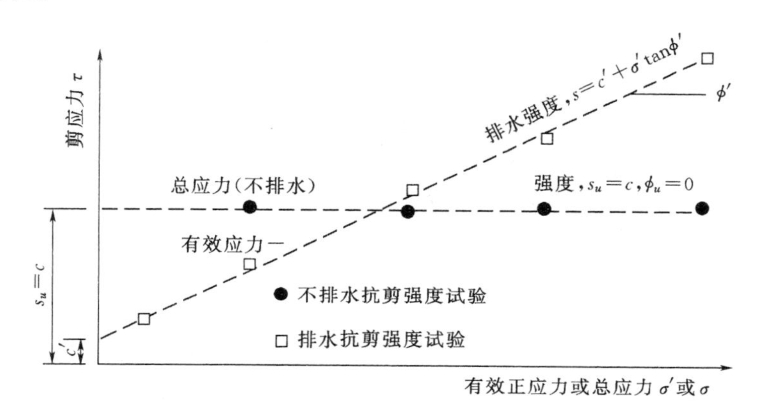

图 3.5 排水和不排水饱和黏土强度包络线

（1）饱和黏土的有效应力强度包线。

如图 3.2（a）所示，有效应力强度包线包括两部分。在高应力部分，黏土正常固结，包线的高压力部分延伸通过原点。在低应力部分，黏土是超固结的，在该压力范围内的强度包线不能延伸通过原点。

有效应力抗剪强度参数 c' 和 ϕ' 的值因此依赖于黏土是正常固结的还是超固结的，也依赖于黏土的基本属性，如黏土矿物的类型和孔隙比。若将黏土在一系列使之正常固结的压力下进行试验，则 c' 等于零，ϕ' 为常数。若将黏土在一系列使之超固结的压力下进行试验，则 c' 大于零，且 ϕ' 的值比正常固结时的值低。由于表征黏土强度特征的参数 c' 和 ϕ' 的值依赖于与预固结压力有关的应力的大小，因此在实验室进行测试时有必要选择压力，以保证压力值与在稳定性分析时滑动面上的有效应力保持一致。这些压力值应在室内测试之前提前进行估测。在进行稳定性分析时，应确保临界滑动面上的有效应力与室内测试时的有效围压相一致。一般而言，破坏面上同一点处的有效法向应力约为 σ_3' 值的 1.5 倍。

（2）非饱和黏土的有效应力强度包线。

目前对非饱和黏土的行为特征研究尚不成熟。关于非饱和黏土的有效应力的概念存在几种不同的理论（Bishop 等，1960；Fredlund 等，1978；Vanapalli 等，1996；Lu 和 Likos，2004）。在确定抗剪强度时，这些理论都将孔隙水压力 u_w 和孔隙气压力 u_a 视为独立的变量。这些理论为由负孔隙压力所产生的那部分抗剪强度的确定提供了方法。

对于非饱和的黏土的抗剪强度关系的描述是由 Fredlund 等人提出的。这个关系的公式具有与莫尔-库仑等式相同的形式，如式（3.16）所示：

$$s=c'+(\sigma-u_a)\tan\phi'+(u_a-u_w)\tan\phi^b \tag{3.16}$$

这个等式采用了额外的强度参数 ϕ^b，它被定义为“基质吸力摩擦角”，用于描述非饱和的土的抗剪强度。当采用这种强度关系时，是用强度包面来描述非饱和黏土的强度性质。作为强度包面的一个例子，如图 3.6 所示。

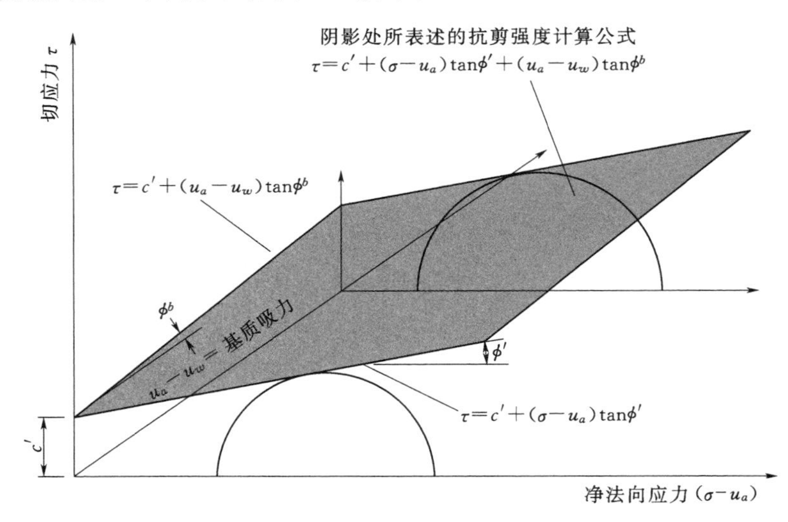

图 3.6 部分饱和土的有效应力抗剪强度面（Lu，Likos，2004）

尽管许多商用边坡稳定性分析程序提供了利用强度的构成去分析非饱和土体的方法，但却不一定奏效。式（3.16）中的额外项 $(u_a-u_w)\tan\phi^b$ 代表了由基质吸力所引起的强度的额外组成部分。忽略这部分的话，会使分析结果偏保守，然而在进行非饱和黏土边坡的稳定性分析时通常都没有包含这部分。

（3）饱和黏土的总应力强度包线。

饱和黏土的总应力包线是水平的，这意味着抗剪强度是常数且与试验所用总应力的大小无关。这种特征可用下述关系进行描述：

$$c=s_u \tag{3.17a}$$

$$\phi_u=0 \tag{3.17b}$$

式中 c——总应力黏聚力截距；

s_u——不排水抗剪强度；

ϕ_u——总应力摩擦角。

饱和黏土的一系列不排水试验所对应的强度包线如图 3.5 所示。由于黏土饱和且不排水，故所有的总法向应力对应着相同的抗剪强度。总法向应力的增加或减小仅会导致孔隙压力发生改变，而孔隙压力的改变量与法向应力的改变量相等。由于土是饱和、不排水且孔隙流体（水）几乎是不可压缩的，因此总法向应力的变化并不会引起土的密度的变化，故有效应力和密度均为常数。又因为强度受有效应力和密度控制，故而强度亦为常数。

从根源上讲，尽管强度是由有效应力控制的，但有时为了达到目的而使用如图 3.5 所示的总应力包线却更为方便。在进行稳定性分析时，有效应力和总应力的使用将在本章的后续部分讨论。

（4）非饱和黏土的总应力强度包线。

若黏土是非饱和的，那么总应力的不排水强度包线将不再是水平的。相反，它将是倾斜的，并表现为图 3.7 所示的形式。由于总应力的改变并不会引起孔隙压力的同等变化，故随着总法向应力的增加，强度也将增加。当作用于非饱和的试样上的总应力增加时，孔隙压力和有效应力均将增加。总法向应力的增加会引起密度的增大。这是因为，土孔隙中同时含有水和空气，孔隙流体（水和空气的混合物）并非不可压缩，且仅有部分总应力由孔隙流体承担。平衡是由土骨架承担的，这就导致了有效应力的增加。

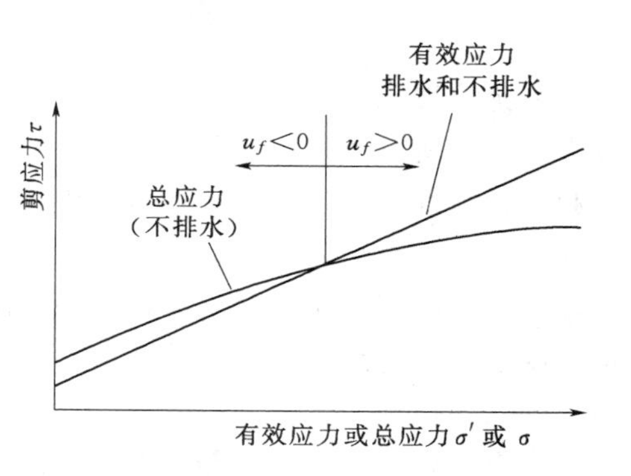

图 3.7 部分饱和黏土不排水强度包络线

总应力的改变量由孔隙压力的变化及有效应力的改变量承担，且总应力的改变量取决于黏土的饱和度。当饱和度在 70%左右的范围内或更低时，孔隙压力的变化可以忽略不计，几乎所有总应力的变化反映在有效应力的变化上。当饱和度接近 100%时，情况恰恰相反：几乎所有总应力的变化反映在孔隙压力的变化上，而有效应力的变化可以忽略不计。

这种行为反映在图 3.7 所示的总应力包络线的曲率上，表现为：饱和度随总围压的增加而增加。当总应力值较低时，饱和度也较低，由于有效应力的变化占到总应力变化的很大部分，因而包线更陡。当总应力值较高时，饱和度也较高，由于有效应力的变化仅占总应力变化的较少部分，因而包线更平坦。

小结

1）抗剪强度由土所能承受的最大剪应力定义。

2）在排水条件下或不排水条件下，不论是否发生剪切破坏，土的抗剪强度是由有效应力控制的。

3）发生剪切破坏时，破坏面上的有效应力不发生变化，对应破坏时的强度即为排水强度。

4）含水量不变化，对应破坏时的强度即为不排水强度。

5）由于强度是由有效应力和密度控制的，因而有效应力强度包线反映了土的基本行为特征。

6）一些特殊理论可用于评估非饱和黏土的强度。

7）总应力强度包线反映了不排水剪切期间孔隙压力的发展，以及有效应力的基本行为特征。

8）对饱和黏土而言，总应力强度包线是水平的，相应有 $c=s_u$、$\phi_u=0$。对于非饱和黏土，总应力包线是弯曲的，且 ϕ_u 大于零。

3.4　边坡稳定性分析的基本要求

无论边坡稳定性分析是在排水工况还是在不排水工况下进行，最基本的条件是满足总应力平衡。所有体积力（重量）和所有外部荷载，包括那些由于水压力作用于外部边界而引起的力，都必须包括在分析过程中。这些分析提供了两个有用的结果：①剪切面上的总法向应力；②平衡时所需的剪应力。

剪切面的安全系数是土的抗剪强度除以平衡时所需的剪应力所得到的比值。在估计抗剪强度时需要用到沿滑动面的法向应力：除 $\phi=0$ 的土体以外，抗剪强度取决于潜在破坏面上的法向应力。

在有效应力分析中，是用有效应力来估计抗剪强度，总应力减去沿剪切面的孔隙压力即可得有效法向应力。因此，进行有效应力分析时，有必要知道（或估计）沿剪切面上每一点处的孔隙压力。排水工况下，对这些孔隙压力的估计可获得相对较好的精度，且这些孔隙压力值可由流体静力学条件或稳定渗流边界条件确定。不排水工况下，孔隙压力很难准确估计，因为此时的孔隙压力值取决于土体对外部荷载的响应以及瞬态水力边界条件。

在总应力分析中，由于抗剪强度与总应力有关，因此不需从总应力中减去孔隙压力。而总应力分析仅适用于不排水工况。总应力分析的基本前提是：因不排水加载所引起的孔隙压力是由土壤自身的行为特性所决定的。在潜在破坏面上，若给定一个总应力值，那么就会存在唯一的孔隙压力值，因此也就存在唯一的有效应力值。因不排水加载工况下有效应力与总应力是一一对应的，因此，尽管抗剪强度受有效应力控制，但对不排水工况而言，有可能将抗剪强度与总法向应力联系起来。

显然，这种推理不适用于排水工况，因为在排水工况下，孔隙压力是由水力边界条件而非土体对外部荷载的响应所控制的。故总应力分析并不适用于排水工况。

3.4.1　排水工况分析

排水工况下，荷载的变化足够缓慢或荷载持续时间足够长，这就使土体在平衡状态时荷载不引起超孔隙压力。排水工况下孔隙压力受水力边界条件控制，土壤中的水可能是静态的，也可能稳态渗流。稳态渗流时，渗流不随时间而改变，土壤中的水量亦不发生增减。

若在某处的所有土壤中这些条件有效或近似合理，那么排水分析就是合适的。在进行排水工况分析时要用到：

1）总单位重量。

2）有效应力抗剪强度参数。

3）静水位或稳态渗流分析所确定的孔隙压力。

3.4.2　不排水工况分析

不排水工况下，与水在土壤中流进或流出的速率相比，荷载的变化更为迅速。孔隙压力受到外部荷载发生变化时土壤对其响应行为的控制。

若在某处的所有土壤中这些条件有效或近似合理，那么不排水分析就是合适的。在进行不排水工况分析时要用到：

1）总单位重量。

2）总应力抗剪强度参数。

能否在相同的分析中使用与总应力有关的强度和与有效应力有关的强度呢？考虑这样一种情况：在黏土地基上填筑砂砾石路堤。由于砂砾石排水很快，因此在路堤中不产生超孔隙压力，我们可以用有效应力强度包线 $s=\sigma'\tan\phi'$ 来表征路堤强度。由于黏土排水相当缓慢，因此在正常施工期间不产生明显排水，我们可以用总应力强度包线 $s_u=c$、$\phi=0$ 来表征地基强度。在这两个区域进行分析时都要用到总单位重量。在对路堤强度进行估计时，将计算所得的总应力减去孔隙压力即可得有效应力。在地基中，由于黏土强度与总应力有关，因而不需减去孔隙压力。

当在一个特定区域应用有效应力强度准则时，可以在另一个区域应用总应力强度准则。基本要求是要满足总应力平衡，而此时基本要求已经满足了。因此对上述问题的回答是肯定的：在相同的分析中可以使用与总应力有关的强度，也可以使用与有效应力有关的强度。

3.4.3 排水需要多长时间

按之前讨论，不排水工况与排水工况的区别在于时间。从不排水工况向排水工况的转化所需的时间取决于土体特点及其尺寸。如式（3.18）所示：

$$t_{99}=4\frac{D^2}{c_v} \tag{3.18}$$

式中 t_{99}——排水平衡达到99%时所需的时间；

D——排水路径的长度；

c_v——固结系数。

对黏土而言，c_v 值从 1.0cm²/h（10ft²/a）到约为该值 100 倍的范围内。粉土的 c_v 值约为黏土的 100 倍，砂土的 c_v 值约为粉土的 100 倍甚至更高。这些典型值可用于对现场土体达到排水工况所需的时间进行粗略估计。

排水路径的长度与土层厚度有关。当土层边界两侧的土体渗透性更好时，排水路径长度为土层厚度的一半；当仅单面排水时，排水路径长度等于土层厚度。黏土层中的透镜状地层或粉砂层可以提供内部排水工况，这就使得内部排水层之间的排水路径长度减至厚度的一半。

根据式（3.18）计算所得的 t_{99} 值，如图 3.8 所示。对于绝大多数实际状况，黏土层要在数年或几十年内才能达到排水平衡，因而在黏土层中通常要考虑不排水状况。另一方面，沙砾石层几乎很快就能达到排水平衡，因此对于这些材料仅需考虑排水工况。当砂层与黏土层之间存在粉土层时，此时很难预测粉土层更接近于排水还是不排水。当对某土层到底排水还是不排水存在疑惑时，排水和不排水状况都要进行分析，以便涵盖所有的可能性。

3.4.4 短期分析

短期指的是建设期间或紧随建设期——紧随着荷载变化而变化的时间条件。例如，

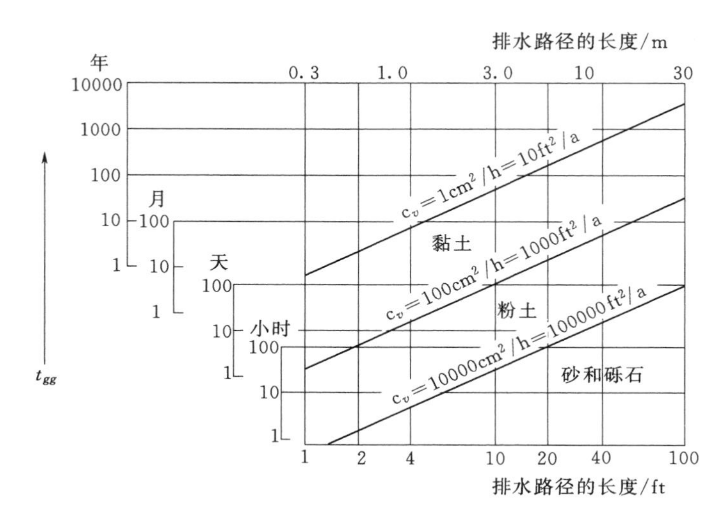

图3.8 堆积土排水所需的时间（根据太沙基固结理论）

在黏土地基上修筑砂土路堤需要两个月时间，路堤的短期条件就是修筑结束的时间，即两个月。在该段时间内，可以近似合理地认为，黏土地基不发生排水而砂土路堤完全排水。

在该工况下，将路堤视为排水而地基视为不排水才是合乎逻辑的。正如前面所提到的，在进行单独分析时，根据有效应力将路堤视为排水，根据总应力将地基视为不排水，这不会产生任何问题，也不会造成任何不一致。

根据前面的讨论，无论在进行总应力分析还是在进行有效应力分析时，都必须满足总应力平衡条件。总应力分析和有效应力分析的不同之处在于所用的强度参数以及孔隙压力是否确定。在对黏土地基上的砂土路基进行短期分析时，砂土的强度应当用有效应力表征（对砂土使用ϕ'值），黏土的强度应当用总应力表征（$s_u=c$且随深度而变化，对于饱和黏土有$\phi_u=0$）。

若地下水位在黏土顶部的上方，或在路堤中有渗流发生时，那么应指明砂土的孔隙压力，但黏土的孔隙压力却不能确定。然而在进行总应力分析时，由于黏土的强度与总应力有关，故没必要指明其孔隙压力。当指明孔隙压力时，许多计算机程序会视土体为不排水的，从而将孔隙压力减去，若ϕ大于零就会导致错误。因此，用总应力分析土体时，孔隙压力应设置为零，即便事实上它们并不等于零。（在$\phi=0$的特殊例子中，若孔隙压力未指定为零也不会产生错误，因为强度是独立于法向应力的，对法向应力的错误估计并不会使强度表征产生错误。）

对这两种材料而言，作用于地基或路堤表面的外部水压力应当被指明，因为外部水压力是总应力的组成部分，为了满足总应力平衡它们必须包括在内。

3.4.5 长期分析

一段时间之后，黏土地基会满足排水条件，对这种工况的分析已在前述3.4.1节讨论过了，因为长期与排水工况具有完全相同的意义。这两个术语指的是已达到排水平衡，并且外部荷载没有引起超孔隙压力。

长期条件下，砂土路堤和黏土地基应当用有效应力来表征。两种材料都应指明孔隙压力（由静水位或稳态渗流分析所确定）。此外，两种材料都应指明作用于地基或路堤表面的外部水压力，因为像往常一样，为满足总应力平衡它们必须包括在内。

3.4.6　渐进性破坏

极限平衡分析的基本假设之一是：在较大的应变范围内，土的强度可以充分发挥，如图 3.3 中所标注的“塑性”曲线所示。这一内涵性的假设源于这样一个事实：极限平衡分析不提供任何与变形或应变有关的信息。

超固结黏土和泥板岩（特别是裂隙极发育的黏土和泥板岩）的开挖极可能发生渐进性破坏。这些材料的应力-应变特征呈脆性，具有较高的水平向应力，且水平向应力一般要高于垂向应力。当对裂隙极发育的黏土和泥板岩进行开挖时，开挖边坡会产生水平向的回弹，如图 3.9 所示。Duncan 和 Dunlop（1969）及 Dunlop 和 Duncan（1970）的有限元研究表明，坡趾处的剪应力很高，且边坡的剪切破坏有先从坡趾开始然后逐渐向坡顶下方发展的趋势。

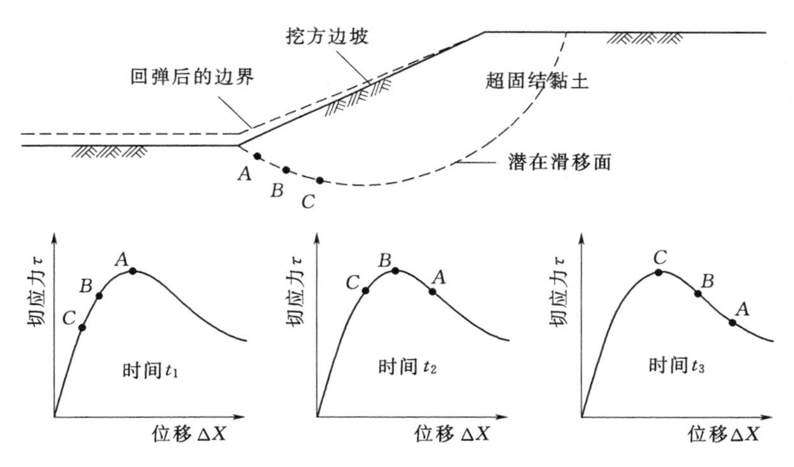

图 3.9　超固结黏土边坡开挖的渐进破坏机制

边坡开挖的瞬时（t_1 时刻），点 A 处的应力达到应力-位移曲线的峰值，而点 B 和点 C 处的应力较低。边坡开挖卸荷的滞后性响应，或应力减小后含水量增加而使黏土边坡发生隆起，这些原因使得随着时间的推移，边坡会继续回弹并切割。因此，在稍后的时刻（t_2），点 A、点 B 和点 C 的位移都将变大，如图 3.9 所示。点 A 处的剪应力因向峰后段移动而减小，点 B 和点 C 处的剪应力增大。随后（t_3），点 B 处的位移足够大，致使该处的剪应力发生下降并低于峰值。通过这一过程，破坏将渐进式地延伸至滑动面，且滑动面上的所有点并非同时达到峰值抗剪强度。

由于具有脆性应力-应变特征的土体能够发生渐进性破坏，因而这种类型的土体在进行极限平衡分析时不应采用峰值强度；脆性土体使用峰值强度会使边坡稳定性评估不准确并有所夸大。如在第 5 章中所讨论的那样，超固结黏土边坡，特别是裂隙化黏土边坡的经验表明，滑面不发育的材料适于采用完全软化后的强度，而对于滑面发育的状况适于采用残余强度。

小结

1）所有的边坡稳定性分析都必须满足总应力平衡条件。

2）在进行有效应力分析时，对剪切面上有效应力的估计，应从总应力中减去孔隙压力。

3）在进行总应力分析时，不应减去孔隙压力。抗剪强度与总应力有关。

4）总应力分析的基本假设是：总应力与有效应力之间存在一一对应关系。但这仅适用于不排水加载情况。

5）总应力分析并不适用于排水工况。

6）土层的排水时间，沙砾石层仅需几分钟，而黏土层却需要几十年甚至几百年。

7）短期状况下，排水缓慢的土体最好用不排水工况表征，而排水迅速的土体最好用排水工况表征。对于排水工况的土体应使用有效应力强度参数进行分析，而不排水工况的土体应使用总应力强度参数进行分析。

8）当使用有效应力强度参数时，由水力边界条件所确定的孔隙压力应当被指明。但使用总应力强度参数时，不需指明孔隙压力。

9）极限平衡分析的一个内涵性假设是：土体表现出塑性应力-应变行为特征。对于具有脆性应力-应变特征的材料，如裂隙极发育的黏土和泥板岩，不应使用峰值强度，因为在这些材料中会发生渐进性破坏。对这些材料若使用峰值强度的话，会使其稳定性评估结果不精确并有所夸大。

第4章　常规稳定性分析

4.1　概述

作用在边坡上的荷载富有多变性，其坡体内部剪应力亦会随之变化，结果导致边坡安全系数的变化。由此，对边坡一个周期内所遇到的各类荷载情况分别进行分析非常有必要。当计算工况发生改变时，边坡安全系数可能升高也可能降低。

当在黏土地基上修建堤坝时，工程建设会造成基底土体孔隙水压的升高。

作用在边坡上的荷载和其所受的剪切强度随着时间的变化会导致边坡的安全系数也发生着相应的变化。因此，对在不同工况条件下边坡的不同阶段进行边坡稳定性分析是非常有必要的。随着状态的变化，边坡失稳的安全系数可能会增大或者减小。

当在黏土地基上修筑堤坝时，堤坝荷载导致地基土的孔隙压力增加。经过一段时间之后，这些超静水压就会消失，孔隙压力最终会回归到地下水位的限制值。由于超静水压消散，地基土内有效应力会增加，黏土的强度会增大，堤坝的安全系数也将提高。图 4.1 说

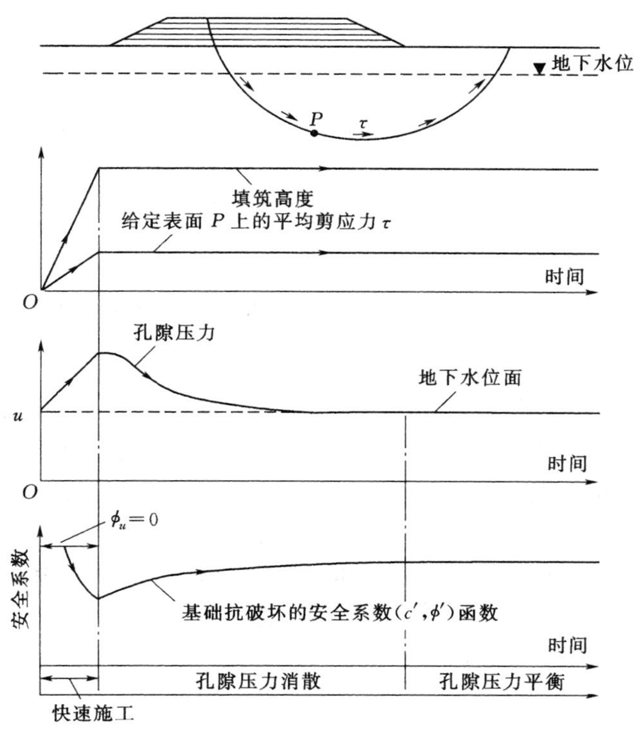

图 4.1　饱和黏土路堤的剪应力、孔隙压力和安全系数随时间的变化情况（Bishop 和 Bjerrum，1960）

明了这些关系。如图 4.1 所示，如果堤坝的高度保持不变同时没有外部荷载的作用，施工结束的时间结点将是这些变化的临界点。

随着黏土边坡的开挖，在不考虑开挖土体时，其黏土边坡中的孔隙压力会降低。随着时间的推移，孔隙压力会逐渐消散，最终会回归到地下水条件下的限制值。当孔隙水压增加时，有效应力会随着边坡开挖而减小，边坡的安全系数随着时间的变化而降低。上述结论可通过图 4.2 中所示的开挖过程中孔隙水压与安全系数变化曲线观察到。

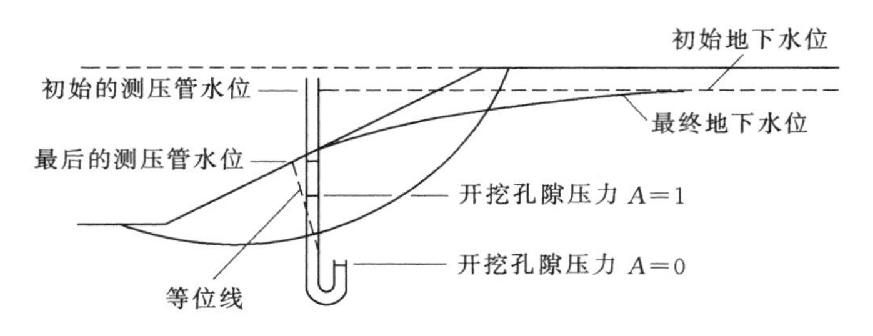

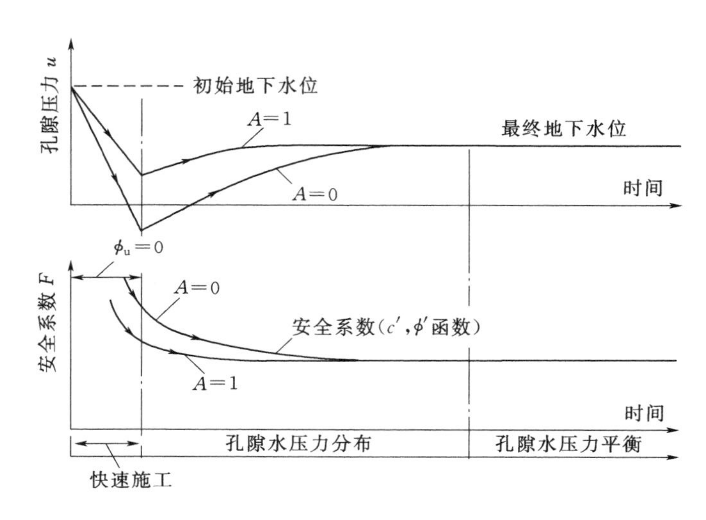

图 4.2　黏土边坡开挖后孔隙水压力和安全系数随时间的变化
(Bishop，Bjerrum，1960)

如果开挖的深度是恒定的，并且没有外部荷载，安全系数会持续地减小，直至在地下水渗流条件下空隙压力达到平衡时达到最小值。因此，在这种情况下，长期条件比结束施工时分析得到的结果更合理。

在自然边坡的情况下，不改变任何开挖或填充位置，则不存在施工结束的时点。自然边坡的边界条件对应的多种渗流路径和外部加载会导致安全系数的降低。当边坡内潜水面较高时，边坡外部荷载增大，边坡的安全系数降低。

土石坝的稳定性受诸多因素影响，黏土边坡施工过程中可能会产生正向孔隙水压力，特别是在含水量最佳的一侧材料被压实时。在划定堤坝的内的黏土芯墙时同样如此。

随着时间的变化，当水被堵住并通过堤坝渗透，孔隙压力可能增加或者减小来达到堤坝在长期渗流条件下的平衡。在大坝的运行期间水库水位也可能会随时间变化，在水库的水位快速下降时，可能会造成上游斜坡关键点处于一定的负载条件下；从正常蓄水位上升到最大蓄水位可能导致新的通过堤防的渗流状态和更严重的下游边坡稳定性条件。

地震测试斜坡在循环变化荷载的作用下历时几秒钟或几分钟，可能会导致斜坡的不稳定或者永久变形，这取决于扰动对土体强度影响的严重程度。正如第 2 章所指出的，在循环加载时松砂液化并失去几乎所有的抗剪强度。其他的非扰动土边坡，也可能会在剧烈晃动时变形，但仍然保持稳定。

4.2 稳定性后评估

采用排水强度或者不排水强度分析边坡稳定性时，主要依据于土体的渗透性。许多细粒土透水性较差，在实际过程中至产生小排水现象。这对于黏土尤其如此。这些细粒土不排水抗剪强度应采用总应力表征。对于排水自由的土体，土体的稳定性分析一般使用排水强度。排水抗剪强度是由有效应力决定的，孔隙水压力是基于水位和渗流条件而定义的。对于一些土体的不排水强度可以使用其他的排水强度进行同样的分析。

对于许多路堤边坡最关键是施工结束时的情况。但是，在某些情况下，更关键的因素有可能是施工过程中。在一些填埋作业中，包括一些垃圾填埋，填埋可能堆放出特殊的边坡几何形状，使得施工过程中的稳定性情况比在施工结束时更加不利。正如后面讨论的，如果一个堤坝的建设分阶段实施，则各个阶段均会存在平衡系统的重新构建，于是各施工阶段都应进行分析评估。

4.3 长期稳定性问题

随着时间的推移，施工后在边坡上的土体可能发生膨胀（含水量增大）或沉降变形（含水量降低）。对其进行长期稳定性分析，可以反映这些变化后发生的情况。在整个生命周期内抗剪强度通过土体有效应力，孔隙水压等指标来综合确定，其中孔隙水压的计算需考虑边坡土体在整个生命周期内最不利的地下水位和渗流情况，考虑到渗流作用在土体内的复杂性，我们可借助现有的图形分析（流网分析）技术或数值分析（有限元法，有限差分法）等技术手段进行。

4.4 水位下降

边坡的临水面快速或突然下降时，因水位下降速度太快，土体内部将没有足够的时间排水。不排水抗剪强度被认为适用于所有粒径粗的自由排水材料（$k>10^{-1}$ cm/s）。如果水位下降发生在建造完成后，那么下降时采用不排水抗剪强度分析和在建造结束时采用不排水抗剪强度分析的情况是一样的。如果水位下降是在渗流稳定后的所发生的，那么在下降时采用不排水强度分析和在完工时分析是不同的，这取决于稳态渗流时的有效应力。如果水位下降一段时间后立即施工，则其土体中的含水量增大，不排水抗剪强度会降低。水位快速升高将在第 9 章专门讨论。

4.5 地震问题

如第 2 章中所讨论的，地震影响边坡稳定性有两种方式：①在地震时的地震动产生的加速度为土体提供周期性变化的能量；②由地震载荷引起的循环应变可能导致土体的剪切强度下降。

如果循环载荷作用时土体的强度降低幅度小于 15%，则地震荷载可用拟静力分析。在拟静力分析中，地震的影响是通过粗略地应用一个静态水平力作用在潜在滑移体上表示。这种类型的分析将在第 10 章专门讨论，届时将提供一种半经验的方法来确定是否由于地震而产生可接受的变形。

如果循环载荷作用时土体的强度降低超过 15%，就需要进行动力学分析来估计地震影响下的变形。即使强度损失小于 15%，一些工程师仍对所有的斜坡进行这种类型的分析。这些更复杂的分析是高度专业化的，已经超出了本书的研究范围。

除了通过分析来估计地震所引起变形的可能性，还需要进一步的分析以评估地震后稳定性。这些内容将在第 5 章中讨论，相关分析程序在第 10 章中讨论。

4.6 分阶段建设过程中的稳定性

在软弱黏土地层上建设堤防工程的过程中，可能会因地基土软弱而导致初始地基承载力不足以满足预定建设高度的承载要求。但是，当堤防工程的建设是逐层分阶段填筑时，只要各阶段施工完毕后存在足够的时间让黏土地基完成固结沉降，则地基承载能力会得以提升，坝体的稳定性也会相应提高。因此，在上述工程实例中对因分时填筑而导致土体有效应力提高，进而产生固结沉降的问题应实施合理的估算。固结沉降后黏土地基内部的理论有效应力通常在总应力分析（不排水强度）中应用或直接用于有效应力分析（排水强度）。分阶段建设工程的理论分析流程将在第 11 章中专门讨论。

4.7 其他加载工况

前述五种荷载工程是边坡工程和水利防护工程中使用最为频繁的几种。然而，除此之外，工程实践中还会遇到另外一些特殊的荷载工况，同样是需要认真考虑的。其中一种特殊情况已在“Ⅰ型挡墙”失稳分析案例中阐述，另外还有边坡顶部堆载及局部淹没边坡等。

4.7.1 泄洪加载

已经证实由于泄洪加载导致防洪结构失效的例子有很多，例如新奥尔良防洪系统的防洪墙在 2005 年卡特里娜飓风中被破坏（Duncan 等，2008）。这与迅速泄洪条件有关，土体的强度取决于有效应力变化之前的负载，在该负载情况下防洪墙中的“Ⅰ型挡墙”非常重要。洪水的快速加载对没有嵌入式“Ⅰ型挡墙”的堤坝造成失稳影响的案例暂未发现。

4.7.2　堆载

建筑施工活动有的时候可能会在边坡上形成堆载。堆载可能是短期的，比如一辆重型车辆通过；也有可能是长期的，比如新建造的建筑物。这需要根据堆载是否是临时或者永久的以及土体排水的快慢，来选择最合适的排水或者不排水的方法。如果堆载在施工后不久发生，则其不排水强度和建设结束稳定后的情况一样。然而，如果负载发生后土体有足够的时间通过固结沉降或膨胀变形排水，则不排水抗剪强度与按照前述的分阶段施工建造流程计算出的土体强度必然存在区别。

在许多情况下，斜坡均有一个足够高的安全系数，小的堆载对其影响是微不足道的。通常由车辆和建筑物所施加的荷载与构成斜坡的土体的重量相比可以忽略不计。例如，一个单层建筑将产生的负载与1ft原土体具有相同大小的作用效应。如果不明确堆载是否会对稳定性有显著影响，则应分析其状况。

4.7.3　部分淹没和中间水位

对于上游的坝体和其他斜坡，坡体临水面的水体水位对其稳定具有一定的影响，当水位最低时通常产生最不利的情况。当边坡由不同强度特性的材料所组成时，边坡安全系数的最小值可能出现在水位在边坡中部时，上述的最关键水位（最不利水位）必须通过反复试验来确定。

4.8　土石坝稳定性分析示例

美国陆军工程兵团边坡手册（2003）、土石坝工程手册（EM 1110－2－1902）规程为在地表进行工程边坡建设提供稳定性分析指导。上面描述的是一些负荷条件下的上游坡和一些下游坡。这些工况的分析见表4.1。

表4.1　土石坝的分析工况

分析工况	边坡	分析工况	边坡
施工结束（包括阶段性施工）	上游和下游	水位突降	上游
长期（稳定渗流、大水库、堰顶或顶部的门）	下游	地震荷载	上游和下游
最大堆池	下游		

注　美国陆军工程兵团，EM1110－2－1902（2003）。

小结

1）是否采用排水或不排水强度分析最终的边坡稳定性，取决于土体的渗透性。

2）长期稳定性分析反映了膨胀和固结后的条件是完整的，应使用排水强度和孔隙水压力对应的稳定渗流条件。

3）地震作用使边坡产生周期性变化的应力，原因在于循环荷载引起土体抗剪强度降低。在循环载荷试验测得的抗剪强度适用于地震时的稳定性分析。

4）对堤防进行阶段性施工的稳定性分析时需要进行建造过程分析，以估算地基受部分堆载影响而造成的有效应力增加。

第5章 抗 剪 强 度

5.1 概述

土质边坡稳定性分析的一个关键步骤是测量或估算土体的强度。只有所使用的抗剪强度与对边坡土体和所分析的具体条件相适应时，分析才是有意义的。70 多年来，很多有关土的抗剪强度的分析包括边坡稳定性和大量有价值的研究都在惊叹和不愉快的历程中被验证，有关土体强度信息的累积量也越来越多。下面将重点讨论土体强度控制理论，这对土体强度的估算异常重要，且土体强度的相关性在工程实践中意义重大。本章的目的在于建立一套土体强度估算的信息框架，并逐步开始在实践过程中探析土体强度的细节问题。

5.2 颗粒状材料

所有类型的颗粒状材料（砂、砾石和碎石）其强度特性在许多方面都是类似的。因为这些材料的渗透率高，它们通常是完全干燥的，如第 3 章所述。颗粒状材料属于无黏性土：颗粒间相互不黏结，有效应力包络线通过莫尔圆的原点。这些材料的剪切强度可通过如下方程描述。

$$s=\sigma'\tan\phi' \tag{5.1}$$

式中 s——剪切强度；

σ'——达到极限破坏时的有效应力；

ϕ'——有效应力所对应的内摩擦角。

估算颗粒状材料的排水强度需要通过测量或估算合适的 ϕ' 值。影响粒状土壤 ϕ' 值的最重要的因素是密度、颗粒级配、应变边界条件和如围压、矿质类型、粒子大小和形状等在剪切断裂时能控制粒子数量的因素等。

5.2.1 围压的影响

土体的莫尔-库仑强度包络线呈现出不同程度的弯曲，这种弯曲可通过不同的方法进行解释。对于土体颗粒而言，割线摩擦角的使用具有实际意义。

奥罗维尔（Oroville）坝体土石料四次剪切强度试验的莫尔圆及其包络线如图 5.1 所示。因为所用材料是无黏性的，所以莫尔圆的强度包络线必然经过坐标轴原点，极限有效应力和强度之间的关系可以通过式（5.1）来表达。

ϕ' 值可以用 4 个莫尔圆中的任意一个来确定。ϕ' 值对应的倾斜线为通过原点传递应力圆切线的特定测试极限值，如图 5.1 所示。图 5.1 中的虚线是正割强度试验围压的极限值。单个的 ϕ' 值的计算用式（5.2）。

$$\phi'=2\left[\left(\tan^{-1}\sqrt{\frac{\sigma'_{1f}}{\sigma'_{3f}}}\right)-45°\right] \tag{5.2}$$

式中 σ'_{1f}、σ'_{3f}——最大和最小极限应力。

图 5.1 中奥罗维尔坝体土石料的 ϕ' 值计算结果列示在表 5.1 中，$\sigma'_3=650\text{psi}$[1] 时的正割包络线如图 5.1 所示。

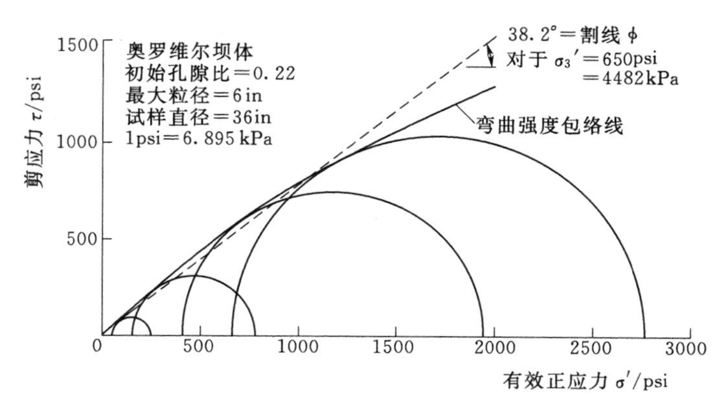

图 5.1 奥罗维尔坝体土石料三轴试验莫尔圆与包络线

表 5.1 **奥罗维尔坝体土石料三轴试验 ϕ' 值**

试验编号	σ'_3/psi	σ'_1/psi	ϕ'/(°)
1	30	193	46.8
2	140	754	43.4
3	420	1914	39.8
4	650	2770	38.2

注 资料来源：Marachi 等（1969）。

随着围压的增大，正割包络线的曲率变小，同时 ϕ' 值相应减小，这归因于围压增大导致粒子出现破损。高围压作用下颗粒间的相互作用力变大，由此导致剪切过程中颗粒的破碎，而不是加载过程中单纯的粒间相对滑移。上述过程中土石料的变形机制随着围压的变化而改变，颗粒破碎的过程相比于粒间滑移要消耗更少的能量，因此剪切阻力的增长与围压的增大不成正比。尽管奥罗维尔坝体土石料由硬度较大的闪岩颗组成，但较大的围压亦然使其表现出非常显著的颗粒破碎状态。

受颗粒破碎效应的影响，颗粒类材料的强度包络线呈弯曲状，并通过笛卡尔坐标系（应力-应变关系）的原点，其 ϕ' 值随着围压的增大而逐步降低。该值可通过 2 个参数进行表征，ϕ_0 和 $\Delta\phi$ 如式（5.3）所示：

$$\phi'=\phi_0-\Delta\phi\log_{10}\left(\frac{\sigma'_3}{p_a}\right) \tag{5.3}$$

式中 ϕ'——有效应力内摩擦角（正割包络线倾角）；

ϕ_0——σ'_3 等于 1 标准大气压时的 ϕ' 值；

$\Delta\phi$——围压增大 10 倍时 ϕ' 的减少量；

[1] 英制单位，lb/in^2（磅每平方英寸），1psi=6.895kPa。

σ_3'——围压；

p_a——气压值。

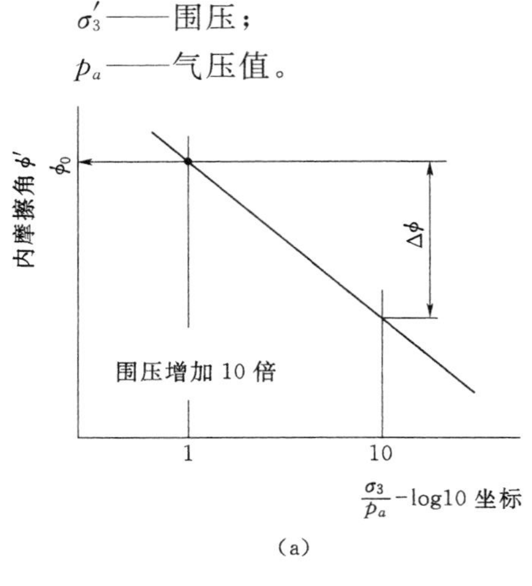

(a)

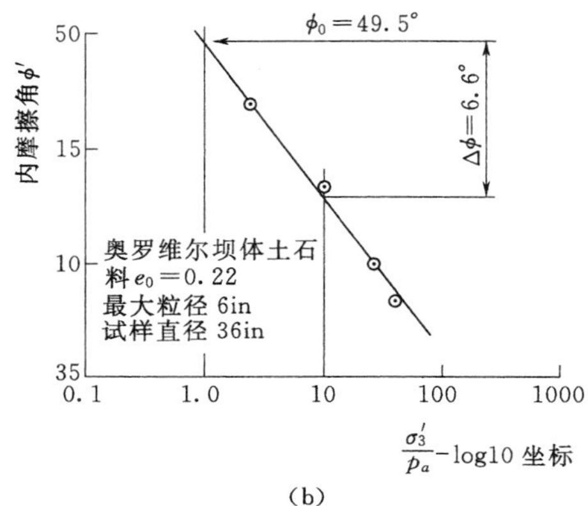

(b)

图5.2 围压与土石料内摩擦角的关系曲线（Marachi等，1969）

ϕ'值和围压σ_3'的相关性如图5.2（a）所示，奥罗维尔坝体土石料测试过程中ϕ'值随围压σ_3'而变化的情况如图5.2（b）所示。

5.2.2 密度的影响

密度对颗粒状材料的强度具有重要影响。对于颗粒状土体，通常采用相对密度指标D_r来表示其所处的密实状态。其中，0相当于土体的最小单位重度（$\gamma_{d\text{-min}}$），100%表示土体的最大单位重度（$\gamma_{d\text{-max}}$）。前述相对密度与土体单位重度的关系如式（5.4）所示：

$$D_r=\frac{\gamma_{d\text{-max}}}{\gamma_d}\cdot\left(\frac{\gamma_d-\gamma_{d\text{-min}}}{\gamma_{d\text{-max}}-\gamma_{d\text{-min}}}\right)\cdot 100\% \qquad (5.4)$$

ϕ'值随密度的增大而增大。当相对密度从最小值增大到最大值时，ϕ_0将增大10°；$\Delta\phi$同样随之增大，变化区间约为3°～7°。图5.3所示为萨克拉门托河砂的强度与密实度指标关系曲线，试验中选用了标准粒径细砂，主要矿物成分为长石和石英。在围压设定为1标准大气压时，ϕ_0由35°增加到44°，对应的相对密度分别为38%和100%；相应地，$\Delta\phi$由2.5°增加到7°。

5.2.3 级配的影响

在其他条件相同时，级配良好的土石料（如奥罗维尔坝体土石料，见图5.1和图5.2）相比于粒径均匀的颗粒土（如萨克拉门托河

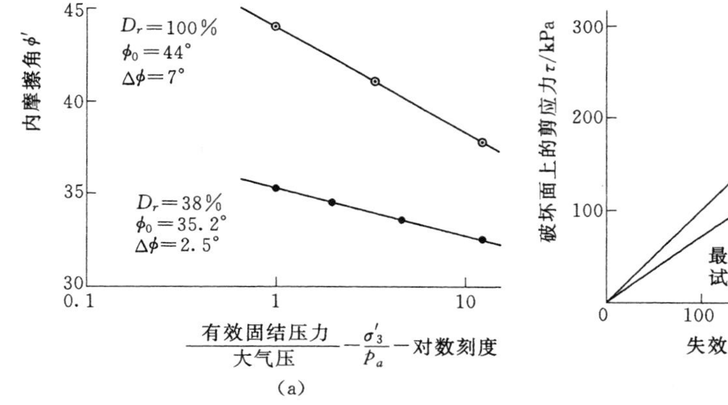

(a)

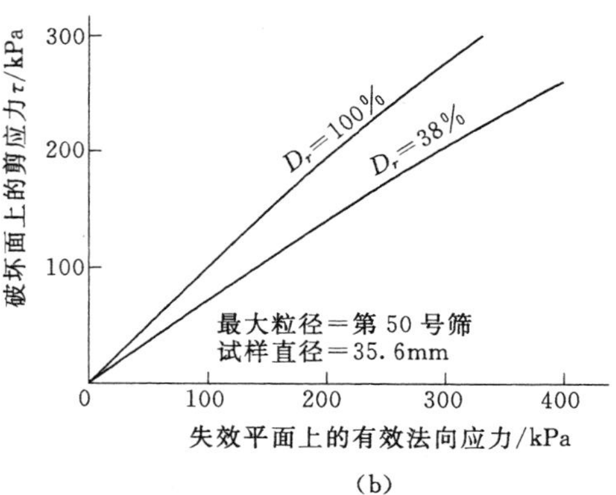

(b)

图5.3 密实度对强度的影响（萨克拉门托河砂）

(a) 内摩擦角与围压的关系曲线；(b) 强度包络线（Lee和Seed，1967）

砂，见图 5.3）ϕ'值大。颗粒级配良好的土石料中，小粒径的土颗粒有效填充了大颗粒之间的孔隙，由此能够表现得更为密实，剪切过程中所体现出来的剪切阻力越大；颗粒级配良好的土石料在填筑过程中又可能会出现分层现象，即粗粒土与细粒土分层。上述情况除非在填筑过程中进行细致的处理方可避免。

5.2.4 平面应变的影响

多数情况下对土体强度的室内试验通过三轴仪实现，这需要对圆柱体施加轴向力并测试试样的径向变形。相比之下，岩土体在很多工况下接近于平面应变问题，所有的位移均平行于某一平面。如果平面应变发生于竖直面，则土体水平方向的位移则为 0。例如，对于一长段路堤，对称性要求所有竖直平面上的位移均需垂直于路堤纵轴。

相比于室内三轴试验状态（ϕ'_t），平面应变条件（ϕ'_{ps}）下的 ϕ'值较大。相同围压、同等密实度情况下用同一种材料进行试验后得到的 ϕ'_{ps}值比 ϕ'_t值大 1°～6°，当密实度较小时上述区别最为明显；当围压小于 100psi 时，ϕ'_{ps}值比 ϕ'_t值大 3°～6°（Becker 等，1972）。

虽然说三轴试验状态和平面应变状态下的 ϕ'值存在明显差异，但这种区别往往被忽略，进而保守的用三轴试验得到的 ϕ'值研究平面应变问题。这种保守的取值方法在实践过程中为平面应变问题提供了更为安全的应变边界条件。

5.2.5 粒状材料的三轴测试

（1）最小试样尺寸。

大型土工构筑物如大坝等，在设计之前通常需要对预定土石料的强度进行三轴测试，以获取设计所需的 ϕ'值。通常情况下，三轴试样的尺寸应大于土体颗粒中最大粒径的 6 倍，如果填筑坝体所用的土石料存在大粒径的颗粒，那将给室内试验造成困难。大多数实验室中最大的三轴试验仪可测试的试样容许直径最大为 4in，但是土体强度三轴测试的需求增长情况远高于三轴仪的发展速度。现有的部分大型三轴仪简况见表 5.2。

表 5.2　　岩土工程领域适用于颗粒材料强度测试的大型三轴仪简况

试样直径/in	土石料最大粒径/in	适用性或来源
2.8	0.5	广泛应用
4	0.67	一般
6	1	少数实验室可用
12	2	少用，但可购买
15	2.5	南大西洋部队，美国陆军工程兵团
16	2.7	加拿大部分高校
18	3.0	美国陆军工程兵团
19	3.2	达姆施塔特工业大学
36	6.0	加州大学伯克利分校
39.5	6.6	智利大学
44	7.5	墨西哥学院

（2）等粒径曲线相似模型。

当土石料最大粒径超出三轴仪的容许尺寸时，大颗粒的土石料必须移除后才能进行三轴试验测试。Becker 等（1972）提出一种等粒径相似模型法进行上述情况的三轴试验，用于进行三轴试验的相似模型其土石料的粒径曲线与原有土体的粒径曲线相平行，如图 5.4（a）所示。试验表明，当模型土石料与原有土石料相对密实度相同的情况下，模型土体的强度与原有土体的强度基本一致。

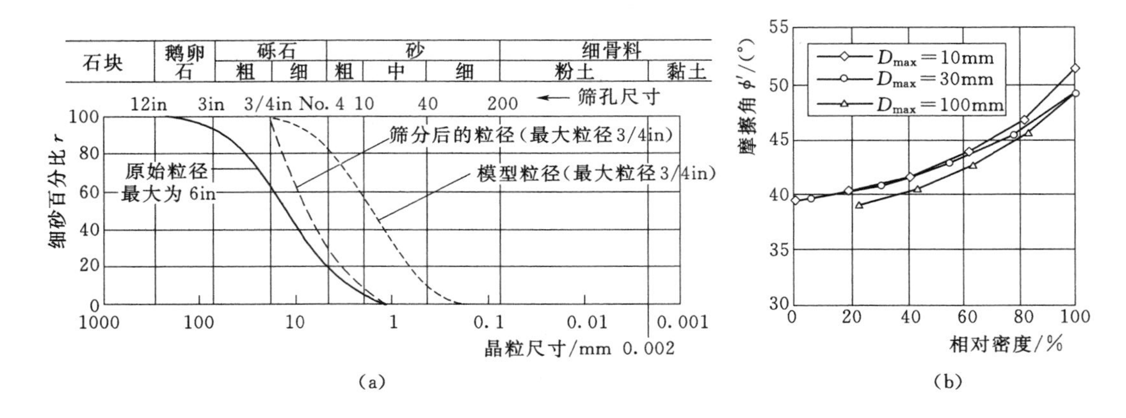

图 5.4 筛分材料的模型和筛分大颗粒材料的曲线及摩擦角

（a）鹅卵石、砂砾石的原始粒径曲线、筛分曲线和模型曲线；（b）Goschenalp 大坝基岩筛分样本的摩擦角

Becker 等（1972）还发现，当移除大粒径的土石颗粒后改变了土石料的最大和最小孔隙比，由此，对模型材料和原土石料而言同一相对密实度将对应不同的孔隙比，奥罗维尔坝体土石料的测试结果如图 5.5 所示，随土石料中最大粒径土石料直径的增大，土石料整体最大和最小相对密实度均表现为增大。

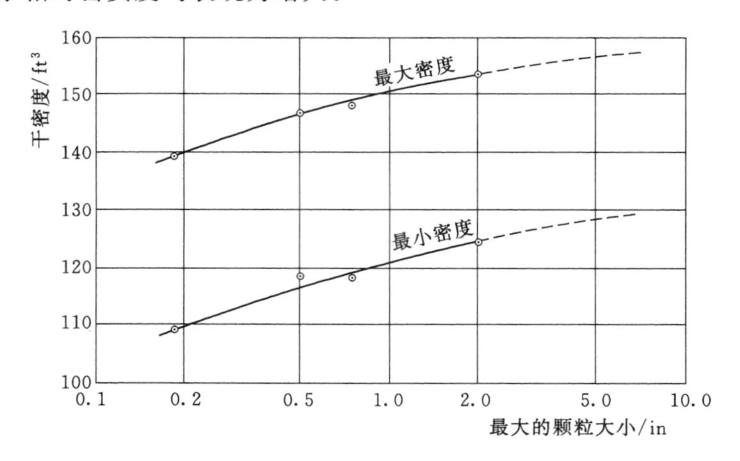

图 5.5 奥罗维尔大坝土石料最大和最小相对密实度曲线（Becker 等，1972）

Becker 等（1972）所使用的粒度建模技术很难用于工程实际。当相当数量的粗材料必须被移除后，可能没有足够多的细粒度曲线材料可用来制作相似材料模型，尤其是需要借助母体材料制作大批中等尺寸的三轴试样时。此外，该方法有时还需要把剔除的大粒径

块体加工成小粒径块体，用以满足试样制作的要求。一个更简单的方法是直接剔除大粒径土石料，移除大尺寸且不去替换小尺寸的土石料，移除后的级配曲线如图 5.4（a）所示。

图 5.4（b）中的测试结果来自 Zeller 和 Wulliman（1957），图中显示的 ϕ' 值与原始材料的值基本一致，即在相同相对密实度条件下，剔除大粒径土石料后并未影响土体的强度。

5.2.6 现场填筑质量控制

当无黏性材料被用于现场填筑时，一般需要指定具体的夯击方法和最小可接受密度。密实度对砂土、砾石和碎石类填料的内摩擦角具有重要影响，为确保能够满足填筑所需的土体强度，填筑过程中需要明确最小可接受密度并指定详细的夯击方案，这称为“现场填筑质量控制”。

用相对密度来表征实验室内所测试土样的密度并非意味着采用相对密度来控制现场填筑过程中填料的密实程度。实践过程中发现采用相对密度来控制填筑过程存在问题，这是因为大体积的填筑所采用的填料不可避免地会有层次不均或粒径变化。虽然上述变化对填筑土体强度的影响不是非常明显，但它对填料最大和最小密度的影响使得估算土体相对密度出现困难。因此，尽管实验室内亦然采用相对密度指标，但技术参数确定的夯实方法或相对夯实程度（$\gamma_d < \gamma_{d\text{-max}}$）更适用于对填筑过程的控制。

5.2.7 粒状材料的强度相关性

基于现场测试结果和土石料颗粒尺寸及密度的相关性来估计其内摩擦角往往是必要的或值得的。上述推论基于如下几方面的原因。

• 对自然沉积类土石料，该类土体属于无黏性颗粒状材料，除非采用诸如冻结或取芯等特殊方法，否则不可能获得无扰动的土样供实验室进行测试。因此，实施现场相关性试验成为必然，通常借助标准贯入试验（SPT），针入度测试（CPT）或马氏膨胀计测试（DMT）等手段来估算内摩擦角。

• 对压实的粗粒土，该类土体内可能存在大量粒径较大的土石颗粒，其粒径超出了大型三轴试验仪的工作范畴，也只能通过现场试验方可估算其内摩擦角。

• 即便是已经通过试验室内三轴试验对内摩擦角进行了测试，再进一步通过土石料粒径、密度和围压等参数与内摩擦角的相关性进行比对也是值得的，相关结果可为试验室测试结果提供准确度支撑。

（1）内摩擦角与粒径、密度及围压的相关性。

Leps（1970）和后来的 Woodward - Clyde（1995）为坝体土石料填筑设计而整理了砂砾和碎石填筑材料的试验测试数据，如图 5.6 所示。图中包括 226 次试验数据，其中 109 个数据源自 Leps 的试验成果，117 个数据源自 Woodward - Clyde 的试验成果。该图中提供的数据呈现出非常清晰的规律性趋势，ϕ' 值随着围压的增大而减小；同样还表明这些材料的内摩擦角即便是在围压较小的情况下也非常高。图中的数据非常离散，一定程度上表明粒状材料的强度受级配和密度的控制，区别非常明显。遗憾的是，图 5.6 中并未对这一重要性质进行详细表述。

加州大学填筑材料实验室（Marachi 等，1969；Becker 等，1972）对砂、砾石和碎石

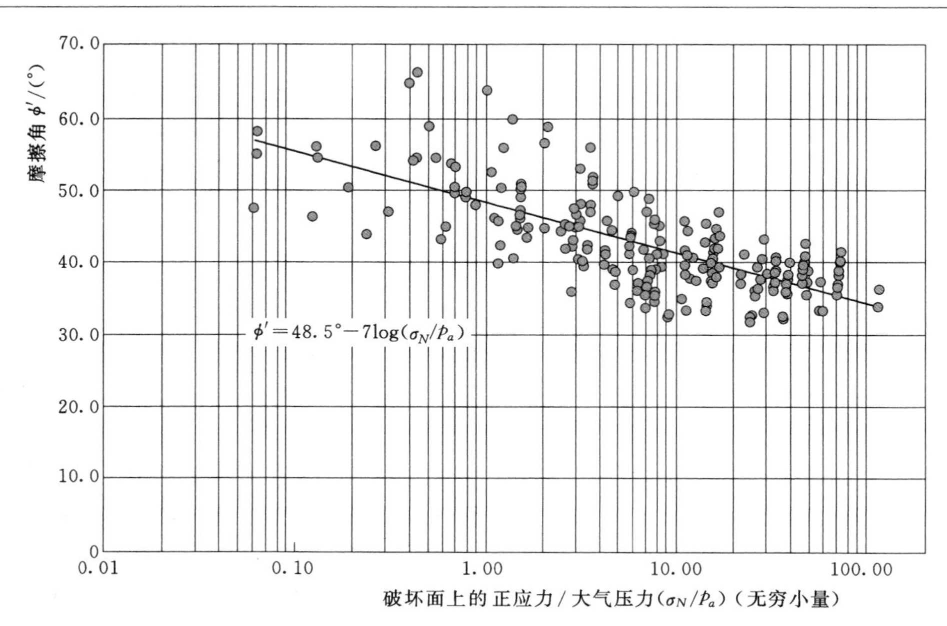

图 5.6　碎石填筑材料内摩擦角与正应力的相关性（Leps，1970；Woodward - Clyde，1995）

的材料强度分别进行了测试，并通过试验结果分析了密度和级配对其产生的影响。表 5.3 列出了 125 次试验过程中土石料级配、相对密度和围压的基本情况。上述试验结果为合理估算密度、级配和围压对内摩擦角的影响提供了相对合理的基准数据。

表 5.3　　室内砂、砾石和碎石填料三轴试验结果

土体类型	过 No.4 筛的百分比	均匀性系数 C_u	三轴试验值	相对密度的范围 D_r/%	内核压力的范围 σ_{cell}/psi
砾石和鹅卵石	>50	>4	69	50～100	5.6～650
砂	<50	>6	26	0～100	29.8～650
砂	<50	<6	30	27～100	4.2～571

注　资料来源：Marachi 等（1969）和 Becker 等（1972）。

表 5.4 给出了由前述试验数据拟合的相关性方程，用于估算填料内摩擦角，并给出了针对砾石、鹅卵石、级配良好的砂土及单一粒径砂土测算的参数。

表 5.4　　各类土体强度测算方程的计算参数

$$\phi'=A+B(D_r)-[C+D(D_r)]\log_{10}\left(\frac{\sigma'_N}{p_a}\right)$$

	公式中的拟合参数				标准差/(°)
	A	B	C	D	
砾石和鹅卵石（C_u>4）	44	10	7	2	3.1
砂（C_u>6）	39	10	3	2	3.2
砂（C_u<6）	34	10	3	2	3.2

表 5.4 中列示的公式根据数据表演化趋势而得到，如下：

• 砾石和鹅卵石填料的内摩擦角显著高于砂土，良好级配的砂土内摩擦角高于单一粒径的砂土。公式中用参数 A 来控制上述差异，砾石和鹅卵石取 44°，级配良好的砂土为 39°，级配不良的单一粒径土体为 34°。

• 内摩擦角随密度的增大而增大，公式中由参数 B 来控制。当密度 D_r 由 0 增大到 100%时，内摩擦角增大 10°。

• 内摩擦角随正应力的增加呈指数降低，公式中用参数 C 和 D 来控制，前者表明不同填筑料之间的巨大差异，砾石和碎石显著高于砂土；后者控制整体变化趋势。

通过计算密度和颗粒级配情况对内摩擦角的影响，运用表 5.4 中的计算公式可将数据离散程度度量的标准差由图 5.6 中的 6°降低到 3°。仍然保留的离散性可能受控于其他未被观测到的变量，如单体颗粒自身的强度、颗粒形状和颗粒表面粗糙度等因素。虽然上述因素的可量化程度较低，但它们对 ϕ' 值的影响还是较为显著的。

图 5.6 中的拟合数据公式中的正应力指标 σ'_N 与应力指标 σ' 之间的关系可用式(5.5)表示：

$$\frac{\sigma'_N}{\sigma'}=\frac{\cos^2\phi}{1-\sin\phi}=2\sin^2\left(45+\frac{\phi'}{2}\right) \tag{5.5}$$

$\frac{\sigma'_N}{\sigma'}$ 量值的变化与 ϕ' 值具有如下的对应关系。

$\phi'/(°)$	$\frac{\sigma'_N}{\sigma'_3}$	$\phi'/(°)$	$\frac{\sigma'_N}{\sigma'_3}$
30	1.50	50	1.77
40	1.64	60	1.87

上述关系将实验室测试工况与现场夯击工况或边坡稳定性分析简单明了地建立了联系，当实验室条件下 σ' 值确定后，实际工况中正应力 σ'_N 自然可知，反之亦然。

在边坡稳定性分析过程中，实际工况的 σ'_N 值可通过条块法求取，这期间需要用到有效应力指标。σ'_N 值随滑移面上部条块的变化而变化，这种变化可通过如下几种方法求取。

• 通过相关性方程求取 σ'_N 的平均值。

• 运用相关性方程求取 σ'_N 的最大值，并据此计算最小 ϕ 值，这是一种保守计算方式。

• 运用数值计算方法（编制计算程序）可将抗剪强度的变化范围求取出来，过程中涉及近似取值或收敛等问题。

(2) 测试数据的对比分析。

下面对砾石和单一粒径砂土测试的数据进行对比分析，观测指标是由相关性方程计算的 ϕ' 值。

1) VDOT 21B（砾石）（由 Duncan 等测试，2007）。

43%的砾石过 4 号筛，$C_u=64\sim95$，$D_r=75\%$，$\sigma'_N=20\text{psi}$。

$$\phi_{\text{estimated}}=\left[44+10\times0.75-\left(7+2\times0.75\log\frac{35}{14.7}\right)\right]°$$

$$\phi_{\text{estimated}}=44°$$

$$\phi_{\text{measured}}=45°$$

2）粒径单一的硅砂（由 Duncan 和 Chang 等测试，1970）。

100%的硅砂过 4 号筛，$C_u<6$，$D_r=75\%$，$\sigma'_N=4.5\text{atm}$。

$$\phi_{\text{estimated}}=\left[34+10\times 0.95-\left(3+2\times 0.95\log\frac{4.5}{1.0}\right)\right]^{\circ}$$

$$\phi_{\text{estimated}}=39^{\circ}$$

$$\phi_{\text{measured}}=37^{\circ}$$

表 5.5　　通过标准差函数过高估计内摩擦角的可能性情况

表 5.4 中低于真实值的标准差数量	两种分布函数	
	正态分布/%	对数正态分布/%
0	50	50
1	16	16
2	2	2
3	0.1	0.1

（3）标准差的显著性。

无论是从正态分布状态还是对数正态分布状态来看，ϕ'值的实际参量结果和基于表 5.4 中拟合方程的计算结果都具有较好的合理性，两种分布方法均可用于估计利用拟合方程求取 ϕ'值的可靠度。但基于拟合方程存在过高估算 ϕ'值的可能性，这可通过表 5.5 进行研判。

因此，对于前述 VDOT 21B 砾石试样的内摩擦角测试结果可能小于 41°（44°减去 1 标准差），这种可能性为 16%。第二个实例中对硅砂的测试结果可能小于 36°（39°减去 1 标准差），可能性同样为 16%。

通常材料“三分之二准则”（将测试结果视为 2/3 的数据高于实际结果，另 1/3 的数据低于测试结果）去估算土体强度，这相当于将标准差减半，对于砾石类材料，可视实际值低于估算值 1.5°。根据可靠性理论，采用“三分之二准则”估算的强度指标有 31%的可能性低于实际值。

（4）标准贯入试验的相关性。

岩土工程领域常用标准贯入试验进行现场测试。标准贯入试验的仪器分对开式取样器和拼合式取样器两种，取样器的外径为 2in，内径为 1.375in，试验过程中需要借助 140lb[1] 的落锤对其进行夯击，每次落距 30in。其中对开式取样器的断面图如图 5.7 所示。通常将取样器先行贯入土体 6in，然后利用落锤夯击，直至灌入到 18in（即贯入量 12in）后，记录夯击次数作为贯入试验指标 N，该实验简注为 SPT。

运用标准贯入试验（SPT）测试土体力学性质，通常须在如下两方面实现锤击次数标准化：

不同类型的锤击系统能量损失存在一定的差异，由此传递给取样器的能量并不相同。因此，往往将重量为 140lb 的夯锤落下 30in 的距离所计算出的理论夯击能进行修

[1] 英制单位，磅，1lb=4.448N。

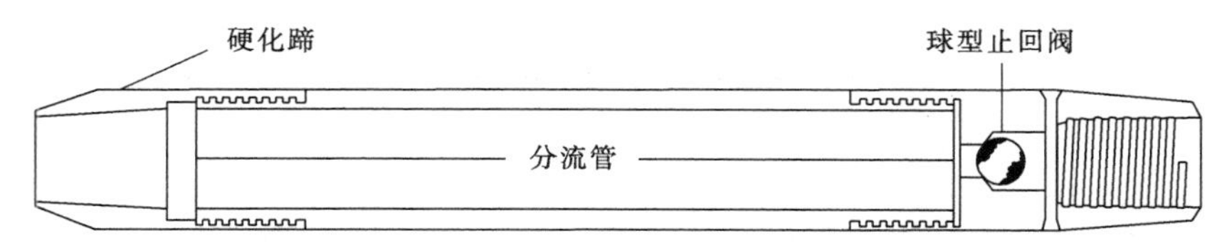

图 5.7 标准贯入试验拼合式取样器（Acker，1974）

正，最终取 60%的夯击能作为标准，称之为 N_{60}。

锤击次数随土层前期固结压力的增加而增加，这与土体密度的增长情况相一致。基于该原因，需要将锤击次数调整为 1 标准大气压或 $1.0t/ft^2$ 情况下的锤击次数，经修正的锤击次数记为 $N_{1,60}$。

关于标准贯入试验更详尽的信息可参考 McGregor 和 Duncan（1998），及 ASTM D1586（2011）等学者或机构的著作。

粒状土体的内摩擦角通过标准贯入试验可采用两种方式获取。首先，粒状沉积土的相对密度可通过标准贯入试验的锤击次数进行估算，进而根据前述章节的内容用由相对密度指标估算内摩擦角，图 5.8 绘制了土体相对密度与贯入试验锤击次数的相关性曲线。进一步地，可利用得到的相对密度指标及贯入试验后取样器内获取的扰动土粒径指标进一步估算 ϕ_0 和 $\Delta\phi$，具体计算方法详见表 5.4。

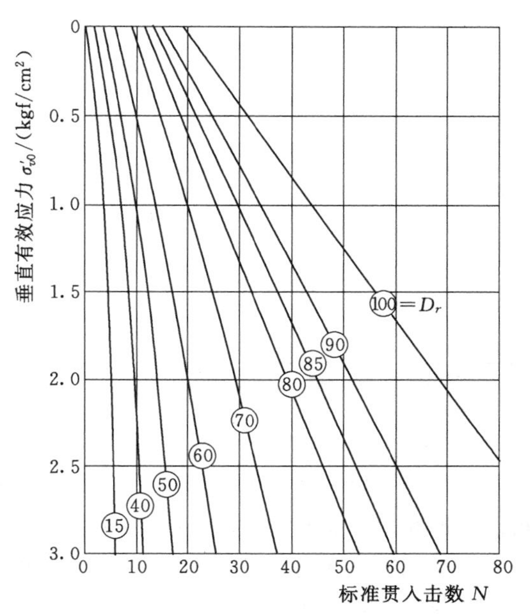

图 5.8 标准贯入试验中锤击次数与土体相对密度的关系曲线（Gibbs 和 Holtz，1957）

注：$1kgf/cm^2=9.8N/cm^2$。

除上述方式外，还有其他一些利用相关性在标准贯入试验后估算相对密度的方法，表 5.6 对其进行了概括。表中的方法将不同深度处土体的竖向应力作为独立指标进行测量，从某种程度上讲这点非常重要，因为土体的密度将随着锤击次数和竖向压力的变化而变化，如图 5.8 所示。

表 5.6 土体相对密度与标准贯入试验锤击次数的相关性（部分成果）

土体类别	相对密度	参数及其单位	参考文献
正常固结砂土	$D_r=\sqrt{\frac{N}{1.7(10+\sigma'_v)}}$	σ'_v为有效竖向应力（psi）	Gibbs 和 Holtz，1957
正常固结硅砂	$D_r=\sqrt{\frac{N}{0.234\sigma'_v+16}}$	N 为 SPT 锤击次数（ft）；σ'_v为有效竖向应力（kPa）	Meyerhof，1956
粗砂	$D_r=\sqrt{\frac{N}{0.773\sigma'_v+22}}$ $\sigma'_v<75kPa$ $D_r=\sqrt{\frac{N}{0.193\sigma'_v+66}}$ $\sigma'_v\geq 75kPa$	σ'_v为有效竖向应力（kPa）	Peck 和 Bazaraa，1969

续表

土体类别	相对密度	参数及其单位	参考文献
Ottawa 砂土	$D_r=8.6-0.83\sqrt{\frac{N+10.4-3.2(OCR)-0.24(\sigma_v')}{0.0045}}$	σ_v'为有效竖向应力（psi）；OCR 为超固结比	Marcuson 和 Bieganousky，1977
正常固结砂土	$D_r=\sqrt{\frac{N_{60}}{a\sigma_v'+b}}$ $C_f=\frac{1+K_0}{1+2K_{0-nc}}$	σ_v'为有效竖向应力（kPa）； N_{60}为修正后的锤击次数； $A=0.3$（均值）； $B=30$（均值）； 如果砂土为超固结状态，则需要通过 C_f 修正； K_0 为超固结砂土水平有效应力与竖向有效应力之比； K_{0-nc} 为正常固结土的水平有效应力与竖向有效应力之比（约等于 $1-\sin\phi$）	Skemton，1986

注 正如最初所提出的，表中所用的锤击数 N 并未经过修正。然而，标准贯入试验中更常用的是基于能量损耗原理去修正落锤对土体的贯入效果，同时，从根本上讲，表述所列示的相关性就应该是实际贯入过程中真实锤击能所造就的。所以，建议采用 N_{60}作为基本计算指标。(McGregor 和 Duncan，1998)

利用相对密度来估算内摩擦角的方法多种多样。图 5.9 中以砂土为例列示了不同级配和颗粒形状对 ϕ'值的影响，图中所示测量结果基于围压控制在 1 个标准大气压。图 5.10 给出了不同粒状土体的内摩擦角情况，从粗颗粒的碎石一直到单一粒径的粉砂，可作为相对密度与内摩擦角的函数关系曲线进行应用。

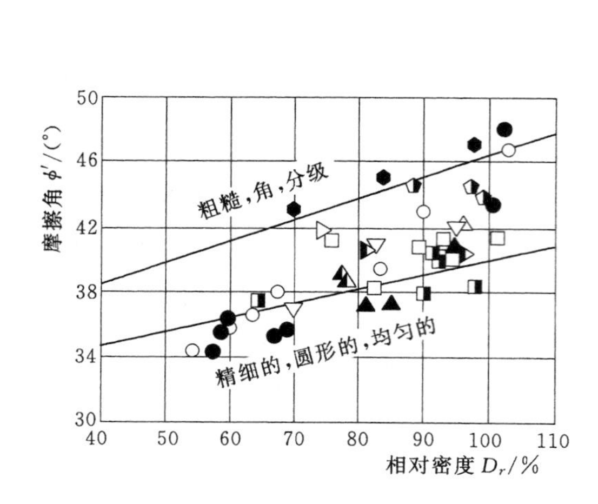

图 5.9 砂土内摩擦角与相对密度的关系曲线 (Schmertmann，1975；Lunne 和 Kleven，1982)

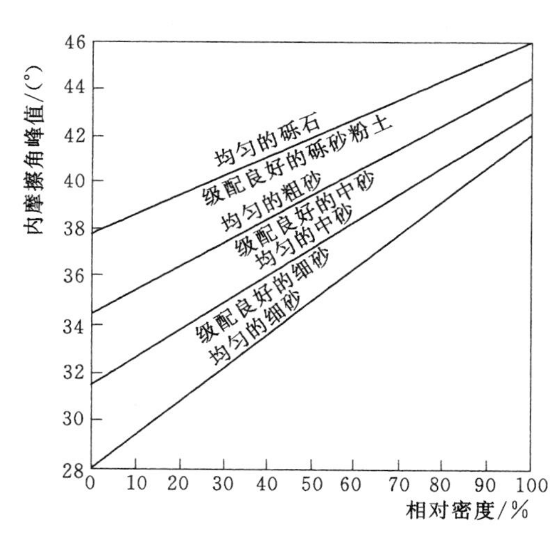

图 5.10 相对密度与各类粒状土体材料内摩擦角的关系曲线 (Decourt，1990)

还有一些方法将内摩擦角与标准贯入试验直接对应起来，表 5.7 中给出了几种计算公式可用于直接进行计算。图 5.11 中给出了几种基于经验的标准贯入试验锤击次数与内摩擦角的对应关系，并根据应力波能量衰减理论进行了修正。

表 5.7　　不同粒状土内摩擦角与标准贯入试验锤击次数的相关性

土体类型	内摩擦角 ϕ/(°)	参考文献
颗粒有棱角且级配良好	$\phi=\sqrt{12N}+25$	Dunham (1954)
圆粒且级配良好；或颗粒有棱角但级配不良	$\phi=\sqrt{12N}+20$	Dunham (1954)
圆粒且级配不良	$\phi=\sqrt{12N}+15$	Dunham (1954)
砂土	$\phi=\sqrt{12N}+15$	Ohsaki 等 (1959)
碎石	$\phi=20+3.5\sqrt{N}$	Muromachi 等 (1974)
砂土	$\phi=\sqrt{15N}+15\leqslant 45\quad N>5$	日本公路协会 (1990)
砂土	$\phi=\sqrt{12N_1}+20$ N_1＝根据 Liao 和 Whitman (1986) 方程标准化后的 N 值，建议用 $N_{1,60}$	Hatanaka 和 Uchida (1996)

注　正如最初所提出的，表中所用的锤击数 N 并未经过修正。然而，标准贯入试验中更常用的是基于能量损耗原理去修正落锤对土体的贯入效果，同时，从根本上讲，表述所列示的相关性就应该是实际贯入过程中真实锤击能所造就的。所以，建议采用 N_{60} 作为基本计算指标。(McGregor 和 Duncan，1998)

标准贯入试验的拼合式取样器内径为 1.375in，如果将其用于粗颗粒或大颗粒的土样测试，测试结果可能会因为大颗粒的土在内筒内被卡住而造成测试结果偏高，即最终求取的内摩擦角或者相对密度明显高于实际值。

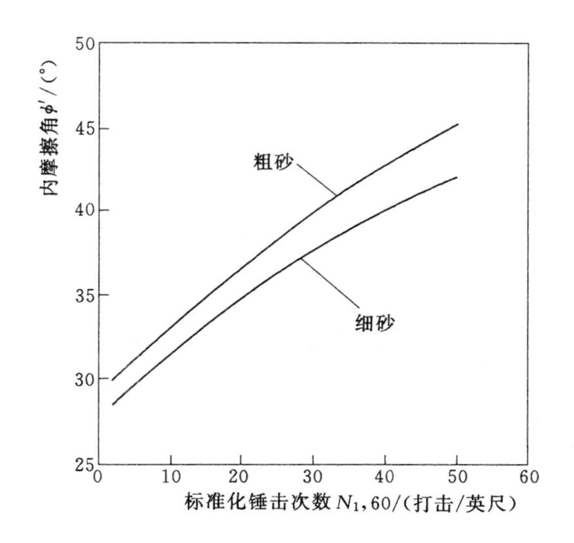

图 5.11　粗砂和细砂修正的标准贯入试验锤击次数与内摩擦角的关系曲线（Terzaghi 等，1996）

图 5.12　锥入度试验仪

注：左侧锥头截面积 15cm²，右侧锥头截面积 10cm²。

(5) 锥入度试验与内摩擦角的相关性。

粒状土体的内摩擦角可直接通过锥尖阻力进行估算，锥入度试验设备如图 5.12 所示。

正如标准贯入试验中需要依据锤击次数估算内摩擦角一样，锥入度试验需要综合考虑锥尖阻力和锥入深度两个指标。Kulhawy 和 Mayne（1990）提出了基于锥入度试验估算强度的公式，见表 5.8。

表 5.8　锥入度试验中锥尖阻力与内摩擦角的相关性

相关性公式	参考文献
$\phi'=\arctan\left[\frac{1}{2.68}\log\left(\frac{q_c}{\sigma_v'}\right)\right]+0.29$	Robertson 和 Campanella（1983）
$\phi'=17.6+11\log\left(\frac{q_c}{\sigma_v'}\right)$	Kullhawy 和 Mayne（1990）

注　log 为以 10 为底的对数；单位统一为 t/ft²、atm 或 kg/cm²。

（6）锥入度试验与相对密度的关系。

多数锥入试验仪是在实验室内放置于盛满单一粒径砂土的教准槽内进行校正的。工程实践中进行土体相对密度的估算可参照表 5.9 给出的计算公式。然而工程实践中砂土一般为非均匀粒径材料，多数掺有粉砂颗粒，且随着沉积龄期发生变化，因此在实际运用过程中需要深入考虑并加以修正为好。

表 5.9　相对密度与锥入度试验中锥尖阻力的相关性

计算公式	参考文献
$D_r=100\left[\frac{(q_c/\sqrt{\sigma_v'})}{305}\right]^{1/2}$	Kulhawy 和 Mayne（1990）
$D_r=-1.292+0.268\ln(q_c/\sqrt{\sigma_v'})$	Jamiolkowski 等（1985）
$D_r=\frac{1}{2.41}\ln\left(\frac{(q_c/\sqrt{\sigma_v'})}{15.7}\right)$	Baldi 等（1986）
$D_r=\frac{100}{2.91}\ln\left(\frac{q_c}{61\sigma_v'^{0.71}}\right)$	Lunne 和 CHistofferson（1983）
$D_r=100[0.268\ln(q_c/\sqrt{\sigma_v'})-0.675]$	Jmiolkowski 等（2001）

注　ln 为自然对数；单位统一为 t/ft²、atm 或 kg/cm²。

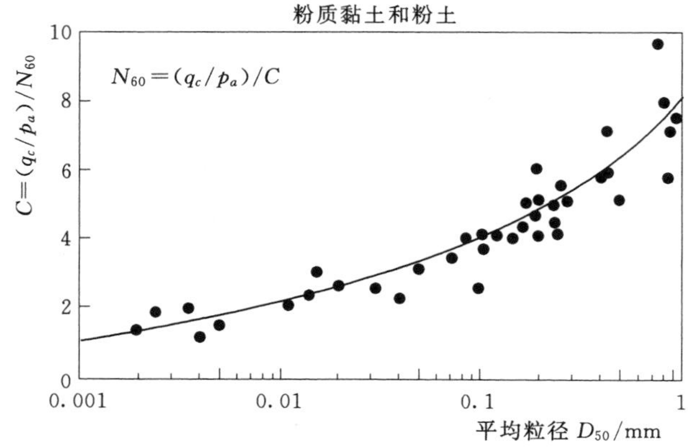

图 5.13　锥入度试验测试结果与贯入试验测试结果的相关性（Robertson，2007）

（7）锥入度试验与贯入试验的相关性。

工程实践中很多工程师更愿意将锥入度试验结果与贯入试验的锤击次数对应起来，首先将锥入试验结果转换为锤击次数，进而通过锤击次数与土体强度指标的相关性进行强度估算。图 5.13 可用于将锥入试验结果转换为贯入试验的指标 N_{60}，具体计算方法可参见图中公式。其他估算方法可参阅 Robertson 等（1986）、Jefferies 和 Davies（1993）的研究成果。

(8)马尔凯蒂扁铲侧胀试验的相关性。

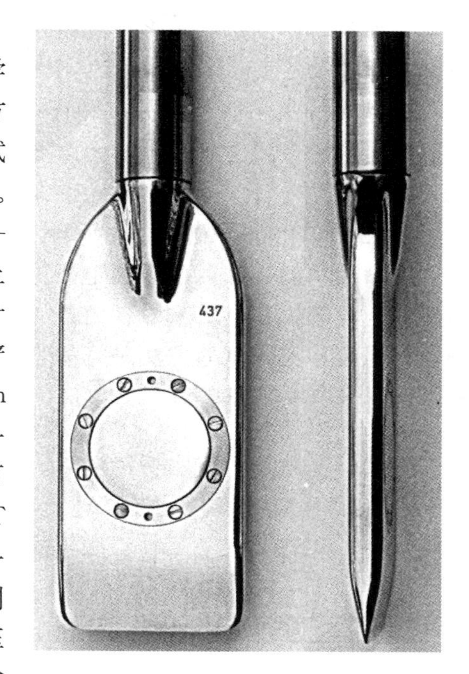

图 5.14 扁铲侧胀仪(照片由 Silvano Marchetti 提供)

扁铲侧胀仪(DMT)为测定许多重要的土力学参数提供了一种快捷、精确而又经济的现场测试方法,其测试结果的重复性非常好且同其他原位测试数据的一致性极佳,广泛应用于地质勘察设计中。这一方法是由意大利 Aguila 大学土力学教授 Marchetti 提出的,已被广泛使用,并以世界各地的土料进行了标定。2007 年美国试验材料学会颁布了针对该仪器的标准试验方法规程 ASTM D6635。扁铲侧胀仪主体是一块尺寸为 95mm×200mm×15mm 的钢制扁平铲块,铲端锋利便于入土。其中扁铲一面嵌有圆形钢膜,在试验时可以向外膨胀。扁铲可以通过连接探杆不断垂直锲入土中(可以与 CPT 的探杆通用)。连接扁铲主体和地面控制盒的是一根特制的电镀通气管路。地面上试验器件包括控制盒和压力源,其中控制盒用于调节和检测施加压力;压力源通常是利用氮气。详见图 5.14。试验时,压入深度间隔根据地质情况可以灵活修改,通常为 0.2m,当插入一个间隔深度时,停止下压并通过通气管路向钢膜施加压力,每次贯入间隔都要读取下列两个压力值:P_0,平衡贯入土压力的气体压力值,使得钢膜平行于铲,再加压则向外膨胀(初始压力);p_1,使钢膜中心向外膨胀位移达到 1.1mm 时的气体压力值。

运用扁铲侧胀仪进行试验是一个循序渐进的过程,首先将仪器压入土中 10~20cm,然后停止,再向隔膜施加压力使其膨胀,以上过程重复进行,直至各土层测试完毕。不同于锥入度试验仪的是扁铲侧胀仪所用的钻杆更符合常规,土体特性指标随手可以进行记录。但试验过程中隔膜有可能被损坏,尤其是运用该仪器进行粗砂或大粒径土石料的强度测试时。

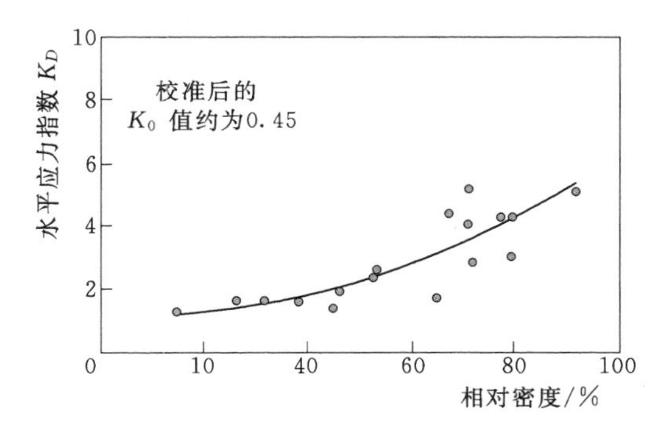

图 5.15 扁铲侧胀试验测取的相对密度与水平应力指标关系图(Marchetti 等,2001)

扁铲侧胀试验结果可方便地与土体相对密度及有效应力构建相关性,过程中一般需要借助于对水平应力系数的计算,公式如下:

$$K_D=\frac{p_0-u_0}{\sigma_v'} \tag{5.6}$$

式中 u_0、σ_v'——测试深度处的孔隙压力和竖向有效应力。

图 5.15 为 Marchetti 等(2001)给出的基于扁铲侧胀仪测得的相对密度与水平应力指标关系图,图中数据结果测试过程中采用的土样为新制作的具有单一粒径水平的非胶

结砂。如果将该图运用于多年沉积砂土、非统一粒径砂土或胶结砂土则可能过高地估计原位测试结果。

根据 Marchetti 等（2001）的研究成果，利用式（5.7）可以计算土体内摩擦角下限，他们提出利用该式计算得到的内摩擦角比实际值低 2°～4°。

$$\phi' = 28° + 14.6° \log K_D - 2.1° \log^2 K_D \tag{5.7}$$

Schnaid（2009）提出了另一种利用扁铲侧胀仪估算土体强度的方法。在这种方法中土体内摩擦角的计算需事先确定静止土压力系数 K_0 和仪器端阻力 q_d。仪器端阻力的确定需要综合测算仪器钻杆和钻头在土中的摩擦力，因此，精确计算仪器端阻力往往存在困难。如果利用锥入试验方法进行适当调整，并用 q_c 代替 q_d 方可能取得更好的效果。前述系数或计算指标的计算详见式（5.8）：

$$\left.\begin{aligned} &K_0 = 0.376 + 0.095K_D - \frac{0.005q_d}{\sigma'_v} \\ \text{或}\quad &K_0 = 0.376 + 0.095K_D - \frac{0.005q_c}{\sigma'_v} \end{aligned}\right\} \tag{5.8}$$

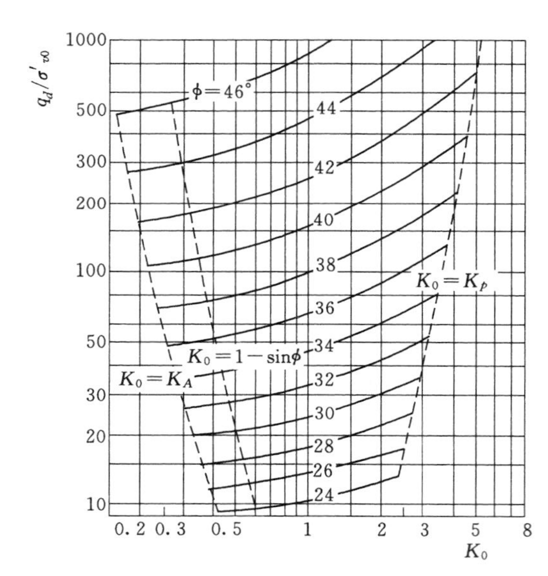

图 5.16 基于 DMT 方法的排水情况下土体内摩擦角估算图（Marchetti，2001）

利用上述公式，并结合图 5.16 即可估算土体内摩擦角。图中虚线给出了土压力系数的范围，K_a 表示主动土压力值，K_p 表示被动土压力值。

综合来看，标准贯入试验（SPT）和锥入试验（CPT）测得的数据结果要大于扁铲侧胀试验结果，但后者更贴近于实际值。

（9）Becker 贯入试验。

前述标准贯入试验（CPT）、锥入试验（CPT）或扁铲膨胀试验（DMT）均不太适用于碎石级土或其他含大粒径颗粒的土体，甚至还有可能造成试验设备的损坏。Becker 贯入试验又称为 Bercker 锤击试验，专门应用于对碎石或粗粒沉积土强度的测试。

Becker 贯入试验仪由柴油驱动的双动夯管锤控制钢制的对称双壁管开合，并使之夯入土体，双臂套管直径为 6.6in。Harder 和 Seed（1986）、Sy 和 Campanella（1994）分别对该试验仪的工作原理进行了详细阐述，宏观上仪器的工作原理与本章前述的标准贯入试验基本相同。但 Becker 贯入试验仪更多地被用于测定砂土或碎石土的液化敏感性，而非用于稳定性领域的内摩擦角测定。

学界对运用 Becker 贯入试验测定粒状土体性质还存在部分争议（Sy 和 Campanella，1994），如柴油驱动的夯锤在能量供给方面并不稳定；标准贯入试验基于砂土发展起来的；Becker 贯入试验利用与其相同的相关性曲线去考察碎石或者更大粒径的土体性质等。

5.2.8 砂、砾石、碎石的ϕ'的特征值

表5.10是部分实验室测取的各类粒状土体不同密度情况下的内摩擦角结果，虽然该表不能在工程实践过程中直接替代室内试验测试或原位测试结果，但其提供了一个有用的数据框架，可用于对实际测试结果合理性的判断。

表5.10　砂、碎石和卵石的三轴试验结果

材料	土质统一分类系统USCS	D_{60}	D_{30}	D_{10}	颗粒形状	干密度/pcf	D_r/%	RC(D698)/%	应力范围/ksf	c'/ksf	ϕ_0/(°)	$\Delta\phi$/(°)	a	b
VDOT 21(石灰岩和花岗岩)	GW	7.5	2	0.1	棱角状	139	91		0.9～4.3		53	12	1.491	0.804
Pinzandapan碎石	GW	21	2.7	0.3	次圆形	132.1	65		0.8～51		51	9	1.341	0.858
Netzahn坝体填筑材料	GW	47	7.5	0.9	半棱角状	118.9	70		3.8～51		50	10	1.307	0.841
Infiernillo坝体填筑材料	GW	93	42	17	棱角状	105.7	50		0.8～34		46	9	1.119	0.858
Mica坝体填筑材料	GW	79	24	4	半棱角状	123.7	95		10.2～51		44	9	1.062	0.849
VDOT 21B(石灰岩和花岗岩)	GW	7.5	2	0.1	棱角状	126	69		0.63～44		44	10	1.049	0.843
Rawallen碎石和砂土	GP	10	3	0.6	圆粒	135	100		3.6～22		58	10	1.755	0.84
Oroville坝体填筑材料	GP	18	4.8	0.4	圆粒	148	100		18～90		53	8	1.426	0.875
玄武岩填料	GP	19	3.6	1	棱角状	133.8	95		10.2～51		52	10	1.405	0.842
Oroville碎石填料	GP	13.2	4.6	0.4	圆粒	152	100		4.6～57		50	7	1.268	0.889
圆粒玄武岩填料	GP	15	12	6	棱角状	99	99		4.0～28		51	14	1.411	0.774
VDOT 57(石灰岩与千枚岩)	GP	18	13	10	半棱角状	106～115	62～95		0.6～4.4		48	11	1.224	0.825
富含云母的碎石	GP	22	1.2	0.2	半棱角状	—	50		14.4～65		41	3	0.892	0.952
压碎的玄武岩	SW	4.1	1.8	0.6	棱角状	125.4	100		4.4～94		55	10	1.563	0.842
锥形坝壳填料	SW	4.1	1.8	0.6	棱角状	111.6	100		4.4～94		53	9	1.44	0.859
压碎的砂岩	SW	0.2	0.07	0.03	棱角状	117.5	93		4.4～57		43	4	0.964	0.937
Pumicieous砂土(含水率18%)	SP	0.85	0.41	0.24	棱角状	84.2	77		4.0～28		48	10	1.216	0.841
Monterey No.0砂土	SP	0.43	0.37	0.29	圆粒	105.3	98		0.6～24		45	3	1.025	0.954
Monterey No.0砂土	SP	0.43	0.37	0.29	圆粒	92	27		0.6～2.4		35	0	0.7	1
冰水沉积砂	SP	0.8	0.4	0.1	次圆粒	112.3	80		2.0～82		44	4	0.998	0.938

续表

材料	土质统一分类系统USCS	D_{60}	D_{30}	D_{10}	颗粒形状	干密度/pcf	D_r/%	RC (D698)/%	应力范围/ksf	c'/ksf	ϕ_0/(°)	$\Delta\phi$/(°)	a	b
Allen 港砂	SP	0.2	0.17	0.12	圆粒	105.1	98		1.8～7.8		44	3	0.989	0.954
Allen 港砂	SP	0.2	0.17	0.12	圆粒	100	73		1.8～7.8		40	1	0.846	0.985
硅砂	SP	0.27	0.2	0.16	圆粒	107.4	100		2.0～10.2		37	0	0.754	1
硅砂	SP	0.27	0.2	0.16	圆粒	100.2	38		2.0～10.2		30	0	0.577	1
Pumicieous 砂（含水率 25%）	SP	1	0.5	0.24	棱角状	76.9	71		4.0～28		36	12	0.832	0.764
Sacramento 河砂	SP	0.22	0.17	0.15	圆粒	103.9	100		2.0～82		45	7	1.063	0.889
Sacramento 河砂	SP	0.22	0.17	0.15	圆粒	97.8	78		2.0～82		41	5	0.907	0.919
Sacramento 河砂	SP	0.22	0.17	0.15	圆粒	94	60		2.0～82		37	3	0.772	0.951
Sacramento 河砂	SP	0.22	0.17	0.15	圆粒	89.5	38		2.0～82		35	2	0.711	0.967
含碎石粉砂（NP）	SM	1.15	0.28	0.05	次圆粒	124.5	opt－1	94	12.0～20.0	0	41	0	0.869	1
粉砂	SM	0.62	0.16	0.03	次圆粒	116.7	opt	95	12.0～20.0	0	37	0	0.754	1
粉泥质砂（LL=21，PI=4）	SM－SC	0.34	0.03	0.002	N/A	134	opt	99	7.2～65	0	34			
粉泥质砂（LL=21，PI=4）	SM－SC	0.34	0.03	0.002	N/A	131	opt－2	96	7.2～65	1.7	34			
粉泥质砂（LL=21，PI=4）	SM－SC	0.34	0.03	0.002	N/A	128.2	opt－2	94	7.2～65	0.8	34			

注 1. USCS：土体统一分类系统。

2. D_{60}：颗粒尺寸单位为 mm，该指标代表小于土体中 60%颗粒粒径的数值。

3. 颗粒形状：主要粒径的形状。

4. 干密度：土体在完全干燥状态下的密度。

5. D_r：相对密度。

6. 应力范围（σ_3）：试验测试结果中的 σ_3 分布范围。

7. ϕ_0：1 标准大气压围压状态下土体的内摩擦角。

8. $\Delta\phi$：σ_3 增长 10 倍后内摩擦角的衰减值。

9. a 和 b：幂律函数强度包络线中的拟合系数，$s=ap_a\left(\frac{\sigma_N}{p_a}\right)^b$，式中 σ_N 为破坏面上的正应力，p_a 为大气压力。

值得注意的是表中仅有一个土样的内摩擦角数值是低于 34°（硅砂，D_r=38%），虽说该结果可能是由于试验过程中围压过高造成的，但通常情况下砂土或粗粒土的内摩擦角不会低于 34°。因此，在工程实践估算内摩擦角的过程中上述结论应该谨记。

小结

- 砂土、砾石和碎石等填筑材料的排水抗剪强度公式可表达为：$s=\sigma'\tan\phi'$。
- 粒状填筑材料的内摩擦角受控于材料自身的密度、级配和围压。颗粒形状、颗粒强度和颗粒表面粗糙度等指标对内摩擦角亦有影响，但这些指标的影响程度很难被定量化描述。

• 内摩擦角与围压的关系可用如下公式描述：

$$\phi' = \phi_0 - \Delta\phi \log_{10}\left(\frac{\sigma'_N}{p_a}\right)$$

式中 σ'_N——破坏面上的正应力；

p_a——气压值。

• 室内试验测定粒状土抗剪强度指标过程中，如若大尺寸粒径被剔除，则应使得试样与原状土具有相同的密度，而非相同的孔隙率。

颗粒材料的内摩擦角可以用于估计土体的粒度分布、相对密度和围压等指标。

• 粒状土抗剪强度指标的测定可采用标准贯入试验（SPT）、锥入度试验（CPT）、扁铲膨胀试验（MDT）或贝克尔锤击试验（BHT）等方法。

5.3 粉土

5.3.1 粉土的特征

粉土的剪切强度在有效应力方面可以通过莫尔-库仑强度准则来表示，见下式：

$$s = c' + \sigma' \tan\phi' \tag{5.9}$$

式中 s——剪切强度；

c'——有效应力黏聚力截距；

ϕ'——内摩擦有效应力角。

粉土的性质不像颗粒材料和黏土那样被广泛研究，且对其性质的了解也不像颗粒材料和黏土那样深入。即使粉土的强度和其他土体的强度一样，都遵循着同样的定律和准则，但它们的表现范围十分广泛，并且有效的数据无法预测和估计粉土的性能，而颗粒土体或黏土在有相同可靠度的数据下，性能是可以被预测和估计的。

粉土包含了一个非常广泛的表现范围，从细砂到黏土、粉土都有基本类似的表现，即从一个极端到另一个极端。粉土大致可分为两类：非塑性粉土和可塑性粉土。这个分类在以后的学习中会很有用处。这其中，非塑性粉土的表现更类似于细砂；可塑性粉土的表现更类似于黏土。

非塑性粉土的一个典型案例是奥特布鲁克大坝的土体，表现类似于细砂。但非塑性粉土也有一些独特的性质，例如低渗透性。低渗透性影响着粉土的表现，值得特别注意。

举个例子来说，旧金山湾泥就是一种液限接近 90 的较高可塑性粉土，其塑性指数接近 45，并且按照统一的土质分类系统被归类为 MH（一种弹性土）。旧金山湾泥的表现实际上类似于一种正常固结下的黏土。有关黏土的强度特性的问题会在本章的最后进行讨论。

5.3.2 低塑性粉土的现场试验

锥体贯入度试验、十字板剪切试验和膨胀仪试验通常会被用来测定可塑性粉土和黏土的不排水抗剪强度。然而，这些实验用在非塑性和低可塑性粉土上，则效果不是很明显。现场试验的结果是假设的，目的是反映出砂土的排水特性和黏土的不排水特性。因为粉土的渗透性介于这些砂土和黏土之间，所以要想通过现场试验来判断粉土的表现到底是排水或不排水，还是介于两者之间是比较困难的。另外，现在在试验中使用的统计数据无论对砂土还是黏土都是成熟有效的，但对于非塑性和低可塑性粉土的试验是无效的（Senneset 等，1982；Konrad 等，1984；Lunne 等，1997）。

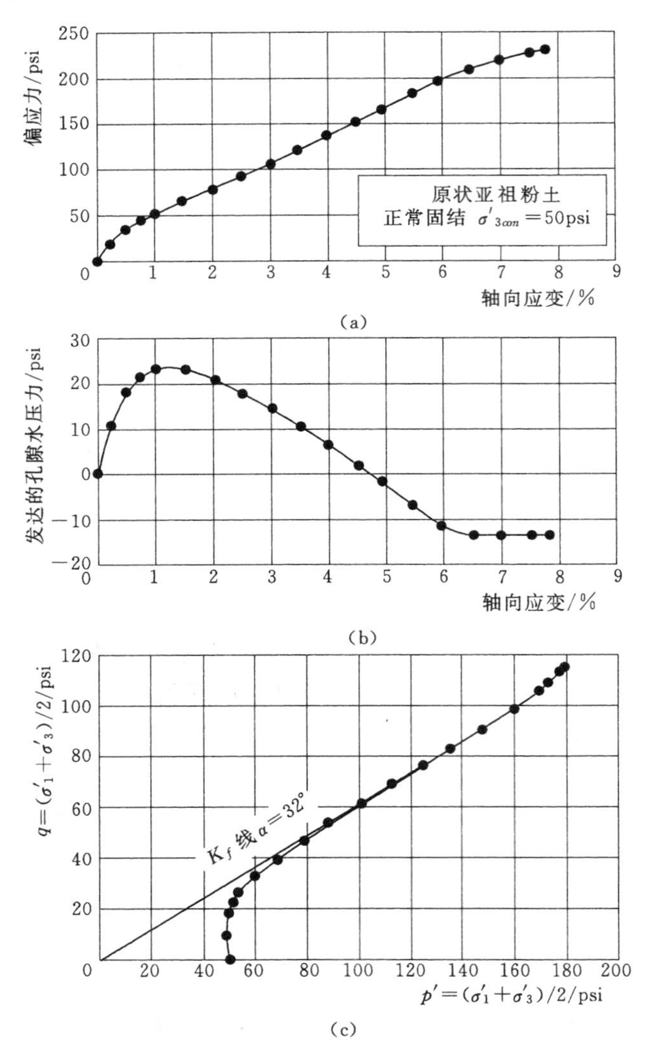

图 5.17　亚祖河流域粉土在高固结压力下的三种曲线

(a) 应力-应变图；(b) 孔隙压力-应变；(c) 应力路径

注：亚祖河原状无干扰粉土试样。

5.3.3　取样干扰的影响

对于低可塑性粉土来说，在取样期间受到干扰是一个很严重的问题。即使这些材料已通过传统的敏感度（敏感度是指无干扰强度或重塑强度）测试测得敏感度不是很高，他们还是很容易受到干扰。对于来自位于北极圈的阿拉斯加州的粉土进行试验，他们发现，由于干扰的存在，粉土的不排水强度在非固结不排水试验中减少了大约 40%，而在固结排水（CU）试验中，不排水强度却增大了 40%。即使粉土的取样采用的是与黏土同样的技术手段，样本的质量却也是非常的不理想。

5.3.4　低可塑性粉土的膨胀趋势

与黏土不同，低可塑性粉土在受到剪切甚至在正常压密时，往往会有发生膨胀的趋势。在固结不排水三轴压缩试验中，这些表现导致了压应变、孔隙压应变和压力路径曲线的一些特性。

图 5.17 列举出了亚祖河流域的粉土在高固结压力（$\sigma'_{3con}=50$psi）下的这三种曲线。我们可以将偏应力-应变曲线［图 5.17（a）］看成是由两部分斜率不同的直线组成。试验中，孔隙压力［图 5.17（b）］在粉土发生剪切时先上升后下降，最后趋于平稳。从数据我们可以看出，在仅仅发生了 4.6%的轴向应变时，孔隙压力值就小于初始孔隙压力（回压）的值。当孔隙水中有气泡

时，试验样品已经不再饱和了，测得的孔隙压力数据也是无效的了。由于孔隙压力的减小导致有效应力的增加使得应力路径沿着 K_f 线上升，如图 5.17（c）所示。

5.3.5 强度测试期间的空化影响

在非塑性或低可塑性粉土的不排水试验中，由于膨胀，孔隙压力值减小且会变为负值。当孔隙压力值变为负值时，溶液中溶解的空气或其他气体就会从溶液中释出，形成气泡从而极大地影响了试验样品的表现。根据 Rose（1994）的研究，图 5.18 显示低可塑性粉土的应力-应变曲线和孔隙压力-应变曲线有不同的回压值。当样品加载完毕后，它们更倾向于膨胀，并且孔隙压力会变小。当孔隙压力减小时，有效围压会增大。当空化现象发生时，有效应力会停止增大，原因是空化气泡扩大使得样本体积增加。每个样品的偏应力最大值受初始孔隙压力（回压，即无应力状态下的孔隙压力）的影响。初始孔隙压力决定了空化发生前孔隙压力变为负值的程度。回压越大，不排水强度越大。这些影响如图 5.18 所示。

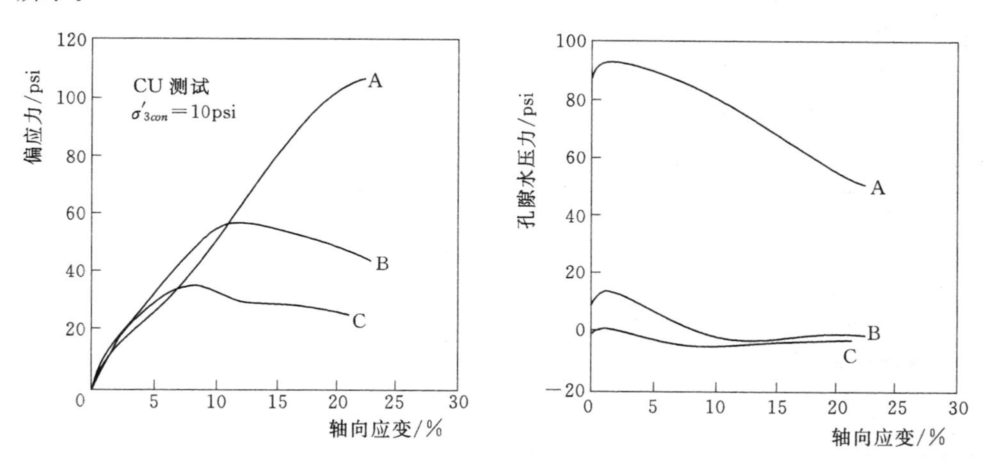

图 5.18　亚祖河重塑粉土不排水强度的空化效应（Rose，1994）

5.3.6 粉土沉积的排水比率

低可塑性粉土的 c_v 值通常为 100～10000cm²/h 之间（1000～100000ft²/a）。所以在目前的装载条件下，很难通过上述 c_v 值的范围确定粉土沉积是否排水，而且很多情况下两种可能性都要加以考虑。

5.3.7 低可塑性粉土的不固结不排水三轴试验

在不固结不排水（UU）试验中测得饱和土体的剪切强度不会随围压的变化而变化，且总应变强度包络线是水平的，即 $s_u=c$、$\phi_u=0$。然而，非塑性粉土的不排水内摩擦角会比 0 值大得多（Bishop 和 Eldin，1950；Nash，1953；Penman，1953）。Golder 和 Skempton（1948）解释说，这是因为粉土的膨胀性能使其在试验中出现了空化和不饱和现象。

试图用 UU 三轴试验测定粉土通常产生的强度时，结果发现数值的离散程度很大，原因是空化在有的试验中发生，有的不发生（Torrey，1982；Arel 和 Önalp，2012）。所以不建议用 UU 三轴试验去确定非塑性粉土的强度参数。

5.3.8 低可塑性粉土的固结不排水三轴试验

固结不排水试验可以用来确定粉土的不排水抗剪强度，然而这种试验却造成了另外的一组问题。正如前面所说的，这些土体在发生剪切时的膨胀属性会使得孔隙压力减小。当样本在试验中的孔隙压力完全降到回压之下时，试样就会发生稀释。为了防止这种现象的发生，低可塑性和非塑性粉土在 CU 三轴试验中回压应该大于饱和度（$B=1$）。

在确定不排水强度参数时，低可塑性粉土的膨胀表现也增加了破坏准则使用的重要性。粉土的强度试验结果的广离散度可以用破坏准则来解释。

表 5.11 和图 5.19 列出了解释膨胀性粉土三轴试验结果的 6 种不同的破坏准则。这些准则的利与弊分别是：

• 孔隙压力的峰值出现在非常小的应变之下，并且会导致更低的不排水强度。

• 服从于 K_f 线的变化因为应力路径渐近的接近 K_f 线，而且交叉的点也完全服从于其广泛的变化。

• $\Delta u=0$ 的点是很容易确定的，也是空化没有影响试验结果的情况下的最后一个点。在这一点上，孔隙压力参数 A 和 $\overline{A}$ 等于 0。

表 5.11 LMVD 粉土应力路径的 CU 试验破坏准则

破坏准则	应变/%	s_u/psi	s_u/σ'_{1con}	ϕ'/(°)
孔隙压力峰值 u_{max}	0.9	7.2	0.48	29.1
趋近 K_f 线	3.5	15.4	1.02	35.3
$\Delta u=0$ 或 $A=0$	4.7	20.9	1.39	35.3
主应力比率峰值 $(\sigma'_1/\sigma'_3)_{max}$	7.0	30.8	2.06	35.8
应力极限	10.0	45.4	3.03	35.5
偏应力峰值 $(\sigma_1-\sigma_3)_{max}$	15.0	69.7	4.65	34.7

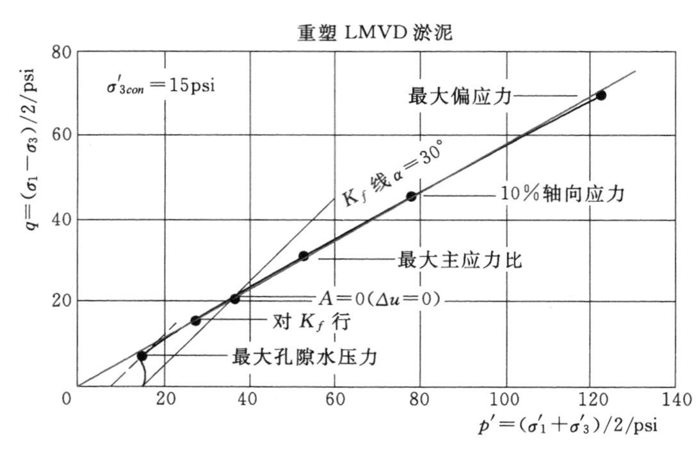

图 5.19 低可塑性粉土 ICU 三轴压缩试验的破坏准则

• 主应力比值的峰值服从于应变和强度的广泛的变化规律，因为在试验的这个阶段，主应力接近于常数。

• 考虑到失败前的各种不同的和不确定数量的空化时，使用一个应变值，如 10%，再使用破坏准则是不可取的。

• 将偏应力用于破坏准则是不可取的。依据试验的压力传感器和实验仪器，偏应力可能会增加分布，从来不会达到峰值取决于样本的强度。

膨胀性低可塑性粉土的 CU 三轴压缩试验结果通常会显示出非常广的分布。$A=0$ 破坏准则的使用和 $\Delta u=0$ 准则一样减少了散布，并帮助解释了不排水剪切强度（Torrey，1982）。如上所述，这种破坏准则得益于它并不依赖于作为不排水剪切强度的一部分的负孔隙压力。

我们知道，对于一个给出的纵向固结应力，各向同性固结不排水（ICU）三轴压缩试验比其他实验室试验方法更能导致一个大的不排水强度（Ladd 和 Foott，1974）。各向异性固结不排水（ACU）三轴压缩试验、K_0 固结不排水（CK_0U-TC）或直接剪切试验（DSS）对于低可塑性粉土来说提供了更低的不排水剪切强度。但是，没有充分的证据来比较膨胀性粉土的实验室不排水强度和回算值可以用来判断这些试验中那个是最适合在设计中使用的。

5.3.9 有效应力强度包络线

低可塑性和非塑性粉土可以使用为黏土采样的设备采样，虽然样品的质量不是很好。采样期间受到干扰对所有的粉土都是一个问题，注意使得干扰的影响最小化是很重要的，尤其是在测不排水强度取样时。测有效应力内摩擦角（ϕ'）时的样品干扰的影响要比测不排水强度时的影响小得多。

粉土的有效应力破坏包络线在固结不排水三轴压缩试验中通过孔隙压力测试仪很容易确定，其中试验样本必须是没有受到干扰的。由于低可塑性粉土的膨胀属性，在测定有效应力内摩擦角上使用破坏准则不会有很好的效果。可以看到，图 5.19 所示的应力路径与表 5.11 所示的内摩擦角中，除了最大孔隙压力准则，其他所有的破坏准则都定义了几乎相同的 ϕ' 值。排水在三轴压缩试验中或许会发生的很慢以至于固结排水（CD）三轴压缩试验作为一种测试排水强度的方法是不切实际的。排水在直接剪切试验中发生的更快，所以也被用在粉土的有效应力内摩擦角的测定上。

5.3.10 压实粉土的强度

粉土的实验室试验程序可以遵循测试黏土时的准则。粉土对水分十分敏感，而且压实特性类似于黏土的这些特性。密度可以通过相对密实度（$RC=\gamma_d/\gamma_{dmax}$）有效控制。非塑性与可塑性粉土的不排水强度在压实条件上都在很大程度受含水量的影响。

非塑性粉土已经成功的用在了大坝核心材料和其他填充上。它们的表现在压实时对含水量很敏感，并且在压实接近饱和时它们会变得很强韧。在车轮荷载下，他们会发生弹性变形，没有破坏，密度也没有进一步提高。高可塑性粉土像旧金山湾泥一样也被用作填充，但是判断高可塑性材料的含水量还是很困难的。所以也就不能达到所需的含水量和压实度，也就不能实现高质量的填充。

5.3.11 粉土的不排水强度比率

粉土的不排水强度可靠性估计的统计是不可用的，因为 s_u/σ'_{1con} 的值对于不同的粉土可能是不同的。表5.12列举了几个例子。表5.12中的数值发生变化可能是使用了不同的破坏准则。

表5.12　　正常固结粉土的 s_u/σ'_{1c} 值

试验类型①	k②	s_u/σ'_{1c}	土体	参　考
UU	NA	0.18	阿拉斯加粉土	Jamiolkowski 等（1985）
UU	NA	0.20～0.40	LMVD 粉土（再塑）	Brandon 等（2006）
UU	NA	0.25～0.30	阿拉斯加粉土（再塑）	Fleming 和 Duncan（1990）
UU	NA	0.20～0.40	亚祖河粉土（无干扰）	Brandon 等（2006）
UU	NA	0.43	亚祖河粉土（再塑）	Brandon 等（2006）
ICU	1.0	0.25	阿拉斯加粉土	Jamiolkowski 等（1985）
ICU	1.0	0.30	阿拉斯加粉土	Jamiolkowski 等（1985）
ICU	1.0	0.30～0.65	阿拉斯加粉土	Wang 和 Vivatrat（1982）
ICU	1.0	0.57	密斯河粉土（再塑）	Wang 和 Luna（2012）
ICU	1.0	0.85～1.0	阿拉斯加粉土（再塑）	Fleming 和 Duncan（1990）
ICU	1.0	1.33	克林威斯粉土（再塑）	Izadi（2006）
ICU	1.0	1.58	亚祖河粉土（无干扰）	Brandon 等（2006）
ACU	0.59	0.26	阿拉斯加粉土	Jamiolkowski 等（1985）
ACU	0.84	0.32	阿拉斯加粉土	Jamiolkowski 等（1985）
ACU	0.59	0.39	阿拉斯加粉土	Jamiolkowski 等（1985）
ACU	0.50	0.75	阿拉斯加粉土（再塑）	Fleming 和 Duncan（1990）

① UU，不固结不排水三轴压缩试验；ICU，各向同性固结不排水三轴压缩试验；ACU，各向异性固结不排水三轴压缩试验。

② $k=\sigma'_{3c}/\sigma'_{1c}$ 固结期间。

正常固结膨胀性粉土的不排水强度比率值在假定孔隙压力破坏（Δu）下的变化等于0（即 $A=0$ 破坏准则）的条件下，可以通过ICU、ACU和DSS试验用以下公式估测出来。对于ICU试验，不排水强度比率可以表示为

$$\frac{s_u}{\sigma'_{1con}}=\frac{\sin\phi'}{1-\sin\phi'} \tag{5.10}$$

ACU试验在 K_0 条件下固结和假定 $K_0=1-\sin\phi'$ 不排水强度比率可以表示为

$$\frac{s_u}{\sigma'_{1con}}=\sin\phi' \tag{5.11}$$

对于DSS试验，也在 K_0 条件下固结，不排水强度比率可以表示为

$$\frac{s_u}{\sigma'_{1con}}=\sin\phi'-\frac{1}{2}\sin^2\phi' \tag{5.12}$$

例如，如果 $\phi'=37°$，假设 $K_0=1-\sin\phi'$，不排水强度比率可以计算出来（表5.13）。表5.13的值可以用来估测实验室测试结果。如果实验室值超过所列的这些，负的孔隙压力对于不排水剪切强度将会变成潜在的依赖。

粉土不排水强度的准确估计还有待于技术水平的进一步提升，如通过更多的研究精准地界定粉土类别以及各类别的相关性等。直到更多的可靠信息时，粉土的特性应该基于保守估计或特定材料的实验室测试结果来保守解释。

表 5.13　　$\phi'=37°$、$\Delta u_f=0$ 时的不排水强度比率

试验类型	不排水强度比率（s_u/σ'_{1con}）	试验类型	不排水强度比率（s_u/σ'_{1con}）
ICU 三轴压缩试验	1.50	DSS	0.42
ACU 三轴压缩试验（CK_0U-TC）	0.60		

5.3.12　粉土的特征值 ϕ'

低可塑性和非塑性粉土通常比高可塑性粉土和黏土有更高的有效应力和内摩擦角。低可塑性粉土的无干扰和再塑的实验样本的有效应力内摩擦角的测定见表 5.14。

表 5.14　　排水和不排水三轴压缩试验的粉土有效应力内摩擦角测定

试验类型	ϕ'/（°）	c'/(lb/ft²)	土　　体	参　　考
ICU	33～36	0	密斯河谷粉土（重塑）	Wang 和 Luna（2012）
ICU	36	0	亚祖河粉土（重塑）	Brandon 等（2006）
ICU	37	0	阿拉斯加粉土（重塑）	Fleming（1985）
ICU	39	0	亚祖河粉土（无干扰）	Brandon 等（2006）
ICU	39	0	LMVD 粉土（无干扰）	Brandon 等（2006）
ICU	41	100	阿达巴扎粉土（重塑）	Arel 和 Önalp（2012）
ACU	40	0	NC 阿拉斯加粉土（重塑）	Fleming（1985）
CD	36～45	0	布瑞河粉土（重塑）	Penman（1953）
CD	38	50	阿达巴扎粉土（重塑）	Arel 和 Önalp（2012）

小结

1）粉土的表现没有被很广泛地研究，并且也不像颗粒材料和黏土的表现那样被我们所了解。

2）粉土的表现包含了一个很广的范围，从细砂到黏土。将粉土分为这两类是很有用的：非塑性粉土表现得更像细砂；可塑性粉土表现得像黏土。

3）在加载条件下确定粉土是否排水很困难。在很多情况下，两种情况都要考虑。

4）低可塑性和非塑性粉土的剪切强度在原位测试中不会得到任何有价值的数据。

5）低可塑性粉土在取样时很容易受到干扰，并且干扰会影响它们在实验室测试中的表现。

6）空化可能发生在低可塑性粉土的试验中，导致试样形成气泡从而影响表现。

7）用作粉土不排水强度可靠估测的相关性分析方法暂时缺失。

8）粉土的实验室测试程序可以遵循测试黏土时的一般准则。

5.4　黏土

因黏土与水之间存在异常复杂的相互关系，由此而导致边坡失稳事件中有很大的比例是发生在黏土分布区域。黏土体的强度特性会随时间的改变而变化，这些过程包括固结、

膨胀、风化、滑移面的扩展和蠕变等。对短期加载工况而言，不排水强度对黏土非常重要；而排水强度更适用于长期加载工况。

通过有效应力控制的黏土抗剪强度可通过莫尔-库仑准则进行表达，如式（5.13）所示：

$$s=c'+\sigma'\tan\phi' \tag{5.13}$$

式中 s——抗剪强度；

c'——有效应力所对应的黏聚力；

ϕ'——有效应力所对应的内摩擦角。

通过总应力控制的黏土抗剪强度可用式（5.14）表达：

$$s=c+\sigma\tan\phi \tag{5.14}$$

式中 c——总应力所对应的黏聚力；

ϕ——总应力所对应的内摩擦角。

对饱和黏土而言，内摩擦角为0，因此不排水抗剪强度可表达为

$$s=s_u=c \tag{5.15a}$$

$$\phi=\phi_u=0 \tag{5.15b}$$

式中 s_u——不排水抗剪强度，不受总应力控制；

ϕ_u——总应力条件下的内摩擦角。

5.4.1 黏土强度的影响因素

正常固结和中度超固结黏土的不排水固结强度较低，在该类土体分布的区域修建堤坝时常会出现稳定性问题。精准地估算黏土的不排水强度对准确评定坡体稳定性异常重要，但这往往非常困难，主要是因为在实验室或现场测试过程中有很多因素对其产生影响。下面重点对部分因素进行讨论。

（1）扰动。

扰动对原状土的影响是增大了土体内部的孔隙水压，这将使得试样制作完成后有效应力降低（Ladd 和 Lambe，1963）。在室内 UU 试验中相对应的不排水抗剪强度也会因此而降低。除非制作的试样基本未扰动，否则实验室测试结果必然小于现场试验测试结果。在室内 CU 试验实施过程中，有两种较为先进的试验方法可减轻对原状土的扰动效应（Jamiolkowski 等，1985）：

1）再压缩技术（Bjerrum，1973）。该技术将试样在实验室进行再次压缩，所施加的压力等同于原状土在现场所承受的压力，由此使得土体在实验室与在现场具有同等的固结程度。试样在试验室成型、切削或装样的过程中一般会吸入多余的水分，再压缩技术除了还原试样在现场所承受的真实有效应力外，还将多余的水分挤压出去。这种技术在挪威被广泛应用于敏感性海洋质黏土的不排水强度测试过程中。

2）SHANSEP（Stress History and Normalized Soil Engineering Properties）技术（Ladd 和 Foott，1974；Ladd 和 DeGroot，2003）。该技术要求对实验室试样施加高于原状土在现场所承受的有效应力，并根据不排水强度比（s_u/σ'_v）来解释测量到的强度值。图5.20给出了利用该技术测定的6种黏土试样数据结果，表征了不排水强度比（s_u/σ'_v）与超固结比（OCR）的相互关系，该图可用于估测正常固结和中度超固结黏土的不排水

强度。

正如 Jamiolkowski 等（1985）所指出的，上述两种方法均具有其使用上的局限性。其中，再压缩技术更适用于能够获取块状土体试样的情况，这种情况下实验室制样时对其扰动最小。一般而言，如果黏土试样受扰动或在较小应变时会产生一些微观裂隙（这被称为结构性黏土），则测定的不排水强度将会严重小于现场测试结果；反之，非敏感性黏土受压后则会造成孔隙比下降，由此产生的测试结果将会高于现场测试结果。因不排水强度随固结压力的增长而呈正比例增大趋势，所以 SHANSEP 技术只能适用于非敏感性黏土。同时，在这种技术方法应用之前，工程技术人员需要提前获知土体所承受的先期固结应力和当前原状土的应力分布情况，这是因为如图 5.20 所示的不排水强度关系曲线的绘制依赖于 σ_v' 和 OCR 等基础数据。

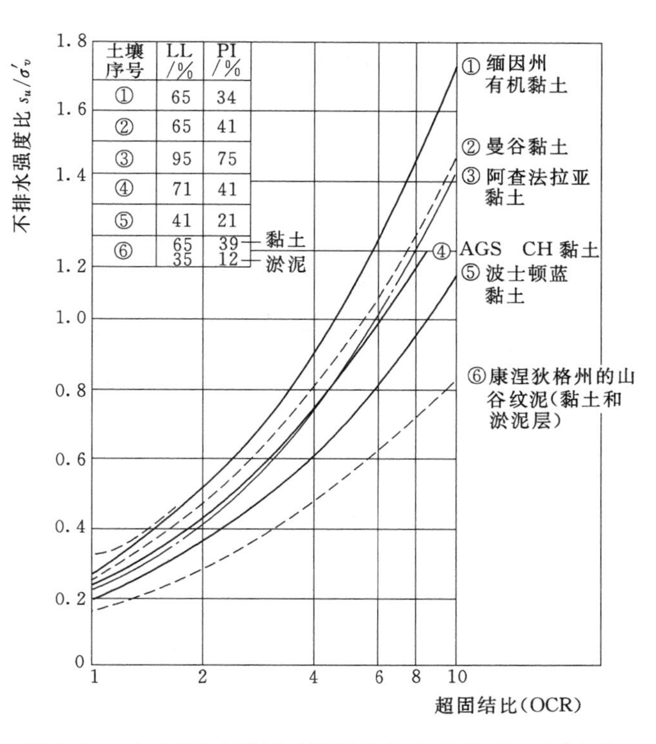

图 5.20　由 ACU 直剪试验测得的黏土 OCR 的 s_u/σ_v' 变化

（2）各向异性。

黏土的不排水强度是各向异性的，也就是说土体破裂面的发展随着方位的变化而变化。这种各向异性受两方面因素的影响：一是土体自身的各向异性问题；二是应力系统所造成的各向异性问题。

1）土体自身的各向异性。对于完整的黏土体而言，在分层固结成型的过程中黏土颗粒的排布方向会趋近于与主应力方向垂直，由此而导致其刚度和强度均与方向有关；对硬裂性黏土，具有裂纹开展的部位也就理所当然是土体内部的软弱面。

2）应力系统造成的各向异性。在固结沉降的过程中应力的大小会随着作用面的变化而变化，同时不排水固结也会造成孔隙水压随压力的变化而变化，这亦与方向有关系。

受上述两因素的影响，黏土不排水强度随土体破坏时主应力方向和破裂面方向的变化而变化。图 5.21（a）显示了坡体滑移破坏时主应力方向和滑移面与剪切面的关系。剪切破坏面顶部被称之为主动滑移区域，主应力是垂直分布的，剪切破坏面与水平方向的夹角约为 60°；在坡体中部，剪切破裂面近乎水平，主应力方向与水平面的夹角约为 30°；坡脚部位被称为被动滑移区域，主应力方向呈水平分布，剪切破坏面呈反倾向约 30°。由此可知，不排水强度比（s_u/σ_v'）沿着剪切破坏面逐点变化。图 5.21（b）给出了两种正常固结黏土和两种严重超固结页岩质黏土在实验室测试情况下超固结比对外加应力的响应情况。

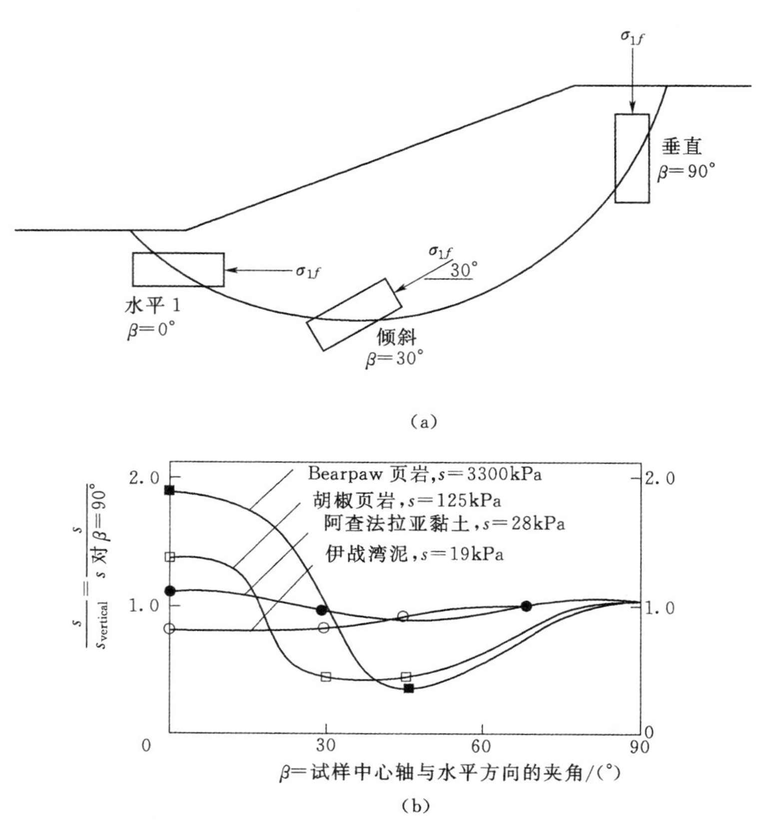

图 5.21 滑动面主应力方向及不排水剪切破坏过程中岩土体的各向异性
(a) 在破坏应力方向;(b) 黏土和页岩的 UU 三轴试验的各向异性

理想情况下,在实验室测试黏土的不排水强度所用的试样应该是完全无扰动且始终处于平面应变状态,所实施的 UU 试验、竖向压缩和剪切试验是直接模拟土体的现场工况。然而,现有用于模拟上述影响因素的复杂试验装备当前只能用于科学研究。工程实践中,工程师们要求设备简单易用,即便是不能完全考虑到现场工况,只要能够满足工程基本需求也就可以了。

三轴压缩(TC)试验,往往被用于模拟滑移面顶部土体的现场工况,相比于平面应变竖向压缩试验,其测试的强度低 5%~10%;三轴拉伸(TE)试验一般被用于模拟滑移面底部土体的现场工况,相比与平面应变水平压缩试验,其试验结果显著偏低,损失率约为 20%;直剪(DSS)试验通常用于测试滑移面中部的土体,相对于水平方向而言试验结果对不排水强度存在低估。综上所述,采用 TC、TE 和 DSS 试验对土体的不排水强度进行测试,最终结果均会比理想状态下保持其完全平面应变状态时所得的结果要低。

(3) 应变速率。

室内试验过程中土体的剪切应变率相对于多数典型的现场工况都要高。UU 试验加载到试样破坏一般为 10～20min，部分 CU 试验的加载时间一般少于 24h，现场十字板剪切试验的持续时间通常为 15min 或者更短的时间。另一方面，现场加载的时间通常为数周或数月。上述加载时间的区别呈千倍关系。图 5.22 给出了缓慢加载过程中饱和黏土的不排水强度测试情况。图中显示，旧金山湾淤泥质黏土的强度受加载时间的影响非常明显，当加载时间由 10min 增长到 1 周时，强度值降低约 30%，且随着时间的进一步增长，强度衰减不再明显。

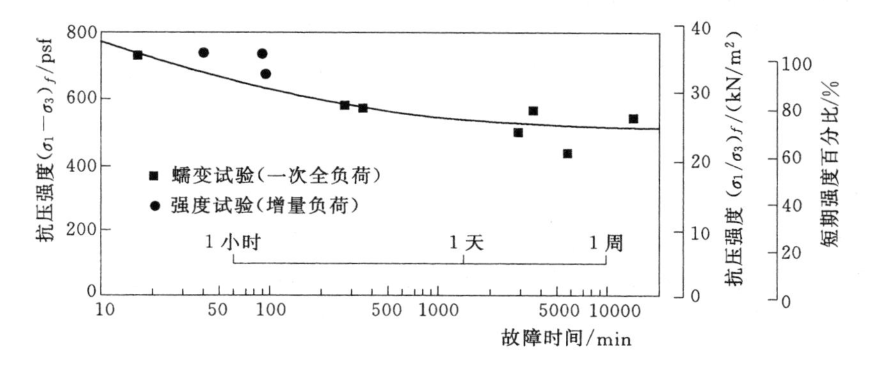

图 5.22 持续荷载引起的强度损伤

室内或现场原位沉积土破坏试验所需时间与应变率之间呈反比例关系。Kulhawy 和 Mayne（1990）对室内 26 组黏土试样的室内不排水剪切强度测试成果进行了分析，结果表明应变速率增长 10 倍，则土体抗剪强度增加 10%。图 5.23 显示了在应变速率为 1%/h 时，

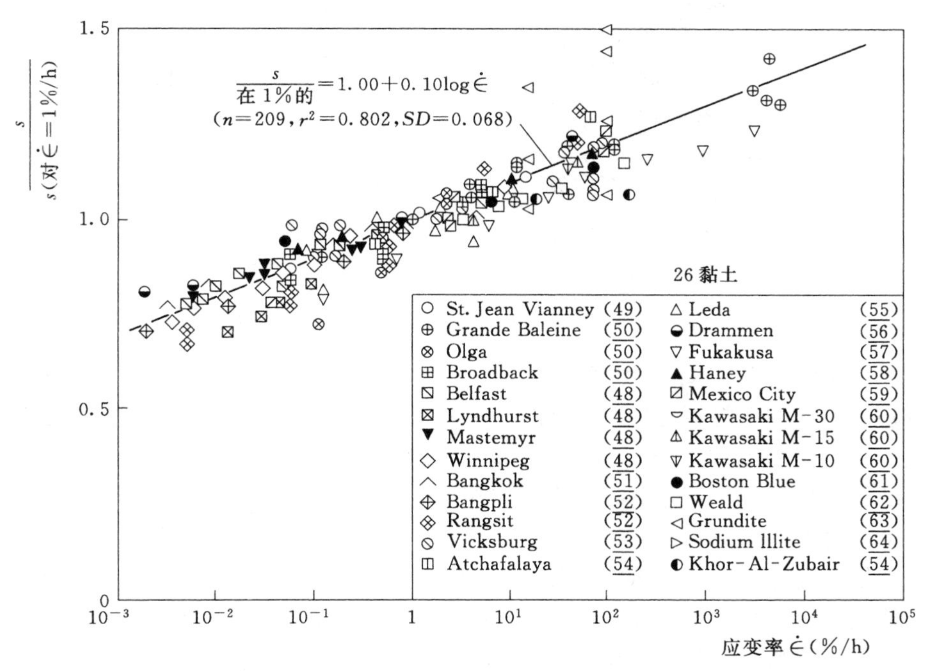

图 5.23 黏土不排水抗剪强度随应变速率函数的变化趋势图（Kulhawy 和 Mayne，1990）

不排水抗剪强度的变化情况，图中结果反映出应变速率与不排水抗剪强度呈近似对数线性关系。

通常情况下，实验室测试过程中不会对应变速率和扰动的影响效应实施修正。UU 试验中高应变率会使测试结果偏高，而扰动恰好相反。因此，在采用 UU 试验估测天然沉积黏土不排水抗剪强度时，上述两方面的影响会相互抵消。

5.4.2 原状黏土不排水强度的估测方法

黏土的不排水抗剪强度可通过一系列室内试验和现场原位试验测得。除此之外，还有很多相关性分析方法可用于估测正常固结或超固结饱和黏土的不排水抗剪强度或不排水抗剪强度比。

在很多情况下，实施抗剪强度评估工作的目的在于获取抗剪强度指标黏土自然沉积后随沉积深度的变化规律。图 5.24 给出了理想状态下黏土沉积物上部超固结、下部正常固结时不排水抗剪强度随深度的变化趋势。工程师们需要大量的室内外试验数据做支撑方能绘制出一般经验性关系来表征土体强度随深度的变化规律，进而将其运用到稳定性分析过程中。当然，也可通过相关性分析或其他方法建立抗剪强度与沉积深度的相互关系。

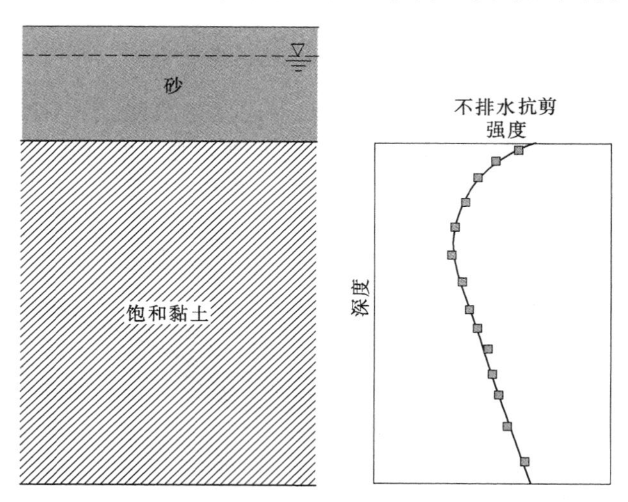

图 5.24 理想化的不排水强度沿深度分布图

(1) 实验室测定不排水抗剪强度。

试样质量是影响室内测定黏土抗剪强度的关键。因此，用于室内强度试验的自然沉积黏土试样应尽可能不被扰动。Hvorslev (1949) 给出了制备高质量试样的几个要点，包括：①取样器的管壁尽可能薄，管壁截面积不应超过土样横截面积的 10%；②取样器入土过程中，管内活塞对土体施加的应力要尽可能小；③取样完毕后要尽快对试样进行封装，以避免土体含水率发生变化；④试样运输和保存过程中要避免其发生撞击、振动或过高的温度变化。对于块状试样，在防潮环境下仔细修整和封装是一种可靠的处理方法。粗劣的制样过程可能导致数据分散和得到误导性数据。可以说，一个高质量的试样胜过 10 个劣质试样。

用于室内测定黏性土不排水抗剪强度的技术手段众多，表 5.15 列示了 ASTM 技术规程中收录的一部分，表中按大概的试验可靠度进行排序，表附上了试验标准编号。接下来将对上述试验技术进行更为详细的讨论，着重描述各自在不排水抗剪强度测试过程中的适用性。

表 5.15　　饱和黏土的不排水强度的实验室测定方法

试　验	ASTM 特性
无侧限压缩（UC）试验	D2166
不固结不排水（UU 或 Q）三轴压缩试验	D2850
实验室小型十字板剪切试验	D4648
固结不排水（CU）三轴压缩试验	D4767
直剪（DSS）试验	D6528
K_0 固结不排水（CK_0U）三轴压缩试验	无标准

（2）无侧限压缩试验（ASTM D2166，2013）。

无侧限压缩试验（UCT）是最古老的土体强度测试手段之一。该技术在美国工程界测定土体不排水抗剪强度已有超过 70 年的历史，但相对于进行土体强度测试，其更适用于对土体进行分类测定（美国陆军工程兵团，1947）。试验过程中，通常先将较大的管状土样切削成标称尺寸的管状试样（优先推荐的制样方法），但是 ASTM 标准中允许使用标准取样器直接取样，取样完毕后即为试验所要求的标准试样，而无需对其进行切削修整。正如表 5.15 所示，UTC 试验所测定的不排水抗剪强度在诸多试验方法中最低，试验过程中试样受扰动的程度最高，也就最终造成试验的可靠度同样最低。该试验的过程很快，仅需 5～15min 试样即宣告破坏。试验中得到的不排水抗剪强度一般为最大偏应力的 1/2，只需一次试验即可获得强度指标 s_u。

（3）不固结不排水三轴试验（ASTM D2850，2007）。

不固结不排水（简写为 UU 或 Q）试验技术的发展归要功于 A. Casagrande。UU 试验也往往被划归为快速测定试验范畴（Q－test）。从试验技术发展历史上来讲，UU 试验是岩土工程领域测试不排水抗剪强度时普及性最强且实验室内最为主流的测试技术。该技术也较早的被认为扰动对其测定结果具有重要影响（Ladd 和 Lambe，1963），最终造成室内测定的剪切强度低于实际值。

通常推荐采用对较大的无扰动土样进行切削的方法来降低制样过程中对试样的扰动影响（Lunne 等，2006），但 ASTM 技术规程中允许采用管状取样器取样，进而通过活塞将试样推出，然后分段环切后进行试验，环切后的试样在实验前无需再次进行切削修整。当采用 UU 试验技术来测定土体不排水抗剪强度时，采用大直径取样管取样更有优势。如果采用直径为 5in 的谢比尔管取样，则同样深度范围可一次性切削 4 个直径为 1.4in 的标准三轴试样，该方法可有效降低试样的离散性并提高试验结果精度，如图 5.25 所示；而如果采用直径为 2.8in（美国岩土工程领域取样管的常规尺寸）的谢比尔管，

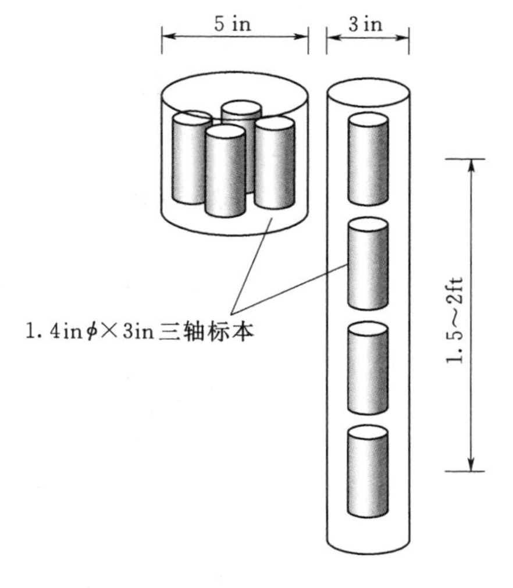

图 5.25　5in 和 2.8in 的 Shelby 管尺寸关系示意图

则制作4个直径为1.4in的标准三轴试样则需取样两次，两次同样深度的试样水平间隔为1.5～2.0ft，这个过程又进一步增加了试样的非均质性。

正如前一小节所述，室内采用UU试验测试粉土等低塑性土体的不排水强度时，得到的试验结果精度较差，这源于试验过程中对试样的扰动及空穴现象。同样的，该实验技术在应用于非常软（s_u<250psf）或易于变形的土体时也具有很大的局限性。软土很难被塑造成标准的三轴试样，在通过乳胶膜封装的过程中也很难保证土体不会因此产生显著的扰动。因此也就导致试验过程中难以得到理想的、精确度较高的试验结果。

在UU试验过程中通常控制应变速率为每分钟压缩试样高度的1%，试样在10min以内即会宣告破坏。试样一般连同两端的压力板采用一个或两个乳胶膜封装在三轴仪的压力室内，乳胶膜的内径尺寸与标准试样等同，同为1.4in。根据ASTM技术规程，三轴仪的压力室在试验过程中注满水，水压即为最小主应力σ_3。仪器通过压力板向试样施加轴差压力对其进行剪切，因此需确保试样两端的压力板要具有相当小的水平摩阻力，轴差压力的量测一般在压力室的外部进行。

既定深度范围的土样被切削呈3个或4个试样，通过改变围压后进行重复试验。试验结束后每个试样绘制一个莫尔圆。对饱和土试验，强度包络线大致呈现为一条直线，相对应的强度指标分别为：$s_u=c$，$\phi_u=0$。图5.26所示为一组完美的测试结果，四次试验绘制的莫尔圆具有同等大小。上述情况下，因围压变化而导致四次试验大小主应力发生变化，莫尔圆的位置自然不同，因此每次试验完结后都应绘制一个强度包络线用以判断试验可靠性。

图5.26显示了不同深度处土体不排水抗剪强度的测试成果，图中显示管状试样取自两个不同的深度区域。对每一深度处的土体试样，分别实施了三次UU试验和一次UC试验，结果表明相同深度处的剪切强度具有一致性，而不同深度处的剪切强度存在明显差异。

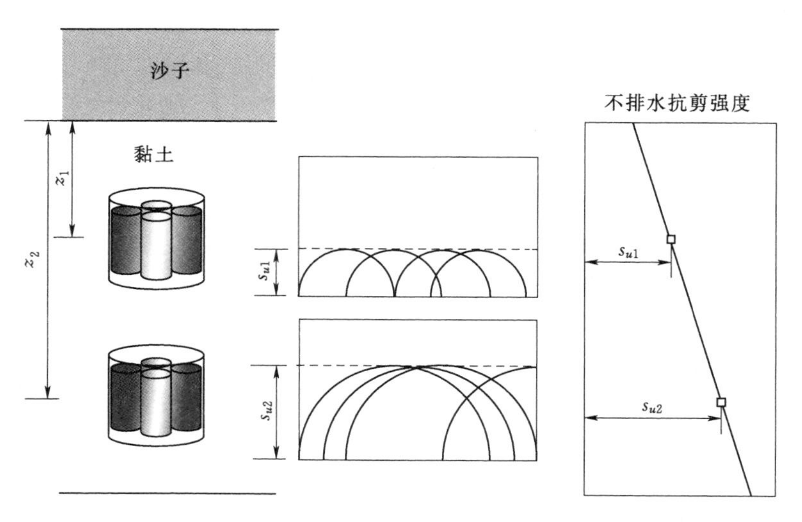

图5.26 应用UU三轴试验测定不排水抗剪强度示意图

有些工程师采用“单点位UU试验”来测定土体的不排水抗剪强度，这也是一种常见的测试方法，即土体每一深度处只实施一次三轴试验。这是因为如果三轴试验后土体强度包络线能够呈现出预定的水平方向，那么一次试验对应的莫尔圆足够确定土体的抗剪强度指标。单点位试验所施加的围压通常与原状土所处深度的竖向总应力等同。单点位 UU 试验的测试精度仅略高于无侧限压缩试验，显著低于传统的三点位 UU 试验。如果将单点位 UU 试验测定结果用于某个具体工程，则应在技术报告中表明。

UCT 和 UU 试验趋向于保守地估测土体的不排水抗剪强度。图 5.27 给出了美国路易斯安那州一处软黏土的试验测试结果对比图。通过对比几种测试手段进行质量控制是一种有效方法。图中给出了十字板剪切试验、静力触探试验和 UU 试验的测试成果，并绘制出相应的不排水强度比趋势线。图中显示十字板剪切试验和静力触探试验结果表现出较好的一致性，而 UU 试验测取的强度值相对偏低。这也例证了 UU 试验应用于类似该区域受扰动软黏土强度测试时并非一种可靠的测试手段。就该土样而言，选用实验室小型十字板剪切仪（随后介绍）对其强度实施测试才是一种更为恰当的技术手段。

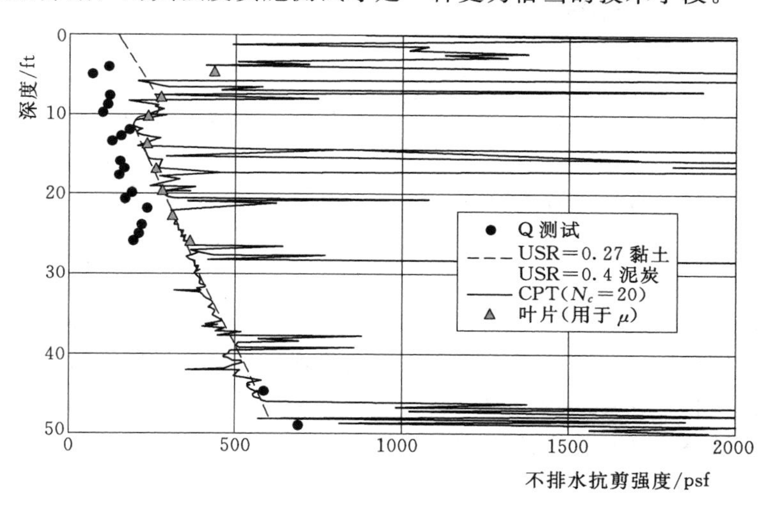

图 5.27　分别采用 UU 三轴试验、十字板试验和锥入试验测定新奥尔良软土不排水抗剪强度结果对照图

（4）实验室小型十字板剪切实验（ASTM D4648，2013）。

实验室小型十字板剪切实验非常适合用来测定非常软的饱和黏土不排水强度。这是唯一一种对抗剪强度小于 250psf 的土体能给出可靠结果的试验方法。这种试验方法已经在国外岩土工程实践中得到长时间的应用，而在国内的实践中还没有被普遍采用。上述仪器的实景图如图 5.28 所示。

常规十字板叶片的高度与旋转直径之比一般为 1∶1 和 1∶2 两种，旋转直径的范围在 0.5～1.0in 之间。十字板剪切试验可直接在被分割好的柱状试样上进行，同时，可在通过管状取样器获取的土样上实施多次剪切试验。在表 5.15 所列示的诸多抗剪强度测试方法中，微型十字板剪切试验是最为简便和易于实施的测试技术。剪切试验过程中所施加的扭矩可通过数显方式或刻度显示方式呈现，其中以刻度形式显示测定结果的十字板剪切仪在岩土工程实践中更为常用，如图 5.28 所示。

图 5.28 室内微型十字板剪切试验仪

十字板剪切试验实施过程中，要求将十字板叶片竖直插入待测试样，入土深度最小为叶片高度的2倍，施加扭矩的转头其转速控制在60～90°/min。当采用刻度显示的方式测定土体强度时，十字板叶片的旋转速度会略低于施加扭矩的转头运行实际转速。最终土体不排水抗剪强度的计算需依据剪切过程中出现的最大峰值扭矩，理想情况下该数值约在试验行进三分钟后出现。ASTM D4648（2013）中要求室内微型十字板剪切试验的测试结果要经过现场采用同等方式的大型十字板剪切试验进行修正，以便消除土体各向异性及应变速率对抗剪强度所产生的影响。

（5）固结不排水（CU）三轴实验（ASTM D4767，2011）。

固结不排水（CU）三轴试验的发展也得益于 A. Casagrande 的研究成果。该试验最初被称之为“快速固结”试验，且试验过程中不去测量孔隙水压的变化情况。因为试验实施过程中土样固结具有各向同性的特征，所以习惯将其称为各向同性不排水（ICU）三轴试验，用以表明该试验过程中试样固结是各向同性的，即土样内部各方向具有相同的应力。

当采用手动操作方式开展CU三轴试验时，一个试样的试验周期往往需要2～7天，这取决于土体类别和固结应力状态等因素。借助于现代自动化试验装置，土体饱和度、固结度和剪切阶段等指标均可实现自动控制，相对比手动操作方式极大缩短了试验周期。

岩土工程实验室中往往通过绘制如图5.29所示的总应力圆来表达CU三轴试验测试成果。与各个总应力圆相切的直线被称为总应力包线，相对应即可得到总应力黏聚力（c_{CU}）和总应力内摩擦角（ϕ_{CU}）。然而，上述解释方法存在明显缺陷（Duncan 和 Wong，1983）。上述试验过程中产生的总应力圆与莫尔圆的绘制原理不相符。总应力圆左侧的应力值为有效应力（此时孔隙水压被减掉），而总应力圆的直径是轴差应力。由此可发现，总应力包络线并非强度包络线，用其表征现场土体受剪工况不符合逻辑。

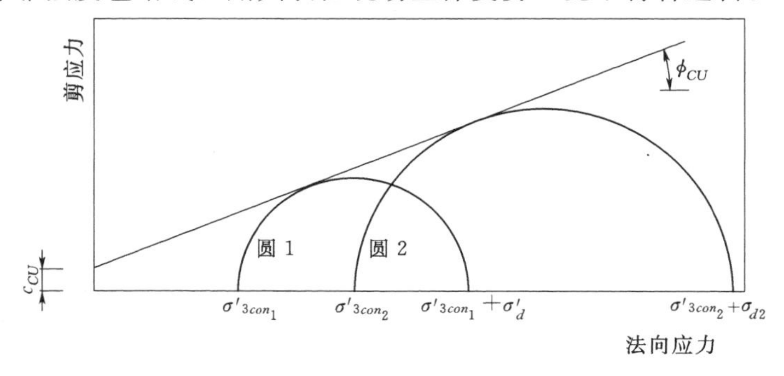

图 5.29 ICU三轴试验中应用总莫尔圆的一种错误方法

图 5.30 给出了一种更好的解释 CU 试验测试成果的方法。一次固结不排水三轴试验结束后，保持围压不变（$\sigma'_{3con}=\sigma'_{1con}$），竖向轴差应力减半后重复试验，并将两次试验的总应力圆绘制在图上。进而连接有效两次试验的有效主应力特征点即可表示强度包线，如图 5.30 所示即可得到既定深度处土体的抗剪强度指标。

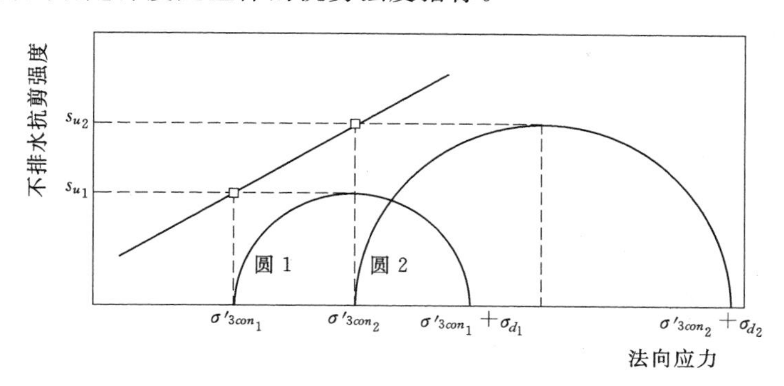

图 5.30　ICU 三轴试验中正确的莫尔圆绘制方法

在表 5.15 所列示的诸多试验技术手段中 CU 三轴试验得到的不排水抗剪强度相对较高，考虑到土体的各向异性、应力重分布及应变速率等因素，可认为 CU 试验不是一种保守的测试技术。因此，在工程应用中，相关测试结果应该综合考虑各因素并修正后方可应用于工程设计。

CU 三轴试验实施过程中选择适当的固结压力是十分重要的。如前所述，常规的做法是确保固结压力与现场工况相一致，这被称之为贝耶伦再压缩技术。利用该技术仅需实施一次试验即有可能估测土体的不排水抗剪强度，如图 5.31 所示。图中显示，两次试验的试样取自不同深度处，土样在与现场同等竖向有效应力等同的情况下各向同性（各方向处应力相等）固结。所测定土样的不排水抗剪强度值即为竖向轴差应力的 1/2，同时图中还给出了沿深度变化的不排水强度分布示意。

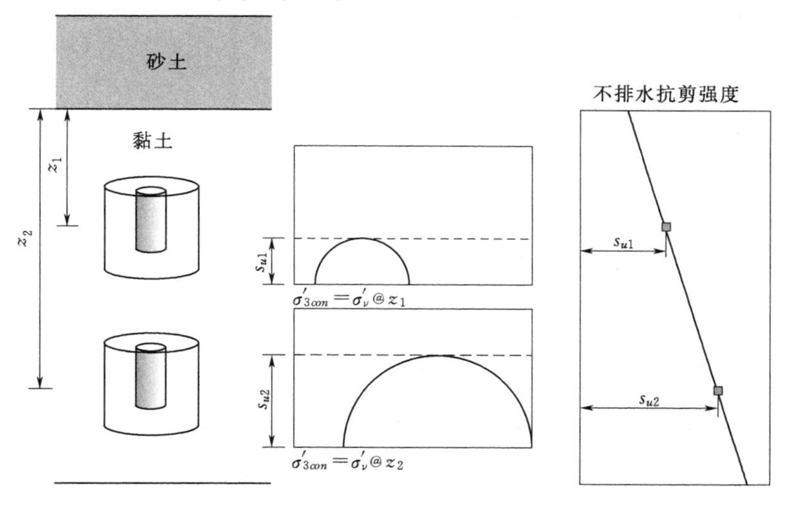

图 5.31　利用 ICU 三轴试验测定的土体不排水强度及绘制出的强度分布剖面

另一种可供选择的试验技术流程是采用 SHANSEP 法（Ladd 和 Foott，1974）。该技术要求采用超过现场有效应力的固结压力促使土样实现超固结，然后回弹至预定超固结比（OCR）。这种方法实施前需确保土体不排水强度与固结应力呈正比例关系，所以并非对所有类型的黏土都有效。同时，还要求在实验前需要清楚地知道该土样之前所承受的固结应力路径。SHANSEP 方法的详细情况将在本章后续部分进一步讨论。

（6）直剪实验（ASTM D65278，2007）。

直剪实验（DSS）首次被提出是在大约 60 年前（Kjellman，1951），但该试验技术相对于本书讨论的其他技术应用得较少。该试验的实施一般分两个阶段，首先固结，然后在不排水情况下被剪切破坏。起初，直剪试样被封装在钢丝环绕的圆柱状薄膜中，以此来防止固结和剪切过程中发生侧向膨胀。而现阶段的试验仪器普遍将试样封装乳胶膜内，然后通过多层环状金属容器限制其侧向膨胀。

在 ASTM 技术规程给出的 DSS 试验方法实为排水试验，但试验过程中保持试样体积恒定。对饱和的土体材料而言，体积恒定则等同于不排水工况。排水过程中试样内部的孔隙水压必然发生变化，因此直剪仪在试样顶部施加有随时变化的正应力，以确保试样在剪切过程中高度不变。因不存在侧向膨胀问题，所以恒定的试样高度也就相当于试样体积未发生改变。仪器中专门设有传感器实时测量试样在加载过程中的不排水抗剪强度和孔隙水压。同时，该试验要求通过反压来促使土体达到饱和状态。

实施直剪试验所需要的技术流程与进行应力递增式固结试验基本相同，只不过直剪试验过程中需对试样的安装要复杂一些。本质上直剪试验是在试样完成固结后，进一步施加剪切荷载并完成试验。该试验的持续时间大概为 7～14 天，时间的长短主要取决于土样的沉降固结特性和所要求的固结应力大小。

直剪试验过程中固结应力的选择方法与前述的 ICU 三轴试验基本类似。如果采用贝耶伦再压缩技术，则固结应力应逐步增加到高于原状土所承受的竖向有效应力；当采用 SHANSEP 技术时，施加剪切荷载前需完成固结应力的施加和卸载工作。

图 5.32 描述了如何利用 DSS 试验测试各点位土体的不排水抗剪强度。图中显示，所

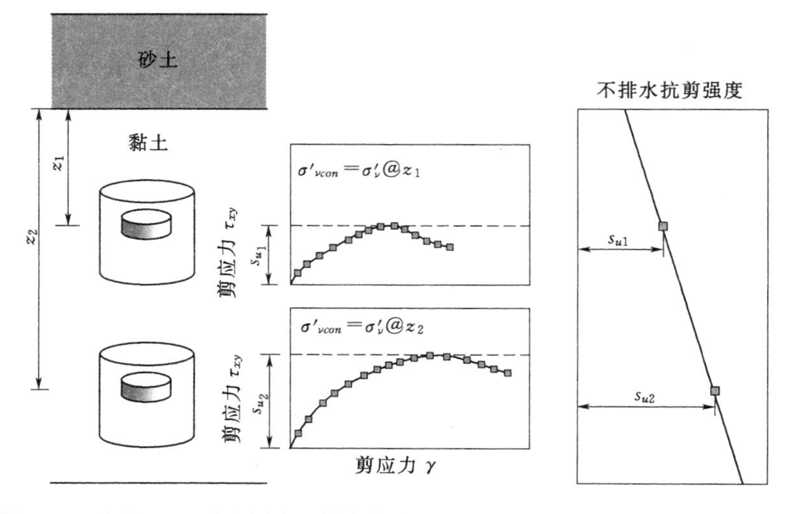

图 5.32 室内 DSS 试验测定不排水抗剪强度的方法及绘制出的强度分布剖面

施加在直剪试样上的固结应力等同于试样所在深度处的竖向有效应力，测定的不排水抗剪强度（采用贝耶伦再压缩技术）被绘制在左侧强度剖面中。DSS试验有时也被用于确定土体的不排水抗剪强度比（s_u/σ_v'），在假定土体特性在沉积过程中不会发生变化时，相关成果可用来计算不排水抗剪剖面。这将在后续详细讨论SHANSEP技术时再进行描述。

DSS试验测定的不排水抗剪强度通常会大于UU三轴试验的测定结果，而小于CU三轴试验的测定成果。Bjerrum（1972）研究发现DSS试验与经过修正土体各向异性及应变速率的原位十字板剪切试验所得到的不排水抗剪强度值相当。Ladd和Foott（1974）指出DSS试验实施过程中平衡了因应力产生的各向异性问题，所获取的不排水抗剪强度值是一种相对合理的平均值，该试验对测试黏土的不排水抗剪强度具有较好的适用性。

（7）K_0固结不排水（CK_0U）三轴压缩试验。

CK_0U三轴压缩与拉伸试验在岩土工程应用和研究领域已经很多年了，但ASTM技术标准中尚未对其进行编录。困难在于该试验实施时对试样的固结，最好的办法是采用全自动三轴试验仪来完成试验。自动试验系统在孔隙流体流出试样的过程中计算试样轴向位移，并修正试样的横断面面积，进一步结合所施加的各向异性固结应力，即可确定固结过程中各轴向的应变。由此，试验的实施过程显著高于ICU三轴试验，通常需要持续7～14天。

如果采用贝耶伦再压缩技术，则施加的固结应力最终要高于原状土在现场所承受的竖向有效应力；采用SHANSEP技术时，需要在试验过程中进行超固结和回弹。

在竖向有效固结应力等同的情况下CK_0U三轴试验的测试成果与传统ICU三轴试验基本一致。上述试验所测得的不排水抗剪强度值与其他试验技术相比要偏高，因此，很多工程在设计过程中采用其数据结果则偏于不保守。

（8）不排水抗剪强度的原位测试。

用于测定黏性土不排水抗剪强度的技术方法众多，但对于黏土和粉土而言，现场适用性最好的方法当属十字板剪切试验（VST）和标准贯入试验（CPT）。也有很多工程师利用旁压试验、膨胀试验或其他来测定不排水抗剪强度并取得了成功。但是在美国岩土工程实践领域，VST试验和CPT试验是应用最为广泛的两种试验技术。

（9）原位十字板剪切试验（ASTM D2573，2008）。

在作者看来，当饱和黏性土的不排水抗剪强度值小于2000psf时原位十字板剪切试验是测定其强度的最佳方法。现代的原位十字板剪切设备市场供应非常多，一般采用程序控制加载，扭矩、转动速率和其他参数的记录也都实现了自动化。

ASTM D2573（2008）要求现场测试的原始十字板剪切试验成果必须对应变率和各向异性所产生的效应进行修正。推荐采用的修正方法可参考Bjerrum（1972）、Chandler（1988）或Aas等（1986）等研究成果。上述修正方法均需提前获知土体的塑性指数（PI）。

Bjerrum提出的修正方法（图5.33）是基于对边坡失稳反演测算的土体强度与现场实测数据相对比而得出的。从数据成果的分布上看，十字板剪切试验得到的强度数值非常分散，即便是修正之后的精度也不是很好。但尽管如此，原位十字板剪切试验能有有效避免在试验制样过程中所出现的一系列问题，所以其不失为一种有效的测量方法，特别是对于

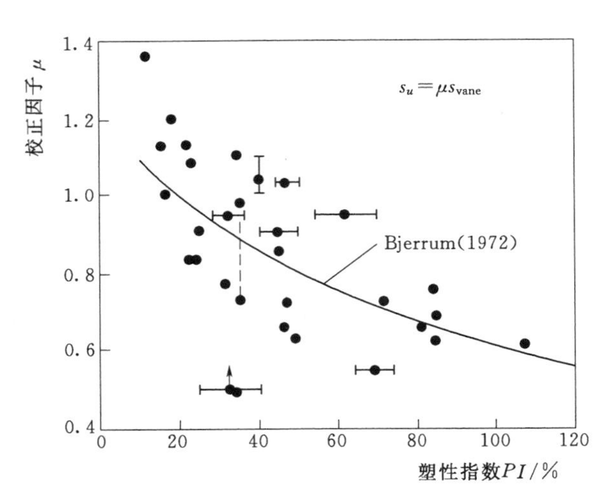

图 5.33 十字板试验校正因子和塑性指数的变化（Ladd 等，1977）

正常固结土和中度超固结土。

许多新型十字板剪切仪被相继研发出来，它们可直接被插入土体既定深度实施试验，而无需实现钻孔。图5.34 给出了一种现代程序驱动的十字板剪切试验仪图片。该仪器在现场试验时，可比邻钻孔完成试验，进而方便对土体强度进行测定，并实施土体分类。

（10）静力触探试验（ASTMD5778，2012）。

Lunne 等（1997）提出了用 CPT 试验数据测算黏土不排水抗剪强度的三种方法。它们分别叫做 N_c 法、N_k 法和 N_{kc} 法。它们都是以单桩承载力理论为基础的，如图 5.35 所示。黏土中桩的端部承载力公式可以表达为

$$q_{ult} = cN_c + D\gamma = cN_c + \sigma_v \tag{5.16}$$

式中 c——内聚力；

N_c——承载系数；

D——桩深；

γ——土体容重；

σ_v——总竖向应力 $= D_\gamma$。

图 5.34 带电子驱动单元的直推式十字板剪切试验装置

注：照片来自 Ingenjorsirman Geotech AB，瑞典。

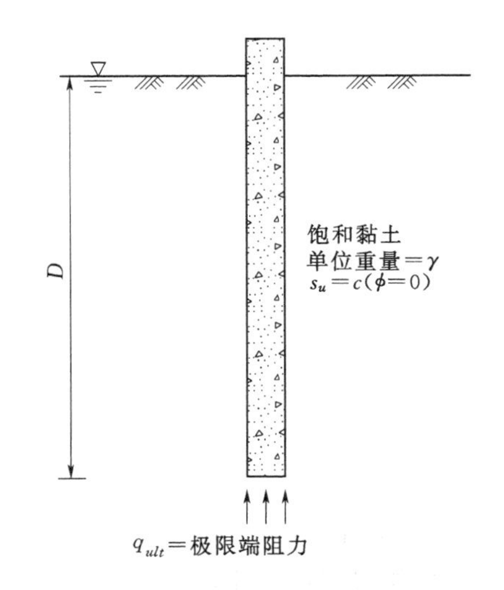

图 5.35 黏土饱和地基中的单桩截面

1）N_c 法。该方法中不排水抗剪强度与桩端阻力直接相关，可通过下式表达：

$$s_u=\frac{q_c}{N_c} \tag{5.17}$$

式中　q_c——桩端阻力；

N_c——承载力（锥）因子。

这种方法本质上直接通过入土深度估算端庄承载力，进而根据相关性计算土体抗剪强度，而忽略了土体容重随深度变化等因素的影响。所以，当采用该方法时，需要通过其他的试验方法进行结果修正，如 UU 三轴试验（ASTM D2850，2007）、实验室微型十字板剪切试验（ASTM D4648，2013）或现场十字板剪切试验（ASTM D2573，2008）等，而不能直接使用计算出的理论值。

由于 N_c 法相比其他两种方法不考虑入土深度，则该方法在入土深度大于 50ft 时测定的不排水抗剪强度会偏低。当入土深度超过 50ft 时，N_k 或 N_{kt} 法会提供更好的测定结果。

2）N_k 法。N_k 法和 N_c 法相似，但 N_k 法在不排水强度关系方程中考虑了桩体入土深度对测定结果的影响，如下式所示：

$$s_u=\frac{q_c-\sigma_v}{N_c} \tag{5.18}$$

式中　N_c——承载力（锥）因子。

3）N_{kt} 法。除了参数 q_t 外，N_{kt} 法与 N_k 法相同。该方法修正了孔压对桩尖阻力的影响，而不是用简单采用 q_c 因子。静力触探仪的特殊设计使得锥尖阻力不再受孔隙水压的影响，当孔隙水压作用在锥尖时，同样在相反的方向作用在锥尖上，因此两方面的作用力可抵消一部分。由此，根据锥尖面积衍生出一个新的指标，被称为净面积比 a。考虑上述效应后，测定的锥尖阻力 q_c 比修正后的 q_t 要小，相互关系如下式所示：

$$q_t=q_c+u(1-a) \tag{5.19}$$

式中　q_t——修正后的锥尖阻力；

u——锥尖后的孔隙水压力，通常被称为 u_2。

现代使用的触探仪其锥的净面积比≥0.8。因此 N_{kt} 法与 N_k 法并没有很大的不同。

4）CPT 强度解释方法的比较。上述三种方法均需借助另外一种测试技术进行修正，以期得到一个“准确”的不排水强度值，比如通过原位十字板剪切试验。举例来讲，图 5.36 中用 N_c 方法测定的数值为 20，该结果恰好与十字板剪切试验相符。由此，即可认为该方法可靠，用该方法测定的其他点位沉积黏土的不排水强度也就是相对可信的。

对于锥入深度小于约 50ft 的情况，所有上述三种方法均会得到较为满意的测定结果，得出的 N_c、N_k 或 N_{kt} 值均可用。图 5.36 显示了在新奥尔良地区使用数控静力触探仪时 $N_c=20$、$N_k=14.5$、$N_{kt}=17.5$ 时的数据图。在约 10ft 深度范围内，囿于该地区的沼泽沉积中含有大量的纤维质有机材料而使得测定的锥尖阻力有些大的波动。

（11）膨胀计试验（ASTM D6635，2001）。

通过膨胀仪试验估测黏土不排水抗剪强度的方法很多。该技术手段最初由 Marchetti（1980）提出，所依据的基本指标为水平应力指数 K_D，这已在上文中讨论过。不排水抗剪强度比的计算可采用如下经验公式：

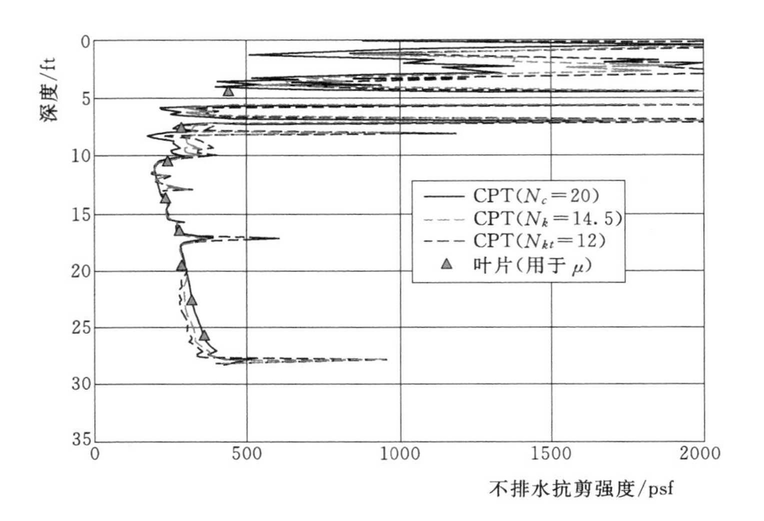

图 5.36　VSTs 和 CPTs 试验测定不排水抗剪强度结果对比（新奥尔良软土）

$$\frac{s_u}{\sigma_v'}=0.22(0.5K_D)^{1.25} \tag{5.20}$$

上述关系方程中假定土体在正常固结时不排水强度比（s_u/σ_v'）等于 0.22，同时水平应力指数可用于表征土体的超固结比（OCR）。要想进一步提高上述方法的精确度，则可以利用特定场地的原位试验或室内试验测定正常固结土的不排水强度比，并替代公式中的 0.22（Kamei 和 Iwasaki，1995）。

Schmertmann（引自 Lutenegger，2006）给出了另外一种修正方案，估测时仍旧采用水平应力指数，但基本理论依据为空腔膨胀理论。如下式所示：

$$\frac{s_u}{\sigma_v'}=\frac{K_D}{8} \tag{5.21}$$

还有一些其他方法是利用膨胀仪测定不排水抗剪强度，具体可参考 Kamei 和 Iwasaki（1995）、Lutenegger（2006）等的研究成果。

（12）标准贯入试验（ASTM D1586，2011）。

通过标准贯入试验（SPT）也可粗略地估测土体不排水抗剪强度。图 5.37 给出了变量 s_u/N 与塑性指数之间的关系曲线，该图可被用于利用锤击次数估算土体的不排水抗剪强度。图中 s_u 的物理单位为 kgf/cm^2（$1.0kgf/cm^2$ 等于 98kPa 或 $1.0t/ft^2$）。因标准贯入试验对黏性土的测

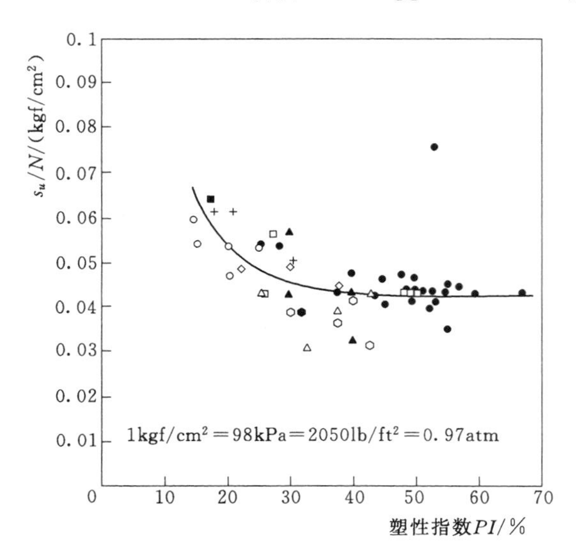

图 5.37　标准贯入试验中击入次数、不排水抗剪强度与黏土塑性指数关系散点图（Terzaghi 等，1996）

试不太敏感，所以图 5.38 中的数据过于离散。

5.4.3 室内外不排水抗剪强度评估方法的比较分析

上述讨论的诸多不排水抗剪强度测试方法中所得到的测试结果一般都不具有同一性。对正常固结黏土沉积物，图 5.38 给出了运用不同实验测试方法测得的正常固结黏土不排水抗剪强度值随深度的变化情况，但不论采用何种方法，不排水强度都会随土体深度的增长而增大。

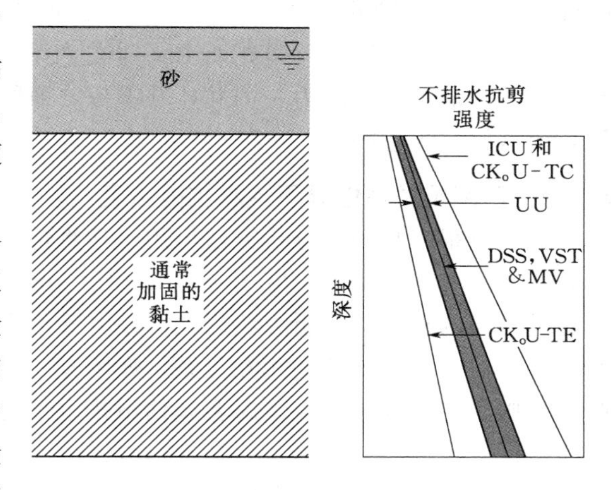

图 5.38　采用不同方法测得的一般固结黏土不排水强度沿深度变化趋势

土体强度分布曲线呈现出一定的边界性，三轴拉伸试验的测试结果最低，而三轴压缩试验的测定结果最高。UU 试验（或快速固结试验）的测试结果受扰动和试样离散特性的影响而位于分布区域中部。DSS 试验的测定结果与快速固结试验结果相毗邻。室内微型十字板剪切试验和原位十字板剪切试验的测定结果接近上述两种试验。

CPT 试验的测试成果无法在图 5.39 中显示，这是因为其成果已经通过上述某种试验成果进行了修正。理想情况下 CPT 试验的成果应该通过 VST 试验进行修正，并与其分布在相同位置。

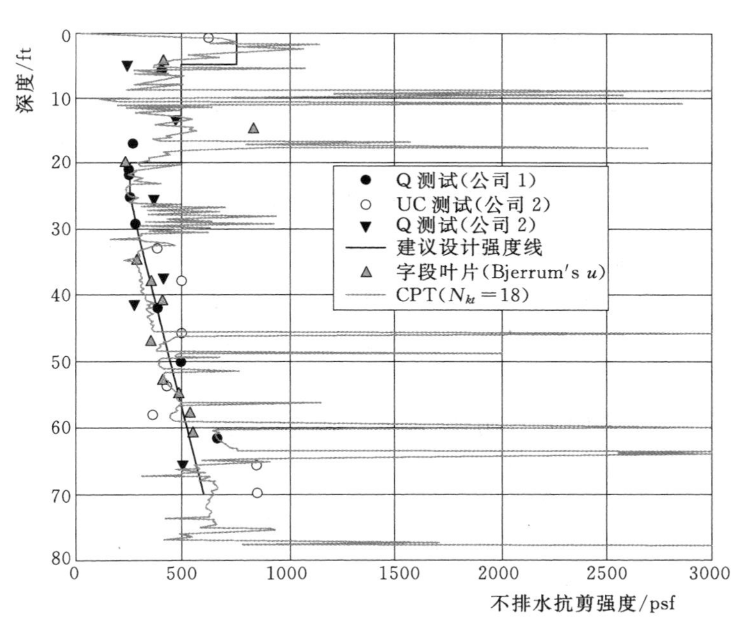

图 5.39　通过 Q、UCT、VST 和 CPT 试验测定的新奥尔良软土的不排水抗剪强度

在新奥尔良地区通过膨胀仪测定的不排水抗剪强度数据成果如图 5.39 所示。图中显示，快速固结试验、UCT 试验和原位十字板剪切试验的结果具有很好的一致性。CPT 试验的测试成果经过了原位十字板剪切试验的修正，因此与后者较为接近。图中可以看出 CPT 的试验结果随着深度的变化与其他结果偏差较大，这是因为所测试的沼泽质黏土富含纤维状材料，而随着深度的增加，非塑性粉土或透镜状颗粒材料、粉砂等材质逐步出现，由此增加了锥尖阻力。因此，并不像之前所认为的顶部薄层土体会对边坡稳定性起作用，而这常常被忽视。

5.4.4 使用相关性估算不排水抗剪强度

目前有很多相关性分析方法可用于估算饱和黏土的不排水抗剪强度或不排水抗剪强度比。其中，Skempton（1957）提出的通过塑性指数来估测正常固结黏土的不排水抗剪强度比是最早的相关性分析方法之一。该方法从根本上来讲是借助原位十字板剪切试验和无侧限压缩试验建立前述的相互关系，如图 5.40 所示。该方法先于贝耶伦的十字板改进试验，克服了在塑性指数较大时会超估不排水抗剪强度比的问题。

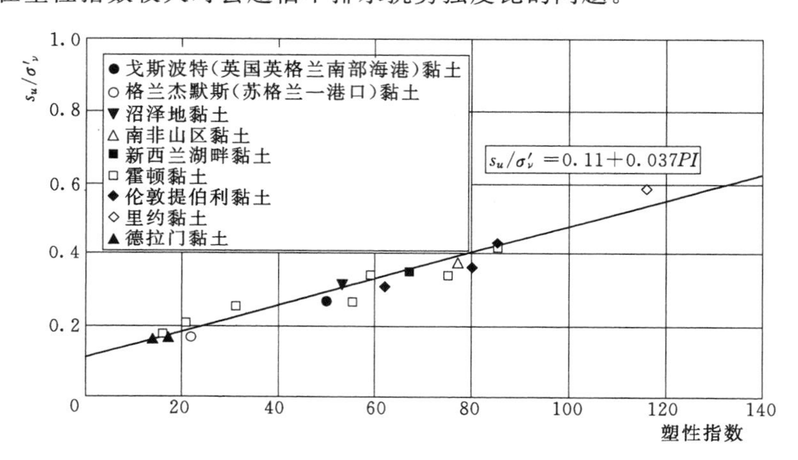

图 5.40 正常固结黏土塑性指数与强度比的相关性曲线（Skempton）

正因饱和黏土的不排水抗剪强度会随着先期固结应力的增长而增长，所以在抗剪强度估算的过程中考虑先期固结应力对其产生的影响是必要的。Mesri（1989）研究发现，黏土的不排水抗剪强度与先期固结应力之间存在近似的线性关系，如式（5.22）所示：

$$s_u=0.22\sigma'_p \tag{5.22}$$

式中 σ'_p——饱和黏土先期固结应力或历史最大有效应力；

0.22——超固结黏土的广义强度比。

将超固结比（OCR）与先期固结应力和竖向有效应力之比对应起来，则上述公式可改写为

$$\frac{s_u}{\sigma'_p}=0.22(\mathrm{OCR}) \tag{5.23}$$

Jamiliokowski 等（1985）提出了一个同样具有简单形式的公式，但是超固结比（OCR）以幂指数 0.8 倍增长，排水强度比被估算为 0.23。具体计算公式如式（5.24）所

示，当超固结比具有较高值时，运用该公式计算得到的抗剪强度具有更高的精度。该公式通常被称为SHANSEP公式：

$$s_u = 0.23(\mathrm{OCR})^{0.8} \tag{5.24}$$

上式更为一般的表达方式为

$$\frac{s_u}{\sigma'_v} = S(\mathrm{OCR})^m \tag{5.25}$$

式中　S——饱和黏土在正常固结状态下的强度比；

m——经验指数。

S 和 m 均可在实验室测定并用于工程实践。

（1）使用SHANSEP法确定不排水抗剪强度。

从某种意义上来讲，SHANSEP法是一种将特定场所排水抗剪强度与超固结比建立相关性的方法，该方法能够有效处理土体扰动、应力导致的各向异性和应变率等对土体强度所产生的影响。

为确保SHANSEP法得到具有实际意义的计算结果，需要满足一些必备条件。首先，需要明晰所研究黏土的先期固结应力；其次，SHANSEP法要求黏土体的力学行为标准化，意思是对于饱和黏土的不排水强度比需要与原状土一致。

黏土材料的敏感性和结构性并非完全一致。Ladd 和 DeGroot（2003）指出 SHANSEP法对正常固结土的不排水强度估算值低于实际值15%～25%。还值得注意的是该方法趋向于应用在“前期应力发展路径被清晰确定”的黏土上。Ladd 和 DeGroot（1974）之前还指出“如果黏土的沉积过程是随机的，那么SHANSEP方法就毫无意义了”。

（2）土样扰动。

SHANSEP法将扰动土在实验室重塑，这一过程中土体内部应力显著高于原状土，但超固结比OCR与原状土保持相同。从某种意义上来讲，采用该方法进行试验测试的目的不在于测试土体抗剪强度，而是测定黏土不排水强度比随着OCR值变化而变化的规律，这一理念可以应用到具有完整沉积历史的黏土上，并分析其不同深度剖面处黏土性能的变化情况。图5.41（a）和图5.41（b）分别给出了正常固结土和超固结土的测试结果，这一结果较好地展示出黏土从正常固结状态发展到超固结状态时土体孔隙率随应力路径的变化规律。

如果采用SHANSEP法进行黏土力学性能的测试，非常重要的一点就是确保所测土样固结的正常化。Ladd 和 Foott（1974）在一篇文章中指出黏土材料前期固结过程是否正常决定了这种土体是否可以采用SHANSEP方法进行抗剪强度的测定，因此，工程实践中需要工程技术人员对土体的固结过程做出高质量的评估。Coatsworth（1985）更好地描述了上述过程，他建议了一种较为简便的测试土体前期固结是否正常化的方法。为了测定土体的受扰动程度，可将试样不排水强度比与试验过程中固结应力和前期固结应力之比绘制在同一坐标系内，比值可选用1.5、2.5和4.0。图5.42展示了几个假设示例，用以描述不同扰动形式和正常化固结的情况。

图5.42（a）显示的是无扰动作用且前期固结正常化土体的试验情况，不同的固结应力可求取相同的不排水强度；图5.42（b）所采用的土样受到明显扰动，但试验过程中通

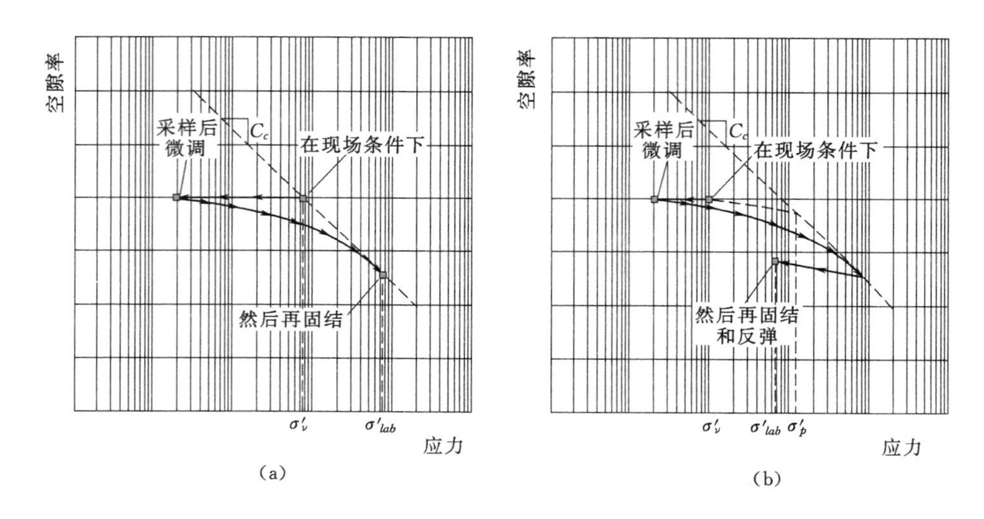

图 5.41　运用 SHANSEP 方法测定的从固结正常化到超固结状态土体的孔隙率随应力路径的变化情况

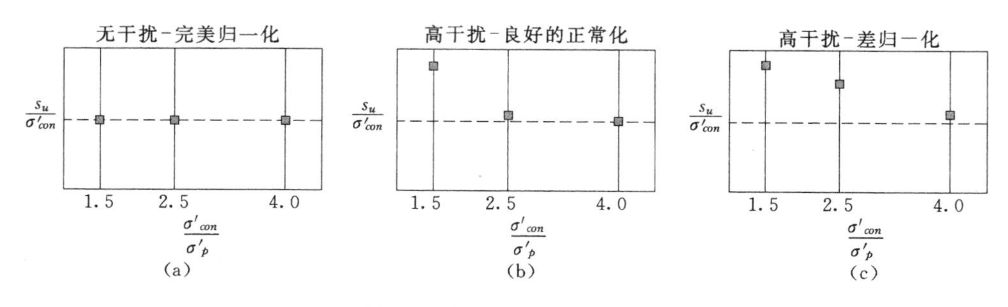

图 5.42　试样不同扰动情况试验测定结果散点图

过施加高固结应力去消除扰动的影响，因此散点中也能得到不排水强度指标，因此工程实践中可采用该方法；图 5.42（c）中采用的试样不仅受到明显扰动，同时其前期固结应力非正常化，在这种情况下基本不可能合理地估算出不排水强度比。

5.4.5　原状黏土的典型有效应力峰值内摩擦角

用于测试黏土最大有效应力强度参数（c'和ϕ'）的方法有两种，分别是固结排水剪切试验（ASTM D3080，2011）和固结不排水三轴试验（ASTM D4767，2011），试验过程中应该采用无扰动的黏土试样。还可采用三轴仪测定固结排水强度参数，但囿于黏土材料的低渗透性，试验往往需要很长时间，因此工程实践过程很少用到。

典型正常固结黏土内摩擦角 ϕ'值详见表 5.16，因其强度包络线过坐标系原点，因此黏聚力指标为 0。

如果所测试的黏土材料在本质上是各向异性，如湖相和江河相沉积，那么三轴试验和直剪试验得到的内摩擦角将有所不同。如果土体呈水平状分层沉积，因直剪试验后破坏面呈水平方向分布，则试验结果将低于三轴试验。图 5.43 是对美国路易斯安那州东南部某正常固结黏土分别进行固结不排水直接剪切试验和固结排水三轴试验的结果对比图，图中可清晰地看到三轴试验得到的内摩擦角数值高于直剪试验。

表 5.16 **正常固结黏土的典型峰值内摩擦角**

塑性指数	$\phi'/(°)$	塑性指数	$\phi'/(°)$
10	33±5	40	27±5
20	31±5	60	24±5
30	29±5	80	22±5

注 1. 对于被测定材料 $c'=0$。
2. 数据来源于 Bjerrum 和 Simons (1960)。

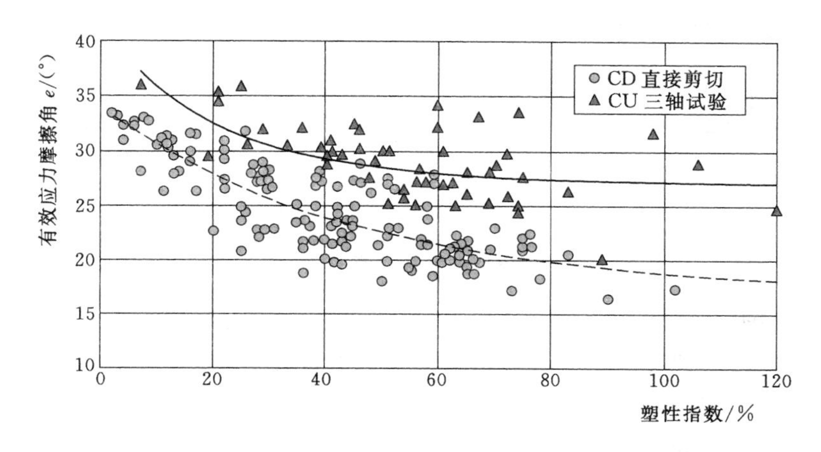

图 5.43 美国路易斯安那州东南部正常固结土三轴试验与直剪试验结果对比

5.4.6 硬裂黏土

超固结严重的黏土通常很硬，且有裂缝发育，因此被称之为“硬裂黏土”。Terzaghi (1936) 指出同一种硬裂黏土在原位试验中测得的强度指标要低于同条件下室内测得的指标，这也被其他众多学者证实。

Skempton (1964, 1970, 1977, 1985)、Bjerrum (1967) 连同其他一些学者认为造成上述矛盾的原因是现场试验过程中土体的膨胀和软化有充分的响应时间，而室内试验的时间相对较短，因此必然会产生一定差异。另一方面，裂缝的存在对黏土的强度具有重要的影响，这在原位测试中表现更为明显，而室内试验过程中所采用的试样尺寸较小，于是裂缝对强度的衰减作用微乎其微，除非室内试验的试样尺寸数倍于裂纹或裂缝的尺寸。基于上述原因，无论排水还是不排水试验，实验室内测得的强度值总要高于原位测试结果。

(1) 硬裂黏土的强度峰值、完全软化与残余强度。

Skempton (1964, 1970, 1977, 1985) 通过研究大量发生在伦敦硬裂黏土区域内的滑坡灾变问题而提出了用于估算硬裂黏土排水固结强度的方法，并被业界广泛接受。图 5.44 给出了硬裂黏土在直剪排水试验过程中的应力-位移曲线和强度包络线，其中无扰动峰值强度源自对现场无扰动硬裂黏土封装后进行的室内直剪试验。黏聚力指标 c' 值的量级取决于室内试验试样的尺寸大小，一般情况下试样的尺寸越大，则测试结果得到的黏聚力越小。试样剪切过程中的相对位移在强度峰值出现后继续增长，增长区间为 0.1～0.25in，且剪切阻力随之减小。当相对位移达到10in后，剪切阻力降低到土体的残余强度值。在不含有粗颗粒成分的黏土中，残余强度的大小最终取决于剪切破坏面的形态。

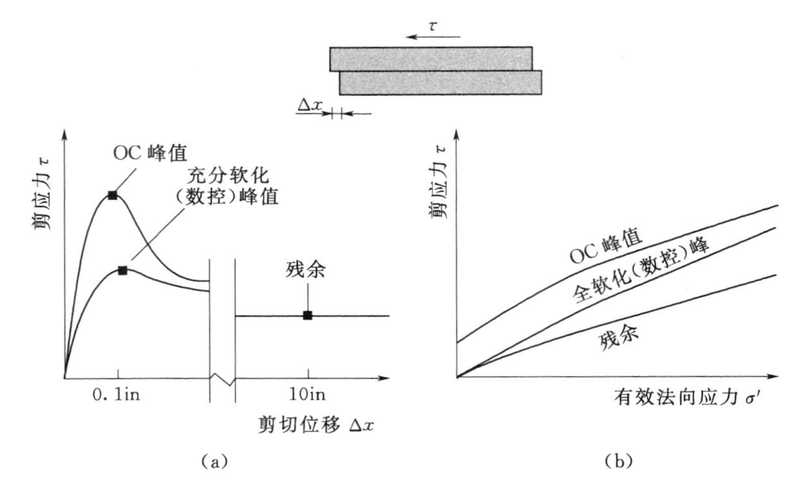

图5.44 硬裂黏土排水剪切试验结果图

如果对上述硬裂黏土进行重塑，加水直至接近其液限，并放置直剪试验压力盒内固结，然后进行重复试验，则得到的峰值强度值将低于无扰动峰值强度。重塑后土体的应力-位移曲线和强度包络线详见图5.44，图中显示峰值强度不再明显，且强度包线过坐标系原点，即黏聚力为0。当相对位移进一步增长后，试样剪切阻力相应减小，最终残余强度及其对应的相对位移值与无扰动土样相同，均为10in左右。

Terzaghi（1936）、Henkel（1957）、Skempton（1964）、Bjerrum（1967）等的研究成果表明，运用无扰动峰值强度去估算硬裂黏土质边坡的安全系数明显会比实际情况偏大。因此，采用实验室测试的硬裂黏土强度值用于边坡稳定性的评估将得到不准确的结论。

Skempton（1970）认为造成上述结果的主要原始是边坡硬裂黏土相对于实验室内的土样会有更多的膨胀和软化，他将此时的强度峰值称之为完全软化强度（NC），经过反演分析后认为该值与边坡破坏时表现出的强度较为一致，且破坏面并未发生在原有的裂纹处。Skempton还指出裂缝一旦出现就会持续增长，除非残余强度大于滑动力。硬裂黏土的完全软化强度和残余强度可通过任意试样进行试验获取，无论是扰动土还是非扰动土，因为试验所用的土样都是重塑而成的。

直剪试验往往被用于测量土体的完全软化强度和残余强度。相比较而言，直剪试验更适合测量土体的完全软化强度，这是因为黏土在完全软化条件下达到剪切强度时的相对位移区间较小，通常为0.1～0.25in；当采用直剪试验测试黏土的残余强度时精准度会明显下降，因为土体达到强度峰值后相对位移继续增长，剪切滑移面的面积相应减小，要想得到准确的残余强度值则需要将剪切盒恢复原位，这无疑将对试样造成更大的扰动。环剪试验（Stark和Eid，1993；Bromhead，1979）更适合室内对黏土残余强度的测量，环剪过程中土体滑动面的相对位移由旋转控制，且滑移面的面积不会随之变化，从而确保了残余强度的稳定性。同时，环剪试验也适合用于完全软化峰值强度的测量。上述试验的操作规程可参见美国材料试验学会（ASTM）的相关标准（D7608，2010）。

图 5.45 和图 5.46 给出了完全软化强度、残余强度与液限、黏土含量及有效正应力之间的关系，资料来源于 Stark 和 Hussain（2013）的研究成果。完全软化强度和残余强度均为土体的基本力学性质，图 5.45 和图 5.46 中的数据结果具有一定的离散性。因完全软

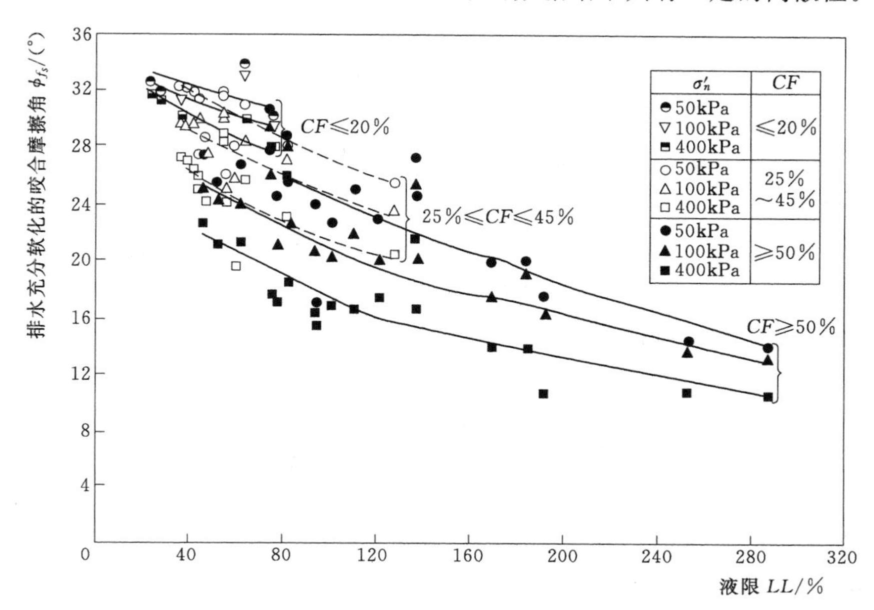

图 5.45 黏土液限、黏粒组分和完全软化强度内摩擦角的关系（Stark 和 Hussain，2013）

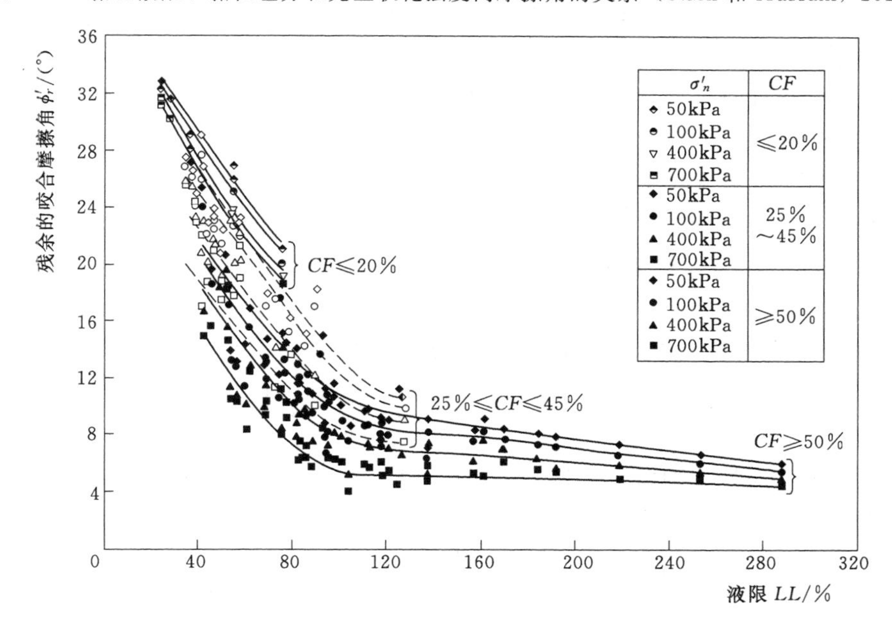

图 5.46 黏土液限、黏粒组分和残余强度内摩擦角的关系（Stark 和 Hussain，2013）

化强度和残余强度包络线呈现出弯曲状态，所以正应力两个强度的重要影响因素，这与颗粒类材料非常类似。因此，可采用剪切强度和正应力之间的非线性关系来求取完全软化强度或残余强度，也可选择有效应力范围来估算内摩擦角的数值。

（2）硬裂黏土的不排水抗剪强度。

硬裂黏土的不排水抗剪强度同样受控于裂缝或裂纹的发展。Peterson（1957）、Wright 和 Duncan（1972）试验证实黏土和页岩试样的不排水强度随试样尺寸的增大而减小。小尺寸的试样近似于密实，分布有很少的裂隙或无裂隙存在，因此其强度相对较大。严重超固结硬裂黏土或页岩均为高度各向异性材料，如图 5.22 所示，当破坏面发生于水平面时，强度往往仅有竖向破坏面的 30%～40%。

5.4.7 压实黏土

压实性黏土通常被用于砌筑大坝、高速路路基或填筑建筑物地基处理。当黏土在适宜的含水率状态下夯实良好时，黏土填筑体具有较高的强度。黏土材料在压实过程中比无黏聚力的填筑材料更为困难，它们对含水率的敏感性更高，压实过程中对仪器设备的要求也更严格。填筑过程中黏土材料会产生很高的孔隙水压力，因此，处于湿润状态的黏土稳定性是不得不面对的一个问题。对高塑性黏土还需关心起长期稳定性问题，这种黏土的强度会因为膨胀而强度衰减。另外，压实黏土边坡的长期和短时稳定均需要在工程实践中予以重视。

因压实过程中土体内的部分气泡很难被排除，所以压实性黏土属于部分饱和土的范畴。正如第 3 章所讨论的内容，针对部分饱和土由专门可供选择的计算方法来求取其有效应力和剪切强度。尽管这些理论当前已经被融入到很多商业边坡稳定性分析软件中，但事件过程中却很少用到。当前实验室内专门用于部分饱和土强度测试的仪器设备还尚未完全商业化，相关技术还停留在科研阶段，具体的试验技术流程也还未标准化。本节所讨论的用于部分饱和压实性黏土的试验技术是被工程实践领域广泛接受的，但暂不讨论部分饱和土的力学机制问题。

（1）压实黏土的排水抗剪强度。

压实性黏土抗剪强度指标的测量与原状黏土的测量方法一致，如排水直剪试验和不排水三轴试验等。然而，对压实性黏土尤其是压实性干燥黏土实施三轴试验更为恰当，这是因为压实黏土在试验过程中难免会出现吸水膨胀。试验过程中预先采取措施防止大体积变形对最终固结应力的影响是十分必要的。另外，排水三轴剪切试验前需要将试样完全饱和，并准确测定土体内部孔隙水压力，这过程中需要较高的反压进行控制。

无论直剪试验还是三轴试验，如果能够正确地去实施试验，那么两种试验所测定的试验结果对工程实践来说都是相同的。压实性黏土在试验之前已经采取方法使之饱和，对有效应力参数而言，过程中的含水量对试验结果的影响不会很大。

表 5.17 中列示了具有黏聚力的土体在 RC=100%和保持最大干密度的情况下所测得的抗剪强度参数值。当 RC 低于 100%时，内摩擦角基本保持不变，但黏聚力随之下降。如，RC=90%时，黏聚力约为表 5.17 中数值的一半。

表 5.17 **压实黏性土的典型排水抗剪强度值**

分类标	相对压实度 RC①/%	有效黏聚力 c'/(lb/ft²)	有效内摩擦角 ϕ'/(°)
SM - SC	100	300	33
SC	100	250	31
ML	100	200	32
CL - ML	100	450	32
CL	100	300	28
MH	100	450	23
CH	100	250	19

注 数据来源：美国内政部（1973）。

① RC，相对密实度的测定标准为 VSBR，压实能与 ASTM D698 标准等同。

高塑性压实黏土在干旱气候条件将出现明显的开裂和软化现象。Wright 和他的部分同事（Staufer 和 Wright，1984；Green 和 Wright，1986；Rogers 和 Wright，1986；Kayyal 和 Wright，1991）对巴黎和博蒙特镇的浅层坝基滑坡问题实施了试验研究，结果表明，经过若干次干湿循环后，土体的排水抗剪强度最终降低到完全软化强度。假设承压面位于边坡土体表层时，边坡稳定性反演分析结果与室内试验结果具有很好的吻合度。

(2) 压实黏土的不排水抗剪强度。

在实验室对压实黏土试样实施不固结不排水三轴试验（UU）可测定相对压实条件下土体的总应力抗剪强度参数（c 值和 ϕ 值）。该实验获取的部分饱和压实黏土的强度包线如第 3 章所示为呈现弯曲状。然而，超过一定的应力范围后，强度包线可用一段直线表示，用该直线所表征的强度参数即为总应力抗剪强度参数（c 值和 ϕ 值）。上述结论非常重要，主要体现在工程实践中可用于估算与室内试验相同应力范围内的土体强度。同样的，当采用计算机程序计算边坡稳定性等问题时，试验得到的非线性包络线也可直接被用于计算土体的抗剪强度。

压实性黏土的总应力强度参数会随含水量和密度的变化而变化。Kulhawy 等（1969）对压实性 Pittsburg 含砂黏土进行了不固结不排水试验研究（图 5.47），过程中施加的应力范围为 1.0～6.0t/ft²，结论显示总应力强度参数中的黏聚力指标随着干密度的增大而增大，但含水量对其影响并不明显；而内摩擦角随着含水量的增大而减小，压实

限定围压范围为 1～6tsf 时 UU 三轴试验测取的 c、ϕ 值。

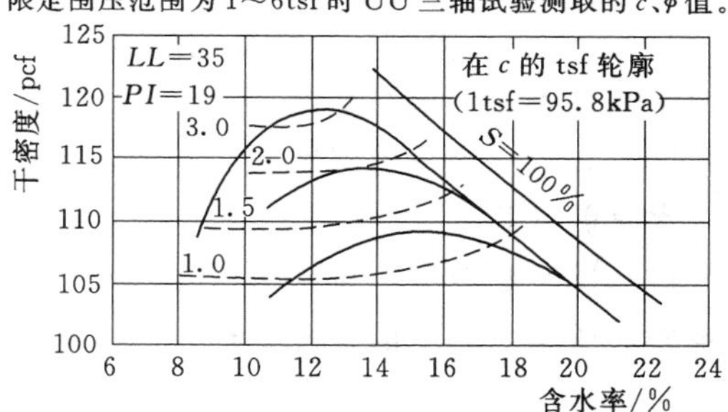

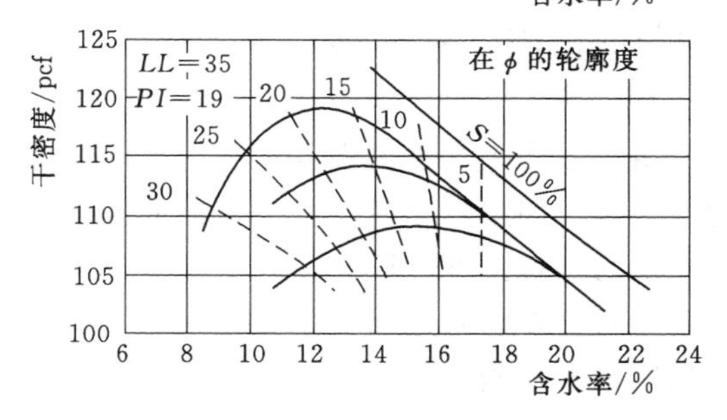

图 5.47 不固结不排水条件下压实性 Pittsburg 含砂黏土的强度参数变化（Kulhawy 等，1969）

干密度对其影响反而不大。

因压实性黏土的强度很明显会受到触变性的影响，因此，如果允许压实性的黏土静置一段时间后再进行测试，则其强度会更高。所以说，在试验室内用新塑黏土进行强度试验并以此来估算填筑材料数周或数月后的强度是一种相对保守的做法。

小结

1）按照有效应力方法来计算黏土的抗剪强度可通过莫尔-库仑准则，即 $s=c'+\sigma'\tan\phi'$。

2）按照总应力方法来表述黏土的抗剪强度时，计算公式为：$s=c+\sigma\tan\phi$。

3）对饱和黏土，内摩擦角 ϕ 值为 0，由此，不排水强度可表示为：$s=s_u=c$，$\phi=\phi_u=0$。

4）用于测定正常固结土和一般固结土不排水强度的试样应尽可能使其保持为非扰动状态。

5）对同一类型的无扰动硬裂性黏土，现场试验测得的抗剪强度会明显低于实验室测定结果。

6）对于硬裂黏土，一般固结情况下的峰值强度也被称之为完全软化强度，对应于土体首次出现滑动面时的强度值。

7）一旦出现破坏或滑动面持续扩展，则滑动过程中测取的阻滑应力即为残余强度。

8）测定土体的完全软化强度或排水残余强度，可采用重塑试样。

9）因旋转过程中土体滑动面的面积不会改变，相对位移可无限增长，因此环剪试验可用于测定土体的残余强度。

10）有效应力抗剪强度参数的测定可借助于固结排水试验（含孔隙水压的测定）或固结排水直剪试验。

11）压实黏土的不排水强度受含水量和密度的影响，因此，通过不固结不排水试验可测定相对压实状态下的强度指标。

5.5 城市固体废弃物

城市固体废弃物的强度特性与土体相类似。该材料的强度受土体成分和其他固体沉淀物的影响，如塑料制品和一些其他成分会促使城市固体废弃物颗粒之间相互锁紧并使之具有一定的抗拉强度（Eid 等，2000）。大尺寸的废料还会使其强度进一步提高。尽管固体颗粒废料会随时间逐渐分解或降解，但 Kavazanjian（2001）指出固体废弃物在降解前后的强度基本相同。

Kavazanjian 等（1995）通过室内试验与边坡稳定性反演分析相结合的方法得出了如图 5.48 所示的城市固体废弃物（MSW）强度包络线下限。竖向压力小于 37kPa 时，强度包线为水平状，黏聚力为 24kPa；当竖向应力进一步增长后，强度包线趋近于一条倾斜直线，此时内摩擦角为 33°，黏聚力为 0。

Eid 等（2000）同样采用大尺度直剪试验和边坡稳定性反演分析相结合的方法探析固

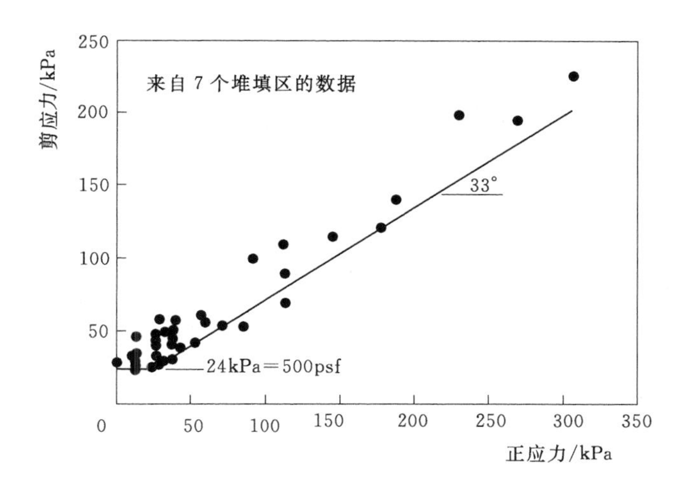

图 5.48 基于大尺寸直剪试验和边坡稳定性反演分析的城市固体废弃物强度包络线（Kavazanjian 等，1995）

体废弃物的强度包络线，研究结果如图 5.49 所示。3 条包络线倾角均为 35°，其中下限包络线过坐标系原点，表明黏聚力为 0；上限包络线表明黏聚力为 50kPa；中间包络线，即平均黏聚力为 25kPa。

根据 Bray 等（2008，2009）对城市固体废弃物（MSW）的文献综述成果，他们指出该材料中所含有的大量纤维，纤维的方向对其强度具有重要影响。当破坏面与纤维的朝向一致时，固体废弃物表现出的强度较低，而当破坏面垂直于纤维朝向时则反之。因此，在直剪试验过程中材料强度的大小差异性明显；当采用室内三轴试验测试其强度时，如果纤维朝向为水平向，则三轴试验结果相对较大，这是因为破坏面与水平面之间的夹角约为 60°。

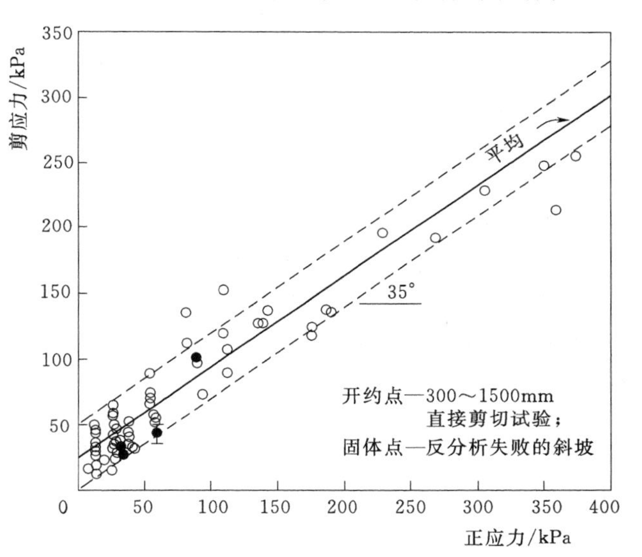

图 5.49 基于大尺寸直剪试验和边坡稳定性反演分析的城市固体废弃物强度包络线（Eid 等，2000）

Bray 等（2008，2009）还发现城市固体废弃物（MSW）的破坏包络线会出现一定的弯曲，且内摩擦角会随着围压的升高而降低。进而，他们提出了如式（5.26）所示的用于初期稳定性分析时所采用的具有重要意义的强度计算公式：

$$s=c+\sigma_n\tan\left[\phi_0-\Delta\phi\log10\left(\frac{\sigma_n}{p_a}\right)\right] \tag{5.26}$$

式中 s——抗剪强度；

c——黏聚力（15kPa）；

σ_n——滑动面处正应力；

ϕ_0——正应力为 1 个标准大气压时的内摩擦角（36°）；

$\Delta\phi$——内摩擦角梯降（正应力每增大 10 倍）；

p_a——大气压（101kPa）。

当剪切破坏面平行于固体废弃物内纤维材料的方向时，运用式（5.26）计算得到的抗剪强度结果是最小的。

第 6 章　极限平衡分析法

当土体抗剪强度、孔隙水压力、边坡几何尺寸等土体和边坡特性被完全确定后，即可进一步实施边坡稳定性的计算，以便确保坡体自身阻抗力相对于下滑力足够大。稳定性计算过程中往往采用某种极限平衡分析方法，这些方法对边坡安全系数的定义是相同的，同时计算时均借助于静力平衡方程。

6.1　安全系数的定义

安全系数 F 与土体的抗剪强度密切相关，基本定义如下式所示：

$$F=\frac{s}{\tau} \tag{6.1}$$

式中　s——抗剪强度；

τ——坡体处于平衡状态时的剪应力。

对于某一既定边坡而言，当其恰好处于极限稳定状态时，即可通过式（6.1）反向推算该平衡状态下的剪应力，从而得到下式：

$$\tau=\frac{s}{F} \tag{6.2}$$

平衡状态下的剪切应力等于土体有效抗剪强度除以安全系数。安全系数用于表征土体抗剪强度与剪切应力之比，同时也表示了当边坡处于极限平衡状态时，土体强度可衰减的程度，这一过程也就是人们熟知的极限平衡分析法。

抗剪强度可通过莫尔-库仑公式表示。如果抗剪强度是由总应力表示，则式（6.2）可写成

$$\tau=\frac{c+\sigma\tan\phi}{F} \tag{6.3}$$

或者

$$\tau=\frac{c}{F}+\frac{\sigma\tan\phi}{F} \tag{6.4}$$

式中　c——土的黏聚力；

ϕ——土的内摩擦角；

σ——剪切平面总的法向应力。

在上式中，用安全系数值修正内摩擦角和黏聚力，则式（6.4）可以改写为

$$\tau=c_d+\sigma\tan\phi_d \tag{6.5}$$

其中：

$$c_d=\frac{c}{F} \tag{6.6}$$

$$\tan\phi_d = \frac{\tan\phi}{F} \tag{6.7}$$

式中 c_d、ϕ_d——修正的黏聚力和内摩擦角。

如果抗剪强度用有效应力表示（例如：土体处于完全排水工况），则计算过程中唯一的变化是式（6.3）可以用有效应力表示为

$$\tau = \frac{c' + (\sigma - u)\tan\phi'}{F} \tag{6.8}$$

式中 c'、ϕ'——有效应力下的抗剪强度；

u——孔隙水压力。

在计算安全系数之前需要事先假定潜在滑动面，并为每个滑移面指定一个或多个平衡方程，进而求取应力参量和安全系数。这里提到的专业术语“潜在滑移面”是指坡体在失去平衡后可能出现滑移或破裂的活动面。不过，该滑移面仅是边坡稳定性计算过程中所假定的一个几何界面，如果工程实践中将边坡设计得足够稳定，则边坡滑移面就不存在。

潜在滑移面上各点处的安全系数被假定为具有相同的数值。因此，这里所谓的安全系数实际上是滑移面上的平均值或全局值。失稳现象一旦出现，滑移面（破坏面）上各点处的应力值也就等同于土体的抗剪强度，由此假定的安全系数具有统一值也就得到合理解释。相对应的，如果边坡始终处于稳定状态，那么潜在滑移面处的安全系数将存在一个变化区间（Wright 等，1973）。然而，只要边坡的安全系数略大于 1.0，并且假定土体的抗剪强度会沿整个滑移面适当调整，那么对于计算结果而言安全系数的变化就不会特别显著。

一般通过假设多个滑移面来寻找存在最小安全系数的滑移面，安全系数最小的滑动面被称之为临界滑动面。这一临界滑动面和与其相对应的最小安全系数代表该边坡最有可能沿着该面发生滑动破坏。尽管安全系数最小的滑动面在力学机理分析过程中并不显著，但对于一个特定的边坡而言，最小安全系数是唯一的，理应被作为边坡稳定性分析的一个评价指标。其他具有较高安全系数的滑移面也具有重要的物理意义，这将在第 13 章中进行讨论。

小结

1）安全系数的定义与抗剪强度有关。

2）相同的安全系数适用于黏聚力（c，c'）和内摩擦角（$\tan\phi$，$\tan\phi'$）。

3）安全系数的计算是针对特定假设的滑移面的。

4）沿滑移面各点处的安全系数假定为常量。

5）为了确定临界滑动面的最小安全系数，必须假设许多不同的滑动面，并且对每一个滑移面的安全系数进行计算。

6.2 平衡条件

在极限平衡分析方法中，可采用两类不同的方法来确定静力平衡条件。其中，一类方

法以潜在滑移面为界将边坡土体分为上下两部分来考虑其平衡状态，这些方法通常对单一隔离体列出平衡方程并求解，如无限边坡分析法和瑞典圆弧法；另一类方法是将边坡土体划分为若干竖直或水平状条块，并对各个条块分别列出平衡方程并求解，这类方法被称之为条分法，如普通条分法、简化毕肖普法和斯宾塞法等。

三个静力平衡方程如下：①竖直方向力的平衡方程；②水平方向力的平衡方程；③关于任一点的力矩平衡方程。极限平衡法全部适用至少一些静力平衡方程来计算安全系数。一些方法适用并满足所有的平衡方程，而其他方法仅仅适用并满足一部分平衡方程。普通条分法和简化毕肖普条分法仅满足某些平衡要求。相反地，斯宾塞法、摩根斯坦和普莱斯法需要满足所有的静力平衡方程。

在力系平衡分析过程中，无论是采用单一隔离体还是采用系列条块实施分析，未知量（如力、力的位置和安全系数等）的个数永远多于平衡方程的数量，也就是说安全系数的求解是解决超静定力学平衡问题。因此，求解过程中必须要有一些基本假设，以便使得平衡方程与未知量相匹配。不同的分析方法通过不同的假设来满足静力平衡条件。前述的两类分析方法即便是采用了同样的平衡方程来解决问题，但其基本假设是存在差异的，因此必然得到不同的安全系数值。

下面将阐述一些具体的极限平衡分析方法，各种方法之间或多或少存在前述的一些差异。这些不同的分析方法有的会划分条块，有些则将潜在滑体视为单一隔离体，也可能满足不同的平衡条件，亦或通过采用不同的合理假设来解决超静定问题。本章所选择的几种极限平衡分析方法各有优势，其适用性取决于坡体的几何形状、土体强度或分析目的。

小结

1）对单一隔离体、竖向条块或是水平条块均可考虑平衡状态。

2）不同分析方法的原理各不相同，可能满足所有静力平衡条件，也可能仅满足一部分。

3）对于安全系数的求解，为获得确定的静态解，进行必要的假设是必要的。

4）不同的方法一般采用不同的假设，即使它们满足相同的平衡条件。

6.3 单一隔离体分析

无限边坡法，对数螺线法以及瑞典圆弧法均考虑对边坡单一隔离体的平衡。这些方法应用起来相对简单，在其适用范围内表现出较强的实用性。

6.3.1 无限边坡法

无限边坡法假设边坡在范围上是无限延伸的，同时假定滑动面平行于坡面（Taylor，1948）。正因边坡是无限延伸的，所以任意垂直于边坡的两个横断面上应力分布情况相同，如图6.1所示的横断面A－A′和B－B′。通过考虑两个横断面之间矩形块体的受力情况即可导出其平衡方程。对无限边坡而言，所提取的任意矩形块体，两端的作用力必然大小相等，方向相反且作用在同一直线上。由此即可认为矩形块体两端的力相互抵消，从而在平衡方程中将其忽略掉。将作用在矩形块体上的力沿平行于和垂直于滑动面方向进行分解，

可得到剪力 S 和法向力 N：

$$S=W\sin\beta \tag{6.9}$$

$$N=W\cos\beta \tag{6.10}$$

式中 β——边坡或滑动面与水平方向的夹角；

W——矩形块体的重量。

图 6.1 中，横截面垂直于平面方向的单位厚度矩形块体的重量如下式所示：

$$W=\gamma lz\cos\beta \tag{6.11}$$

式中 γ——土体总的单位重度；

l——矩形块长度；

z——矩形块厚度。

把式（6.11）代入式（6.9）和式（6.10）得

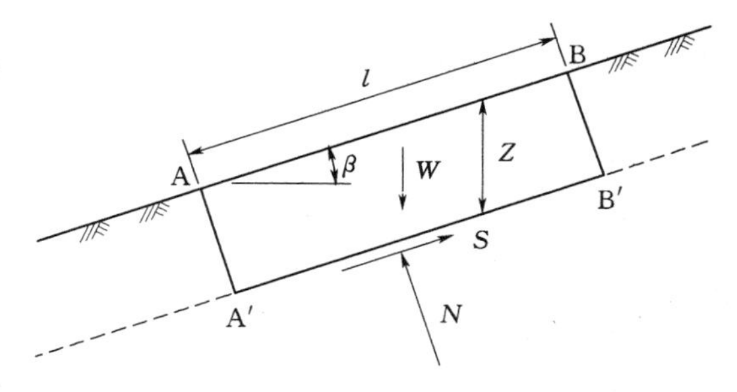

图 6.1　无限边坡及其滑动面示意图

$$S=\gamma lz\cos\beta\sin\beta \tag{6.12}$$

$$N=\gamma lz\cos^2\beta \tag{6.13}$$

对于一个无限边坡，剪断面上的剪切应力和法向应力是常量。它们由式（6.12）和式（6.13）除以平面（$l\cdot1$）的面积得到：

$$\tau=\gamma z\cos\beta\sin\beta \tag{6.14}$$

$$\sigma=\gamma z\cos^2\beta \tag{6.15}$$

将这些表达式代入式（6.3）中得到用总应力表达的安全系数的计算公式：

$$F=\frac{c+\gamma z\cos^2\beta\tan\phi}{\gamma z\cos\beta\sin\beta} \tag{6.16}$$

如果考虑有效应力，则安全系数计算的公式变换为

$$F=\frac{c'+(\gamma z\cos^2\beta-u)\tan\phi'}{\gamma z\cos\beta\sin\beta} \tag{6.17}$$

图 6.2 给出了不同渗流工况下，无限边坡考虑总应力和有效应力时安全系数的计算公式。

对于无黏聚力的土体（$c=0$，$c'=0$），无限边坡安全系数的计算与滑坡深度 z 无关，考虑总应力（或者对于孔隙水压为 0 的有效应力）时，安全系数的计算公式如下：

$$F=\frac{\tan\phi}{\tan\beta} \tag{6.18}$$

类似于有效应力，如果孔隙水压力与滑动面深度成正比，安全系数的计算公式如下：

$$F=[\cot\beta-\gamma_u(\cot\beta+\tan\beta)]\tan\phi' \tag{6.19}$$

式中 γ_u——由 Bishop 和 Morgenstern（1960）建议的孔隙水压系数。

孔隙水压系数的定义为

$$\gamma_u=\frac{u}{\gamma z} \tag{6.20}$$

因为无黏性土质边坡的安全系数计算与滑动面的深度无关。因此，滑动面较深的边坡和滑动面很浅的边坡其安全系数是相同的。所以对该类土质边坡采用无限边坡法计算时获

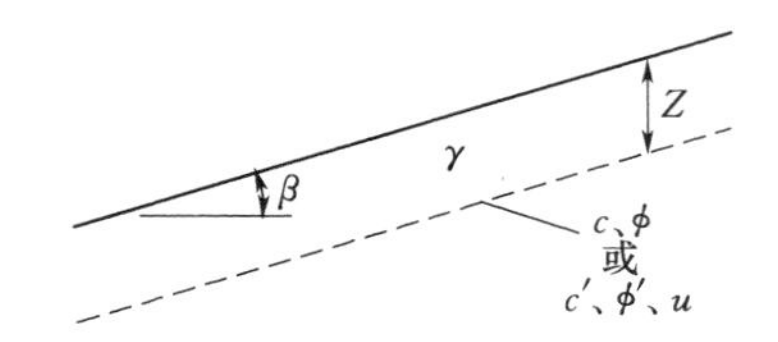

总应力：$s=c+\sigma\tan\phi$

地面上的边坡（未被淹没）：$F=\frac{c}{\gamma z}\frac{2}{\sin(2\beta)}+[\cot\beta]\tan\phi$

水下边坡（仅 $\phi=0$）：$F=\frac{c}{(\gamma-\gamma_w)}\frac{2}{z\sin(2\beta)}$

有效应力：$S'=c'+\sigma'\tan\phi'$

一般情况（地面上边坡）：$F=\frac{c'}{\gamma z}\frac{2}{\sin(2\beta)}+\left[\cot\beta-\frac{u}{\gamma z}(\cot\beta+\tan\beta)\right]\tan\phi'$

水下边坡——不渗流：$F=\frac{c'}{(\gamma-\gamma_w)}\frac{2}{z\sin(2\beta)}+[\cot\beta]\tan\phi'$

水下边坡——渗流平行于坡面：$F=\frac{c'}{\gamma z}\frac{2}{\sin(2\beta)}+\left[\cot\beta-\frac{\gamma_w}{\gamma}(\cot\beta)\right]\tan\phi'$

水下边坡——水平方向渗流：$F=\frac{c'}{\gamma z}\frac{2}{\sin(2\beta)}+\left[\cot\beta-\frac{\gamma_w}{\gamma}(\cot\beta+\tan\beta)\right]\tan\phi'$

水下边坡——孔隙水压定义为一个常量 $\gamma_u=\frac{u}{\gamma z}$：$F=\frac{c'}{\gamma z}\frac{2}{\sin(2\beta)}+[\cot\beta-\gamma_u(\cot\beta+\tan\beta)]\tan\phi'$

图 6.2　无限边坡安全系数的计算公式

得的安全系数较为准确。[1]

无限边坡法同样适用于坚硬地层上黏性土边坡的稳定性计算，此时，边坡滑动面深度受坚硬土层控制。如果坚硬土层的深度远小于边坡横向扩展尺寸时，无限边坡法可以提供一个较为合理的计算结果。

利用无限边坡法分析的过程中主要考虑矩形块体上两个相互垂直方向上力，因此，该方法能够满足所有的力系平衡。虽然过程中并未出现力矩平衡方程，但矩形块两端的力共线且经过其平面形心，所以力矩平衡自然能够满足。由此可知，无限边坡法是满足所有静力平衡条件的一种分析方法。

小结

1）对于无黏性土质边坡，安全系数与滑动面的深度无关，因此无限边坡法是比较合适的（除非遇到土体的莫尔强度包络线为弯曲状的情况）。

2）对于坚硬地层上分布的浅层黏性土边坡，滑动深度远小于边坡的横向扩展尺寸，此时无限边坡法可提供一个较为合理的计算结果。

3）无限边坡法完全满足所有静力平衡条件。

6.3.2　对数螺旋法

在对数螺旋法中，滑动面被假定为对数螺旋状，如图 6.3 所示（Frohlich，1953）。对

[1] 对于莫尔强度包络线为曲线且经过原点的土是个例外。尽管在 0 围压作用下土体没有强度，也就是土体失去黏性，这种情况下无限边坡分析法将不再适用。第 7 章中介绍奥罗维尔（Oroville）大坝时会详细讨论。

数螺旋线的中心点、初始半径 r_0 和各点处的土体的内摩擦角 ϕ_d 被提前定义，各点处的实际半径通过下式求取：

$$r=r_0 e^{\theta\tan\phi_d} \tag{6.21}$$

式中 ϕ_d——已获取的土体摩擦角修正值，该值由土体的真实内摩擦角和安全系数所确定，计算式见式（6.7）。

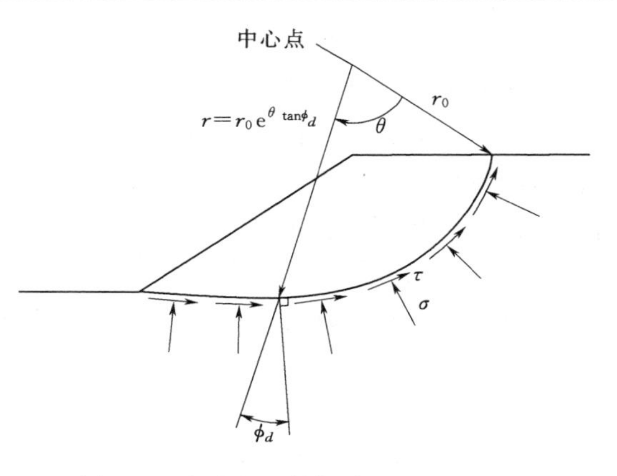

图 6.3 边坡的对数螺旋滑动面示意图（Frohlich，1953）

沿滑动面分布的应力由正应力 σ 和切应力 τ 构成。对于总应力分析，切应力可以由正应力、抗剪强度参数（c 和 ϕ）和安全系数表示，结合式（6.4）可得

$$\tau=\frac{c}{F}+\sigma\frac{\tan\phi}{F} \tag{6.22}$$

或者由已反算得到抗剪强度修正指标表示为

$$\tau=c_d+\sigma\tan\phi_d \tag{6.23}$$

对数螺旋线具有特殊的几何性质，螺旋各点处的法向转动角即为修正的内摩擦角 ϕ_d，正因为这个属性，由正应力（σ）和切应力的摩擦部分（$\sigma\tan\phi_d$）所构成的合理力将通过对数螺旋线中心，所以最终对其中心点不造成转动效应。在平衡力系中产生转动效应的力只有剪应力中的黏聚力部分。由此，该方法所构建的平衡方程是对对数螺旋线的中心点取矩，且方程中仅存在安全系数这一唯一的未知量，从而安全系数可以通过计算进行求取。

在对数螺旋法中，通过假设一个特定形状（对数螺旋）的滑动面来对静力平衡方程进行求解行列式。假设滑动面为对数螺旋状后，不再需要其他额外的假设。在对数螺旋法中不需考虑力的平衡。然而，沿着滑动面有无数多个正应力和切应力的组合，并且都将满足力平衡条件，也就是说这些正应力和切应力的组合将产生相同的安全系数值。因此，对数螺旋法毫无疑问地满足所有静力平衡条件。对数螺旋法和无限边坡法是仅有的两种通过假设一个特定形状滑动面来满足所有静力平衡条件的极限平衡法。

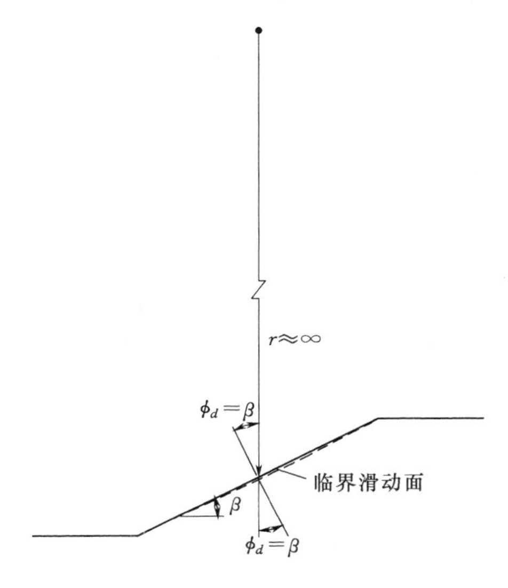

图 6.4 无黏性土边坡的临界对数螺旋滑动面

因为对数螺旋法完全满足静力平衡条件，而且在力学方面是精确的。同时，对于均质边坡，对数螺旋状似乎是最重要的潜在滑动面近似形状。因此，从理论上来说，对数螺旋法是均质边坡稳定性分析中最佳的极限平衡法。

对于无黏性土质边坡（c，$c'=0$），对数螺旋的半径缩减至 0，将与边坡坡面重合，此时计算出的安全系数最小（图 6.4）。在该情况下，对数螺旋法和无限边坡法产生相同的最小安全系数值。

由于假定了边坡坡面的形状，对数螺旋方程组是相对复杂的，所以很难进行手动计算。然而，对数螺旋法计算效率高，非常适合计算机运算。在运用对数螺旋法分析边坡稳定性时绘制稳定性图表是必要的，并且前人对此做了大量工作，借助这些图表则不再需要特别详细的对数螺旋方程（Wright，1969；Leshchinsky 和 Volk，1985；Leshchinsky 和 San，1994）。对数螺旋法在常规的稳定性分析计算软件中被广泛应用，特别是设计过程中可通过重复计算去确定一个最优的加固措施（Leshchinsky，1997）。

小结

1）对数螺旋法把滑动面假设为对数螺旋形，从而求得静定解 [式（6.21）]。

2）对数螺旋法显然满足力矩平衡条件，间接满足力的平衡条件。因为平衡条件是确信的，该方法是一种准确的力学分析方法。

3）对数螺旋法是理论上分析均质边坡的最佳方法。使用无量纲的边坡稳定性图表可以减少工作量（Leshchinsky 和 Volk，1985；Leshchinsky 和 San，1994）。

4）对数螺旋法被植入了众多计算软件中，从而方便进行土工格栅、加筋或土钉加固边坡的设计优化。

6.3.3 瑞典圆弧法（$\phi=0$）

在瑞典圆弧法中，滑动面被假定为一个圆弧，并以圆弧中心点的合力矩来计算安全系数。该方法是由瑞典科学家 Petterson 首先提出（Petterson，1955）、后经 Fellenius 修改的一种土坡稳定性分析的基本方法（Fellenius，1922；Skempton，1948）。分析过程中土体的内摩擦角被假定为 0，抗剪强度仅由黏聚力提供，这种方法也被称为内摩擦角零值法。

瑞典圆弧法或内摩擦角零值法的特例即为对数螺旋法：当 $\phi=0$ 时，对数螺旋为圆形。由于圆的平衡方程比更一般的对数螺旋平衡方程简单，所以瑞典圆弧法通常被认为是一种与对数螺旋法相区别的方法。同时，瑞典圆弧法似乎在边坡稳定性分析方面已经领先对数螺旋法。

根据图 6.5 中所示的边坡和圆弧滑动面。驱动（翻转）力矩趋向于使土体沿圆心发生翻转，具体数值通过下式计算：

$$M_d = Wa \tag{6.24}$$

式中 W——圆弧滑动面上的土体重度；

a——圆心与土体重心之间的水平距离，为力臂。

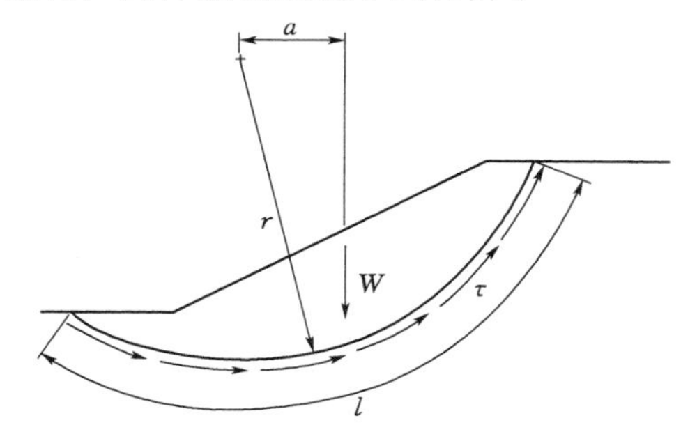

图 6.5 瑞典圆弧法（或者 $\phi=0$ 法）的边坡及其滑动面示意图

抵抗力矩由沿着圆弧滑动面的剪切应力 τ 提供。如图 6.5 所示，单位厚度截面的抵抗力矩用下式表达：

$$M_r = \tau l r \tag{6.25}$$

式中 l——圆弧的长度；

r——圆弧的半径。

从力系平衡的角度而言，抵抗力矩和滑动力矩必须达到平衡。因此：

$$Wa=\tau lr \tag{6.26}$$

上述等式中的剪切应力可以利用式（6.1）由抗剪强度和安全系数来表示，引入式（6.1），用黏聚力代替抗剪强度得

$$Wa=\frac{clr}{F} \tag{6.27}$$

进一步整理后得到

$$F=\frac{clr}{Wa} \tag{6.28}$$

式（6.28）即为利用瑞典圆弧法计算安全系数的基本公式。

上式中的分子项 clr 表示的是可用的抵抗力矩；分母项 Wa 表示的是滑动力矩。因此，在这种情况下，安全系数等于可用的抵抗力矩 M_r 除以滑动力矩 M_d：

$$F=\frac{\text{可用的抵抗力矩}}{\text{滑动力矩}} \tag{6.29}$$

瑞典圆弧法的基本计算公式可由安全系数的定义式式（6.29）来推导，这种方法有时会被采用。但也有一些其他的方法用于定义安全系数，这些方法将在6.12节中进行讨论。然而，作者更倾向于使用式（6.1）所表达的剪切强度来定义安全系数，而不是使用式（6.29）所述的平衡关系。

因为瑞典圆弧法是一种特殊的对数螺旋法，它同样满足全部的静力平衡方程。上述两种分析方法均使用总的力矩平衡方程求取静定解，无论滑动面是对数螺旋还是圆弧，它们无疑都是满足所有的静力平衡条件的。同时，需要注意的是这两种方法均未对其他力进行任何假设。

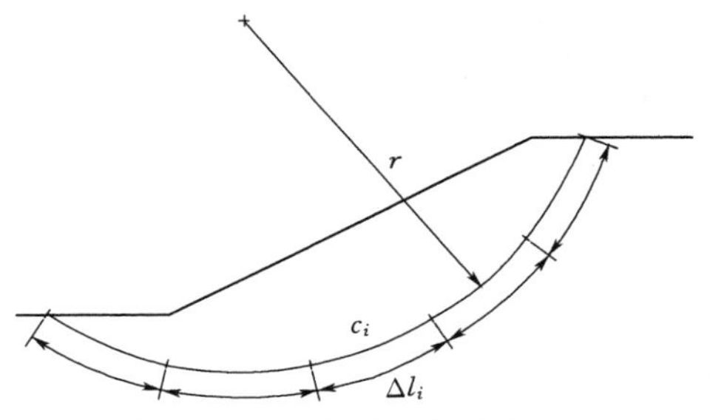

图6.6　不排水抗剪强度变化时圆弧滑动面细分成段

式（6.28）中黏聚力为一个恒定值，当黏聚力发生变化时，由等式确定的安全系数将随之变化，潜在最危险滑动面也会随之变化。一般情况下，圆弧滑动面会被细分若干长度单元 Δl_i，每一段对应平均强度 c_i，如图6.6所示。抵抗力矩的表达式变更为

$$M_r=\frac{\sum(c_i\Delta l_i r)}{F} \tag{6.30}$$

沿滑动面分段求和，即可得到安全系数的求解公式：

$$F=\frac{r\sum(c_i\Delta l_i)}{Wa} \tag{6.31}$$

式（6.28）和式（6.31）中的 Wa 项表示的是由土体重量引起的滑动力矩。对于计算力臂 a，计算滑动面上土体的重心位置是必要的，因为形状复杂的土坡滑动面会给计算分析带来困难。相对而言，条分法提供了一个更为方便的方式来计算滑动力矩，这两种方法

能够得到的安全系数值基本一致。

小结

• 瑞典圆弧法（或称为 $\phi=0$ 法）显然满足力矩平衡，并且毫无疑问地满足力的平衡。

• 对于均质或非均质的 $\phi=0$ 的土质边坡，瑞典圆弧法（或称为 $\phi=0$ 法）是一个精准的边坡稳定性分析方法，该方法中假设滑动面近似为一段圆弧。

6.4　条分法：一般规则

在下面的章节中所涉及的方法，滑动面以上的土体被细分为若干垂直方向的条块，因此得名“条分法”。条块划分的实际数量取决于边坡的几何形状和土体的剖面，这将在第14章中进行详细讨论。

一些条分法假设滑动面为圆弧形，另外一些方法假设滑动面为其他任意形状（非圆弧形）。那些假定滑动面为圆弧形的方法考虑了所有条块所组成的整个自由体关于圆心的力矩平衡。相对应的，那些假定滑动面为非圆弧形的方法通常考虑单个条块的平衡条件。分别考虑圆弧形滑动面和非圆弧形滑动面的分析方法在工程实践中是合理的。

6.5　条分法：圆弧滑动面

当滑动面为圆弧形时，条分法考虑各条块对圆弧中心的力矩平衡条件。对如图6.7所示的潜在滑动面为圆弧的边坡，倾覆力矩可以表示为

$$M_d=\sum W_i a_i \tag{6.32}$$

式中　W_i——第 i 块条块的重量；

a_i——条块中心与圆心的水平距离。

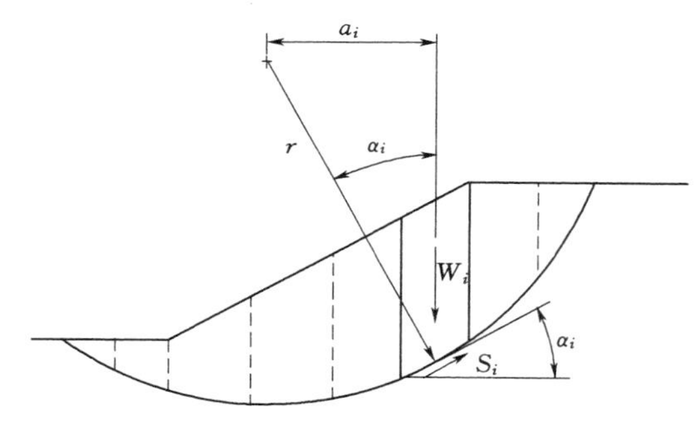

图6.7　具有圆弧滑动面的上覆土体细分为竖直方向的条块

从坡顶到右边中心的距离如图6.7所示，为逆时针方向；从坡脚到左边中心的距离为负的，即顺时针方向。虽然理论上力臂 a_i 为圆心到土条重心之间的距离，划分大量的土条是为了忽略中心（中间宽度）和土条重心之间的差异，但多数情况下，a_i 仍取为圆心到条块中心（中间宽度）之间的距离。

式（6.32）的力臂 a_i 可以由圆弧的半径和各层底部的倾角表示。虽然条块的底部是曲线，但细分后的条块底部可近似为一条直线，在精度范围内，这种简化所造成的误差是可以忽略不计的。条块底部的倾角用 α_i 表示，为条块底部与水平面的夹角。图6.7中的 α_i 为正值，该角度表示圆心到条块底部的中心延长线与竖直方向的夹角。因此，力臂 a_i 如下式所示：

$$a_i = r\sin\alpha_i \tag{6.33}$$

并且下滑力矩可以表示为

$$M_d = r\sum W_i \sin\alpha_i \tag{6.34}$$

由于任意圆弧的半径是常量，所以式（6.34）的半径 r 被移至求和项前面。

在每一块条块底部，抵抗力矩由剪切应力（τ）所提供。每一条块底部的正应力（σ）通过圆心，并不产生弯矩。对于所有的条块，总的抵抗力矩为

$$M_r = \sum rS_i = r\sum S_i \tag{6.35}$$

式中　S_i——第 i 块条块底部的剪切力，并对所有的条块进行求和。

剪切力是剪切应力 τ_i 和条块底部面积的乘积，对于单位厚度的条块，为 $\Delta l_i \cdot 1$，因此：

$$M_r = r\sum \tau_i \Delta l_i \tag{6.36}$$

剪切应力可以由式（6.1）的抗剪强度和安全系数表示：

$$M_r = r\sum \frac{s_i \Delta l_i}{F} \tag{6.37}$$

式中　s_i——第 i 块条块底部的土体强度。

把抵抗力矩［式（6.37）］和下滑力矩［式（6.34）］代入并重新进行转换后，安全系数的公式如下式所示：

$$F = \frac{\sum s_i \Delta l_i}{\sum W_i \sin\alpha_i} \tag{6.38}$$

上式中，半径已从该等式的分子和分母中相互抵消。但对于圆弧形滑动面而言，上述关系方程依然有效。

为了能在求和公式中对每一个条块的值以及所有条块在求和中的运行结果进行理解，舍去下标 i 后式（6.38）可以改写为

$$F = \frac{\sum s\Delta l}{\sum W\sin\alpha} \tag{6.39}$$

计算过程中考虑总应力时，抗剪强度可以表示为

$$s = c + \sigma\tan\phi \tag{6.40}$$

把式（6.40）代入式（6.39）得

$$F = \frac{\sum (c + \sigma\tan\phi)\Delta l}{\sum W\sin\alpha} \tag{6.41}$$

式（6.41）是关于圆弧滑动面圆心的力矩平衡方程。如果 $\phi=0$，式（6.41）改为可以求解的安全系数：

$$F = \frac{\sum c\Delta l}{\sum W\sin\alpha} \tag{6.42}$$

式（6.42）和式（6.31）来自瑞典圆弧法（$\phi=0$），满足关于圆弧圆心的力矩平衡条件，过程中除假定滑动面为圆弧外，再没有其他任何假设。因此，这两个方程都得出相同的安全系数。它们唯一的区别是式（6.31）把整个自由体作为单一的块，避免了对出现特殊形状块体时另行确定重心位置的复杂情况，所以式（6.42）比式（6.31）使用起来更加方便。

如果边坡土体内摩擦角不等于0，则式（6.41）需要确切知道每一个块体底部的正应力。确定正应力的是静定问题，那么计算安全系数将需要额外的假设。在接下来两节中将讨论的普通条分法和简化毕肖普法，即是通过提出其他两种假设来获得条块底部的正应力，从而对安全系数进行求解。

6.5.1 普通条分法

普通条分法是忽略了条块间力的一种条分法。普通条分法也称为“瑞典条分法”以及“费伦纽斯法”。然而，这种方法不应该与美国陆军工程兵团的修正瑞典法相混淆，此方法是后来才提出来的。类似的，该方法不应该与费伦纽斯提出的其他条分法相混淆，尤其是能完全满足静力平衡条件的条分法（Fellenius，1936）。

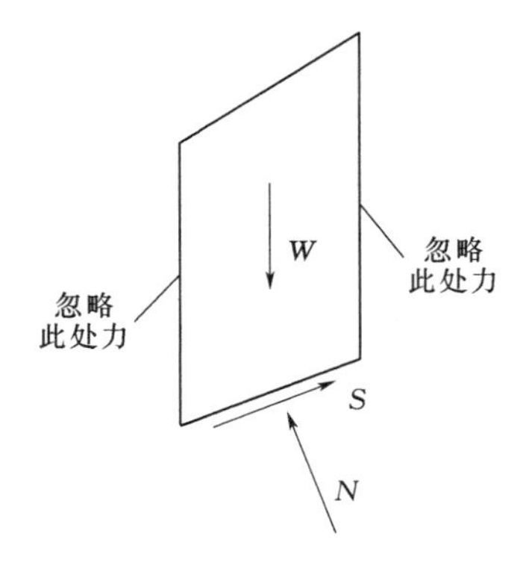

图 6.8 普通条分法中任意条块的受力分析

如图6.8所示，取任意条块为隔离体，条块底部的垂直反力即为正应力，计算公式如下：

$$N=W\cos\alpha \tag{6.43}$$

如果条块上的合力与条块底部平行，也会同样存在式（6.43）所示的法向压力（Bishop，1955）。然而，条块上所有的力处于完全平衡状态是不可能发生的，除非条间力为0。

条块底面上的正应力是法向力除以条块底面积（$1\cdot\Delta l$）得到的：

$$\sigma=\frac{W\cos\alpha}{\Delta l} \tag{6.44}$$

把上式中的正应力表达式代入式（6.41），从力矩平衡条件中即可推导出安全系数，安全系数的表达式如下：

$$F=\frac{\sum(c\Delta l+W\cos\alpha)}{\sum W\sin\alpha} \tag{6.45}$$

当剪切强度表示的是总应力时，式（6.45）即为普通条分法中安全系数的计算式。

当剪切强度用有效应力表达时，根据力矩平衡条件计算的安全系数等式如下：

$$F=\frac{\sum(c'+\sigma'\tan\phi')\Delta l}{\sum W\sin\alpha} \tag{6.46}$$

式中 σ'——有效正应力，$\sigma'=\sigma-u$。

从式（6.44）的总正应力可知，有效应力可写成下式：

$$\sigma'=\frac{W\cos\alpha}{\Delta l}-u \tag{6.47}$$

式中 u——滑动面上的孔隙水压。

把有效正应力式（6.47）代入安全系数式（6.46）中并重新调整后得

$$F=\frac{\sum[c'\Delta l+(W\cos\alpha-u\Delta l)\tan\phi']}{\sum W\sin\alpha} \tag{6.48}$$

式（6.48）为普通条分法的有效应力安全系数计算式。然而，这个式中的假设［$\sigma'=(W\cos\alpha/\Delta l)-u$］会导致计算结果不切实际，甚至滑坡表面的有效应力会出现负值。现证明如下，条块的重量计算如下式：

$$W=\gamma hb \tag{6.49}$$

式中 h——条块中心线的高度；

b——条块的宽度（图 6.9）。

条块的宽度与条块底部的长度 Δl 有关。

$$b=\Delta l\cos\alpha \tag{6.50}$$

因此，式（6.49）可以写为下式：

$$W=\gamma h\Delta l\cos\alpha \tag{6.51}$$

把上面计算条块重量的式子代入式（6.48），并且再重新整理得

$$F=\frac{\sum[c'\Delta l+(\gamma h\cos^2\alpha-u)\Delta l\tan\phi']}{\sum W\sin\alpha} \tag{6.52}$$

用括号括起来的式子（$\gamma h\cos^2\alpha-u$）为条块底部的有效正应力 σ'。因此，也可写成下式：

$$\frac{\sigma'}{\gamma h}=\cos^2\alpha-\frac{u}{\gamma h} \tag{6.53}$$

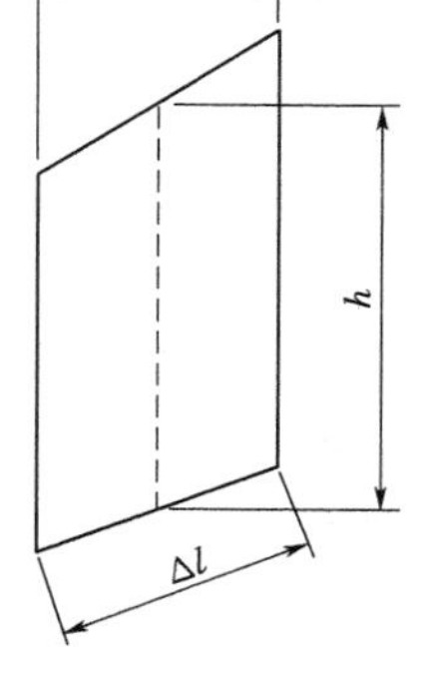

图 6.9 单个条块的尺寸

式中 $\frac{\sigma'}{\gamma h}$——有效正应力与总的超负荷压力的比值；

$\frac{u}{\gamma h}$——孔隙水压与总的超负荷压力的比值。

现在假设孔隙水压等于总的超负荷压力的 1/3（例如：$\frac{u}{\gamma h}=\frac{1}{3}$）。进一步假设滑动面向上倾斜的角度为 α，与水平面的夹角为 60°，由式（6.53）得

$$\frac{\sigma'}{\gamma h}=\cos^2(60°)-\frac{1}{3}=-0.08 \tag{6.54}$$

这表明有效应力为负值。当孔隙水压变大时，滑动面变得更陡（α 变得更大），用式（6.52）计算的有效应力会为负值。出现负值的原因是普通条分法中条块上的力被忽略，没有其他力可用于抵消孔隙水压力。

通过先用一个“有效重度”来表示条块的重量，然后将其分解为垂直于条块底部的力，对于普通条分法来说，这是一个求解安全系数较好的一个方法（Turnbull 和 Hvorslev，1967）。有效的条块重量 W' 可以表示为

$$W'=W-ub \tag{6.55}$$

式中 ub——垂直的上浮力，也就是条块底部的孔隙水压。

由于考虑了垂直条块底部的有效应力，所以也就产生了有效法向力 N'：

$$N'=W'\cos\alpha \tag{6.56}$$

或者由式（6.50）和式（6.55）得

$$N'=W\cos\alpha-u\Delta l\cos^2\alpha \tag{6.57}$$

有效正应力 σ' 是由上式中的力除以条块底部的面积得到的：

$$\sigma'=\frac{W\cos\alpha}{\Delta l}-\cos^2\alpha \tag{6.58}$$

最后，通过把有效正应力式（6.58）代入到考虑力矩平衡的安全系数计算式（6.46）中得

$$F=\frac{\sum[c'\Delta l+(W\cos\alpha-u\Delta l\cos^2\alpha)\tan\phi']}{\sum W\sin\alpha} \tag{6.59}$$

在普通条分法中，只要孔隙水压小于条块上部的负载，上述选择性的安全系数表达式在滑动面上就不会产生负的有效应力。而对于任何工况清晰的稳定性边坡而言，这种条件是肯定存在的。

小结

1）普通条分法假设滑动面为圆弧，并通过对圆弧的中心取矩计算安全系数，该方法只满足弯矩平衡方程。

2）对于 $\phi=0$ 的土质边坡，普通条分法给出了和瑞典圆弧法相同的安全系数值。

3）普通条分法允许直接进行安全系数的计算。所有其他的条分法只能得到安全系数的迭代解。因此该方法有利于手动计算。

4）普通条分法的精度比其他条分法的精度都要低，主要体现在有效应力分析过程中孔隙水压增大时的情况。

5）普通条分法在有效应力分析时可通过式（6.59）而不是式（6.48）来提高精度。

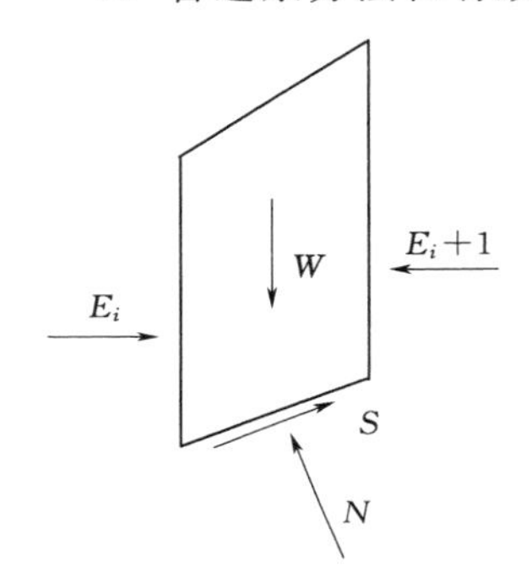

图 6.10　简化毕肖普法中的条块受力分析简图

6.5.2　简化毕肖普法

在简化毕肖普法中，假定条块间仅存在水平方向的相互作用力，不存在竖直方向的剪切应力。同时，竖直方向的合力总能满足平衡条件，各条块底部的正应力也可非常方便的求解出来。如图 6.10 所示，条块在竖直方向上的力系平衡方程可表达为

$$N\cos\alpha+S\sin\alpha-W=0 \tag{6.60}$$

假定力的方向向上为正，式（6.60）中的剪力与剪切应力之间的关系如下：

$$S=\tau\Delta l \tag{6.61}$$

或根据式（6.2）中抗剪强度和安全系数，进一步可写为

$$S=\frac{s\Delta l}{F} \tag{6.62}$$

根据莫尔-库仑方程中有效应力关系，剪切强度可表示为

$$S=\frac{1}{F}[c'\Delta l+(N-u\Delta l)\tan\phi'] \tag{6.63}$$

联立式（6.60）和式（6.63），求得的法向力 N 为

$$N=\frac{W-\frac{1}{F}(c'\Delta l-u\Delta l\tan\phi')\sin\alpha}{\cos\alpha+\frac{\sin\alpha\tan\phi'}{F}} \tag{6.64}$$

条块底部的有效正应力可以写成下式：

$$\sigma'=\frac{N}{\Delta l}-u \tag{6.65}$$

联立式（6.64）和式（6.65），并且将它们代入到关于有效应力的圆心的力矩平衡方

程，式（6.46）可重新改写成为下式：

$$F=\frac{\sum\left[\frac{c'\Delta l\cos\alpha+(W-u\Delta l\cos\alpha)\tan\phi'}{\cos\alpha+\frac{\sin\alpha\tan\phi'}{F}}\right]}{\sum W\sin\alpha} \tag{6.66}$$

式（6.66）即为为简化毕肖普法中的安全系数的计算式。

式（6.66）是根据用有效应力表达的抗剪强度推导出来的。总应力和有效应力的唯一区别是在推导其中任意一个安全系数计算式时，抗剪强度是用总应力还是有效应力来表示[例如式（6.3）和式（6.8）]。一个基于总应力的安全系数计算式能从基于有效应力的安全系数计算式中通过把总应力抗剪强度参数的等价值（c 和 ϕ）替换为有效应力抗剪强度参数（c'和 ϕ'）而得到，并且把孔隙水压 u 的值设为 0。因此，简化毕肖普法关于总应力的安全系数计算式为

$$F=\frac{\sum\left(\frac{c\Delta l\cos\alpha+W\tan\phi'}{\cos\alpha+\frac{\sin\alpha\tan\phi}{F}}\right)}{\sum W\sin\alpha} \tag{6.67}$$

在许多问题里，某一土层的抗剪强度用总应力表示（例如黏土层三轴试验中 UU 轴方向的强度），而其他土层则是采用有效应力（砂或沙砾层三轴试验中 CD 或 CU 轴方向的强度）表示。因此，在式（6.66）或式（6.67）中被总结的术语将包含一个混合的有效应力和总应力，到底选用何种应力则需要根据滑动面（条块底部）所适用的排水条件来确定。

对于饱和土和不排水加载工况，抗剪强度可以用 $\phi=0$ 的总应力来表征。在这种情况下，式（6.67）可以简化为

$$F=\frac{\sum c\Delta l}{\sum W\sin\alpha} \tag{6.68}$$

式（6.68）和由普通条分法推导出的式（6.42）是相同的。在这种情况下（$\phi=0$），对数螺旋法、瑞典圆弧法、普通条分法以及简化毕肖普法都给出了相同的安全系数值。实际上，任何满足滑动面圆心力矩平衡方程的方法将会给出 $\phi=0$ 条件下相同的安全系数值。

尽管简化毕肖普法不满足完全的静力平衡，但是它给出了相对精确的安全系数值。毕肖普（1955）表示当使用有效应力进行分析时，孔隙水压相对较高，那么他的方法将会给出比普通条分法更为精确的计算结果。而且，满足静力平衡方程的简化毕肖普法和极限平衡法计算的安全系数是一致的（Bishop，1955；Fredlund 和 Krahn，1977；Duncan 和 Wright，1980）。Wright 等（1973）认为简化毕肖普法计算的安全系数毫不逊色于（相差5%）在有限单元法中单独使用应力计算的安全系数。简化毕肖普法的主要局限是滑动面为圆弧滑动面。

小结

1）简化毕肖普法假定滑动面为圆弧滑动面以及条块间只存在水平作用力。每一条块竖直方向上满足力的平衡以及关于圆心的力矩平衡。

2）因为所有的方法都满足关于圆心的力矩平衡方程，并且所有的方法都只有唯一的

安全系数值。所以，对于 $\phi=0$ 的情况，简化毕肖普法给出了与瑞典圆弧法和普通条分法相同的安全系数值。

3）简化毕肖普法比普通条分法更加精确（从力学的角度来说），特别是对于高孔隙水压的有效应力分析。

6.5.3 包含额外已知力的分析方法

普通条分法和简化毕肖普法在求解安全系数时假定唯一的已知下滑力是土体自重，相对应的阻滑力由土体抗剪强度提供，两种方法所用的平衡方程也就由此推导产生。而通常情况下，坡体上作用有其他下滑驱动力和阻滑力。比如：水岸边坡上的水压力、路基边坡上的交通荷载或者其他坡面堆载等；类似的，在地震荷载拟静态分析过程中，通常将水平方向的体力施加到边坡上，这种情况将在第 10 章详细讨论；还有一种情况出现在边坡加固工况中，加筋材料对坡体施加的力在计算过程中也被视为已知力。正因上述附加荷载均为已知力，所以在不需要增加其他假设的情况下即可获取静态解。包含额外已知力法的情况如下使用简化毕肖普法所示。

首先考虑到关于圆心的整体力矩平衡方程。根据土的重量、抗剪强度与力矩之间的关系，力的平衡方程如下：

$$r\sum\frac{s_i\Delta l_i}{F}-r\sum W_i\sin\alpha_i=0 \tag{6.69}$$

式中逆时针的抵抗力矩为正，顺时针的下滑力矩为负。

如果有地震力 kW_i、土体的加筋力 T_i（见图 6.11）作用，则平衡方程可以写成

$$r\sum\frac{s_i\Delta l_i}{F}-r\sum W_i\sin\alpha_i-\sum kW_id_i+\sum T_ih_i=0 \tag{6.70}$$

式中 k——地震影响系数；

d_i——条块重心与圆心之间的垂直距离；

T_i——穿过滑动面的加筋力；

h_i——关于圆心的加固力的力臂；

$\sum kW_id_i$——对所有条块进行求和；

$\sum T_ih_i$——加筋体与滑动面相交的条块。

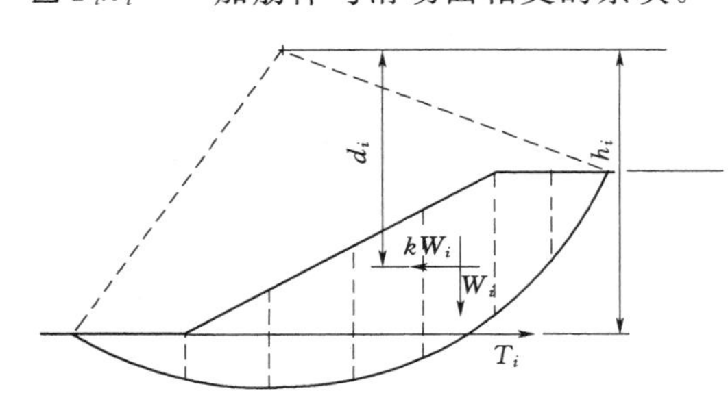

图 6.11 已知地震力和加筋力的边坡

图 6.11 所示的加筋体是水平方向的，并且力臂仅仅是圆心与加筋体之间的垂直距离。然而，并不是所有的情况都如上所述。例如，如图 6.12 所示，条块中加筋力与水平方向成一定的角度 Ψ。

因为式（6.70）中最后两个累加项所代表的力为已知量，因此很方便用一项 M_n 来代替这些求和项，表示已知力的净力矩。已知的力可能包含地震力、加筋力，并且这种条块情形如图 6.12 所示，在条块顶部由一力 P 产生一个额外的力矩。式（6.70）可写成

$$r\sum\frac{s_i\Delta l_i}{F}-r\sum W_i\sin\alpha_i-\sum kW_id_i+M_n=0 \tag{6.71}$$

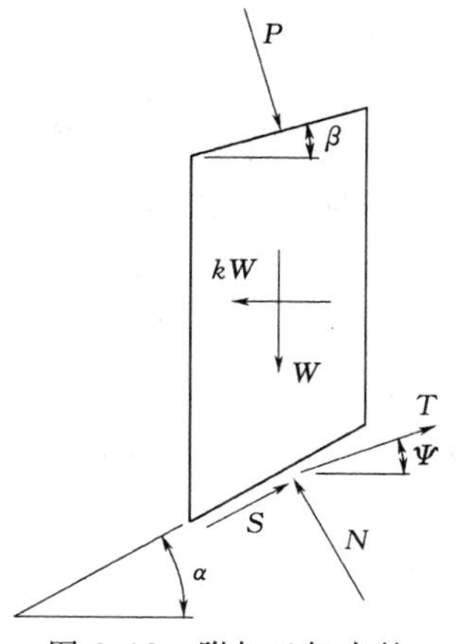

图 6.12　附加已知力的单一条块

M_n 为正时，表示的是一个逆时针的净力矩；当 M_n 为负时，表示的是一个顺时针的净力矩。

满足力矩平衡的安全系数方程如下式所示：

$$F=\frac{\sum s_i\Delta l_i}{\sum W_i\sin\alpha_i-\frac{M_n}{r}} \tag{6.72}$$

如果抗剪强度 s 用有效应力表示，并且把求和公式里表示每一条块的下标 i 去掉，式（6.72）可写为

$$F=\frac{\sum[c'+(\sigma-u)\tan\phi']\Delta l}{\sum W\sin\alpha-\frac{M_n}{r}} \tag{6.73}$$

对于式（6.73）中的正应力 $\sigma\left(=\frac{N}{\Delta l}\right)$ 的确定，竖直方向上力的平衡方程将再次被使用。假设条块上作用有如图 6.12 所示的已知力，图中已知力包括了地震力 kW_i、边坡表面的水荷载 P，与条块底部相交的加筋力 T。力 P 垂直于条块底部，并且加筋力与水平方向有一定的夹角 Ψ，竖直方向合力的方程为

$$N\cos\alpha+S\sin\alpha-W-P\cos\beta+T\sin\Psi=0 \tag{6.74}$$

式中　β——条块顶部的倾角；

Ψ——加筋力与水平方向的夹角。

式（6.74）是基于简化毕肖普条分法的假设得到的，在条块的侧面上没有剪切力（例如：条间力是水平的）。因地震力假设是水平的，所以它不涉及竖直方向的平衡方程。然而，如果在竖直方向上存在地震力分量，那么式（6.74）中将出现竖直分量。把所有的已知力分解为水平和竖直分量是必要的，在本例中，用 F_v 表示竖直方向上的力，其中包含所有已知力的竖直分量，除了条块的重力。❶ F_v 如下式所示：

$$F_v=-P\cos\beta+T\sin\psi \tag{6.75}$$

假设向上的力为正，向下的力为负。竖直方向上的合力可以写成下式：

$$N\cos\alpha+S\sin\alpha-W+F_v=0 \tag{6.76}$$

引入莫尔-库仑强度方程，其中包含了安全系数的定义［式（6.63）］。在式（6.76）中，对正应力 N 进行求解如下式：

$$N=\frac{W-F_v-\left(\frac{1}{F}\right)(c'\Delta l-u\Delta l\tan\phi')\sin\alpha}{\cos\alpha+\frac{\sin\alpha\tan\phi'}{F}} \tag{6.77}$$

联立式（6.77）和安全系数计算公式式（6.73）得

$$F=\frac{\sum\left[\frac{c'\Delta l\cos\alpha+(W-F_v-u\Delta l\sin\alpha)\tan\phi'}{\cos\alpha+\frac{\sin\alpha\tan\phi'}{F}}\right]}{\sum W\sin\alpha-\frac{M_n}{r}} \tag{6.78}$$

---

❶ 重力 W 也包含在力 F_v 内。但是现在，重力将独立出来，使得方程能更加容易与那些除了条块重力之外没有已知力来推导的方程相比较。

M_n 为除了重力以外的所有已知力的力矩，包括图 6.12 中每一条块由地震力（kW）、外加力（P）以及加筋力（T）产生的力矩。

式（6.78）是由简化毕肖普法扩展得到的包含额外已知力的平衡方程，这些已知力包括地震荷载、加筋力以及外加水压力等。然而，因为考虑的只有竖直方向和非水平方向力的平衡，该方法忽略了滑动面上的水平力对正应力的任何影响，如：地震力、水平加筋力。式（6.78）中的水平力对力矩 M_n 间接产生作用。因此，如果使用了简化毕肖普法，则应该注意到水平力有助于边坡稳定。然而，根据本书作者的经验，即使存在显著的水平力，简化毕肖普法也能与满足所有平衡条件的方法产生相媲美的结果。

简化毕肖普法通常用于加固边坡的分析。如果加筋是水平方向的，加筋有助于力矩平衡方程，但是不会对竖直方向上的力的平衡方程产生影响。因此，在竖向力的平衡方程中，可以忽略加筋力的作用［式（6.74）］。然而，如果加筋力是倾斜的，将会对力矩平衡和竖直方向上力的平衡产生影响。有些工程师忽略了斜向加筋力对竖直方向上力的平衡的影响［式（6.74）］，有些工程师则将这一影响考虑在内。因此，已经获得的结果的不同取决于是否考虑竖向加筋力对竖直方向上力的平衡的影响（Wright 和 Duncan，1991）。建议实际分析过程中考虑所有已知力的作用，在进行分析结果检查时，应该确定是否已包括了所有外力对边坡稳定产生的影响。

类似于上述方程，简化毕肖普法可以通过普通条分法进行推导。然而，由于它的相对不精确性，普通条分法不适用于更加复杂条件的分析，例如：涉及地震荷载或加筋时的情况。因此，采用普通条分法时，必然不会讨论附加额外荷载的工况。

6.5.4　完全毕肖普法

Bishop（1955）最开始提出了两种不同的边坡稳定性分析方法。其中之一是前述的“简化毕肖普法”，另一种方法通常被称为“完全毕肖普法”，该方法考虑将所有的未知力作用于一个条块上，并且给出了充分满足静态平衡条件的假设。对于完全毕肖普法，毕肖普概述了具体操作步骤和假设其完全满足静态平衡条件的必要性，然而，对于给出的基本假设并未给出充分的说明。事实上，毕肖普的第二种方法与 Fellenius（1936）更早提出的一种方法类似。正如本章中所描述的其他方法一样，毕肖普和费伦纽斯等提出的方法在定义和求解步骤上都不是特别详细，所以造成这些方法没有被进一步讨论。但是，毕肖普法和费伦纽斯法在边坡稳定性分析领域具有开创性的贡献，在此基础上，后人相继对其进行丰富或改进，某些方法已经提出了一套独特的假设以及满足所有静态平衡条件的步骤。这些更为有效的方法将在后续章节加以讨论。

6.6　条分法：非圆弧形滑动面

迄今为止，所有的条分法和单一隔离体法都是建立在假设滑动面为简单形状的基础上，如平面、对数螺旋或圆弧形。但工程实践中滑动面形状往往非常复杂，经常出现在土体和其他材料之间相对较弱的土层或其他软弱地质界面处，例如：土工合成材料赋存的地方。在这种情况下，有必要采用更加复杂的滑动面形状来分析边坡的稳定性。对于非圆弧形滑动面，当前已经研究出一些更加复杂的分析方法。这些方法都可以划归为条分法。其中，一些方法考虑了所有的静力平衡条件；其他一些方法只考虑了其中的一部分静力平衡条件。在前述的众多方法中，仅限满足力的平衡条件时被称之为力的平衡方法。而大多数其他非圆弧形滑动面的分析方法考虑了所有的静态平衡条件，因此被称为完全平衡法。力平衡法和完全平衡法将在下面章节分别进行讨论。

6.6.1　一般静力平衡法

一般静力平衡法仅满足力的平衡条件，而忽略了力矩平衡问题。该方法通过使用2个相互垂直方向上力的平衡方程来计算安全系数，条块底部上的力和所得的条间力均被考虑。通常情况下，求解时力要么沿水平方向或垂直方向，要么沿平行或者垂直于条块底部的方向。为了获得静定解（方程的个数等于未知量的个数），条块间力的方向必须事先被假定好。一旦力的倾角被完全确定，则安全系数就能被计算出来。

（1）条间力的假设。

不同的学者在静力平衡法中提出了不同的条间力倾角。三大公认的假设以及通用的名称被归纳总结在表6.1中。

表6.1　　静力平衡法中的条间力假设

方法/假设	描　述
Lowe 和 Karafiath（1959）	条间力的倾角取边坡坡度和滑动面倾角的平均值，并随着条块的边界而变化
简化简布法（Janbu 等，1956；Janbu，1973）	侧向力为水平方向，条块间无剪切应力。修正因子被用来调整（增加）安全系数以便得到更加合理的值
美国陆军工程兵团修正瑞典法（美国陆军工程兵团，1970）	侧向力是平行的路基边坡。尽管在1970年的手册中没有说明清楚，但是工程兵团默认假设所有条间力具有相同倾角①

① 在UTEXAS2和UTEXAS3边坡稳定性软件开发过程中，美国陆军工程兵团的计算机辅助岩土工程委员会做出决定：在修正瑞典法中，所有侧向力将被假定为是平行的。

表6.1所示的3种假设中，第一个是由Lowe 和 Karafiath（1959）所提出，他们假设条间力作用在边坡的平均倾角和滑动面之间时，似乎会产生最好的结果。采用Lowe 和 Karafiath 的方法所计算出的安全系数通常最接近于使用满足所有平衡条件方法所计算出的安全系数。

简化詹布法假设条间力沿水平方向，这种假设计算出的安全系数比那些满足所有平衡条件的更加严格方法所计算出的安全系数更小。为了对此作出合理解释，Janbu 等（1956）提出了如图6.13所示的修正因子。这些修正因子是通过引入水平条间力，并在后续使用更加严格的广义条分法（GPS）对30～40个案例实施分析所得到的。然而，很多情况下工程师们未加考证其适用条件就对边坡的安全系数进行了修正❶，但这应该是一种非谨慎的工作方法。同时，一些计算机程序也会不加选择地采用简布给出的修正值，程序中必然会用到Abramson等（2002）推荐的正方形修正公式，而该公式并不准确，应该被限制使用。所以，当我们采用简化简布法对安全系数进行修正时，应该进行更为细致的分析，以确保修正结果的合理性。

❶ Janbu（1973）提出的修正因子是基于对40种不同土体剖面的综合研究。

美国陆军工程兵团修正瑞典法假设条间力作用在“路堤边坡平均倾角”上（美国陆军工程兵团，1970）。这至少可以采用3种不同的方式来进行解释，如图6.14所示。如图所示，对于每一条块，条间力的倾角是相同的［图6.14（a）和图6.14（b）］，或者对于每一条块，条间力的倾角是不同的［图6.14（c）］。据本书原著者来看，图6.14所示的3种方法都具有一定的合理性。然而，目前标准的做法是假设条间力都有相同的倾角。无论如何理解，图6.14中的任何3个假设都可能导致安全系数大于由那些满足力矩平衡方程的方法。因此，一些工程师相对于美国陆军工程兵团（1970）[1] 所推荐的方法而言，更倾向于选择为条间力假设一个更为水平的角度。如果在极端情况下，假设条间力是水平的，则修正瑞典法将与简化詹布法一样（不包括修正因子），并且这种方法会低估安全系数。正如简化詹布法所示，当其他人采用修正瑞典法进行计算时，我们建议对条间力的假设细节进行再次论证。

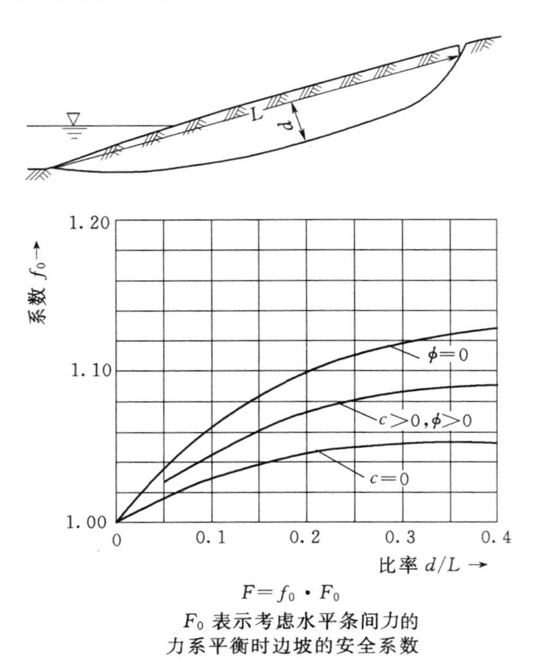

图6.13　詹布条分法的修正因子

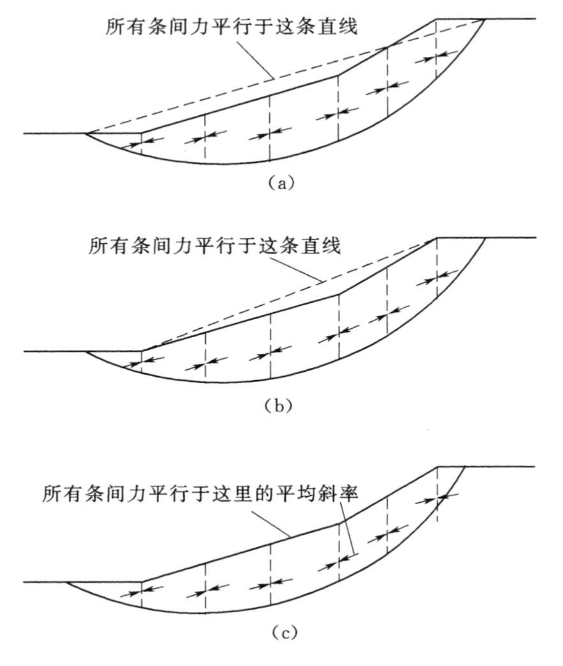

图6.14　美国陆军工程兵团对修正瑞典法中条间力倾角假设的几种解释——路堤边坡的平均倾角
（a）解释1；（b）解释2；（c）解释3

静力平衡法的主要局限之一是该方法对条间力倾角的假设特别敏感。为了说明这种敏感性，如图6.15（a）所示计算了饱和黏土质边坡的短期稳定性，期间按照美国陆军工程兵团的修正瑞典圆弧法，假设条间力相对于斜坡坡面具有相同的倾角（21.8°），安全系数计算过程中显示不排水抗剪强度在边坡坡顶处为400psf，在坡顶以下以7.5psf/ft的比率

[1] 在与各种工程人员的讨论中，著者们了解到，工程师对呈现陡峻角度的边坡往往会产生过高的安全系数值判断，但对平直角边坡则合理得多。

随着深度线性增加。对于每一条块的条间力倾角的假设，安全系数采用圆弧滑动面计算较简便。计算的安全系数以及假设的条间力倾角如图 6.15（b）所示时，边坡安全系数在 1.38～1.78 之间发生变化，大约相差了 25%。如前所述，当 $\phi=0$ 时，对于圆弧滑动面，采用满足完全静力平衡条件的力矩平衡方程来计算的安全系数值时总有唯一解，此时安全系数值为 1.50。采用静力平衡法计算的安全系数，其条间力的倾角是变化的；与采用满足所有静力平衡条件方法计算的值相比，变化范围从小于 8%（没有校正因子的简化简布法）至大于 16%（美国陆军工程兵团修正瑞典法）。上述差异仅是对简易边坡进行分析所得出的结论，当考虑其他复杂的坡型或土质条件时将会出现更大的差异性。

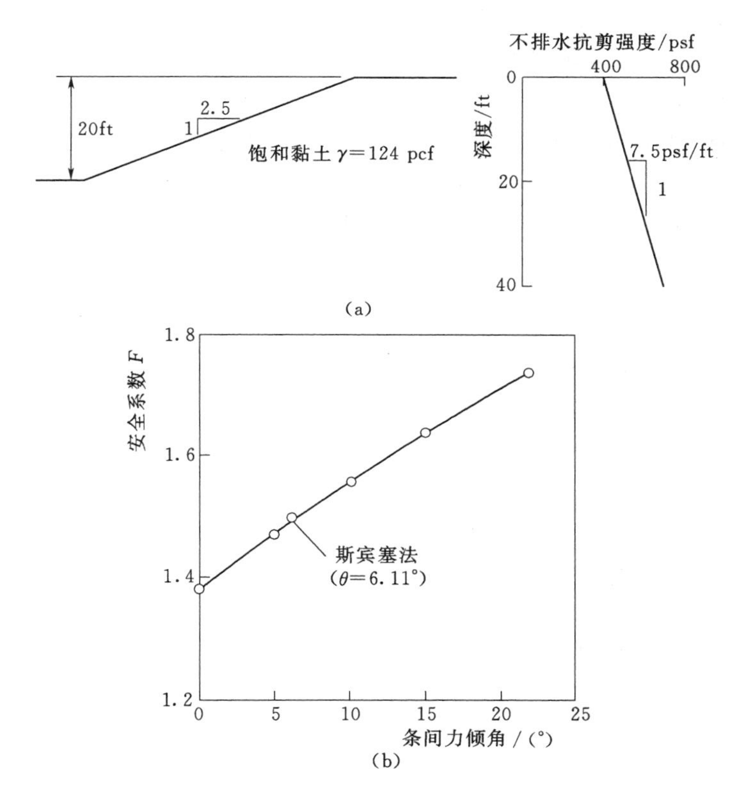

图 6.15 假设条间力相互平行时，条间力倾角对安全计算因子的影响

通过斯宾塞法计算边坡安全系数时，条间力和安全系数的相对关系如图 6.15（b）所示。该方法同样假设条间力倾角彼此平行，但求解过程中并未按该假设执行，以便同时满足静力平衡和完全静力平衡条件。对于上述问题，斯宾塞法得出的安全系数为 1.5 时，相应的条间力之间的倾角为 6.11°。

（2）一般求解步骤。

所有的静力平衡分析方法均需借助反复试算才能确定安全系数。这种方法在计算器和计算机被广泛使用之前已经运用了很多年，当时对平衡方程的求解一般采用图解的方式进行，而不是数值解法。这种图解法需要通过反复构建力多边形来考查是否满足力学平衡，直至平衡后所对应的计算结果即为安全系数。现在随着计算机技术的进步，已经很少采用这样的图解法，相对应的电子表格或更为复杂的软件程序被开发出来。图解法虽然效率低、精度有限，但这种方法提供一种直观洞察力系平衡的方式。在某些情况下，力系多边形的构建有利于充分理解边坡的稳定性状态，也对数值计算方法的发展奠定了基础，同时是一种有助于简单理解静力平衡法的有效手段。

（3）图解法。

使用安全系数图解法分析边坡的稳定性问题需要首先假定一个安全系数值，进而考察第一个条块的平衡问题，这就需要确定条块底面上的未知法向力和第一、第二条块间的条间力。如图 6.16、图 6.17 和图 6.18 所示的例子能很方便地说明上述步骤。在如图 6.16 所示的力系多边形上，第一条块上的力包括：

1）条块的重力（W_1）。

2）条块底部的孔隙水压力（$u\Delta l$），与有效正应力相区别。

3）有效法向力（N'）的合力（R'），由摩擦产生的剪切力分量（$N'\tan\phi'_d$）。由此产生的力作用的角度为垂直线与条块底部的夹角 ϕ'_d。因为安全系数已经被假设，ϕ'_d也定

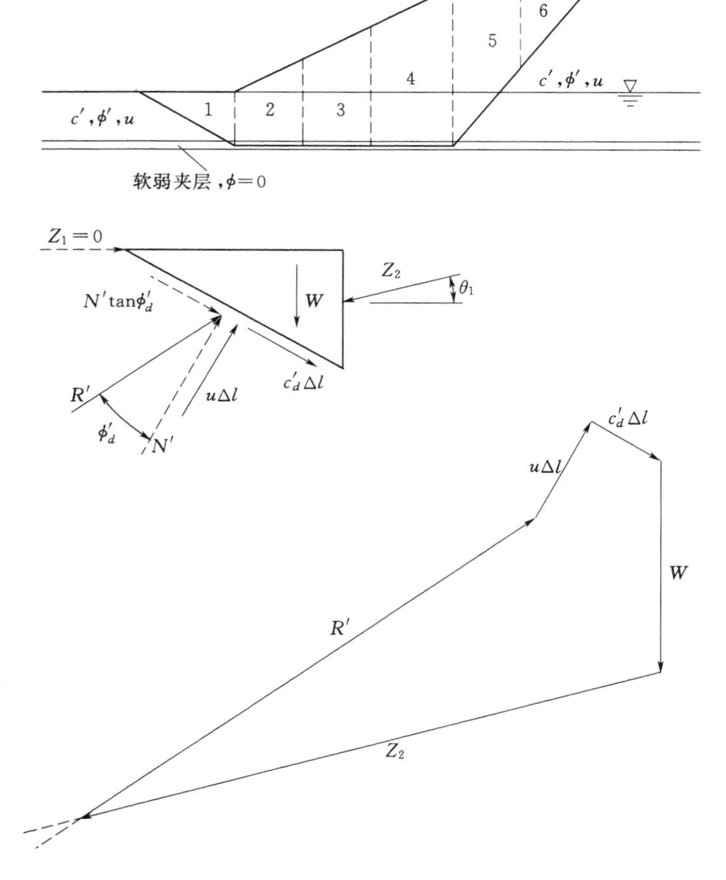

图 6.16　采用图解法来获得力平衡解，作用于第一条块上力平衡多边形（矢量图）

义了。

4）黏聚力（$c'_d\Delta l$）。

5）条间力（Z_2）作用在条块右侧的倾角 θ，θ 值在求解前被假定。

上述实例中，除了滑坡表面所产生的合力（R'）以及垂直条块边界的力（Z_2）仅能确定其作用方向外，其他所有有关力的信息都是已知的。从力多边形的角度来看，如果每一条块都是平衡的，那么力 R'和力 Z_2 的大小是由力多边形必须闭合的要求来决定的。

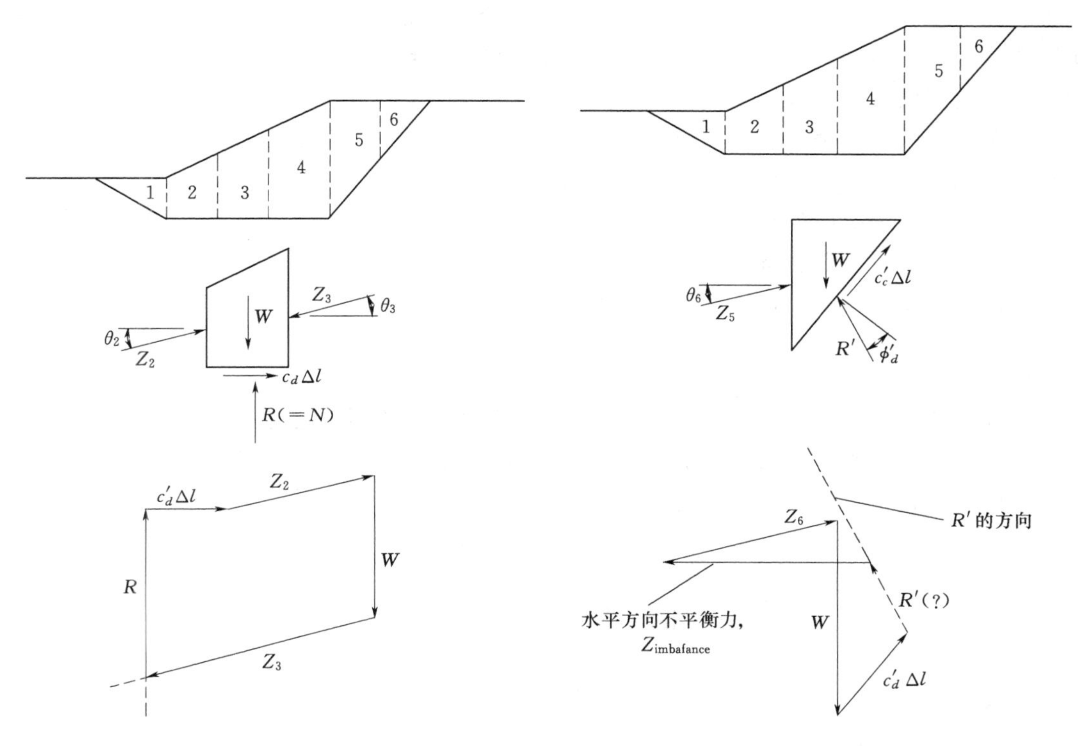

图 6.17 采用图解法来获得力平衡解，作用于第二条块上力平衡多边形（矢量图）

图 6.18 采用图解法来获得力平衡解，作用于最后一个条块上力平衡多边形（矢量图）

对于第二条块（图 6.17），不排水抗剪强度用总应力表示。因为土体处于饱和状态，$\phi=0$。因此，当有效应力作用于第一条块、总应力用于第二条块时，第二条块的力包括：

1）条块的重力（W_2）。

2）黏聚力（$c_d\Delta l$）。同样，安全系数已经被假设，c_d 能够被计算出。

3）法向力（N）的合力（R），由摩擦产生的剪切力分量。然而，由于 $\phi=0$，合力（R）等于法向力（N）。

4）Z_2 和 Z_3 分别为条块左、右两侧的条间力。

同样，只有 2 个力的大小是未知量，条块底部的法向力 N 和条块右侧的条间力 Z_3。因此，R 和 Z_3 的大小是能够被确定的。

重复以上步骤，构建每一条块的力平衡多边形，直至最后一个条块。对于最后一个条块，只有合力 R 的值是未知量，因为在条块右侧没有条间力。R 的值可能或可能不被发现，该力使力多边形闭合。正如图6.18所示，力多边形可以通过引入一个额外的力来使之闭合。闭合力多边形额外力的大小将取决于所假定的方向。如果所有的条间力是平行的，额外力一般认为具有与条间力相同的倾角。如果每一个条块之间的条间力的倾角是变化的，不平衡力通常假设为水平方向的。在图6.18中，额外力一般假设为水平方向，可表示为$Z_{imbalance}$。水平力表明在一开始假设安全系数是不正确的。力$Z_{imbalance}$提供了一个安全系数的误差。在向左倾斜的边坡情况里，如图6.18所示，如果不平衡力作用在左边，这表明为计算假定的安全系数，一个附加力（一个推动潜在滑移体下滑的力）是必需的。实际上这样一个力是不存在的，假定的安全系数值一定是太低，并且在下一次试验中F的值应该要假设得大一些。

在图解法中，安全系数的值被重复假设以及平衡力多边形被多次绘制。这种方法多次重复，直至实现力的多边形闭合以及一个忽略不计的不平衡力（$Z_{imbalance}\approx 0$）。

尽管如今图解法已被基本废弃，但是它有利于计算机计算，图解法为边坡稳定性提供了认识。力的相对大小，就如摩擦力和黏聚力，例如：为这两个力的相对重要性提供了认识。即使力多边形可能不在作为求解安全系数的方法，他们提供了一个有用的方法来检查图形化的解。

（4）解析解。

如今，使用力平衡法进行的大多数分析进行计算使用的是电子表格或计算机程序。在这种情况下，力平衡方程写成了代数的形式。考虑图6.19所示的条块，对于单一条块，竖直方向上的合力产生如下的平衡方程：

$$F_v + Z_i \sin\theta_i - Z_{i+1}\sin\theta_{i+1} + N\cos\alpha + S\sin\alpha = 0 \tag{6.79}$$

式中　Z_i、θ_i——左边条块条间力的大小和倾角；

Z_{i+1}、θ_{i+1}——右边条块条间力相应的大小和倾角；

F_v——竖直方向上所有已知力的合力，其中包含了条块的重力。

在没有任何表面荷载和加筋力的情况下，F_v等于$-W$。力向上为正。对水平方向上的力求和得到力平衡的第二方程为

$$F_h + Z_i \cos\theta_i - Z_{i+1}\cos\theta_{i+1} - N\sin\alpha + S\cos\alpha = 0 \tag{6.80}$$

式中　F_h——作用在条块上水平方向的已知力的净合力，力以向右为正。

如果没有地震力、附加荷载或者加筋力，F_h为0，仅对于地震荷载，$F_h = -kW$。

式（6.79）和式（6.80）可以结合剪切力［式（6.63）］的莫尔-库仑方程来消除剪切力和法向力（S和N），从而获得右侧条块条间力Z_{i+1}的方程如下：

$$Z_{i+1} = \frac{F_v\sin\alpha + F_h\cos\alpha + Z_i\cos(\alpha-\theta) - [F_v\cos\alpha - F_h\sin\alpha + u\Delta l + Z_i\sin(\alpha-\theta)]\left(\dfrac{\tan\phi'}{F}\right) + \dfrac{c'\Delta l}{F}}{\cos(\alpha-\theta_{i+1}) + \dfrac{\sin(\alpha-\theta_{i+1})\tan\phi'}{F}} \tag{6.81}$$

首先假设安全系数试验值，式（6.81）用于计算右侧条块的条间力Z_{i+1}，其中$Z_i=0$。继续到下一个条块，其中Z_i的值等于前一条块计算的值Z_{i+1}，对第二条块右侧条间力进行计算。这种方法是从一个条块到另一条块进行计算的，对于其余部分，是从左往右，直到最后一个条块右侧的条间力被计算出来。如果最后一个条块右侧的条间力Z_{i+1}等于

0，假设的安全系数是正确的，因为最后一个条块没有“右边界”，而只是呈三角形的。如果最后一个条块右侧的条间力不为0，安全系数假定了一个新的试验值，并且重复该过程，直至最后一个条块右侧的条间力足够小。

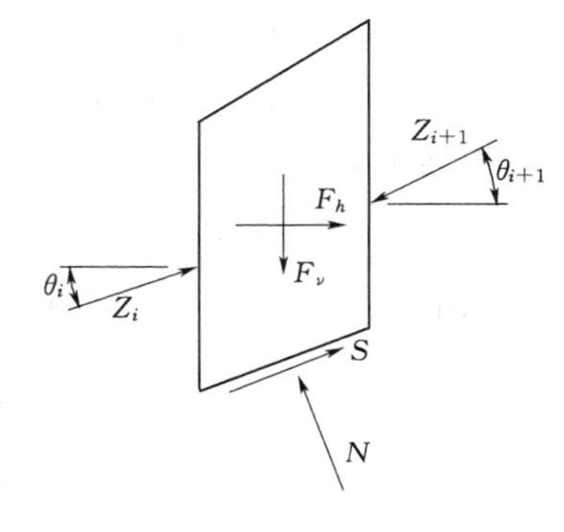

图6.19 力平衡法中的条块和力

（5）詹布广义条分法。

在这个点上，重回到詹布广义条分法是合适的(GPS)（Janbu，1954a，1973）。关于此过程是否满足所有条件的平衡或只有力平衡尚存在一些争论。在詹布广义条分法中，条间力的垂直分量是基于无限小宽度条块力矩平衡微分方程的数值逼近[1]：

$$X=-E\tan\theta_t+h_t\frac{\mathrm{d}E}{\mathrm{d}X} \tag{6.82}$$

式中 X、E——条间力的竖直和水平分量；

h_t——滑动面推力线的高度，图6.20中推力线是穿过条间力（E或Z）的假想线；

θ_t——从水平方向算起的推力线的倾角。

在詹布广义条分法中，推力线的方向是由用户自己假设的。在詹布广义条分法中，式(6.82)的$\frac{\mathrm{d}E}{\mathrm{d}X}$是通过数值方法进行推导的，并且式(6.82)可以写成如下微分形式：

$$X=-E\tan\theta_t+h_t\frac{E_{i+1}-E_{i-1}}{X_{i+1}-X_{i-1}} \tag{6.83}$$

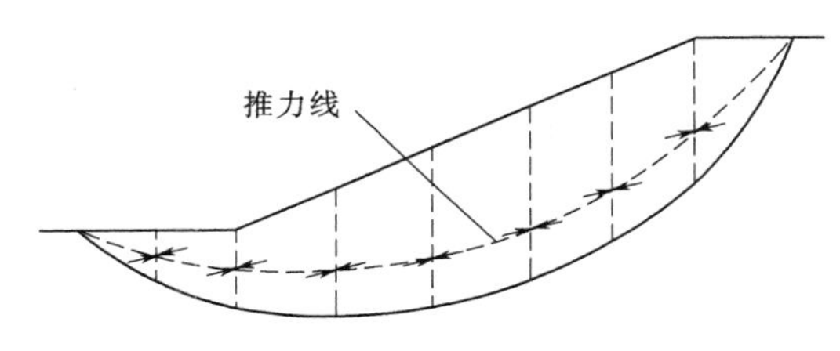

图6.20 推力线：条块边界上条间力的位置

式(6.83)是基于力矩平衡的考虑。然而，式(6.83)的离散形式不满足力矩平衡条件，只有式(6.82)严格满足力矩平衡条件。在本章后续考虑的其他条分法中，对于一个离散的条块来说，需要严格满足平衡条件。因此，这是完全的平衡法，而詹布广义条分法不是完全平衡法。

在詹布广义条分法中，使用连续力平衡法计算出的安全系数与前面章节所描述的方法相似。最初，条间力假设是水平方向的，计算获得未知的安全系数和水平条间力E。使用初始的条间力E，从式(6.83)中通过反复的力平衡法计算新的条间剪切力X。重复这一过程，计算每一次修订的条间力垂直分量（X）的估计值、未知的安全系数以及水平条间力的计算，直到收敛（即：直到安全系数不发生重大的变化）。在詹布广义条分法中生成的安全系数与采用满足所有静力平衡条件的方法计算获得的安全系数是几乎相同的。然而，詹布广义条分法并不产生一个稳定的数值解，而是存在一个可接受的误差范围。

詹布广义条分法以一种近似的方式满足力矩平衡条件［式(6.83)而不是式(6.82)］。值得讨论的是，一旦得到近似解，那么对于每一个单独条块的总力矩将可以强

[1] 当有外力和已知力作用在条块上时，等式中出现了附加项。为简单起见，这些附加项可以忽略不计。

制其满足力矩平衡，这一过程是通过对条块底部法向力的位置进行计算而得到的。然而，这可以和本章中描述的任何力平衡法一样，在计算完安全系数后采用总力矩，安全系数的计算不会影响总的力矩，所以计算条块底部法向力位置的总力矩并不是特别有用。

6.6.2 完全平衡条分法

除前述一般静力平衡的条分法外，还有一类条分法同时考虑静力和力矩的平衡问题，这被称为完全平衡条分法。该类方法也是建立在一定的假设基础上来求取静定解，下面分别予以讨论。

(1) 斯宾塞法。

斯宾塞法（1967）假设条间力相互平行[1]，其具体倾角在计算过程中被当做未知数。同时，斯宾塞法也假设每一条块底部中心存在法向力（N），但这一假设对计算值的影响可以忽略不计。实际上，斯宾塞法可通过计算机程序很好地实现，并且不受条块数量的影响。[2]

斯宾塞（Spencer）最初是基于圆弧滑动面提出他的方法，但是该方法很快扩展到非圆弧滑动面，并假设坡体的滑动面呈非圆弧状。在斯宾塞法中，首先对两个平衡方程进行求解，方程组表示的是由所有条块组成的土体的整体力和力矩的平衡。[3] 基于上述方程组即可求解出安全系数 F 和条间力倾角 θ。

力的平衡方程可以写成下式：

$$\sum Q_i = 0 \tag{6.84}$$

式中 Q_i——条块左右两侧条间力 Z_i 和 Z_{i+1} 的合力（图 6.21）。即为

$$Q_i = Z_i - Z_{i+1} \tag{6.85}$$

因条间力被假定为相互平行，那么 Q_i、Z_i 和 Z_{i+1} 具有相同的方向，并且 Q_i 的方向与条块左、右两侧的条间力存在区别。

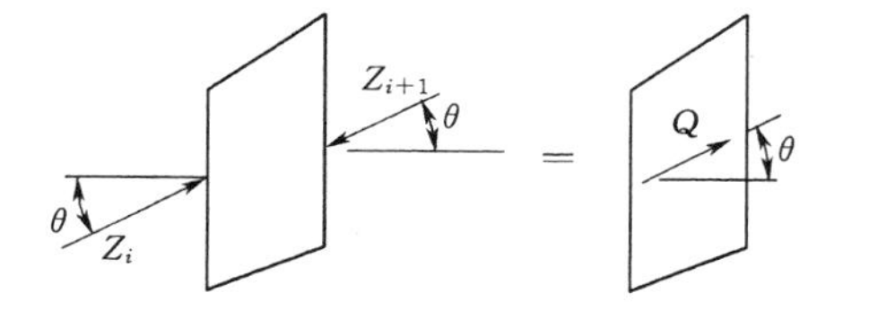

图 6.21 条间力和由平行的条间力产生的合力

对于力矩平衡，力矩求和可选择任意一点。当取直角坐标系时，关于原点（$x=0$，$y=0$）的力矩平衡方程可以写成下式：

$$\sum Q(x_b \sin\theta - y_Q \cos\theta) = 0 \tag{6.86}$$

式中 x_b——条块中心的水平坐标；

y_Q——力的作用线作用点的竖直坐标，Q 作用在条块底部的中心（图 6.22）。

y_Q 的坐标可以用条块底部中心点的 y 坐标表示：

$$y_Q = y_q + \frac{M_0}{Q\cos\theta} \tag{6.87}$$

式中 M_0——由任何已知力对条块底部中心产生的力矩，除了地震荷载、边坡表面的荷

---

[1] Spencer（1967）描述了一种允许不平行侧力存在的一般方法，然而，大多数计算机程序仅允许平行侧力的存在。

[2] 使用的条块数量将在第 14 章中进行讨论，在这里不再是一个重要的问题。

[3] 当条间力平行时，在竖直和水平方向的整体受力平衡方程减少至一个单一方程。因此，在这一阶段只有一个力平衡方程

载以及由加筋力产生的内力外，M_0 等于 0，$y_Q = y_q$。[1]

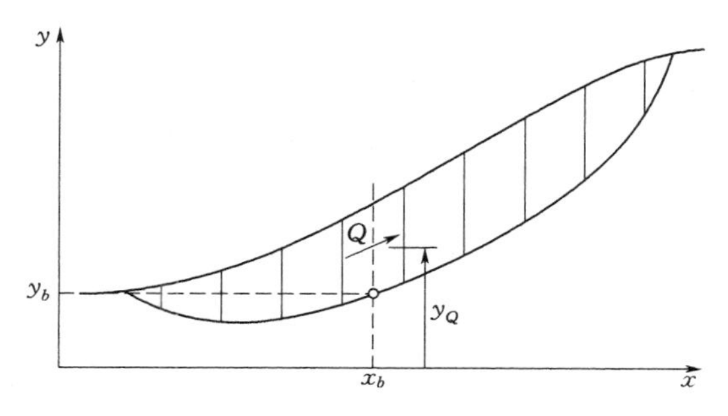

图 6.22　斯宾塞法中的非圆弧滑动面坐标系

式（6.86）求和时每一个量表示单一条块的值。为简单起见，这里已经省略掉了下标 i，并且 Q、x_b 和 y_b 等量表示的是每一个条块的值，这也将在以后的讨论中进行省略。

平衡方程［式（6.84）和式（6.86）］中 Q 的表达式是从每一条块的力平衡方程中得到的（图 6.23）。在与条块底部垂直方向和水平方向的总力给出了如下两个平衡方程：

$$N + F_v\cos\alpha - F_h\sin\alpha - Q\sin(\alpha-\theta) = 0 \tag{6.88}$$

$$S + F_v\sin\alpha - F_h\cos\alpha + Q\cos(\alpha-\theta) = 0 \tag{6.89}$$

F_h 和 F_v 表示条块上已知水平方向和垂直方向的力，包括条块的重力、地震力、集中和分布的表面荷载以及加筋力。结合前述两个力的平衡方程［式（6.88）和式（6.89）］以及剪切力 S［式（6.63）］的莫尔-库仑方程，即可导出 Q 的解为

$$Q = \frac{-F_v\sin\alpha - F_h\cos\alpha - \left(\dfrac{c'\Delta l}{F}\right) + (F_v\cos\alpha - F_h\sin\alpha + u\Delta l)\left(\dfrac{\tan\phi'}{F}\right)}{\cos(\alpha-\theta) + \left[\sin(\alpha-\theta)\dfrac{\tan\phi'}{F}\right]} \tag{6.90}$$

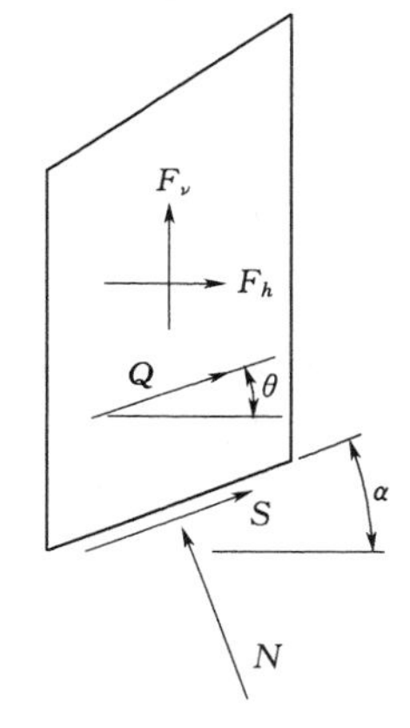

图 6.23　斯宾塞法中，包括所有的已知力和未知力的条块，F_h 等于水平方向上所有已知力的合力，F_y 等于竖直方向上所有已知力的合力

式（6.87）中的 y_Q 和式（6.90）中的 Q 可用方程组［式（6.84）和式（6.86）］中的两个未知量——安全系数 F 和条间力的倾角 θ 来替换。反复试验法被用于式（6.84）和式（6.86）中 F 和 θ 的求解。求解过程中 F 和 θ 的值被反复试算，直至达到可接受的收敛程度（力及力矩的不平衡）。[2] 一旦安全系数和条间力倾角被计算出来，对于每一单独条块的力以及力矩平衡方程就可以用来计算条块底部的法向力（N）、条块之间个体间合力（Z）以及条块之间竖直边界上条间力的位置（y_t）。

（2）摩根斯顿-普莱斯法。

摩根斯顿-普莱斯法（1965）假设条块之间的剪切力与法向力的关系如下：

$$X = \lambda f(x) E \tag{6.91}$$

[1] 力 W、S 和 N 都通过条块底部一个共同的点，因此，力 Q 也一定通过此点，除非有额外的力作用在条块上。在 Spencer（1967）的最初推导中 M_0 等于 0，因而 $y_Q = y_q$。

[2] 计算误差阈值的选取对计算安全系数的最终值是很重要的。这将在 14 章中更详细地讨论。

式中　X、E——条块之间竖直方向和水平方向的力；

λ——一个未知的比例因子；

$f(x)$——一个假定的函数，在每一条块的边界上具有指定的值。

在摩根斯顿-普莱斯法中，首先假定条块底部法向力的位置，同时将应力集中在各个条块上，并假设 $f(x)$ 沿条块线性变化（Morgenstern 和 Price，1967）。正应力的分布是确定的，包括条块基础底部正应力的位置。在最近实施的摩根斯顿-普莱斯法中，通常采用 $f(x)$ 的离散值，并假定正应力的位置。通常情况下，正应力被假设作用在条块底部中心或条块底部的一个点上，也正好在重心之下。

在摩根斯顿-普莱斯法中，求解的未知量分别为：安全系数（F）、比例因子（λ）、条块底部的法向力（N）、水平方向的条间力（E）以及条间力（推力线）的位置。条间力的竖直分量 X 是已知的，由式（6.91）定义。也就是说，一旦用平衡方程计算未知量，条间力的竖直分量便能从单独的式（6.91）中求得。

摩根斯顿-普莱斯法与斯宾塞法具有相似性。从未知量来看，唯一的不同是斯宾塞法在大多数计算机程序中的实现只涉及一个未知的条间力倾角，而摩根斯顿-普莱斯法则涉及假设的侧力倾角和一个未知的比例因子 λ。如果在摩根斯顿-普莱斯法中，函数 $f(x)$ 被假设为一个常量，那将产生和斯宾塞法基本相同的结果。[1] 这两种方法的主要不同之处在于，摩根斯顿-普莱斯法提供了对条间力倾角的假设，由此使得条间力的计算更为灵活。

（3）影响 $f(x)$ 选择的因素。

SLOPE/W 和 SLIDE 都提供了 $f(x)$ 的各种选择方案，其中包括：常量（与斯宾塞法一样）、梯形（从左到右的线性变化）、半正弦（左、右为 0，在中间高）、削峰正弦波（左、右不为 0，在中间更高）以及用户自定义函数（任何期望的变法，逐个点的指定）。半正弦是 SLOPE/W 和 SLIDE 的默认值，该方案比其他方案的应用更多。

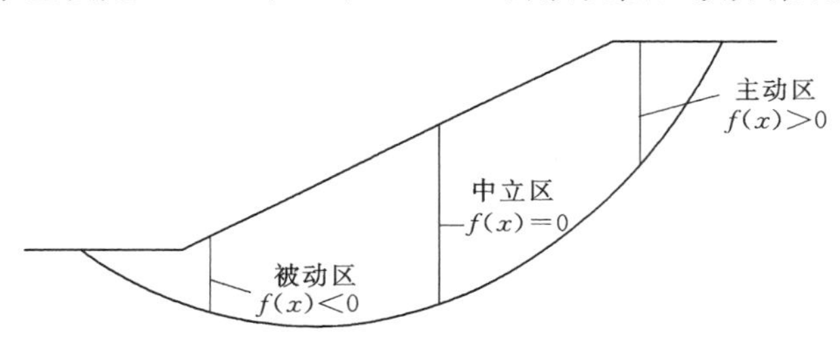

图 6.24　重力作用下边坡土体不同区域 $f(x)$ 取值情况

对主动和被动土压力垂直面上的剪切应力方向的考虑表明，图 6.24 所示的值是最符合逻辑的。这些可以通过选择自定义的函数项在 SLOPE/W 或 SLIDE 中使用，且在左侧 $f(x)=-1$，而在右侧 $f(x)=+1$。±1 是 $f(x)=0$ 左右两边任意选择的结果。$f(x)=0$ 中心左右两边的其他选择结果。然而，实践证明 $f(x)$ 的选择对安全系数几乎没有影响，因此 $f(x)$ 通常是不重要的。

（4）陈-摩根斯顿法。

陈-摩根斯顿法（1983）表示的是细化摩根斯顿-普莱斯法，该方法能很好地解释在滑

[1] 在这种情况下，这两种方法将有细微的差别。因为条块底部法向力位置的假设有轻微的不同。然而，这些差异在实际应用中是可以忽略不计的。

动面两端的应力。陈-摩根斯顿法建议滑动面两端的条间力必须平行于边坡。这是通过使用下面条块侧面上剪切力（X）与水平力（E）之间的关系来实现的：

$$X=[\lambda f(x)+f_0(x)]E \tag{6.92}$$

式中　$f(x)$、$f_0(x)$ ——两个独立定义的条间力倾角的函数。在滑动面端点，$f(x)$ 等于 0，函数 $f_0(x)$ 在滑动面两端等于斜坡倾角的正切值。$f(x)$ 和 $f_0(x)$ 的值在滑动面两端的变化是由用户所假定的。

（5）萨尔玛法。

在本章的讨论中，萨尔玛法（1973）不同于其他方法。因为在该方法中，地震系数（k）是未知的，而安全系数是已知的。当假设安全系数值后，地震系数值即可被求解。通常，安全系数的值假定为 1.0，引起滑动的计算地震系数值，也就是第 10 章所指的地震屈服系数也就相应得到了。在萨尔玛法中，条块之间的剪切力与条块边界上的剪切力 S_v 具有如下关系：

$$X=\lambda f(x)S_v \tag{6.93}$$

式中　λ——未知的比例因子；

$f(x)$ ——竖直条块边界上具有规定值的假定函数。

上述关系取决于条块边界土体的抗剪强度参数（c、c'、ϕ 以及 ϕ'）以及具有摩擦性能的材料（ϕ、$\phi'>0$）在水平方向（法向）上条间力 E 的有效剪切力 S_v。同时，对于有效应力的分析，剪切力还取决于条块边界上的孔隙水压。

萨尔玛法是为地震稳定性评价而专门提出的，因此这种方法在该领域比其他方法更具优势。在萨尔玛法中，地震系数和其他未知量可以直接计算，而非迭代法和反复试验法则需要计算其他未知量。萨尔玛法通过反复假设不同的安全系数值以及计算地震系数来计算安全系数。这个过程是反复进行的，直到假设的地震系数值与期望的安全系数值相匹配。对于没有地震荷载作用的斜坡，目标地震系数为 0。然而，为了计算安全系数，萨尔玛法需要反复试验，因而与其他完全平衡法相比则没有优势。

萨尔玛法中的函数 $f(x)$ 和比例因子 λ 与摩根斯顿-普莱斯法（1965）和陈-摩根斯顿法（1983）中相对应的量相似但不完全相同。从这些方法中 $f(x)$ 的假设来看，条间力的倾角各不相同。根据模型 $f(x)$ 的假设范围，这三种方法（萨尔玛法、摩根斯顿-普莱斯法和陈-摩根斯顿法）的求解会存在一些重叠。除了在 $f(x)$ 和 λ 中存在细微的差异，这三种方法对给定安全系数的地震系数或者给定地震系数的安全系数的情形可能会产生相似的结果。萨尔玛法能通过给定的安全系数值更容易地计算出安全系数。另一方面，摩根斯顿-普莱斯法包括更简单和更易使用的条间力假设。

萨尔玛法需要的有效剪切力 S_v 沿竖直的条块边界是确定的。对于由几种材料以及复杂孔隙水压分布所组成的复杂边坡，萨尔玛法变得相对复杂。对于摩擦性材料（ϕ、$\phi'>0$），必须做出关于条块之间总法向力（E）分量沿条块边界分布到每一种材料中的额外假设。如果抗剪强度用有效应力表示，则沿条块边界的孔隙水压力分布也将考虑在内。这使得许多实际问题和难以用计算机软件实现的问题变得更加复杂。因此，萨尔玛法的主要作用是手工计算几何形状相对简单的边坡。

（6）讨论。

所有的条块完全平衡法都给出了非常相似的安全系数值（Fredlund 和 Krahn，1977；Duncan 和 Wright，1980）。因此，没有哪一种完全满足平衡条件的方法比其他方法更精确。斯宾塞法是满足所有平衡条件的方法中最简单的一个，而对于计算地震屈服系数的方法中萨尔玛法是最简单的方法。

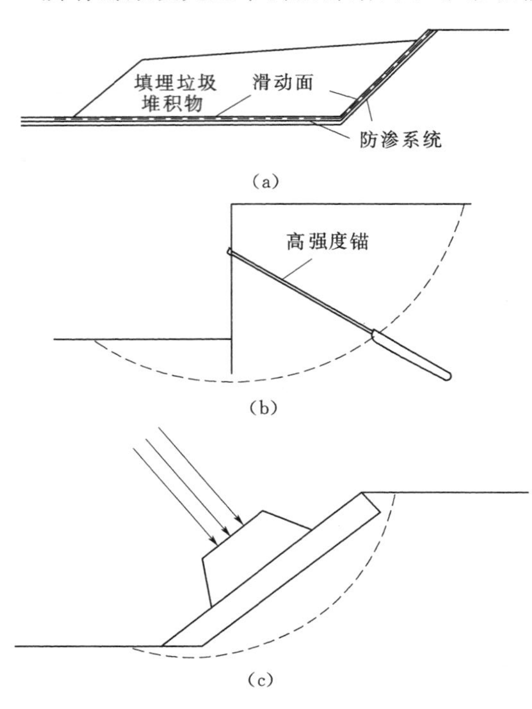

图 6.25　使用完全平衡法时通过考虑边坡和滑动面的具体情况而修正条间力将对边坡稳定性判断具有重要影响

摩根斯顿-普莱斯法和陈-摩根斯顿法是满足所有平衡条件的方法中最灵活的，常被用于条间力对边坡稳定性有重要影响的情形。在大多情况下，条间力的倾角对计算安全系数的影响较小，满足所有的平衡条件。当所有的平衡条件都满足时，笔者知道这样几个例子，即条间力的假设对计算安全系数或者解的数值稳定性有显著的影响。下面两种情况下，条间力倾角的假设很重要：

1）边坡断面的几何形状和特性［图 6.25（a）］导致滑动面突然被迫改变方向时。

2）因为加筋力或外部荷载的方向与条间力通常的方向不同［图 6.25（b）和图 6.25（c）］，坡面存在集中或分布荷载时。

在上述两种情况中，对于允许有不同条间力假设的方法，将有利于确定安全系数的变化范围。

6.7　条分法：基本假设、平衡方程与未知量

正如本章开头所指出的，所有的极限平衡程序均采用静态平衡方程计算安全系数。为了使问题静定并保持方程组的数量与待求解的未知量的个数之间的平衡，必要的假设是必需的。表 6.2 列出了在本章中所讨论的各种方法所对应的基本假设、满足的平衡方程以及待求解的未知量。在每一种情况下，都有相同数量的方程和未知量。

表 6.2　极限平衡法中的假设、平衡条件以及未知量

方　法	假　设	满足的平衡条件	待求解的未知量
无限边坡法	无限长的边坡；滑动面平行于坡面	1 边坡竖直方向力求和	1 安全系数（F）
		1 边坡水平方向力求和	1 剪切面上的法向力（F）
		2 全部方程（满足力矩平衡）	2 全部未知量

续表

方　　法	假　　设	满足的平衡条件	待求解的未知量
对数螺旋线法	滑动面为对数螺旋线形状	1 对螺旋中心力矩求和	1 安全系数（F）
		1 全部方程（满足力矩平衡）	1 全部未知量
瑞典圆弧法（$\phi=0$）	滑动面为圆弧形状； 内摩擦角等于 0	1 对圆心力矩求和	1 安全系数（F）
		1 全部方程满足力矩平衡	1 全部未知量
普通条分法（也称为费伦纽斯法、瑞典条分法）	滑动面为圆弧形状； 条块边界上的力忽略不计	1 对圆心力矩求和	1 安全系数（F）
		1 全部方程（满足力矩平衡）	全部
简化毕肖普法	滑动面为圆弧形状； 条块边界上的力是水平的（即条块间无剪切力）	1 对圆心力矩求和	1 安全系数（F）
		1 各条块 n 竖直方向力求和	1 n 条块底部的法向力（N）
		$n+1$ 全部方程	$n+1$ 全部未知量
力平衡法（罗厄法，简化詹布法，美国陆军工程兵团修正瑞典法，詹布广义条分法）	假设的条间力倾角； 随方法而变化的假设	n 水平方向力求和； n 竖直方向力求和	1 安全系数（F）； n 条块底部的法向力（N）； $n-1$ 条间力的合力（Z）
		$2n$ 全部方程	$2n$ 全部未知量
斯宾塞法	条间力是水平的（即，条间力倾角相同）； 假设的条块底部法向力（N）的作用点在条块底部中心	n 对任意选择点力矩的求和； n 水平方向力求和； n 竖直方向力求和	1 安全系数（F）； 1 条间力的倾角（θ）； n 条块底部的法向力（N）； $n-1$ 条间力的合力（Z）； $n-1$ 侧向力的作用点（推力线）
		$3n$ 全部方程	$3n$ 全部未知量
摩根斯顿-普莱斯法	条间剪切力与条间法向力关系为：$X=\lambda f(x)E$； 假设的条块底部法向力（N）的作用点在条块底部中心	n 对任意选择点力矩的求和； n 水平方向力求和； n 竖直方向力求和	1 安全系数（F）； 1 条间力倾角的比； 例因子（λ）； n 条块底部的法向力（N）； $n-1$ 水平方向的条间力（E）； $n-1$ 条间力的作用点（推力线）
		$3n$ 全部方程	$3n$ 全部未知量
陈-摩根斯顿法	条间剪切力与条间法向力关系：$X=[\lambda f(x)+f_0(x)]E$； 假设的条块底部法向力（N）的作用点在条块底部中心	n 对任意选择点力矩的求和； n 水平方向力求和； n 竖直方向力求和	1 安全系数（F）； 1 条间力倾角的比例因子（λ）； n 条块底部的法向力（N）； $n-1$ 水平方向的条间力（E）； $n-1$ 力的作用点（推力线）
		$3n$ 全部方程	$3n$ 全部未知量

续表

方　　法	假　　设	满足的平衡条件	待求解的未知量
萨尔玛法	条间剪切力与有效条间剪切力关系：$X=\lambda f(x)S_v$； 条间剪切强度依赖于抗剪强度参数、孔隙水压力以及条间力的水平分量； 假设的条块底部法向力（N）的作用点在条块底部中心	n 对任意选择点力矩的求和； n 水平方向力求和； n 竖直方向力求和	1 地震系数（k）［或使用反复试验法时的安全系数（F）］； 1 条间力比例因子（λ）； n 条块底部的法向力（N）； n 条块底部的法向力（N）； $n-1$ 水平方向的条间力（E）； $n-1$ 力的作用点（推力线）
		$3n$ 全部方程	$3n$ 全部未知量

本章讨论了13种不同的极限平衡分析方法。在一般情况下，满足所有完整静态平衡条件的方法是最精确、最完美的。然而，有些更简单的例子，尽管不太精确但是非常实用。本章中所探讨的所有方法及其使用条件见表6.3。

表6.3　　极限平衡边坡稳定性分析方法及其应用的总结

方　　法	用　　途
无限边坡法	均质无黏性边坡、地层限制滑动面为浅的深度的边坡以及滑动面平行于坡面的边坡，应用起来非常精准
对数螺旋线法	适用于均质边坡，精确的，在开发边坡稳定性图以及在某些软件中进行加固边坡设计，潜在的有用
瑞典圆弧法（$\phi=0$）	适用于$\phi=0$边坡（即，饱和黏土边坡的不排水分析）相对厚的较弱材料区域，其中的滑动面可以近似为一个圆
普通条分法	适用于非均质边坡，滑动面可以近似为一个圆的$c-\phi$土体，非常适合手工计算，高孔隙水压力的有效应力分析不准确，在一些商业软件中，已应用于非圆曲面，而非圆滑动面是不适当和不准确的
简化毕肖普法	适用于非均质边坡，滑动面可以近似为一个圆的$c-\phi$土体，比普通条分法更精准，特别是对高水压力的分析，能用手和电子表格计算，在一些商业软件中，已应用于非圆曲面，而非圆滑动面是不适当和不准确的
力平衡法（推荐的罗厄侧力假设）	适用于几乎所有几何形状和土体剖面的边坡，适用于手工计算非圆滑动面的唯一方法，比完全平衡法的精确性较低，计算结果对假设的条间力倾角敏感
斯宾塞法	适用于几乎所有几何形状和土体剖面的边坡，是一种精确的方法，这是最简单的完全平衡法
摩根斯顿-普莱斯法	适用于几乎所有几何形状和土体剖面的边坡，是一种精确的方法，这是严谨、完善的完全平衡法
陈-摩根斯顿法	基本上是一种更新的摩根斯顿-普莱斯法；是一种严谨、精确的方法。适用于任何形状的滑动面以及任何几何形状的边坡；滑动面端部的侧力平行于地面
萨尔玛法	适用于几乎所有几何形状和土体剖面的边坡，是一种精确的方法；是一种便捷的给定安全系数计算地震系数的完全平衡法；侧向力的假设是很难实现的，但对简单的边坡是可行的

6.8 条分法：条间力

在条分法中，条间力被假定为条块之间作用在边界上的所有力，其中包括土体内部的有效应力、孔隙水压力和其他内部相互作用的加筋力等。条间力一般通过其垂直和水平分量（X 和 E），或者通过合力以及其倾角（Z 和 θ）来表示。合力的各个分量在作用效果上虽然没有本质区别，但有一些力可能是已知的，比如水压力，这时将对其单独处理，以便拆分为不同的分量来计算。

6.8.1 无筋边坡

对于没有经过加筋处理的土质边坡而言，条间力主要由有效应力和孔隙水压力构成，可能的表示形式如图 6.26 所示。当条间力用两者的合力来表示时，未知量即为剪切力和法向力分量（X 和 E），进一步计算安全系数的过程中，上述两个未知量要么是被直接指定为特定值，要么通过平衡方程求取［图 6.26（b）］；当采用有效应力分析时，水压力值为已知量，则有效应力分量（X' 和 E）为未知量，下一步的计算方法同上［图 6.26（c）］。因此，不管如何表示，对条间力的分析过程中总存在两个被分解的未知量，这两个未知量要么被提前假定，要么可以通过平衡方程求解。

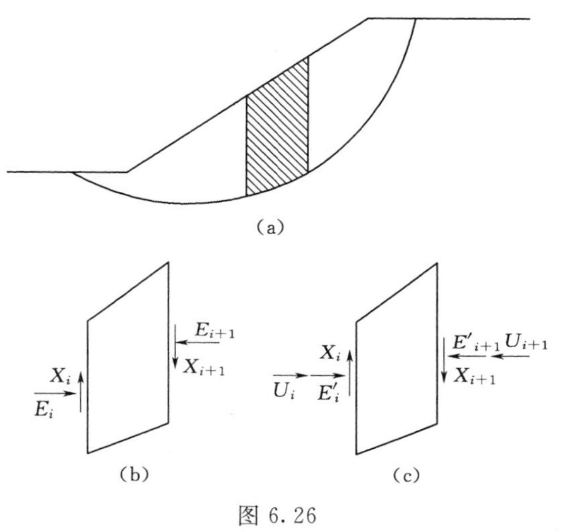

图 6.26
（a）边坡和条块；（b）用合力表示的条间力；（c）用有效力和水压力表示的条间力

从根本上来讲，如图 6.26（c）所示的情况，在水压已知的情况下用有效应力分量来表示条间力是符合逻辑的。当作用在条块上的水压力由静水压产生时［图 6.27（a）］，水压力的计算和稳定性验算都是相对容易的。然而，岩土工程的复杂性导致水压力作用点的确定非常困难，特别是遇到地层压力较为复杂时，如图 6.27（b）所示的情况。当对下水

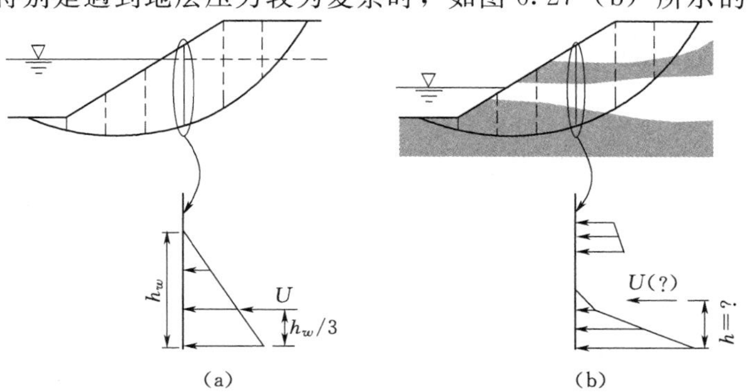

图 6.27 条块边界上孔隙水压分布
（a）简单的静水压力；（b）复杂地下水与孔隙水压条件

赋存条件复杂或土体性质随地层深度而变化时，在各个条块边界上精准计算水压力将变得非常困难。当然，如果我们增加非常复杂的逻辑或是通过计算机程序进行计算，那么得到合理的稳定性计算结果也是可能的。

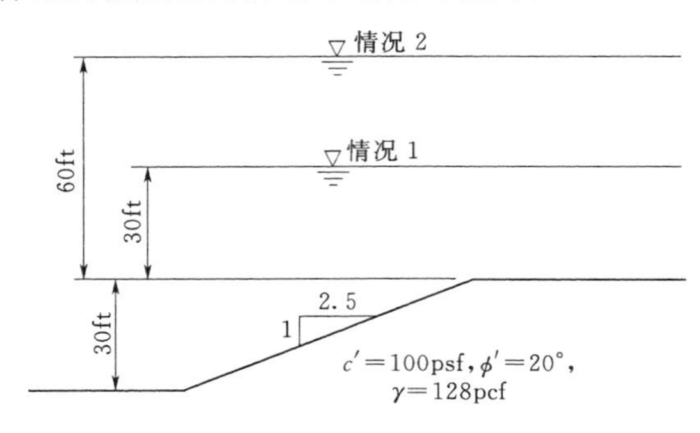

图 6.28　采用总应力和有效应力表示的条间力进行水下边坡分析

当采用完全静力平衡条分法进行稳定性分析时，无论条间力是否包括水压力，亦或是将水压力从合力中分离出来，最终得到的结果没有太大区别，图 6.28 所示的边坡可以完全说明这个问题。斯宾塞法采用两种不同的方式对上述边坡的安全系数进行了计算：在第一种情况下，采用合力表示条间力；第二种情况下，条块侧边的水压力已知，而有效应力表示的未知条间力被独立计算处理。计算过程中对边坡顶部以上两种不同的水面高度进行计算，分别为 30ft 和 60ft。下面对采用斯宾塞法和美国陆军工程兵团修正瑞典法的计算做对比分析，其中修正瑞典法假设条间力（总的条间力或有效条间力）与坡面平行（即，它们与水平面的夹角为 21.8°）。在每一种情况下，采用两种方法计算的安全系数被归纳于表 6.4 中。条间力的倾角 θ 也见表 6.4。对于斯宾塞法，采用总的或者有效条间力计算的安全系数是相同的。由此可以看出，当条间力表示的是合力（土体作用的力和水压力）而不是有效力（土体作用的力）时，条间力计算倾角将变小。出现上述情况的原因是水压力的作用方向是水平的，所以由土体和水产生的合力应该是倾斜的角度，而仅仅由有效应力产生的力则不是这样的，这也符合逻辑。

表 6.4　　采用水压表示的总条间力和有效条间力进行边坡计算的归纳

分析方法	坡顶以上 30ft 的水面		坡顶以上 60ft 的水面	
	合力	有效力和水压力	合力	有效力和水压力
斯宾塞法	$F=1.60$	$F=1.60$	$F=1.60$	$F=1.60$
	$\theta=1.7°$	$\theta=17.2°$	$\theta=1.1°$	$\theta=17.2°$
美国陆军工程兵团修正瑞典法	$F=2.38$	$F=1.62$	$F=2.60$	$F=1.62$
	$\theta=21.8°$	$\theta=21.8°$	$\theta=21.8°$	$\theta=21.8°$

注　θ 为条间力倾角。

表 6.4 中修正瑞典法计算的安全系数与用合力或有效力表示的条间力区别较大。用有效应力和水压力分别处理的代表力计算的安全系数值与采用斯宾塞法的接近一致，而用条间力表示合力计算出的安全系数比前两者高出 47%～60%。把和有效力有相同倾角的合力表示为条间力，意味着合力倾角比用有效应力和水压力分别考虑时的倾角更陡。正如前面所述，条间力的倾角越陡，安全系数普遍越高（图 6.15）。结果见表 6.4，将条间力分解为有效应力和水压力会产生较合理的效果，但是，如前面所讨论的，对于复杂的边坡将是困难的和不切实际的。因此，如果一种满足所有平衡条件的方法被使用，那么用有效应力和水压力产生的力分别来表示条间力是没有必要的。

6.8.2 加筋边坡

对于如图6.29（a）所示的边坡，它经由如土工织物、土工格栅、桩、土钉或锚杆等技术措施加固，条间力除包括土体内的有效应力和水压力外，同时也包括条块边界沿加固单元传递的力。图6.29中给出了上述加筋边坡条间力的表示方法，其中一种方法是将加筋力和土体内部的力单独表达［图6.29（b）］，另一种方法是将加固作用分解给土体中的有效应力和土压力［图6.29（c）］；对于前者，总的条间力（X和E或者Z和θ）都是未知量，一旦条间力被计算出来，则有效应力和水压力的大小可通过从总的条间力中减去因加筋作用而产生的已知力来获得。对于后者，加筋力被认为是与有效应力和土压力相区别处理的，加筋力首先被认为是由已知量的条间力和其余被认为是未知量的条间力（土体和水）来确定。因此，对于手工计算，用条间力表示所有的力，即土体＋水＋加固结构，一起作为一组力通常是最容易的（需要很少的计算）。然而，采用计算机程序进行计算时，计算的数量不再重要，由土体和水作用力中将加筋力分离出来可能是更为恰当的处理方法。

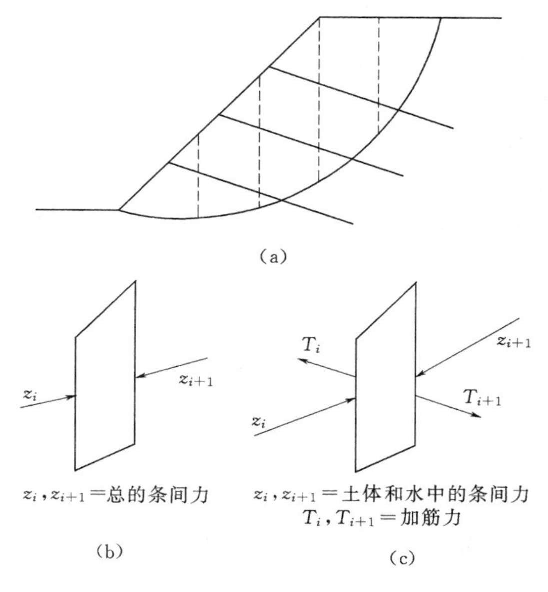

图6.29　加筋边坡条间力的表示方法

（a）一般加筋边坡；（b）组合的加筋力和土体＋水作用力；（c）分别加以考虑的加筋力和土体＋水作用力

为了分析加筋边坡的稳定性，必须确定加筋构件对坡体的作用力，该作用力的作用点可以放置在加筋结构体的任意一点上。同样的方法可以用来计算滑动面上各个条块边界上的加筋作用力。这种分析方法不同于计算条块边界上的水压力，主要原因是条块边界上的加筋力是相对容易计算的。正因如此，从剩余条间力中分解出加筋力也比较容易，同时，加筋力的作用方向与非加筋土坡中一般条间力的作用方向显著不同。将土体自身、孔隙水和加筋构件三者对条块的作用力分别计算，进而求取条间力的倾角则更为合理。

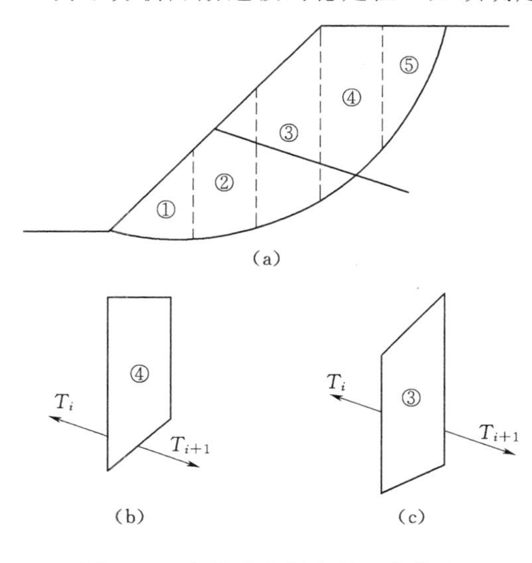

图6.30　加筋力作用在单一条块上

（a）一般加筋边坡；（b）条块4上的加筋力；（c）条块3上的加筋力

在条块边界上，从土体和水的作用力中分离出来的加筋力会产生更多的现实的内力，并且会给平衡方程提供更稳定的数值解。如果加筋力施加在与条块边界、滑动面以及加固构件相交面上［图6.30（a）］，这些施加到每一条块的力会更加真实。例如，对于如图

6.30（b）所示的条块，实际施加在条块上的加筋力将等于进入左侧条块边界的加筋力与离开条块底部（滑动面）力的差值。在这种情况下，条块上的净加筋力 $T_{i+1}-T_i$ 会变得相当的小。相反，如果仅把作用在条块底部的加筋力 T_{i+1} 应用到条块上，施加的加筋力可能会相当的大。作用于条块底部的加筋力满足平衡条件时，条块左侧边界上的未知条间力将可能会比条块右侧边界上的未知条间力变得更大，并且条块左右两侧的条间力倾角会大不相同。同时，在条间力大小、倾角等方面发生突变也会给平衡方程数值解带来问题。

从土体的加固结构中分解条间力的原因可通过图 6.30（c）进行解释，图中加固构件穿过整个条块，并与条块的竖直边界相交。加固构件施加在条块上的真实力是由加固构件以及加固构件穿过土体的剪切力（荷载传递）传递得到的。这种力代表了与在加固构件中以及条块两个边界上的两种不同力（即 $T_{i+1}-T_i$）。如果条块每一侧边界上的加筋力（T_i 和 T_{i+1}）被当作未知量进行计算和施加，并从土体中未知条间力分离出来，则条块将受到加固构件所施加的作用。

6.9　抗剪强度的各向异性问题

在常规土力学中，抗剪强度用黏聚力（c、c'）和内摩擦角（ϕ、ϕ'）来表示。因此，如果黏聚力和内摩擦角随破坏面的变化而变化，那么土体抗剪强度将出现各向异性的特征。所以，在边坡稳定性计算过程中，根据上述特征给各个条块分配不同的抗剪强度指标值就非常必要。遇到这种情况时，只要合理地对强度指标进行分配，则后续的计算也就可按正常程序进行。

6.10　土体强度包络线的计算

本书前述的平衡方程中一般假设抗剪强度指标由线性的莫尔-库仑包络线得到。然而，对于粒状材料或是其他一些特殊土体，其强度包络线呈圆弧状。[1] 圆弧状的强度包络线通常用两种相对简单的方法来表示：分别为分段式表示方法和幂律指数表示方法。

分段式表示方法更为简单，它使用一系列点分段表示抗剪强度和正应力的变化情况。该方法在诸如 SLOPE/W、SLIDE、UTEXAS4 以及其他边坡稳定性计算软件中会经常用到。

幂律函数法由 De Mllo（1977）提出，他给出了具体的函数形式如下：

$$s=ap_a\left(\frac{\sigma_N'}{p_a}\right)^b \tag{6.94}$$

式中　s——抗剪强度；

a、b——无纲量强度参数；

p_a——大气压，单位和应力的单位一致。

通过引入大气压力，土体的强度参数 a 和 b 是两个无量纲的量。a 和 b 的相同值可以使用任何单位系统。

[1] 破坏面处的弧形强度包络线的影响如附录 B 所示。

这种幂律函数类型的破坏包络线也被运用在一些商用边坡稳定计算软件中。这种幂律函数也被其他一些学者广泛采用，如：Charles 和 Watts（1980），Charles 和 Soares（1984），Atkinson 和 Farrar（1985），Collins 等（1988），Crabb 和 Atkinson（1988），Maksimovic（1989），Perry（1994），以及 Lade（2010）。

由式（6.94）所表示的抗剪强度包络线呈现为圆弧状，并且在莫尔图上经过原点，如图 6.31 所示。参数 a 和 b 的值由下式表示，将式（6.94）两边用 p_a 进行分离，式两边取对数得式（6.95）：

$$\log_{10}\left(\frac{s}{p_a}\right)=\log_{10}a+b\log_{10}\left(\frac{\sigma_N'}{p_a}\right) \tag{6.95}$$

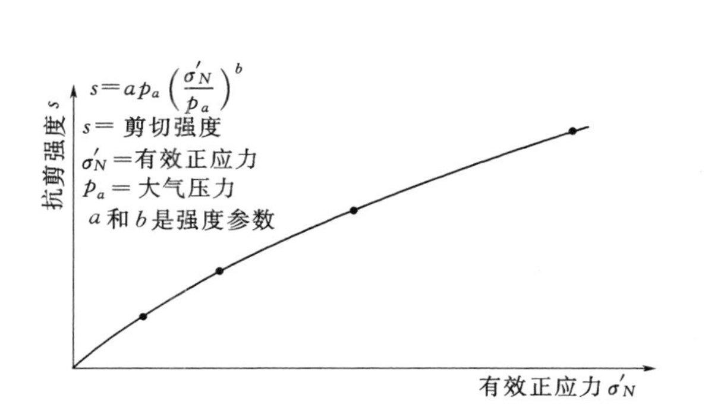

图 6.31 幂律函数型抗剪强度包络线

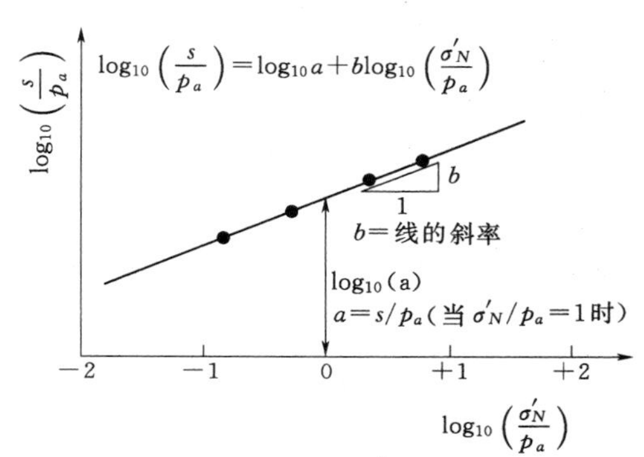

图 6.32 从一系列强度试验结果中获得抗剪强度参数 a 和 b 值的方法

通过绘制 $\log_{10}(s/p_a)$ 与 $b\log_{10}\left(\frac{\sigma_N'}{p_a}\right)$ 的关系曲线，参数 a 和 b 的值如图 6.32 所示。参数 a 和 b 的近似值可以通过下列等式建立：

$$a\approx\tan\phi_0 \tag{6.96a}$$

$$b\approx1+\log_{10}\left[\frac{\tan(\phi_0-\Delta\phi)}{\tan\phi_0}\right] \tag{6.96b}$$

式中 ϕ_0、$\Delta\phi$——一个大气压下的内摩擦角及 10 倍大气压下内摩擦角的减少量。

这些方法将在第 7 章的例 5 中加以详细说明。

6.11 边坡稳定性分析的有限元法

有限元法已成为评价边坡稳定性常用的工具。最常用的有限元法是强度折减法。有限元法在许多方面与极限平衡程序是相似的，比如所需的平衡方程是相似的。但是这两种方法的差别也非常显著，本书第 7 章会单独对有限元法进行讨论。

6.12 安全系数的其他定义

本书前述章节已对安全系数进行了定义，它对应于边坡土体的抗剪强度，除非另有说明，本书所指的安全系数均为上述安全系数。然而，因分析目的不同，有时对安全系数的定义与本书不同，现介绍具有代表性的两种，分别为荷载安全系数和力矩安全系数。

6.12.1　荷载安全系数

荷载安全系数与承载能力相对应，被定义为容许荷载与实际所承受荷载的比值，如下式所示：

$$F=\frac{\text{容许荷载}}{\text{实际荷载}} \tag{6.97}$$

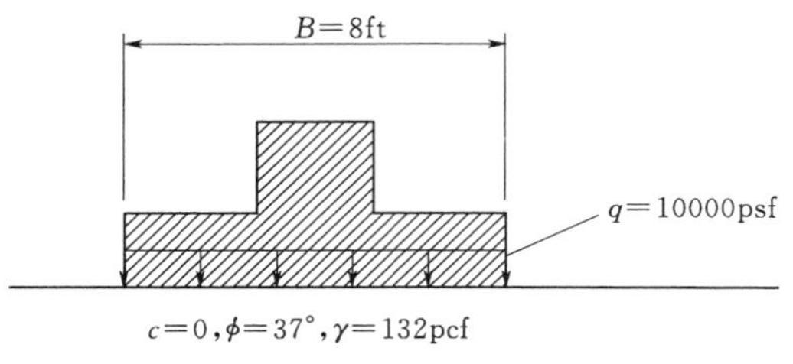

图 6.33　基础的问题，用于说明施加了荷载的安全系数与土体抗剪强度之间的差异

以图 6.33 所示的基础为例来说明上述方法定义的安全系数与相对应于抗剪强度所定义的安全系数之间的差异。

基础 8ft 宽，放置于非黏性土上，而且土体的容许承载力为 10000psf。极限承载力为 q_{ult}。在地基基础上，发生破坏的条件为

$$q_{\text{ult}}=\frac{1}{2}\gamma BN_{\gamma} \tag{6.98}$$

式中　N_{γ}——承载力系数，由内摩擦角 ϕ 决定。

内摩擦角为 37°时，N_{γ} 的值为 53，而极限承载力为

$$q_{\text{ult}}=\frac{1}{2}\gamma BN_{\gamma}=\frac{1}{2}\times132\times8\times53=27984\approx28000(\text{lb}) \tag{6.99}$$

从而，荷载安全系数为

$$F=\frac{28000}{10000}=2.80 \tag{6.100}$$

式（6.99）是用荷载定义安全系数。反之，如果我们考虑一部分抗剪强度，则可以写成下式：

$$\tan\phi_{d}=\frac{\tan\phi}{F} \tag{6.101}$$

式中　F——与抗剪强度相对应的安全系数；

ϕ_{d}——已建立的内摩擦角。

继而可以写成下式：

$$q_{\text{equil}}=\frac{1}{2}\gamma BN_{\gamma-\text{developed}} \tag{6.102}$$

式中　q_{equil}——平衡的承载压力；

$N_{\gamma-\text{developed}}$——基于已建立内摩擦角 ϕ_{d} 的基础上 N_{γ} 的值。

如果我们把图 6.33 中的容许承载力值 10000psf 当作平衡压力，我们就能找到满足平衡条件［式（6.101）］并与抗剪强度（和 ϕ_{d}）相对应的安全系数值。这是通过反复试验获得的，通过假设一个与抗剪强度相对应的安全系数以及与计算相对应的平衡压力。结果归纳总结在表 6.5 中。可以看出，与抗剪强度相对应的安全系数值为 1.25，在荷载 10000psf 作用下，基础达到平衡。这个与抗剪强度相对应的安全系数值 1.25 大大低于在

荷载作用下采用式（6.100）计算的安全系数值2.80。因此，在边坡稳定性分析中，相对应于承载力的安全系数值与相对应于抗剪强度的安全系数值差异巨大。

表 6.5　　对应于抗剪强度的不同安全系数，平衡承载压力计算的总结

假设的 F	ϕ_d/(°)	$N_{\gamma-\text{developed}}$	q_{equil}/psf
1.00	37.0	53	28000
1.25	31.1	19	10000
1.50	26.7	9	4800

相对应于抗剪强度的安全系数值与相对应于承载力的安全系数值的差值接近于1.0。然而，举其他例来说，如图6.34所示的边坡，根据ϕ值的不同，这两种安全系数的值相差仍然较大。相对应于3种不同抗剪强度参数的安全系数的计算如图所示，以便与抗剪强度［式（6.1）］相对应的安全系数值接近于1.5。对于每一个边坡，无论是对应于抗剪强度的安全系数值还是相对应于荷载的安全系数值，都是需要计算的。相对应于荷载的安全系数值的计算是通过安全系数乘以单位土体的重力来实现，直至所有的抗剪强度全部被计算，并使边坡处于稳定平衡状态。表6.6对三种边坡的相对应于抗剪强度和荷载的安全系数进行了比较。对于第一组抗剪强度（$\phi=0$），相对应于抗剪强度和荷载的安全系数值是相同，这点比较容易理解；对于第二组抗剪强度参数，相对应于荷载的安全系数值为11，而相对应于抗剪强度的安全系数值为1.5，这意味两者相差超过700%；最后，对于第三组抗剪强度参数$\phi=36.9°$和$c=0$，相对应于抗剪强度的安全系数值为1.5，相对应于荷载的安全系数值为无限的（即，不管土体的重力多大，土体的抗剪强度始终大于剪切应力）。总之，当$\phi=0$时，相对应于抗剪强度的安全系数值和相对应于荷载的安全系数值都是从相同值开始变化，当ϕ的值较大时，两者的值不同，并且这两者的值没有可比性。由于土体抗剪强度是边坡稳定性分析中最重要的因素之一，在几乎所有的情况下，其不确定性比土体的单位重力更大，因此采用相对应于抗剪强度的安全系数更为合理。

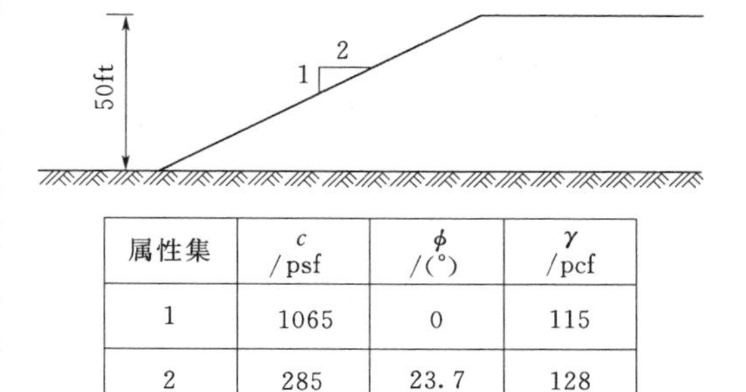

属性集	c/psf	ϕ/(°)	γ/pcf
1	1065	0	115
2	285	23.7	128
3	0	36.9	125

图6.34　计算边坡安全系数所采用的土体抗剪强度参数值

表 6.6　　对于有3组土体参数的边坡例子，相对应于抗剪强度和荷载安全系数计算的总结

属性组	适用的安全系数	
	抗剪强度	荷载
1($\phi=0$)	1.50	1.50
2（$c>0$，$\phi>0$）	1.50	11.00
3（$c=0$）	1.50	无限的

6.12.2　力矩安全系数

安全系数还可基于力矩的作用效应进行定义。在这种情况下，安全系数取有效抗滑力矩与实际下滑力矩的比值：

$$F=\frac{\text{有效抗滑力矩}}{\text{实际下滑力矩}}=\frac{M_r}{M_d} \tag{6.103}$$

上式可以改写为下式：

$$M_d-\frac{M_r}{F}=0 \tag{6.104}$$

式（6.104）表示下滑力矩与已计算的抵抗力矩之间的平衡关系，其中已计算的抵抗力矩等于总的有效力矩除以安全系数。如果抵抗力矩完全由土体的抗剪强度产生，那么以抵抗弯矩定义的安全系数与以剪切强度定义的安全系数是相同的。

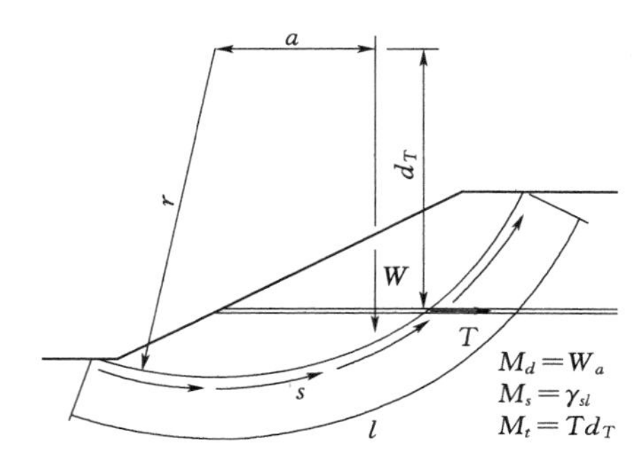

图 6.35　具有下滑力矩和抵抗力矩的简单加筋边坡

如果边坡构造比较复杂，其中的抵抗力并非全部来自土体的抗剪强度，比如有额外的加筋力，则式（6.1）和式（6.103）所定义的两个安全系数是完全不同的。此外，用力矩的比值定义安全系数的方法可靠度不高，为了说明这一点，现在考虑的边坡和圆弧滑动面如图 6.35 所示。该边坡只有一层加固结构，把加筋力对圆心产生的力矩设为 M_t，将有效抗剪强度对圆心产生的力矩设为 M_s，而由土体重力对圆心产生的力矩设为 M_d。现在，使用下滑力矩和抵抗力矩来计算安全系数。如果选择把加筋力产生的力矩加到由土体抗剪强度定义的抵抗力矩中，即可以得出下式：

$$F=\frac{M_s+M_t}{M_d} \tag{6.105}$$

或者，可以选择从土体重力产生的下滑力矩减去由加筋力产生的复原力矩，上式改为

$$F=\frac{M_s}{M_d-M_t} \tag{6.106}$$

式（6.105）和式（6.106）都表示由力矩比值所定义的合理安全系数。然而，两者的定义给出了安全系数不同值。式（6.105）和式（6.106）都容易解释，如果我们把它们改写成如下式子，对于式（6.105）有

$$M_d=\frac{M_s}{F}+\frac{M_t}{F} \tag{6.107}$$

对于式（6.106）有

$$M_d=\frac{M_s}{F}+M_t \tag{6.108}$$

这两个式子均可以解释为平衡方程关系：第一个式子中，加固结构的作用加到抵抗力矩中，下滑力矩考虑了抗剪强度因素和加筋力因素之间的平衡，其中因素值的减小用安全

系数 F 表示。因此，式（6.107）中的安全系数 F 同样适用于加筋力和抗剪强度；式（6.108）中，加固结构的作用是用来减小下滑力矩，下滑力矩与完整的加筋力保持平衡，再加上土体抗剪强度产生的抵抗因素。为了说明加固边坡安全系数计算值在关于怎样定义安全系数方面的差别，考虑如图 6.36 所示的边坡。边坡有单层的加固结构，且 $\phi=0$。未加固边坡的安全系数是 0.91，这表明在保持边坡稳定方面，加固结构是必要的。只有式（6.108）中的安全系数的计算是采用抗剪强度，同样，式（6.107）中的安全系数的计算是采用抗剪强度和加筋力。第三个安全系数的计算方法是给加筋力施加安全系数（即，假设抗剪强度被充分利用，并且加筋力通过使用安全系数而减小）。图 6.36 所示的是安全系数三种不同的值，且安全系数的范围为 1.3～4.8，超过了 3 倍的范围。显然，安全系数的定义会影响安全系数的计算值。

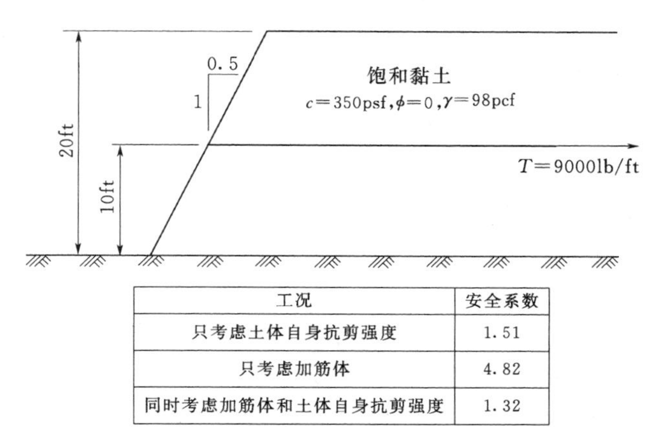

工况	安全系数
只考虑土体自身抗剪强度	1.51
只考虑加筋体	4.82
同时考虑加筋体和土体自身抗剪强度	1.32

图 6.36　三种不同方法计算出的边坡安全系数值

尽管上述定义的安全系数均可以用来进行理论计算，但在本书中仅式（6.108）中定义的安全系数被用于边坡的稳定性分析。无论如何，在任何边坡稳定性计算过程开始之前，一般需要首先选定一个合适的安全系数定义，可以专门对适用于加筋力和抗剪强度的安全系数进行定义［式（6.107）］，也可以只考虑适用于加筋力的安全系数，亦或是计算出一个单独的与抗剪强度相对应的安全系数。这一推荐的方法将会在第 8 章中进行深入的讨论。

6.13　孔隙水压力的表达

在边坡稳定性分析过程中，当采用有效应力来表达岩土体的抗剪强度时，孔隙水压力的定义和表达就非常重要了。根据土体中的渗流状态、地下水的赋存情况和求解的精度不同，可采用不同的方法对其进行求解。本节内容将对上述问题进行详细讨论。

6.13.1　流网解

当边坡中存在稳定的渗流场时，可通过图形化的流网确定孔隙水压的分布情况。对于大多数边坡，确定流网首先需要明确坡体内浸润线的位置，并将浸润线下方代表渗流量和渗流等势线逐一绘出（Casagrande，1937）。一旦一个正确的流网被建立，通过假设浸润线上的孔隙水压为 0，其他下方位置任意点的孔隙水压即可被计算出来。

构建流网能够很好地对土体渗透特性进行直观认识，并能够相对准确地计算土体内部的孔隙水压力，但它们很难被运用到边坡稳定性分析中。在条分法分析过程中，必须计算每一条块的孔隙水压力，这就需要在流网等势线上进行插值处理。这一过程如果使用手工计算，则需要耗费大量时间。即便是采用计算机绘制流网并计算也是相当地困难，在计算机程序中，为了确定各个条块底部中心的孔隙水压力值，先要进行压力值输入，该值一般通过流线和等势线交叉点进行测算，然后将其输入程序。尽管上述插值过程可以实现自动化，比如有限单元法，但这个过程也非常繁琐。如果遇到更为复杂的边坡，采用手工方式构建流网基本是不可能的。

6.13.2　数值解

随着计算机技术的长足发展，当前对地下水的渗流分析一般采用有限差分法或有限元法进行数值求解，求解过程非常灵活，其中有限元法的使用最为普遍。很多边坡稳定性分析软件（如：SLIDE等）都集成了渗流分析程序，数值计算结束后即可得到各个有限元网格每一节点处的孔隙水压力值。

在有限元等数值计算方法发展的早期，这些方法仅适用于对饱和渗流区的孔隙水压进行求解。从本质上来说，上述方法首先要通过调整网格的几何形状和截断有限元网格点处的渗流线来确定浸润线的位置，并假定浸润线是孔隙水压的分界线，其上无渗流发生，下部孔隙水压为正。

随着数值模拟技术的进一步发展，现在大多数有限元软件在分析过程中以整个边坡的横断面实施建模，并能够计算整个坡体内的渗流情况，同样以浸润线为界，但线上孔隙水压为负，线下为正孔压，并通过设定水力传导系数用来反映孔隙水压和饱和度。然而，在边坡稳定性分析中，在负孔隙水压力（吸力值）区通常假设孔隙水压为0。

使用有限元法进行孔隙水压的数值求解，最终会得到每个网格节点的孔隙水压力，但要想将计算结果用于稳定性稳定分析，下一步还需要使用一个合理的插值方法来计算沿着滑动面上条块底部中心的孔隙水压。

6.13.3　插值法

在有限元分析方法中往往通过插值方法计算滑动面上的孔隙水压，此外，这些插值方法也可被用于边坡稳定性分析中的插值抗剪强度或其他类型的数据。现将这些方法描述如下。

（1）三点或四点插值法。

在早期进行边坡稳定性分析的过程中，采用插值法求取孔隙水压力时通常采用三点或四点插值函数（Wright，1974；Chugh，1981）。在这个方法中，三点或四点的孔隙水压会被提前定义（如：节点的孔隙水压），并且这些点和要计算孔隙水压的点非常接近。如果四点已经被定义，孔隙水压采用下式进行插值获得：

$$u=a_1+a_2x+a_3y+a_4xy \tag{6.109}$$

式中　x、y——坐标值；

a_1、a_2、a_3、a_4——4个插值点（节点）的坐标与孔隙水压之间的系数。

一旦4个系数确定，式（6.109）即可用于计算滑坡面上的孔隙水压。如果3点已经被定义，孔隙水压采用下式进行插值获得：

$$u=a_1+a_2x+a_3y \tag{6.110}$$

在上式中系数的确实与四点法是相同的。三点或四点插值法也存在一些问题，当孔隙水压是通过外部区域的数值插值得到时往往会产生错误。Chugh（1981）提出了用一个

“平均值”方法去改进三点或四点插值法，但遗憾的是该方法还是会产生一定的错误值，特别是当三个或者更多的插值点呈现近似直线关系的时候。

（2）线性内插法。

基于样条曲面的二维插值法更为严格，并且克服了上述的三点或四点插值法的局限性。在线性插值法中，一般采用大量的点插值给定点的孔隙水压（Geo - Slope，2013；RocScience，2010），同时，有更加系统化的方程来求解内插系数。此方法虽然更为有效，但从计算工程量和计算机内存的角度而言，该方法也更为耗时。再者，在使用线性插值时发现，有可能使插值点的数值超出时间范围，比如孔隙水压可能会超过或小于用于插值的点所对应的数值。

（3）有限元形函数。

插值过程中采用相同的形状函数进行孔隙水压的计算，直到得出数值解，相对而言这也是一种比较精确的方法，本书的作者以及 Geo - Slope（2010）均使用了此方法，但该方法并未得到广泛应用。该方法紧密的集成了有限单元法和孔隙水压的后续插值，因此，插值法产生的常规错误被有效避免。此方法首先需要求取第一次孔隙水压被插值点的具体数值，并将其作为节点头点，进而其他节点的孔隙水压使用相邻节点头点的值和有限元形（插值）函数进行计算。该方法的计算过程比较复杂，另外需要注意的是当孔隙水压已使用有限元法进行计算时，该方法就只适用于孔隙水压的插值。所以，这种方法在采用有限元法分析边坡稳定性时更合适。

（4）不规则三角网法。

不规则三角网插值法（TIN）与前两种插值方法相比是一种更好的方法（Wright，2002）。该方法求取解析解用到的三角形，其顶点由一系列相互重合且孔隙水压被提前定义的点所构成，不规则三角网区域覆盖整个求解区域。三角网的具体构建方法中，Delaunay 三角形法（图 6.37）较为便利，这种方法使插值点位于三角形的外接圆上，但有效避免了插值点数值分布在三角形外接圆内（Lee 和 Schachter，1980；Watson 和 Philip，1984）。[❶] 如果已有的点比较离散，也可以采用 Robust 运算法则来创建 Delaunay 三角网。

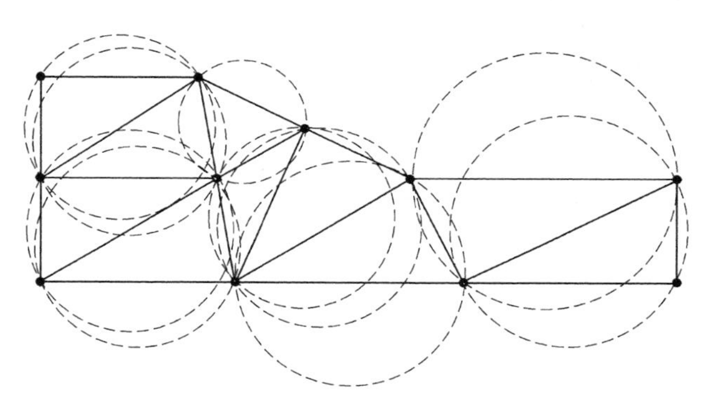

图 6.37 系列插值点（如：节点）以及对应外接圆的 Delaunay 三角测量法

Delaunay 三角测量网被创建后，接下来可通过两步法实施插值求解：首先要锁定包含了已知孔隙水压力的节点，进而对通过三角形的 3 个顶点去插值其他节点的孔隙水压力值。插值方程如式（6.110）所示，插值点将全部位于三角形的外接圆周上，同时该方法

❶ 多于 3 个点位于外接圆内是可能的（例如：4 个点构成矩形）。然而，在 Delaunay 三角测量法里，没有一个点会在外接圆内。

还能避免插值点呈一条直线。该方法的最大优势在于能够对恰当的三角形快速定位，并插值各节点的孔隙水压力（Lee 和 Schachter，1980；Mirante 和 Weingarten，1982；Jones，1990）。相反，前文所述的三点或四点插值法和有限元形函数，插值时所耗费的时间都较长。而基于不规则三角网法的突出优点是使用了一个非常简单的线性插值函数［式(6.110)］，此插值函数只需很少的计算时间和计算机内存。

基于不规则三角网法的另外一个优点是，它非常适合使用任何不规则的数据类型进行插值，而不是从有限元分析中获得结果。例如，在可能的情况下，孔隙水压可以通过压力计记录或者地下水观测而获得。这些测量数据可以在经验判断和解释的基础上进一步补充额外的数据点，并将值施加到网格点上。进一步就可以很容易地通过不规则三角网插值法来计算其他点的孔隙水压值。

一旦上述方法被写成计算机代码形式，那它们也可以用于边坡稳定性分析中其他参数的插值，比如：它们可以用于对不排水抗剪强度的插值计算，以便解释不排水抗剪强度在水平和竖直方向发生变化的规律，相关成果可以应用到矿山尾矿治理和黏土体路堤的设计计算。

6.13.4　浸润面

生成岩土体内二维断面上的孔隙水压分布情况是较为复杂和相对费时的工作，考虑到地下水及其渗流状态往往不是充分已知条件，因此合理的做法是对其进行估算。此时，一般需要首先确定浸润面的位置，然后才能估算浸润面以下土体内部的孔隙水压分布情况，浸润面代表了孔隙水压力为 0 的水压等势线，也就是地下水渗流的上部边界。

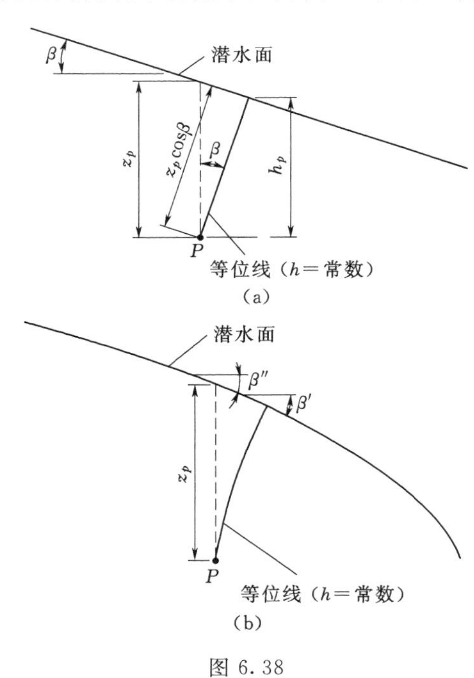

图 6.38
(a) 接近孔隙水压的线性潜水面；(b) 接近孔隙水压的弯曲潜水面

各节点处的孔隙水压力值 u 通过下式进行计算：

$$u=h_p\gamma_w \tag{6.111}$$

式中　h_p——水头高度；

γ_w——流体重度。

如果潜水面是一条直线，等势线同样为直线［图 6.38 (a)］，且等势线垂直于潜水面，则压力水头与潜水面下的垂直距离 z_p 有关：

$$h_p=z_p\cos^2\beta \tag{6.112}$$

式中　β——潜水面的坡度。

如果潜水面和等势线呈弯曲状［图 6.38 (b)］，则孔隙水压如下列不等式所示：

$$z_p\gamma_w\cos^2\beta'<u<z_p\gamma_w\cos^2\beta'' \tag{6.113}$$

式中　β'——等势线与潜水面相交点处潜水面坡度；

β''——相关点上方潜水面坡度。

在这种情况下（$\beta''<\beta'$），孔隙水压的保守值通过下式表达：

$$u=z_p\gamma_w\cos^2\beta'' \tag{6.114}$$

式中 β''——相关点上方潜水面坡度。

现在的很多软件都使用式（6.114）或者类似的方法来估算潜水面下方的孔隙水压力，很多工程实例表明这种方法能够提供一个较为合理的计算结果。但是，本书后面给出的一些实例也表明，当地下水的渗流情况较为复杂时，这种方法的计算结果并不可靠。

6.13.5 水头线

水头线也可以用来估计区域内的孔隙水压。采用水头线计算时，孔隙水压等于水头线以下的深度乘以水的单位重度。因此：

$$u=z_p\gamma_w \tag{6.115}$$

式中 z_p——水头线以下的深度。

如果潜水面以下的深度用式（6.112）表示，而不是用水头线以下的深度，则孔隙水压的计算值通常较高。然而，两种方式表示孔隙水压的差异通常是因为坡度太小，并且，在大多数情况下，使用潜水面的位置作为等势线也是一种近似方法。应该承认的是，两种方法的近似值可能有效，也可能无效，这取决于边坡内的渗流条件。

6.13.6 实例

现通过如下两个工程实例来讨论前述各种孔隙水压求解方法的差异性，具体计算将采用有限元稳态渗流分析软件 GMS/SEEP2D 来完成（EMRL，2001）。计算过程中取土体某个截面为研究对象，通过给定水力传导系数确定渗透特性随饱和度的变化情况，各条块滑移面处的孔隙水压采用不规则三角网插值法求取。潜水面确定后使用式（6.114）计算其余孔隙水压力。最后定义零压力线，进而运用式（6.115）再次计算孔隙水压力。

当采用上述方法逐一计算孔隙水压后，再求解边坡的安全系数。计算结果显示，确定了边坡的孔隙水压特征值后，发现最小安全系数存在临界循环。

【例 1】 如图 6.39 所示，整个边坡由均质土体构成，坡顶相对高度 75ft，边坡坡脚以下的地面总落差为 40ft。边坡表面假设为自由坡面，并假设沿坡面或者在边坡顶部后面没有渗流发生。

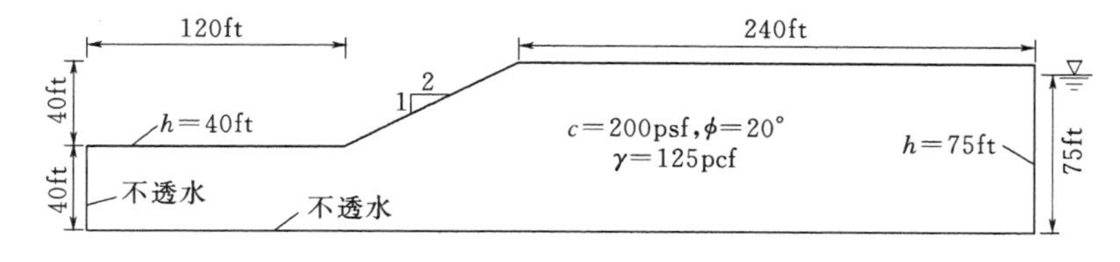

图 6.39 均质边坡几何尺寸及土体参数基本情况

运用有限元渗流分析确定的潜水面如图 6.40 所示。浸润面以上孔隙水压为负，以下为正。在随后的边坡稳定性分析中，浸润线即为表示的是水头线和潜水面。

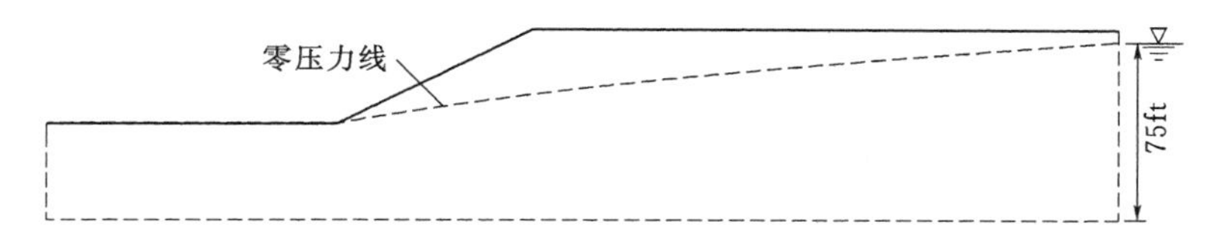

图 6.40 采用有限元法计算出的坡体浸润线

运用前述三种孔隙水压计算方法求取孔隙水压后得到的安全系数见表 6.7，由此可知彼此之间的差异非常小，安全系数值介于 1.14～1.15 之间。上述计算过程对安全系数的估计过高，主要原因是坡脚部位出现了轻微上升的水流分量，因此，在运用式（6.114）计算时得到的孔隙水压力值被低估。

表 6.7　　三种不同孔隙水压计算方法对应的安全系数（均质土坡和基础）

孔隙水压代表值	安全系数
基于三角插值法，用节点值进行孔隙水压插值的有限元分析	1.14
潜水面近似	1.15
水头线近似	1.14

【例 2】 第二个边坡稳定性分析实例如图 6.41 所示，图中土石坝建造在层状土基上，土体物理力学参数已经在图中标示。在大坝下游，地下水通过地基深部砂土层大量渗透，并有上升流产生。图 6.42 中给出了通过有限元法计算出的孔隙水压为 0 的压力线，也就是边坡稳定性分析时用到的浸润线或水头线。

材料	k/(ft/min)	c'/psf	ϕ'/(°)	容重/pcf
外壳	1×10^{-2}	0	34	125
黏土心墙	1×10^{-6}	100	26	122
黏土基础	1×10^{-5}	0	24	123
砂基础	1×10^{-3}	0	32	127

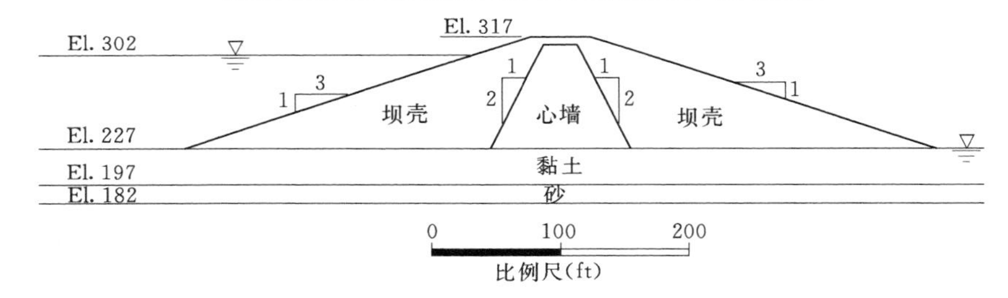

图 6.41　在边坡稳定性分析中，用于解释不同孔隙水压表示方法的层状地基上的土石坝

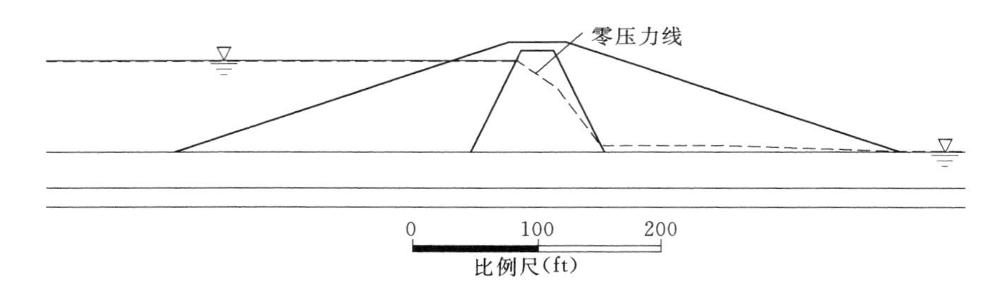

图 6.42　使用有限元分析确定的零压力线（轮廓），用于表示土石坝的潜水面和水头线

上述边坡的最小安全系数所对应的滑动面出现在大坝坡角的浅圆形泥坑中，这也可能是引起深层滑动的主要原因。现将高程 197 处整体安全系数和最小安全系数分别进行计算后，结果列在表 6.8 中。除采用零压力线法以外，经浸润面和水头线计算出的安全系数基本相同。但水头线和浸润面法计算出的安全系数范围为 14%～19%，比有限元法和插值

法计算的安全系数要大。由此可知，经上升水流产生的水压变化并不能由水头线或浸润线在计算中反映出来。

表 6.8 孔隙水压三种不同表现形式的计算安全系数总结：层状地基上的土石坝

孔隙水压	最小安全系数	
	整个临界圆	高程 197 处临界圆切线
基于三角插值法，用节点值进行孔隙水压插值的有限元分析	1.11	1.37
浸润面近似	1.32	1.57
水头线近似	1.30	1.57

例 2 中的边坡稳定性分析结果可以通过采用一条以上的水头线来加以改善。为了对此进行说明，在黏土层地基底部（砂层顶部）建立了第二条基于孔隙水压的水头线，如图 6.43 所示。该方法在边坡稳定性分析中额外的设置为使用 2 号水头线来描述黏土层下部的孔隙水压，而 1 号水头线用来表示地基黏土层上半部分和土石坝堤的孔隙水压，则更好地代表了砂层和黏土层下部的孔隙水压。高程 197 处，即黏土层底部圆切线处，使用两条水头线计算的安全系数为 1.36，与采用有限元分析进行孔隙水压插值计算得到的安全系数值几乎相同（1.37）。因此，倍数的使用（在这种情况中）和两条水头线能改善由水头线计算的结果。但是，使用两条水头线的方法和使用插值法获得非常接近的结果存在偶然性，另一方面，使用多条水头线时，建立恰当的水头线也是不容易的。

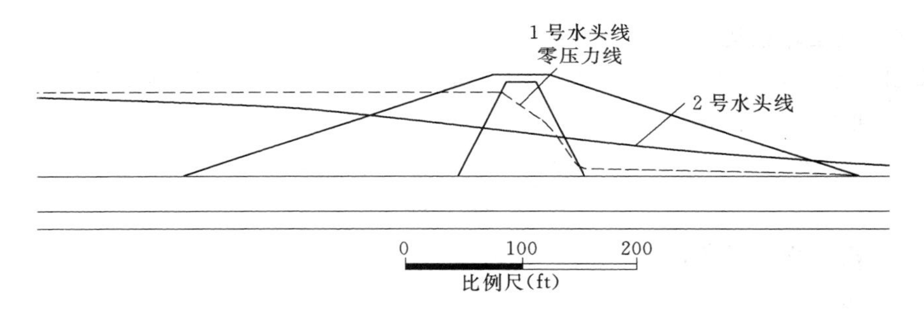

图 6.43 土石坝中用来表示孔隙水压的两条水头线

6.13.7 小结

当土体内的水流以水平方向为主（等势线是接近于垂直）时，水头线或浸润线可以近似表示孔隙水压，此时出现错误的几率只有百分之几。上述两种方法的计算结果差异不大。

如果水流不是以水平方向为主，则浸润面和单一水头线都不能很好地表示孔隙水压，这就可能导致计算结果错误，此时使用适当的渗流分析和插值孔隙水压就可较好地避免这种情况。目前，可用于渗流分析的有限元软件可对滑动面（条块底部）中的孔隙水压进行插值，其中有一些高效和稳健的插值方法。

第 7 章　边坡稳定性分析方法

边坡稳定性分析方法包括简化法、图表法、电子表格软件法和边坡稳定计算程序法。针对一个具体边坡，其稳定性评价通常可以多种方法并用。比如，先采用简化法和图表法对边坡稳定性进行初步评价，然后再运用计算程序进行深入分析。或者先运用某种计算程序进行分析，再通过其他计算程序、边坡稳定图表或者电子表格对分析结果进行验证。本章即对这些计算边坡安全系数的不同方法进行介绍。

7.1　简化分析法

最简单的边坡稳定性分析法只通过一个简单独立的代数公式计算安全系数。求解这些公式最多只需要一个便携式计算器。简化公式适用于纯黏性土垂直边坡、软弱深地基上的堤坝，以及无限边坡的稳定性计算。这些公式中有些可以给出准确解，例如无限边坡的稳定性计算公式，而其他公式，例如评价垂直边坡稳定性的公式给出的就是近似解。下面介绍几种简化分析法。

7.1.1　纯黏性土垂直边坡

纯黏性土垂直边坡沿如图 7.1 所示的一滑动平面的安全系数可以通过一个简单的公式求出。滑动面上的平均剪应力 τ 为

$$\tau=\frac{W\sin\alpha}{l}=\frac{W\sin\alpha}{H/\sin\alpha}=\frac{W\sin^2\alpha}{H} \tag{7.1}$$

式中　α——滑动面的倾角；

H——边坡高度；

W——土体的重量。

W 可表达为

$$W=\frac{1}{2}\frac{\gamma H^2}{\tan\alpha} \tag{7.2}$$

将式（7.1）代入式（7.2），则

$$\tau=\frac{1}{2}\gamma H\sin\alpha\cos\alpha \tag{7.3}$$

对于纯黏性土（$\phi=0$），安全系数即为

$$F=\frac{c}{\tau}=\frac{2c}{\gamma H\sin\alpha\cos\alpha} \tag{7.4}$$

为了找出最小安全系数，需要不断变化滑动平面的倾角。倾角 α 为 45°时安全系数最

小。将 α 的这一数值代入式（7.4），则

$$F=\frac{4c}{\gamma H} \tag{7.5}$$

圆弧滑动面的安全系数略小，$F=3.83c/\gamma H$。

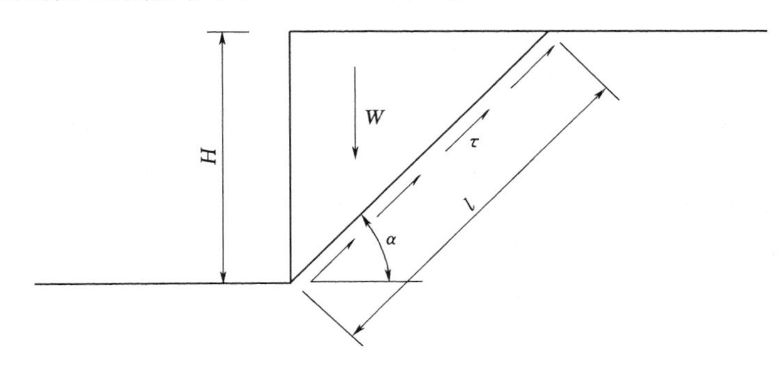

图 7.1　垂直边坡及其滑动平面

将式（7.5）转换形式即可计算垂直边坡的临界高度（H_{critical}）（安全系数为 1.0 时对应的边坡高度）。纯黏性土垂直边坡的临界高度为

$$H_{\text{critical}}=\frac{4c}{\gamma} \tag{7.6}$$

7.1.2　承载力公式

地基承载力的计算公式也可用于评价建在饱和黏土深覆盖层上的堤坝的稳定性。饱和黏土在不排水荷载下沿圆弧滑动面的最大承载力 q_{ult} 为

$$q_{\text{ult}}=5.53c \tag{7.7}$$

当最大承载力等于堤高 H 产生的荷载 $q=\gamma H$ 时：

$$\gamma H=5.53c \tag{7.8}$$

式中　γ——土堤的容重；

γH——堤坝产生的最大垂直应力。

式（7.8）是在极限条件下，即在考虑土体完全动抗剪强度的条件下得到的代数表达式。而如果只有部分抗剪强度发挥作用，也就是安全系数大于 1.0 时，可在式（7.8）中引入一个安全系数，写成

$$\gamma H=5.53\frac{c}{F} \tag{7.9}$$

式中　F——与地基剪切强度有关的安全系数；

c/F——动凝聚力 c_d。

式（7.9）也可写成

$$F=5.53\frac{c}{\gamma H} \tag{7.10}$$

式（7.10）可以用于估算软黏土地基上堤坝的深层失稳安全系数。

式（7.10）给出的堤坝安全系数较为保守。因为它忽略了堤坝的强度，同时与堤坝宽度相比忽略了地基的深度。对于建在薄黏土地基上的加固堤坝，将在第 8 章介绍其适用的承载力计算公式。

7.1.3　无限边坡

第 6 章列出了无限边坡的一些计算公式。运用这些公式时滑动面的深度必须小于边坡的横向尺寸。但对于无黏性土边坡，安全系数并不依赖滑动面的深度。不管边坡的横向尺寸是多少，无限边坡都有可能在很浅的深度范围内形成滑动面。因此，对于无黏性土边坡，无限边坡分析法是严密可靠的。当边坡较浅深度范围内存在与边坡平行的较强土层时，例如相对弱风化土层下有较强未风化层支撑的情况，这些无限边坡分析法也是适用的。

当抗剪强度以总应力的形式表达时，无限边坡安全系数的基本计算公式为

$$F=\cot\beta\tan\phi+(\cot\beta+\tan\beta)\frac{c}{\gamma z} \tag{7.11}$$

式中　z——滑动面距边坡表面的垂直深度。

当抗剪强度以有效应力的形式表达时，安全系数的计算公式为

$$F=\left[\cot\beta-\frac{u}{\gamma z}(\cot\beta+\tan\beta)\right]\tan\phi'+(\cos\beta+\tan\beta)\frac{c'}{\gamma z} \tag{7.12}$$

式中　u——滑动面深度位置的孔隙水压力。

对于有效应力分析，式（7.12）还可写为

$$F=[\cot\beta-r_u(\cot\beta+\tan\beta)]\tan\phi'+(\cot\beta+\tan\beta)\frac{c'}{\gamma z} \tag{7.13}$$

式中　r_u——Bishop 和 Morgenstern（1960）定义的孔隙压力比。

$$r_u=\frac{u}{\gamma z} \tag{7.14}$$

r_u 的数值可以由具体的渗流条件决定。例如对于平行于边坡的渗流，孔隙压力比 r_u 可以如下给出：

$$r_u=\frac{\gamma_w}{\gamma}\frac{h_w}{z}\cos^2\beta \tag{7.15}$$

式中　h_w——滑动面以上自由水面的垂直高度［图 7.2（a)］。

如果渗流方向与边坡方向之间存在一个角度［图 7.2（b)］，则 r_u 为

$$r_u=\frac{\gamma_w}{\gamma}\frac{1}{1+\tan\beta\tan\theta} \tag{7.16}$$

式中　θ——渗流方向（流线）与水平面之间的夹角。

对于渗流沿水平方向（$\theta=0$）的特殊情况，r_u 的表达式可以简化为

$$r_u = \frac{\gamma_w}{\gamma} \tag{7.17}$$

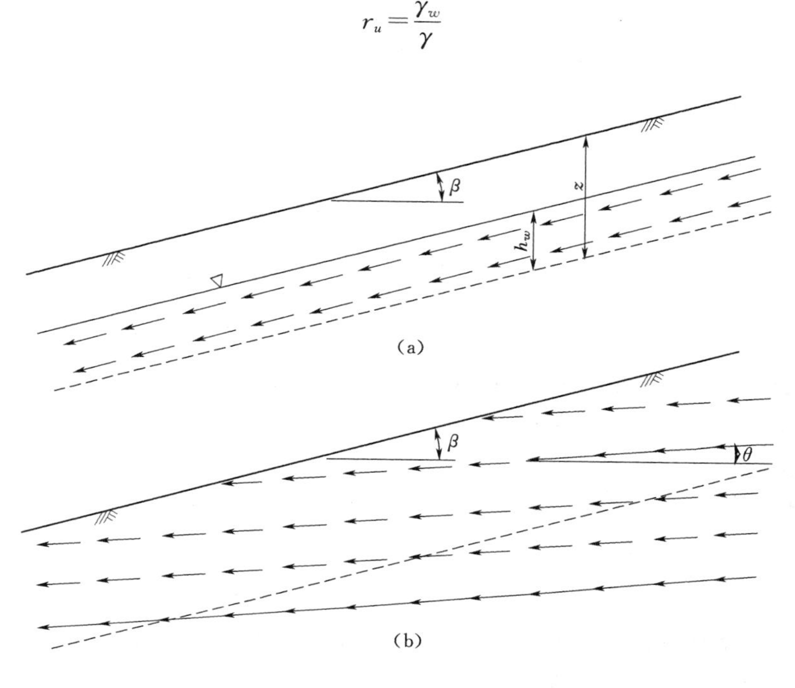

图 7.2 无限边坡渗流

(a) 平行于边坡表面的渗流；(b) 出露于边坡表面的渗流

小结

1) 简化公式可用于计算几种特定形式和抗剪强度条件下的边坡安全系数，包括纯黏性土垂直边坡、建在饱和黏土深覆盖层上的堤坝和无限边坡。

2) 基于边坡条件和选用的计算公式不同，计算结果的准确性也有一定差别，有的很精确（比如无黏性土均质边坡），而有的计算结果精度相对较低（比如建在饱和黏土地基上堤坝的承载力）。

7.2 稳定性分析图表法

均质边坡的稳定性可以使用第 6 章介绍的边坡稳定图表进行分析。Fellenius（1936）是发现可以通过图表法得出安全系数的先驱之一。Taylor（1937）和 Janbu（1954b）延续了 Fellenius 这方面的研究工作。继这些先驱研究之后，人们不断提出各种边坡稳定分析的图表法。Janbu 提出的图表法是适用于多种情况的最具实用性的图表法之一，这些方法在附录 A 中有详尽的描述。它们适用于多种边坡和土壤条件，且易于使用。另外，通过这些图表可以得到最小安全系数而无须搜寻临界滑动面。

稳定分析图表法的理论基础是安全系数与其他描述边坡几何形状、土的抗剪强度和孔隙水压的参数之间的无量纲关系。例如，前面提到的以有效应力形式表达的无限边坡安全

系数可写成

$$F=[1-r_u(1+\tan^2\beta)]\frac{\tan\phi'}{\tan\beta}+(1+\tan^2\beta)\frac{c'}{\gamma z} \tag{7.18}$$

或者

$$F=A\frac{\tan\phi'}{\tan\beta}+B\frac{c'}{\gamma z} \tag{7.19}$$

其中

$$A=1-r_u(1+\tan^2\beta) \tag{7.20}$$

$$B=1+\tan^2\beta \tag{7.21}$$

A 和 B 是仅依赖于坡角的无量纲参数（稳定数），其中 A 还跟孔隙水压的无量纲系数 r_u 有关。附录 A 中列举了一些简单的图表，将 A 和 B 表达成以边坡倾角和孔隙水压系数为变量的函数。

对于纯剪土（$\phi=0$）均质边坡，安全系数可以表达为

$$F=N_0\frac{c}{\gamma H} \tag{7.22}$$

式中　N_0——一个稳定数，它依赖于边坡的倾角，对于坡比小于 1∶1 的边坡，它依赖于边坡下的地基深度。

根据瑞典圆弧法，垂直边坡的 N_0 的值为 3.83。这个数值（3.83）略小于式（7.5）根据滑动平面得出的 4.0。总而言之，圆弧滑动面的安全系数比滑动平面的小，尤其对于坡度较缓的边坡。因此，圆弧滑动面通常用于分析大部分的黏性土边坡。附录 A 中涵盖了一系列用于各种坡角和地基深度的黏性土边坡的图表。同时也介绍了当抗剪强度不为常数时在这些图表中使用平均抗剪强度的方法。

对于黏聚力和摩擦系数都不为零的边坡，需要再引入其他无量纲参数。Janbu（1954b）认为安全系数可以表达为

$$F=N_{cf}\frac{c'}{\gamma H} \tag{7.23}$$

式中　N_{cf}——一个无量纲稳定数，依赖于坡角 β、孔隙水压 u 以及无量纲参数 $\lambda_{c\phi}$。

$\lambda_{c\phi}$ 可如下定义为

$$\lambda_{c\phi}=\frac{\gamma H\tan\phi'}{c'} \tag{7.24}$$

附录 A 中列举了运用 $\lambda_{c\phi}$ 和式（7.23）计算安全系数的稳定分析图表。这些图表适用于黏聚力和摩擦系数均不为零的土坡，同样也适用于多种孔隙水压条件和外部超载的情况。

虽然所有的边坡稳定分析图表都基于抗剪强度为常数（c、c'、ϕ 和 ϕ' 为常数）的假定，或者不排水抗剪强度的变化规律很简单（例如，c 沿深度线性变化）的情况，这些图表仍然可以用于很多抗剪强度不是常数的情况。附录 A 中描述了这些图表在抗剪强度不是常数时的使用方法，也列举了一些使用图表法的实例。

小结

• 边坡稳定的图表法可用于计算多种土壤条件下不同类型边坡的安全系数。

7.3 电子表格软件法

条分法可以通过列表的形式进行详细的计算，表格中的每一行代表一个条块，每一列为第 6 章的公式里所包含的变量和条件。例如，对于 $\phi=0$ 且滑动面为圆弧面的情况，安全系数可以表达为

$$F=\frac{\sum c\Delta l}{\sum W\sin\alpha} \tag{7.25}$$

图 7.3 中列举了一个运用式（7.25）计算安全系数的简单表格。

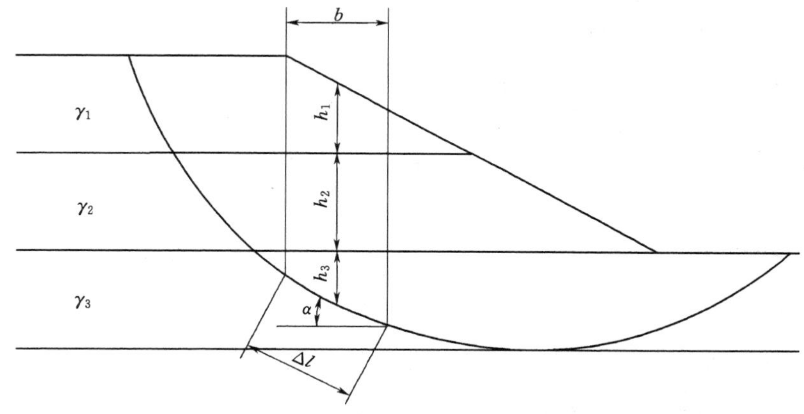

条块编号	b	h_1	γ_1	h_2	γ_2	h_3	γ_3	W①	α	Δl②	c	$c\Delta l$	$W\sin\alpha$
1													
2													
3													
4													
5													
6													
7													
8													
9													
10													
											总计=：		

①$W=b\times(h_1\gamma_1+h_2\gamma_2+h_3\gamma_3)$。

②$\Delta l=b/\cos\alpha$。

$$F=\frac{\sum c\Delta l}{\sum W\sin\alpha}$$

图 7.3 瑞典圆弧法（$\phi=0$）手工计算表格示例

对于抗剪强度以有效应力形式出现的瑞典条分法，通常采用下述公式计算安全系数：

$$F=\frac{\sum[c'\Delta l+(W\cos\alpha-u\Delta l\cos^2\alpha)\tan\phi']}{\sum W\sin\alpha} \tag{7.26}$$

以该条分法公式计算安全系数的表格如图 7.4 所示。

条块编号	b	h_1	γ_1	h_2	γ_2	h_3	γ_3	W	Δl	α	c'	ϕ'	u	$u\Delta l$	$W\cos\alpha$	$W\cos\alpha-u\Delta l\cos^2\alpha$	$W\cos\alpha-u\Delta l\cos^2\alpha\tan\phi'$	$c'\Delta l$	$W\sin\alpha$
1																			
2																			
3																			
4																			
5																			
6																			
7																			
8																			
9																			
10																			

注　1. $W=b\times(h_1\gamma_1+h_2\gamma_2+h_3\gamma_3)$

2. $\Delta l=b/\cos\alpha$

$$F=\frac{\sum[(W\cos\alpha-u\Delta l\cos^2\alpha)\tan\phi'+c'\Delta l]}{\sum W\sin\alpha}$$

图 7.4　运用瑞典条分法以有效应力形式进行手工计算的表格示例

有些与图 7.3 和图 7.4 类似的表格已在电子表格计算软件中得以体现和应用。很多通过其他条分法例如简化的毕肖普法、力学平衡法，甚至陈氏与摩根斯顿法，计算安全系数的复杂电子表格（Low 等，1998，2007；Low，2003；Low 和 Tang，2007；Low 和 Duncan，2013）也不断被开发出来。

毫无疑问，已经有相当多的各种电子表格软件被开发出用于安全系数的计算。这说明电子表格在分析边坡稳定方面非常实用，但同时也暴露出几个重要问题：首先，由于电子表格种类数量繁多，且每个表格通常只用一两次，对这些表格的准确性的验证就非常困难。同时，一个人可能写了一个电子表格做几次计算后就把表格闲置，过后有时就很难提取计算成果，对提取到的成果也难以进行分析和解决。表格的电子备份也可能遗失。或许电子表格软件中的数据表有保存的纸质备份，但除非用于生成数据的基础方程、公式和逻辑关系也有很好的记录，不然可能也难以解决结果不一致的问题或对结果进行查错。

小结

1）电子表格提供了一种应用条分法进行计算的途径。

2）电子表格计算可能难以对结果进行复核和提取。

7.4 有限元分析法

过去50年中有限元法在岩土工程实践中的应用越来越广泛。有限元法最初是用于解决土中的热流和水流问题，后来也被应用于确定开挖边坡和堤坝的应力和变形。最近，有限元法被用于计算极限平衡法（Griffiths 和 Lane，1999）定义的安全系数。开展这类分析的商业程序包括 PLAXIS（Plaxis bv，代尔夫特，荷兰），Phase^2（RocScience，多伦多，安大略，加拿大）和 SIGMA/W（Geo - Slope，卡尔加里，阿尔伯塔，加拿大）。

运用有限元法确定开挖边坡和堤坝的应力和变形时，必须使用非线性的应力-应变关系才能得出理想的结果（Duncan，1996b）。尽管这类分析的现代计算程序已经在用户界面和数据展示方法方面有长足进展，使用这些程序时仍然需要掌握大量技巧和经验以获得可靠的结果。初始的应力状态、施工顺序的模拟能力以及非线性土模型的选取对于确定真实的应力、应变和变形都非常重要。在建立符合实际的分析模型和解析结果时都需要具备充足的经验和技巧。

运用有限元法计算一个边坡的安全系数是相当简单的。Griffiths 和 Lane 的研究（1999）表明有限元法可以作为极限平衡法的一种替代方法来评价边坡稳定性，而且需要的技巧并不比传统的极限平衡法更复杂。评价边坡稳定性时，极限平衡法所需输入的参数对于有限元法也同样够用。

Griffiths 和 Lane（1999）认为与传统的极限平衡法相比，有限元法具有以下优势：

（1）不需要将区域划分成垂直条块。

（2）既然没有条块，也就不需要就条块间的相互作用力作出一些假设。

（3）有限元法可以通过应力计算来确定失稳区域的位置，而无须像极限平衡法分析那样搜寻一个临界滑动面。

边坡稳定分析不需要复杂的土的应力-应变模型。在 Griffiths 和 Lane（1999）所描述的方法中，土被定义为一种基于莫尔-库仑准则的理想弹塑性材料。分析时只需6个土的参数：凝聚力 c；摩擦角 ϕ；容重 γ；膨胀角 ψ；弹性模量 E；泊松比 ν。

Griffiths 和 Lane（1999）根据计算结果对输入参数值的敏感性进行了考查，结论是如果没有提供更为准确的数值，那么假定 $\psi=0$、$E=10^5$kPa、$\nu=0.3$ 能得出较为合理的结果。其余的必需参数，即 c、ϕ 和 γ，传统的极限平衡法分析也同样需要。

运用有限元法确定安全系数需要进行反复的计算分析，每次计算以一个略大些的系数对土的强度进行折减，直到结果出现不稳定状态。这个不稳定状态以计算不收敛为标准。强度折减系数（SRF）比安全系数 F 的应用更广泛，尽管 SRF 和 F 在本质上是一样的。与安全系数类似，强度折减系数定义为以该系数进行折减后的抗剪强度刚刚能与剪应力保持稳定平衡。Griffiths 和 Lane（1999）建议当 $E\delta_{max}/\gamma H^2$（δ_{max}为计算的最大节点位移）快速增加并且计算在1000迭代步内仍不收敛时即可认为出现了计算不稳定状态。Phase^2 选取模型内任意点的最大位移，当该最大位移出现失控现象时就标志着计算发散。

这种对失稳状态的定义曾被认为是以“无计算结果”作为“计算结果”，造成了一些对 SRF 分析法（Krahn，2006）的批评和质疑。除此以外还有其他批评的意见，认为该分析法缺少很多极限平衡法程序能够考虑的土的抗剪强度的复杂模型，另外该方法很难在稳定分析模型中综合考虑如张拉裂缝和钢筋等特征。然而有限元法提供了一种评价边坡稳定的独立方法，在其与极限平衡法结合运用时或在处理三维问题中难以确定临界滑动面时非常实用（Duncan，2013）。

7.5　极限平衡法计算分析程序

对于内容繁杂的分析，以及处理复杂边坡条件、土的特性和荷载条件时，通常运用极限平衡计算程序开展计算。针对多种边坡形状、土层性状、土的抗剪强度、孔隙水压条件、外部荷载和内部土体加固情况，都可利用计算机程序进行处理。大部分程序还能自动搜寻最小安全系数下的极端临界滑动面，并且可以处理圆弧形和非圆弧形的滑动面。而且大部分程序都有图形处理能力，用于展示输入数据和边坡稳定计算成果。

7.5.1　计算机程序种类

极限平衡法分析边坡稳定有两种计算机程序，即分析程序和设计程序。第一种程序允许用户将边坡形状、土的特性、孔隙水压条件、外部荷载和土体加固措施作为输入数据，然后在提前规定的条件下计算安全系数。这类程序就是所谓的分析程序，是边坡稳定计算机程序中较为普遍的类型，并且几乎都以一个或多个条分法为基础。

第二种计算机程序是设计程序。这些程序旨在根据用户规定的一组或多组安全系数，确定这些安全系数对应的边坡条件。很多用于边坡加固以及其他土质加固结构，例如土钉墙的计算机程序就属于这类。这些程序允许用户将一些基本信息作为输入数据，包括边坡形状，例如边坡的高度，以及外部荷载和土的特性。程序或许还可以在输入不同失稳模式所需安全系数的同时，再输入备选的加固材料信息，例如钢筋的抗拉强度或者甚至是特定厂家的产品编号。然后计算机程序根据需要得出的合适的安全系数值来确定加固措施的种类和加固范围。设计程序可能基于条分法或者单自由体法。例如对数螺线法已经被几个计算机程序用于土工格栅和土钉墙的设计（Leshchinsky，1997；Byrne，2003）。对数螺线法对于横截面上只考虑一种土的类型的情况非常适用。

设计程序对于只采用一类特定加固措施（例如土工格栅或土钉墙）的加固边坡的设计尤其适用，可以免去很多手工计算和试错的工作量。但是，设计程序一般都有严格的适用范围和条件，并且通常对潜在的破坏机理进行一些简化性假设。大部分分析程序可以处理多种边坡和土壤条件。

7.5.2　临界滑动面的自动搜寻

几乎所有的计算程序都至少有一个模块来搜寻安全系数最小的临界滑动面，并且搜寻的滑动面可以是圆弧形的也可以是非圆弧形的。通常不同模块的选取依赖于滑动面的形状（圆弧和非圆弧）。许多不同类型的搜寻模块已得到应用，本章内容不足以将其逐一展开详细讨论。不过本章提出了一些在搜寻临界滑动面方面的建议和指导。

（1）从圆弧形开始研究。最好都以从圆弧形开始搜寻临界滑动面。搜寻圆弧形滑动面有功能强大的分析模块，用户可能只需花费相对较少的精力去考查大量可能的滑动面的位置。

（2）以地层构造特性指导分析。不管是圆弧形还是非圆弧滑动面，通常能通过分析地层构造对临界滑动面位置给出一些建议。尤其是如果存在一个相对薄弱的地层，则临界滑动面就很有可能穿过这个地层。类似的，如果软弱带相对较薄且呈直线分布，则滑动面可能会沿着这个软弱带并且更有可能是非圆弧形的。

（3）尝试多个起始滑动面位置。从某种程度上来说，几乎所有的自动搜寻都是从用户指定的一个滑动面开始。应该尝试多个起始滑动面位置，然后比较确定哪个起始位置能得出更小的安全系数。

（4）注意存在多个最小值的情况。很多分析模块本质上就是搜寻最小安全系数对应的一个滑动面的优化程序。然而，有可能存在多个"局部"最小安全系数，分析模块不一定能发现整体安全系数最低的局部最小值。因此在多个起始位置进行搜寻是非常重要的。

（5）调整边界条件和其他参数。大部分分析模块需要一至多个参数来控制分析过程。例如，可能需要定义的参数包括：搜寻过程中滑动面的距离增量；滑动面的最大深度；滑动面或者搜寻的最大横向长度；滑动面上土体的最小深度或重量；滑动面出露于边坡处的最大坡度；圆弧中心允许的最小坐标值（例如为了防止圆弧的倒置）。要不断改变输入参数以确定这些参数是如何影响搜寻结果以及得出的最小安全系数。

对于复杂边坡，与确保给定滑动面安全系数计算值的准确性相比，保证搜寻到的滑动面最贴近临界情况所需花费的工作量通常更多。

7.5.3　有意义的临界滑动面的限定

通常一个边坡应该在所有区域进行搜寻以找到最小安全系数对应的临界滑动面。但是在某些情况下，可能需要限制试算滑动面的位置以在边坡局部进行搜寻。有两种普遍情况就适用于方式。一种是导致安全系数较低的失稳模式非常明显，但是失稳的后果影响却很小。另外一种是边坡形状比较特殊，不能通过给定圆心和半径的圆弧来定义一个唯一的滑动面和滑动块。

（1）明显的失稳模式。

对于无黏性土边坡，其临界滑动面是非常浅的平面，甚至贴近边坡表面。然而，只包含一个较薄土层的滑动带来的后果影响可能非常小，没有太大意义。这种情况在一些尾矿坝中非常普遍。在这种情况下就只需要考查一些尺寸和范围较小的滑动面。根据采用的特定计算程序，有几种方式可以实现上述过程：

1）可以要求考查的滑动面具有最小的深度。

2）可以要求考查的滑动面必须穿过边坡表面下某个深度上的一个特定点。

3）可以要求滑动面以上的土体必须重量最小。

4）可以人为地赋予边坡表面附近的土以较高的抗剪强度，一般以较高黏聚力值的形式给出，这样就能避免出现较浅的滑动面。但是实际操作中要很小心，不能过分限制滑动面从边坡坡脚位置出露。

（2）出现歧义的滑动面位置。

某些情况下可能出现圆弧面有多个截面与边坡相交的状况（见图 7.5）。这种情况下滑动面以上就不止一处土体，而是会有多处分离的土体，可能对应不同的安全系数。为了避免出现这种情况，有必要规定只能针对边坡的某一特定部位进行分析。

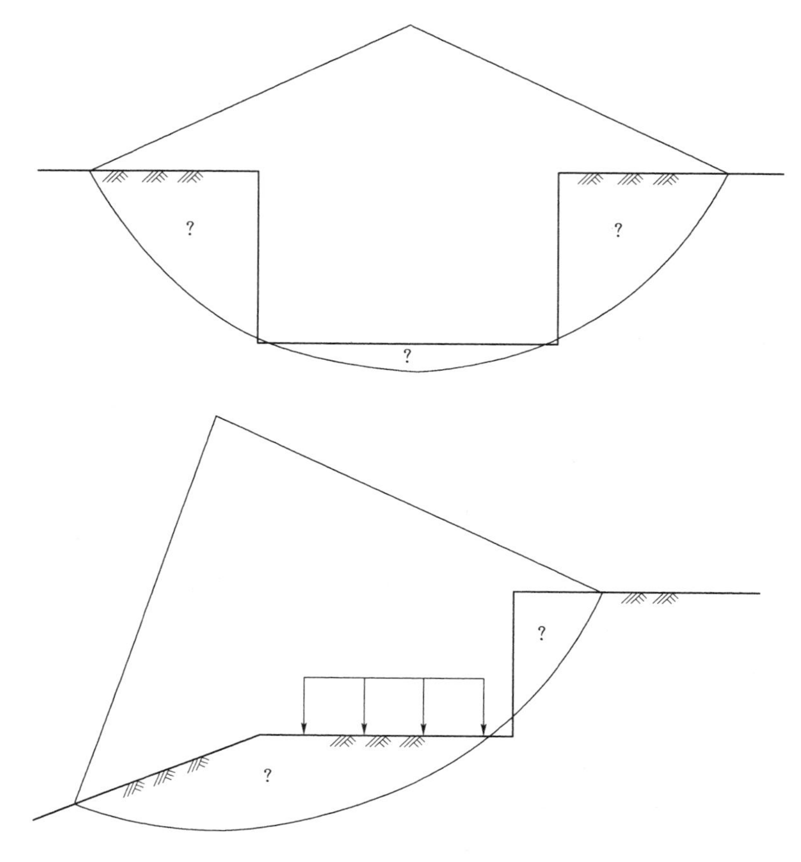

图 7.5　圆弧滑动面定义下滑动块出现歧义的边坡图例

小结

1）边坡稳定性计算程序可以分为分析程序和设计程序两大类。设计程序用于简单的加固边坡的设计，分析程序一般适用于处理更多种的边坡类型和土体条件。

2）确定最小安全系数对应的临界滑动面位置的研究应该从圆弧面开始。

3）应该不断变化起始点位置和影响分析结果的其他参数的数值进行多次分析，以确保搜寻到极限临界状态下的滑动面。

4）某些情形下限制搜寻区域是正确的；然而必须小心操作以避免漏掉重要的滑动面。

7.6　分析结果复核

大多数边坡稳定性分析都使用通用的边坡稳定性计算程序。根据待解决的问题，这些计算程序可以提供大量的特征描述，并且可能包含数万有时甚至数百万行的计算代码和大量可能的逻辑路径。Forester 和 Morrison（1994）指出通过软件复核即使是简单的若干组合的计算程序都会有一定的难度。比方说考虑一个涵盖表 7.1 中所列出的特征参数的分析边坡稳定性的综合计算程序。大部分更为复杂的计算程序包含的选项种类或特征参数比表中列出的更多。有些程序虽然没有包含表中列出的所有项目，但可能会包含表中没有列出的其他内容。表 7.1 中列出了 44 种不同的特征参数和选项。如果每个选项或者特征值只需输入两个不同的可能值，软件总共也将有超过 1×10^{13} （$=2^{44}$） 种可能的组合和路径。如果能找到有验证解的题目来运行程序，并以每 10 分钟 1 个组合的速度来测试每个可能的组合，1 周 7 天 1 天 24 小时不眠不休，也需要 2000 万年才能测试完所有这些可能组合。显而易见，对于复杂的计算程序是不可能复核所有可能的数据组合的，哪怕只是组合中极小的一部分，比方说 1/1000，也是不可能的。所以极为可能的情况是，任何在使用的计算程序都没有就特定问题包含的精确路径组合进行测试。不管边坡稳定计算如何开展，都应就结果进行独立的复核。

表 7.1　复杂边坡稳定计算程序的可能选项和特征参数

土体剖面线——地层	
土的抗剪强度	$c-\phi$ 土——总应力
	$c'-\phi'$ 土——有效应力
	莫尔破坏包络曲线——总应力
	莫尔破坏包络曲线——有效应力
	随深度变化的不排水剪强度
	随高程变化的不排水剪强度
	由等值线或插值确定的不排水剪强度
	由 c/p 比率定义的抗剪强度
	各向异性的强度变量——不排水强度和总应力
	各向异性的强度变量——排水强度和有效应力
	固结-不排水剪强度（例如用于水位骤降——线性强度包络线）
	固结-不排水剪强度（例如用于水位骤降——强度包络曲线）
	结构材料（例如钢、混凝土、木材）
孔隙水压力	恒定孔隙水压力
	恒定孔隙水压力系数 r_u
	测压管水头线
	浅层地下水面
	有限元分析计算出的孔隙水压力
	孔隙水压力空间输入数据（x，y，u）
	孔隙水压力系数的内插值 r_u
边坡几何特征	分析边坡的左面或者右面
	均布面荷载
	线荷载
加筋结构	土工布
	土工格栅
	土钉墙
	回接锚
	桩
	墩

续表

土体剖面线——地层	
滑动面	独立圆弧面 独立非圆弧滑动面 系统的圆弧面搜寻 随机的圆弧面搜寻 非圆弧面的系统搜寻 非圆弧面的随机搜寻
分析方法	简化的毕肖普法 摩根斯顿与普赖斯法 瑞典条分法 斯宾塞法 美国陆军工程兵团的改进的瑞典条分法 简化的詹布条分法 修正的詹布条分法 陈氏与摩根斯顿法

本章以下部分包含了8个可以用于复核问题的详细实例。这些例子通过在实际问题中的应用演示了之前章节中描述的不同方法。

小结

1）由于绝大多数计算程序包含大量的可能路径，这些程序中的大多数都极有可能没有对任何特定分析中所涉及的路径组合进行验证。

2）不管具体如何开展计算，都应对边坡稳定计算进行一些独立复核。

7.7　稳定性计算验证实例

本节描述和探讨8个边坡稳定问题的实例分析。挑选出这些实例主要出于两点目的：①阐述本章前述章节中讨论的计算安全系数的各种方法；②说明边坡稳定分析中几点重要细节和特征。比方说，一个实例是关于水下容重与总容重的比值和潜水面的运用。另外几个实例举例说明了各种条分法的区别。这些实例以及其他实例都证明了准确定位临界滑动面的重要性。大部分的实例都进行了详尽充分的说明，可以作为标准实例对其他方法（例如采用其他计算程序）得出的计算成果进行复核。

8个实例的特点归纳于表7.2。表中对每个实例都进行了简要描述，也对采用的计算方法（简化分析法、图表法、电子表格法和计算程序法）进行了注明。所有的实例都运用了UTEXAS4（Wright，1999）、SLOPE/W（Geo - Slope，2013）和SLIDE（RocScience，2010）这三种边坡稳定极限平衡计算程序进行分析。除了第5个实例，其他实例都应用RocScience（2011）编制的有限元程序Phase^{2}进行了强度折减分析。Phase^{2}程序没有实例5需要的强度包络曲线选项。表7.2总结的8个实例组成了一个非常实用的问题集，用于计算程序的验证，同时也提供了一系列的方法来处理边坡分析中的代表性问题。

表 7.2 验证边坡稳定分析的实例问题汇总

编号	描 述	短期或长期	简单公式法	图表法	电子表格法	极限平衡法			强度折减程序	备注
						UTEXAS	SLOPE/W	SLIDE	Phase[2]	
1	饱和黏土的无支撑垂直切割面（根据Tschebotarioff，1973）	短期	√	√	√	√	√	√	√	包含张拉裂缝的影响
2	LASH终端：开挖于饱和接近正常固结黏土中的水下边坡	短期		√		√	√	√	√	采用总容重和孔隙水压与水下容重对比
3	Bradwell 滑动面——开挖于干裂黏土中的边坡	短期			√	√	√	√	√	简易詹布法中詹布校正系数的应用。 如果抗剪强度评估不准确，即使计算的安全系数较高，边坡仍然有可能失稳
4	饱和黏土（$\phi=0$）地基上黏性土坡（$c'=0$）的理想实例	短期	√		√	√	√	√	√	简易詹布法中詹布校正系数的应用。 不同方法得出的 F 有相对较大的差异
5	Oroville 大坝——高堆石坝	长期	√			√	√	√		采用莫尔抗剪强度包络曲线的稳定计算
6	詹姆斯湾提——软黏土地基上修建的堤防	短期			√	√	√	√	√	准确定位临界滑动面的重要性
7	稳定渗流场下的均质土坝	长期		√		√	√	√	√	表示孔隙水压的方法的影响（通过流网，测压线，潜水面） 图示瑞典条分法中孔隙水压的作用
8	稳定渗流场下的非均质土坝（或黏土心墙坝）	长期			√	√	√	√	√	表示孔隙水压的方法的影响（通过流网，测压线，潜水面）

7.7.1 实例 1：饱和黏土的无支撑垂直切割面

Tschebotarioff（1973）描述了一个在泥纹黏土中为形成两层地基而垂直开挖的边坡的失稳。开挖后没有进行支撑处理的区域在一个方向深 22ft，另外一侧深 31.5ft。通过对附近区域的调研，黏土的无侧限抗压强度的平均值为 1.05t/ft^2（tsf），容重为 120lb/ft^3（pcf）。运用垂直边坡滑动平面的计算公式和附录 A 中列举的边坡稳定分析图表法，对两个下切面的深层安全系数进行了计算。同时采用以简化的毕肖普法为基础的极限平衡计算程序（UTEXAS4，SLIDE 和 SLOPE/W）和有限元强度折减法程序 Phase[2]，对上述内容进行了计算。

对于不排水剪强度，1050psf（$=q_u/2$）的 s_u，滑动平面的安全系数可以进行如下计算：

$$F=\frac{4c}{\gamma H}=\frac{4\times 1050}{120\times 31.5}=1.11 \tag{7.27}$$

采用附录 A 中 $\phi=0$ 对应的詹布图表法，可以如下计算安全系数：

$$F=N_0\frac{c}{\gamma H}=3.83\times\frac{1050}{120\times 31.5}=1.06 \tag{7.28}$$

采用以简化的毕肖普法为基础的极限平衡法分析程序对圆弧滑动面进行计算，得到的安全系数为 1.06。圆弧中心点坐标为 $x=5$in、$y=70$in、半径 $R=83$in。

图表法的计算结果与计算机程序得到的安全系数一致。对圆弧形滑动面的分析计算所得出的安全系数比滑动平面的略低。有限元强度折减法得到的安全系数更低，$F=0.96$。图 7.6 展示了 SRF 分析得到的剪应变等值线云图，可以看出其失稳面与极限平衡程序得到的失稳面非常相似。

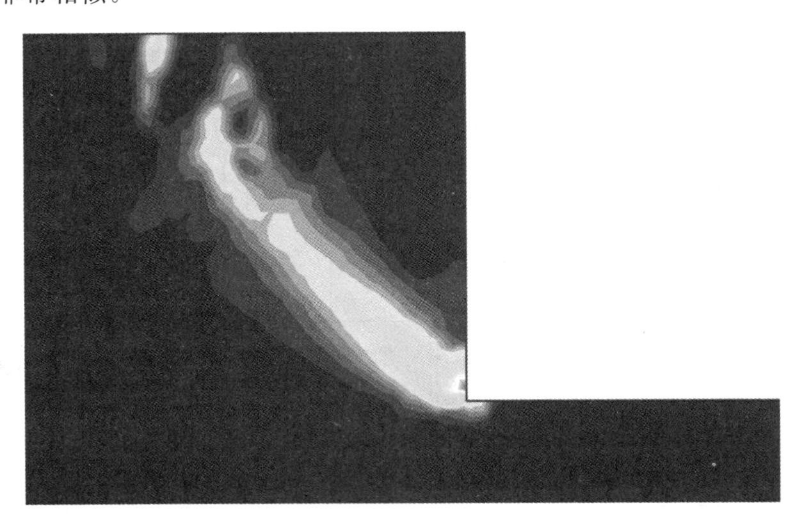

图 7.6　实例 1 中 SFR 分析得到的剪应变等值线云图

尽管除 SRF 计算以外，上述其他计算结果都比较吻合，这些结果或许也没有反映边坡真实的安全系数。Terzaghi（1943）指出垂直边坡附近的上部分区域处于受拉状态。如果土承受不了拉力就会开裂，安全系数就会降低。Terzaghi 认为如果根据保守估计，边坡将产生一条深度等于边坡高度一半的裂缝，则安全系数（假定滑动面为平面）的计算公式为

$$F=2.67\frac{c}{\gamma H} \tag{7.29}$$

因此，对于上面描述的边坡：

$$F=\frac{2.67\times1050}{120\times31.5}=0.74 \tag{7.30}$$

该公式清楚地表明这个边坡是不稳定的。这种情况下，计算的安全系数小于 1.0 应该更为合理，因为边坡失稳了。另外一个需要认真考虑的是，用于测定抗剪强度的无侧限抗压试验有可能受试样扰动的影响而低估了强度值。

在采用计算程序的分析中发现，靠近边坡上部的若干条块底部出现了拉力。随后开展了一系列包含垂直拉裂缝的边坡稳定计算，裂缝的初始深度设定为 1ft，然后以 1in 的增量逐步增加开裂深度，直至条块底部不再出现拉力为止。条块底部的拉应力区深度大约为 4.5ft。假定的裂缝深度和对应的安全系数汇总于表 7.3。如果将拉应力最初消失时对应的安全系数取出，可以发现安全系数小于 1（介于 0.96 和 0.99 之间）。

表 7.3　　随拉裂缝假定深度变化的滑动面安全系数

假定的裂缝深度/ft	UTEXAS4	SLOPE/W	SLIDE	$Phase^2$
0	1.06	1.06	1.06	0.96
1	1.04	1.03	1.04	
2	1.01	1.01	1.02	
3	0.99	0.98	0.99	
4	0.96	0.96	0.96	

这个实例中，稳定计算很好地反映出观察到的滑动模式。但是安全系数接近 1.0 的部分原因可能是由于计算没有考虑到的因素引起了一些误差。使用的抗剪强度基于无侧限抗压强度试验，常常会被低估。因此黏土实际的不排水剪强度很可能比假定值要高。同时，由于边坡开挖产生的卸荷作用会导致土体逐步膨胀，强度随时间逐渐减小。垂直裂缝也有可能张开得很深。不难推测在更为标准的 UU 试验中测得的不排水剪强度要明显高于使用值，由土体膨胀以及拉裂缝的深层开展导致的强度的损失会在很大程度上降低边坡的稳定性。这些不利因素明显影响边坡的稳定性，因此在与稳定计算中考虑的条件截然不同的情况下，边坡也有可能发生失稳。

小结

1）分别运用边坡稳定图表、计算程序和简化公式分析垂直开挖滑动平面的稳定性时，得到的安全系数数值基本一致。

2）垂直边坡考虑滑动平面得到安全系数与考虑圆弧滑动面得到的安全系数很接近，其中滑动平面得到的安全系数略高。

3）陡峭的黏土边坡的顶部有可能出现拉力导致开裂，继而降低边坡的稳定性。

4）计算得到的安全系数与实际的安全系数比较吻合有可能是偶然现象，有可能是众多较大误差相互抵消的结果。

7.7.2　实例 2：水下的软黏土边坡

Duncan 和 Buchignani（1973）描述了旧金山海湾水下开挖边坡的破坏。边坡是临时开挖工程的一部分，为了降低施工成本，边坡设计采用了非常低的安全系数。施工过程中，开挖边坡的局部发生破坏。边坡横断面图如图7.7所示。不排水剪强度的分布如图7.8所示。根据Duncan和Buchignani的报告，基于不排水剪强度的安全系数初始设计值为1.17。

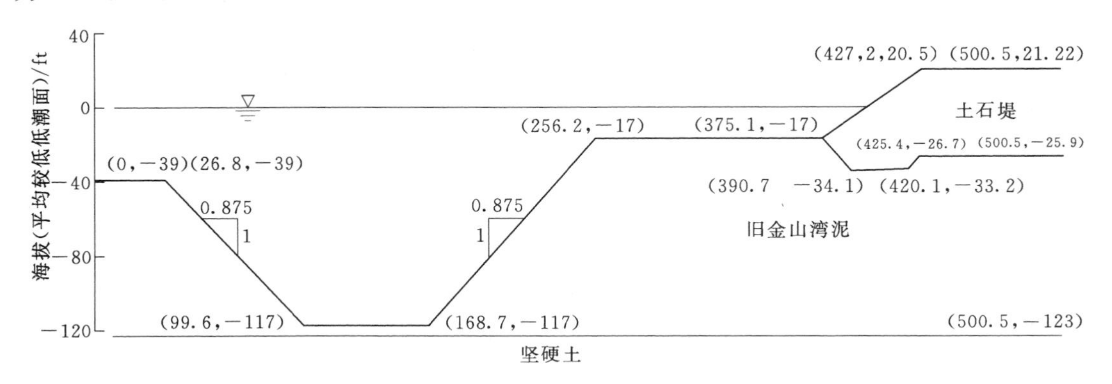

图7.7　Duncan和Buchignani（1973）以及Duncan（2000）描述的旧金山湾水下边坡

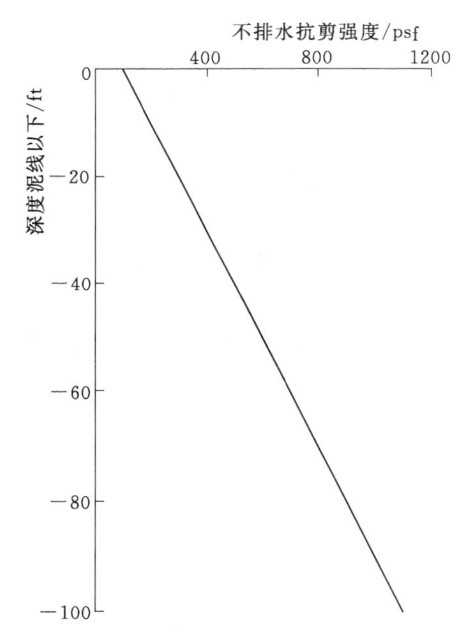

图7.8　旧金山湾水下边坡的不排水抗剪强度分布（Duncan，2000）

2003年笔者采用基于斯宾塞法的UTEXAS4程序进行了边坡稳定的修正计算。计算得到的最小安全系数也是1.17。然后又采用极限平衡法程序UTEXAS4、SLOPE/W和SLIDE进行了复核分析。计算确定了两个潜在破坏面，如图7.9所示，图中同时列出了计算出的安全系数。与土石堤不相交的$F=1.17$的破坏面更能反映实际情况，因为堤下的海湾泥在土石堤自重的作用下已经有一定程度的固结，但是分析中并没有考虑这一点。迎水面一侧的临界圆弧面（$F=1.17$）也与观察到的破坏面的形状和位置更为匹配。另外还运用程序Phase^{2}进行了SRF分析。分析得到的安全系数为1.03，滑动机理如图7.10所示。分析中土石堤以下假定的强度值低于实际值，这对计算的高剪应变区影响非常大。

土石堤上海湾泥的不排水抗剪强度随着深度线性增加，因此，安全系数也能采用附录A中列出的Hunter和Schuster（1968）边坡稳定图表进行计算。这些图表计算出的安全系数为1.18。

上述边坡稳定计算中水平面海拔以下的土都采用淹没（浮）容重来考虑淹没作用。当采用边坡稳定图表或者手工电子表格进行计算时，使用淹没容重是比较方便的。这个实例就可以采用淹没容重，因为不存在渗透力（没有水流）。但是一般情况下，运用计算程序时最好采用总容重和外部水压力的形式。该实例又采用 UTEXAS4 计算程序进行了计算，采用了总容重，并通过作用于边坡面上的分布荷载来体现水压力的作用。安全系数结果也是 1.17。这个结果不仅符合预期，同时也提供了一个可行的方法，对各种计算机程序计算的条块自重（用于极限平衡法）和外部分布荷载产生的力进行复核。

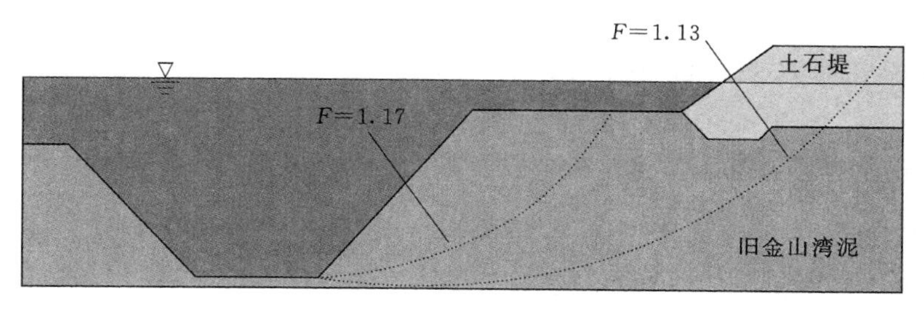

图 7.9 临界圆弧破坏面

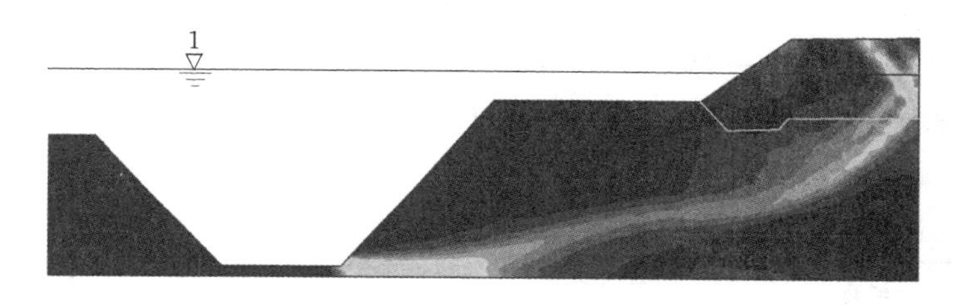

图 7.10 实例 2 采用 SRF 分析得到的剪应变等值线云图

对任意计算机程序进行复核的简单可行的方法就是分别采用淹没容重和总容重与外部水压力组合这两种方式，对一个淹没边坡（没有水流）进行各自独立的边坡稳定计算。如果计算机程序运转正常、操作得当，那么两种计算形式会得出相同的结果。

尽管上述介绍中 Duncan 和 Buchignani（1973）进行的计算确定了安全系数，表明边坡预期是稳定的，但是如之前提到的那样，边坡还是发生了局部破坏。Duncan 和 Buchignani（1973）的实例表明在不排水条件下的持续荷载作用（蠕变）很可能足以降低抗剪强度从而引起破坏。Duncan（2000）进行的可靠度分析表明破坏的可能性几乎为 20%。后续由 Low 和 Duncan（2013）开展的可靠度分析认为根据抗剪强度的可能值以及分析的具体内容不同，破坏的可能性应该在 10%～40%之间。

因为这个边坡只是临时建筑，计算稳定性时采用不排水剪强度是合适的。但是，如果边坡是永久建筑，就需要采用更低的排水剪强度进行计算。当土体在开挖卸荷作用下出现膨胀，就应该逐步降低抗剪强度。最终需要采用全排水抗剪强度。旧金山湾泥的排水抗剪强度参数的代表值（有效应力）为 $c'=0$、$\phi'=34.5°$（Duncan 和 Seed，1966b）。对于完全淹没且 $c'=0$ 的边坡，可通过如下的无限边坡公式对安全系数进行计算：

$$F=\frac{\tan\phi'}{\tan\beta}=\frac{\tan 34.5°}{1/0.875}=0.60 \tag{7.31}$$

显然，这个安全系数（0.60）比基于不排水剪强度的安全系数（1.17）小很多，表明如果开挖的沟渠没有用沙子进行填充，那么安全系数将会随时间大幅度减小。

小结

1）分别通过极限平衡计算程序和一个边坡稳定图表得到的安全系数数值相同。

2）当没有水流时，既可以采用淹没容重，也可以采用总容重与水压力的形式来计算淹没边坡的稳定性。

3）尽管计算的安全系数（1.17）大于1.0，边坡还是由于蠕变强度损失而出现破坏。

4）对于开挖边坡，基于不排水条件的短期安全系数可能比基于排水条件的长期安全系数大很多。

7.7.3　实例3：干裂黏土开挖边坡

Skempton和LaRochelle（1965）介绍了在Bradwell伦敦黏土中的深层开挖工程。1号反应堆的开挖横断面如图7.11所示。开挖深度48.5ft。开挖区下部28ft为伦敦黏土，开挖坡度为0.5H：1V。伦敦黏土层上覆盖9ft的沼泽土，开挖边坡坡度为1∶1（45°）。开挖出的黏土被堆在了开挖坡顶部沼泽土以上，深度约11.5ft。黏土填充边坡坡度也为1∶1。

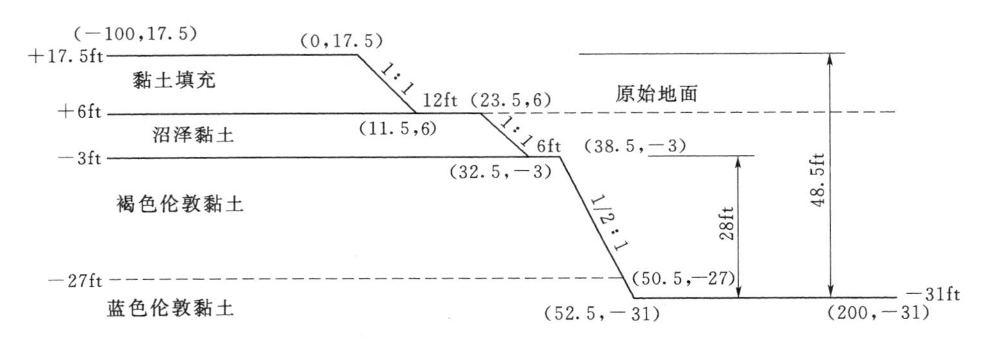

图7.11　Bradwell 1号反应堆开挖边坡的横断面
（根据Skempton和LaRochelle，1965）

边坡的短期稳定分析中，所有材料均采用不排水抗剪强度且$\phi=0$。报告中沼泽土的平均不排水抗剪强度取300psf，总容重取105pcf。黏土填充层假定在整个深度（11.5ft）上发生了开裂，因此忽略其强度。Skempton和LaRochelle（1965）对填充区的总容重值选取为110pcf。伦敦黏土的不排水抗剪强度分布如图7.12所示。不排水抗剪强度随深度不断增加的速度是不断减小的。当地伦敦黏土容重代表值为120 pcf。

这个实例运用极限平衡法计算程序和几种不同的方法计算稳定。由SLOPE/W和斯宾塞法确定的临界破坏面如图7.13所示。

计算的安全系数汇总见表7.4。安全系数的数值与预期相符：斯宾塞法和简化的毕肖普法得到的数值一致，因为两者都满足弯矩平衡条件且ϕ为零；只有一种情况下的安全系数能满足临界滑动面弯矩平衡条件且$\phi=0$。与满足所有平衡条件的计算方法相比，美国陆军工程兵团的改进的瑞典条分法，这种力的平衡法所得到的安全系数偏高，这种情况比较普遍。不考虑Janbu等（1956）校正因子的简化的詹布法（考虑水平条块内力的力的平

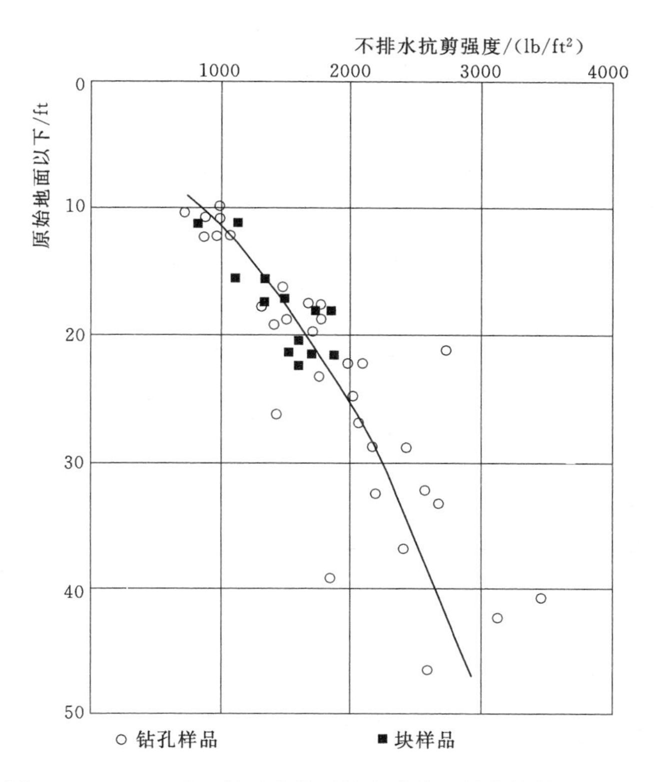

图 7.12 Bradwell 1 号反应堆开挖边坡的不排水抗剪强度分布
(Skempton 和 LaRochelle，1965)

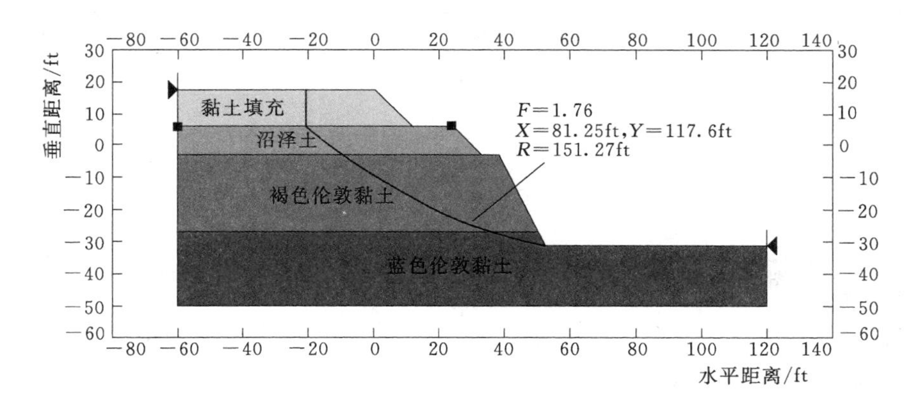

图 7.13 Bradwell 1 号反应堆由 SLOPE/W 和斯宾塞法确定的临界破坏面

衡法）得到的安全系数偏低，这种情况也比较典型。对简化的詹布法进行改进的校正因子 f_0 可以通过图 6.13 计算得到。对于 $\phi=0$ 且临界圆弧面的高宽比为 0.13 的情况，结果的校正因子为 1.08，则校正的安全系数为 1.76（=1.08×1.63）。

同时也运用基于瑞典条分法的电子表格手工计算了安全系数。由于该实例中 ϕ 等于零，且瑞典条分法满足弯矩平衡条件，所以瑞典条分法得到的安全系数与斯宾塞法和简化的毕肖普法得到的安全系数数值相同。因此，对于这种类似工程或者其他圆弧面已经分析

过且 $\phi=0$ 的情况，没有必要采用比瑞典条分法更为复杂的方法进行计算分析。瑞典条分法的计算过程如图 7.14 所示。得到安全系数为 1.76，与斯宾塞法和简化的毕肖普法得到的结果数值相同。

表 7.4　　Bradwell 边坡（干裂黏土中的开挖边坡）短期稳定安全系数汇总

方　法	安　全　系　数			
	UTEXAS4	SLOPE/W	SLIDE	Phase²
斯宾塞法	1.76	1.76	1.76	—
简化的毕肖普法	1.76	1.76	1.76	—
美国陆军工程兵团的改进的瑞典条分法	1.80	N/A	N/A	—
简化的詹布法——不考虑校正	1.63	1.63	1.63	—
简化的詹布法——考虑校正	1.76	1.76	1.76	—
强度折减系数	—	—	—	1.79

条块	b /ft	h_{fill} /ft	γ_{fill} /pcf	h_{marsh} /ft	γ_{marsh} /pcf	h_{clay} /ft	γ_{clay} /pcf	W /lb	α /(°)	Δl /ft	c /psf	$c\Delta l$	$W\sin\alpha$
1	10.8	11.5	110	4.5	105	—	—	18748	39.8	14.1	300	4215	12008
2	9.1	11.5	110	9.0	105	3.2	120	23637	35.1	11.1	1069	11908	13602
3	11.5	5.8	110	9.0	105	9.8	120	31665	30.5	13.3	1585	21157	16082
4	12.9	—	—	9.0	105	16.1	120	34466	25.6	13.3	1968	26183	14873
5	9.0	—	—	4.5	105	20.7	120	26857	21.3	9.7	2222	21461	9636
6	6.0	—	—	—	—	23.4	120	16862	18.3	6.3	2349	14941	5284
7	5.5	—	—	—	—	19.1	120	13002	16.0	5.7	2429	139001	3590
8	8.5	—	—	—	—	7.5	120	7645	13.3	8.7	2503	21861	1759
											总计：	135525	76835

$$F=\frac{135525}{76835}=1.76$$

图 7.14　瑞典条分法对 Bradwell 短期边坡稳定的手工计算过程

虽然该边坡计算出的安全系数接近 1.8，其仍然在开挖完工后约第 5 天发生了破坏。Skempton 和 LaRochelle（1965）讨论了产生破坏的可能原因。包括实验样品小尺寸造成抗剪强度估值偏高、现场持续荷载作用（蠕变）引起的强度损失，以及裂缝的出现。Skempton 和 LaRochelle 的结论是，尽管基于不排水剪强度计算的安全系数相对较高，边坡破坏的可能原因还是张开裂缝的出现，以及沿裂缝的残余强度较低。

另外还运用 SRF 法的 Phase² 进行了分析。既然假定黏土填充区的强度为零，SRF 分析中就以分布荷载的形式对其进行替换。SRF 分析得到的剪应变等值线云图如图 7.15 所示。SRF 计算出即将失稳时的安全系数值为 1.79，这与极限平衡法计算得到的安全系数基本一致。

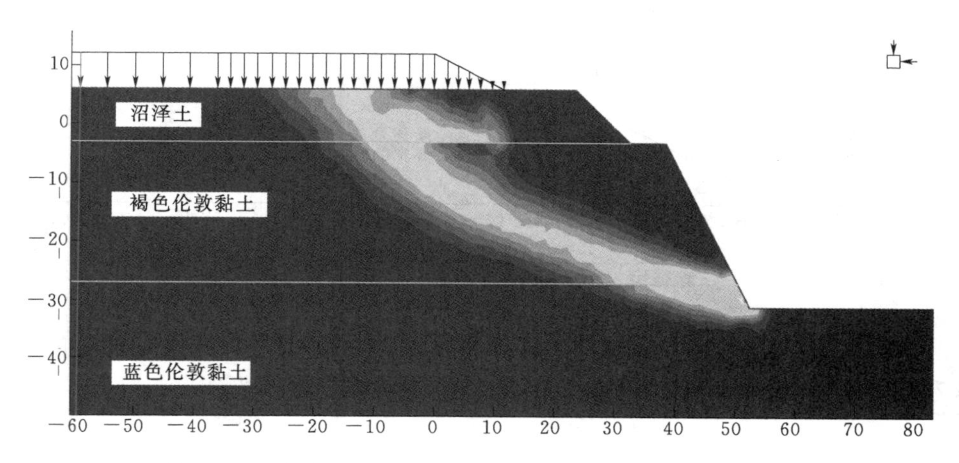

图 7.15 运用 Phase[2] 进行 SRF 分析得到的 Bradwell 1 号反应堆剪应变等值线云图

小结

1）斯宾塞法、简化的毕肖普法，以及瑞典条分法对于圆弧滑动面得到安全系数数值均相同，因为 $\phi=0$，同时这些方法都满足弯矩平衡条件。

2）运用计算机程序计算得到的安全系数和采用瑞典条分法电子表格手工计算得到的安全系数数值相同。

3）美国陆军工程兵团的改进的瑞典条分法计算得到的该边坡安全系数略偏高（2%）。

4）不考虑校正因子的简化的詹布法计算得到的安全系数偏低 7%。

5）考虑校正因子的简化的詹布法计算得到的安全系数与采用满足弯矩平衡条件的计算方法得到的安全系数数值相符。

6）有限元强度折减分析计算得到的安全系数为 1.79，计算成果表明剪应变集中区与极限平衡法分析得到的圆弧面非常一致。

7）尽管计算的短期稳定安全系数大于 1.0，边坡还是在开挖后约 5 天发生破坏，前述讨论的几种因素造成现场抗剪强度低于实验室的实验值，从而导致破坏的发生。不管运用哪种分析方法，如果抗剪强度不能反映现场情况，计算的安全系数都没有意义。

7.7.4 实例 4：饱和黏土地基上的无黏性土边坡

第 4 个例子为一个假定的建在饱和黏土（$\phi=0$）地基上的无黏性颗粒材料堤坝，如图 7.16 所示。假定堤坝在施工过程中处于完全排水状态，因此其强度不会随时间变化。地基黏土预期会随时间推移而固结，强度也随时间而增长。因此，堤坝的关键时期（安全系数最低的时期）就是刚刚建成时。尽管在施工过程中堤坝会出现一定程度的排水固结现象，可以偏保守考虑不计这种固结现象而直接采用施工前取出的无扰动的地基黏土试样在 UU 试验中测得的不排水强度。

土的抗剪强度和容重参数如图 7.16 所示。其中包括砂砾材料堤坝的抗剪强度和黏土地基的不排水剪强度。稳定计算运用极限平衡法计算程序和几种条分法。

各种计算方法得出最小安全系数归纳见表 7.5，运用 UTEXAS4 通过斯宾塞法得出的

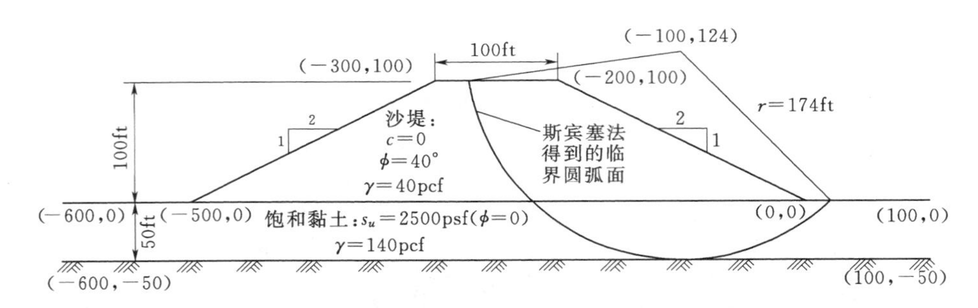

图7.16　饱和黏土地基上的无黏性填土边坡

表7.5　饱和黏土地基上的无黏性材料堤坝边坡稳定分析汇总

方　法	安　全　系　数			
	UTEXAS4	SLOPE/W	SLIDE	Phase²
斯宾塞法	1.19	1.20	1.20	—
简化的毕肖普法	1.22	1.22	1.23	—
简化的詹布法——不考虑校正	1.07	1.07	1.08	—
简化的詹布法——考虑校正，f_0	1.16①	1.16①	1.17	—
强度折减系数	—	—	—	1.19

①　基于图6.13对 $d/L=0.34$、$f_0=1.09$ 的修正。

临界滑动面如图7.16所示。为了进行对比分析，图7.17展示了SRF分析得出的剪应变等值线云图。由于横断面是对称的，SRF分析认为破坏可以在任意方向发生。SRF得出的安全系数为1.19，与极限平衡法分析得出的结果基本一致。

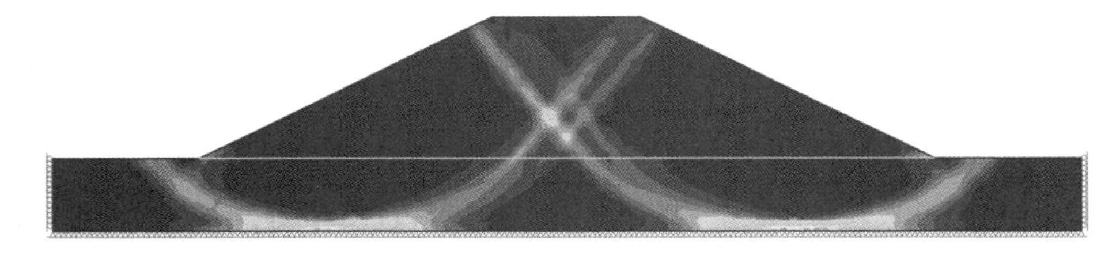

图7.17　实例4运用SRF分析得出的剪应变等值线云图

与预期的情况相符，简化的毕肖普法得出的安全系数与斯宾塞法得出的安全系数数值相当接近。不考虑校正因子的简化的詹布法得到的安全系数比前两种方法得出的安全系数约小了10%，但是校正后的安全系数与前两种方法得出的安全系数比较接近。运用SRF法确定的安全系数与各种斯宾塞法程序计算出的安全系数都非常吻合。

另外还通过电子表格程序运用瑞典条分法对斯宾塞法搜寻到的临界圆弧面的安全系数进行计算。计算过程如图7.18所示。得出的安全系数为1.08，比斯宾塞法求得的数值大概低10%。这种情况下两种方法得出的计算结果的差异（10%）是比较典型的，因为，$\phi>0$ 时抗剪强度随正应力而产生变化，而瑞典条分法计算时条块底部的正应力都偏低很多。

条块	b /ft	h_{fill} /ft	γ_{fill} /pcf	h_{clay} /ft	γ_{clay} /pcf	W /lb	Δl	α	c /psf	ϕ /(°)	$W\cos\alpha$	$(W\cos\alpha)\tan\phi'$	$c'\Delta l$	$W\sin\alpha$
1	10.7	19.2	140	0.0	125	28706	40	74.5	0	40	7666	5432	0	27664
2	19.0	56.0	140	0.0	125	148726	40	61.6	0	40	70653	59285	0	130872
3	22.5	86.8	140	0.0	125	273040	35	49.6	0	40	176932	148464	0	207956
4	22.7	100.0	140	9.3	125	343995	29	39.3	2500	0	266206	0	73301	217869
5	35.2	91.2	140	28.0	125	572546	40	28.1	2500	0	504909	0	99788	269954
6	38.5	72.8	140	42.6	125	597628	40	15.3	2500	0	576542	0	99796	157348
7	27.3	56.3	140	49.2	125	382166	27	4.4	2500	0	381040	0	68427	29322
8	39.7	39.6	140	47.8	125	456562	40	−6.4	2500	0	453677	0	99781	−51247
9	37.7	20.3	140	38.9	125	290072	40	−19.3	2500	0	273752	0	99789	−95926
10	21.7	5.4	140	26.1	125	87202	25	−29.8	2500	0	75702	0	62405	−43283
11	24.7	0.0	140	10.0	125	30754	32	−38.7	2500	0	23931	0	79325	−19317
											总计：	214181	682612	831211

$$F=\frac{\sum[(W\cos\alpha)\tan\phi+c\Delta l]}{\sum W\sin\alpha}=\frac{214181+682612}{831211}=1.08$$

图 7.18 选取斯宾塞法搜寻到的临界滑动面，运用瑞典条分法对建在饱和黏土地基上的无黏性土边坡进行的手动稳定性计算

另外，为了对计算进行大致的复核，同时采用承载能力计算公式对安全系数进行计算，得出

$$F=5.53\frac{2500}{140\times100}=0.99 \tag{7.32}$$

式（7.32）中的承载能力系数是基于无限深地基的，对于本实例，其破坏机理受地基中有限的黏土厚度影响，因此采用式（7.32）会比较保守。尽管式（7.32）的承载能力表达式对本实例堤坝稳定性的评价偏低，但是它提供了一种初步筛查潜在问题的简便方法。总而言之，如果承载能力安全系数接近或者低于1.0，安全系数就很可能处于临界值或者偏高一点，需要另外进行深入分析确保安全性。

小结

- 斯宾塞法和简化的毕肖普法得出的安全系数数值几乎一样。
- 不考虑校正因子的简化的詹布法得出的安全系数偏低，但是校正后的结果在数值准确性方面有所提高。
- 瑞典条分法得出的安全系数偏低，但是提供了一种复核计算成果的近似方法。
- 饱和黏土地基上承载能力的简化公式对稳定性的评价偏保守，但是可以用作一种筛查工具。

7.7.5　实例 5：Oroville 大坝——用强度包络曲线分析

由于 Oroville 大坝较高（778ft），且大坝从顶到底的压力变化较大，莫尔破坏包络曲线的应用就尤其重要。大坝最高坝段的横断面如图 7.19 所示。透水坝壳及过渡段由闪岩料碾压而成。如第 5 章所述，对于大多数颗粒状材料而言，莫尔强度包络线都是曲线。

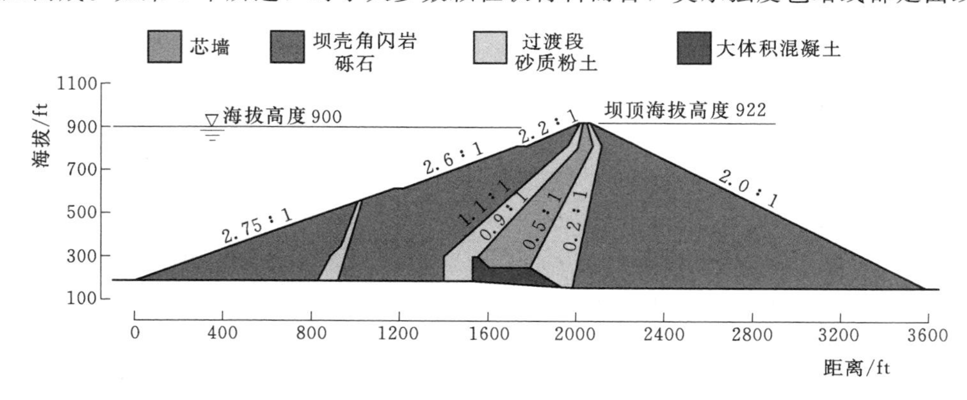

图 7.19　Oroville 大坝最大坝高断面

（1）强度包络曲线。

这里描述的分析中，抗剪强度以割线摩擦角 $\phi'=\tan^{-1}(\tau/\sigma')$ 为特征参数。如第 5 章所述，割线摩擦角随压力而变化，其与最小主应力 σ_3' 的关系为

$$\phi'=\phi_0-\Delta\phi\log_{10}\left(\frac{\sigma_3'}{p_a}\right) \tag{7.33}$$

式中　ϕ_0——1 个标准大气压围压（σ_3'）下的摩擦角；

$\Delta\phi$——围压作用下一个 log 循环（10 为底数）的摩擦角的减少量；

p_a——大气压力。

这个方法可以用于表征坝壳及过渡段的材料强度。芯墙的抗剪强度可由双线性 $c-\phi$ 曲线来表征。强度参数汇总见表 7.6。

表 7.6　　Oroville 大坝强度参数

区域	强　度　参　数	γ/pcf	参考
坝壳	$\phi_0=50°$，$\Delta\phi=7°$	150	第 5 章
过渡段	$\phi_0=53°$，$\Delta\phi=8°$	150	Duncan 等（1989）
芯墙	对于 $\sigma_N<44560$psf，$c=2640$psf，$\phi=25°$；对于 $\sigma_N>44560$psf，$c=20300$psf，$\phi=4°$	150	Duncan 等（1989）

（2）边坡稳定计算。

Oroville 大坝筑坝材料的强度通过两种方法进行描述。第一种分析中，三个分区（坝壳、过渡段和芯墙）的材料强度都采用分段线性强度包络线。第二种分析中，坝壳和过渡段材料的强度以幂函数形式的非线性强度包络线来表示，芯墙材料则以双线性强度包络线表征。

（3）所有材料均以分段线性破坏包络线表示的分析。

坝壳强度包络线关键点数据见表 7.7。计算这些点数据的步骤为：①挑选能覆盖所需

应力范围的 σ_3 值；②利用式（7.33）计算每个 σ_3 对应的 ϕ' 值；③利用式（5.5）计算相应的 σ'_N 值；④计算 $\tau=\sigma'_N\tan\phi$ 的数值。

表 7.7　Oroville 大坝坝壳分段线性强度包络线上的 σ_N 和 τ 值

σ_3/psf	ϕ/(°)	σ'_N/psf	τ/psf
0	—	0	0
100	59.3	186	313
200	57.2	368	570
400	55.1	728	1042
800	53.0	1439	1906
1600	50.8	2841	3489
3200	48.7	5606	6390
6400	46.6	11053	11702
12800	44.5	21776	21420
25600	42.4	42869	39174
51200	40.3	84325	71548
102400	38.2	165734	130450

采用同样的方法对过渡段强度包络线的关键点数据进行了计算，其中 $\phi_0=53°$，$\Delta\phi=8°$。心墙的强度选取了双曲线强度包络线，其中 $\sigma_N<44560$psf 时，取 $c=2640$psf、$\phi=25°$；$\sigma_N>44560$psf 时，取 $c=20300$psf、$\phi=4°$。

临界圆弧滑动面如图 7.20 所示。通过 UTEXAS、SLOPE/W 和 SLIDE 计算得出的安全系数都相同（$F=2.16$）。由于 Phase^2 不包含分段线性莫尔强度包络线选项，就不能对该实例进行 SRF 分析。

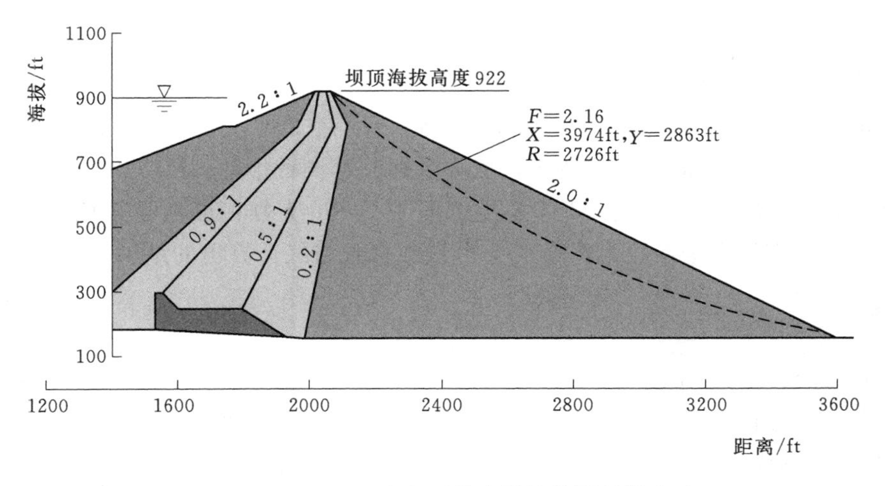

图 7.20　Oroville 大坝下游边坡临界圆弧滑动面

复核计算机成果的一个方法就是运用条分法，如瑞典条分法或者简化的毕肖普法通过电子表格对安全系数进行计算。每个条块根据正应力 σ'_N 的不同，摩擦角也随之变化。采用瑞典条分法进行此类计算最容易，因为正应力可以通过下列与剪切强度不相关的公式进行计算。

$$\sigma_N' = \frac{W\cos\alpha - u\Delta l\cos^2\alpha}{\Delta l} \tag{7.34}$$

采用简化的毕肖普法时，正应力取决于摩擦角（也就是说，正应力是未知成果的一部分）。因此，首先必须估算出正应力以计算摩擦角，然后通过试错法不断进行计算直到估算值与计算值比较吻合。为了对简化的毕肖普法中的初始摩擦角进行估算，可以从垂直的覆土压力估算每个条块底部的正应力，或者运用瑞典条分法计算出正应力再估算出条块底部的正应力。

因为这个实例中下游边坡的临界滑动面比较浅，就采用了无限边坡法对计算机成果进行复核。复核时需要对计算机成果中找到的临界滑动面的平均正应力进行计算。平均正应力可采用如下公式计算：

$$\sigma_{av}' = \frac{\sum \sigma_i \Delta l_i}{\sum \Delta l_i} \tag{7.35}$$

其中的求和是针对所有的条块。通过计算得出临界滑动面的平均正应力为 12175 psf。从表 7.7 中的非线性莫尔破坏包络线可以看出对应的剪应力 τ 为 12900psf，等效割线摩擦角为 46.7°。基于无限边坡法得出的安全系数为

$$F = \frac{\tan\phi'}{\tan\beta} = \frac{\tan 46.7°}{1/2.0} = 2.12 \tag{7.36}$$

通过无限边坡分析得出的这个数值（2.12）与计算机成果中的临界滑动面安全系数 2.16 相差不到 2%。

如第 6 章所述，边坡稳定分析中体现包络曲线的一个办法就是采用幂函数的形式拟合 $\tau-\sigma'$ 的关系数据，如表 7.7 中列出的数据。可以写成如下幂函数形式：

$$\tau = a p_a \left(\frac{\sigma_N'}{p_a}\right)^b \tag{7.37}$$

式中 a、b——土的强度参数；

p_a——大气压力，单位与应力单位一致。

表 7.7 的数据图示如图 7.21 所示，拟合数据的幂函数中的 $a=1.289$、$b=0.906$。幂函数精确拟合了非线性包络线。SLIDE 模拟的 Oroville 大坝横断面就采用了幂函数包络线选项，计算得出的安全系数为 2.16，与分段线性包络线计算出的结果一致。

小结

1）当摩擦角与围压应力相关时，摩擦角可以方便地表达为以围压 σ_3 为函数的割线角。在边坡稳定分析时就需要额外的步骤来确定一个等效的非线性莫尔破坏包络线。

2）对于无黏性土中的浅层滑动，即使破坏包络线是非线性的，也可以通过无限边坡分析来复核稳定计算成果。当无限边坡分析中的莫尔破坏包络线是非线性时，可以通过计算机解中滑动面上的平均正应力来确定割线摩擦角。

3）抗剪强度包络线的幂函数是对非线性破坏包络线的一个有效表达方式。

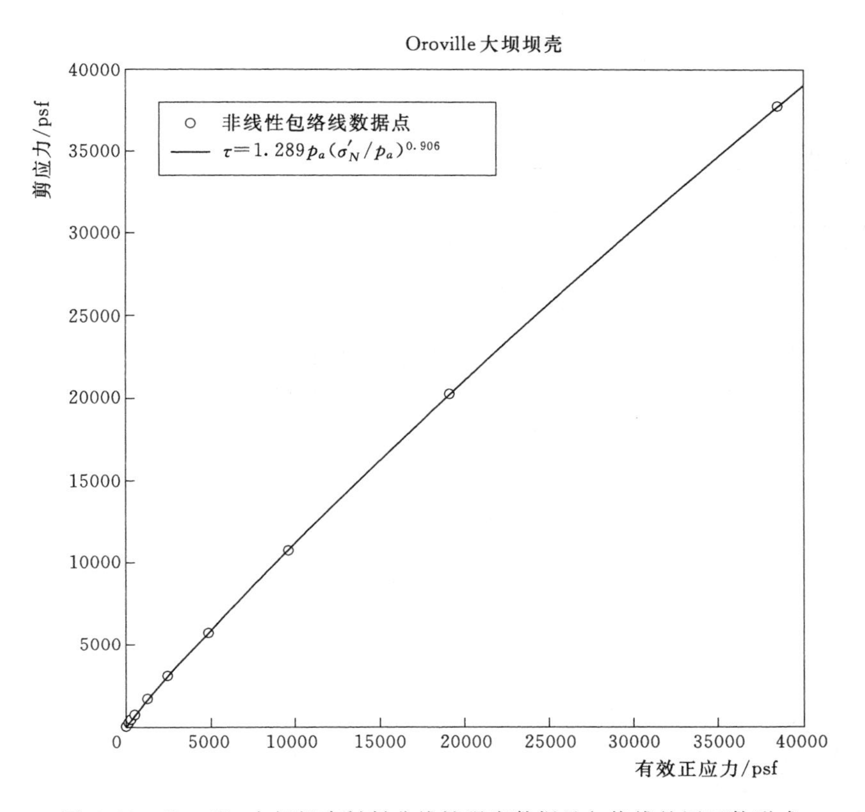

图 7.21 Oroville 大坝坝壳材料非线性强度数据及包络线的幂函数形式

7.7.6 实例 6：詹姆斯湾堤

詹姆斯湾水电工程中设计了一座建在软弱敏感性黏土上的堤防（Christian 等，1994；Duncan 等，2003）。其中拟建堤防的一个典型横断面如图 7.22 所示，图中汇总了堤防土及其地基土的特征参数。

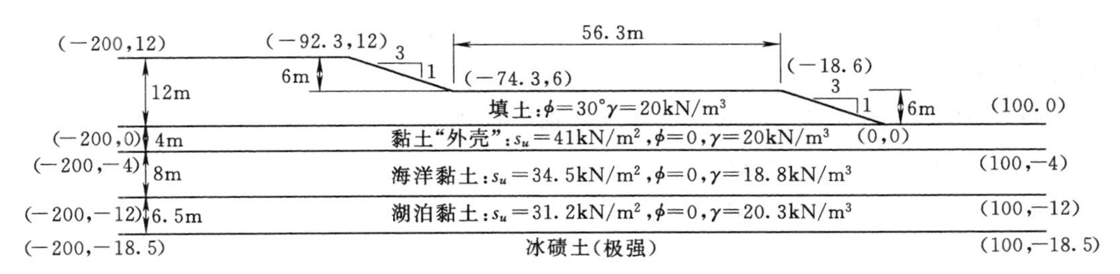

图 7.22 詹姆斯湾堤防的横断面

按照圆弧滑动面计算得出的最小安全系数为 1.45。通过 UTEXAS4、SLOPE/W 和 SLIDE 求得的安全系数也相同。Christian 等（1994）在其最初的设计分析中也得出了这一数值（$F=1.45$）。临界滑动面的位置如图 7.23 所示。

Duncan 等（2003）的研究表明采用非圆弧滑动面进行分析时计算的安全系数明显偏低。

通过 SLIDE 和 SLOPE/W 对非圆弧滑动面，即复合面进行分析的结果如图 7.24 所

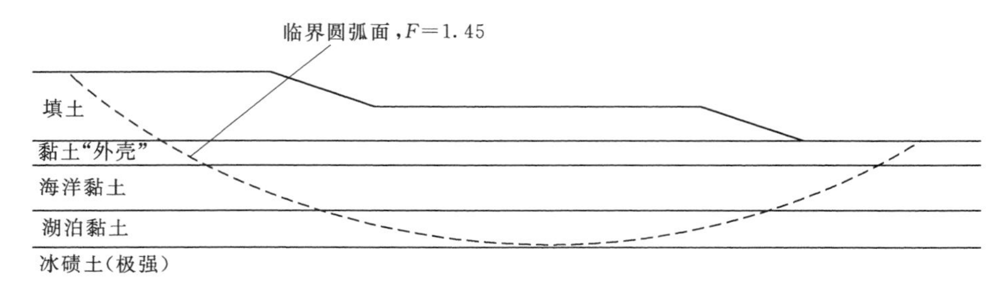

图7.23　斯宾塞法确定的詹姆斯湾堤防临界圆弧滑动面

示。复合面是在一个圆弧滑动面基础上，在其与坚硬地层交界处进行修剪连接而得。在詹姆斯湾横断面上，坚硬地层为断面底部的冰碛土。临界复合破坏面如图7.24所示。复合面的最小安全系数为1.17，比采用圆弧滑动面算得的1.45明显偏低。

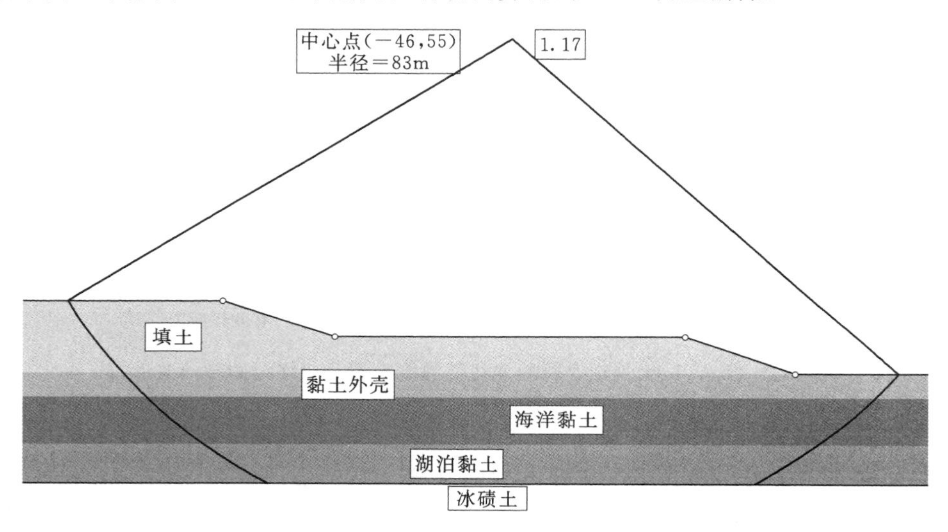

图7.24　由SLIDE确定的詹姆斯湾堤防复合破坏滑动面

另外还运用自动搜寻程序无限制地搜寻极限临界非圆弧滑动面。UTEXAS4、SLOPE/W和SLIDE运用迭代法沿非圆弧面移动点的坐标来确定最小安全系数。运用这种办法通过SLIDE搜寻到的极限临界非圆弧滑动面如图7.25所示。相应的最小安全系数为1.16，比选用图7.24所示组合滑动面计算得出的安全系数小1%。通过SLOPE/W和UTEXAS4运用非圆弧搜寻程序计算的安全系数与之相同。

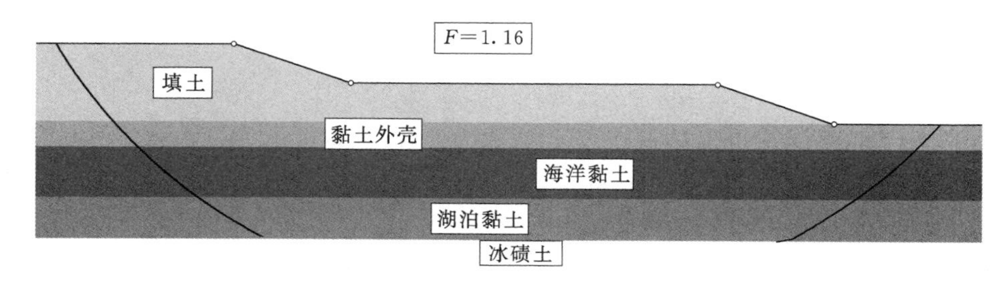

图7.25　运用SLIDE确定的詹姆斯湾堤非圆弧破坏面

同时也运用 Phase² 进行了有限元强度折减（SRF）法分析。如之前所述，强度折减法的优点之一就是不需要确定一个临界破坏面的位置。在计算截面内应力的过程中可以自动找出临界的破裂区。

运用 Phase² 进行 SRF 分析得出的剪应变等值线如图 7.26 所示。从等值线中可以看出明显的破坏区，与极限平衡法分析得出的临界非圆弧面在形状上相当接近。但是计算的安全系数（1.26）比极限平衡法求出的最小安全系数高出约 9%。这一差异表明 SRF 分析应当单独作为一种边坡稳定分析方法。

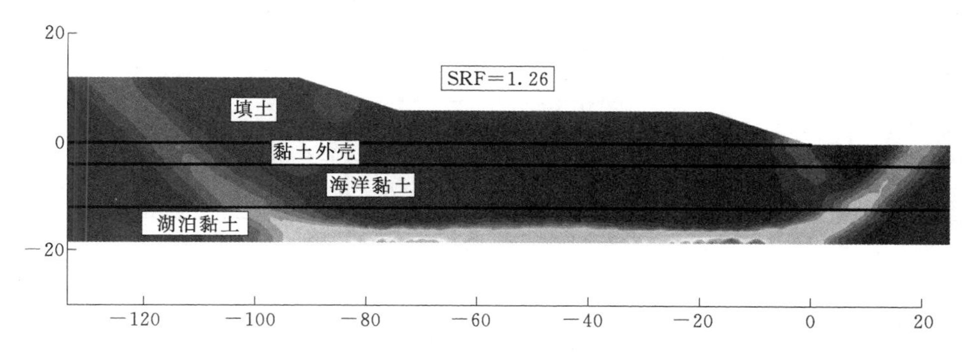

图 7.26 运用 SRF 有限元分析确定的剪应变等值线云图

为了验证极限平衡法的分析结果，可以另外通过力的平衡分析电子表格进行计算。本实例的分析中假定条间力相互平行且条间力的倾角为 2.7°，通过斯宾塞法确定条间力的大小。电子表格计算如图 7.27 所示。计算得出的安全系数为 1.17，正如预期，验证了斯宾塞法的计算值。

Christian 等（1994）在介绍詹姆斯湾堤设计的论文中讨论了抗剪强度数值的不同及不确定性对计算安全系数的影响。他们的研究表明抗剪强度的不同对稳定评价的重要性。之前展示的研究结果表明选取非圆弧滑动面非常重要，另外也重点说明临界滑动面准确定位的重要性。

小结

1）非圆弧滑动面的安全系数可能比圆弧形滑动面的安全系数明显偏低。

2）临界圆弧面为搜寻临界非圆弧滑动面提供了一个很好的起始面。

3）SRF 分析的优点是在计算应力的过程中可以找到破坏区。

4）考虑斯宾塞法的条间力倾角，运用电子表格进行力的平衡分析为复核计算结果提供了一个很好的方法，而且这种分析方法同时适用于圆弧滑动面和非圆弧滑动面。

7.7.7 实例 7：稳定渗流场作用下的均质土坝

图 7.28 为一建在相对不透水地基上的均质土坝。假定坝左岸进水形成稳定渗流场。对该坝进行了稳定计算以评价下游边坡的长期稳定性。分析采用了断面图上所示的有效应力排水剪强度参数。

（1）孔隙水压力。

对该坝进行了有限元渗流分析以计算孔隙水压力。在 UTEXAS4 分析中，可以采用

条块质量计算

条块	b	h_1	γ_1	h_2	γ_2	h_3	γ_3	h_4	γ_4	W
1	7.7	6.0	20		20		18.8		20.3	926
2	4.7	12.0	20	2.0	20		18.8		20.3	1319
3	10.2	12.0	20	4.0	20	4.0	18.8		20.3	4019
4	11.2	11.5	20	4.0	20	8.0	18.8	3.2	20.3	5868
5	12.1	8.0	20	4.0	20	8.0	18.8	6.5	20.3	6333
6	28.2	6.0	20	4.0	20	8.0	18.8	6.5	20.3	13572
7	28.2	6.0	20	4.0	20	8.0	18.8	6.5	20.3	13572
8	11.9	4.0	20	4.0	20	8.0	18.8	6.5	20.3	5270
9	9.9	0.6	20	4.0	20	8.0	18.8	3.2	20.3	3064
10	9.3		20	4.0	20	4.0	18.8		20.3	1446
11	4.2		20	2.0	20		18.8		20.3	168

安全系数计算

条块	W	α	Δl	c	ϕ	u	$W\sin\alpha$	$-c\Delta l-(W\cos\alpha-u\Delta l)\tan\phi$	$F_1=1.0$		$F_2=1.2$		$F_3=1.4$	
									n_α	Z_{i+1}	n_α	Z_i+1	n_α	Z_{i+1}
1	926	57.2	14.3	0.0	30	0	779	−289	1.050	466	0.972	554	0.916	624
2	1319	40.3	6.2	41.0	0	0	854	−253	0.791	1225	0.791	1366	0.791	1475
3	4019	38.2	12.9	34.5	0	0	2485	−446	0.814	3730	0.814	3962	0.814	4137
4	5868	30.2	12.9	31.5	0	0	2952	−406	0.887	6601	0.887	6909	0.887	7139
5	6333	0.0	12.1	31.5	0	0	0	−382	0.999	6218	0.999	6591	0.999	6866
6	13572	0.0	28.2	31.5	0	0	0	−887	0.999	5331	0.999	5851	0.999	6232
7	13572	0.0	28.2	31.5	0	0	0	−887	0.999	4453	0.999	5111	0.999	5597
8	5270	0.0	11.9	31.5	0	0	0	−375	0.999	4068	0.999	4798	0.999	5329
9	3064	−33.1	11.9	31.5	0	0	−1675	−374	0.811	1541	0.811	2348	0.811	2934
10	1446	−40.6	12.3	34.5	0	0	−942	−424	0.728	−336	0.728	569	0.728	1224
11	168	−43.7	5.8	41	0	0	−116	−238	0.690	−847	0.690	114	0.690	811

$$Z_{i+1}=Z_i+\frac{W\sin\alpha-\dfrac{-c\Delta l+(W\cos\alpha-u\Delta l)\tan\phi'}{F}}{n_\alpha}$$

$$n_\alpha=\cos(\alpha-\theta)+\frac{\sin(\alpha-\theta)\tan\phi'}{F}$$

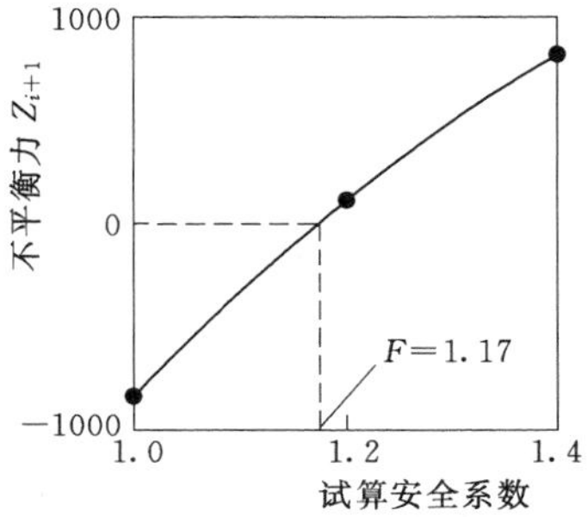

图 7.27　采用极限平衡法对詹姆斯湾堤进行的电子表格计算

GMS/SEEP2D 软件实现这个目的（Tracy，1991；EMRL，2001）。SLIDE 则有个内置的有限元渗流模块。在 SLOPE/W 分析中，可以运用有限元渗流程序 SEEP/W。土体中的孔隙水压可以通过边坡稳定分析软件提供的不同的插值方案来确定。

稳定渗流分析中的孔隙水压力可以通过浸润面各点的 x 和 y 确定。也可以用有限元

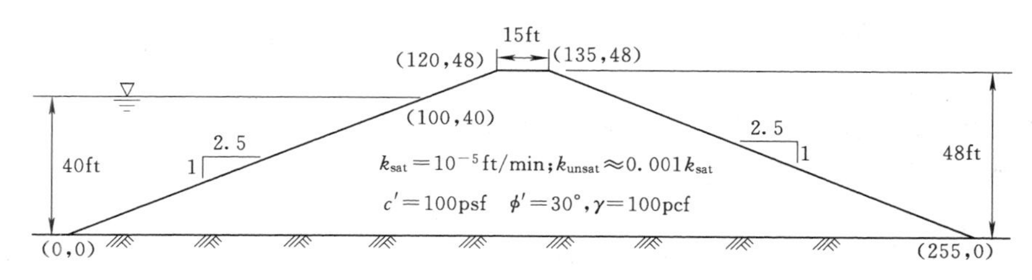

图 7.28　稳定渗流场作用下的均质土坝横断面

渗流分析确定浸润面的位置，如图 7.29 中横断面上所示。坐标值见图中表格。所有的有限元渗流计算程序均能提供大致相同的浸润面位置。假定浸润面与渗流分析中的零孔隙水压力线重合。大量包含饱和与非饱和水流模型的有限元渗流分析表明，零孔隙水压力等值线与经典的渗流线或者面层流线非常接近，Casagrande（1937）描述了饱和水流的这一特点。这也是潜水面。

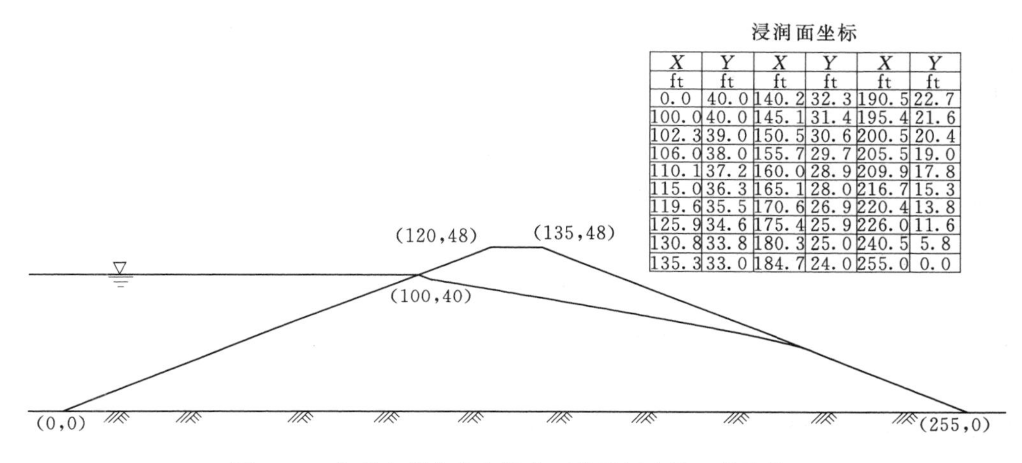

浸润面坐标

X ft	Y ft	X ft	Y ft	X ft	Y ft
0.0	40.0	140.2	32.3	190.5	22.7
100.0	40.0	145.1	31.4	195.4	21.6
102.3	39.0	150.5	30.6	200.5	20.4
106.0	38.0	155.7	29.7	205.5	19.0
110.1	37.2	160.0	28.9	209.9	17.8
115.0	36.3	165.1	28.0	216.7	15.3
119.6	35.5	170.6	26.9	220.4	13.8
125.9	34.6	175.4	25.9	226.0	11.6
130.8	33.8	180.3	25.0	240.5	5.8
135.3	33.0	184.7	24.0	255.0	0.0

图 7.29　均质土坝中作为潜水面的零压力线（等值线）

各种程序中对内水压力的定义术语不一致。SLIDE 以“测压线”或者“水位”定义水面。两者的区别在于“水位”能自动提供边界水压力，而“测压线”则不能。对于这些水面的定义方式，都可以利用距潜水面的垂直距离，或者如第 6 章所描述的那样通过修改依赖于潜水面坡度的垂直距离来计算孔隙水压力。在 SLIDE 中这个功能被称为“H_u 修正”。SLOPE/W 将水面定义为“测压线”。程序可以自动考虑潜水面坡度，这一功能被称为“潜水修正”。UTEXAS4 允许使用者指定一个“潜水面”，但是不能自动进行潜水面调整。

本实例中的边坡稳定计算通过三种方法确定孔隙水压力。第一种是以有限元稳定渗流分析得到的节点插值孔隙压力为基础计算得出。第二种是不修正潜水面坡度，以距潜水面的垂直距离为基础计算孔隙水压力。第三种是考虑对潜水面坡度的修正，通过计算程序自动计算孔隙水压力。有限元分析选用程序 Phase[2]，从有限元内部渗流场中计算出孔隙水压力，同时也从指定的潜水面计算孔隙水压力，但程序没有对潜水面坡度做修正。

虽然渗流场在潜水面以上的最上部区域的孔隙水压力为负值，整个边坡稳定计算中都将忽略这些为负值的孔隙水压力。可能存在的负孔隙水压力对稳定有轻微的影响，但是在这个问题上影响非常小，忽略这些负值孔隙水压力是合理的。只有在边坡正常运行寿命内持续存在负的孔隙水压力时，才需要在稳定计算时考虑它们的影响。对于绝大部分边坡，负的孔隙水压力不太可能持续存在。

（2）稳定分析。

首先运用上述讨论的三种孔隙水压力的表示法进行边坡稳定计算。计算都采用斯宾塞法。选取每种孔隙水压力表示法时都通过自动搜寻功能定位临界圆弧面。通过 SLIDE 确定的临界圆弧面如图 7.30 所示。图中还显示了确定孔隙压力的有限元网格。各种计算程序得出的最小安全系数汇总于表 7.8。

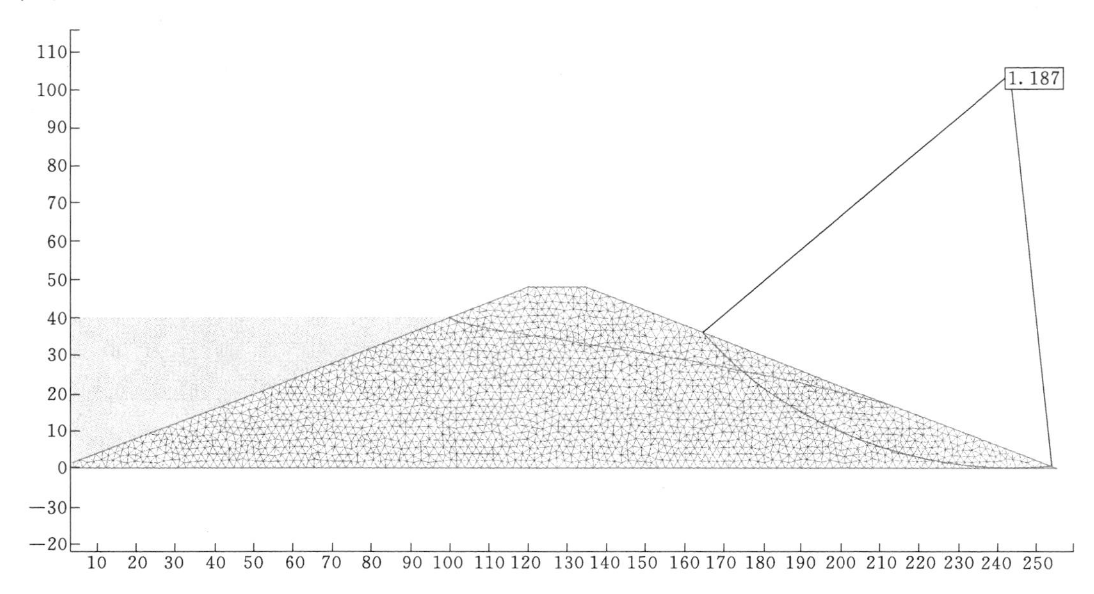

图 7.30　实例 7：为通过有限元法确定孔隙水压力而运用 SLIDE 和斯宾塞法得出的实例 7 的临界破坏面

表 7.8　　稳定渗流下均质土坝的边坡稳定安全系数（斯宾塞法和临界滑动面）

孔隙水压力表征法	UTEXAS	SLIDE	SLOPE/W	$Phase^2$
有限元分析	1.19	1.19	1.19	1.11
测压线	1.16	1.16	1.16	1.07
考虑潜水面修正的测压线	1.24	1.22	1.22	N/A

这三种极限平衡法程序算出的安全系数都相当接近。将零压力线作为测压线且不考虑潜水面修正时得出的安全系数比采用从有限元结果中逐点插值得出的孔隙压力时求得的安全系数低约 3%。考虑潜水面修正时得出的安全系数比插值出孔隙水压力求得的安全系数高约 3%或 4%。

SRF 分析结果中的安全系数比极限平衡法分析得出的安全系数低约 8%。这可能由于 SRF 分析选用的是非圆弧滑动面，一般对应的安全系数较低。从 SRF 分析中得出的剪应变等值线云图如图 7.31 所示。

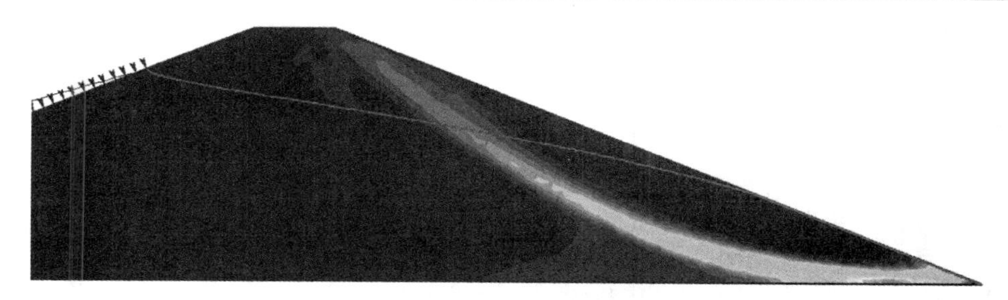

图 7.31 实例 7 通过 SRF 分析得出的剪应变等值线云图以及有限元渗流分析

通过电子表格计算程序和瑞典条分法手工进行计算，对上述计算结果进行验证。计算考虑了如第 6 章所述的瑞典条分法处理孔隙水压力的优选和替代方法。两套计算都选用测压线计算孔隙水压力。

采用优选和替代方法的瑞典条分法计算分别如图 7.32 和图 7.33 所示。采用处理孔隙水压力的优选方法时，安全系数的计算值为 1.19（图 7.32）。这个数值与有限元渗流计算结果一致，比采用斯宾塞测压线确定出的安全系数略高。瑞典条分法手动处理孔隙水压力的原始方法计算得出的安全系数更低，为 1.08，比其他方法得出的结果低约 10%。这与第 6 章瑞典条分法的结果一致，同时证明了图 7.32 中展示的方法更优。

最后一套计算使用了附录 A 中的图表。这些成果汇总如图 7.34 所示。图表计算得出的安全系数为 1.08。这个数值比最精确的计算结果略低。图表法略低的安全系数可能体现了渗流和孔隙水压力的近似处理。尽管如此，该实例中图表法成果仍能对其他精确度更高的成果的可靠性进行验证，并且偏保守。

部分	b /ft	h_{soil} /ft	γ_{soil} /pcf	W /lb	Δl	α /(°)	c' /psf	ϕ' /(°)	$h_{piezometric}$①	u_{psf}②	$u\Delta l\cos^2\alpha$	$W\cos\alpha$	$W\cos\alpha-u\Delta l\cos^2\alpha$	$(W\cos\alpha-u\Delta l\cos^2\alpha)\tan\phi'$	$c'\Delta l$	$W\sin\alpha$
1	7.3	2.6	125	2392	11.0	48.1	100	30	0.0	0	0	1597	1597	922	1096	1780
2	11.1	7.6	125	10580	14.4	39.8	100	30	3.4	213	1818	8128	6310	3643	1443	6772
3	7.3	10.9	125	9866	8.6	32.2	100	30	8.2	515	3160	8345	5185	2994	858	5264
4	7.5	12.1	125	11383	8.4	26.7	100	30	10.6	663	4462	10174	5711	3297	843	5107
5	5.1	12.5	125	7886	5.5	22.1	100	30	11.9	745	3488	7307	3819	2205	545	2966
6	7.3	12.2	125	11153	7.7	17.8	100	30	12.1	756	5253	10617	5364	3097	767	3418
7	11.6	10.8	125	15671	11.9	11.4	100	30	10.8	673	7669	15360	7691	4440	1186	3106
8	11.5	7.7	125	11098	11.5	3.8	100	300	7.7	482	5529	11073	5545	3201	1153	732
9	12.3	2.9	125	4466	12.4	−4.0	100	30	2.9	181	2225	4455	2230	1287	1235	−315
													总计：	25087	9126	28832

①$h_{水压力}$=深度水压线滑动面以下。
②$u=\gamma_w\times h_{水压力}$。

$$F=\frac{\sum[(W\cos\alpha-u\Delta l\cos^2\alpha)\tan\phi'+c\Delta l]}{\sum W\sin\alpha}=\frac{25087+9126}{28832}=1.19$$

图 7.32 瑞典条分法进行稳定渗流作用下的土坝稳定手动计算（选用孔隙水压力的优选表征法）

部分	b /ft	h_{soil} /ft	γ_{soil} /pcf	W /lb	Δl	α /(°)	c' /psf	ϕ' /(°)	$h_{piezometric}$①	u_{psf}②	$u\Delta l\cos^2\alpha$	$W\cos\alpha$	$W\cos\alpha-u\Delta L\cos^2\alpha$	$(W\cos\alpha-u\Delta l\cos^2\alpha)\tan\phi'$	$c'\Delta l$	$W\sin\alpha$
1	7.3	2.6	125	2392	11.0	48.1	100	30	0.0	0	0	1597	1597	922	1096	1780
2	11.1	7.6	125	10580	14.4	39.8	100	30	3.4	213	3080	8128	5048	2915	1443	6772
3	7.3	10.9	125	9866	8.6	32.2	100	30	8.2	515	4417	8345	3928	2268	858	5264
4	7.5	12.1	125	11383	8.4	26.7	100	30	10.6	663	5587	10174	45871	2648	843	5107
5	5.1	12.5	125	7886	5.5	22.1	100	30	11.9	745	4062	7307	3245	1873	545	2966
6	7.3	12.2	125	11153	7.7	17.8	100	30	12.1	756	5798	10617	4819	2782	767	3418
7	11.6	10.8	125	15671	11.9	11.4	100	30	10.8	673	7983	15360	7377	4259	1186	3106
8	11.5	7.7	125	11098	11.5	3.8	100	300	7.7	482	5553	11073	5521	3187	1153	732
9	12.3	2.9	125	4466	12.4	−4.0	100	30	2.9	181	2236	4455	2219	1281	1235	−315
													总计：	22136	9126	28832

①$h_{piezometric}$＝深度水压线滑动面以下。

②$u=\gamma_w\times h_{piezometric}$。

$$F=\frac{\sum[(W\cos\alpha-u\Delta l)\tan\phi'+c\Delta l]}{\sum W\sin\alpha}=\frac{22136+9126}{28832}=1.08$$

图 7.33　瑞典条分法进行稳定渗流作用下的土坝稳定手动计算(选用孔隙水压力的替代表征法)

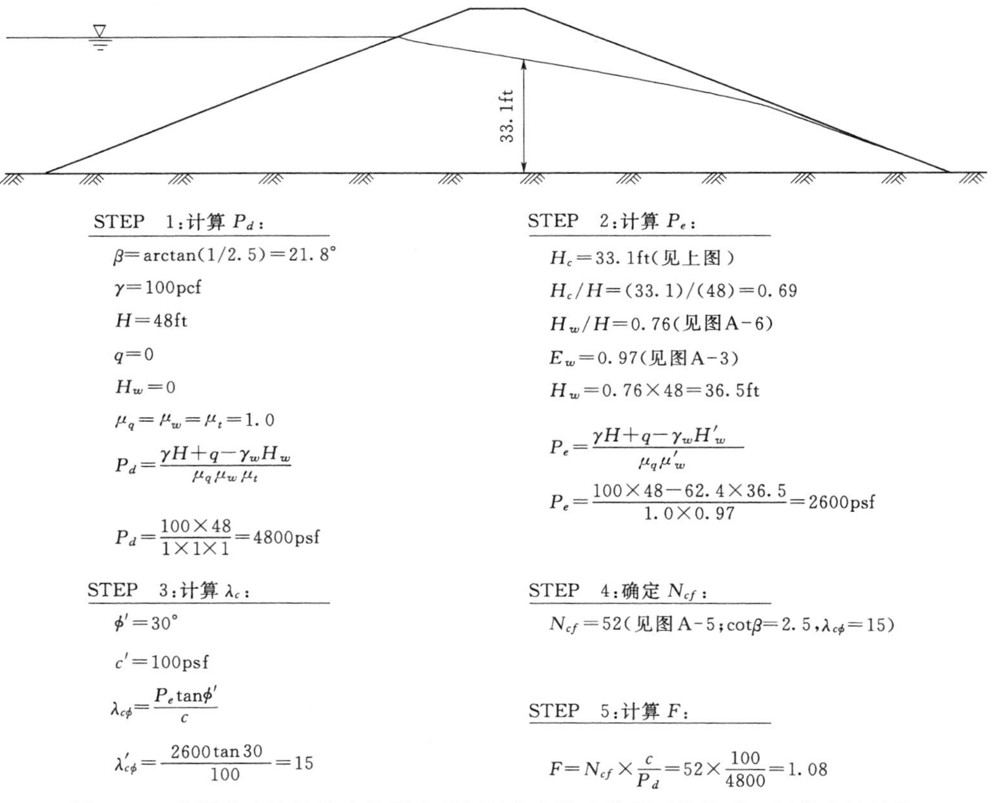

STEP　1:计算 P_d:

$\beta=\arctan(1/2.5)=21.8°$

$\gamma=100\text{pcf}$

$H=48\text{ft}$

$q=0$

$H_w=0$

$\mu_q=\mu_w=\mu_t=1.0$

$$P_d=\frac{\gamma H+q-\gamma_w H_w}{\mu_q\mu_w\mu_t}$$

$$P_d=\frac{100\times48}{1\times1\times1}=4800\text{psf}$$

STEP　2:计算 P_e:

$H_c=33.1\text{ft}$(见上图)

$H_c/H=(33.1)/(48)=0.69$

$H_w/H=0.76$(见图A-6)

$E_w=0.97$(见图A-3)

$H_w=0.76\times48=36.5\text{ft}$

$$P_e=\frac{\gamma H+q-\gamma_w H'_w}{\mu_q\mu'_w}$$

$$P_e=\frac{100\times48-62.4\times36.5}{1.0\times0.97}=2600\text{psf}$$

STEP　3:计算 λ_c:

$\phi'=30°$

$c'=100\text{psf}$

$$\lambda_{c\phi}=\frac{P_e\tan\phi'}{c}$$

$$\lambda'_{c\phi}=\frac{2600\tan30}{100}=15$$

STEP　4:确定 N_{cf}:

$N_{cf}=52$(见图A-5;$\cot\beta=2.5$,$\lambda_{c\phi}=15$)

STEP　5:计算 F:

$$F=N_{cf}\times\frac{c}{P_d}=52\times\frac{100}{4800}=1.08$$

图 7.34　采用詹布边坡稳定性图表进行的稳定渗流作用下的均质土坝稳定性计算

小结

1）有限元渗流分析中的零压力线可以用于定义测压线以及（或者）潜水面。

2）将零压力线作为测压线时计算得出的安全系数比以插值形式表征孔隙水压力时得出的安全系数低约3%。考虑潜水面修正时得出的安全系数比考虑插值形式的孔隙水压力时得出的安全系数高约3%或4%。

3）各种程序对水面的定义术语各不相同。

4）第6章推荐的计算有效应力的瑞典条分法形式得出的结果比原始形式更接近完全平衡法得出的成果。

7.7.8　实例8：厚芯墙坝的稳定渗流场

本节对图7.35所示的土坝进行了一系列与前述实例类似的稳定计算。芯墙和坝壳土体材料的特征参数也列入图中。本实例的首要目的是通过附加计算验证边坡稳定分析中不同孔隙水压力表示方法的不同，并通过简化的毕肖普法开展的等效应力分析来展示电子表格法的计算成果。

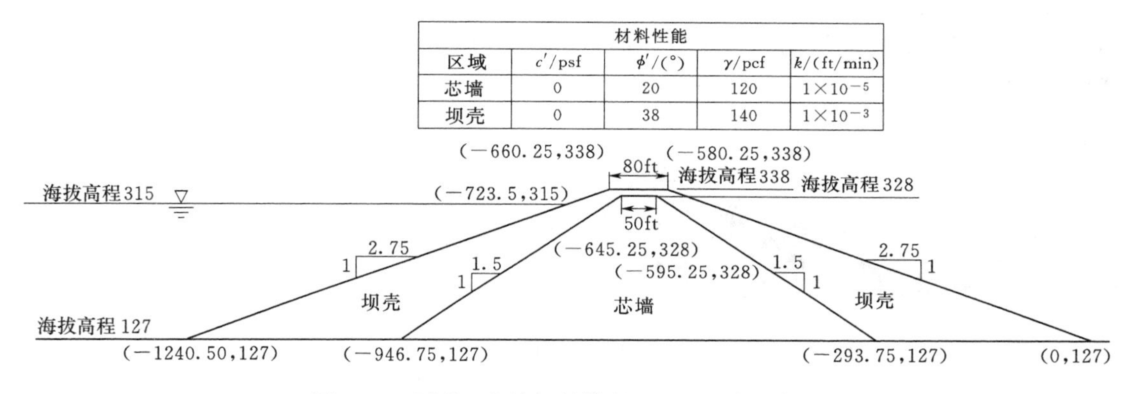

图7.35　厚黏土芯墙坝的横断面及土的特征参数

通过3种有限元渗流分析程序（SEEP2D、SLIDE和SEEP/W）对孔隙水压力进行了计算。与实例7一样，不同程序中的潜水面位置都很吻合。运用以斯宾塞法和圆弧滑动面为基础的3种程序UTEXAS、SLIDE和SLOPE/W，对3种孔隙水压力表征方式下的边坡稳定进行了计算。这些计算成果汇总见表7.9。采用SEEP/W计算得出孔隙压力，再通过SLOPE/W确定的临界破坏面如图7.36所示。

表7.9　3种孔隙压力表征方式下运用极限平衡法和SRF计算程序得出的安全系数

孔隙压力计算方法	UTEXAS	SLIDE	SLOPE/W	$Phase^2$
有限元分析	1.69	1.70	1.67	1.57
测压线法	1.67	1.69	1.67	1.56
修正的测压线法	1.70	1.70	1.69	—

表中安全系数之间的大小规律与上一个均质土坝实例中表现出的规律非常类似，而且

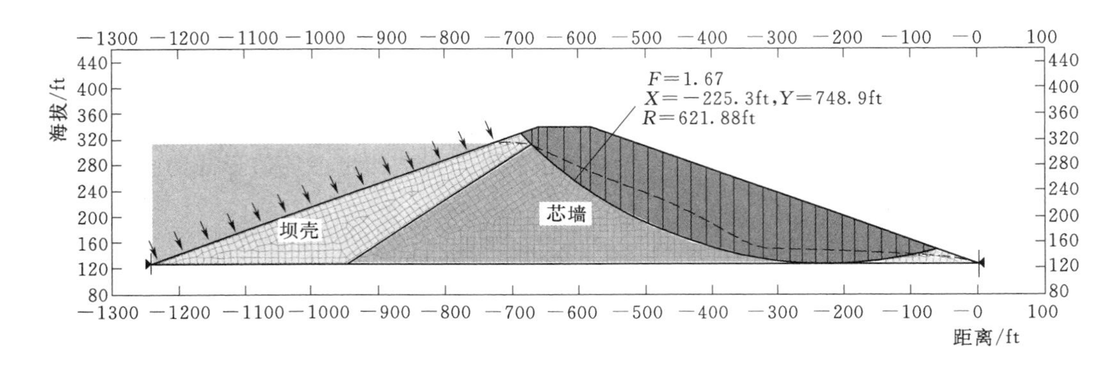

图 7.36　在 SEEP/W 计算得出的孔隙压力作用下通过 SLOPE/W 确定的临界破坏面

本实例各安全系数的差异更小。本实例 3 种孔隙压力表征方式下得出的安全系数大小也非常接近。

本实例开展的 SRF 分析分别采用插值形式的孔隙压力以及基于潜水面得到的孔隙压力。SRF 分析得出的安全系数比通过极限平衡法确定的安全系数低约 8%。这个差异有可能导致极限平衡分析中使用的圆弧破坏面与 SRF 分析得出的非圆弧破碎带有所不同，如图 7.37 所示。

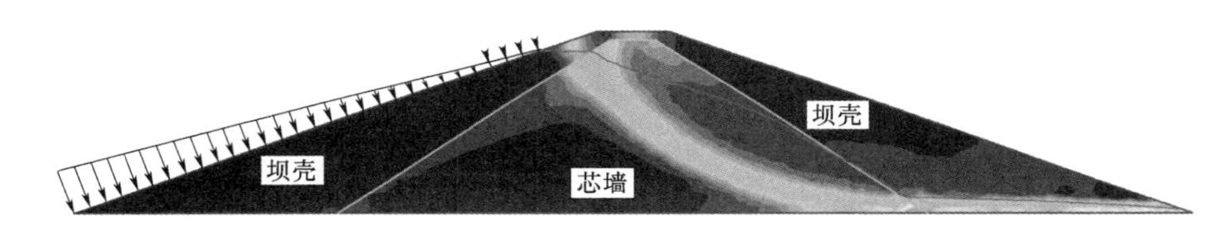

图 7.37　实例 8 通过 SRF 分析得出的剪应变等值线云图，孔隙压力通过有限元渗流分析确定

另外，运用简化的毕肖普法以及测压线表征的孔隙水压力，对本实例进行了额外的附加计算。简化的毕肖普法计算出的安全系数为 1.61，比斯宾塞法得出的对应数值（1.67）低约 4%。采用简化的毕肖普法计算安全系数的一个目的是将计算机成果中的数值与电子表格法手工成果中的数值进行比较。在简化的毕肖普法得出的临界圆弧面下采用电子表格法求得的成果总结如图 7.38 所示。电子表格成果中的安全系数（1.61）与计算程序得出的数值相同。

小结

1）各表征孔隙水压力的方式下，均质土坝得出的计算结果很相似。3 种孔隙水压力表征方式下的成果接近，其中以测压线表示孔隙水压力的方式下求得的安全系数最小。

2）考虑圆弧滑动面的情况下，毕肖普法提供了一种对计算机分析得出的有效应力进行复核的可用方法。

部分	b/ft	h_{shell}/ft	γ_{shell}/ft	h_{core}/ft	γ_{core}/pcf	W/lb
1	20.0	13.1	140	0.0	120	36659
2	35.2	20.8	140	26.6	120	215174
3	65.0	10.0	140	76.0	120	683527
4	62.5	29.5	140	84.9	120	894190
5	89.9	52.5	140	69.1	120	1406585
6	105.7	82.2	140	34.2	120	1648280
7	21.2	101.4	140	5.6	120	315386
8	81.8	92.2	140	0.0	120	1055716
9	114.7	54.1	140	0.0	120	867907
10	49.8	14.2	140	0.0	120	98993

(a)

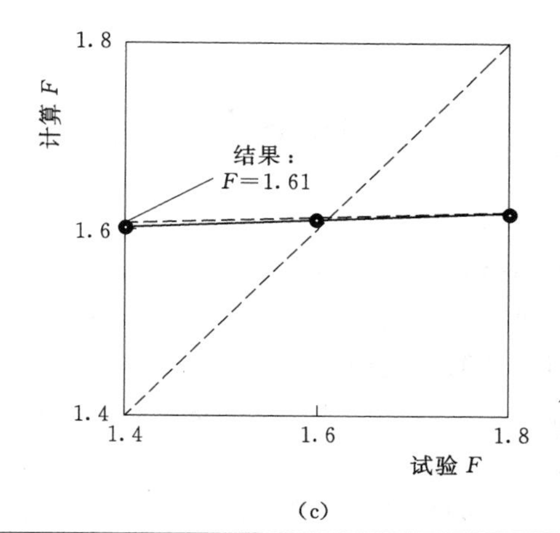

(c)

部分	W/lb	α/(°)	Wsinα	c'/psf	φ/(°)	$h_{piezometric}$①	u②/psf	$c'b+(W-ub)\tan\phi'$	计算值 F=1.4 m_α	计算值 F=1.4 $[c'b+(W-ub)\tan\phi]\div m_\alpha$	计算值 F=1.6 m_α	计算值 F=1.6 $[c'b+(W-ub)\tan\phi]\div m_\alpha$	计算值 F=1.8 m_α	计算值 F=1.8 $[c'b+(W-ub)\tan\phi']\div m_\alpha$
1	36659	43.2	25.110	0	38	0.0	0	28641	1.11	28641	1.06	26942	1.03	27918
2	215174	40.2	138831	0	20	23.2	1450	59724	0.93	59724	0.91	65575	0.89	666770
3	683527	35.0	391572	0	20	38.3	2392	192187	0.97	192187	0.95	202309	0.94	205441
4	894190	28.7	429214	0	20	55.3	3449	247055	1.00	247055	0.99	250447	0.97	253565
5	1406585	21.7	519784	0	20	59.9	3741	389600	1.03	389600	1.01	384494	1.00	388071
6	1648280	13.1	374514	0	20	34.2	2131	517970	1.03	517970	1.03	505074	1.02	507919
7	315386	7.7	42435	0	20	11.5	719	109240	1.03	109240	1.02	106939	1.02	107296
8	1055716	3.4	62854	0	38	12.9	805	773349	1.03	773349	1.03	752799	1.02	755174
9	867907	−4.8	−72569	0	38	7.2	452	637567	0.95	671239	0.96	667142	0.96	663990
10	98993	−11.7	−20099	0	38	0.0	0	77342	0.87	77342	0.88	87886	0.89	86799
合计：			1891646						合计：	3033119	合计：	3049608	合计：	3062944

①$h_{piezometric}$=深度水压线滑动面以下。

②$u=\gamma_w\times h_{piezometric}$。

$$F_1=\frac{3033119}{1891646}=1.603\quad F_2=\frac{3049608}{1891646}=1.612\quad F_3=\frac{3062944}{1891646}=1.619$$

$$F=\frac{\sum\left[\frac{c'b+(W-ub)\tan\phi'}{m_\alpha}\right]}{\sum W\sin\alpha}\qquad m_\alpha=\cos\alpha+\frac{\sin\alpha\tan\phi'}{F}$$

(b)

图 7.38 采用简化的毕肖普法对稳定渗流作用下的黏土芯墙坝进行的手工稳定计算

(a) 计算条块重量；(b) 计算安全系数；(c) 对 F 的试错法计算汇总

第8章 边坡及堤坝加固

加固措施可以提高边坡和堤坝的稳定性，使得边坡和堤坝的建造体型比没有加固措施时更陡更高。加固措施主要有4种应用类型。

（1）加筋土边坡（RSS）。

在填土坡内按设计计算的垂直间距布置多层加筋层。加筋结构是用于增加加筋结构穿过的滑动面的安全系数，使边坡能够比没有加筋结构时修建的更陡。

（2）软弱地基上的加固堤坝。

建在软弱地基上的堤坝底部布置加固措施可以提高穿过堤坝滑动面的安全系数，使堤坝能够比没有加固措施时修建的更高。

（3）重力式自稳固挡墙（MSEW）和模块式挡墙（MBRW）。

MSEW和MBRW已经发展出几种不同的专有体系，用于传统挡墙的备选方案。尽管过去也有专有设计方法，现在都采用国家混凝土圬工协会的SR墙或者由美国联邦公路管理局（FHWA）制定的专属计算机程序MSEW（2000）。

（4）锚固墙。

垂直支护桩墙或泥浆槽混凝土墙可以在一个或多个水平方向进行“绑定”或锚定，以为挖掘或填充作业提供支持。锚固墙已经应用于短期和永久支护。本章讨论的方法可以用于评价对锚固墙的稳定产生影响的多种因素。

8.1 考虑加固能力的极限平衡分析

加固边坡可以采用第6章中描述的方法进行分析，分析中将加固力作为已知力考虑。Zornberg等（1998a，1998b）通过离心机试验表明可以通过极限平衡法对加固边坡进行可靠的安全系数计算和破坏机理分析。分析中采用了ϕ'的峰值，分析结果与试验结果比较一致。

为了满足目标安全系数的要求，需要进行反复试算，不断变化加固力的大小直到计算的安全系数达到要求值，以此来确定需要的加固力。有些计算程序能自动完成这一操作，即输入要求的安全系数，输出即为需要的加固力。这类程序更适用于加固边坡的设计，因为不需要重复的分析。但是在设计MSE边坡时仍应考虑很多实践方面的问题。

边坡的最佳设计可能需要使用不同强度的土工格栅或者土工布。保持不同强度材料所应用的区域互相独立通常是比较困难的，难以按设计准确执行。另外，最佳设计需要加筋构件之间的间距是不同的，靠近边坡或者墙底部的钢筋间距更小。保证变化的间距可能会增加安装错误的几率，降低承包商的生产效率。

8.2　加固力和土体强度的安全系数

采用极限平衡法分析加固边坡有两种方法。

(1) 方法 A。

分析中加固力为允许力，不以边坡稳定分析计算出的安全系数进行折减。只有土的强度以边坡稳定分析计算出的安全系数进行折减。

(2) 方法 B。

分析中加固力为极限力，以边坡稳定分析计算出的安全系数进行折减。同时土的强度也以边坡稳定分析计算出的安全系数进行折减。

方法 A 更为可取，因为造成土的强度和加固力不确定的原因不一，因此两者涉及的不确定因素在量值上也不一样。对它们分别进行折减就能反映出这些差别。FWHA (2009) 也认为方法 A 是首选方法。

当运用计算机程序分析加固边坡时，首先需要明确程序中使用的是哪种方法，才能在分析中指定并输入恰当的加固力类型（允许力或者极限力）。

如果计算机程序文件没有指定加固力为允许力还是极限力，可以通过计算安全系数的公式推测出来。

8.2.1　方法 A 的公式

如果圆弧滑动面的安全系数以如下公式进行定义：

$$F=\frac{\text{土的抗力弯矩}}{\text{转动弯矩}-\text{加固力弯矩}} \tag{8.1}$$

或者，一般而言，如果安全系数的定义公式如下：

$$F=\frac{\text{抗剪强度}}{\text{平衡所需剪应力}-\text{加固体抗力}} \tag{8.2}$$

程序使用的是方法 A，输入的加固力应该为允许力，这里表示为 P_{all}。

8.2.2　方法 B 的公式

如果圆弧滑动面的安全系数以如下公式进行定义：

$$F=\frac{\text{土的抗力弯矩}+\text{加固力弯矩}}{\text{转动弯矩}} \tag{8.3}$$

或者一般而言，如果安全系数的定义公式如下：

$$F=\frac{\text{抗剪强度}+\text{加固体抗力}}{\text{平衡所需剪应力}} \tag{8.4}$$

程序使用的是方法 A，输入的加固力应该为没有经过折减的加固体的长期承载能力，这里表示为 P_{lim}。

如果不清楚计算机程序采用的是哪种方法，可以通过分析图 8.1 所示的加固边坡问题来确定。该边坡高 20ft，垂直方向和水平方向的坡比为 2.0∶1.0。边坡内土质均一，其中 $\gamma=100\text{pcf}$、$\phi=0$、$c=500\text{psf}$。坡脚下为密实层。边坡在距离坡脚 10ft 的中部高度作用有 10000lb/ft 的水平加固力。两种分析的成果如图 8.1 所示。为了与报告结果保持一致，分析应该采用简化的毕肖普法，破坏圆弧面应该与密实层的顶部相切。如图 8.1 所示，临界圆弧面的位置略高于边坡坡脚。

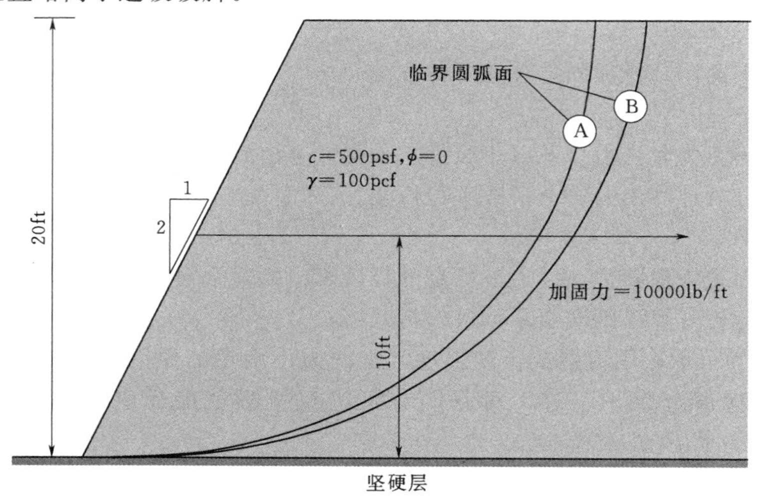

图 8.1　加固边坡分析中确定计算程序使用方法 A 还是方法 B 的校验例题

所有计算机程序所使用的方法都可以通过计算的安全系数确定。

1）如果程序计算出 $F=2.19$，则程序使用的是方法 A。程序应该采用允许加固力。

2）如果程序计算出 $F=1.72$，则程序使用的是方法 B。程序应该采用极限加固力。

当程序采用不同的条块数量和临界圆弧面的定位方法时，计算结果会与 $F=2.19$ 或者 $F=1.72$ 相比有微小的偏差。但是误差不能超过 1%或者 2%。

8.3　加固措施的类型

已经应用于边坡和堤坝加固的材料主要有土工布、土工格栅、钢带、土工合成条以及钢格栅。土工布是将高分子纤维编织进织物或者将纤维编织在一起形成连续的非织造织物。机织土工布比非织造土工布更为坚硬和坚固，更适用于边坡加固。应用于边坡和墙的土工格栅是通过对高密度聚乙烯片材进行挤压、冲孔、加热和拉伸所形成的高强格栅。土工格栅也可以是对聚酯纤维进行机织或者针织制作出。镀锌或环氧涂层钢带也已被用于边坡加固。钢带通常有增加的肋骨以增加他们的抗拔力。土工合成条是将涤纶纱与聚乙烯护套共同挤压制成。焊接碳钢垫或格栅也被用于加固边坡和堤坝。

有关边坡加固土工合成材料的信息主要来源于 Koerner（2012）和 FHWA（2009），前者中包含了聚合物、土工布和土工格栅的基本特征和性质，后者涵盖了有关土工布、土工格栅、钢带和钢格栅的大量研究以及这些材料在加固墙和加固边坡中的应用。

8.4　加固力

加固措施的长期作用力，以 T_{LTDS} 表示，依赖于以下几类因素。

（1）抗拉强度。

对于钢材来说，抗拉强度即是屈服强度。对土工布来说，抗拉强度通常通过短期宽幅拉伸试验（ASTM D4594，2009）测定。土工格栅一般运用 ASTM D6637（2011）中描述的单肋或者多肋法来测定抗拉强度。

（2）徐变特性。

钢材不会发生明显徐变，但是土工合成材料会。设计土工布及土工格栅加固的墙时用到的拉伸荷载必须小于短期拉伸试验中的测定值，且必须足够小以保证结构在整个设计年限内只发生极小的或者不发生徐变变形。

（3）安装损坏。

土工格栅和土工布在安装过程中遭遇损坏会产生孔洞和撕裂。可在聚对苯二甲酸土工格栅上覆盖聚氯乙烯（PVC）或者另一种功能等效的高分子材料以增加强度抵抗安装损坏。加固用的土工布不覆盖其他材料。两种情况下，都应该进行安装破坏试验以量化评估潜在的损坏。钢材的加固结构一般在安装工程中不易损坏。但是，如果钢材表面有环氧树脂或者 PVC 的抗腐蚀层，这层材料可能受到不利影响。因此，钢材加固结构通常会做镀锌处理。

（4）耐久性。

土工合成材料的力学特性决定其在服役期易受化学和生物制剂的影响而出现老化。钢材则易于腐蚀。

（5）拉拔抗力。

靠近加固体的末端，加固效果会受到拉拔抗力的限制，或者会受到加固体与土体之间在相互嵌入区域内出现相对滑动的影响。

（6）边坡内加固体的刚度和允许应变。

加固材料必须具有一定的刚度和强度才能对边坡进行有效加固。强度高但易于延伸的橡胶带就不能提供有效的加固力，因为它必须得到充分的延伸后才能发挥抗拉能力，这样就不能限制边坡的变形。

T_{LTDS}，即加固材料的长期作用力必须满足以下准则：

- $T_{LTDS} \leqslant$由短期抗拉强度、徐变、安装损坏以及随时间的特性劣化所确定的作用力。
- $T_{LTDS} \leqslant$拉拔抗力确定的作用力。

将这些要求应用于土工合成材料和钢材加固结构的方法在后续章节中有详细描述。

8.4.1 准则 1：徐变、安装损坏以及材料随时间的特性劣化

（1）土工布以及土工格栅。

徐变、安装损坏以及长期劣化对于土工合成材料特性的影响可以通过如下公式进行估算：

$$T_{LTDS} = \frac{T_{ult}}{(RF_{CR})(RF_{ID})(RF_D)} \tag{8.5}$$

式中 T_{LTDS}——长期设计强度，F/L；

T_{ult}——短期极限强度，通过宽钢带拉伸试验或者肋条拉伸试验测定，F/L；

RF_{CR}——长期荷载下徐变允许的强度折减系数；

RF_{ID}——安装损坏允许的强度折减系数；

RF_D——服役期劣化允许的强度折减系数。

FHWA 推荐的 RF_{CR}、RF_{ID}和 RF_D 的数值见表 8.1。T_{LTDS}和 T_{ult}的单位为加固边坡单位长度上的力。

表 8.1 式（8.5）所使用的土工布和土工格栅的抗拉强度折减系数

折减内容	系数	聚合物	数值范围
徐变	RF_{CR}	聚酯纤维	1.4～2.5
		聚丙烯	4.0～5.0
		高密度聚乙烯	2.6～5.0
安装损坏	RF_{ID}	所有聚合物	1.2～3.0①
服役期劣化	RF_D	所有聚合物	1.1～2.0

注 资料来源：FHWA（2001）。

① 密度小于 270g/m² 的土工布在安装时更易受到较大破坏，不应用于加固。具体数值依赖于土的级配和加固类型。

（2）钢材加固措施。

钢材加固体不会出现明显徐变，也不易于产生较大的安装损坏。Epoxy 和 PVC 的外部覆盖层易出现安装损坏，但是表面镀锌就不会。腐蚀作用下钢材的长期劣化效应可通过以下表达式进行估算：

$$T_{LTDS} \leqslant A_c f_y \tag{8.6}$$

式中 T_{LTDS}——允许的长期加固设计强度，F/L；

A_c——加固体腐蚀后的断面面积，以安装过程中预期的损失对金属的厚度进行折减来计算断面面积（A_c 为边坡单位长度上的面积，L^2/L）；

f_y——钢材的屈服强度，F/L^2。

轻度腐蚀的回填材料的腐蚀率见表 8.2。表中的腐蚀率是针对 200 号孔筛过筛率小于 15%的土。许多 RSS 的回填土的 200 号孔筛过筛率更高，造成对腐蚀率的正确估算很困难。

表 8.2 轻度腐蚀的回填结构中钢材加固体的腐蚀率

腐蚀材料	时期	腐蚀率/(μm/a)	腐蚀率①/(in/a)
锌	最初 2 年	15	5.8×10^{-4}
Zinc	随后	4	1.6×10^{-4}
碳素钢	随后	12	4.7×10^{-4}

注 资料来源：FHWA（2001）。

① 腐蚀率可以用于回填结构中的钢材加固体，电化学特性要求：电阻率要大于 3000Ω·cm，pH 值在 5～10 之间，氯含量低于 100ppm，硫酸盐低于 200ppm，有机物含量低于 1%，细粉量低于 15%。

8.4.2 准则 2：拉拔抗力

为了发挥出抗拉力，加固体与土体之间必须通过摩擦作用和被动抗力得到充分的约束。可能的最大抗力（T_{po}）与有效上覆压力成正比。如图 8.2 所示，T_{po}在埋入长度为零的加固端为零，然后随着与加固端距离的增加而增加。图中曲线的坡度表示了 T_{po}随距离的变量，可表达为

$$\frac{dT_{po}}{dL} = 2\gamma z \alpha F^* \tag{8.7}$$

式中 T_{po}——拉拔抗力，F/L；

L——埋入深度，或者距加固末端的距离，L；

γ——加固体上部填土的容重；

z——加固体上部填土的深度；

α——尺寸校准系数（无量纲）；

F^*——拉拔抗力因子（无量纲）。

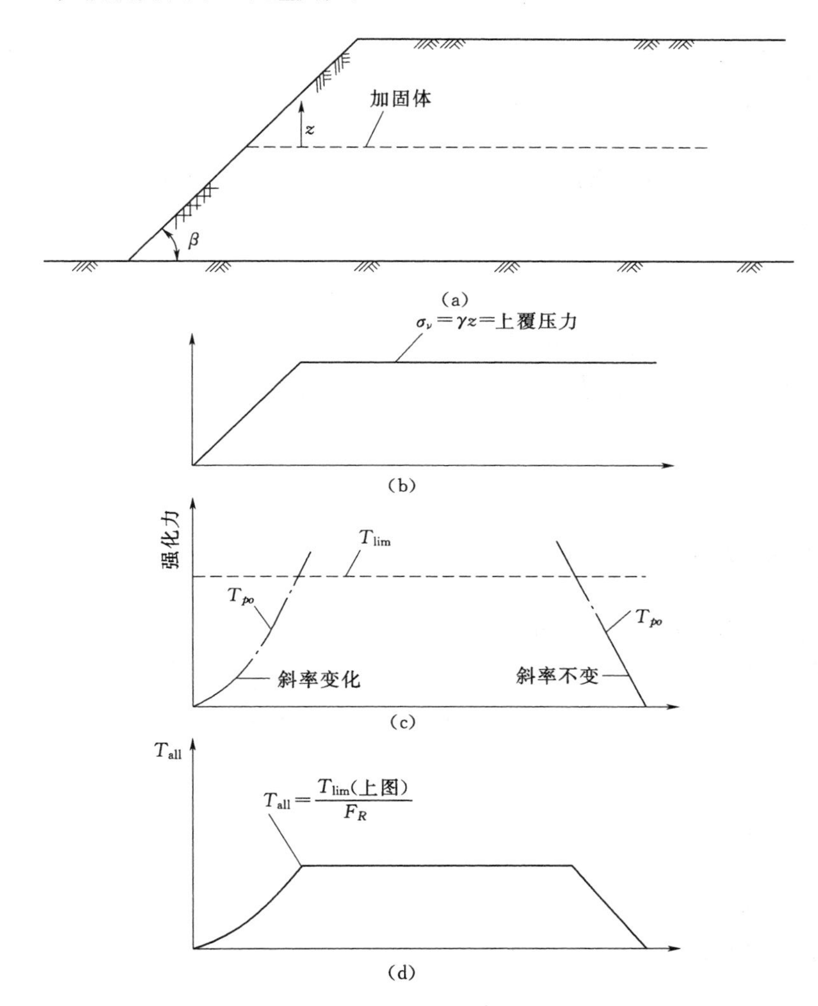

图 8.2 T_{LTDS}和 T_{all}沿加固体长度的变化

FHWA（2009）推荐的 α 和 F^* 的默认值见表 8.3。这些数值是保守的估算。如果有针对具体的土和加固材料开展的试验支持，可以使用更大的值。

表 8.3　　式（8.7）使用的拉拔抗力因子 α 和 F^*

拉拔抗力因子[①]	加固类型	抗力因子数值
α	土工布	0.6
	土工格栅	0.8
	钢带和钢格栅	1.0

续表

拉拔抗力因子[①]	加固类型	抗力因子数值
F^*	土工布	$0.67\tan\phi$
	土工格栅	$0.8\tan\phi$
	钢带和钢格栅	$1.0\tan\phi$

注 资料来源：FHWA (2001)。

① 较高的 F^* 值一般适用于深度小于 6m 的情况。α 和 F^* 都较高的数值适用于有具体的针对土和加固材料的试验支持的情况。

式（8.7）给出了拉拔抗力曲线在任意位置的坡度。如果加固体上部填土的厚度为常数，拉拔曲线的坡度是常数，拉拔抗力就可以写成

$$T_{po}=2\gamma z\alpha F^* L_e \tag{8.8}$$

式中 L_e——距加固体末端的距离或者埋入长度，L。

如果上覆压力随距加固体的距离而增加，如图 8.2 中边坡下面左侧一样，则 T_{po} 曲线的坡度也随距离增加，且拉拔抗力图也是曲线。这种情况下拉拔抗力可以表示为

$$T_{po}=\gamma\tan\beta\alpha F^*(L_e)^2 \tag{8.9}$$

式中 β——边坡倾角，如图 8.2 所示。

8.5 容许加固力和安全系数

接下来的内容与加固体的长期作用力（T_{LTDS}）有关。T_{LTDS}的这些数值反映了长期荷载、安装损失、特性随时间的劣化、拉拔抗力和容许应变的影响，但是不包括安全系数。

施加在加固材料上的允许荷载应当考虑安全系数，表达如下：

$$T_{\mathrm{all}}=\frac{T_{\mathrm{LTDS}}}{F_R} \tag{8.10}$$

式中 T_{all}——允许的长期加固力，F/L；

F_R——加固力的安全系数。

F_R 的值应当反映出：①估算 T_{LTDS}数值时的不确定度；②估算加固体应当承担的荷载的不确定度；③破坏的后果。F_R 的推荐值见表 8.4。

表 8.4 **F_R 的推荐值**

破坏后果	T_{LTDS}和加固体承担荷载的不确定性	F_R 的合理值
最低	小	1.3
最低	大	1.5
很大	小	2.0

8.6 加固力的方向

关于加固力的作用方向有不同的建议（Schmertmann 等，1987；Leshchinsky 和 Boedeker，1989；FHWA，2009；Koerner，2012）。其中最典型的是：①加固力沿着加固体的原始方向起作用；②加固力平行于滑动面。后者会造成安全系数偏大的结果，可以进行调整，认为加固体在有滑动面穿过的位置会重新排列。这在加固体比较柔韧的情况下更可能发生。加固力方向与加固体原始方向相同的假定更加保守，得到了 Zornberg 等（1998a）的研究成果的支持，是更加合理可靠的选择。这里推荐这种方法。

8.7 坚实地基上的加固边坡

与没有加固措施的堤坝相比，堤坝采取加固措施后边坡可以修建得更陡。过去，加固措施会分几层施加，如图 8.3 所示，靠近边坡底部及远离边坡顶部的加固间距较密。在主要的加固层中间有第二长的低强的加固措施，用于增加表面的稳定性（FHWA，2009）。现代的设计过程侧重强调施工能力，推荐垂直间距和加固长度更加统一的加固措施体系。

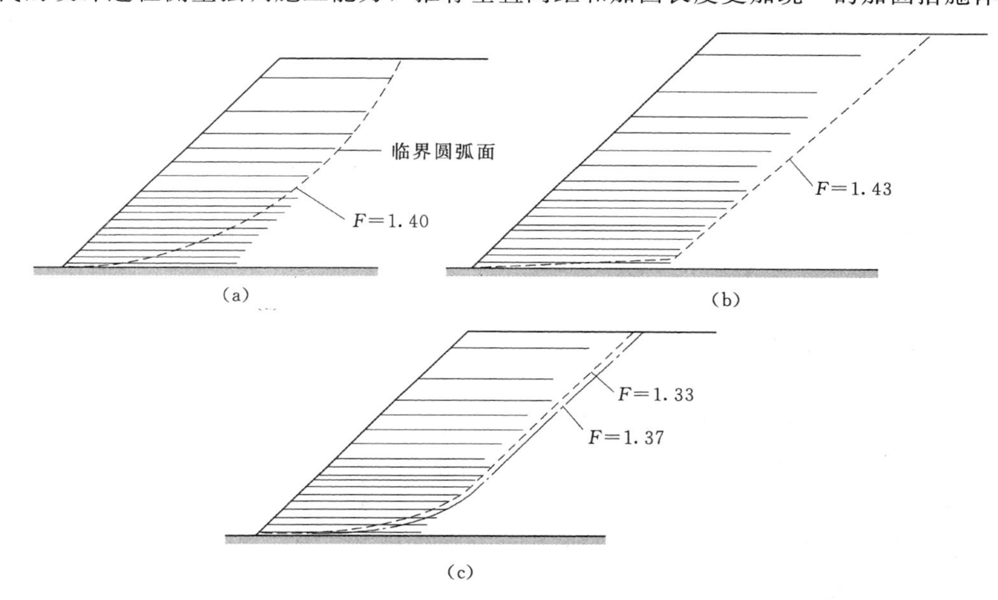

图 8.3 采用圆弧、楔形和光滑的非圆弧滑动面的加固边坡极限平衡分析（Wright 和 Duncan，1991）
（a）临界圆弧滑动面；（b）临界两段式楔形滑动面；（c）临界非圆弧滑动面

加固边坡的稳定性可以利用第 6 章概括的方法进行评估。图 8.3 展示了一个实例。可以看出安全系数随着滑动面的形状不同而略有差异，极限临界两段式楔形滑动面对应的安全系数 $F=1.43$，极限临界非圆弧滑动面对应的安全系数 $F=1.33$，两者相差约 7%。极限临界圆弧滑动面对应的安全系数 $F=1.40$，对于实际应用足够精确。

图 8.4 展示了一个建于坚固岩石地基上的加固回填边坡的实例。边坡和土的特性如表所示。边坡土假定自由排水，因此采用以有效应力形式表达的抗剪强度计算其长期稳定性。边坡包含了 6 层加固措施，在边坡底部垂直方向间距 4ft。每个加固层都是 20ft 长，拉力为每英尺 800lb，沿埋入长度线性递减，在最后 4ft 以后变为 0。

边坡采用圆弧滑动面和斯宾塞法，利用 SLIDE 程序进行了稳定分析。同时使用了将

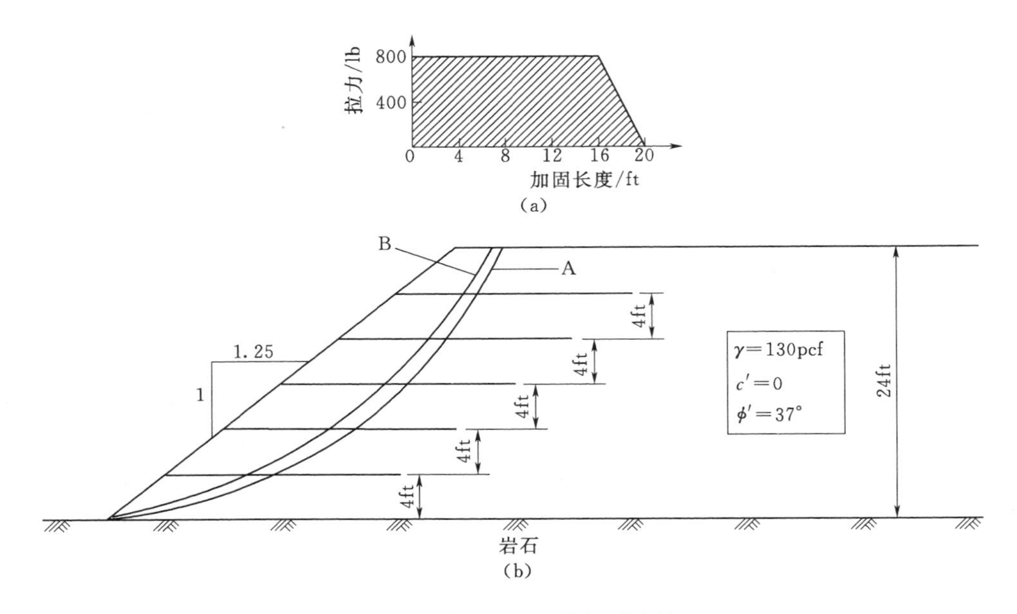

图 8.4 岩石地基上的加固边坡

(a) 沿着加固单元的纵向力分布；(b) 边坡和加固体的几何特征及土的特性

安全系数应用于加固措施的方法 A 和方法 B。方法 A 计算得到的最小安全系数为 1.62，方法 B 得到的最小安全系数为 1.46。

8.8 软弱地基上的堤坝

靠近堤坝底部的加固措施可以提高与堤坝摊铺和穿过堤坝与地基的剪切破坏有关的稳定性。堤坝底部有了加固措施后，其边坡可以与建在坚实地基上的堤坝一样修建的比较陡。堤坝的体积以及其施加到地基上的荷载都会减小，堤坝高度则可以增加。

在很多地基软弱、存在复杂稳定问题的地方都修建了加固的堤坝，包括荷兰的 Almere（Rowe 和 Soderman，1985）、俄亥俄州的 Mohicanville 2 号堤防（Duncan 等，1988；Franks 等，1988，1991）、加拿大安大略省的 Hubrey 公路（Rowe 和 Mylleville，1996）以及加拿大新不伦瑞克省的 Sackville（Rowe 等，1996）。

8.8.1 破坏模式

Haliburton 等（1978）及 Bonaparte 和 Christopher（1987）讨论了软弱地基上加固堤防的潜在破坏模式。图 8.5 展示了两种可能的破坏模式。

图 8.5（a）显示了堤坝穿过加固体顶部的滑动。这种破坏模式在堤坝与加固措施之间内摩擦角较低的情况下最容易发生，加固材料为土工布时也可能发生这种滑动。可以采用楔形滑动分析来评估这种破坏模式下堤坝的安全性。

图 8.5（b）显示了切进地基的剪切滑动面。这种破坏模式在加固措施出现开裂或拔出现象时会发生。这种破坏模式可以采用圆弧滑动面、楔形滑动面或者非圆弧滑动面进行评估，分析中需要考虑加固力。

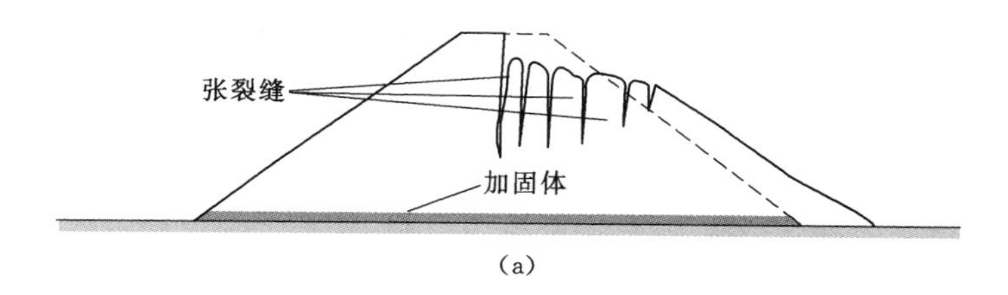

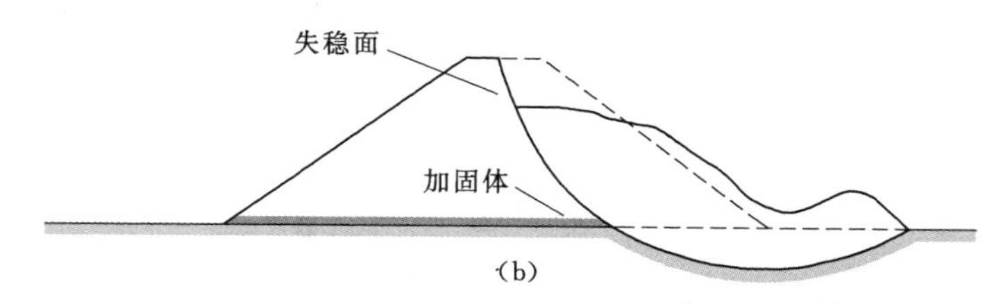

图 8.5 加固堤防的潜在破坏模式（Haliburton 等，1978）

（a）坡顶滑动块体沿着加固体朝向外的滑动；（b）穿过堤坝和基础的地基转动滑移破坏

即使一个堤坝内部稳定，它仍然可能出现承载力失稳现象，如图 8.6 所示。这种破坏模式可以通过承载力理论进行分析。如果与等效的堤坝均布荷载的宽度（B）相比，地基

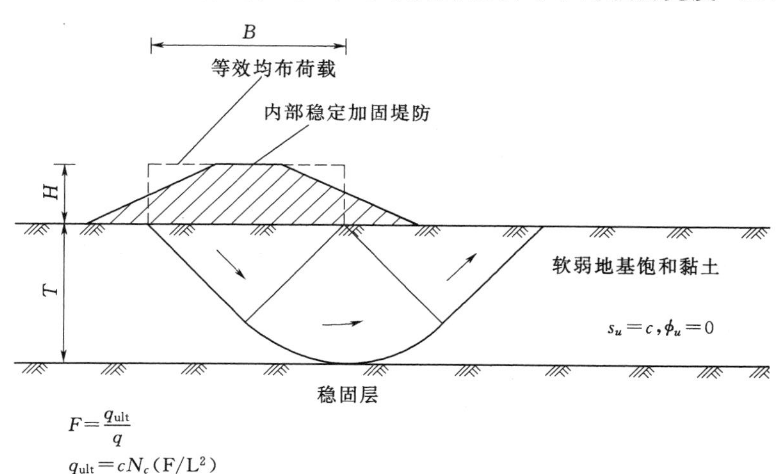

$F=\frac{q_{ult}}{q}$

$q_{ult}=cN_c$(F/L^2)

c=地基平均不排水强度(F/L^2)

$q=\gamma H$(F/L^2)

γ=路堤填土的总容重(F/L^3)

H=路堤高度(L)

B/T	N_c(NAVFAC,1986)
≤1.4	5.1
2.0	6.0
3.0	7.0
5.0	10.0
10.0	17.0
20.0	30.0

图 8.6 软弱地基上坚固堤坝或者充分加固的堤坝的承载力失稳模式

的厚度（T）很小，则承载力因子（N_c）的数值会增加，如图 8.6 中表格内的数值所示，而与承载力破坏相关的安全系数会增加。因此，较薄的软弱地基不易出现这种承载力失稳模式。

8.8.2　工程实例

Mohicanville 2 号堤坝是俄亥俄州 Wayne 县 Mohicanville 水库的库堤（Duncan 等，1988；Franks 等，1988，1991）。建在弱泥炭和黏土地基上的库堤在施工过程中出现破坏，多年堤顶高程都低于设计高程 22ft。堤坝的横断面如图 8.7 所示。

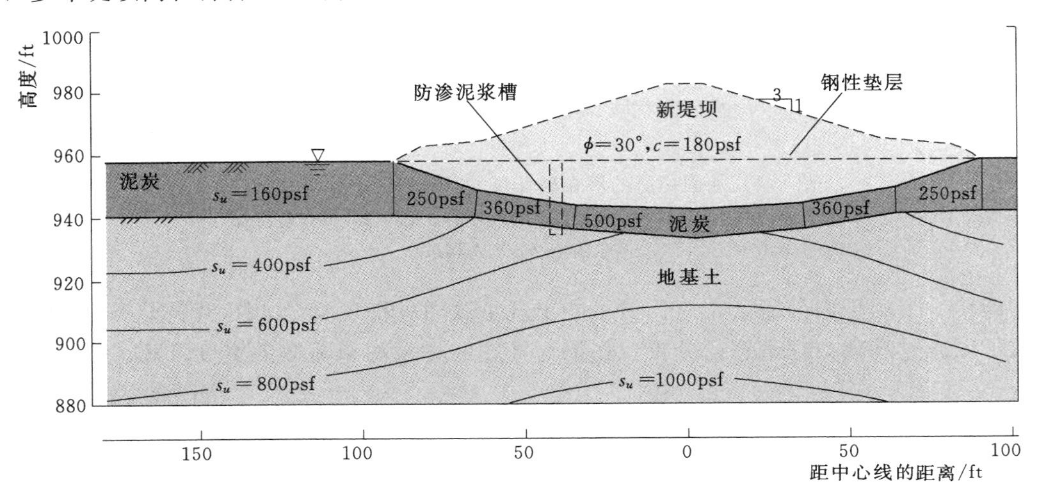

图 8.7　Mohicanville 2 号堤坝的横断面（Collins 等，1982）

在对增高堤坝至设计高度的多种方案进行评估后，得出的结论是修建加固堤坝是综合考虑成本和可靠度的最佳方案。通过极限平衡分析和有限元分析来确定满足堤坝稳定性要求的加固力。为了实现安全系数 $F=1.3$，加固力需要达到 30000lb/ft。极限平衡分析的结果如图 8.8 所示。

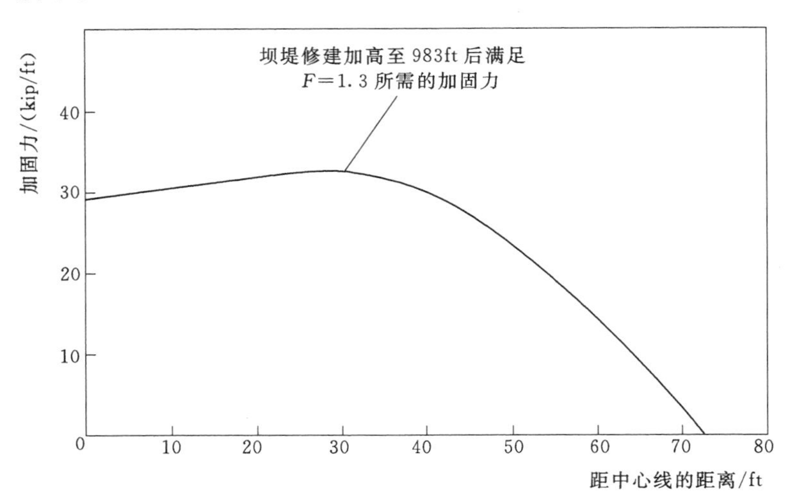

图 8.8　Mohicanville 2 号堤坝需要的加固力（Fowler 等，1983）

加固措施选用一种重型钢网。钢网选用3号低碳钢筋，平行于堤坝轴线方向间隔2in布置，将2号钢筋在平行于堤坝轴线方向间隔6in焊接成钢网。该钢网在堤坝长度方向上每英尺提供约1in²的钢筋断面积，屈服力（T_{lim}）等于48000lb/ft。提供的加固力安全系数为

$$F_R = T_{lim}/T_{all} = 48000/30000 = 1.6$$

钢网在加工成8ft宽、320ft长的条带后被卷起来。钢材在卷起来时受弯屈服，产生塑性变形，并且不加控制的保持卷曲状态。成卷的钢网带被货车运输到工程现场并展开，展开使用的设备就是在制造厂将钢网打卷的设备。每个钢网条带被切成两条，各160ft长，达到整个堤坝从上游到下游的宽度。再使用前端装载机和推土机将这些钢网条带拖至堤坝施工处。然后将钢网置于1ft厚的干净沙料层上，再用1ft厚的沙子覆盖起来。

加固垫安置于高程960ft的位置，离原始地面高约4ft的地方。在大部分区域，需要开挖6～8ft的老堤坝填土至960ft的高程。在100ft长的堤坝断面上，在预期软弱的地基土区域位于961ft高程的位置安置第2层加固措施。

加固垫没有进行镀锌或者其他防腐蚀处理。尽管加固钢网有可能随时间出现腐蚀，但是堤坝只有在建成后的最初几年才需要这些加固作用。当地基固结后获得了足够的强度，堤坝就不再需要加固措施保证其稳定性。

堤坝设计运用了极限平衡法以及有限元法进行分析，有限元分析模拟了地基土的固结以及堤坝和钢网加固措施之间的相互作用。堤坝安装了仪器对加固力、沉降、水平位移和孔隙压力进行监测。图8.9显示了施工末期加固力的计算值和监测值。可以看出计算值与监测值吻合的很好。需要提及的是，有限元分析是在堤坝施工前开展的，因此图8.9显示的计算成果是对性能的真实预测，而不是事后对分析成果与现场监测值的拟合。

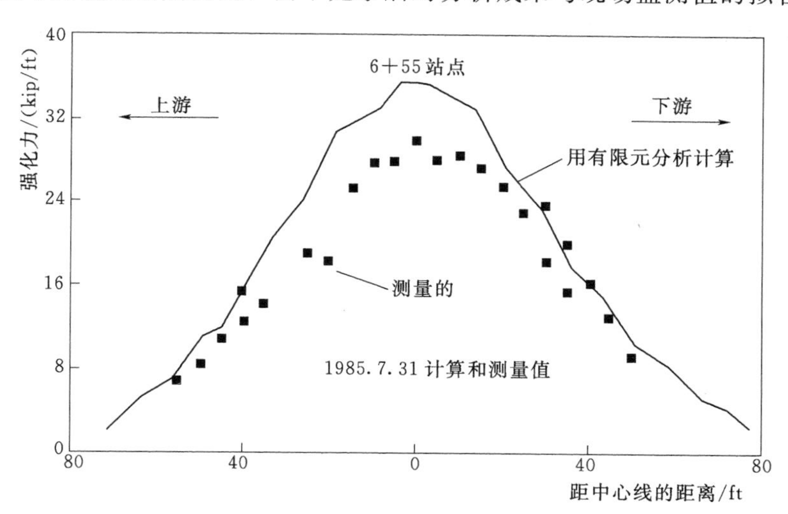

图8.9 6+55站点中心线周围的加固力分布（Duncan等，1988）

本实例的情况说明极限平衡法分析和有限元分析都可以用于软弱地基上加固堤坝的设计，并可以预测其性能。在大部分情况下，极限平衡法分析可以作为单独的设计工具。但是对于开先例的工程实例，例如20世纪80年代的Mohicanville 2号堤坝，还是需要谨慎

处理，运用有限元法进行更为全面的分析。

小结

1）加固措施可以用于提高边坡和堤坝的稳定性，可以使边坡和堤坝比不用加固措施时修建得更陡更高。

2）可以运用第6章描述的方法，在分析中将加固力作为已知力对加固边坡和堤坝进行分析。为了达到安全系数的预期值，可以通过试错法确定所需的加固力。

3）运用极限平衡法分析加固边坡具体有两种方法：方法A中指定允许的加固力，方法B指定最大的加固力。导致土的强度和加固力不确定的原因不同，不确定性的程度也不同，因此方法A提供的方法由于可以对土的强度和加固力选用不同的安全系数而更为合理。

4）用于边坡和堤坝加固的主要材料类型包括土工布、土工格栅、土工合成材料带、钢带和钢格栅。

5）加固措施的长期作用力，这里以T_{LTDS}表示，依赖于抗拉强度、徐变特性、安装损失、耐久性和拉拔抗力。

6）作用于加固材料的允许荷载应当包含安全系数，如公式$T_{\mathrm{all}}=T_{\mathrm{LTDS}}/F_R$所示，其中，$T_{\mathrm{all}}$为允许力，$T_{\mathrm{LTDS}}$为加固措施的长期持载能力，$F_R$为加固措施的安全系数。$F_R$的数值应该反映出分析过程的不确定性以及破坏的后果。

7）软弱地基上加固堤坝的潜在破坏模式包括穿过加固体顶部的滑动、通过加固措施深入地基的剪切，以及承载力失稳。

8）Mohicanville 2号堤坝的实例表明极限平衡法分析和有限元分析都能用于软弱地基上加固堤坝的设计，也能用于堤坝的性能预测。对于没有工程实践的应用，应开展有限元分析。

第9章 水位骤降分析

当边坡外水位下降太快而边坡内的不透水土层没有足够的时间排水时，水位就会急剧下降。随着水位下降，边坡外的水位稳定效应消失，赖以维持平衡的剪切应力相应增加。边坡内的剪切应力是低渗透带不排水强度和高渗透带排水强度的反力。这是一个极限荷载条件，可能导致水位下降前稳定的边坡失稳。

土壤区排水与否可通过估算无量纲时间因素 T 的值：

由
$$T=\frac{c_v t}{D^2} \tag{9.1}$$

式中 c_v——固结系数；

t——降水的时间；

D——排水距离。

各种土的典型值 c_v 见表 9.1。如果计算值 $T \geqslant 3$，由降水引起的孔隙水压力消散大于 98%，将土体作为透水材料是合理的。大多数渗透系数大于或等于 10^{-4} cm/s 的土体在低于正常水位下降率时可被认为可透水，并且排水抗剪强度可以用于这类土体。

表 9.1 固结系数的典型值

土的类型	c_v/ (ft^2/d)	土的类型	c_v/ (ft^2/d)
粗砂	>10000	粉土	0.5～100
细砂	100～10000	压实黏土	0.05～5
粉砂	10～1000	松软黏土	<0.2

不管边坡处于何种情况，水位骤降随时可能发生，这些情况包括施工期间边坡建在水里或边坡旁的水位上升。因此，对于施工期间、完工期间的稳定性以及工程的长期状态来看，水位骤降分析非常必要。两种情况（施工和完工及长期状态）的分析方法和抗剪强度是不同的，将在以下小节中阐述。

9.1 施工及完工期的水位下降

如果水位在施工期或完工后立即下降，那么用于边坡稳定分析的合适的抗剪强度和没下降时情况一样。对于自由排水的土体来说，抗剪强度可用有效应力和所使用的合适的孔隙水压力来表示。对不能自由排水的土体，不排水抗剪强度由不固结不排水强度试验确定。边坡稳定性分析通过利用排水土体的有效应力和不排水土体的总应力来实现。

9.2 长期状态下的水位下降

如果水位下降发生在边坡建成后很长一段时间，坡内的土体在新的有效应力状态下将有时间达到平衡。水位下降时低渗透性土体的不排水抗剪强度是由水位下降前处于平衡状态的固结应力决定的。高渗透性土的排水抗剪强度是由水位下降后的水压力决定的。

水位下降末期边坡稳定性分析可分为两种原理不同的方法：①利用有效应力法；②采用总应力法。第二种方法中，低渗透性土体的不排水抗剪强度和降水前边坡内的有效固结压力是相关的。自透水材料对两种方法都适用。自透水材料的强度用有效应力表示，孔隙水压力根据特定边坡被估算假设为稳定渗流或静水条件。

9.2.1 有效应力法

有效应力分析的优点是较易估算所需的抗剪强度参数。土体的有效应力抗剪强度参数通过使用孔隙压力仪器进行各向同性的固结不排水（ICU）三轴压缩试验来确定。此类试验在大多数土力学实验室里即可操作。

有效应力分析的缺点是很难估计低渗透性土体在水位下降期间的孔隙水压力。水位下降过程中孔隙压力的变化，取决于边坡上水荷载变化所导致的压力变化和边坡内土体对外部荷载变化的不排水反应。当压力的变化可用合理的精确度估算时，尤其是在边坡表层下较浅的深度范围内，很难估计土体的不排水反应。针对剪胀材料和非剪胀材料，孔隙压力的变化是截然不同的。虽然原则上可以估算孔隙水压力，比如可通过使用 Skempton 的孔隙水压力系数（Skempton，1954），但在实践中这是困难的，并且结果具有不确定性。

边坡水位骤降时绝大多数有效应力的稳定性分析所使用的是孔隙水压力假设，由 Bishop（1954）提出，之后被 Morgenstern（1963）使用。这些假设后来被证明在大多数情况下是合理的，前提是它们必须基于一些保守的事实。在水位骤降引起的大坝破坏中，这些假设能提供合理的大坝安全系数：Wong 等（1983）发现，采用 Morgenstern 假设得出的 Pilarcitos 大坝安全系数 $F=1.2$ 和 Bouldin 大坝安全系数 $F=1.0$ 在水位骤降时均不合理。

Bishop 和 Morgenstern 关于水位下降期孔隙水压力的假设似乎对不易发生剪胀的土体来说更准确。因此，虽然这些假设可能相对于不紧实更易发生剪缩土质类型的边坡更为合理，但针对密实性较好的易剪胀土来说是偏于保守的。使用基于 Bishop 和 Morgenstern 的有效应力分析假设，会把所有土体材料遇到水位下降时的孔隙水压力看成相似的，不管他们是多么密实或发生剪胀时多么有力。

Terzaghi 和 Peck（1967）提出，密实粉砂在水位下降时的孔隙水压力可以采用流网法估算。许多其他研究人员（Browzin，1961；Brahma 和 Harr，1963；Newlin 和 Rossier，1967；Desai 和 Sherman，1971；Desai，1972，1977）运用理论解分析水位下降工况下的非稳定流。与 Bishop 和 Morgenstern 孔隙水压力的假设一样，这些方法均未考虑土体的膨胀性，因此不能算作水位下降时控制孔隙水压力的重要因素。

Svano 和 Nordal（1987）以及 Wright 和 Duncan（1987）采用程序来估算水位下降时的孔隙水压力，即反映土体膨胀对孔隙水压力变化的影响。Svano 和 Nordal（1987）一方面使用了两阶段稳定性分析，另一方面使用了迭代来保持计算安全系数和孔隙水压力之间的一致性。Wright 和 Duncan（1987）用有限元分析来估算水位下降时的应力变化，Skempton 采用孔隙水压力参数来计算孔隙水压力。这些研究表明通过估算真实的孔隙水压力进行有效应力分析是可行的，但这种可行比起使用总应力分析方法会遇到更多麻烦和困难，如以下部分所述。

Terzaghi 和 Peck（1967）总结了估算水位下降时孔隙水压力存在的问题：

为了明确水位下降时孔隙水压力的情况，我们需要知道以下所有因素：截然不同属性材料间的边界，每种材料的渗透和固结参数，和预期的最大水位下降率。此外，由剪切应力引发的孔隙水压力的变化也需要考虑在内。在工程实践中，以上因素很少能得以清晰地确定。可获得信息中的差距必须由与已知事实相兼容的最不利的假设来填补。

如以下部分所述，在低渗透性土体中采用不排水强度，可避免与估算孔隙水压力有效应力分析相关的许多问题，同时，也可以相应提高水位骤降时边坡稳定性分析的可靠度。

9.2.2 总应力法

总应力法基于低渗透性区的不排水抗剪强度。不排水抗剪强度估算基于边坡内水位下降前的有效应力。边坡内某些区域会随着施工时间的推移而固结，其不排水强度将会增强。处于地应力区（靠近边坡表面）的那些相同的土体随着施工进展可能会膨胀，其不排水强度则会随时间推移降低。

已提出用于水位骤降分析的几种总应力分析方法。其中包括美国陆军工程兵团（1970）的方法，Lowe 和 Karafiath（1959）的方法。Duncan 等（1990）回顾了以上两种方法，提出了替代性的三阶段分析法，下文将进行阐述。三阶段过程分析法综合了“美国陆军工程兵团”法以及 Lowe 和 Karafiath 两种方法的优点。沿着陆军工程兵团法的思路，三阶段法中考虑的排水效果和排水强度可能小于不排水强度。它与陆军工程兵团法的不同在于：一方面估算了不排水强度，另一方面考虑了排水强度。沿着 Lowe 和 Karafiath 方法的思路，三阶段分析法解释了各向异性固结的影响，这会导致不排水抗剪强度明显不同。

三阶段稳定性分析法中的每一个阶段都需要对每个试验边坡滑面进行一个单独稳定的计算。对于自由排水材料来说，只要基于水位与渗流条件具有不同的孔隙水压力，有效应力就可适用于所有三个阶段。有效应力抗剪强度参数在三个阶段都是相同的。水位下降前，低渗透性区域的有效应力用于第一阶段，水位下降后，第二阶段采用总应力和不排水强度。第三阶段，不管用多低的排水或不排水强度都是保守的。

（1）第一阶段计算。

第一阶段的稳定性计算是在水位下降前的工况中完成的。计算目的是估算水位下降前沿滑动面的有效应力。基于估计地下水和渗流条件来运用有效应力抗剪强度参数连同孔隙水压力。假设了稳定的渗流条件。虽然第一阶段稳定计算方式和长期稳定计算方式一致。但其目的不是计算安全系数，其意指仅是滑动面的有效应力。第一阶段的稳定性计算是用来计算边坡滑面的剪切应力和滑面有效正应力。有效正应力（σ'）可由每一条的底部总法向力（N）和相应的孔隙水压力表示为

$$\sigma'_{fc}=\frac{N}{\Delta l}-u \tag{9.2}$$

正应力表示固结时出现的潜在破坏面上的有效应力。因此，法向应力和相应的剪切应力是特指的 f_c。相应的剪切应力从莫尔-库仑方程和安全系数得出：

$$\tau_{fc}=\frac{1}{F}(c'+\sigma'\tan\phi') \tag{9.3}$$

或者，剪切应力可由相关的每个条块的剪力来计算

$$\tau_{fc}=\frac{S}{\Delta l} \tag{9.4}$$

S 是每个条块上的剪力，这些固结应力（σ'_{fc} 和 τ_{fc}）用来估算第二阶段的不排水抗剪强度。

（2）第二阶段计算。

在第二阶段计算中，不排水抗剪强度和总应力分析法用于低渗透区。利用第一阶段的计算应力，以及把不排水抗剪强度和有效固结应力关联起来的剪切强度包络线，第二阶段估算不排水抗剪强度。不排水抗剪强度表示为破坏滑面破坏时的剪切应力 τ_{ff}（图 9.1）。下标 ff 用于区分剪切应力值与固结剪切应力值。滑面破坏时的剪应力由破坏时的主应力差 $\sigma_1-\sigma_3$ 和摩擦角 σ' 计算，使用下列方程：

$$\tau_{ff}=\frac{\sigma_{1f}-\sigma_{3f}}{2}\cos\phi' \tag{9.5}$$

有效应力摩擦角和第一阶段分析时使用的相同，第一阶段中有效应力包络线适用于所有土体。如果摩擦角随有效应力变化，则使用有效应力范围内的摩擦角。

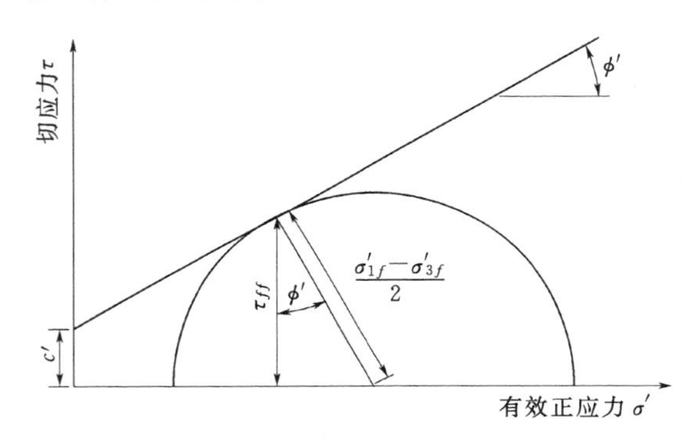

图 9.1　莫尔圆在破坏时显示剪切应力破坏面上的有效应力

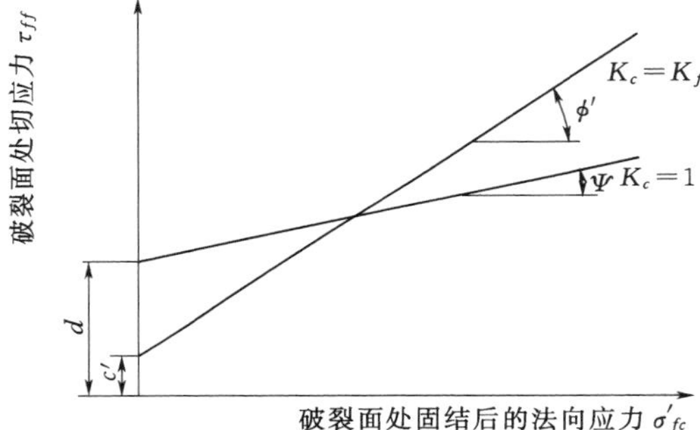

图 9.2　用于定义三阶段分析法中第二阶段的不排水抗剪强度的剪切强度包络线

1）第二阶段的不排水抗剪强度。不排水抗剪强度 τ_{ff} 与固结时破坏面上的有效应力 σ'_{fc} 的关系如图 9.2 所示。两个抗剪强度包络线如图所示（图 9.2）：一个对应于各向同性固结，另一个对应于各向异性固结与最大有效主应力的可能比（例如，$K_c=K_{\mathrm{failure}}=K_f$）。❶ $K_c=1$ 的包络线从各向同性固结的固结不排水三轴剪切试验得到。固结时破坏面上的有效应力，此包络线是各向同性固结应力。$K_c=1$ 时包络线是通过绘制 τ_{ff}，由式（9.5）中有效固结应力 σ'_{3c} 计算得来。$K_c=K_f$ 包络线和用于第一阶段稳定计算时的有效应力包络线一样，如前所述。$K_c=K_f$ 强度包络线的截距和斜率具有相同的有效黏聚力和摩擦角，c' 和 ϕ'。这个包络线对应的最大可能有效主应力比，适用于固结过程破坏的土体。

$K_c=1$ 时强度包络线的斜率和截距与破坏包络线的斜率和截距相关，通常被称为 R

❶　这些图中的应力比（$K_c=\sigma'_{1c}/\sigma'_{3c}$），$\sigma'_1$ 在分子中，不同于常用应力比 $K_a=\sigma'_3/\sigma'_{1c}$ 和 $K_0=\sigma'_h/\sigma'_v$。虽然 K_a 总小于或等于 1.0，K_0 也小于 1.0，K_c 大于或等于 1.0。

或总应力包络线。R 包络线通过在莫尔圆上绘图得出，其中 σ_3 为固结时（σ'_{3c}）的最小主应力，主应力差（圆的直径）等于破坏时主应力差，$\sigma_{1f}-\sigma_{3f}$，如图 9.3 所示。[1] 图表中破坏包络线上的截距和斜率是指定的 c_R 和 ϕ_R。$\tau_{ff}-\sigma'_{fc}$ 的截距与斜率和 R 包络线的相似但不相同。但两个包络线的截距和斜率上彼此相关。如果 R 包络线的 c_R 和 ϕ_R 具有独立的截距和斜率，包络线相切于莫尔图［图 9.3（a）］，对于 $K_c=1$ 时的包络线，相应的截距 d 和斜率 Ψ 表达如下：

$$d_{K_c=1}=c_R\frac{\cos\phi_R\cos\phi'}{1-\sin\phi_R} \qquad (9.6)$$

$$\Psi_{K_c=1}=\arctan\frac{\sin\phi_R\cos\phi'}{1-\sin\phi_R} \qquad (9.7)$$

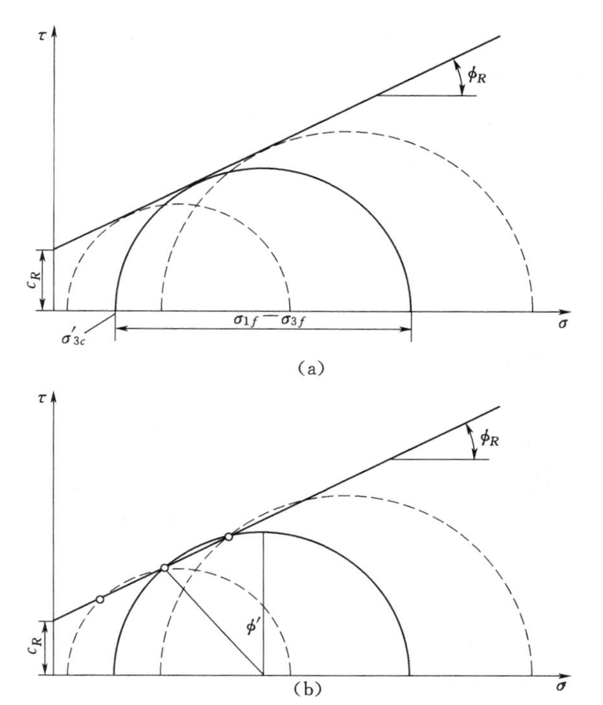

图 9.3 剪切强度包络线用于定义三阶段分析中第二阶段的不排水抗剪强度

(a) 破坏包络线相切圆；(b) 破坏包络线通过破坏面的应力

R 包络线有时穿过的点对应于破坏平面的应力。如果 R 包络线以这种方式画出［图 9.3（b）］，$K_c=1$ 时包络线的斜率和截距可由下式得出：

$$d_{K_c=1}=\frac{c_R}{1+(\sin\phi'-1)\tan\phi_R/\cos\phi'} \qquad (9.8)$$

$$\Psi_{K_c=1}=\arctan\frac{\tan\phi_R}{1+(\sin\phi'-1)\tan\phi_R/\cos\phi'} \qquad (9.9)$$

2）τ_{ff} 与 σ'_{fc} 和 K_c 的区别。图 9.2 所示的不排水抗剪强度包络线，$K_c=1$ 和 $K_c=K_f$，代表了 K_c 的最小值和最大值，Lowe 和 Karafiath（1959）发现，σ'_{fc} 值相同，不排水强度 τ_{ff} 和 K_c 值不同。他们建议采用固结各向异性不排水（ACU）三轴试验测量不排水抗剪强度，使用一系列的 K_c 值开发数据用来评估二阶段的不排水强度。这个过程结果可准确评估第二阶段分析中的不排水强度，但需要大量高难度的试验。为了避免在固结过程中被破坏，ACU 试样必须慢慢固结。

Wong 等（1983）发现，通过在 $K_c=1$ 和 $K_c=K_f$ 之间进行不排水抗剪强度的 K_c 插值，而不是用试验方法确定，可以避免操作难度大的 ACU 测试。他们发现假设 τ_{ff} 与 K_c 线性变化时 τ_{ff} 的值几乎和 ACU 试验所得一致。使用这种方法插值，只需进行各向同性的固结不排水（ICU）测试与孔隙水压力测试。图 9.2 所示的两个包络线都可从 ICU 试验确定，这比 ACU 试验更简便。

[1] 实际上这不是真正的莫尔圆，因为（σ'_{3c}）固结而另一个应力（$\sigma_{1f}-\sigma_{3f}$）失效。

一旦图 9.2 中 $K_c=K_f$ 和 $K_c=1$ 包络线确定，基于有效滑面应力的第二阶段不排水抗剪强度就可推出，σ'_{fc} [式 (9.2)] 和固结时估算有效主应力比，K_c 固结有效主应力比可根据 Lowe 和 Karafiath（1959）的推荐规范得出。他们提出假设固结时主应力方向和破坏时的主应力方向一致。由此推导出以下有效主应力比的方程：

$$K_1=\frac{\sigma'_{fc}+\tau_{fc}[(\sin\phi'+1)/\cos\phi']}{\sigma'_{fc}+\tau_{fc}[(\sin\phi'-1)/\cos\phi']} \tag{9.10}$$

式中 K_1——一阶段分析中固结有效主应力比；

σ'_{fc}、τ_{fc}——固结时剪切平面的有效正应力和剪切应力。

有效主应力值比由式（9.10）计算得出，采用式（9.2）和式（9.3）得出剪切应力和有效正应力；摩擦角是第一阶段计算中使用的有效应力摩擦角，并由式（9.5）计算得出 τ_{ff}。有效固结压力的不排水抗剪强度值 σ'_{fc}，固结应力比 $K_c=K_1$，可从图 9.2 中两个抗剪强度包络线得出。由 $K_c=1$ 和 $K_c=K_f$ 之间的线性插值推导出相应的 K_1 值如下：

$$\tau_{ff}=\frac{(K_f-K_1)\tau_{ff(K_c=1)}+(K_1-1)\tau_{ff(K_c=K_f)}}{K_f-1} \tag{9.11}$$

$\tau_{ff(K_c=1)}$ 和 $\tau_{ff(K_c=K_f)}$ 为如图 9.2 所示的两个抗剪强度包络线的不排水抗剪强度。不排水抗剪强度由采用有效应力值 σ'_{fc} 计算的两个包络线得到，由式（9.2）计算。式（9.11）中的破坏有效主应力比可由有效应力抗剪强度参数获得。如果没有凝聚力，K_f 的值不依赖压力的大小，而是由

$$K_f=\tan^2\left(45+\frac{\phi'}{2}\right) \tag{9.12}$$

得出。

如果 c' 值不为零，K_f 值取决于滑动面的有效应力由

$$K_f=\frac{(\sigma'+c'\cos\phi')(1+\sin\phi')}{(\sigma'-c'\cos\phi')(1-\sin\phi')} \tag{9.13}$$

得出。

σ' 为固结后的滑动面的有效应力（由于 $K_c=K_f$ 也可能在破坏时），如果重要的黏聚力（c'）存在，有效的最小主应力 σ'_3 隐含在式（9.10）和式（9.13）中的有效的最小主应力 σ'_3 可能为负（即这些方程的分母为负）。这种情况发生时，有效固结应力比为负值是无意义的。负应力的事实是假设土体有黏聚力，不存在抗拉强度。相应的负值 σ'_3 显然不切实际。负有效应力计算的情况下，计算值不合理而用 K_c 值进行抗剪强度插值，抗剪强度低于 $K_c=1$ 和 $K_c=K_f$ 包络线的抗剪强度。负有效应力可被固结后的有效最小主应力通过式（9.14）和式（9.15）得到：

$$\sigma'_{3c}=\sigma'_{fc}+\tau_{fc}\frac{\sin\phi'-1}{\cos\phi'} \tag{9.14}$$

$$\sigma'_{3f}=(\sigma'_{fc}-c'\cos\phi')\frac{1-\sin\phi'}{\cos^2\phi'} \tag{9.15}$$

式（9.14）是对应 $K_c=1$ 的包络线的有效最小主应力，式（9.15）对应于 $K_c=K_f$ 包络线。σ'_{3c} 和 σ'_{3f} 的值分别对应式（9.10）和式（9.13）的应力值。如果任一值为负（或零），那么不进行插值，且 $K_c=1$ 和 $K_c=K_f$ 较低的不排水抗剪强度被用于第二阶段的稳

定计算。确定完每个滑块的不排水抗剪强度，采用不排水抗剪强度和水位下降后外部水荷载进行总应力分析。

第二阶段分析中计算安全系数假设水位骤降时所有的低渗透材料是不排水的。另外，第三阶段计算分析检查排水抗剪强度是否比不排水抗剪强度低，因此，如果这些低渗透性材料是排水的，那么安全系数会降低。

（3）第三阶段计算。

第三阶段中，比较第二阶段中使用的不排水抗剪强度和滑动面上每个点的排水强度。排水抗剪强度采用第二阶段分析的总应力和水位骤降后水位对应的孔隙水压力。每条块的总应力计算采用下式：

$$\sigma=\frac{N}{\Delta l} \tag{9.16}$$

式中　N——第二阶段计算的每个条块基础上的总向力；

　　Δl——条块基础的长度。

有效应力是总法向应力减去相应的孔隙水压力 u。如存在排水抗剪强度，则由莫尔-库仑方程计算：

$$s=c'+(\sigma-u)\tan\phi' \tag{9.17}$$

式中　u——水位下降后稳定渗流对应的孔隙水压力。

如果在滑动面任一点使用式（9.17）计算的排水抗剪强度比不排水抗剪强度低，那么将额外进行边坡稳定计算。但如果排水抗剪强度估算值都高于第二阶段使用的不排水抗剪强度计算，将不再进行额外的计算，第二阶段计算的安全系数就是水位骤降后的安全系数。

进行第三步稳定分析时，新抗剪强度被分配到每个条块上，其排水抗剪强度估算值低于不排水抗剪强度。这些条块的有效应力抗剪强度参数和适当的孔隙水压力被限制。如果任一部分的排水抗剪强度大于不排水抗剪强度，那么抗剪强度不变，并且不排水抗剪强度用于第三阶段计算。因此，一部分滑面采用规定的有效应力抗剪强度参数而其他部分仍然采用不排水抗剪强度。一旦每个条块上的都被赋予了合适的排水或不排水抗剪强度，就进行第三阶段稳定计算。第三阶段计算的安全系数代表了水位骤降后的安全系数。如果第三阶段计算不是必需的（例如，低渗透性材料滑动面各处不排水抗剪强度小于排水抗剪强度），那么，如前所述，第二阶段的安全系数即为水位骤降后的安全系数。

（4）例题。

用一个简单的例子来阐述上述三阶段分析过程。为了简化计算和便于手算，假设了水位骤降时无限边坡稳定性分析。如图 9.4 所示，斜率为 3（水平）：1（垂直）。对边坡的指定点进行稳定计算，假定边坡在水位骤降前已没入 100ft 的水中。尽管水深假定，但只要边坡在降水前完全被淹没，水深对最终的结果没有影响，土体的总（饱和）单位重量是 125pcf。有效应力抗剪强度参数 $c'=0$，$\phi'=40°$。不排水抗剪强度包络线的截距和斜率（d 和 ψ）是 2000psf 和 20°。抗剪强度包络线如图 9.5 所示。

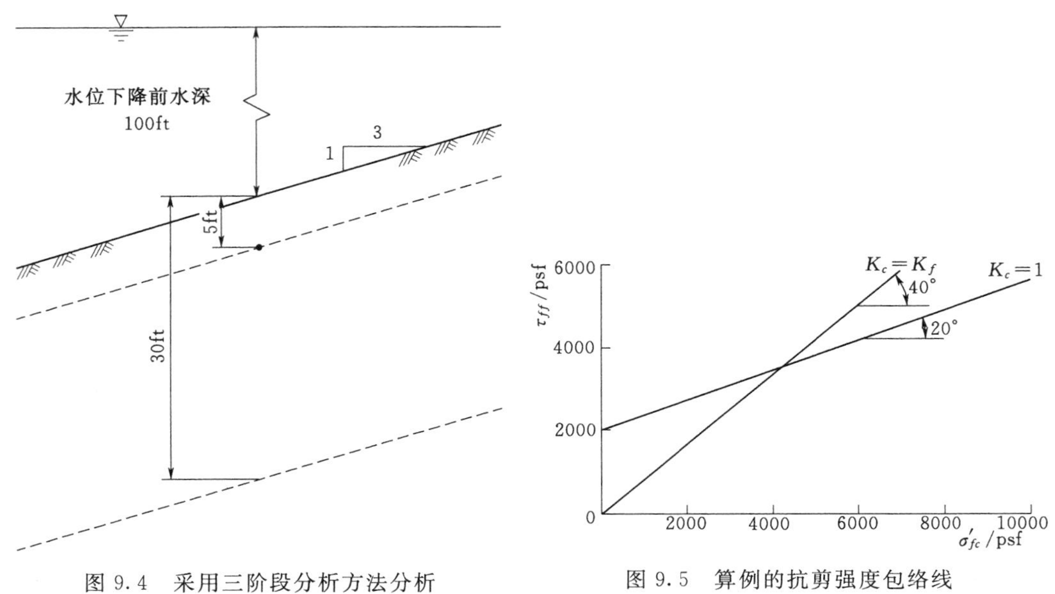

图 9.4　采用三阶段分析方法分析水位骤降时边坡稳定算例

图 9.5　算例的抗剪强度包络线

稳定性计算涉及两个滑动面的稳定分析计算。两个滑面都是平行于坡面的；一个是5ft深，另一个是30ft深。假如总水位下降（即假设水从边坡表面全部排出）。进一步假设，排水后孔隙水压力为零。三个阶段各自的分析计算描述如下，主要数据见表9.2。

表 9.2　水位骤降时边坡稳定分析小结

阶段	数　　值	z=5ft	z=30ft
阶段1	破裂面上的主应力 σ_{fc}	6834psf	9803psf
	孔隙水压力 u	6552psf	8112psf
	破裂面上的有效主应力（固结压力）σ'_{fc}	282psf	1691psf
	固结后破裂面上的剪切应力 τ_{fc}	94psf	562psf
阶段2	抗剪强度 τ_{ff}（$K_c=1$）	2103psf	2615psf
	抗剪强度 τ_{ff}（$K_c=K_f$）	237psf	1419psf
	固结有效应力比 K_1	2.0	2.0
	不排水抗剪强度 τ_{ff}	1585psf	2283psf
	抗剪强度（水位骤降后）τ	187psf	1123psf
	安全系数（不排水强度）	8.48	2.03
阶段3	主应力（水位骤降后）σ	563psf	3376psf
	孔隙水压力（水位骤降和排水后）	0	0
	有效主应力（水位骤降和排水后）	563psf	3376psf
	排水抗剪强度	472psf	2833psf
最后阶段	水位骤降后控制强度	472psf（排水）	2283psf（不排水）
	水位骤降后安全系数	2.52（三阶段）	2.03（二阶段）

1）第一阶段的分析。淹没的无限边坡滑动面上主应力由下式得出：

$$\sigma=\gamma z\cos^2\beta+\gamma_w(h_w+z\sin^2\beta) \quad (9.18)$$

因此，滑动面深度为5ft时：

$$\sigma=125\times5\times\cos^2 18.4°+62.4\times[100+5\sin^2 18.4°]=6834(\text{psf}) \quad (9.19)$$

同样，滑动面深度为30ft时，主应力是9803psf。滑动面的孔隙水压力由下式计算：

$$u=\gamma_w(z+h_w) \quad (9.20)$$

滑动面深度为5ft时，孔隙水压力为

$$u=62.4\times(5+100)=6552(\text{psf}) \quad (9.21)$$

同样，滑动面深度为30ft时的孔隙水压力为$u=8112$psf。有效正应力由总应力减去孔隙水压力（即$\sigma'=\sigma-u$）得到。因此，在滑动面深度为5ft时的有效应力是

$$\sigma'=6834-6552=282(\text{psf}) \quad (9.22)$$

滑动面深度为30ft时，有效正应力是1691psf（=9803－8112）。这些代表固结后的有效主应力σ'_{fc}。由于没有流动，有效主应力也可直接采用淹没计算单位重量（γ'）和以下方程：

$$\sigma'=\gamma' z\cos^2\beta \quad (9.23)$$

滑动面上的剪切应力计算：

$$\tau=(\gamma-\gamma_w)z\sin\beta\cos\beta \quad (9.24)$$

滑动面深度为5ft时：

$$\tau=(125-62.4)\times5\times\sin18.4°\cos 18.4°=94(\text{psf}) \quad (9.25)$$

同样，在滑动面深度为30ft时，剪切应力为562psf。这些应力代表了两个潜在滑动面固结后的剪切应力τ_{fc}。固结应力归纳见表9.2。

2）第二阶段的分析。第二阶段的分析基于σ'_{fc}和τ_{fc}的不排水抗剪强度。$K_c=1$的不排水抗剪强度的抗剪强度包络线计算采用以下方程：

$$\tau_{ff(K_c=1)}=d+\sigma'_{fc}\tan\Psi \quad (9.26)$$

滑动面深度为5ft时：

$$\tau_{ff(K_c=1)}=2000+282\times\tan20°=2103(\text{psf}) \quad (9.27)$$

滑动面深度为30ft时，$\tau_{ff(K_c=1)=2615\text{psf}、K_c=K_f}$时抗剪强度包络线的计算如下：

$$\tau_{ff(K_c=K_f)}=c'+\sigma'_{fc}\tan\phi' \quad (9.28)$$

滑动面深度为5ft时：

$$\tau_{ff(K_c=K_f)}=0+252\times\tan40°=237(\text{psf}) \quad (9.29)$$

同样，滑动面深度为30ft时，$\tau_{ff(K_c=K_f)}$为1419psf。

第二阶段不排水抗剪强度分析，由有效主应力比和上面的不排水抗剪强度值插值确定。固结后的有效主应力比采用第一阶段的应力分析和式（9.10）计算。滑动面深度为5ft时：

$$K_1=\frac{282+94\times(\sin40°+1)/\cos40°}{282+94\times(\sin40°-1)/\cos40°}=2.0 \quad (9.30)$$

滑动面深度为30ft时固结有效主应力比也等于2.0。破坏时有效主应力比由式（9.12）计算。破坏时有效主应力比为4.6，由于$c'=0$相同深度的结果相同。不排水抗剪

强度由式（9.11）得出。滑动面深度为5ft和30ft，抗剪强度如下：

$$\tau_{ff}=\begin{cases}\dfrac{(4.6-2.0)\times2103+(2.0-1)\times237}{4.6-1}=1585(\text{psf}) \\ (\text{滑动面深度为 5ft}) & (9.31)\\ \dfrac{(4.6-2.0)\times2615+(2.0-1)\times1419}{4.6-1}=2283(\text{psf}) \\ (\text{滑动面深度为 30ft}) & (9.32)\end{cases}$$

第二阶段下一步分析是采用水位骤降后的不排水抗剪强度计算安全系数。对无限斜坡和骤降完成后（边坡上面没有水），剪切应力为

$$\tau=\gamma z\sin\beta\cos\beta \tag{9.33}$$

滑动面深度为5ft时：

$$\tau=125\times5\times\sin18.4^\circ\cos18.4^\circ=187(\text{psf}) \tag{9.34}$$

同样，滑动面深度为30ft时的剪切应力是1123psf。滑动面的安全系数等于不排水抗剪强度和剪切应力的比值，在滑动面深度为5ft和30ft时，分别为

$$F=\begin{cases}\dfrac{1585}{187}=8.48 \quad (\text{滑动面深度为 5ft}) & (9.35)\\ \dfrac{2283}{1123}=2.03 \quad (\text{滑动面深度为 30ft}) & (9.36)\end{cases}$$

此值代表水位骤降期间不排水条件的安全系数。

3）第三阶段分析。三阶段分析由估算土体的完全排水抗剪强度开始（假设由于水位骤降所有超孔隙水压力消散）。对于这个例题假设水位降低到一定的深度，排水完成后不会有孔隙水压力。一旦孔隙水压力为零，总主应力和有效应力相等。水位骤降后排水条件的有效应力如下：

$$\sigma'=\gamma z\cos^2\beta \tag{9.37}$$

滑动面深度为5ft时：

$$\sigma'=125\times5\times\cos^2 18.4^\circ=563 \tag{9.38}$$

排水抗剪强度：

$$\tau_{\text{drained}}=0+563\times\tan40^\circ=472(\text{psf}) \tag{9.39}$$

这个值（472psf）远小于前期得到的不排水抗剪强度的值（1585psf）。因此，如果排水，安全系数将降低。上面的剪应力由式（9.34）计算是187psf，因此，滑动面在5ft深度时的安全系数为

$$F=\frac{472}{187}=2.52 \tag{9.40}$$

滑动面在30ft深度时，排水后的有效主应力计算如下：

$$\sigma'=125\times30\cos^2 18.4^\circ=3376 \tag{9.41}$$

相应的排水抗剪强度：

$$\tau_{\text{drained}}=0+3376\times\tan40^\circ=2833 \tag{9.42}$$

这个排水抗剪强度值（2833psf）大于先前算出的不排水抗剪强度（2283psf）。因此，由不排水抗剪强度控制，安全系数等于前期［式（9.36）］的计算值2.02。

这个算例表明，排水抗剪强度是水位下降后浅层滑动（5ft）的关键因素，而不排水抗剪强度是更深层滑动（30ft）的关键因素。通常发现深度较浅时排水抗剪强度小，在更深的深度不排水抗剪强度较小。一般来说，排水和不排水抗剪强度的模式有望控制将来发生情况的稳定性。滑面包含一系列深度时，控制抗剪强度可能是某些区域的排水抗剪强度和其他区域的不排水抗剪强度。

9.3 部分排水

水位骤降时，部分排水可能会导致孔隙水压力降低、稳定性提高。理论上讲，这样的稳定性提高可以由有效应力稳定分析计算和解释。长期稳定分析需要进行有效应力分析，但水位骤降时孔隙水压力除外。虽然这种方法看起来合乎逻辑，但超出了目前的工程实践，并显得不切实际，其主要困难在于预测水位骤降引起的孔隙水压力。

9.4 剪切诱发的孔隙水压力变化

基于流网的解析方法和大多数数值模拟（有限差分法、有限元法）都不能考虑剪切变形引起孔隙水压力的重要变化。固结性能良好的土体在水位下降时易剪胀，降低孔隙压力和增加强度。压实度差的土体水位下降时易压缩，增大孔隙压力和降低强度。通过不同的不排水强度被用于固结性能良好和压实性差的土体，这些影响反映在上述类型的总应力分析上。忽略剪切引起的孔隙水压力会带来两种后果：一是固结性能良好和较差的土体采用相同的孔隙压力和强度，二是水位骤降时稳定性分析极为不准确。关于水位骤降时孔隙水压力的计算更完整的过程讨论可以参考 Wright 和 Duncan（1987）。

第10章　边坡地震稳定性分析

地震对边坡施加动态载荷，土的抗剪强度降低导致其不稳定。过去的40年里，人们对地震地面运动、土的非线性应力-应变特性、地震荷载作用下的强度损失和土质边坡动态响应分析方面的认识取得了长足进步。有力推动了地震作用下边坡稳定性复杂分析程序的发展。而且在使用更为简单的筛选分析以便确定是否需要进行更加复杂化分析方面也取得了进展。

10.1　分析程序

10.1.1　具体、综合的分析

综合分析程序一般用于破坏性强或者土体强度降低可能性大的堤防、边坡、路基。尽管这些程序的具体细节和步骤可能有所不同，一般分析步骤如下（Seed，1979；Marcuson等，1990）：

（1）确定边坡横截面和所需要分析的基底。

（2）利用地质学和地震学工作方法，确定边坡预期加速度时程。它决定于振动离开发震断层后的衰减和地震动穿过基岩上覆的地基土后的放大作用。常使用的加速度有地面加速度峰值（PGA）、水平加速度峰值（PHA）和最大水平加速度（MHA）。

（3）确定天然土和坡体内、坡体下所填充材料的静力和动力应力应变特性。

（4）地震前，预测坡体或者堤坝的初始静应力。这可能涉及在模拟施工序列使用静力有限元分析或其他简便方法。

（5）运用动力有限元分析，计算出由地震加速度时程引发堤坝应力和拉力。

（6）测算由地震引发的抗剪强度衰减和孔隙压力增加。最复杂的动力分析包括计算强度降低，该计算是步骤（5）中动力分析的组成部分。

（7）根据步骤（6）中的强度降低结果利用极限平衡程序计算边坡的稳定性。该分析中需要确定不排水和排水时的抗剪强度，这一参数非常重要。

（8）如果分析显示，边坡在地震中是稳定的，计算出永久变形。如果循环荷载作用下的强度损失很小，可使用Newmark滑块模型进行分析（Newmark，1965）。然而，如果强度损失显著，就要使用其他方法。比如Seed（1979）对上游的Van Norman坝的分析表明拟静力分析程序无法充分揭示大位移的边坡稳定问题，于是提出用应变势评估位移的方法。从概念上说，在边坡或大坝的分析中，完全非线性有限元分析能够计算出任意永久变形，然而，此类分析非常复杂，需要考虑不确定性，在实践中很少使用。

土动力特性的评估和开展上面概述的动态响应分析的细节超出了本书的范围。然而，确定是否需要详细分析的简单程序，会在下面的章节中说明。

10.1.2 拟静力分析

最早应用于地震稳定性分析的程序是将地震荷载由静力表示的拟静力过程，等于土重量乘以一个地震系数，k 或者 k_s。拟静力方法往往在传统的极限平衡边坡稳定分析使用。大多数商业边坡稳定程序都可以使用抗震系数。地震系数可被认为是松散的作为由地震产生的加速度（表示为重力加速一小部分，g）。然而，拟静力被视为静态的力且作用方向单一，而地震加速度作用时间很短和方向也会变化，在确定的时间，土壤特性变得稳定，而不是被破坏。术语“拟静力”是用词不当，因为这种方法实际上是更正确地称为拟动力的静力法；然而，术语“拟静力”已使用多年，并常见于土工文献。在拟静力方法中地震加速度的垂直分量通常被忽视，地震系数通常表示为一个水平力。

从力学的角度，极限平衡边坡稳定分析中使用地震系数和拟静力是相对简单的：在各平衡方程中，拟静力被假定为已知力。图 10.1 表明用于在总应力来表示抗剪强度无限斜率。类似的公式可以推导出有效应力和其他极限平衡程序，包括第 6 章中所讨论的任一条块的过程。

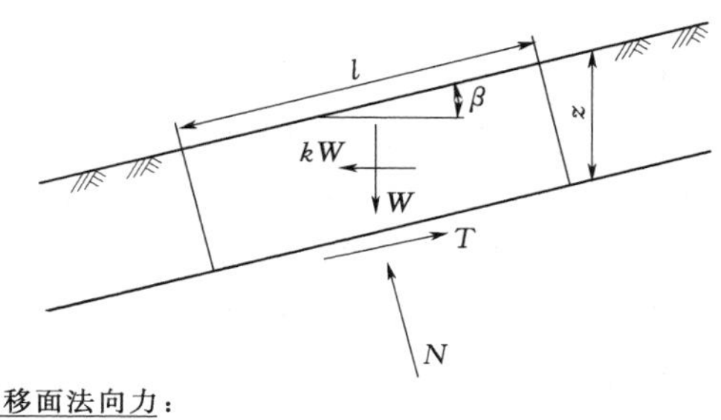

滑移面法向力：

$$N = W\cos\beta - kW\sin\beta \quad (1)$$

滑移面切向力：

$$T = W\sin\beta + kW\cos\beta \quad (2)$$

滑块重量：

$$W = \gamma lz\cos\beta \quad (3)$$

(3)式代入(1)、(2)式：

$$N = \gamma lz\cos^2\beta - k\gamma lz\cos\beta\sin\beta \quad (4)$$

$$T = \gamma lz\cos\beta\sin\beta + k\gamma lz\cos^2\beta \quad (5)$$

滑移面应力计算公式：

$$\sigma = \frac{N}{l} = \gamma z\cos^2\beta - k\gamma z\cos\beta\sin\beta \quad (6)$$

$$\tau = \gamma z\cos\beta\sin\beta + k\gamma z\cos^2\beta \quad (7)$$

安全系数计算公式：

$$F = \frac{s}{\tau} = \frac{c+\sigma\tan\phi}{\tau} = \frac{c+(\gamma z\cos^2\beta - k\gamma z\cos\beta\sin\beta\tan\phi)}{\gamma z\cos\beta\sin\beta + k\gamma z\cos^2\beta} \quad (8)$$

图 10.1　无限边坡在地震力下（kW）的安全系数推导——总应力分析

拟静力分析的问题在于拟静力的作用位置。Terzaghi（1950）建议，拟静力应该作用在每个条块或整个滑动土体的重心上。只有当加速度作用于整个土体，这将是真实的，然而它们可能是不恒定的。Seed（1979）表明，地震力的假定位置可以对计算出的安全系数的影响很小但不可忽略：对于谢菲尔德大坝，在地震系数为 0.1 的情况下，将拟静力的位置从重心调整到条块的底部，安全系数从 1.32 降低到 1.21。

许多大坝（Makdisi 和 Seed，1978）的地震动力反应分析表明从大坝的底部传播到顶部，峰值加速度增大（即它们被放大）。因此，合成地震力的位置将高于上述条块的重心。在圆形滑动面的情况下，由于地震力的作用，这将圆形薄片的中心弯矩小于在薄片重心施加地震力的弯矩，此时安全系数将增加。这种推论和 Seed（1979）在谢菲尔德大坝的分析结果一致。这表明，当地震力的作用位置低于条块重心，安全系数降低。假设拟静力作用在条块的重心上对大多数水坝来说可能是略微保守。因此，Terzaghi（1950）的建议看上去更合理。对于大多数拟静力分析假定拟静力作用于每个条块的重心。如果使用的力平衡（仅）程序中，拟静力的位置对计算出的安全系数没有影响。

多年来，基于经验准则和规范估算地震系数估算。所用的地震系数的代表值介于约

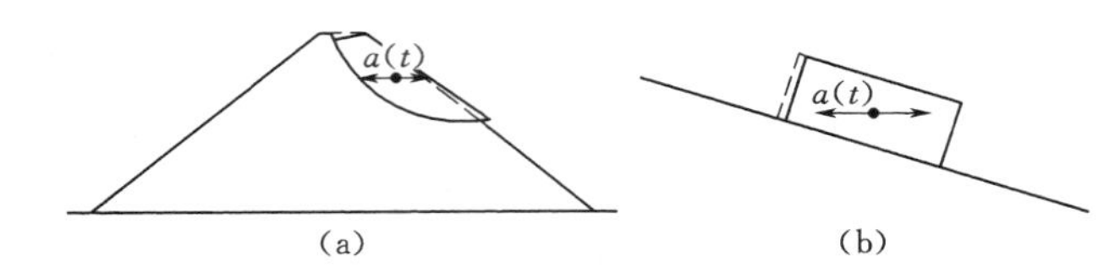

图 10.2　地震时用（a）实际边坡和（b）滑块表示永久位移

0.05 至约 0.25（Seed，1979；Hynes－Griffin 和 Franklin，1984；Ka 等，1997）。然而，随着更复杂分析的发展，特别是位移分析，如在下一节描述的滑动块分析，可以开展地震系数、预期的地震加速度和可能的位移之间的相关性分析。当今使用的大多数地震系数是基于经验和变形分析。

10.1.3　滑块分析法

Newmark（1965）首次提出基于刚性滑块在一个相对简单的变形分析。在这种方法中，土体上方滑动面的质量的位移被建模为土体的滑动在平面上（图 10.2）的刚性块。当该刚性块的加速度超过屈服加速度 a_y，该块开始沿平面滑动。超出屈服加速度的任一加速度会使滑块滑动且给相对下覆质量块以相对速度。当加速度降到屈服加速度以下时，滑块继续移动直至滑块相对下覆质量的相对速度为零，如图 10.3 所示。如果加速度再次超过屈服加速度，该块将再次滑动。这个黏滑运动模式一直持续到最后的加速度下降到低于屈服加速度和相对速度为零。对于超过屈服加速度的各加速度进行一次积分计算得到速度，二次积分得到位移（图 10.3）。给定加速度时程和屈服加速度，可以进行数值积分。在上坡方向的运动被忽略（即假定所有位移为“单向的”）。细致讨论超出了本章的范围，但可以在文献中找到（例如，Jibson，1993；Kramer，1996；Kramer 和 Smith，1997）。

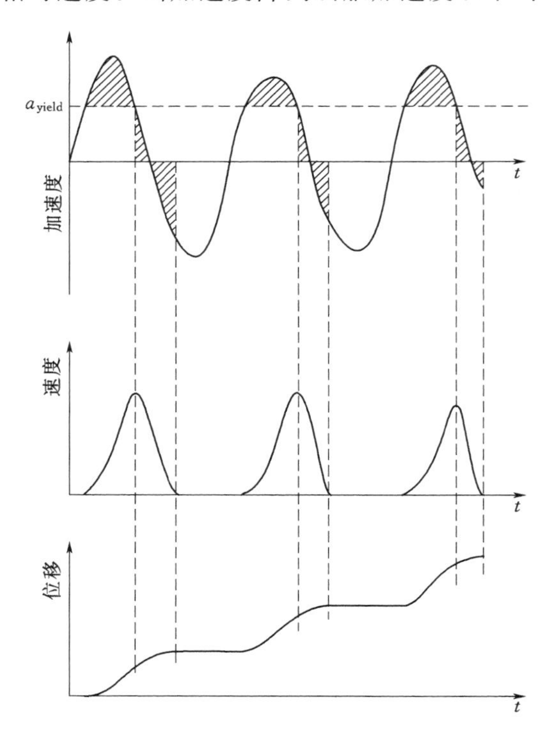

图 10.3　加速度时程的双积分来计算永久性位移

在滑块分析中，极限平衡边坡稳定分析法被用来计算屈服加速度值，a_y。屈服加速通常表示为地震屈服系数。地震屈服系数是在拟静力边坡稳定分析中计算个体安全系数的地震系数，$k_y=a_y/g$。用于滑动块计算以及土体质量的地震屈服系数取决于假设极限平衡边坡稳定性计算中的特殊滑动面假定。至少有 3 个假设滑动面可用于计算地震屈服系数：

1）产生最小静态安全系数的滑动面。这滑动面不会产生最小的地震屈服系数或者最关键的位移情况。

2）产生最小的地震屈服系数的滑动面。这个滑动面可以使得深度不切实际，导致在滑动块分析的位移计算中得到不真实的偏低的地震屈服系数。

3）反映土体内部的加速度模式的滑动面。土体内的平均加速度和质量本身将随假定滑动面的范围而变化，并影响所计算的位移。

以上的第三种选择，其中滑动面反映出边坡内部的加速度的模式，这显然是最合适的，几位学者都曾提到。联邦公路管理局（2011）提到关于加速度随深度变化的相关研究。

小结

1）存在综合分析程序并被用于评估大型堤坝和边坡的抗震稳定性，这些结构的破坏后果严重或者可能会出现显著的土强度损失。

2）拟静力分析程序粗略估计地震荷载为静力，准确性比其他的程序更低，但是可用于作为筛选工具。

3）拟静力地震力通常认为是作用在土体的重心上，这种假设似乎是合理的。

4）Newmark 型滑块分析为估算地震引起的边坡永久位移提供了一个简单有效的方法。

10.2 拟静力筛选分析

拟静力分析提供了有益的筛选潜在地震稳定性问题的方法，尤其是地震时不希望土体强度大大降低时。Makdisi 和 Seed（1977）发现，黏性土、干燥或部分饱和非黏性土，或非常致密的饱和黏性土，80%的静态不排水强度可用由循环载荷引起的大、小应变之间的一个近似临界值来表示。当这些非液化土层承受循环载荷接近全部不排水强度时，大量的永久变形就发生了。在 80%的不排水强度时，这些相同的土经受大量的循环（>100）出现本来的弹性状态。因此，Makdisi 和 Seed（1977）和 Seed（1979）推荐采用静态不排水强度的 80%～85%作为非液化土的动态屈服强度。

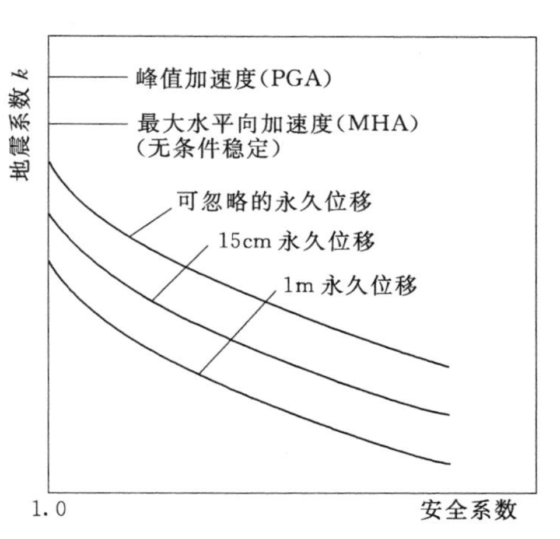

图 10.4 安全系数、地震系数和预测位移间的关系图（Kavanzanjian，2013）

使用拟静力分析作为筛选分析是一个简单的过程。其基于合适的标准确定合适的地震系数并计算安全系数。计算的安全系数提供了地震引起位移大小的量级。较新的方法把地震系数和使用的地面加速度类型、容许变形值和安全系数计算值密切联系起来。如图 10.4 所示。对于最大的水平加速度（MHA）的给定值，地震系数和安全系数的不同组合可导致位移的近似值。

地震系数选择和可接受的安全系数准则已经由 Seed（1979）、Hynes - Griffin 和 Franklin（1984）、Kavazanjian 等（1997）、Bray 等（1998）、Bray 和 Travasarou（2009）

以及 FHWA（2011）提出，并做了拟静力分析结果与现场经验和变形分析结果的比较。

表 10.1 列出了采用拟静力分析的几种常见方法。每种均涉及下列内容的组合：

（1）参考峰值加速度 a_{ref}。使用的参考加速度通常是指边坡下伏基岩的加速度峰值或坡顶的加速度峰值。基岩加速度峰值易于使用，因为确定边坡斜坡的顶部加速度峰值需要一个动态响应分析。在一些较新的方法中，采用特定周期的 5%阻尼的弹性谱加速度。

（2）加速度放大倍数。拟静力分析中使用的地震系数等于 a_{ref}/g 乘以加速度乘数 a/a_{ref}[$k=(a_{ref}/g)(a/a_{ref})$]。加速度乘数范围建议值为 0.17～0.75，见表 10.1。

（3）抗剪强度折减系数。大多数专家建议拟静力分析时使用折减的抗剪强度。如表 10.1 所示，一般建议强度降低 15%～20%，基于静态抗剪强度，这是 Makdisi 和 Seed（1977）的研究成果。对于土工合成材料成层的垃圾填埋场，Bray 等（1998）建议采用残余抗剪强度，因为土工合成材料和变形达到极限的垃圾之间的层间强度在填埋施工期间会超标。

（4）安全系数最小值。表 10.1 总结了筛选标准的老方法规定了最低可接受的安全系数。数值是 1.0 或 1.15。在一些较新的方法，安全最低值依赖于可允许位移值。

（5）容许永久变形。表 10.1 中概括的标准与地震引起的允许位置值是一一对应的。允许变形值从垃圾填埋场基础垫层的 0.15m 到大坝的 1.0m。变形大小在最新的计算方法中也是变量。

表 10.1　　拟静力筛选法的建议

参考书目	加速度参考值 a_{ref}	加速度乘数 a/a_{ref}	折减强度系数	最小安全系数	允许位移值
Seed（1979）	$0.75g\left(M\approx 6\frac{1}{2}\right)$	0.133	0.85	1.15	约 1m
Seed（1979）	$0.75g\left(M\approx 8\frac{1}{4}\right)$	0.167	0.85	1.15	约 1m
Hynes－Griffin 和 Franklin（1984）	$PGA_{rock}(M\leqslant 8.3)$	0.5	0.8	1.0	1m
Bray 等（1998）	PGA_{rock}	0.75	建议采用保守值（剩余强度）	1.0	垃圾填埋场覆盖厚 0.3m；垃圾填埋场基础滑动 0.15m
Kavazanjian 等（1997）	PGA_{soil}	0.17 如果 PGA 增幅	0.8①	1.0	1m
Kavazanjian 等（1997）	PGA_{soil}	0.5PGA 决定的自由场地	0.8①	1.0	1m
NCHRP 12－70（2008）FHWA（2011）	PGA_{soil}	0.2～0.5（PGA 包括点振幅影响）	0.8	1.0	5cm 或更小
Bray 和 Travasarou（2009）	加速度乘数，S_a（指定时期 5%衰减）	取决于边坡高度和位移	1.0 中位数或最优估值	变化	变化

① 适用于完全饱和或敏感性黏土。

表 10.1 中列出的每个方法都在其内部完成并应以以下方式来查看：如果拟静力分析

采用 2 列中所示的指定参考加速度，在 3 列中显示加速度放大倍数，4 列中强度折减系数推出的安全系数大于等于 5 列中的数值，这表明由地震引起的永久位移不会比在 6 列中的数值大。虽然在表 10.1 总结的方法考虑的细节不同，但是它们采用的筛选方法都考虑了导致大的永久地震引起的位移条件。应当指出，这是相对于采用可允许位移的地震系数更严格的方法。

由 Hynes－Griffin 和 Franklin（1984）提出的准则适用于土坝，其中大量分析结果没有反映在 Seed（1979）的准则里。Bray 等（1998）提出的准则适用于垃圾填埋场，而像 Hynes－Griffin 和 Franklin's 提出的准则，反映变形分析的结果。由 Hynes－Griffin 与 Franklin 和 Bray 等提出的准则都基于基岩水平加速度峰值 PHA_{rock}，不需要现场响应分析。然而 NCHRP 12－70（2008）、Bray 和 Travasarou（2009）及 FHWA（2011）提出的新方法，比其他方法更加复杂，要求实施之前进行详细研究。

小结

1）提出了使用拟静力分析程序评估地震稳定性的几个简单的筛选标准。

2）筛选标准参考地震加速度、加速度倍增、强度折减系数、安全系数允许值及位移允许值等方面都有所区别。

3）较新的筛选方法考虑在安全系数最低时的容许位移。

10.3 确定加速度峰值

高烈度震区的峰值加速度可根据历史地震中的大量的地震记录利用经验衰减关系确定出来。对于那些可用信息较少的地区，峰值加速度可在美国地质调查局地质灾害的互联网网站（http：//geohazards.usgs.gov）进行查询。该网站提供基于地球经度和纬度或邮政编码的基岩加速度峰值（PGA_{rock}）。结果实例示于表 10.2。

表 10.2 基岩加速度峰值

邮编	PGA_{rock} 50a 超越概率 10%（500a 一遇）	PGA_{rock} 50a 超越概率 2%（2500a 一遇）
24060	0.037g	0.133g
78712	0.010g	0.030g

10.4 拟静力法中的抗剪强度

拟静力分析使用的抗剪强度取决于是短期（施工结束）或已存在了多年的边坡进行分析。拟静力分析可能需要取决于特定边坡的短期和长期条件下进行，如下文所讨论。

由于地震荷载持续时间短，这是合理的假设，除了一些粗糙的砾石和卵石，当地震震动过程中土不会明显排水。因此，不排水抗剪强度多用于拟静力分析（剪胀类型的土除外，其在地震发生后排水时强度降低）。

10.4.1　施工后随即地震

短期拟静力稳定性分析只适用于新的边坡。不排水抗剪强度可采用常规的不固结-不排水试验，土样和静态抗剪强度时相同。上述分析计算采用总应力表示的抗剪强度。

10.4.2　地震发生在边坡达到固结平衡后

采用反映最终永久条件的不排水抗剪强度，包括边坡施工后固结或膨胀的情况，对所有将要经受地震的边坡进行长期稳定评估。这种情况下不排水抗剪强度的确定方式取决于是既有边坡还是即将开挖的边坡。

（1）既有边坡。

如果边坡已经达到固结平衡，可通过采取有代表性的土样，并使用不固结-不排水试验来确定抗剪强度根据总应力表示的抗剪强度参数开展稳定性分析，这像一个短期稳定性分析。

（2）新开挖边坡。

对于新开挖边坡，有必要在实验室采用固结不排水试验法模拟未来固结和膨胀的影响（Seed，1966）。测试和分析程序和第 9 章水位骤降几乎相同：固结不排水三轴试验用来测量不排水强度。水位骤降分析和拟静力分析之间的不同之处在于，水位骤降时荷载是由于降低邻近边坡的水位而地震荷载是由于地震力。

一旦根据固结-不排水三轴测试的结果确定出合适的抗剪强度包络线，利用和第 9 章水位骤降时一致的双阶段分析过程开展边坡稳定计算。第一阶段分析针对地震前（无地震系数）工况来计算固结应力 σ'_{fc} 和 τ_{fc}。使用和水位骤降相同的程序，利用这些应力来估算地震荷载作用下的不排水抗剪强度。第二阶段分析采用不排水抗剪强度（采用地震系数）计算边坡地震安全系数。对于水位骤降方法，第三阶段计算，需要考虑水位骤降时的排水可能性，但在地震时的排水可能要小得多，因此计算的第三阶段通常没有必要。然而，在地震发生后的排水可能对稳定性产生不利影响，将在本章的最后一节讨论时应予以考虑。

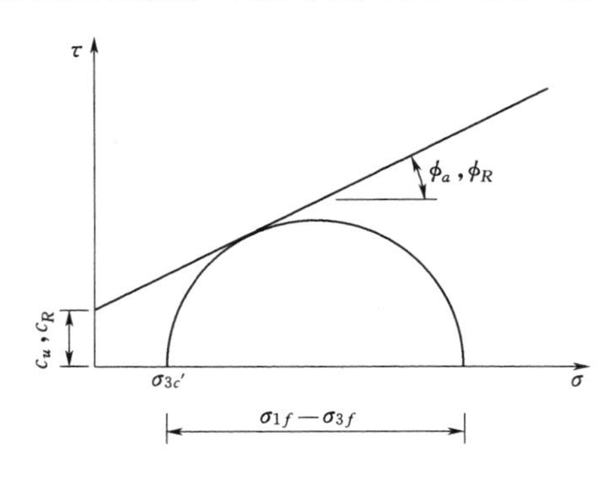

图 10.5　由固结不排水三轴压缩试验获得 R（主应力）不排水抗剪强度包络线

（3）简便程序（R 包络线和单一阶段分析）。

虽然上述的双阶段分析法是进行拟静力分析的合适方法，但有时也使用简单的单阶段程序来分析。在单阶段程序分析时使用 R 抗剪强度包络线。R 包络线，是美国陆军工程兵团的术语，如图 10.5 所示，由标注固结不排水三轴试验结果得到。该图中，圆是这样绘制的：最小主应力是有效的各向同性固结应力，σ'_{3c}，直径为破坏时的主应力差，$\sigma_{1f}-\sigma_{3f}$。因为用于绘制圆（σ'_{3c} 和 $\sigma_{1f}-\sigma_{3f}$）两个应力在测试时的不同时间存在，因此圆不是莫尔圆，莫尔圆表示的某一时刻的应力状态（例如，在固结或破坏时）。同样的，该图中的 R 包络线实际上也不是一个莫尔-库仑破坏包络线。但是，图中的包络线经常和在第 9 章中的固结不排水试验得到相应的 τ_{ff} 比 σ'_{fc} 包络线非常类似。为了阐述 R 和 τ_{ff} vs. σ'_{fc} 包络线的相似处，4 个不同土样的两个包络线绘制在图 10.6 中。4

种土及其性能总结见表 10.3。由此可以看出，每种情况的 R 包络线都在 $\tau_{ff}-\sigma'_{fc}$ 包络线的下方。也存在 R 包络线位于 $\tau_{ff}-\sigma'_{fc}$ 包络线上方的其他情况。

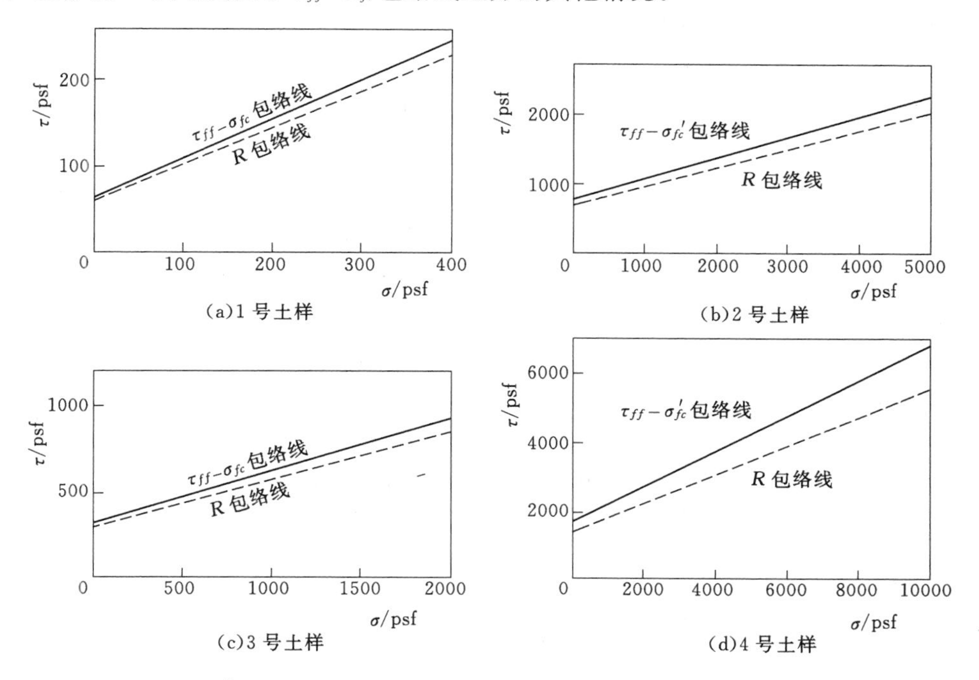

图 10.6 $\tau_{ff}-\sigma'_{fc}$ 抗剪强度包络线和 R（主应力）不排水抗剪强度包络线的对比图

表 10.3　不同土体的 R 和 $\tau_{ff}-\sigma'_{fc}$ 强度包络线的比较

土的编号	描 述 与 文 献	指 数 属 性	c' /psf	ϕ' /(°)	c_R /psf	ϕ_R /(°)	d① /psf	Ψ② /(°)
1	Pilarcitos 大坝的砂质黏土料（CL）；低围压包络线（0～10psi），（Wong 等，1983）	百分比减去 No. 200：60～70 液限：45 塑性指数：23	0	45	60	23	64	24.4
2	位于 Colorado 的 Rio Blanco 的大坝褐色黏质黏土（Wong 等，1983）	百分比减去 No. 200：25 液限：34 塑性指数：12	200	31	700	15	782	16.7
3	与 1 号土一样，除了围压包络线 0～100psi（Wong 等，1983）	百分比减去 No. 200：60～70 塑性指数：45 塑性指数：23	0	34	300	15.5	327	16.8
4	Hirfanli 大坝填筑料（Lowe 和 Karafiath，1960）	百分比减去 No. 200：82 塑性指数：32.4 塑性指数：13	0	35	1400	22.5	1716	26.9

① $\tau_{ff}-\sigma'_{fc}$ 包络线的截距可由已知的 c'、ϕ'、c_R 和 ϕ_R 计算。

② $\tau_{ff}-\sigma'_{fc}$ 包络线的斜率可由已知的 c'、ϕ'、c_R 和 ϕ_R 计算。

在简化的拟静力分析中，对每个试验滑动面需采用适当的地震系数和 R 包络线中的截距和斜率（c_R 和 ϕ_R）进行一组简单的计算。在这种简化的方法中，选用适当的孔隙水压力很重要：在这种情况下 R 包络线可近似作为不排水抗剪强度（$\approx\tau_{ff}$）和有效固结压力（$\approx\sigma'_{fc}$）关系的包络线。因此，在计算中应采用固结过程中的孔隙水压力（例如，对于稳态渗流）。[1]

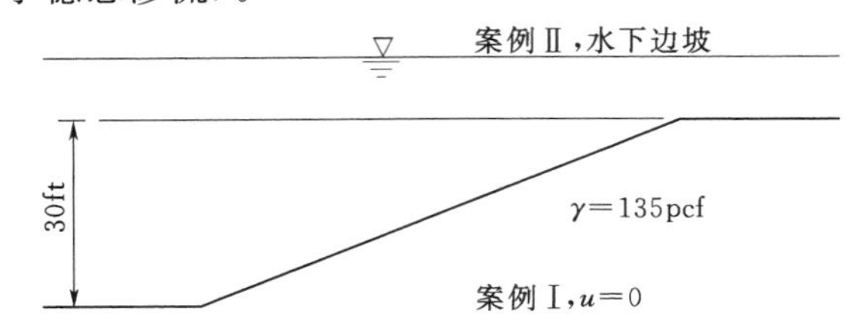

图 10.7　简易单阶段和严格两阶段地震分析对比的边坡

为了说明利用 R 包络线的简易单阶段分析和前面提到的更严格的双阶段程序的差异，对图 10.7 所示的边坡进行拟静力边坡稳定性分析。采用 0.15 的地震系数，计算边坡地震加载前处于干燥（零孔隙水压力）和完全淹没条件下的稳定性。使用图 10.6 和表 10.3 所示的 4 组不同强度特性的土体进行计算。计算结果总结在表 10.4 和图 10.8 中。在所有情况下根据简易程序计算的安全系数比根据严格的双阶段程序计算出的系数更小。简易程序计算的安全系数约为双阶段分析法计算结果的 80% 和 90%。

表 10.4　简易单阶段和严格两阶段计算地震安全系数小结

土	案例Ⅰ：干燥边坡		案例Ⅱ：淹没边坡	
	单阶段分析	双阶段分析	单阶段分析	双阶段分析
1	0.95	1.06	0.83	0.95
2	1.56	1.77	1.59	1.79
3	1.07	1.19	1.10	1.21
4	2.76	3.42	2.83	3.49

10.4.3　快速加载效应

拟静力分析程序仅适用于地震时土的强度下降不明显的情况。表 10.1 概括的筛选准则通过使用名义强度降低系数考虑中等的强度损失。然而，即使不考虑这样的因素，因为应变速率效应，拟静力分析为保守计，选择抗剪强度时有 15%～20% 的损失。大多数土在无排水荷载作用下地震造成的速率表现出了比在现有的失效时间几分钟或更长时间的静态载荷试验测定的剪切强度高 20%～50% 的优势。土样应变速率增加 10 倍（在失效时间减少），不排水抗剪强度增加 5%～25%。考虑到周期为 1s 地震载荷，荷载从零至增加到峰值的

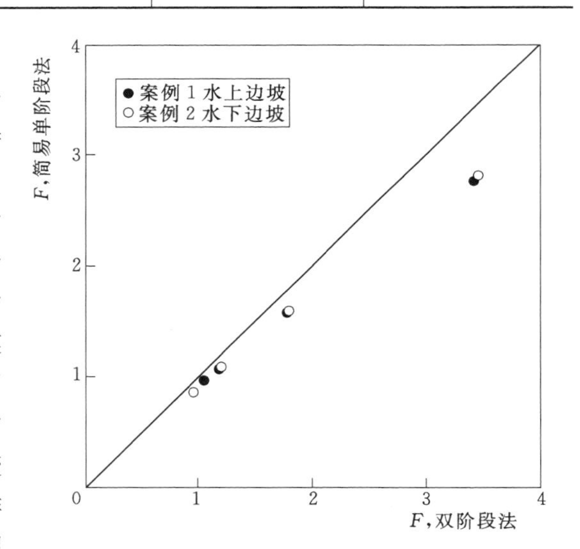

图 10.8　简易单阶段和严格双阶段地震分析法安全系数对比

[1] 虽然 R 包络线在很多文章中被称为总应力包络线（Terzaghi 和 Peck，1967；Peck 等，1974；Wu，1976；Sowers，1979；Dunn 等，1980；Holtz 和 Kovacs，1981；Lee 等，1983；McCarty，1993；Liu 和 Evett，2001；Abramson 等，2002；Das，2002），但采用包络线计算边坡拟静力分析时，必须选用有效主应力和合适的孔隙水压力。

时间大约是 0.25s。如果静态试验是用时间为 10min（600s），在失效时间内，土的抗剪强度速率每减小 10 倍的增加量为 10%，地震中应变率对强度的影响预计将高达约 34%：

$$10\% \times \log_{10}\frac{600}{0.25}=34\%$$

由于循环加载，受加载速率影响，强度将降低 15%～20%。因此，在拟静力分析中没有减少所使用的抗剪强度的依据。但对强度损失明显的情况（超过 15%～20%）是不适用的。

小结

1）原状或实验室压实土样的不固结不排水试验可用来确定现有边坡或施工末期新开挖边坡的拟静力分析中的抗剪强度。

2）要确定新开挖边坡达到固结平衡后的抗剪强度，抗剪强度由固结-不排水试验程序确定，分析时采用类似水位骤降时的两阶段分析法。

3）许多情况下使用 R 强度包络线的简易单阶段分析法，可得出边坡达到固结平衡的拟静力分析安全系数的保守估算值。

4）地震期间循环载荷高达 20%的强度折减可能被地震时相对静态试验正常荷载率较高的加载速率效应相抵消。

10.5 震后稳定性分析

地震后，由于循环载荷土的抗剪强度降低，边坡的稳定性可能会降低。抗剪强度的降低一般根据是否发生液化区别对待。地震后稳定性可以使用三阶段程序来评价。

10.5.1 步骤 1：判断是否发生液化

评估强度损失评价的第一步是确定土是否会液化。基于原位试验和历史研究，采取半经验方法，对水平地面进行评价。根据 Youd 等（2001）适用于测量土壤耐液化的 4 种不同原位试验：①静力触探试验；②标准渗透试验；③剪切波速的测量；④用于碎石场地的贝克尔渗透测试。各种试验中引起土体液化的循环剪切应力跟土体阻力或刚度特性的关系已经阐明。引起土壤液化的环状剪切应力一般由循环剪切应力和有效垂直固结压力归一化比值来表示，$\tau_{cyclic}/\sigma'_{vo}$，被称为循环阻力比（CRR）。根据一个或多个上述的原位试验，利用合适的统计方法，确定循环阻力比的估计值。通过循环阻力比和半经验法推导的地震应力比或循环应力比（CSR）比较确定是否要发生液化。

10.5.2 步骤 2：估算不排水抗剪强度残值

如果土要发生液化，测量或估算出不排水抗剪强度残值 s_r。[❶] 由 Poulos 等（1985）描述了强度测试方法，在土壤取样和实验室测试时都有相当的技巧。当前工作中依靠原位测试结果的统计值。

---

❶ 不排水抗剪强度残值，有时候称为稳定状态不排水抗剪强度，应该和抗剪强度残值区分开，抗剪强度残值是指先前经历大静态剪切应变的土体的长期排水抗剪强度。

不排水抗剪强度残值通常和静态不排水抗剪强度一样除以原位垂直有效应力进行标准化，有时称为液化强度比。Olson 和 Johnson（2008）得到了液化强度比和利用 SPT 和 CPT 基于失效的反演分析结果的相关性，如图 10.9（a）、（b）所示。

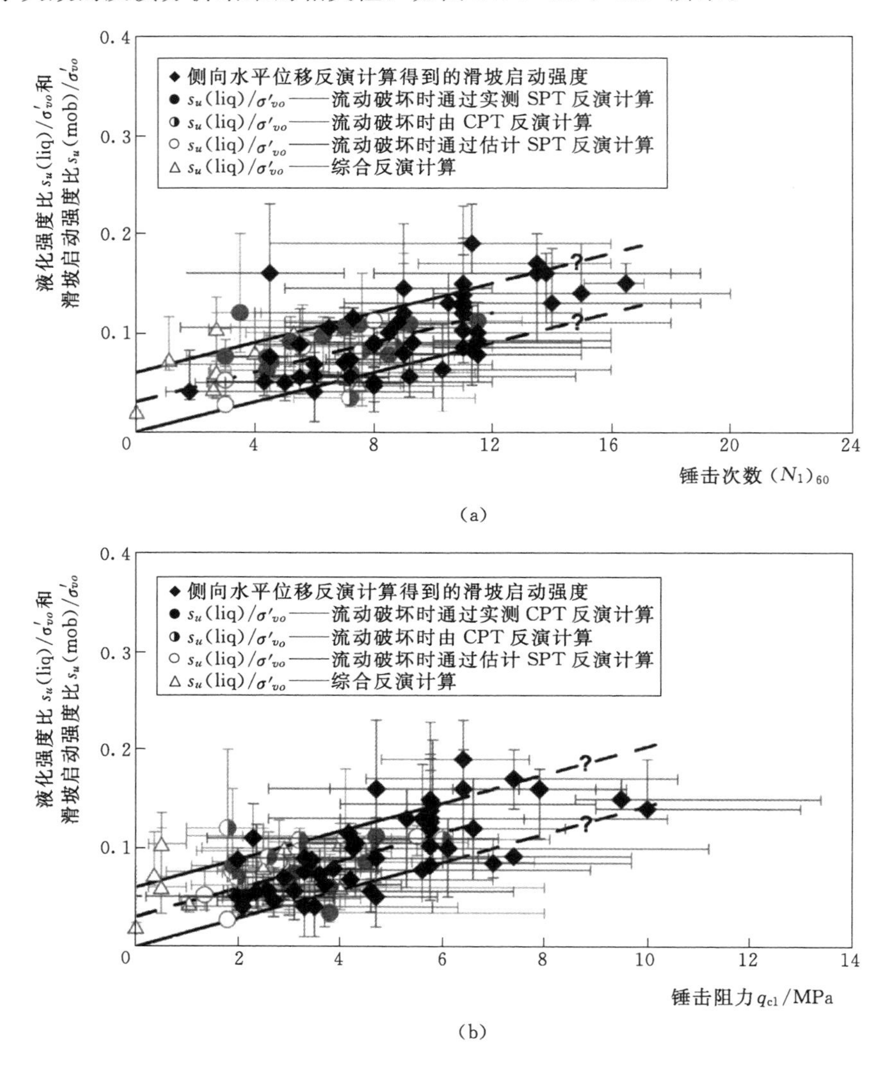

图 10.9　液化强度比和 SPT 和 CPT 结果的相关性（Olson 和 Johnson，2008）

尽管地震时土壤可能不产生液化，但是土体的孔隙水压力可能增大，抗剪强度可能会降低。Marcuson 等（1990）建议，在这种情况下，地震引起孔隙水压力可与针对液化的安全系数有关，定义为引起液化所需的循环剪切应力除以循环剪切应力（基于前面提到的估算循环阻力比）。Marcuson 等（1990）提出了图 10.10 中估算残余超孔隙水压力曲线。然而，在使用这种曲线和采用剪切应力表示有效应力时定义孔隙水压力必须引起注意。对应于有效应力分析的剪切强度实际上可能比土的初始排水剪切强度更大，因为估算的残余孔隙水压力值可能不会和土体不排水剪切破坏时的孔隙水压力一样大。因此建议，如果在有效应力分析中估算和使用孔隙水压力，必须进行检查确保抗剪强度不大于地震前的不排水抗剪强度。

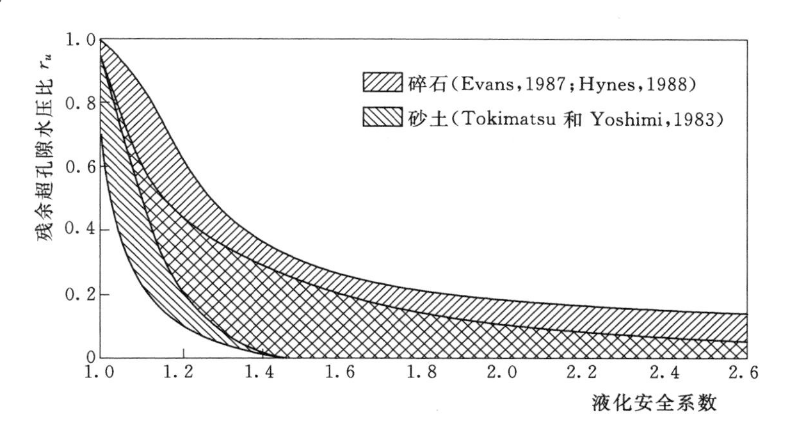

图 10.10 碎石、砂土典型残余超孔隙水压比与液化安全系数的相关性（Marcuson 等，1990）

Marcuson（1990）提出了地震时强度有损失但未液化土的有效应力方法的替代方法，可采用排水抗剪强度折减值。排水抗剪强度折减值可通过实验室试验估算，其试样相对地震前场地的土更密实，模拟地震载荷，最后在静态载荷试验剪切至破坏。

10.5.3 步骤 3：计算边坡稳定

一旦震后抗剪强度确定，就可进行常规的静态边坡稳定性分析。对于某些土和边坡几何体，地震荷载作用下的不排水抗剪强度可以代表最小抗剪强度，地震后抗剪强度会随时间增加。对于这类土和边坡，边坡稳定性可以使用前两节中所讨论的反映循环加载效应的不排水抗剪强度进行计算。然而，对于其他类型土，特别是剪胀类的，由于土体排水和水从高孔隙水压力区域迁移到较低压力的区域，地震后抗剪强度随时间降低。这被 Seed（1979）在 San Fernando 下游大坝揭示并在图 10.11 和图 10.12 中表示。震后采用不排水强度的安全系数（图 10.11）为 1.4，而采用部分排水和孔隙水压力重分布的安全系数仅为 0.8。

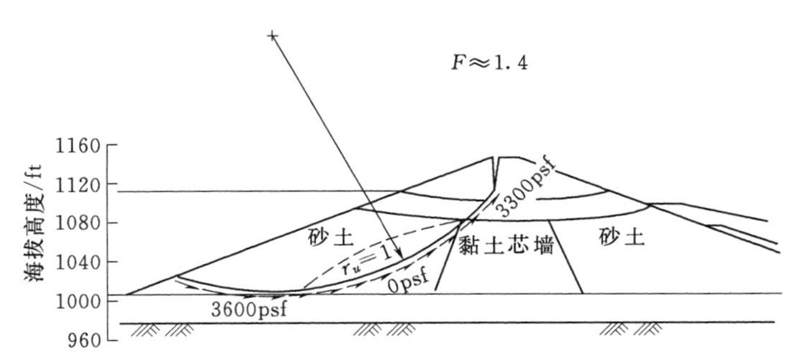

图 10.11 San Fernando 下游大坝震后稳定性（Seed，1979）

在不排水和排水（或部分排水）抗剪强度的组合控制稳定的工况下，跟水位骤降时一样，采用较低的排水和不排水抗剪强度进行稳定性分析是合理的。类似于在第 9 章中所述的多阶段分析可以用于此目的。特别是，地震后边坡稳定分析程序针对每个潜在滑动面包含以下两个分析阶段。

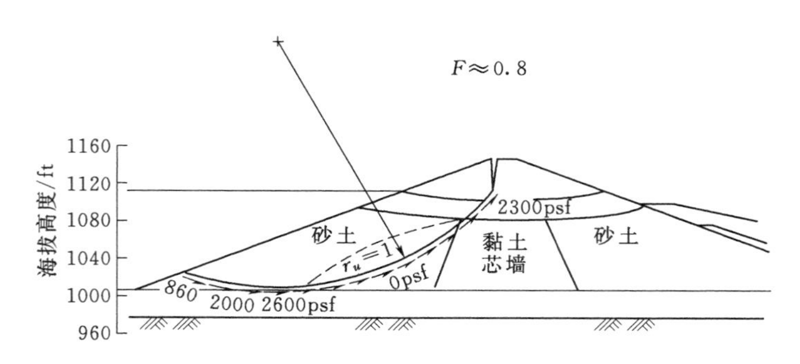

图 10.12　震后部分排水和孔隙水压力重分布的 San Fernando 下游大坝的稳定性（Seed，1979）

阶段 1：稳定性计算中，对于反映低渗透材料循环载荷影响的土❶，采用不排水抗剪强度；渗透性良好的土采用有效应力和排水抗剪强度。

阶段 2：基于第一阶段稳定性分析的正应力及完全排水后的现有孔隙水压力（额外孔压完全消散），进行完全排水抗剪强度估算。所有低渗透性土沿着滑面每个条块都进行。如果排水抗剪强度小于不排水抗剪强度，所述排水抗剪强度被施加到每个条块；否则，认为不排水抗剪强度是合适的。然后重复进行稳定性计算。该计算将包括沿滑动面的总应力（其中采用不排水强度）和有效应力（采用排水强度）的结合。第二阶段分析计算的安全系数是震后安全系数。

小结

1）确定边坡地震后是否足够稳定，根据反映地震荷载效应的不排水抗剪强度折减值进行静态边坡稳定分析。

2）对于地震发生后因排水强度可能损失的土体，可利用沿每个滑动面的排水和不排水抗剪强度的较小值进行两阶段分析。

❶ 对于像 Marcuson 等（1990）提出的有效应力法，用额外孔隙水压力表示震后的强度，那么在第一阶段分析计算中，可用有效抗剪强度参数和额外孔隙水压力来代替不排水抗剪强度。

第11章 软弱地基部分固结土堤的分析

黏土地基有时太软而不能承担土堤的全部荷载。提高稳定性有以下方法，分阶段填筑，连续填筑但控制进度以允许部分固结，利用毛细排水或砂井加快排水速度和孔隙水压力消散。当基础的黏土固结完成，其强度和稳定性将提高。

图11.1显示了一个分阶段填筑的土堤基础上土体单元的应力路径（剪切应力和潜在破坏面上的有效应力）。堤坝未建部分的末期对应的关键期（安全系数最低点），此时应力最接近破坏包络线。随着固结进行，安全系数增加，应力点偏移破坏包络线。经过一段时间固结，土堤的安全系数可提高。

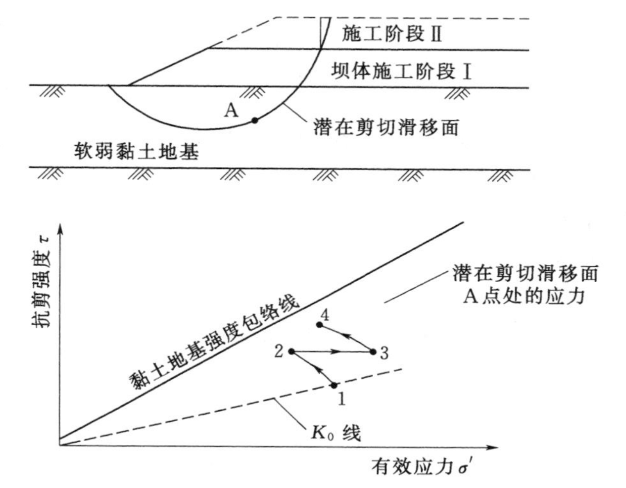

图11.1 分期填筑过程中应力变化
1—初始状态；2—施工阶段Ⅰ完成后；3—静置一段时间后；4—施工阶段Ⅱ完成后

建造在波兰的两个试验土堤研究证明了填筑过程中固结的益处（Wolski等，1988，1989）。工程师们把主要研究结果总结如下（Wolski等，1989）：通过分期填筑验证，可安全地填筑一个比原地基中抗剪强度允许值的两倍高的土堤。经过另外两年的固结，即使这种负荷可能会增加一倍并达到8m高而不破坏。

当缓慢填筑土堤或分期填筑达到部分固结不可行时，可用毛细排水或砂井来加速固结。对土堤稳定性来说，任何情况下，施工过程中的固结是必须的，必须通过固结及稳定性分析来确定固结量、安全系数和允许填充率。

11.1 填筑期的固结

虽然通常假定填筑软土土堤时，没有固结或消散的超孔隙水压力，但如果施工进展缓慢这可能不切实际。黏土的固结速率非常快，导致施工过程中大量额外孔隙水压力发生。如图11.2所示，不排水条件下对应点2a，而施工期间部分消散时对应点2b或2c，安全系数将更高。如确实发生部分消散，那么施工结束时（点2a）的假设完全不排水条件下进行的稳定性分析安全系数是保守的。假设施工过程中确实需要分期或缓慢填筑但没有排水，或毛细排水加快固结速度，这实际上可能都不是必须的。

位于厄瓜多尔La Esperanza大坝的坝基是最好的验证。大坝部分坐落在古河谷中最

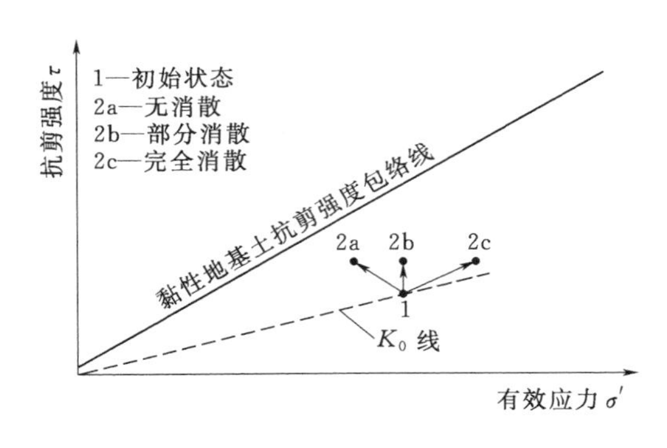

图 11.2　土堤填筑过程中孔隙水压力消散的影响

新的冲积层，包括高达 50ft 的软弱可压缩黏土。稳定性分析表明，如果黏土不排水坝基将不稳定。沉降计算表明，150ft 高填方坝基将沉降约 5ft。现场仪器观测表明，实际沉降速率比室内固结试验的结果要大得多。现场固结速度是预估值的 12 倍。基于此发现可得出，在不额外开挖坝基的基础上修建大坝变得可行，不需要严格控制大坝的填筑速度，也不需要安装砂管来加速黏土固结。因此，大坝建设所需的 4 年工期压缩为 3 年成为可能。大坝于 1995 年 9 月顺利完工。

从工程实践中可得出，某些情况下，考虑到施工过程中的大量固结和超孔隙水压力消散，安全系数计算考虑不排水条件下低于允许值。因此，缓慢填筑、分阶段填筑、采取排水措施加速固结等没有必要，即使没有这些措施，大量的孔隙压力也会消散，建设期和运行期的安全系数也很高。

11.2　部分固结的稳定性分析

阶段填筑过程中土堤高度、超孔隙水压力、安全系数随时间的理想化关系如图 11.3 所示。最关键点，如点 2 和点 4，对应快速填筑的末尾。上述工况都是稳定的必要条件，必须对其评估以确保整个建设期和建设后的安全系数达标。如图 11.3 所示，填筑后的安全系数随时间延长而增大。

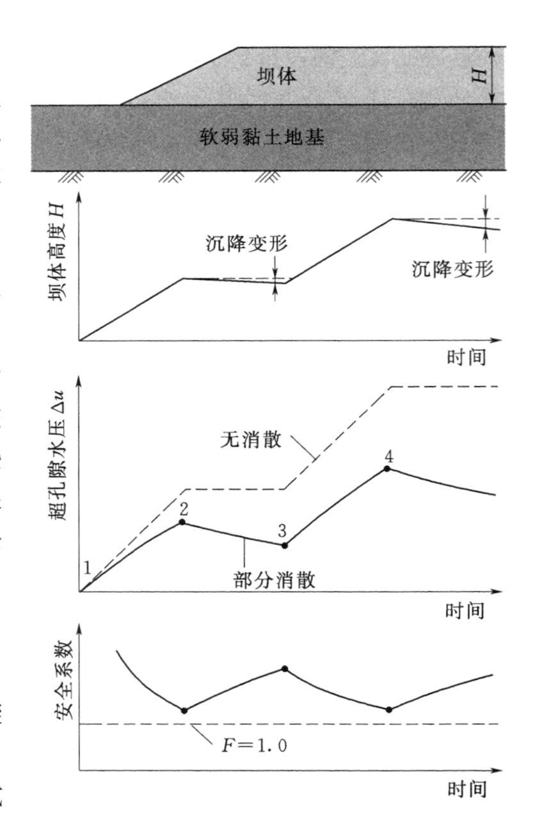

图 11.3　填筑高度、超孔隙水压力和安全系数随时间的变化

局部固结、超孔隙水压力消散和有效的应力增大可使土体稳定性提高，这都是在完善的土力学理论上的。然而，具体应用这些准则时，稳定评估与部分固结并没有得到很好的证明，在采用有效应力法还是总应力法评估稳定性更合理方面存在争议（Ladd，1991）。

11.2.1　有效应力法

如使用有效应力法进行评估，分析步骤如下：

1）进行排水强度试验，或固结不排水试验来测试孔隙水压力，确定基础黏土的有效应力抗剪强度参数（c'和 ϕ'）。进行排水或不排水试验确定填料强度参数。如对现存土有足够的经验，也可估算所需的参数。

2）在无排水条件的基础中，估算超孔隙水压力随深度和横向变化的值。此时孔隙水压力对应于图 11.3 中的“无消散”曲线。

3）通过固结分析确定在施工过程中发生的超孔隙水压力消散量。分析的结果将对应于图 11.3 中的“部分消散”曲线。

4）图 11.3 中，当安全系数最小时，对点 2、点 4 等阶段进行稳定分析。

有效应力法的优点，施工过程中可通过测量孔隙水压力和使用实测的孔隙水压力进行额外的稳定性分析进行复核。

11.2.2 总应力法

如果稳定性分析采用总应力法（或不排水抗剪强度），分析时采用不排水抗剪强度，用总应力表示。饱和土不排水抗剪强度的 $c=s_u$ 和 $\phi=0$。分析步骤如下：

1）进行室内试验确定基础黏土的有效应力（σ'）和超固结比（OCR）的变化 s_u 关系。进行排水或不排水试验确定填料强度参数。对现状土，如有足够的经验，也可估算所需参数。

2）确定先期固结压力的变化，p_p（又称历史最大压力 $\sigma_{v\max}$）和室内固结试验结果、原位测试、或过去的经验推算随基础深度不同的变化值。

3）估算无排水条件下的超孔隙水压力，进行固结分析，以确定施工过程中产生多大的超孔隙水压力消散，采用有效应力分析。计算各个需稳定性分析的每个阶段有效应力（σ'）随 OCR 深度和横向的变化值。使用这些参数来估算土堤下部随深度和横向不同而不排水强度的变化。

4）在图 11.3 中，安全系数最小时，对点 2、点 4 等阶段进行稳定分析。

总应力法的优点，如发生破坏，不发生排水。因此，由于估算的更符合现实情况而采用不排水强度更适合。

11.3 分阶段建设的土堤观测行为

Wolski 等（1988，1989）的研究，具有独特价值，因为他们详细记录且土堤最终被加载到破坏。但研究报告没有提供有关不排水孔隙压力估算或固结分析的有效性信息，因为基础孔隙水压力是测试而不是计算得到的。即使如此，这些研究仍具有很强的指导意义，因为它们包含了详细的步骤并给出了明确的结果。

早期研究（Wolski 等，1988）包括两个分阶段建设的土堤，一个有排水板而另一个没有。后期研究（Wolski 等，1989）增加不排水板的土堤高度直到发生破坏。

土堤建造在波兰，包含一个约 3m 厚的泥炭夹层的天然地基，下伏一层约 4.5m 厚的弱石灰土，钙质层下伏砂层。进行泥炭、石灰土的固结特性、排水和不排水抗剪强度、地基中的孔隙水压力，土堤的水平和垂直向位移的测试。

施工过程中基础 3 个不同阶段的不排水强度（校正十字板抗剪强度）如图 11.4 所示。强度随时间的推移增加非常明显，特别是靠近泥炭层和底部的钙质土，大概此处强度发展最明显。石灰质土中心，那里的固结最慢且不排水强度相对较低。虽然用于评价稳定性时需校正十字板抗剪强度，但他们提出一个有效的方式来评估固结引起的强度增加。

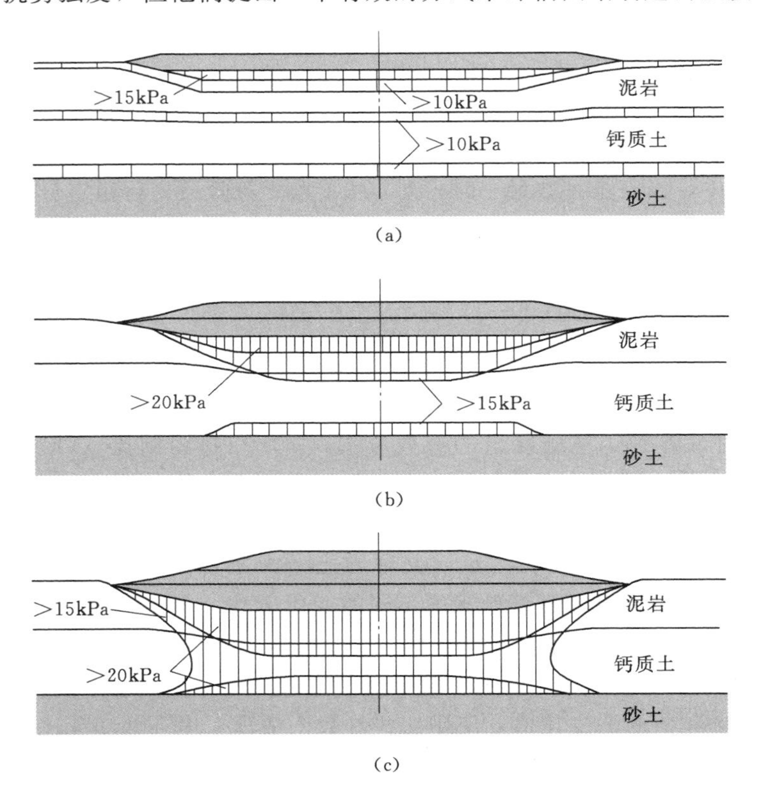

图 11.4　分阶段建设土堤的校正十字板抗剪强度试验图（Wolski 等，1989）

(a) 一阶段末期（4 月，1984）；(b) 二阶段末期（5 月，1985）；(c) 三阶段末期（7 月，1987）

一阶段土堤（1.2m 高）建于 1983 年 11 月。二阶段（增高到 2.5m）建于 1984 年 4 月。三阶段（填筑高度为 3.9m）在 1985 年 6 月完工。1987 年 7 月，7 天内堤坝高度增加到 8m 由此导致失稳破坏。破坏发生在没有填筑活动的深夜，前一天结束时所做的测量也未给出任何破坏的迹象。

破坏区的形状估计基于地面观测和现场十字板剪切试验定位区的基础，由于改造导致不排水强度降低，破坏时发生大变形。从这些测量中推断出的破坏区形状如图 11.5 所示。可注意到，有一个陡峭的“活动”区域在坝基下方的中心，一个几乎水平的部分破坏发生

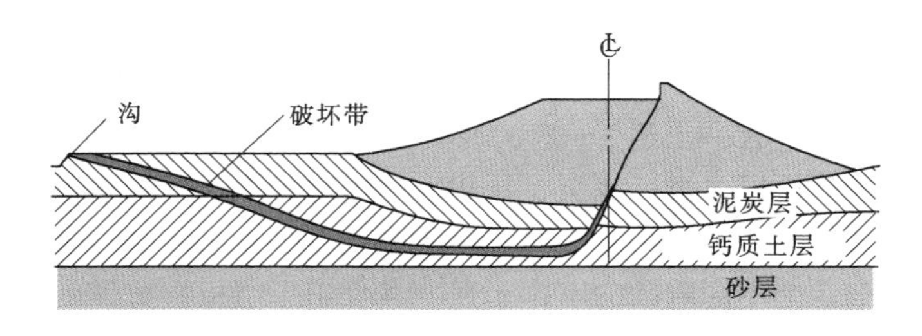

图 11.5　分阶段建筑试验堤坝的估算破坏带

在以下区域，固结最少、最薄弱部分的钙质土和一个轻倾斜的被动区的破坏延伸向上的地面。这3个区域恰好形成了沿着表面方向直接、简单的剪切和被动的破坏 Ladd（1991）。

施工过程中，对土堤各阶段的安全系数进行了计算。最有趣的是破坏时计算的条件，见表11.1。理想状况下，计算出的安全系数为1.0为破坏的条件。在计算精度的范围内，这对总应力法的和有效应力法是真实的。

表11.1　分阶段建设堤坝的安全系数

安全系数	F_t（总应力法）	F_e（有效应力法）
二维安全系数	0.85	0.89
由于三维效应估算值增加	12%～18%	未计算
估算三维的安全系数	0.95～1.00	未计算

土堤最终高度达到8m，它的形状像一个被截断的金字塔，顶部远小于底部。其后果是，二维分析中代表性的最大剖面，很难调整以达到一个代表整个土堤的平均条件结果。这些调整只有在不排水情况下才准确。即使如此，得出的两个结论是：①在破坏条件下，有效应力和总应力安全系数非常接近，过分追求 F_t 和 F_e 间的细微差异没有意义；②考虑到三维效应中的合理误差，总应力法的安全系数是一致的，有效应力法也一样。

11.4 讨论

如前面所讨论的，分期施工的分析方法尚未建立，是否采用有效应力法或总应力法存在争议。作者认为，这种争议是由于没有足够多的成功案例支撑，分期建设的失败没有考虑曾经提出的有效应力法。Wolski 等（1988，1989）、Bromwell 和 Carrier（1983）完成的优秀工程实践研究表明，基于固结分析的准确的稳定评价都没有考虑部分固结条件下的孔隙压力。

就作者所知，仅 Wolski 等的负载试验加载到破坏（1989）。Bromwell 和 Carrier（1983）研究的尾矿坝没有破坏，他们进行的一维固结分析（只有垂直流）且实际测量孔隙水压力不匹配，可能因为固结时有明显的横向流动。Ladd（1991）的研究显示了分期施工时的复杂性、现实困难，以及不确定性。需要更多的案例研究来推进这一领域的研究。除非更多类似的研究公开，否则只能谨慎的依次使用的总应力和有效应力法分析并牢记各自的难点。

11.4.1 估算孔隙水压力的难点

相当部分的有效应力法和总应力法分析的不确定性在于，很难估算由土堤荷载引起的超孔隙水压力和消散速率。该过程的不确定，可以最好地解释由于考虑到一些这样分析的细节。

估算孔隙水压力需进行3种类型的分析：①应力分布分析，计算由于土堤填筑导致的黏土总应力增加；②超孔隙水压力估算值的分析，由于总应力不排水情况下的变化（这些孔隙水压力变化应反映剪切应力和平均法向应力的变化）；③固结分析，计算经过一段时间消散的残余超孔隙水压力，这些残余的超孔隙水压力被添加到初始（施工前）孔隙水压力，以确定消散后剩余的总孔隙水压力。

很难准确估算不排水加载时的孔隙水压力分布，采用弹性理论是估算应力变化的最直接的方式，但弹性理论可能会导致在一些位置超过黏土的强度，必须调整到和强度值一致。另外，还应进行更复杂的应力分析，以提供和黏土强度特性相协调的应力。

孔隙压力在总应力中的基础上每个点的增大值取决于：①黏土的性质；②OCR；③应力增加幅度。特别是黏土加载接近破坏时，基础内各点的 OCR 值和总应力变化不同。

Skempton（1954）用式（11.1）表示由总应力变化引起的孔隙水压力变化：

$$\Delta u = B\Delta\sigma_3 + \overline{A}(\Delta\sigma_1 - \Delta\sigma_3) \tag{11.1}$$

式中　Δu——由 $\Delta\sigma_1$ 和 $\Delta\sigma_3$ 总应力变化引起的孔隙水压力变化；

B、$\overline{A}$——Skempton 孔隙水压力参数。

如果黏土是饱和的，B 值是定值，$\overline{A}$ 值取决于黏土性质，OCR 处孔隙水压力的计算，以及如何接近点应力的破坏包络线，都难以准确估算。

11.4.2　固结分析的难点

确定固结一段时间后的孔隙水压力分布，首先将不排水条件作为初始条件进行分析。固结系数、压缩系数，先期固结压力值随深度变化，压力变化对固结速率影响显著。多数情况下，试验时固结值比传统沉降计算的预期值更大（Duncan，1993）。基于上述因素，宜用数值分析技术而不是传统的图表解决方案进行固结分析。

由于横向流动，孔隙水压力可能会在最初的超孔隙水压力（坝趾下方）区域增加，而在其他区域（坝中心部位下面）减少。基于此效应，需同时考虑横向和垂直流的二维固结。此类分析是可行的，但存在困难，并未在实践中经常做。

如采用排水管或砂井来加快固结速度，则需进行适当分析来估算排水管的排水固结速度。Holtz 等（1991）的书中有一个有价值的参考，涵盖设计排水系统设计的理论及实践方面。Hansbo（1981）提出已广泛应用的排水管固结分析理论。该理论考虑了弥散的影响，包括由于排水安装扰动和有限导流能力的影响。

排水是否加快消散速度，预测阶段施工分析时的孔隙水压力都是难题。从前面的讨论中，这是明确的，这些估算需要大量的工作但准确性不高。

11.4.3　估算不排水抗剪强度的难点

Ladd（1991）提出黏土的不排水抗剪强度与以下因素有关：有效固结应力值 p'；超固结率值（OCR）；有效固结应力的比值 $K_c = \sigma_1'/\sigma_3'$；加载时主应力的调整值；破坏面的方向。

综合考虑上述所有因素是困难的。Ladd 建议采用简化法，采用不排水抗剪强度的保守估算值。假定 p' 等于垂直有效应力，即 K_c 比率等于 $1/K_0$，并且调整应力值和破坏平面的方向是唯一相关的。但很难估算简化后的保守值。

正如第 5 章所讨论的，两种方法可用实验室试样确定应力推算固结不排水强度。Bjerrum（1973）推荐使用称为再压缩方法，试样固结在实验室估算原位应力，克服了一些干扰的影响。Ladd 和 Foott（1974）及 Ladd 等（1977）提出使用 SHANSEP 程序，其中试样固结应力高于原位应力，抗剪强度的特点是固结时不排水强度除以有效垂直应力的比值 s_u/σ'_{vc}。再压缩程序适合敏感和高度结构化的黏土已达成共识，SHANSEP 更适合新近的不敏感和没有明显凝固或在大应变固结过程中结构受损伤的黏土。此外如使用 SHANSEP，还需要建立 s_u/σ'_{vc} 参数（不只是假设）是表示存在问题的黏土强度合适的参数（不排水强度除以固结应力即是黏土的常数）。

11.4.4 有效应力和总应力安全系数的本质区别

有效应力和总应力的安全系数本质上是不同的，因为它们采用不同的抗剪强度参数，如图 3.4 所示。有效应力安全系数（F_e）等于平衡所需的剪切应力除以抗剪强度，如果土体未能在有效应力的破坏面上破坏。总应力安全系数等于平衡所需剪切应力除以土的抗剪强度，如果土未能排水（没有变化的水含量）。对于饱和土，这相当于破坏时孔隙率没有变化。对一般固结黏土来说由于剪切应力变化产生正孔隙水压力如图 3.4 所示，F_e 大于 F_t。破坏时，F_e 与 F_t 是相等的，但对于稳定条件，F_e 不等于 F_t。

11.4.5 分期施工的建议

由于分阶段施工过程中稳定性分析结果具有不确定性，因此使用观测方法（Peck，1969）对分析结果进行补充是恰当的。实现此目的有两类仪器是必需的。压力计可测量基础关键点的孔隙水压力，可为比较测量和计算值提供有效手段。使用孔隙水压力测量值，施工过程中检查的稳定性进行有效的应力稳定性分析。测斜仪（斜率指标）和沉降板可用于土堤中心填方趾部和土堤中心下部监测点的水平运动测量。Tavenas 等（1979）已制定标准，可解释观察到的变动是由于地基黏土固结还是预示即将发生滑动。

11.4.6 其他历史研究的需求

如上所述，关于分阶段施工堤坝破坏和固结分析的文献资料很少，因此很难判断所提出分析方法的准确性。Wolski 等（1988，1989）进行的研究极有价值，他们使用的仪器和测试为后期的研究提供了一个范例，对研究结果详细研究还能得到更多启发。然而，更多包括固结和稳定性分析的研究，前提是判断此类分析方法的准确性和可靠性。

第12章　土体强度反演分析

当边坡发生滑动失稳时，强度反分析方法可以提供稳定分析中有用的信息。由于边坡失稳时安全系数统一认为是1.0，利用这个知识点和适当的分析方法，有可能能够提出边坡失稳的模型。模型包括土壤的单位重度、抗剪强度、地下水，孔隙水压力和分析方法（包括失效机理）。模型可以有助于更好地理解失效机理，可以用于补救措施的一个基本的分析。对一个边坡失稳的情况确定条件并且建立适合的模型的步骤称为反分析或反演计算。

12.1　平均抗剪强度反演分析

最简单的反分析是通过已知的边坡几何形状和土壤的单位重度得出平均抗剪强度。这是通过假定摩擦角为零去计算黏聚力从而得出安全系数为1而完成的。这个分析可以计算出黏聚力的平均值，然而，导致了对于抗剪强度错误的陈述和潜在的不利后果（Cooper，1984）。例如，考虑图12.1中的天然边坡，并且假定边坡已经失稳。我们假定黏聚力的一个数值，开始进行安全系数的计算。如果我们假定黏聚力为500psf，计算的安全系数为0.59。进一步得到黏聚力 c_d，可以通过式（12.1）计算。

$$c_d=\frac{c}{F}=\frac{500}{0.59}=850(\mathrm{psf}) \tag{12.1}$$

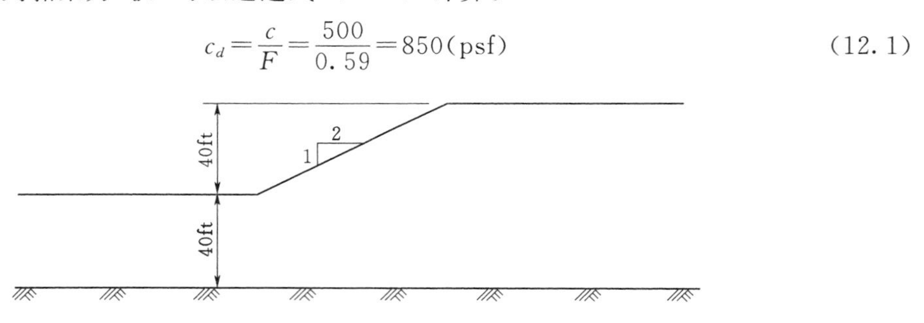

图12.1　失稳的均质天然边坡

得到的黏聚力是安全系数为1.0时的黏聚力。因此，反分析的抗剪强度为850psf。现在，假设考虑一个加固措施是边坡高度减少30ft（图12.2）。如果边坡高度降低30ft，黏聚力为850psf，安全系数的新值是1.31。由于是通过实际边坡滑动计算得出的抗剪强度，

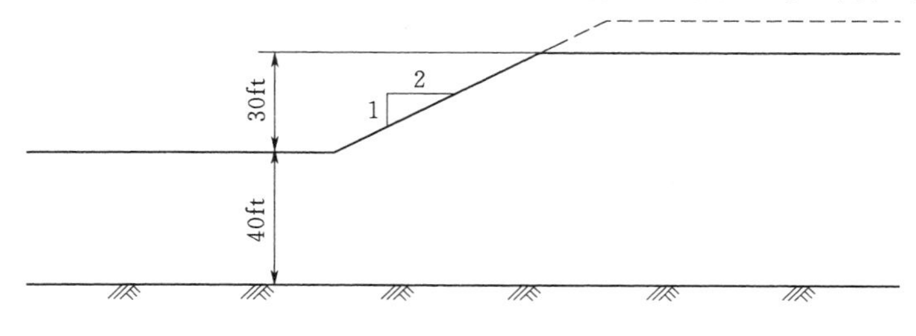

图12.2　降低高度的均质边坡

许多通常由于抗剪强度测量产生的不确定性被排除了。因此，1.31 的安全系数是足够的，基于这个分析我们可以选择降低边坡高度 30ft 这一加固措施。

在上述情况下我们可以通过反分析得到一个平均的抗剪强度，其中黏聚力为假定的值即 $\phi=0$。然而，如果我们知道边坡会失稳我们可以做的更多一点。例如可以在边坡失稳的时候得到更多的信息，以用于获得抗剪强度的更多确切的条件。假定上述边坡形成很多年后发生破坏。如果这种情况发生，我们可以通过排水抗剪强度和有效应力对稳定进行分析；除非施工后不久边坡发生破坏，否则不能假定摩擦角为零。让我们进一步假定，试验中边坡黏土摩擦角大约为 22°，具有较小的黏聚力 c'。最后，我们假定找到了测压线，正如显示在图 12.3 中的边坡破坏时的渗流情况。于是我们可以反演黏聚力（c'）的值，从而得出安全系数的值为 1.0。在这种情况下计算黏聚力的反演步骤和上述计算有些不同。需要假定黏聚力的几个数值。如图 12.3 显示的 22°摩擦角和测压线，对于每一个假定的黏聚力的数值都将计算出一个安全系数。计算结果显示在图 12.4 中。可以看出大约 155psf 的黏聚力得出安全系数为 1.0。利用反演分析确定的抗剪强度参数（$c'=155$psf，$\phi'=22°$），我们可以再次计算边坡降低40～30ft 时的边坡稳定性。当高度降低 30ft 时安全系数是 1.04。这个安全系数的数值（1.04）远小于当假定内摩擦角 $\phi=0$ 的抗剪强度反演得出的安全系数（1.31）。

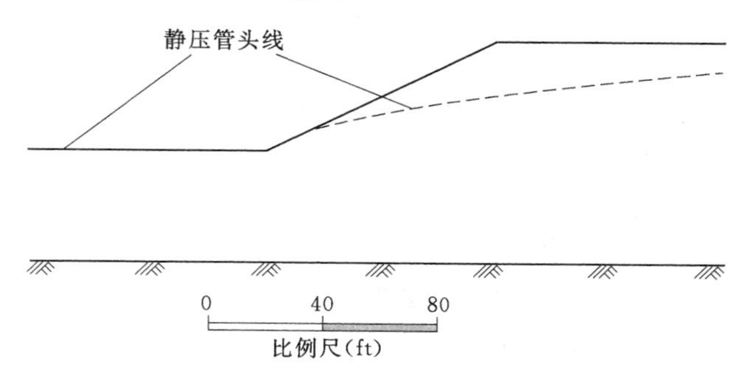

图 12.3　均质边坡测压水位线

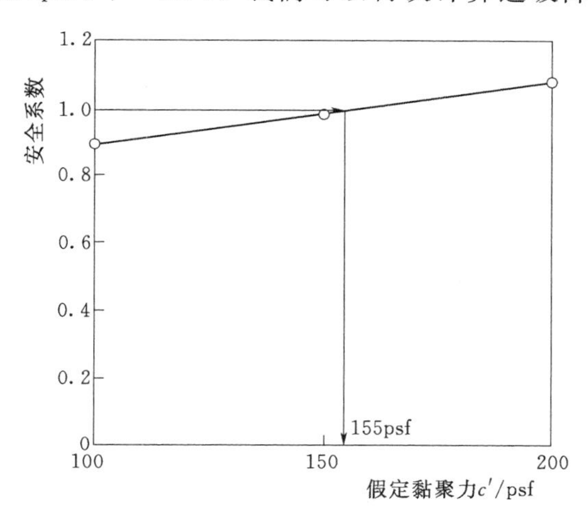

图 12.4　当假定黏聚力 c'的值时均质边坡安全系数的变化（$\phi'=22°$）

接下来，假定采用边坡的另一个补救措施，即将水位线降低到坡脚。如果反演的第一步我们假定抗剪强度（$c=850$psf，$\phi=0$），我们可以得出结论：由于摩擦角为零，降低水位对安全系数没有影响，因此抗剪强度既不依靠总的也不依靠有效正应力的值。然而，如果我们使用了由第二反演分析确定的有效应力抗剪强度参数（$c'=155$psf，$\phi'=22°$），通过降低水位，安全系数增加到 1.38，这表明降低地下水位是一项补救的措施。

这个反演分析的结果和补救的备选方案总结在表 12.1 中。从中可以得出不同的有效的补救措施，这取决于抗剪强度是如何表征，并用什么样的信息进行反演分析。对于自然形成的边坡破坏后的许多年中，通过黏聚力表达的平均抗剪强度的反演分析导致了对于降低边坡高度影响的过高估计以及对于降低水位影响的低估。

表 12.1　均质边坡不同补救措施反演分析安全系数

反演分析抗剪强度参数	补救措施的安全系数	
	降低坡高 30ft	低水位到坡脚
c=850psf，ϕ=0	1.31	1.00
c'=155psf，ϕ'=22°	1.04	1.38

通过反演分析，仅仅是能够计算一个单一的抗剪强度参数。表 12.1 中总结的第一种工况，是假定黏聚力 ϕ 为零，抗剪强度取平均值进行的反演分析。第二种工况摩擦角大约 22°，反演分析中的有效黏聚力 c' 根据侧压水位线的大致位置取得。在这两个工况中，内摩擦角（ϕ，ϕ'）都是通过假定或者其他的信息得出，作为反演分析的已知条件。假定黏聚力（c，c'）为零，反演计算内摩擦角也是可能的。通过假定内摩擦角的值，可以计算出 F=1.0 时黏聚力的值，或者，通过假定黏聚力的值，可以计算出 F=1.0 时内摩擦角的值。然而，通过反演分析我们只能计算一个单独的抗剪强度参数。

小结

1）通过反演分析，仅仅可以计算一个强度参数（c、c'或 ϕ、ϕ'）。

2）当黏聚力 $c(\phi=0)$，并且边坡已经破坏且处于长期的排水条件下时，抗剪强度的反演分析可以生成错误的结果。

12.2　基于滑坡面几何形状的抗剪强度参数反演分析

虽然对于指定的边坡得出安全系数为 1 的情况存在无数的黏聚力（c，c'）和内摩擦角（ϕ，ϕ'）的组合，但是每一个组合产生不同的临界滑动面的位置。图 12.5 阐述了一个简单的边坡。显示了 3 组抗剪强度参数和相应的临界圆。每一组抗剪强度参数所生成的安全系数都为 1，但是临界滑移面是不同的。对于图 12.5 所显示的简单均质边坡来说，滑移面的深度与无量纲参数 $\lambda_{c\phi}$ 相关，定义如下：

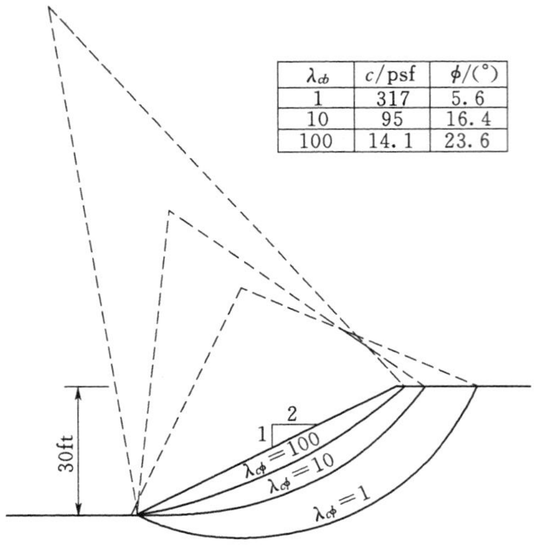

图 12.5　安全系数为 1 的 3 组不同的抗剪强度参数的典型圆弧线

$$\lambda_{c\phi}=\frac{\gamma H\tan\phi}{c} \tag{12.2}$$

式中　H——坡高；

c、ϕ——相应的总应力或者有效应力抗剪强度参数。

$\lambda_{c\phi}$ 的值显示在图 12.5 中的不同抗剪强度参数形成的典型圆弧线上。当 $\lambda_{c\phi}$ 增加，滑移面的深度增加。当 $\lambda_{c\phi}$ 为零时，滑移面最深，当 $\lambda_{c\phi}$ 趋于无限时（c、c'=0），滑移面最浅——本质上是一个浅到无限的滑坡失稳。因为每一对抗剪强度参数（$c-\phi$ 或者 $c'-\phi'$）对应唯一的一个滑动面，当边坡破坏（即 $F=1$）时，能够用于两个抗剪强度参数的反演分析。

以图 12.6 中描述的边坡为例阐明滑移面的位置如何应用于黏聚力和内摩擦角的反演分析。这是在得州休斯敦建造的河堤，材料为高塑性黏土，在当地被称为克莱博蒙特。在河堤建成后 17 年发生滑坡。滑动面的估计位置如图 12.6 所示。由于在建成很多年后发生滑坡，假定排水抗剪强度并进行边坡稳定分析，以计算有效应力形成的抗剪强度参数。进行这些特定的分析时，孔隙水压力假定为零。进行以下步骤反演计算抗剪强度参数和滑动面位置。

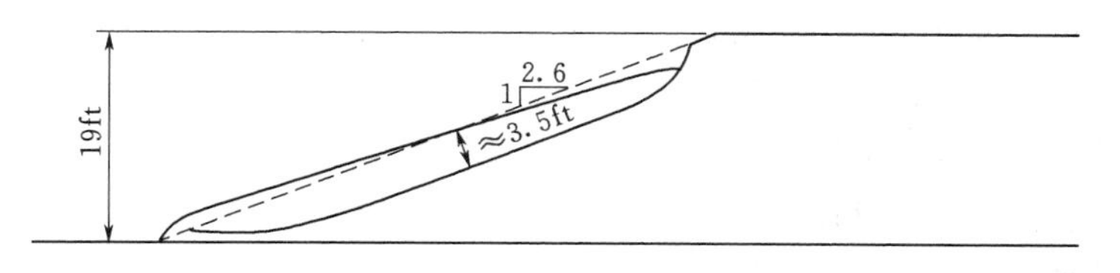

图 12.6 被压缩的高塑性黏土填筑河堤滑坡

1）假定几组黏聚力和内摩擦角的值（c'和ϕ'）。这几组值的选择代表了无量纲值 $\lambda_{c\phi}$ 的范围，但这些值不需要生成的安全系数为 1。

2）对于每一对强度参数，计算典型圆弧和相应的最小的安全系数。

3）利用下面的方程式和假定的黏聚力、内摩擦角和计算得出的安全系数，对于每一组参数，计算改进的抗剪强度参数（c_d'和 ϕ_d'）的数值。

$$c_d' = \frac{c'}{F} \tag{12.3}$$

$$\phi_d' = \arctan\frac{\tan\phi'}{F} \tag{12.4}$$

反演分析中的改进的黏聚力和内摩擦角要求生成的安全系数为 1.0。

4）每一组强度参数生成的典型滑动面都需要进行计算。

5）通过步骤 3）反演计算出的黏聚力和内摩擦角对应的滑动面深度的曲线，这是通过步骤 4）计算实现的，如图 12.7 所示。

6）对应于滑坡深度（3.5ft）的黏聚力和内摩擦角可以从绘制的结果来确定。

这些步骤显示，5psf 的黏聚力和 19.5°的内摩擦角得出安全系数为 1，其中滑坡深度为 3.5ft。当取有效应力抗剪强度参数时，对于高塑性黏土这些值看起来是合理的。

像上面描述的计算可以通过使用无量纲稳定图表，允许黏聚力和内摩擦角被直接反演计

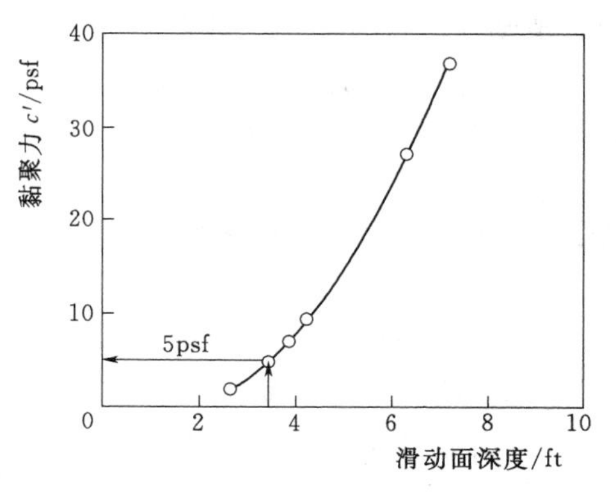

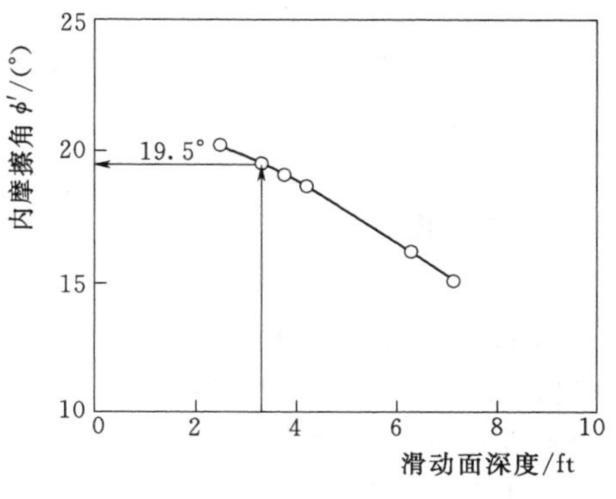

图 12.7 当安全系数为 1 时，滑动面的深度随着黏聚力（c'）和内摩擦角的变化

算得出。这样的图表基于无量纲参数，类似于那些用于计算安全系数稳定性的图表，详细的描述见附录A。Abrams和Wright（1972）、Stauffer和Wright（1984）已经开发了用于此目的的图表。Stauffer和Wright对这些图表和通过许多高塑性黏土建成的河堤滑坡的反分析中得出的抗剪强度参数进行了应用。这些分析对于确认所检查河堤的有效黏聚力值偏小是有用的。

利用与上述相似的步骤，Duncan和Stark（1992）也对抗剪强度参数进行了反演分析。Northolt滑坡的反演分析的内摩擦角的值超过了实验室确定的数值。因此，他们认为这些步骤不是完全可靠的，这可能是由于边坡的渐进破坏的影响。边坡的非均质性也带来了一些影响，而且天然的边坡大多数是非均质性的。Duncan和Stark也指出滑移面位置的变化带来的安全系数的变化很小，因此滑坡抗剪强度的法向变量可以显著影响滑移面的位置。

利用反演分析的黏聚力和内摩擦角计算的临界滑动面与实际滑动面仅有部分一致，因此这种方法应该谨慎地应用。很多情况下，通过其他的信息获得更大的成功，比如Atterberg极限和内摩擦角的关联，这是估算抗剪强度中的一个参数，再用于反演分析其他值。确定边坡破坏情况的几个反演分析的例子在下一节中将进行讲述。

小结

1）安全系数为1的黏聚力和内摩擦角的每一对组合生成一个不同的滑动面位置。从而，滑动面的位置能用于计算黏聚力（c、c'）和内摩擦角（ϕ、ϕ'）的数值。

2）利用滑动面的位置去反演分析黏聚力和内摩擦角成败参半，当发生渐进破坏或者边坡不均质时，这种方法得出的结果并不好。

12.3　边坡破坏反演分析示例

边坡稳定分析结果与许多参数有关，包括：

1）土壤的单位重度。

2）荷载情况（土壤是排水的还是不排水的）。

3）抗剪强度参数，包括土壤是否各向异性或者莫尔破坏包络线是线性或者非线性。

4）横向或者纵向的不排水抗剪强度的变化或者抗剪强度参数。

5）渗流条件和孔隙水压力。

6）地下地层，包括土壤薄层的存在，具有液压对比或者抗剪强度特性。

7）滑动面形状。

8）分析方法，包括用到的极限平衡方法。

在上述变量中，将存在一些不确定性，分析的结果将反映这种不确定性。如果我们试图由反分析确定抗剪强度参数（c、c'、ϕ或ϕ'），这个值可以反映用于分析的所有其他参数的不确定性。抗剪强度参数不确定性的程度不少于稳定性分析中其他变量不确定性的程度。事实上，反演分析是被设想可以确定所有的用于破坏分析的变量，而不只是抗剪强度。为了减少这种测定的不确定性，在反演分析进行之前，利用所有的已知的或者能够通过其他的方式预计的信息是至关重要的。反演分析将有助于建立所有变量的合理值。

本节将介绍几个例子，以阐述变量信息怎样被用于结合反演分析建立完整的边坡破坏模型。

12.3.1　例1：假设路基为饱和黏土地基

例1是黏性（填土）边坡坐落在图12.8中所示的饱和黏土的深埋矿床上。由于潜在的薄弱黏土地基，路基在施工过程中产生了破坏。从填充材料信息可以估算，堤的摩擦角度为35°和填充料的单位重量为125pcf。通过改变假定的抗剪强度，能够计算地基平均不排水抗剪强度和安全系数。从这些计算的结果，可以确定平均不排水抗剪强度大约为137psf。现在，相反，假设根据经验，斜坡土壤的黏土稍微固结，不排水抗剪强度近似线性，且随着深度以10psf/ft的速率增加。假定抗剪强度在地面以下随着深度以10psf/ft的速率增加，且从地面开始计算用于排水抗剪强度的值。这样做，可以发现，如果地面抗剪强度大约为78psf，且沿着深度以10psf/ft的速率增加，安全系数将是1，图12.9中显示了两个抗剪强度的表征值。这两个表征值的安全系数都为1，然而图12.10中显示的相应的破坏滑动面是不同的。另外，如果用这两种抗剪强度的表征值去评估边坡高度减少的值，可以得到不同的结论。例如，想增加安全系数到1.5，降低边坡的高度4ft，抗剪强度采用137psf的恒定值，足以得出1.5的安全系数。然而，如果抗剪强度随着深度线性增加，正如第2个图中第2个抗剪强度，同样降低边坡的高度4ft，安全系数仅仅增加到1.3。安全系数为1.3对于此岸堤是足够的，其中抗剪强度已经通过反演分析建立。但是，如果安全系数为1.5是必要的，边坡的高度必须降低4ft以上。

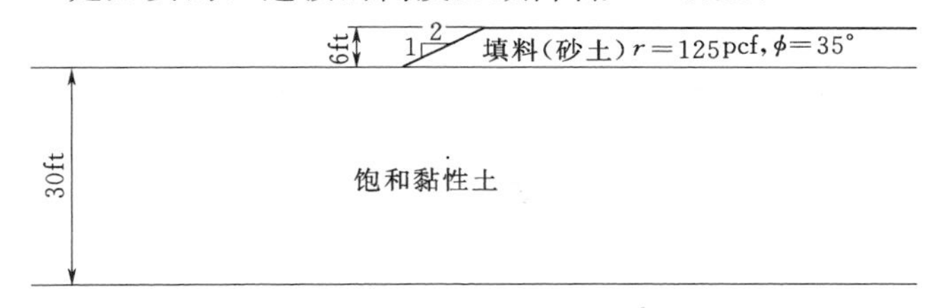

图12.8　软黏土路基

对于这个斜坡的例子中路基土的抗剪强度信息，以及抗剪强度随着深度的变化已经应用于建立抗剪强度的表征值。随着这个岸堤抗剪强度信息的确立，可使计算地基的抗剪强度成为可能。此外，随着对抗剪强度随深度如何增加的知识的了解，建立更可靠的强度表征值是可能的，这比仅仅通过平均（恒定）抗剪强度得出的计算更加精确。如果没有这些信息，反演分析中抗剪强度将产生很大的不确定性。

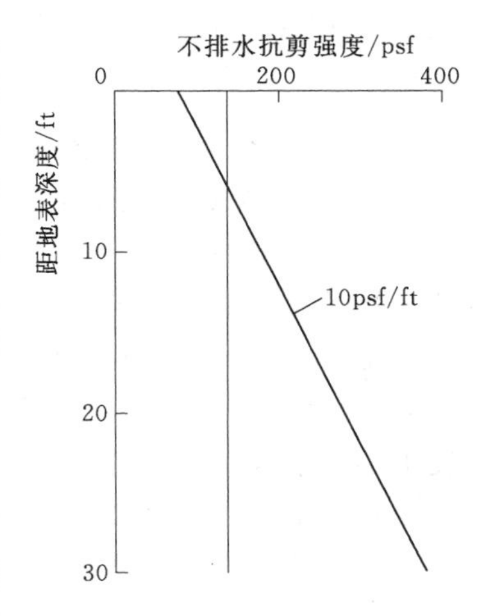

图12.9　软土地基上岸堤反演分析的不排水抗剪强度

12.3.2　例2：页岩基础上的天然边坡

例2是位于美国西部的一个天然边坡。土壤剖面包含大约40ft风化页岩，再往下是未风化的页岩。观察到风化页岩发生大规模运动，该运动被认为是由风化页岩区沿其底部滑动发生。基于与风化页岩类似的滑坡经验，利用残

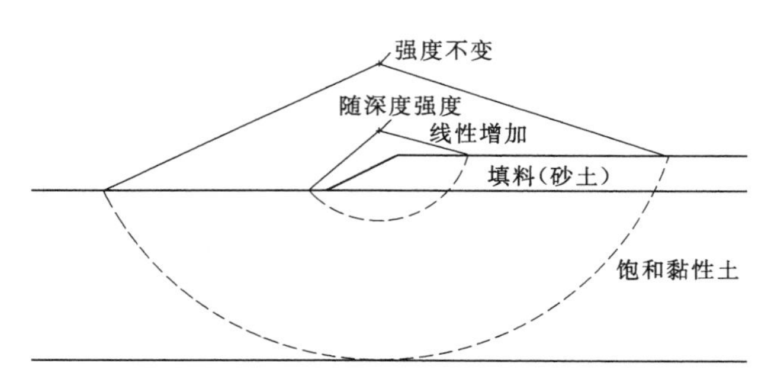

图 12.10　软土上岸堤反演分析典型圆弧

注：假定恒定的不排水抗剪强度和不排水抗剪强度随着地基线性增加。

余抗剪强度被认为是合适的。根据实验室中页岩的结构和 Stark 和 Eid（1994）的相关介绍，估计页岩的残余摩擦角（ϕ_r'）为 12°。在这种情况下，抗剪强度参数被公认为是已知的，最大的不确定性是斜坡孔隙水压力的大小。因此，反演分析的主要目的是估计能够产生安全系数为 1 的斜坡的渗流条件。由于发生了大幅度的横向滑动，使用了无限边坡分析程序。假设残余摩擦角为 12°（$c'=0$），在地面以下大约 12ft 深的地方发现了一个测压面，得出的安全系数为 1。实际斜坡中水的变化一般大于边坡的变化，但是几个钻孔中地下水的观测结果与反演分析的计算结果一致。

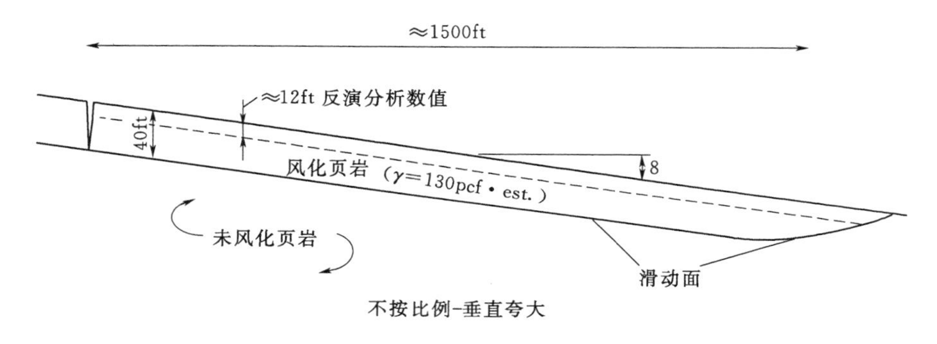

图 12.11　风化页岩的自然边坡

通过布置许多水平排水设施降低水位可使边坡滑动停止下来。降低水位 10ft，大约是从离地面 12～22ft 的地方，生成的安全系数为 1.2。安全系数 F 从 1.0 增加到 1.2，判断边坡处于稳定状态。在这种情况下，反演分析可用于确定抗剪强度的数值，同时确定破坏时孔隙水压力的情况。所得的结果为评价水平排水对边坡稳定的影响提供了基础。

12.3.3　例 3：Victor Braunig 大坝边坡

例 3 是关于一个土坝。这个例子是在滑坡发生后用图形来进行表现的，滑坡发生在得克萨斯州圣安东尼奥的 Victor Braunig 大坝（Reuss 和 Schattenberg，1972）。除了为了简化问题做的小的调整，和实际的大坝的情况是很相似的。几何和抗剪强度的信息来源于 Reuss 和 Schattenberg（1972）的文献。用于分析的横断面如图 12.12 所示。滑坡沿着路基发生，近乎水平的沿着接近于基础表面的黏土层。滑坡发生大约 5 年后，修建了大坝。由于大坝基础存在扁豆状砂岩夹层，人们认为地基中的渗流属于稳态渗流。

虽然在计算稳定时路基中的防渗条件没有很大的影响，但仍假设已经在岸堤中做了稳态防渗。

Reuss 和 Schattenberg（1972）分析暗示基础中低的残余抗剪强度造成了大坝的破

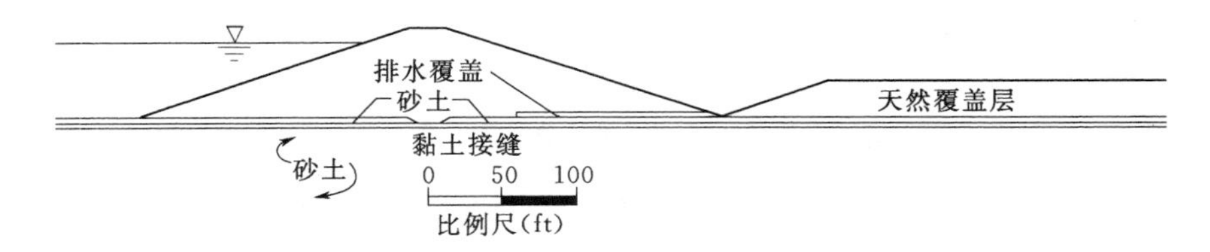

图 12.12 具有软弱层的大坝地基横断面

坏。他们测量了岸堤的土壤和黏土地基的峰值和残余抗剪强度。实验中的抗剪强度参数总结在表 12.2 中。路基孔隙水压力曲线如图 12.13 所示。基础的孔隙水压力，尤其是发生滑动的大坝下游一半处，假定由地基中的砂层和扁豆状夹层控制。砂层和扁豆状夹层在大坝上游面坝踵附近连接。从大坝上游面坝踵高程到大坝下游面坝址高程的简单的线性测压面作为基础的孔隙水压力（图 12.14）。利用峰值和残余抗剪强度计算安全系数。峰值抗剪强度计算的安全系数为 1.78，残余抗剪强度的安全系数为 0.99。计算暗示残余抗剪强度可能在地基中发展并且导致了滑坡的形成。

表 12.2　　大坝岸堤和黏土层地基抗剪强度参数

位　置	强　度　峰　值		残　余　强　度	
	c'/psf	ϕ'/(°)	c'_r/psf	ϕ'_r/(°)
岸堤	400	22	200	22
基础黏土	500	18	100	9

注　本表数值来源于 Reuss 和 Schattenberg（1972）。

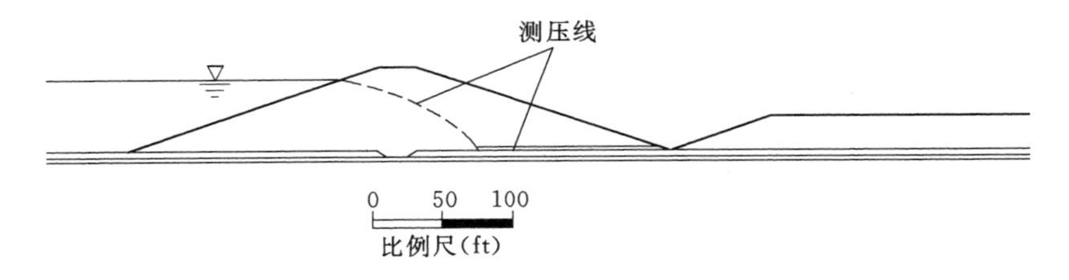

图 12.13　假定的大坝岸堤测压线

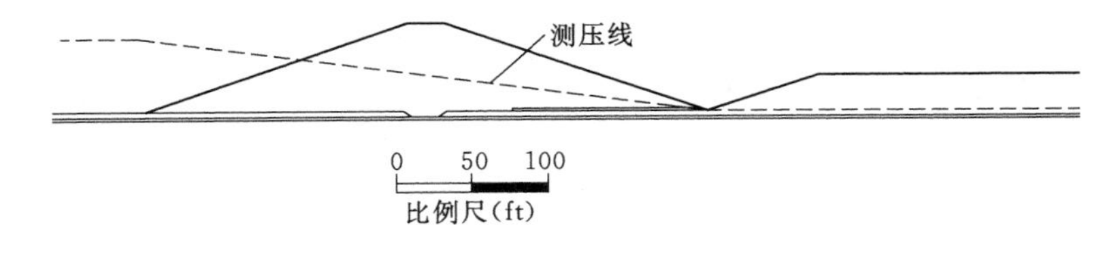

图 12.14　假定的大坝基础测压线

上面分析中的得出一个显著的不确定性因素是大坝地基中的孔隙水压力。有限地基中的孔隙水压力可以测量得出，而且和计算中假定的测压曲线大多一致。然而，如果存在更高的孔隙水压力，此时是峰值而不是残余抗剪强度控制破坏时的稳定性。此外，对大坝地基中存在更高的孔隙水压力进行了分析。图 12.15 显示了分析中采用的两种不同的测压曲线。这两种压力曲线中的孔隙水压力在边坡下游面的某些区域接近于上覆压力，因此测压线被认为是代表了一个极端的上限条件。

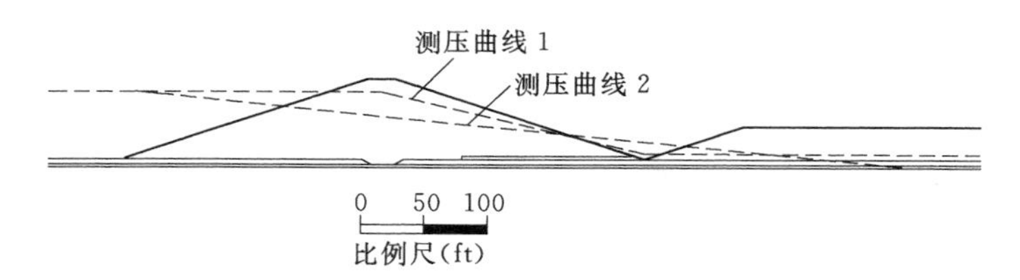

图 12.15　大坝地基峰值抗剪强度假定的两种测压曲线

两个压力曲线得出的安全系数大约都是 1.6（范围为 1.56～1.58）。因此，峰值抗剪强度时边坡破坏看起来是不可能的，可以由早期分析中总结出的残余强度得出边坡的破坏情况。

通过在下游面建立护堤，成功地稳定住了大坝的滑坡。分析这个护堤，其中残余抗剪强度和压力曲线分别如图 12.13 和图 12.14 所示，当护堤建成后，安全系数大约为 2.0。

12.3.4　例 4：得克萨斯州高塑性黏土岸堤

关于高塑性黏土岸堤的破坏，前面章节有所论述，具体如图 12.6 所示。反演分析中计算抗剪强度的参数与观察的滑坡面的位置相匹配，其中 $c'=5\text{psf}$、$\phi'=19.5°$。进行了这些分析之后，做了孔隙水压力的固结-不排水三轴剪切试验，以测量黏土有效的应力强度包络线。从这些试验中破坏包络线有些是圆弧状，如图 12.16 所示。早期的边坡几何形状的反演分析计算也显示在图中。反演分析的破坏包络线大大低于实验室中测量的破坏包络线。关于反演分析中的破坏包络线和实验室中的破坏包络线的不同之处一个可能的解释是计算反演分析包络线时总孔隙水压力假定为零。为了确定这个解释是否合理，采用更高的孔隙水压力，具体是利用测量的破坏包络线和更高孔隙水压力做了另外的稳定分析。分析中，假设测压线与坡面一致。这相当于整个边坡发生水平渗漏，即边坡中孔隙水压力是稳定的。利用图 12.16 中的测压曲线和抗剪强度包络线的测量值计算的安全系数大约是 2.0。因此，测量值和反演分析中抗剪强度的差异源于反演分析中孔隙水压力为零似乎是不太可能的。

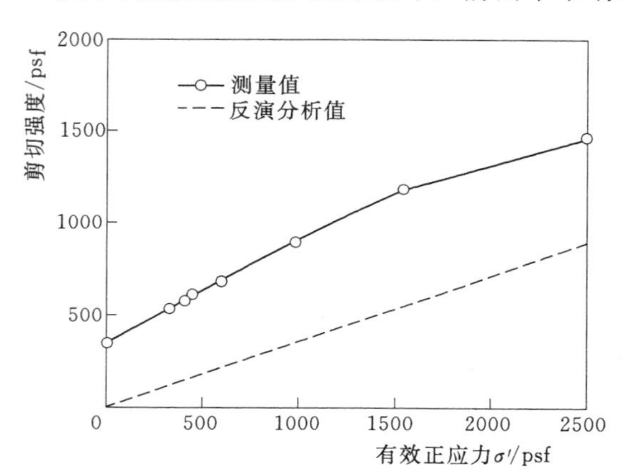

图 12.16　测量的破坏包络线和通过利用典型圆弧面的位置反演分析确定的包络线

对于抗剪强度反演分析和实验室测量数据的差距，开展了另外的实验。关于岸堤填充材料的另外的实验显示，当它进行反复湿润和干燥，土壤会发生显著软化，最终导致较低的“完全软化”抗剪强度。完全软化的黏土的强度包络线如图 12.17 所示。峰值强度的破坏包络线也是早期反演分析的破坏包络线也显示在图中。可以看出，完全软化强度大大小于峰值强度；然而，这个完全软化强度还是大于用于反演分析的数值，其中反演分析是假定空隙水压力为零，因此这暗示出孔隙水压力是大于零的。

为了能够确定孔隙水压力是否是带来完全软化和反演分析抗剪强度包络线的差异的原因，假定不同的孔隙水压力，用完全软化抗剪强度包络线做了另外的分析。孔隙水压力的测压线如果和边坡表面重合，并且是完全软化强度，生成的安全系数大约为 1.0。基于这个分析，得出完全软化抗剪强度是适用的，岸堤中存在相对高的孔隙水压力。在经过一段时间的阴雨天气后，岸堤发生滑坡。很可能是由于边坡中产生了高孔隙水压力，至少暂时认为如此。因此，反分析结合实验室测试，以测量土壤的完全软化抗剪强度，可以用来分析在边坡破坏时的可能条件。更加早期的反演分析假定孔隙水压力为零，抗剪强度参数通过匹配假定的边坡面的深度进行计算，这对于抗剪强度相对低的情况下是很有用的，其中抗剪强度小于所测量的峰值抗剪强度。然而，早期的反演分析不能完全解释破坏的情况。通过之后进一步的实验数据和在反演分析中利用实验结果去确定孔隙水压力，可以更好地了解边坡的情况。

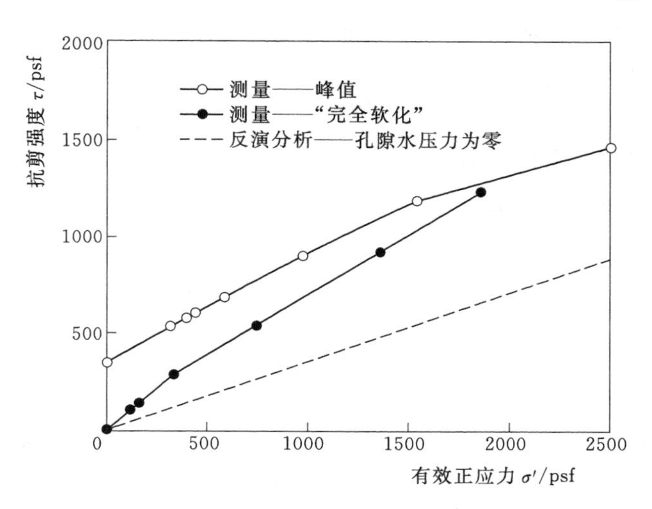

图 12.17 完全软化测量值、峰值破坏包络线和反演分析假定的破坏包络线（用于典型滑坡面位置的确定）

12.3.5 例 5：凯托曼山区垃圾填埋厂的破坏

关于凯托曼山区垃圾填埋厂破坏已经被 Mitchell 等（1990）、Seed 等（1990）、Byrne 等（1992）、Stark 和 Poeppel（1994）及 Filz 等（2001）讨论过。从研究各种调查中一个问题已经应运而生，即在垃圾填充的地基上，是峰值还是残留抗剪强度应用在这个分析线性系统中。Gilbert 等（1996b）意识到破坏分析应该用概率方法。而不是基于假设条件计算安全系数的单个数值，他们考虑了失败的概率。他们解释了抗剪强度的不确定性源于峰值和抗剪强度的测量，也源于相关分析方法的不确定性，包括条间力假设的影响和可能的三维的影响。对于他们的分析，Gilbert 等（1996b）利用公式表示了峰值强度和残余强度，公式涉及强度参数 R_s，定义如下：

$$R_s = \frac{s - s_{av.r}}{s_{av.p} - s_{av.r}} \tag{12.5}$$

式中 s——抗剪强度；

$s_{av.r}$——平均残余抗剪强度。

峰值和残余抗剪强度的包络线假设为随机变量，正态分布；平均破坏包络线的值用于计算 R_s。如果为残余抗剪强度，R_s 为零；如果为峰值强度，R_s 为 1。

Gilbert 等（1996b）和 Gilbert 等（1996b）采用的横断面如图 12.18 所示，计算的破坏概率是系数 R_s 的函数，数值绘于图 12.19 中。R_s 可能的概率值为 0.44，暗示抗剪强度可能为峰值（$R_s=1$）到残余强度（$R_s=0$）的一半。Byrne 等（1992）、Stark 和 Poeppel（1994）通过研究，得出峰值抗剪强度可以用于垃圾处理厂的基础，然而，Gilbert 等（1996a）的研究总结出可以应用残余抗剪强度。接下来 Gilbert 等（1996b）的分析暗示峰值和残余抗剪强度的应用概率大约相等。然而，分析也暗示可能既不是峰值也不是残余抗剪强度，而是应该利用两者的中间值。由 Filz 等（2001）进行的详细有限元分析得出可能发生了渐进破坏。

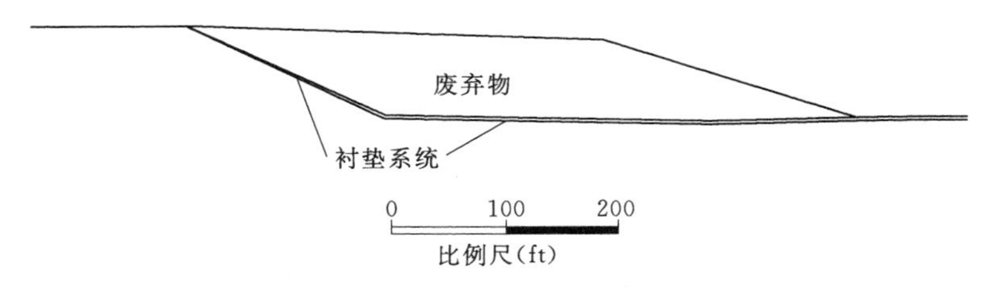

图 12.18　凯托曼山区垃圾填埋厂破坏前横断面（Gilbert 等，1996b）

注：转载通过了 ASCE 许可。

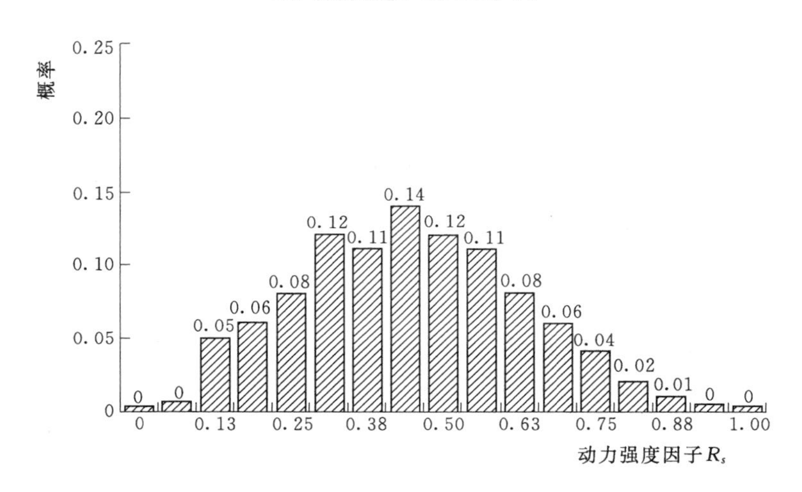

图 12.19　凯托曼山区垃圾填埋厂峰值和残余抗剪强度的各种相对量的破坏概率（Gilbert 等，1996b）

注：转载通过了 ASCE 许可。

垃圾处理厂反演分析利用概率方法对解释破坏的发生是很有帮助的，以及在破坏时利用什么抗剪强度比较适合也是有帮助的。对类似的污水池的设计分析显示，它是适合使用残余抗剪强度的。

12.3.6　例 6：印度尼西亚东固液化天然气厂区分级发展规划

印度尼西亚东固一液化天然气（LNG）厂区分级规划是基于反演分析的结果。土壤样本通过厚壁分勺取样器获得，这种方法比较典型但是容易被其他因素干扰。这些样本不能用于强度试验，因此，用于发展规划的强度参数和地下水的情况是基于强度的相关性与土壤指数测试得到的，具体是由该区域内的 24 个边坡的反演分析得出的。7 个边坡可见山体滑坡痕迹，其余 17 个没有。

Baynes (2005a, 2005b) 得出了一个优秀的工程地质报告和地图，该报告和地图准备用于引导该地区的发展，该地区被 CL 和 CH 黏土层覆盖，这是由风化和 Steenkool 土软化形成。报告显示 7 个地点发现了山体滑坡。地图中没有发现再次移动的痕迹，但该报告警告说如果该地区分级发展规划中边坡变得过度陡峭，遗址地区的滑坡会重新发生。东固热带地区多有强降雨天气，项目设计降雨强度为 5.0in/h。然而，目前还不清楚降雨强度如何与潜水面在山坡上的位置相联系，这是影响边坡稳定的因素。

在项目开始时，很明显，以下这些重要的问题需要解决：

1) 用于设计的土壤抗剪强度应该是多少？液塑界限、颗粒分布、含水量和密度都是必需的数据，但测量数据没有。

2) 渗流条件设计应考虑什么？正如上面所提到的，降雨强度标准已经有了现成的规范，但是没有简单的手段能够联系降雨强度和山坡上渗流条件。

3) 对于建立一个足够安全的边坡，多少的安全系数是合适的？该项目的这一方面不是由政府机构监管，而且安全系数在项目规范中未涉及。

实验室测试了软化的 Steenkool 城中土壤样本，该样本已扰动但具有代表性，试验结果得出了下面的平均值：

1) 液限，$LL=52$。

2) 小于 0.002mm 的黏粒组成为 29%。

3) 湿容重 $\gamma_m=18.2\text{kN/m}^3$。

利用这些数据，Stark 和 Eid (1997) 共同得出了 Steenkool 城中黏土完全软化摩擦角是 28°。

根据这些数据：完全软化的摩擦角 $\phi'_{fs}=28$，湿容重 $\gamma_m=18.2\text{kN/m}^3$，发生过滑坡的山体边坡计算的安全系数为 1.36～2.62，暗示这个强度与在现场调查时没有发生斜坡移动的观察结果一致。

24 个反分析边坡反复试验显示，通过以下因素得到一致的计算模型：

1) 湿容重 $=\gamma_m=18.2\text{kN/m}^3$。

2) $c'=0$。

3) $\phi'=28°$。

4) 水位线与地面水位重合。

采用这种模型计算的安全系数介于 0.72～1.07 之间，平均值为 0.96。在此基础上有人总结计算模型有点保守。现场所有边坡的设计都是利用它来完成的。

剩下的问题是设计中应该使用什么安全系数。因为计算模型采用的是该地区已经经历了很长时间的最恶劣的条件，因此它不需要进一步降低强度得出安全系数，因此在测压表面为地表时边坡设计的安全系数为 1.0。

12.3.7 总结

上面给出的每个例子中，有关抗剪强度参数或孔隙水压力的一些信息可用来指导后面的分析。这个信息都是安全系数为 1.0，用来得出一套完整的条件，这是在边坡发生破坏时很有代表性的。6 个中的 4 个，边坡破坏时的孔隙水压力是不确定的，关于抗剪强度参数的一些信息是可用的。可以通过反演分析来确定孔隙水压力以及确认抗剪强度参数的值。

上面的例子都显示在表12.3中，其中至少几个变量有一定的不确定性，在发生破坏时，反演分析可以建立一套合理的条件。另外，通过随后使用的极限平衡程序进行加固措施的分析，围绕土壤和边坡特性可以建立有效的计算程序。这增强了对实施的加固措施的信心。

表12.3　　反演分析实例总结

例　　子	反演分析定义的条件
假设路基为饱和黏土地基	反分析利用地面的不排水抗剪强度建立，且强度随着深度增加
页岩基础上的天然边坡	反分析得出残余抗剪强度，建立一个与地下水位相符的测压水位
维克多·布罗伊尼克坝边坡	反分析显示采用残余抗剪强度，且后来的补救措施评估确定采用测压管水位
得克萨斯州高塑性黏土岸堤	初始反分析表明黏聚力的影响可以忽略不计。支持这一结论的进一步实验室数据显示，抗剪强度从峰值降低到完全软化的值，同时边坡发生破坏时具有相对较高的孔隙水压力
凯托曼山区垃圾填埋厂	概率分析是用来确定破坏发生时的抗剪强度介于峰值和残余抗剪强度之间，建议边坡失稳为渐进破坏
印度尼西亚东固液化天然气厂区分级发展规划	天然边坡的反分析被用于设计重新分级的边坡的计算模型

12.4　现实问题及反演分析的局限性

反演分析可以在边坡失稳时提供一个有用的关键条件。然而，分析中存在一些局限性等复杂的因素。这些将在下面讨论。

12.4.1　渐进破坏

在所有的极限平衡边坡稳定分析中的一个基本假设是抗剪强度沿整个滑动面数值相同。如果假定单一抗剪强度参数（即单一值c和ϕ），而现实中由于渐进破坏的存在，抗剪强度的数值是不同的，反演分析数值仅仅表示了破坏面上的一个平均的抗剪强度参数；这个平均值不可能代表破坏面上任何一点的实际的抗剪强度，尤其是非常有可能发生渐进破坏的地方。

如果渐进破坏发生，反演分析计算的抗剪强度很可能是不适合设计的。对于大多数发生渐进破坏的边坡来说，可能发生很大的滑坡，一旦滑坡停止，强度降低到残余值，虽然反演分析可以得出更高的值，但是重新设计时应该利用残余值。使用从最初的滑动几何计算的平均值可能是危险的。

12.4.2　强度随时间降低

在大多数情况下，反演分析是在短期不排水抗剪强度或在长期有效应力抗剪强度参数和稳态渗流或已知地下水位的条件下进行的。相应的反演分析假定这些条件中最合适的一个，然而，可能并不会得到抗剪强度的最关键值。例如，考虑黏土边坡开挖过程中的破坏。通常情况下，对于这样的边坡，假定不排水条件和用于反演分析计算的抗剪强度。

从这样的分析中计算出的不排水抗剪强度将反映破坏时的抗剪强度。如果边坡刚开挖不久，或者边坡在施工中发生破坏，土壤可能发生溶胀（膨胀），抗剪强度和稳定性会在破坏发生后不断降低。重新设计中采用明显低于由反演分析确定的值的强度，可能更合适。

即使边坡在修建数年后破坏，计算的强度仅仅代表了破坏时的强度，强度之后还会降低。对于修建很多年破坏的边坡进行反演分析，孔隙水压力经常是基于估计的地下水位假定的，如果渗漏发生，渗漏假定为稳态。这可能是伦敦一些黏土边坡的早期的调查情况。Skempton（1964）首先表明，伦敦许多在建造后不同时间破坏的黏土边坡由于渐进破坏发生，强度（有效应力抗剪强度参数）随时间递减。虽然 Skempton 没有在他的分析中明确的暗示孔隙水压力的假定情况，但是可以看出假定了稳态渗漏而且假定地下水位已经达到稳态平衡水平。Vaughan 和 Walbancke（1973）后来测量伦敦黏土边坡显示孔隙水压力逐年增加。这使人们意识到很大一部分与时间相关的延迟的破坏可能是由于孔隙水压力的变化；渐进破坏随着时间的推移可能实际上在破坏时只起了一个小角色的作用。

12.4.3 复杂的抗剪强度模式

反演计算的抗剪强度的未知量在大多数情况下包含 c 和 ϕ。在现实中，抗剪强度一般比较复杂，有助于建立反演分析。例如，对于例 1，不排水抗剪强度随深度增加，对比当假定抗剪强度为常数时，会发现得到不同的结果。

另外除了抗剪强度随深度变化，还有其他形式的抗剪强度的变化，都可能影响和复杂化抗剪强度的反分析。一种情况是，抗剪强度随着破坏面的方向（即抗剪强度是各向异性）而变化；另一种情况是，其中抗剪强度随着正应力非线性变化（即，其中强度包络是弯曲的）。在这两种情况下，单个值 c 或者 ϕ 的反演分析计算结果随着滑坡面的位置而变化，这可导致显著的错误。如果对于重新设计的边坡，用于反演分析的滑动面与典型滑动面方向和深度都有很大不同，反演分析计算的抗剪强度可能不适用，导致初始滑动面没有采用恰当的抗剪强度。

抗剪强度反演分析计算中，建立恰当的抗剪强度模型是重要的。实验室数据或者基于强度和性能指标之间的相关性的抗剪强度在评估抗剪强度参数时是很有用的。此外，还必须知道抗剪强度是应该由不排水抗剪强度参数和总应力还是排水抗剪强度和有效应力表示。

同样，下列信息必须知道：

1）土壤可能是各向异性的，关于破坏面位置的确定各向异性将发挥重要作用。

2）抗剪强度包络图是曲线，应力依赖于 c 和 ϕ。

3）不排水抗剪强度（$s_u=c$，$\phi=0$）可以认为是恒定的，或者随深度变化而变化。

正如前面提到的，如抗剪强度在破坏后逐渐减少，那么要判断计算的抗剪强度是不排水抗剪强度或者排水抗剪强度也是很重要的。

12.5 其他不确定性

边坡稳定分析可能涉及众多不确定性，一些难以量化的不确定性。这些不确定性有利于反演分析的好处之一是，失稳和重新设计中存在许多相同的误差。通过弥补，其误差的最终结果可以减少或完全除去。这需要牢记反演分析结果与用其他方法获得的数据相比较。例如，如果边坡失稳分析中没有考虑三维效果，实验室测试结果可能不会很好地符合反演分析结果。然而，如果边坡在重新设计中是利用的二维分析，又一次忽略了三维模型的影响，反演分析计算值反而可能是更加合理的数值。然而必须谨慎，因为忽略三维影响将导致抗剪强度太高，如果在边坡的重新设计中不考虑三维的影响，结果可能偏于不安全。

小结

1）如果发生渐进破坏，反演分析必须谨慎使用。

2）实验室数据和经验可以提供有用的信息来指导抗剪强度的反演分析计算。即使当实验室数据不可用，根据索引属性可以做出合理的摩擦角 ϕ' 的估计。

3）当由于孔隙水压力的变化或者土壤结构的软化引起抗剪强度在发生破坏时显著降低时，反演分析抗剪强度可能不适合在设计补救措施时使用。

4）对于反演分析抗剪强度参数，确定合适的模型是重要的。弯曲莫尔破坏包络线和各向异性可能会影响反演分析计算抗剪强度的有效性。

第 13 章　安全系数和可靠性

安全系数是提供边坡稳定性的定量指标。$F=1.0$ 的值暗示边坡处于稳定和不稳定的边界；使边坡保持稳定的因素和使边坡失稳的因素是保持平衡的。如果 F 值小于 1.0，暗示边坡在设想的条件下是不稳定的，如果 F 值大于 1.0，暗示边坡是稳定的。

如果我们计算的安全系数绝对精确，安全系数 $F=1.1$ 甚至是 1.01 都是可以接受的。然而，因为计算安全系数涉及的量在某种程度上总是不确定的，F 的计算值是不可能绝对精确。我们需要增大安全系数（或者十足的保证）去确保边坡的稳定性。应该确定多大的安全系数，这要看计算 F 时包含的不确定性因素的多少和边坡失稳带来的后果的大小。

为了明确在边坡稳定性分析中的不确定性因素，分析代表边坡稳定性的参数（R）是一个方法。边坡的可靠性是通过计算得出边坡不失稳的可能性，是 1.0 减去失稳的概率：

$$R=1-P_f \tag{13.1}$$

式中　P_f——失稳概率；

R——不失稳的可靠性或者概率。

P_f 的计算方法描述在下面的章节中。安全系数的方法在边坡稳定性分析中比 R 和 P_f 的方法应用更为广泛。虽然 R 和 P_f 同样是计算稳定性的逻辑方法，但由于应用得少，获得的经验较少，因此，可以利用的值比较少。

有人认为用可靠性和概率描述破坏，对于没有技术背景和经验的人能够表达的更为明确。然而，令人不安的是，边坡破坏的概率不为零，如果是这样，一些边坡就有可能破坏，这让人匪夷所思。

安全性和可靠性的因素相得益彰，各有优缺点。知道安全系数和破坏概率两个值比知道其中一个值更为有用。

13.1　安全系数的定义

边坡稳定性安全系数的最广泛，最普遍的定义是：

$$F=\frac{\text{土壤的抗剪强度}}{\text{平衡所需的抗剪强度}} \tag{13.2}$$

边坡稳定性分析中，抗剪强度的不确定性是最大的问题，因此合乎逻辑的安全系数——称为 George Sowers 未知系数——应该与抗剪强度直接联系。判断 F 的值是否提供了充足的安全性应该考虑这个问题：什么是可以想象的抗剪强度的最低值？$F=1.5$ 的值对于边坡来说暗示边坡是稳定的，即使抗剪强度有 33%的降低（如果其余所有的因素都和预计的相同）。抗剪强度通过 c 和 ϕ 或者 c' 和 ϕ' 表示，相同的值 F 被施加给抗剪强度的这些分量。

可以这么说，通过极限平衡方法计算的安全系数是基于假定 F 值在滑坡表面的每一个点的值都是相同的。这样的分析是否合理是令人质疑的，因为通过有限元法分析显示，滑坡面上的每一个点的安全系数是不同的，因此极限平衡分析的基本假设是毫无根据的。然而，尽管局部的安全系数可大于或小于通过常规极限平衡法计算的 F 值，但用极限平衡法计算出的平均值仍是边坡稳定的有效的措施。传统的极限平衡分析计算的安全系数可以回答这个问题：边坡失稳之前，土壤的抗剪强度要降低到什么程度？这是一个关键问题，如上所述算出的 F 值是已发现计算稳定性的最普遍有用的措施。

其他关于 F 值的定义对于边坡稳定也是有用的。对于使用圆形滑动面，安全系数有时定义为弯矩与倾覆力矩的比值。因为弯矩与抗剪强度成正比，以及与由圆弧滑动面上的质量平衡所需的剪切应力与倾覆力矩成比例，因此安全系数被定义为与倾覆力矩成比例，这与式（13.2）中的定义相同。

在过去，黏聚力和摩擦角也定义了安全系数。然而，现在这样的应用很少。强度参数 c 和 ϕ、或者 c' 和 ϕ'，是方程中的经验系数，该系数涉及抗剪强度且和正应力或者和有效正应力有关。不需要去明确区分它们，如果这样做使问题更复杂，似乎也没有额外的见解评定为哪个是判断稳定状态的更好的系数。

钢筋和锚固单元是加强边坡稳定的因素，再如土壤强度，这些都是在边坡稳定中应考虑的不确定性。钢筋和锚固单元产生的力导致的不确定性与土壤强度的不确定性是不同的，因此逻辑上对于加固力和土壤强度赋予了不同的安全系数。这可以在稳定性分析中预构钢筋和锚力来实现，在分析过程中已知的力不再进行因式分解。

13.2 安全系数标准

13.2.1 不确定性的重要性和破坏的后果

安全系数，在任何给定的情况下使用的值应该与计算中存在的不确定性是相当的，破坏中带来什么样的后果应该是明确的。关于抗剪强度等条件的不确定性的程度越大，破坏带来的后果就越大，就需要更大的安全系数。表 13.1 显示了基于此思路的安全系数的值。

表 13.1　安全系数推荐的最低值

成本和边坡失稳的后果	分析的不确定性	
	小①	大②
维修成本与建造成本的增量相当，保守设计边坡	1.25	1.5
修复的成本远远大于建造成本的增量，边坡设计更为保守	1.5	2.0 或更大

① 当地质条件较为明确，地质条件是均质的，且彻底的现场调查提供了一致、完整和复合逻辑的现场情况的图片，有关分析条件的不确定性最小。

② 当地质背景复杂，知之甚少，地质条件从一个位置到另一个位置急剧变化，调查没有提供现场情况的一致和可靠的图片，有关分析条件的不确定性是最大的。

13.2.2 工程兵团安全系数准则

表 13.2 中列出的安全系数值来源于美国陆军工程兵团的《边坡稳定手册》。它们主要应用于土石坝边坡、堤防、基坑开挖和条件好的自然山坡上，那里的土壤的性质已经被彻

底研究。他们代表传统的、对于这些类型边坡的严谨做法，这些边坡失稳的后果非常严重，因为它们几乎都是水坝。

表 13.2 美国陆军工程兵团的边坡稳定手册中的安全系数准则

边坡类型	安全系数要求①		
	施工结束②	长期稳定渗流	水位骤降③
大坝、天然堤、堤防及其他路基开挖的边坡	1.3	1.5	1.0～1.2

① 对于发生过滑动或大变形的边坡，反分析已经完成，建立了设计抗剪强度，可以应用较低的安全系数。在这种情况下，概率分析可配套使用以支持设计中较低的安全系数。较低的安全系数也可能是有道理的，因为破坏带来的后果很小。

② 临时开挖的山坡，有时仅设计为保证短期稳定，长期稳定性是不够的。特别注意，在那种情况下应该使用更高的安全系数。

③ $F=1.0$ 为库水位中最高水位骤降的情况，对于这种情况，水位不太可能持续足够长的时间来形成稳定渗流条件。$F=1.2$ 应用于最大库水位，水位骤降可能会持续很长时间。对于抽水蓄能项目边坡，水位骤降是处于正常运行状态，应该采用更高的安全系数（例如，1.3～1.4）。

安全系数的推荐值，正如表 13.2 所示，是根据经验得出，是合乎逻辑的。然而，当涉及广泛的不确定性因素时，应用相同的安全系数可能是不合理的。意识到这一点是很重要的：在表 13.2 中的系数是针对美国陆军工程兵团项目，其中，勘探、测试和分析的方法是从一个项目到另一个项目保持持续性，不确定的因素很少。对于其他情况，由于实践和环境的不同，表 13.2 中安全系数的值可能不适合。

13.3 可靠性和破坏概率

可靠性计算提供了评估不确定性影响的方式，并提供了当不确定性特别高或低时区分的手段。尽管它具有潜在价值，可靠性理论一直没有过多应用在常规岩土实践中，因为它涉及许多岩土工程师不熟悉的术语和概念，而且通常认为使用可靠性理论将需要更多的数据、时间和精力。

Harr（1987）定义可靠性如下："可靠性是在一个特定的时期特定的条件下，一个对象（项目或系统）能够充分执行其所需要的功能时的概率。"

如果它应用在现在的环境下，边坡的可靠性可以定义如下：边坡的可靠性的概率是边坡在指定的设计条件下保持稳定。设计情况包括：完工时的条件、长期稳定的渗流状态、水位骤降、特定级别的地震等。

边坡的设计寿命和有望保持稳定的时间通常是不明确的，但一般认为是一个很长的时间，或许超出了人的生命周期。当设计条件包括多少年一遇地震时，可能会更明确地考虑时间因素。

Christian 等（1994）、Tang 等（1999）、Duncan（2000）和其他人已经描述了边坡稳定可靠性应用的例子。如果没有更多的数据、时间或精力，通常可靠性分析可以采用简单的方法。如果具有相同数量的工作和类型的数据，和用于常规稳定性分析中的相同类型的工程判断，对破坏和可靠性的概率给出相似但有用的评价是可能的。

简单的可靠性分析的结果比使用相同类型的数据，标准和近似计算得出的安全系数的结果既不更加准确也不更精确。尽管确定性和可靠性分析是准确的，它们都具有各自的价值，并且每个都可以加强其他值的效果。

本章中所描述的简单类型的可靠性分析，相比安全系数的计算只需要适度额外的努力，但是对于边坡稳定分析的结果来说事半功倍。

13.4 标准差和变异系数

如果利用一些测试来测量土壤属性，通常会发现测量的值有离散性。例如，考虑旧金山海湾泥浆的不排水强度，测量地址在加利福尼亚马林县的汉密尔顿空军基地，数据显示在表 13.3 中。深度为 10～20ft 的抗剪强度的测量值没有明显的变化。表 13.3 中的值之间的差异是由于在海湾现场泥土的天然变化，以及不同的测试标本带来的。标准差可用于表征这种离散性。

表 13.3 加州旧金山湾马林县汉密尔顿空军基地泥沼不排水抗剪强度值①

深　度/ft	试　验	s_u/(t/ft^2)
10.5	UU	0.25
	UC	0.22
11.5	UU	0.23
	UC	0.25
14.0	UU	0.20
	UC	0.22
14.5	UU	0.15
	UC	0.18
16.0	UU	0.19
	UC	0.20
	UU	0.23
	UC	0.25
16.5	UU	0.15
	UC	0.18
17.0	UU	0.23
	UC	0.26
17.5	UU	0.24
	UC	0.25
19.5	UU	0.24
	UC	0.21

① 无侧限抗压强度测定值（UC）和不固结不排水（UU）三轴压缩试验值。

13.4.1 统计估计

如果有充足数量的测量数据，标准差可以通过下面的方程式计算。

$$\sigma=\sqrt{\frac{1}{N-1}\sum_{1}^{N}(x-x_{\mathrm{av}})^2} \tag{13.3}$$

式中 σ——标准差；

N——测量的数量；

x——测量变量的数值；

x_{av}——测量的平均值。

标准差与测量变量具有相同的单位。

表 13.3 中显示了 20 个测量值的平均值 s_u 为 0.22tsf(t/ft^2)。标准差可通过式（13.3）计算得出，代入下式：

$$\sigma_{s_u}=\sqrt{\frac{1}{19}\sum_{1}^{20}(s_u-s_{u,\mathrm{av}})^2}=0.033(\mathrm{tsf}) \tag{13.4}$$

式中 s_u 是不排水抗剪强度，$s_{u,\mathrm{av}}$是平均不排水抗剪强度=0.22tsf。变异系数是标准差除以变量的期望值，实际上可以视为平均值。

$$COV=\frac{\sigma}{\text{平均值}} \tag{13.5}$$

式中 COV 为变异系数，通常用百分比表示。因此，在表 13.3 中被测量的强度的变异系数为

$$COV_{s_u}=\frac{0.033}{0.22}=15\% \tag{13.6}$$

式中 COV_{s_u}——表 13.3 中不排水强度变异系数。

可以通过变异系数对离散的数据进行方便的度量，或者度量变量值的不确定性，因为它是无量纲的。

如果所有在表 13.3 的强度值都增加 2 倍，标准差将增加到 2 倍，但是变量系数是相同的。测试结果总结在表 13.3 中，测试中采用的是高品质的试样，仔细的控制步骤，且汉密尔顿现场泥浆非常均匀。这些数据 $COV_{s_u}=15$ 的百分值大约同预期的黏土的不排水强度一样都比较小。Harr（1987）建议黏土的不排水强度的 COV 代表值是 40%。

13.4.2 基于公布值的估算

经常在岩土工程中，土属性的估算是基于相关性或者基于少量的数据加上判断来获得的，而不是通过式（13.3）来计算标准差获得的。由于可靠性分析需要标准差或变量系数，当没有充足的数据以计算它们时，它们的值可通过经验和判断力来估计。各种土壤性质的 COV 和原位测试值示于表 13.4。

表 13.4　原位测试岩土性质的变量系数

特性或者原位测试	COV/%	参考文献
单位重量 γ	3～7	Harr（1987），Kulhawy（1992）
浮容重 γ_b	0～10	Lacasse 和 Nadim（1997），Duncan（2000）

续表

特性或者原位测试	COV/%	参考文献
有效应力摩擦角（ϕ'）	2～13	Harr（1987），Kulhawy（1992），Duncan（2000）
不排水抗剪强度（s_u）	13～40	Kulhawy（1992），Harr（1987），Lacasse 和 Nadim（1997）
不排水强度比（s_u/σ'_v）	5～15	Lacasse 和 Nadim（1997），Duncan（2000）
标准贯入试验击数（N）	15～45	Harr（1987），Kulhawy（1992）
电动触探试验（q_c）	5～15	Kulhawy（1992）
机械触探试验（q_c）	15～37	Harr（1987），Kulhawy（1992）
膨胀仪测试端阻力（q_D）	5～15	Kulhawy（1992）
叶片剪切试验排水强度（s_v）	10～20	Kulhawy（1992）

13.4.3　3σ 准则

Dai 和 Wang（1992）提出的经验准则，使用 99.73% 的正态分布变量落在正负 3 个标准差的平均值左右。因此，如果 HCV 是允许最大值，LCV 是允许最小值，这大约是 3 个标准差之上和之下的平均值。

首先通过估计参数的最高和最低的值，然后它们之间的差除以 6，3σ 准则可以用来估计标准差的值：

$$\sigma=\frac{HCV-LCV}{6} \tag{13.7}$$

式中　HCV——允许最大值；

LCV——允许最小值。

例如，考虑 3σ 准则怎样用于估计砂的摩擦角的变异系数，这是基于标准贯入试验击数的相关性：对于 $N_{60}=20$，最可能的 ϕ' 的值（MLV）可以为 35°。然而，不能确定土壤属性与打击计数的相关性，对于 20 的 SPT 击数的特定沙的 ϕ' 值在 35°左右上下浮动。假定 HCV 为 45°、LCV 为 25°，那么，利用式（13.7），COV 可以评估如下：

$$\sigma'_{\phi}=\frac{45°-25°}{6}=3.3° \tag{13.8}$$

$$变量系数=3.3°/35°=0.09=9\%$$

研究已经显示：在估计 HCV 和 LCV 范围时一般估计的有些小。Folayan 等人（1970）做了相关研究，其中对于平均值的评估咨询了许多岩土工程师，这些岩土工程师对于旧金山海湾泥 $C_{\alpha}=C_c/(1+e)$ 可能的范围都有经验。在这项工作中所收集的数据总结如下：

1）有经验的工程师估计 $\frac{C_c}{1+e}$ 的均值为 0.29。

2）45 个实验室的 $\frac{C_c}{1+e}$ 的测试均值为 0.34。

3）有经验的工程师估计的 $\frac{C_c}{1+e}$ 的 COV 均值为 8%。

4）45 个实验室测试的 $\frac{C_c}{1+e}$ 的 COV 均值为 18%。

对于旧金山海湾泥，经验丰富的工程师们估算出 $C_c/(1+e)$ 的值大约为 15%，但是他们对 $C_c/(1+e)$ 的 COV 值低估了大约 55%。

Christian 和 Baecher（2001）显示人们（包括有经验的工程师）对自己的评估能力过于自信，因此评估值的可能的范围是比实际范围窄。如果 HCV 和 LCV 之间的范围太小，用 3σ 准则得出的变量系数的值也太小，在稳定性分析中引入了一个非保守的偏差。

13.4.4 N_σ 准则

认识到 LCV 和 HCV 的估算值不太可能涵盖 $\pm 3\sigma$ 的所有范围，能够提高变量系数或者标准差的估算。

N_σ 准则（Foye 等，2006）提供了许多方法考虑这个事实：工程师的经验和可用信息通常包含少于 99.73%的所有可能值。N_σ 准则表达如下：

$$\sigma=\frac{HCV-LCV}{N_\sigma} \tag{13.9}$$

N_σ 是一个小于 6 的数，反映出这个事实：估算 LCV 和 HCV 范围不能超过 $\pm 3\sigma$。虽然没有“一个尺寸适合所有人”的 N_σ 值，但是基于以下思想的 $N_\sigma=4$ 值似乎适合许多条件。

Christian 和 Baecher（2001）显示包含 20 个值的样本的预期值是 3.7 倍标准差，包含 30 个值的样本的预期值是 4.1 倍标准差。通过修改 3σ 准则，此信息可以用于提高标准差估计值的准确性。如果凭经验估算包含 20 到 30 个值的样本，得到更好的标准差的值是 HCV 和 LCV 被 4 除而不是被 6 除：

$$\sigma=\frac{HCV-LCV}{4} \tag{13.10}$$

如果在前面的例子中，式（13.10）用于估计 ϕ' 的变量系数，被估算的值 σ 为

$$\sigma=\frac{45^\circ-25^\circ}{4}=5^\circ \tag{13.11}$$

变量系数为 $5^\circ/35^\circ=0.14=14\%$。

N_σ 准则使用简单正态分布作为估算的基础，用于估算对应于 20 或 30 的样本大小的两个标准差的范围。然而，一些其他的分布情况也是如此（Harr，1987），N_σ 准则不严格依赖于任何特定的概率分布。

13.4.5 图形化的 N_σ 准则

N_σ 准则可以扩展到特定的参数，比如随着深度和压力变化的强度值。图 13.1 和图 13.2 显示有关的例子，其中表示出了当 $N_\sigma=4$ 的过程：

1）根据数据绘制直线或曲线，这代表了随深度或压力变化的参数最有可能的平均变量。

2）通过画直线或曲线汇出代表最高和最低可能的边界数据。这些曲线的范围应该足够宽，包括所有的有效数据，但是一般估计的这种界限过于狭隘，正如之前讨论过的。注意，图 13.1 中某些点是在所估计的最大值和最小值以外，因为这些数据点被认为是由于干扰产生的不合理的低点。

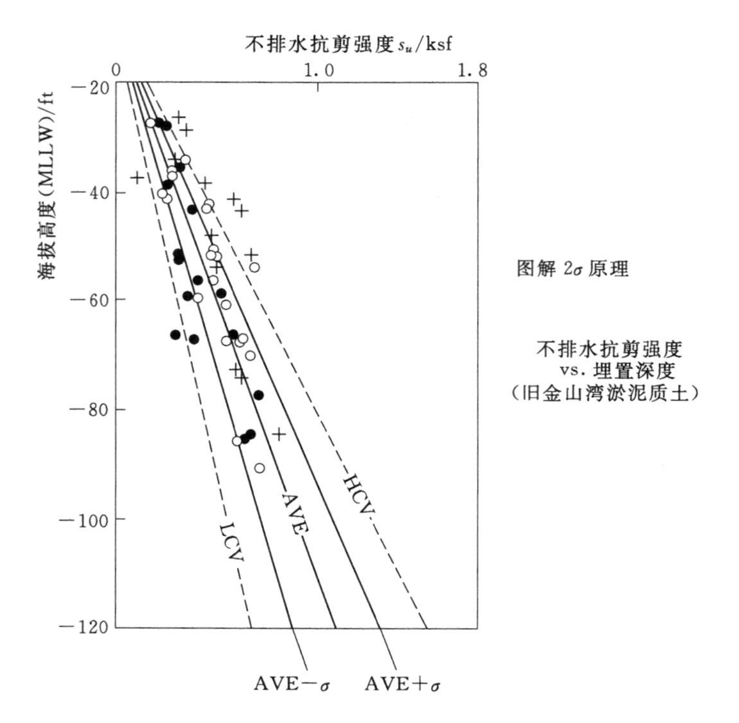

图 13.1　利用 2σ 准则的平均值加一个标准差和减一个标准差 s_u 随深度的变化

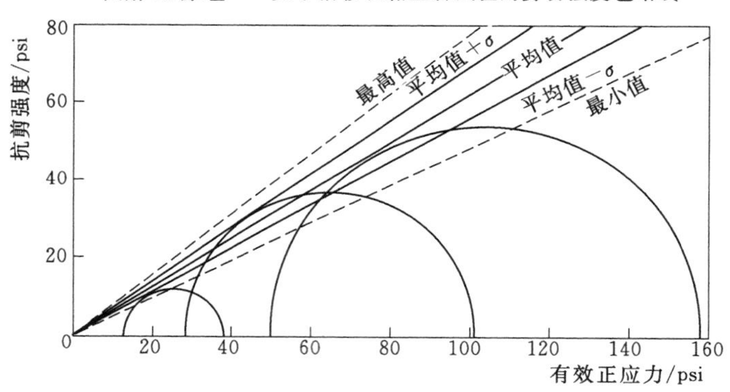

图 13.2　利用 2σ 准则的平均值加一个标准差和减一个标准差强度包络线

3）绘制代表平均值加和减一个标准差的直线或曲线，绘制这两条线的平均值和最高、最低设想线之间的一半位置。该线位于平均值和 LCV 线、HCV 线一半的位置是因为 $N_\sigma=4$。

利用这些步骤建立的关于旧金山湾泥随着深度的不排水强度变量 $\pm 1\sigma$ 的平均值显示在图 13.1 中。在描述土的抗剪强度包络线的不确定性时这个概念是非常有用的。在这种情况下，数量（抗剪强度）随法向应力而不是深度变化，但过程是相同的。图 13.2 绘制了强度包络线，代表数据的平均值和可能想象的最高最低值界限。

接着分别在平均包络线和最高最低值一半的地方绘出平均值$+\sigma$和平均值$-\sigma$包络线。

在利用泰勒级数法计算破坏概率时平均值$+\sigma$和平均值$-\sigma$包络线是很有用的，会在后面加以解释。

利用图形化的N_σ准则去建立平均值$+\sigma$和平均值$-\sigma$强度包络线，对于强度参数c和ϕ最好使用单独的标准差。强度参数（c和ϕ）在描述标准抗剪强度随着正应力变化的关系时是很有价值的系数，但它们本身根本没有意义。有意义的变量是抗剪强度，图形化的N_σ准则提供了简单的方法来描述抗剪强度的不确定性。

13.5　估算可靠性和失效概率

可靠性和失效概率可以用下列方法来估算，Sleep和Duncan（2014）进行了详细的表述：①泰勒级数法；②点估算法；③Hasofer-Lind方法；④@Risk©计算程序。

其中，泰勒级数法是最简单的应用。

13.5.1　泰勒级数方法

泰勒级数方法的步骤如下：

1）边坡稳定分析需要估算标准差的量包括：土壤的抗剪强度，土壤的单位重度，测压管水位。

2）使用泰勒级数方法（Wolff，1994；美国陆军工程兵团，1998；Sleep和Duncan，2014）估算标准差和变量系数的安全系数，利用的是下面的公式：

$$\sigma_F=\sqrt{\left(\frac{\Delta F_1}{2}\right)^2+\left(\frac{\Delta F_2}{2}\right)^2+\cdots+\left(\frac{\Delta F_N}{2}\right)^2} \tag{13.12}$$

$$COV_F=\frac{\sigma_F}{F_{MLV}} \tag{13.13}$$

$$\Delta F_1=(F_1^+-F_1^-)$$

式中　F_1^+——通过第一个参数的最可能的值增加一个标准差计算的边坡稳定安全系数；

　　F_1^-——通过第一个参数的最可能的值降低一个标准差计算的边坡稳定安全系数。

F_1^+和F_1^-可以很方便地使用强度图表来计算，如图13.1和图13.2所示。

在计算F_1^+和F_1^-时，所有其他变量的值保持其最可能的值。

ΔF_2，ΔF_3，…，ΔF_N的值通过改变其他变量的值，即从它们最可能的值中加或减一个标准差来计算。式（13.13）中的F_{MLV}是安全系数的最可能的值，是利用所有的参数最可能的值计算出来的。

在式（13.12）中带入ΔF_1，ΔF_2，…，ΔF_N的值，计算安全系数的标准差（σ_F）的值，安全系数的变量系数（COV_F）是利用式（13.13）计算的。

13.5.2　使用泰勒级数法计算破坏概率

已知F_{MLV}和COV_F，破坏概率（P_f）可以通过表13.5、表13.6和表13.7来确定。P_f还可以使用可靠性指标来计算，如图13.3所示，下面将详细解说。

表 13.5　　基于正态分布的安全系数小于 1.0 的概率

F_{MLV}①	安全系数的变量系数（COV_F）														
	2%	4%	6%	8%	10%	12%	14%	16%	20%	25%	30%	40%	50%	60%	80%
1.05	0.9%	11.7%	21.4%	27.6%	31.7%	34.6%	36.7%	38.3%	40.6%	42.4%	43.7%	45.3%	46.2%	46.8%	47.6%
1.10	0.0	1.2%	6.5%	12.8%	18.2%	22.4%	25.8%	28.5%	32.5%	35.8%	38.1%	41.0%	42.8%	44.0%	45.5%
1.15	0.0	0.1%	1.5%	5.2%	9.6%	13.9%	17.6%	20.7%	25.7%	30.1%	33.2%	37.2%	39.7%	41.4%	43.5%
1.16	0.0	0.0	1.1%	4.2%	8.4%	12.5%	16.2%	19.4%	24.5%	29.1%	32.3%	36.5%	39.1%	40.9%	43.2%
1.18	0.0	0.0	0.6%	2.8%	6.4%	10.2%	13.8%	17.0%	22.3%	27.1%	30.6%	35.1%	38.0%	40.0%	42.4%
1.20	0.0	0.0	0.3%	1.9%	4.8%	8.2%	11.7%	14.9%	20.2%	25.2%	28.9%	33.8%	36.9%	39.1%	41.7%
1.25	0.0	0.0	0.0	0.6%	2.3%	4.8%	7.7%	10.6%	15.9%	21.2%	25.2%	30.9%	34.5%	36.9%	40.1%
1.30	0.0	0.0	0.0	0.2%	1.1%	2.7%	5.0%	7.5%	12.4%	17.8%	22.1%	28.2%	32.2%	35.0%	38.6%
1.35	0.0	0.0	0.0	0.1%	0.5%	1.5%	3.2%	5.3%	9.7%	15.0%	19.4%	25.8%	30.2%	33.3%	37.3%
1.40	0.0	0.0	0.0	0.0	0.2%	0.9%	2.1%	3.7%	7.7%	12.7%	17.0%	23.8%	28.4%	31.7%	36.0%
1.50	0.0	0.0	0.0	0.0	0.0	0.3%	0.9%	1.9%	4.8%	9.1%	13.3%	20.2%	25.2%	28.9%	33.8%
1.60	0.0	0.0	0.0	0.0	0.0	0.1%	0.4%	1.0%	3.0%	6.7%	10.6%	17.4%	22.7%	26.6%	32.0%
1.70	0.0	0.0	0.0	0.0	0.0	0.0	0.2%	0.5%	2.0%	5.0%	8.5%	15.2%	20.5%	24.6%	30.3%
1.80	0.0	0.0	0.0	0.0	0.0	0.0	0.1%	0.3%	1.3%	3.8%	6.9%	13.3%	18.7%	22.9%	28.9%
1.90	0.0	0.0	0.0	0.0	0.0	0.0	0.0	0.2%	0.9%	2.9%	5.7%	11.8%	17.2%	21.5%	27.7%
2.00	0.0	0.0	0.0	0.0	0.0	0.0	0.0	0.1%	0.6%	2.3%	4.8%	10.6%	15.9%	20.2%	26.6%
2.20	0.0	0.0	0.0	0.0	0.0	0.0	0.0	0.0	0.3%	1.5%	3.5%	8.6%	13.8%	18.2%	24.8%
2.40	0.0	0.0	0.0	0.0	0.0	0.0	0.0	0.0	0.2%	1.0%	2.6%	7.2%	12.2%	16.5%	23.3%
2.60	0.0	0.0	0.0	0.0	0.0	0.0	0.0	0.0	0.1%	0.7%	2.0%	6.2%	10.9%	15.3%	22.1%
2.80	0.0	0.0	0.0	0.0	0.0	0.0	0.0	0.0	0.1%	0.5%	1.6%	5.4%	9.9%	14.2%	21.1%
3.00	0.0	0.0	0.0	0.0	0.0	0.0	0.0	0.0	0.0	0.4%	1.3%	4.8%	9.1%	13.3%	20.2%

① F_{MLV}为利用最可能的参数值计算得出的安全系数。

表 13.6　　基于对数正态分布的安全系数小于 1.0 的概率

F_{MLV}①	安全系数的变量系数（COV_F）														
	2%	4%	6%	8%	10%	12%	14%	16%	20%	25%	30%	40%	50%	60%	80%
1.05	0.8%	12%	22%	28%	33%	36%	39%	41%	44%	47%	49%	53%	55%	58%	61%
1.10	0.00	0.9%	6%	12%	18%	23%	27%	30%	35%	40%	43%	48%	51%	54%	59%
1.15	0.00	0.03%	1.1%	4%	9%	13%	18%	21%	27%	33%	37%	43%	48%	51%	56%
1.16	0.00	0.01%	0.7%	3%	8%	12%	16%	20%	26%	32%	36%	42%	47%	50%	56%
1.18	0.00	0.00	0.3%	2%	5%	9%	13%	17%	23%	29%	34%	41%	45%	49%	55%
1.20	0.00	0.00	0.13%	1.2%	4%	7%	11%	14%	21%	27%	32%	39%	44%	48%	54%
1.25	0.00	0.00	0.01%	0.3%	1.4%	4%	6%	9%	15%	22%	27%	35%	41%	45%	51%
1.30	0.00	0.00	0.00	0.06%	0.5%	1.6%	3%	6%	11%	17%	23%	31%	37%	42%	49%
1.35	0.00	0.00	0.00	0.01%	0.2%	0.7%	1.9%	4%	8%	14%	19%	28%	34%	40%	47%
1.40	0.00	0.00	0.00	0.00	0.04%	0.3%	1.0%	2%	5%	11%	16%	25%	32%	37%	45%

续表

F_{MLV}①	安全系数的变量系数（COV_F）														
	2%	4%	6%	8%	10%	12%	14%	16%	20%	25%	30%	40%	50%	60%	80%
1.50	0.00	0.00	0.00	0.00	0.00	0.04%	0.2%	0.7%	3%	6%	11%	19%	27%	32%	41%
1.60	0.00	0.00	0.00	0.00	0.00	0.01%	0.05%	0.2%	1.1%	4%	7%	15%	22%	28%	38%
1.70	0.00	0.00	0.00	0.00	0.00	0.00	0.01%	0.06%	0.5%	2%	5%	12%	19%	25%	34%
1.80	0.00	0.00	0.00	0.00	0.00	0.00	0.00	0.01%	0.2%	1.2%	3%	9%	16%	22%	31%
1.90	0.00	0.00	0.00	0.00	0.00	0.00	0.00	0.00	0.08%	0.65%	2%	7%	13%	19%	29%
2.00	0.00	0.00	0.00	0.00	0.00	0.00	0.00	0.00	0.03%	0.36%	1.3%	5%	11%	17%	26%
2.20	0.00	0.00	0.00	0.00	0.00	0.00	0.00	0.00	0.01%	0.10%	0.56%	3%	8%	13%	22%
2.40	0.00	0.00	0.00	0.00	0.00	0.00	0.00	0.00	0.00	0.03%	0.23%	1.9%	5%	10%	19%
2.60	0.00	0.00	0.00	0.00	0.00	0.00	0.00	0.00	0.00	0.01%	0.09%	1.1%	4%	7%	16%
2.80	0.00	0.00	0.00	0.00	0.00	0.00	0.00	0.00	0.00	0.00	0.04%	0.66%	3%	6%	13%
3.00	0.00	0.00	0.00	0.00	0.00	0.00	0.00	0.00	0.00	0.00	0.02%	0.39%	1.8%	4%	11%

①　F_{MLV}为利用最可能的参数值计算得出的安全系数。

表 13.7　　基于安全系数正态分布的安全系数小于 1.0 的概率

F_{MLV}①	安全系数的变量系数（COV_F）														
	2%	4%	6%	8%	10%	12%	14%	16%	20%	25%	30%	40%	50%	60%	80%
1.05	0.9%	11.7%	21.4%	27.6%	31.7%	34.6%	36.7%	38.3%	40.6%	42.4%	43.7%	45.3%	46.2%	46.8%	47.6%
1.10	0.0	1.2%	6.5%	12.8%	18.2%	22.4%	25.8%	28.5%	32.5%	35.8%	38.1%	41.0%	42.8%	44.0%	45.5%
1.15	0.0	0.1%	1.5%	5.2%	9.6%	13.9%	17.6%	20.7%	25.7%	30.1%	33.2%	37.2%	39.7%	41.4%	43.5%
1.16	0.0	0.0	1.1%	4.2%	8.4%	12.5%	16.2%	19.4%	24.5%	29.1%	32.3%	36.5%	39.1%	40.9%	43.2%
1.18	0.0	0.0	0.6%	2.8%	6.4%	10.2%	13.8%	17.0%	22.3%	27.1%	30.6%	35.1%	38.0%	40.0%	42.4%
1.20	0.0	0.0	0.3%	1.9%	4.8%	8.2%	11.7%	14.9%	20.2%	25.2%	28.9%	33.8%	36.9%	39.1%	41.7%
1.25	0.0	0.0	0.0	0.6%	2.3%	4.8%	7.7%	10.6%	15.9%	21.2%	25.2%	30.9%	34.5%	36.9%	40.1%
1.30	0.0	0.0	0.0	0.2%	1.1%	2.7%	5.0%	7.5%	12.4%	17.8%	22.1%	28.2%	32.2%	35.0%	38.6%
1.35	0.0	0.0	0.0	0.1%	0.5%	1.5%	3.2%	5.3%	9.7%	15.0%	19.4%	25.8%	30.2%	33.3%	37.3%
1.40	0.0	0.0	0.0	0.0	0.2%	0.9%	2.1%	3.7%	7.7%	12.7%	17.0%	23.8%	28.4%	31.7%	36.0%
1.50	0.0	0.0	0.0	0.0	0.0	0.3%	0.9%	1.9%	4.8%	9.1%	13.3%	20.2%	25.2%	28.9%	33.8%
1.60	0.0	0.0	0.0	0.0	0.0	0.1%	0.4%	1.0%	3.0%	6.7%	10.6%	17.4%	22.7%	26.6%	32.0%
1.70	0.0	0.0	0.0	0.0	0.0	0.0	0.2%	0.5%	2.0%	5.0%	8.5%	15.2%	20.5%	24.6%	30.3%
1.80	0.0	0.0	0.0	0.0	0.0	0.0	0.1%	0.3%	1.3%	3.8%	6.9%	13.3%	18.7%	22.9%	28.9%
1.90	0.0	0.0	0.0	0.0	0.0	0.0	0.0	0.2%	0.9%	2.9%	5.7%	11.8%	17.2%	21.5%	27.7%
2.00	0.0	0.0	0.0	0.0	0.0	0.0	0.0	0.1%	0.6%	2.3%	4.8%	10.6%	15.9%	20.2%	26.6%
2.20	0.0	0.0	0.0	0.0	0.0	0.0	0.0	0.0	0.3%	1.5%	3.5%	8.6%	13.8%	18.2%	24.8%
2.40	0.0	0.0	0.0	0.0	0.0	0.0	0.0	0.0	0.2%	1.0%	2.6%	7.2%	12.2%	16.5%	23.3%
2.60	0.0	0.0	0.0	0.0	0.0	0.0	0.0	0.0	0.1%	0.7%	2.0%	6.2%	10.9%	15.3%	22.1%
2.80	0.0	0.0	0.0	0.0	0.0	0.0	0.0	0.0	0.1%	0.5%	1.6%	5.4%	9.9%	14.2%	21.1%
3.00	0.0	0.0	0.0	0.0	0.0	0.0	0.0	0.0	0.0	0.4%	1.3%	4.8%	9.1%	13.3%	20.2%

注　COV和F_{MLV}组合的阴影区域显示通过正态分布得出的P_f高于对数正态分布得出的P_f值。

①　F_{MLV}为利用最可能的参数值计算得出的安全系数。

通过F和COV_F计算破坏概率，必须首先假设安全系数的分布。

表 13.5 是基于安全系数正态分布的假设，表 13.6 是基于安全系数对数正态分布的假设。采用这两种假设有一定的根据，但是没有办法确定在任何特定情况下哪一个是更好的

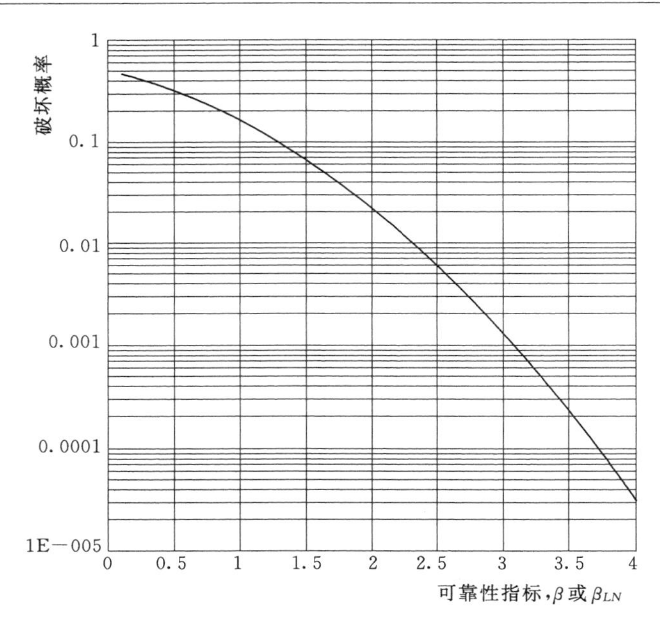

图 13.3　P_f 随 β 的变化

假设。既然分布不确定，用这两个假设同时计算 P_f 看起来更加合理，以查看值之间的不同点，作为 P_f 不确定性的量度。

对于 F_{MLV} 和 COV_F 组合，P_f 基于正态分布的值更大，对于其他的组合，P_f 基于对数正态分布的值更大。正态分布的 F_{MLV} 和 COV_F 组合的结果大于表 13.7 的阴影区域的 P_f 值。

安全系数的分布必须假定计算破坏概率的泰勒级数法和点估算法，对于 Hasofer－Lind 方法和@Risk© 计算程序不是必须的。相反，在这些方法中，必须假设变量的分布。

13.5.3　可靠性指标

可靠性指标（β）是安全系数的替代方法，或者称为可靠性，这是唯一的与破坏相关的概率。β 的值是表示 $F=1.0$（破坏）和 F_{MLV} 之间标准差的值。对于安全系数为正态分布，β 通过以下方程定义：

$$\beta_{\text{Normal}}=\frac{F_{MLV}-1.0}{\sigma_F} \tag{13.14}$$

式中　β_{Normal}——安全系数正态分布的可靠性指数；

F_{MLV}——基于最可能变量值的安全系数；

σ_F——安全系数的标准差。

对于对数正态分布的安全系数，β 用以下方程式定义：

$$\beta_{LN}=\frac{\ln\left(F_{MLV}/\sqrt{1+COV_F^2}\right)}{\sqrt{\ln(1+COV_F^2)}} \tag{13.15}$$

式中　β_{LN}——对数正态分布可靠性指标；

F_{MLV}——安全系数最可能的值；

COV_F——安全系数的变量系数。

正如图 13.3 所示，β 和破坏概率是唯一相关的。这种关系适用于安全系数的正态和对数正态分布。

13.5.4　破坏概率的解释

其概率被描述为“破坏”的事件不一定是灾难性事件。例如，在浅层滑坡的斜坡表面上的情况，破坏很可能不会是灾难性的。如果边坡可以很容易修复，没有严重的二次后果，浅层滑坡将是一次常规加固。然而，严重的边坡失稳修复将是非常昂贵的，或将有可能延迟某个重要项目，或将威胁生命，这会更严重可能是灾难性的。虽然破坏概率的术语在这两种情况下可以使用，重要的是要认识到不同性质的影响。

认识到边坡灾难性破坏和不显著的性能问题两者间的重要区别，美国陆军工程兵团使用不满意的概率性能这一术语（美国陆军工程兵团，1998）。无论用什么术语，重要的是要记住事件分析的真正后果，不要被破坏概率中所用的破坏这个词所蒙蔽。

13.5.5 判断破坏概率的可接受性

破坏概率没有普遍的适当标准，或者普遍的可接受的值。经验表明，斜坡设计与传统的做法一致，通常具有大概 1% 的破坏概率，但是像安全系数，P_f 适当的值应取决于破坏的后果。

破坏概率的一个重要优点是可以基于破坏的潜在成本判断可接受的风险的可能性。举个例子，对于一个项目的边坡两种设计方案进行了分析：

- 案例 A 陡坡，建筑和土地造价＝＄100000，$P_f=0.1$。
- 案例 B 平坡、建筑和土地造价＝＄400000，$P_f=0.01$。

进一步假设破坏的后果带来的成本在这两种情况下是相同的，＄5000000，其中包括破坏的主要和次要的后果。在案例 A 中，建筑、土地、破坏的可能的总成本是：＄100000＋0.1×＄5000000＝＄600000。在案例 B 中，建筑、土地、破坏的可能总成本是：＄400000＋0.01×5000000＝＄450000。考虑破坏的可能成本和可能发生的几率，以及建筑和土地成本，案例 B 被预测为具有较低的总成本。

即使没有成本分析，P_f 可为判断什么是可接受的风险提供一个更好的判断依据。许多人发现，对比 1 可能在 10 中的机会与在 100 中的机会这种方法，比对比是使用 1.3 的安全系数还是使用 1.5 的安全系数的方法，前者更容易理解。检查破坏的概率的过程中破坏的概率从来都不为零，这引起了所有参与项目者的关注，有助于防止一部分管理者的不切实际的期望，他们可能觉得安全系数大于 1.0 是一个绝对的安全保证。

13.5.6 实例

1970 年 8 月，在旧金山湾水下挖掘大约 100ft 深的海沟。海沟是用沙子填充以稳定邻近的内陆地区，以减少新的“载驳母船”（LASH）终端的地震变形。海沟的斜坡比正常的边坡要陡峭，目的是减少开挖的体积和填补的体积。正如图 13.4 所示，斜坡以坡比为 1：0.875 的倾角挖掘。

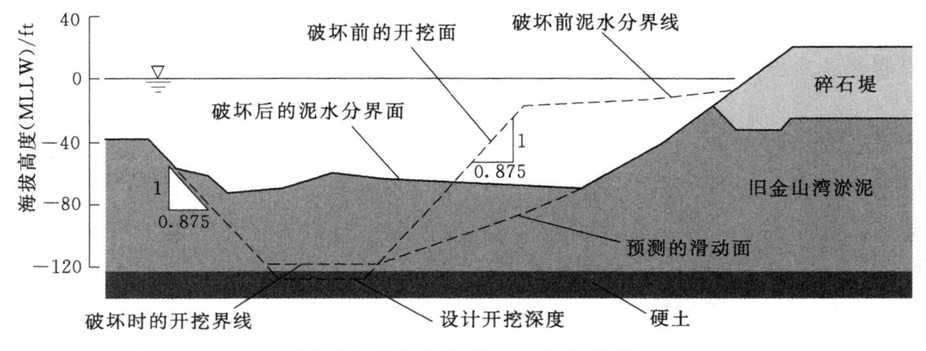

图 13.4 旧金山湾水下海沟破坏

8 月 20 日，海沟大约挖掘 500ft 后，疏通操作员发现，抓斗不能降低到指定深度，但是那个部位的泥几小时前刚刚被挖走。使用的旁侧扫描声呐疏浚装备，2h 内完成 4 个横截面，结果显示已经发生了破坏，包括一个 250ft 长的海沟断面。截面如图 13.4 所示，后来，发生第二个破坏，涉及的长度沿沟槽为 200ft。其余的 2000ft 长的沟槽大约保持了 4 个月的稳定。在 Duncan 和 Buchignani（1973）的描述中可以找到更多关于破坏的细节。

图 13.1 显示了海湾泥的不排水强度的变化和平均值，即基于上述 2σ 规则的平均值 $+\sigma$ 和平均值 $-\sigma$ 曲线。基于原状样品进行测量的海湾泥的平均浮容量为 38pcf，标准差是 3.3pcf。

利用强度的平均值、容重（F_{MLV}）和平均值 $+\sigma$ 和平均值 $-\sigma$ 的值计算的安全系数见表 13.8。容重的变化是 0.20，海湾泥强度的变化值 ΔF 是 0.31。

表 13.8　旧金山湾泥水下边坡可靠性分析，其中边坡水平长度和高度之比为 0.875

变　量	数　值	F	ΔF
不排水抗剪强度	图 13.1 中的平均线	$F_{MLV}=1.17$	
浮容重	平均容重 = 38pcf		
不排水抗剪强度	图 13.1 中的平均值 $+\sigma$ 线	$F^{+}=1.39$	0.44
	图 13.1 中的平均值 $-\sigma$ 线	$F^{-}=0.95$	
浮容重	平均值 $+\sigma=41.3$pcf	$F^{+}=1.08$	0.20
	平均值 $-\sigma=34.7$pcf	$F^{-}=1.28$	

对于 ΔF，关于强度的变化始终是显著的，但 ΔF 由于容重的变化不应该这么显著，这是不符合常理的。这是由于浮容重很低，仅仅只有 38pcf，因此 ±3.3pcf 的变量会带来显著的影响。

安全系数的变量系数和标准差使用式（13.11）和式（13.12）来计算。

$$\sigma_F=\sqrt{\left(\frac{0.44}{2}\right)^2+\left(\frac{0.20}{2}\right)^2}=0.33 \tag{13.16}$$

$$COV_F=\frac{0.33}{1.17}=28\% \tag{13.17}$$

对应于 F_{MLV} 和 COV_F 值的破坏的正态和对数正态概率可以通过表 13.5 和表 13.6 中的数值差值得到。其中 $P_{fN}=30\%$，$P_{fLN}=33\%$。

回想起来，似乎很有可能因为计算的破坏概率高于 30%，使得采用转陡斜坡的想法发生了转变。

挖掘滑入沟槽泥浆的成本，加上额外砂的回填成本，和采用较陡的坡度节约的成本是大致相同的。鉴于并没有实现预期的成本节约，破坏的事实给人们敲响了很大的警钟，而且由于破坏，业主的信心也会有所降低，这已经很清楚了采用坡比为 1∶0.875 的边坡不是一个好的主意。

为了分析转变成平缓的边坡方案的破坏概率，分析了另外两个边坡，见表 13.9。利用 Hunter 和 Schuster（1968）开发的抗剪强度随着深度的增加线性变化的图表，具体见附录 A。用于替代的较为平缓的边坡 A 和 B 的安全因素是符合工程兵团的安全系数标准的，见表 13.2。

表 13.9 LASH 终端沟槽边坡分析摘要

工况	坡度（H/V）	F_{MLV}	COV_F①/%	P_{fN}/%	P_{fLN}/%	海沟体积②/yd^3
已建	0.875/1.0	1.17	28	30	33	860000
更缓的边坡 A	1.25/1.0	1.3	28	20	20	1000000
更缓的边坡 B	1.6/1.0	1.5	28	15	8	1130000

① COV_F 的值对于所有工程是相同的，因为 COV_s 强度和单位重度是相同的。
② 对于这个已建的工程，破坏后 100000yd^3 的材料已经被挖掘。

表 13.9 中的参数研究总结为制定决策提供了基础，并且使设计方和甲方对情况更加了解。该研究对三种工况下施工的成本值和破坏的潜在成本进行估计，这将为设计团队和甲方提供基础，以决定可以接受多大的风险。这种类型的评价在 1970 年并没有做，只计算了安全系数去指导设计。

小结

1）关于抗剪强度的不确定性通常是边坡稳定分析中最大的不确定性。

2）边坡稳定的安全系数最广泛，最普遍有用的定义是：

$$F=\frac{\text{土壤的抗剪强度}}{\text{平衡所需的抗剪强度}}$$

3）在任何给定的情况下，使用安全系数的值应与参与其计算的不确定性和破坏的后果相称。

4）可靠性计算为评估提供一个不确定性组合的影响手段，提供不确定性特别高或低条件之间进行区分的方法。

5）标准差是一个定量测量离散的变量。离散越大，标准偏差越大。变量系数是标准差除以变量的期望值。

6）2σ 准则可以用来估计标准差，首先估计参数的最高和最低可能的值，然后它们之间的差除以 4。

7）如果安全系数（F_{MLV}）和安全系数的变量系数（COV_F）已经确定，使用泰勒级数方法，假定安全系数是正态或对数正态分布，可靠性和失效概率可以确定。

8）所描述的事件的破坏概率不一定是一个灾难性的破坏。重要的是认识到事件的后果的性质，而不是被“破坏”这个词所蒙蔽。

9）与安全系数对比，破坏概率的主要优点是可以基于估计成本和破坏的后果判断可接受的风险水平的可能性。

第 14 章　稳定性分析的重要细节

边坡稳定性计算的可靠性取决于土壤性质、坡度和地下几何特性，以及分析中使用的孔隙水压力。结果的可靠性也依赖于计算程序的几个方面，主要包括：

1）搜索临界滑动面方法和验证临界滑动面位置。

2）检查和消除滑动面的顶部条带间的拉力。

3）检查和消除滑动面坡趾处条带不合理的压应力和拉应力。

4）评估三维效果。

边坡稳定性计算的这些问题和其他几个方面的内容将在本章中讨论。

14.1　临界滑动面的位置

对于简单的边坡可以很好地估算临界滑动面的位置。例如，对于由干黏土组成的具有恒定摩擦角的均质边坡（线性包络线），临界滑动面是与斜坡面重合的平面；无限边坡的安全系数由下面方程给出：$F=\tan\phi'/\tan\beta$。对于其他大多数情况下的临界滑动面必须通过反复试算来确定。即使对于黏性土组成的均质边坡，如果莫尔破坏包络线是弯曲的或者水力梯度非常接近斜坡面，临界滑动面必须通过试算确定。

14.1.1　圆弧滑动面

临界圆的定位要求进行系统的搜索，其中该圆的中心点和半径是变化的。从一个计算机程序到另一个程序，搜索方式细节有所不同。为确保搜索的彻底性，应充分理解所使用的方法，控制搜索。

使用计算机程序来定位临界圆弧的大部分方案中要求估算初始的临界位置。估算初始临界圆的位置通常基于中心点的位置和临界圆的半径。根据所用的搜索方案，无论是开始搜索时指定的圆还是网格中心点延长线，都在将要进行的搜索中指定。

通常情况下，半径的估算通过指定下列其中一项确定：①与圆相切的深度线；②通过圆的点；③圆的半径。

根据所使用的特定的搜索方案，指定半径的值或者半径的范围。以下指导原则可以在开始搜索时用来估计临界圆的位置。

（1）中心点位置。

通过临界圆的已知条件，可以估算简单案例的临界圆可能的中心点，比如纯摩土的均质边坡（c，$c'=0$）和纯黏性土的均质边坡（$\phi=0$）。

无黏性边坡临界滑动面是一个与边坡表面重合的平面。如果执行搜索，临界圆非常浅，有一个非常大的半径，大约是平行于坡面的平面。临界圆的中心是一条穿过斜率的中点的线。

对于强度不随深度变化的纯剪边坡，临界圆尽可能深地穿过边坡。在这种情况下，临界圆的中心位于穿过斜坡的中点的垂直线上，如图 14.1（b）所示。

在这两种情况下（$c=0$ 和 $\phi=0$）的临界圆的中心位于通过斜坡中间点的线上，其中斜坡以一定角度 ϕ_d 倾斜，式中 ϕ_d 为“动”摩擦角（即，$\tan\phi_d=\tan\phi/F$）。基于这一认识，估算的临界圆心可以从斜面的中点画线，斜面的倾角从垂直方向旋转 ϕ_d（见图 14.2 中 $O-P$）。ϕ_d 值可以进行估算。搜索关键圆的起点是沿着线（$O-P$）上的一个点，该点距离边坡的坡峰（见图 14.2 中的 C）等于 1 倍或 2 倍边坡高度。另外，在垂直线和垂直于该边坡坡面的线组成区域（图 14.2 中的阴影区域）的中点引出的线的中心将是一个合理的起始中心。

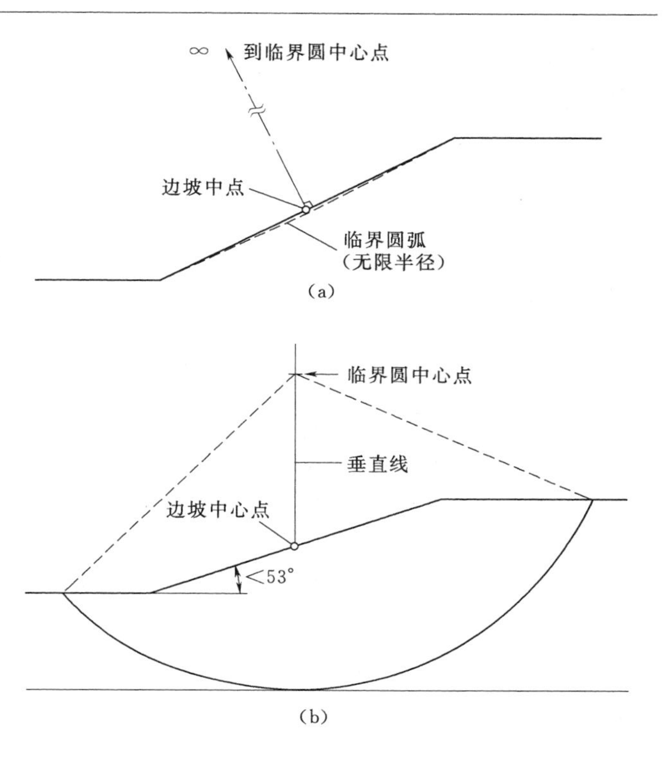

图 14.1　纯摩（c、$c'=0$）和纯黏（$\phi=0$）边坡的临界圆中心点的位置

（2）半径（圆弧深度）。

当进行搜索以确定临界滑动面时，发现通过所有不同材料的横截面的圆是很重要的。如果给定地层的剪切强度的特征值 c=恒定值、$\phi=0$，临界圆通常会通过底部的层，但并非总是如此。应该这样分析临界圆：通过每一层的底部时有一个恒定的剪切强度。此外，它通常是从深处展开搜索，搜索时自下而上，这样更有效。通过深处的圆启动搜索，试算圆应该与大部分层的横截面相交，该圆将更有可能经过各层，这样可能生成较低的安全系数。另一个有用的策略是搜索通过边坡坡趾的临界圆以检测其他类型的圆（不同的半径和切线的深度），使用临界的坡趾处圆作为起始进行循环。

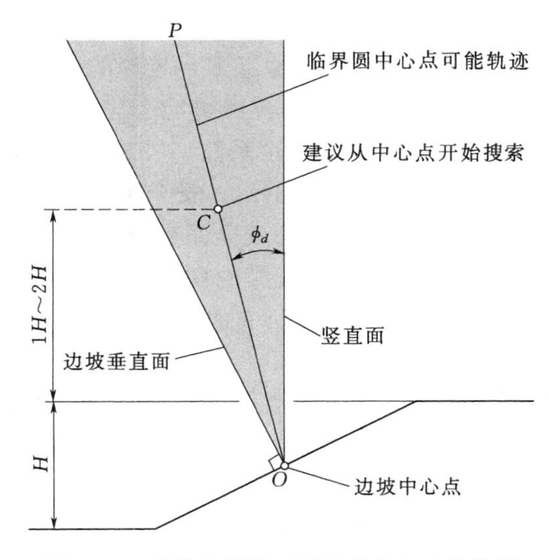

图 14.2　寻找临界圆时开始的中心点的估算

（3）增量中心点坐标和半径。

直到最小安全系数法诞生，大多数计算程序利用变化圆心的坐标和半径来进行搜索。该方法要注意的是用来改变中心点坐标和半径的增量要足够小，这样，横截面的重要特征才能通过搜索完成。这就要求增量不会大于横截面最薄层的部分。距离不超过 1/4～1/2 的厚度。如果横截面没有薄层，搜索的增量从边坡高度的 1/10（0.1）到 1/100

(0.01) 是合适的。考虑当前计算机的运算速度，不用担心所需的计算时间，搜索增量定为边坡高度的 1%。

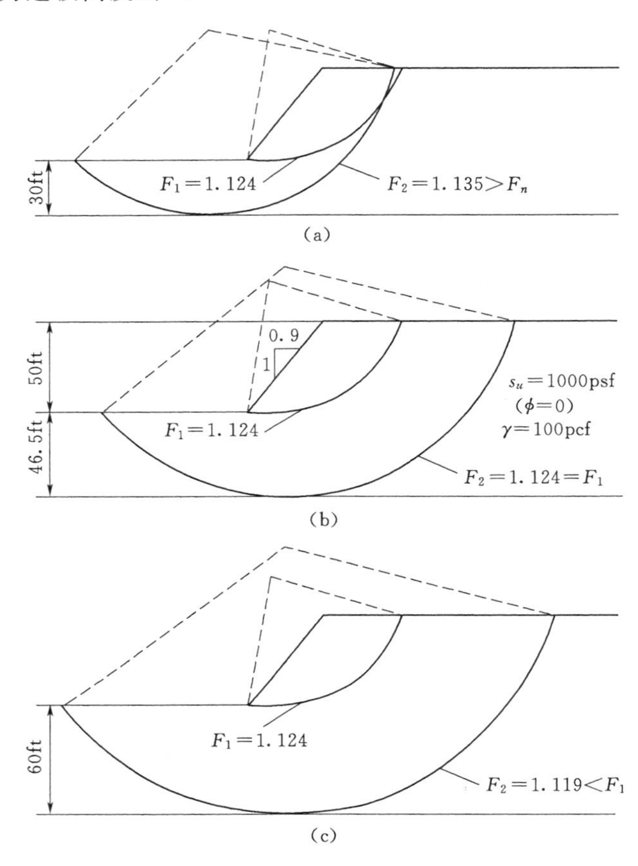

图 14.3 具有相似或相同的安全系数的局部临界圆

(4) 多个极小值。

在某些情况下，可能发现一个以上的"安全系数的局部最小值"。也就是说，如果圆在任何方向移动以远离局部最小值，安全系数将会增加，但是其他最小值可能在其他的位置出现。作为例子，考虑 3 个简单的，只有黏聚力的边坡（$\phi=0$），正如图 14.3 所显示。图中的斜坡除了基础层的厚度外都是相同的。如图 14.3 (a) 所示的斜坡基础厚度为 30ft。在该图所示的两个圆都代表局部最小值，浅圆的安全系数为 1.124，深圆的安全系数为 1.135。通过坡趾的更浅的圆更重要，它代表了整体的最小安全系数。如图 14.3 (b) 所示边坡，基础稍深，为 46.5ft。产生边坡局部最小安全系数也有两个圆，但是这两个圆计算的安全系数相同 (1.124)。第三个边坡，如图 14.3 (c) 所示，具有最深的基础厚度，60ft。该边坡也有两个局部最小值，浅圆生成的安全系数为 1.124，更深的圆生成的安全系数为 1.119。在这种情况下，较深的圆代表更关键的局部极小值。这个例子表明，基础的深度变化，临界圆的位置可能会完全不同，在某些情况下甚至可能有两种不同的临界圆，但是有相同的最小安全系数。

安全系数具有两个局部最小值的边坡的另一实例在图 14.4 中示出。安全系数中的一个局部最小值对应于无黏性路堤一个浅的、无限斜坡。这个浅滑面安全系数是 1.44。另一个局部最小值对应的是通过底部黏土地基的更深的圆。对于较深的圆的安全系数是 1.40，是这个边坡的整体的最小安全系数。在图 14.3 和图 14.4 所示的那些情况下，重要的是要进行多个搜索，搜索深的和浅的滑动面。

当临界圆的搜索通过手工完成时，它是明确探讨横截面的所有区域。然而，当采用计算机程序自动进行搜索，需要小心的是需确保斜坡和基础所有的区域都已经进行了搜索，从而得出临界圆。大多数计算机自动搜索程序允许指定搜索的起点作为输入数据。因此，它可以通过使用不同的起始位置执行许多独立搜索。为确保所有区域的横截面都经过搜索，找到最关键的滑动面，使用不同的起始位置进行搜索是一种很好的做法。

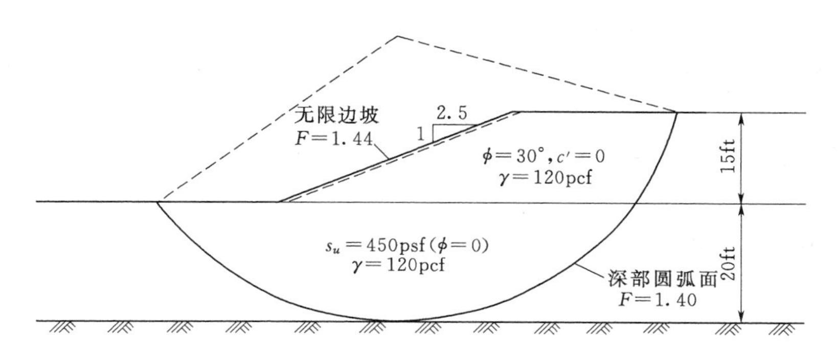

图 14.4　具有两个局部临界滑动面和最小安全系数的斜坡

定位临界圆的一种方案是每次改变圆心半径，直到找到临界半径，发现对应的最小安全系数的中心点。对于给定的中心点半径发生变化，可能发现多个局部最小值。例如，图 14.5 显示了安全系数随圆的半径（深度）的变化，其中心点位于临界圆的中心。可以看出对于指定的中心点有几个局部最小的安全系数的值。在这样的情况下重要的是改变半径宽的限制，采用相对较小的增量以捕捉这个特性，可以确保得到最小安全系数。这样做的恰当的方案是，选择重要的最小和最大半径（或者切线高程），选择合适的半径增量。半径增量不应超过 1/4～1/2 的薄层的厚度。

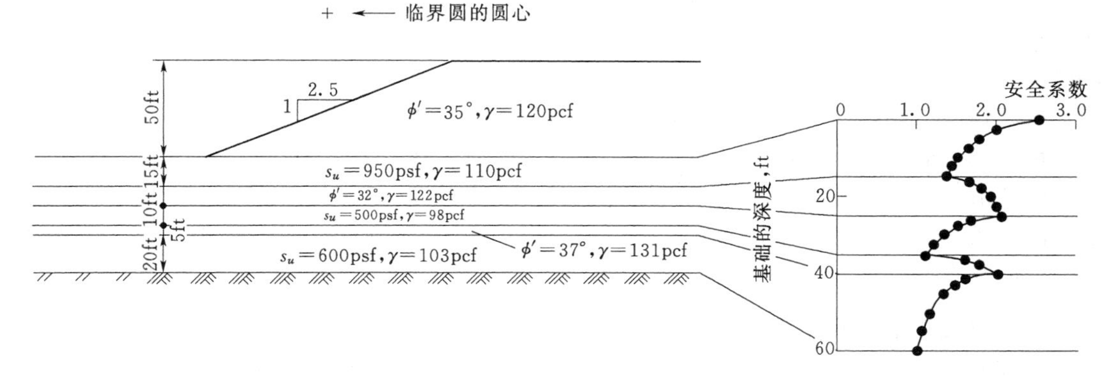

图 14.5　路堤分层土壤基础随着深度（半径）变化的安全系数

注：所有的圆弧都有相同的临界中心（临界圆点的中兴）。

虽然改变半径，以找到每个试验中心点的临界半径是相对低效的计算——相比必要的必须分析更多的圆——但是该方案能提供有用的信息。因为画出的轮廓可以显示出安全系数如何随中心点的位置变化，该方案是特别有用的。通过一系列的选定的中心点可以画出最有意义的轮廓，这些中心点是那些对应于临界半径的安全系数（最小的安全系数）的点。

14.1.2　非圆形剪切面

非圆形滑动临界表面定位更困难，因为比圆形的需要更多的变量。圆形的临界面需要 3 个值：圆心的 x、y 坐标和半径。非圆形滑动面需要滑动面上每个点的坐标（x 和 y）。

根据定义非圆形滑动面需要的点的数量，搜索变量的数量有时非常大。用来改变非圆形滑动表面的位置基本上有两种不同的方法，借此找到最小安全系数。寻找临界的非圆形滑动面的一种方法是利用一个适当的最小或最优方案，系统化的改变滑动面上的点。实现这个方法可以从采用复杂的方案到采用更简单的线性规划方法和直接的数字技术等（例如，Baker，1980；Celestino 和 Duncan，1981；Arai 和 Tagyo，1985；Nguyen，1985；Li 和 White，1987；Chen 和 Shao，1988）。查找临界的非圆形滑动面第二种方法是使用一个随机过程来选择试用滑动面。此方案通常一直计算直到指定数目的滑动面已经探索完毕（例如，Boutrop 和 Lovell，1980；Siegel 等，1981）。随机滑动面的位置是利用随机数建立的。

一个好的估计临界非圆弧滑动面的起始位置的方法是根据临界圆形滑动面的位置定位临界圆，然后使用多个（4～10）点沿着它来定义一个初始试验非圆形滑动面，这个方法在许多情况下行之有效。初始点的位置的变化是根据搜索方案是否被用来寻找一个更关键的非圆形滑动面。其他的点可以被添加到非圆形滑动面进行搜索。该方案适用于大多数情况，特别是土壤中不存在很薄、较弱的区域。或者，如果有明显较弱的区域存在，滑动面可能会选择通过较弱的区域作为初始猜测。

当存在特别薄的薄弱层时，薄弱层可能会成为控制稳定的因素，通常的方法是利用一个非圆形滑动面，滑动面一部分通过软弱层。通过加强覆盖材料特性这样的表面可以进入或退出边坡。如果这样做，滑动面倾角的波峰和坡趾的斜率应该分别选择符合倾角的主动和被动剪切平面。主动和被动的区域将在本章后面讨论。波峰附近的边坡滑动面通常会选择45°～65°。

与圆弧形滑动面一样，非圆形滑动面重要的是选择开始的几个滑动面位置和执行开始的搜索。最初的滑动面应该通过那些预期影响稳定的土壤的不同区域。使用足够小的增量用于改变滑动表面上的点的位置也是很重要的，这使得薄层的影响被精确评价。增量不大于最薄层的 1/2 的厚度，增量的高度小于斜坡高度 1%（0.01H）是合适的。也应该考虑到，可能存在一个以上的局部最小值。

14.1.3　横截面细节的重要性

在具有复杂截面的堤坝中，可能有许多不同的材料，导致存在几个局部最小安全系数。对每个潜在的滑动面和滑动机制作进一步的探讨是很重要的。尽可能得出详细的横截面模型也是很重要的，因为这些细节会对稳定性产生影响。例如，土坝上游面的护坡（抛石）和相关的过滤层对浅层滑动的稳定性和安全性有大的影响。在用于水位骤降的分析中如果模型中遗漏了浅层护坡可能会导致安全系数计算偏低，导致截面设计中偏于保守。

为了说明考虑横截面细节的重要性，以如图 14.6 所示的土石坝为例。堤岸假定降低19ft，使用美国陆军工程兵团（1970）的程序进行边坡稳定性计算。分析横截面中有无抛石和筛选区。当不考虑过滤和乱石时，材料被认为是均一的。安全因素总结见图 14.6。分析中包括抛石和过滤层，安全系数为 1.09。当不考虑抛石时，安全系数下降到 0.84——大约降低了 23%。美国陆国工程兵团（1970）推荐安全系数在这种情况下为 1.0，但是在分析中省略抛石和过滤层的影响，使安全系数从可以接受转变成不可接受。

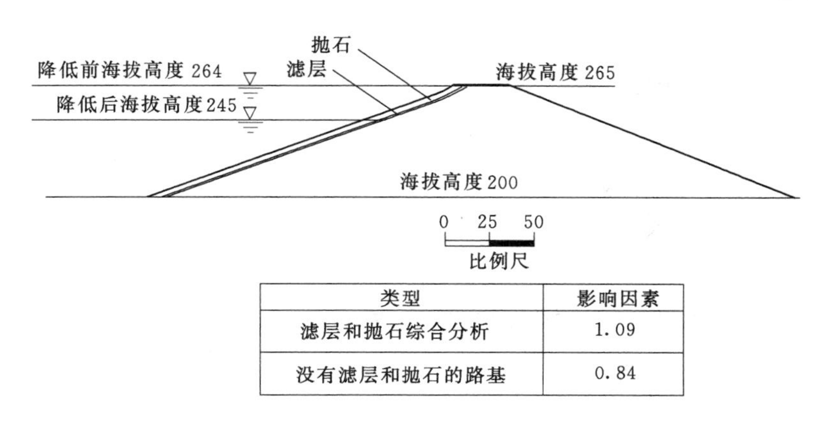

类型	影响因素
滤层和抛石综合分析	1.09
没有滤层和抛石的路基	0.84

图 14.6　水位骤降对安全系数的影响（包括抛石和过滤区）（单位：ft）

小结

1）对于均匀边坡初始估计的临界圆是由已知的临界圆形成的（图 14.2）。

2）搜索应该在几个不同的起点开始进行全面探索土壤剖面和检测多个最小值。

3）当搜索由深而浅时更容易完成。

4）搜索时移动圆心转变圆的半径的距离增量不应超过 1/2 的最薄层厚度。增量通常选择斜坡高度的 0.01～0.1。当前计算机的速度允许在计算时间方面使用小的增量。

5）对于临界非圆形滑动面的初步估计可从临界圆弧滑动面开始，或通过检查边坡截面，以确定薄弱的层。

6）搜索非圆弧滑动面，移动点的最小增量不能超过最薄层厚度的 1/2 或者 0.01～0.1 的斜坡高度。

7）截面的细节可能会影响到临界滑动面的位置，因此边坡稳定分析的几何模型应该包括这些细节。

14.2　非临界滑动面的检查

某些情况下的最小安全系数滑动面可能不是最感兴趣的滑动面。例如，路堤的最小安全系数如图 14.7 所示是 1.15。这个安全系数对应于一个无黏性土填充的无限边坡。如图 14.7 所示无限边坡滑动面是一个深圆弧，安全系数为 1.21，这比浅圆的安全系数高。然而，如果沿着深圆弧发生滑动，会有严重的后果，远远超过边坡在浅无限边坡表面的滑动。材料沿边坡表面脱落，可能顶多是一个维护问题。相比之下，沿着更深表面破坏可能需要堤防的拆除重建。因此，更深表面的 1.21 安全系数会被认为是不可接受的，而对于较浅的，临界滑动面 1.15 的安全系数是可接受的。

设计有时必须考虑不止一个破坏机制和相关的安全系数，同时开展几个研究这是比较稳妥的做法。其中，非关键滑动面需要研究的一个很好的例子是老尾矿坝。很多老尾矿坝主要由无黏性材料组成，其中临界的滑动面是浅“皮肤”滑。浅层滑动的后果可能是较轻的，必须避免更深层的滑动。为了解决这个问题，稳定性计算可以使用延伸至不同深度的

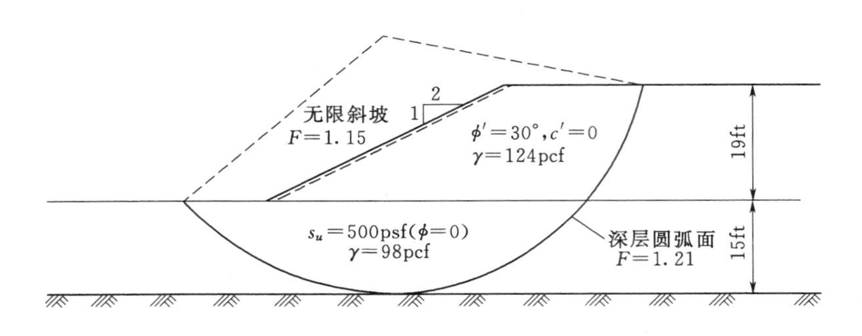

图 14.7　具有浅层滑动面和深层临界圆的边坡

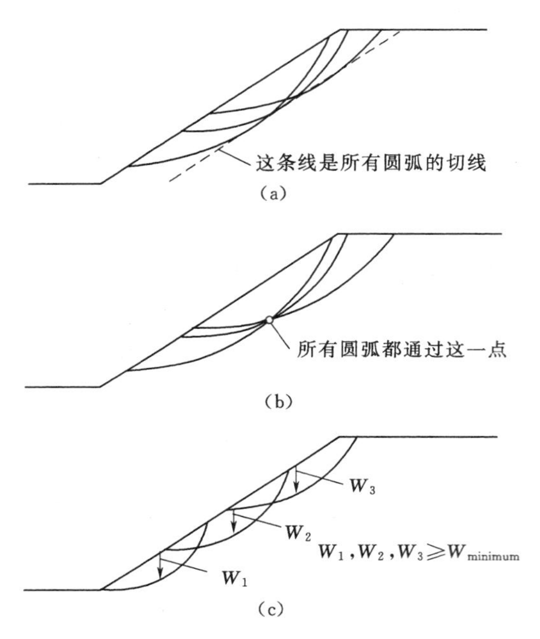

图 14.8　检查非临界滑动表面时人为赋予的限制
(a) 所有圆与同一条线相切；(b) 所有圆通过一个固定的点；(c) 所有圆具有最小重度

滑动面来进行。检查安全系数随着假定的滑动深度的变化，然后判断关于滑动可容许的深度。滑动面最小安全系数确定的要求是扩展深度超过可容忍的极限。更深滑动面不一定代表最小的安全系数，多种方法可以定义分析滑动面。其中三种方法如图 14.8 所示，它们包括：

1）试算滑移面与平行于斜面并位于斜面下的线相切［图 14.8（a)］。

2）试算滑动面穿过位于边坡表面下方一定深度的指定点［图 14.8（b)］。

3）要求上面的土体滑动面的最低重量［图 14.8（c)］。

许多计算机程序提供一个或多个上述的方法的临界滑动面的搜索。

土坝属于另外的情况，滑动面比临界滑动面更加有意义。

必须为大坝的上游和下游面的两个斜坡进行稳定性分析。斜坡（上游或下游）通常比其他安全系数低。在大坝的一面寻找临界圆，搜索可能“跳”到另一面，从而程序将放弃进一步寻找该坡面下的临界滑动面。如果发生这种情况，有必要人为进行一些设置来避免搜索到这些特定的斜面。一些计算机程序自动地将搜索限制在搜索启动的斜面；其他程序可能需要使用额外的人为设置。

小结

1）最小安全系数的滑动面并不总是最关键的。

2）通常需要检查安全系数不是最小值的滑动面，特别是因其他机制发生破坏时，这些破坏可以带来显著后果。

14.3 拉力区

当斜坡的上部存在黏性土时，边坡稳定性的计算通常会在各条带界面处存在拉应力，正如在条带底部出现的一样。必须关注拉应力的存在，其原因如下。

1）大多数土壤抗拉强度很低，因此不能承受拉应力。因此，计算中如果出现拉应力是不恰当的。

2）当出现拉应力时，边坡稳定性计算会出现数值计算问题。出于这两个原因分析中需要消除拉力。

14.3.1 朗肯主动土压力

出现在边坡稳定分析中边坡顶部的拉力类似于从朗肯主动土压力计算理论应用到黏性土的拉应力。事实上，边坡稳定分析和主动土压力计算拉力的机制是相同的。对于总应力地面下的朗肯主动土压力，σ_h 如下式：

$$\sigma_h=\gamma z\tan^2\left(45-\frac{\phi}{2}\right)-2c\tan\left(45-\frac{\phi}{2}\right) \tag{14.1}$$

式中 z——距地面的深度（图 14.9）。

地面处 $z=0$，水平应力为

$$\sigma_h=-2c\tan\left(45-\frac{\phi}{2}\right) \tag{14.2}$$

如果 c 大于零，则应力值为负。负应力延伸到深度 z_t，z_t 如下式：

$$z_t=\frac{2c}{\gamma\tan(45-\phi/2)} \tag{14.3}$$

主动土压力从负值线性增加到深度 z_t 时的零值，这由式（14.2）给出。z_t 深度以下的主动土压力为正值，而且随着深度线性增加。

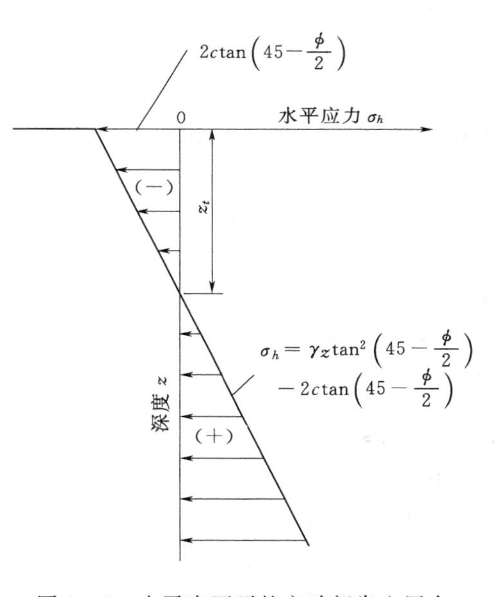

图 14.9 水平表面下的主动朗肯土压力

在第 6 章中描述的朗肯主动土压力理论和极限平衡边坡稳定分析程序在计算边坡坡顶时相似。都采用静力平衡方程计算在垂直平面上的压力。在边坡稳定分析的情况下，条间力代表垂直平面上的应力。

朗肯土压力和极限平衡边坡分析程序之间也存在着一些差异。垂直面上朗肯土压力平行于地面；而极限平衡边坡稳定分析，力的方向做了各种假设，这取决于使用的具体程序。此外，对于朗肯土压力假定剪切强度得到充分的利用（$F=1$），而对于边坡稳定性的剪切强度一般不充分利用（即 $F>1$）。

尽管边坡稳定和土压力计算之间存在差异，拉力的根本原因是相同的：拉力是由于部分或全部的黏性土的主动抗剪强度而产生的。如图 14.10 所示，如果莫尔-库仑破坏包络线中假定黏聚力，则可以得出抗拉强度。如图 14.10 所示莫尔圆的最大主应力是

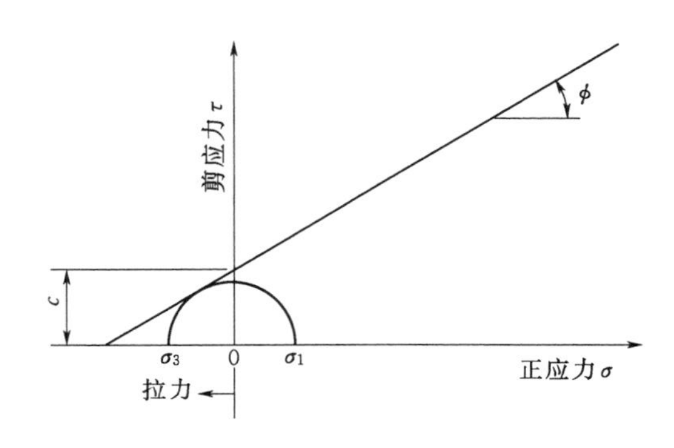

图 14.10　拉应力黏性土的莫尔圆

正的，而最小主应力为负。虽然黏聚力可能适合描述正应力（σ，$\sigma'>0$）破坏包络线的位置，但是相同的包络线一般不适合描述负（拉）应力。如果忽略抗拉强度，可得到更接近现实的结果。

当出现下列三种情况时，采用极限平衡法计算边坡稳定性的结果中会存在拉力。

1）条间力变成负数。

2）条带上总的有效法向力为负值。

3）推力线位于条带外。

从理论上讲，如果条带边界上的点的压缩和拉伸应力相等，推力线位于边坡的无限远处（图 14.11）。

拉力的出现可能会因为上面所述的一个或多个原因。为简化毕肖普过程，不计算条间力，因而拉力只以负法向力的形式出现在上片的底部。对于力平衡程序，如修改后的瑞典和简化的詹布程序，计算条间力大小而不是它们的位置。因此，在这些程序中，拉力可能以负的条间力和负的正应力的形式出现。最后，正如斯宾塞程序，考虑完全平衡，拉力可能以上面列出的三种中任何一种方式出现。

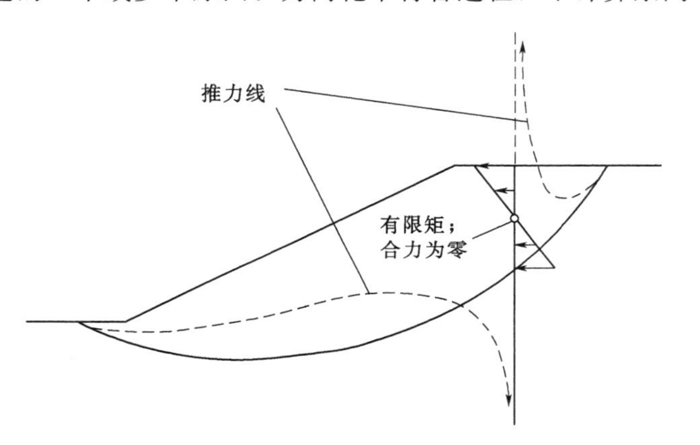

图 14.11　一个条带边界上的横向压缩和拉伸应力，在无穷远处产生一个线推力

14.3.2　消除拉力

两种方法可用于消除拉力在边坡稳定性计算结果中的影响。

1）拉力缝可用于边坡稳定性问题。

2）可以调整莫尔破坏包络线，使得存在拉应力时没有剪切强度。

（1）拉力缝。

边坡稳定计算中可以引入拉力缝，拉力缝终止在地表下合适深度的滑动面条带的边缘（图 14.12）。拉力缝的深度可以通过式（14.3）来估计，其中利用了抗剪强度参数 c_d 和 ϕ_d，垂直裂缝估计深度由下式给出：

$$d_{\text{crack}}=\frac{2c_d}{\gamma\tan(45-\phi_d/2)} \tag{14.4}$$

虽然 c_d 和 ϕ_d 依赖于安全系数（$c_d=c/F$ and $\tan\phi_d=\tan\phi/F$），但在安全系数估算出之前，它的值可用于计算裂纹的深度。利用估算的裂纹深度计算出初始的安全系数后，如果有必要可以调整 c_d 和 ϕ_d 的值，修改裂纹深度后重复计算。

一般来说，引入裂纹时，裂纹不应该超越拉力的深度。如果裂纹深度被高估，将消除

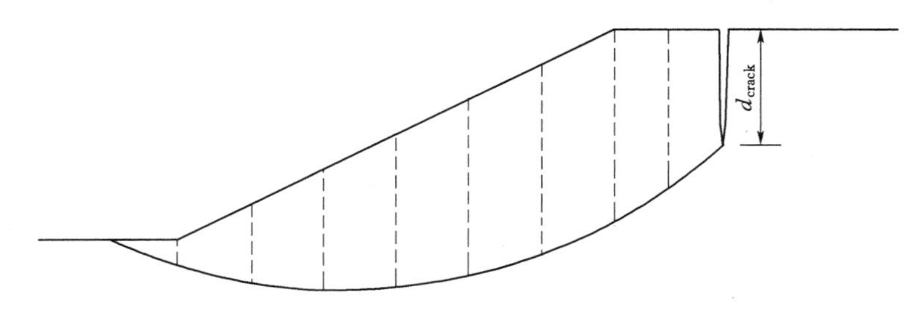

图 14.12　边坡表面设置拉裂缝以减小拉应力

压力，会造成安全系数的高估。在许多情况下，拉力缝的存在对计算安全系数影响很小。然而，引入拉力缝的一个原因是为了消除数值稳定性问题和不适当的拉应力。因此，即使引入拉力缝可能不会对安全系数有很大的影响，但对于黏性土壤上部的斜坡引入拉力缝是一种很好的做法。

确定拉力缝适当深度的另一种方法是改变裂缝的深度执行一系列稳定性计算。图 14.13 中显示了一个范例。分析表明，安全系数首先随着裂缝深度的增加先减小且拉力消除，然后随着裂纹深度进一步的增加而增加，压应力消除。如果拉力缝里有水，由于存在水压力，不能使用这种方法，拉力缝的缝面总是受压，裂缝越深，安全系数越低。充满水的拉力缝，裂缝深度应被定义为 $d_{crack}=2c_d/\gamma\tan(45-\phi_d/2)$。

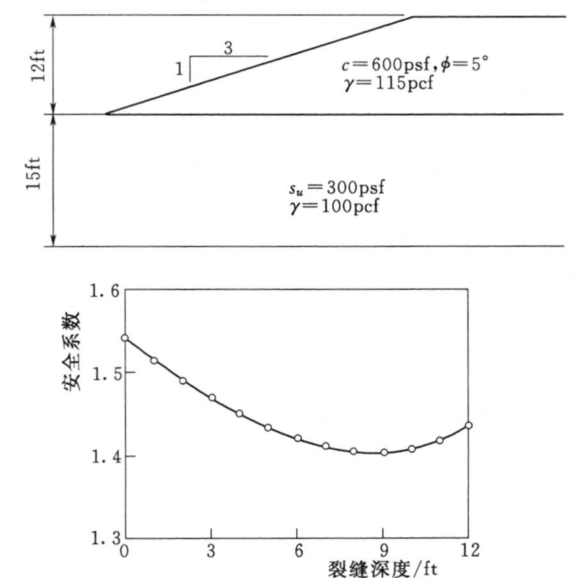

图 14.13　随着假定裂缝深度的安全系数的变化

（2）零抗拉强度包络线。

如果不引入拉力缝，抗剪强度包络线可以调整为当存在拉力时剪切强度为零。这可以使用非线性莫尔强度包络线，正由如图 14.14 中粗线所示的来实现。然后试错过程需要确定适当的剪切强度，因为剪切强度取决于正应力。如果强度包络线斜率突然变化，则意味着出现了数值稳定性和收敛的问题。即，剪切强度在连续迭代时，可能在零和某有限值之间震荡。因此，虽然使用的非线性破坏包络线是合乎逻辑的，可能会出现某些数值问题。拉力缝的使用，如前面所述，是消除拉力的一个更实用的方法。

14.3.3　通过面荷载取代带有裂纹的堤防

在某些情况下，例如，在薄弱基础上压实良好的黏土路基，裂缝深度的计算式式（14.4）得出的结果可能超过路基的高度。如果假定裂缝深度等于路基高度，路基强度在计算安全系数时没有任何作用。具有与堤防同等高度的裂缝的堤防的安全系数的计算，与假定垂直附加量安全系数是相同的，通过像图 14.15（a）所示的一个压力分布表示。

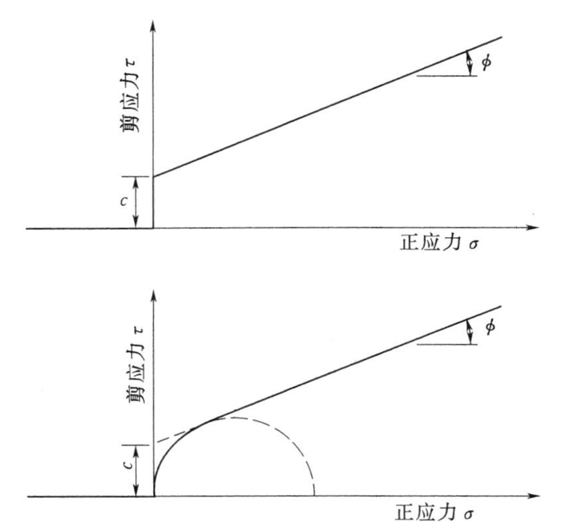

图 14.14　非线性莫尔破坏包络线（粗线）用于防止黏性土中出现拉应力

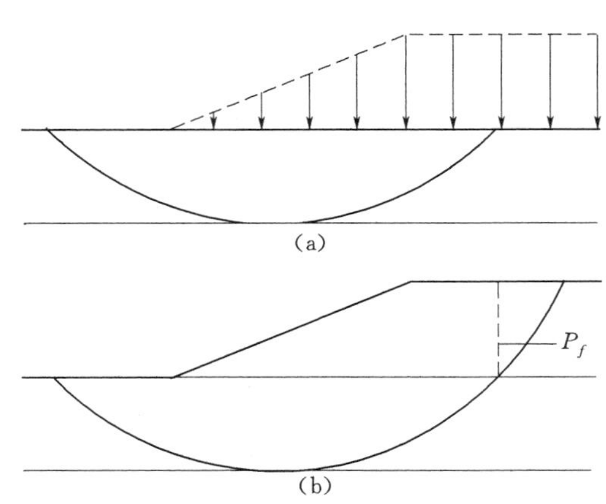

图 14.15　堤防荷载表示（忽略抗剪强度）
(a) 垂直荷载；(b) 弱填充产生侧向推力

当堤防被当做一个垂直附加量时，路基的抗剪强度对计算安全系数没有影响。然而，这对于当假定堤防中剪切强度没有或很小的情况是不适用的。如果路基或填充物的强度可以忽略不计，将存在一个显著的水平推力，不是由一个垂直的附加量可以代表的［见图 14.15（b）中的 P_f 值］。在后一种情况下，通过假定较小或零剪切强度参数的值（c 和 ϕ），即在模型中把填充作为低强度材料是适当的。如果堤防的剪切强度过小或为零，极限平衡计算中将存在适当的侧向推力。

小结

1）拉力会造成安全系数求解时的数值不稳定问题。

2）不应该存在拉力，否则将导致计算的安全系数过高。

3）引入拉力缝可以消除拉力带来的不利影响。

4）对于拉力缝的深度可以从土压力理论推导出简单的公式来估算。

5）通过引入拉力缝忽略堤防的强度或者当路堤强度很强时把堤防作为一个垂直附加量是合适的，但堤防强度很弱时是不正确的。

14.4　被动区不适当的力

在前面的章节中，讨论了斜坡顶部的问题。现在可以关注一下坡趾的问题。当讨论坡顶的问题时，应用的土压力理论在理解坡趾应力的问题上也是有用的。坡趾附近的区域对应于被动土压力区。如果压应力非常大，坡趾甚至可以出现拉应力。

14.4.1　造成的问题

斜坡的坡趾附近，最后条带合力 R 的方向非常接近条间力 Z 的方向。在这种情况下，条带的合力和条间力可能变得很大或成负值，如图 14.16 所示。(假设土壤砂性)。源于正应力和 ϕ_d 角度的主动剪切强度的合力 R，是垂直于条带底部的一条线。图 14.16 显示的条带的坡脚（α）为$-55°$，主动摩擦角为 25°。如果条间力倾角为 10°，则条间力和合力在条带上的方向相同。没有垂直于这两个力（R 和 Z）的力以平衡条带的重量。因此，在数学上，所述条间力和条带上的力变得无限大。这种情况在下面的公式中体现，它的分母为条间力 Q，这是第 6 章提出的斯宾塞的方法。

$$\cos(\alpha-\theta)+\frac{\sin(\alpha-\theta)\tan\phi'}{F} \tag{14.5}$$

条间力的合力（Q）出现在公式中的分母中。

把值 $\alpha=-55°$，$\tan\phi'/F=\tan\phi_d=\tan25°$，和 $\theta=10°$带入方程（14.5）计算结果为零。因此，利用斯宾塞方法用于计算安全系数的方程在一个或者多个条带中的分母中出现了零值，Q 和 R 变得无限大。Whitman 和 Bailey（1967）注意到，在简化的毕肖普程序中当下式中的 m_α 变小时，发生了相似的问题。

$$m_\alpha=\cos\alpha+\frac{\sin\alpha\tan\phi'}{F} \tag{14.6}$$

当条间力倾角 θ 被设置为零，该术语等同于斯宾塞程序，正如简化的毕肖普程序中所做的。除了通常的条带计算方法，图 14.16 描述的问题用式（14.5）和式（14.6）表示，使用的是条带的极限平衡方程，忽略竖直的条带边界力。

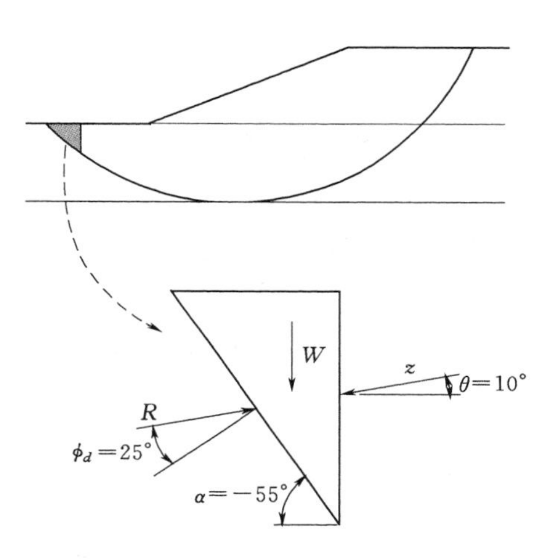

图 14.16　力的方向导致在滑动面的坡趾处产生无穷大值

14.4.2　解决问题

当前面所描述的条件发生时，任何下面的情况都有可能发生。

1）安全系数的试错解可能不收敛——解可能“爆炸”。

2）力可能会变得非常大，在摩擦材料中产生很高的剪切强度。

3）力可能变成负值（拉应力）。

数学上，负应力在摩擦材料中将产生负剪切强度。如果发生这种情况，安全系数可能比合理的小得多。在这种情况下，如果执行自动搜索来定位一个临界滑动面，搜索可能突然追求不切实际的最低作为解决方案。从数学的角度上该解可能是正确的，即求解立方程的根得出最小值 F；然而，这样的解决方案显然是不符合工程实际的，应该否定。Whitman 和 Bailey（1967）建议当利用简化的毕肖普方法且 m_α 利用式（14.6）表达，数值小于 0.2，应该探索替代的解决方案。坡趾附近的负应力问题能通过至少 4 种途径消除，正如下面所描述的。

（1）更改滑动面倾角。

由于条间力和滑坡面的倾角不符合临界条件，在滑坡表面的坡趾处会产生大的负向

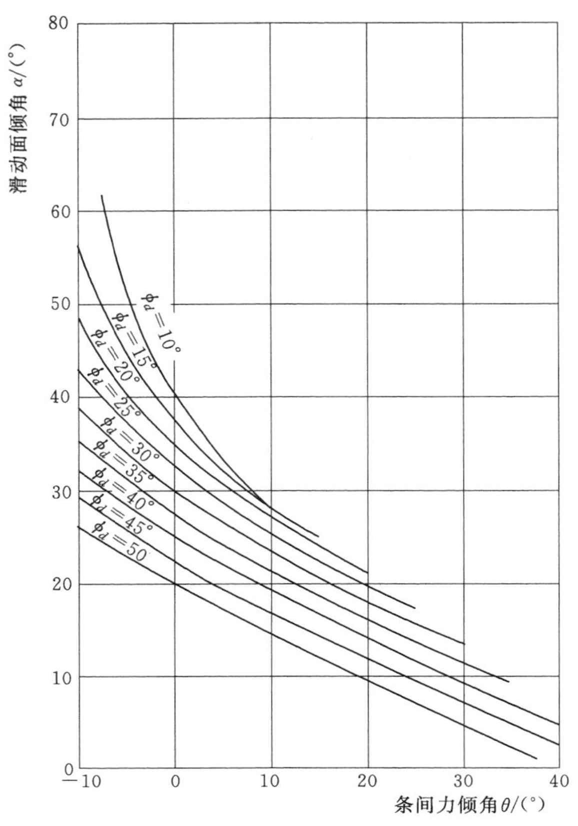

图 14.17　最小被动土压力滑动面倾角和条间力倾角（土压力）的组合

力。换句话说，条间力和滑动面的倾角与相应的最小被动土压力的倾角是明显不同的。滑动面倾斜角和最小被动土压力的条间力倾角的关系已由 Jumikis（1962）提出，并在图 14.17 中示出。如果有关的条间力的倾斜度在解答中的假设是合理的，消除被动区不适当的力的最现实的补救措施是改变坡趾附近的滑动面的倾角。滑动面的倾角应该用于指定条间力的倾角，剪切强度（ϕ_d）可以由图 14.17 估算出。

如果正在使用圆形滑动面进行分析，不能使用这种补救措施，因为圆的整体几何形状决定滑动面的趾部的方向。在这种情况下，可以采用下面描述的方法。

（2）单独计算强度。

对于被动区的拉应力，拉德（个人所言）提出一个替代的补救措施。他建议，被动区抗剪强度可以根据朗肯被动土压力计算，可以独立于边坡稳定性计算。如果地表覆盖的是水平无黏性土，垂直和水平应力分别为 σ_h 和 σ_v，主应力可以如下计算：

$$\sigma_v=\sigma_3=\gamma z \tag{14.7}$$

$$\sigma_h=\sigma_1=\gamma z\tan^2\left(45+\frac{\phi'}{2}\right) \tag{14.8}$$

滑坡表面上的相应的剪切强度，可以根据下面的公式确定：

$$\tau_{ff}=\frac{\sigma_1-\sigma_3}{2}\cos\phi'=\frac{1}{2}\gamma z\left[\tan^2\left(45+\frac{\phi'}{2}\right)-1\right] \tag{14.9}$$

式中　τ_{ff}——破坏面的剪切强度。

通过式（14.9），可以计算剪切强度 $s=\tau_{ff}$，计算边坡稳定时黏聚力（$s=c=\tau_{ff}$）随着深度线性增加，并且 $\phi=0$。这种方法简单，似乎应用得相当好。如果发生问题的区域没有对边坡的稳定性产生重大影响，拉德的简单的方法是足够的。

（3）使用条带的通常方法。

在普通条带法中坡趾处不产生非常大的或负向的正应力。条带上的法向力从条带重量的值（当条带为水平的）变化为零（当条带为垂直的）。

因此，如果问题出现在被动区，且利用的是极限平衡程序，可以使用普通条带的方法。

(4) 更改侧向力倾角。

用于消除滑移面的趾部附近拉力最终补救方法是问题出现时改变条间力的倾斜的区域。图 14.17 可用于被动的剪切带中确定与滑动面倾角一致的适当的条间力倾角。根据摩擦角 ϕ_d 和滑动面倾角 α，合适的条间力倾角 θ 可以从图 14.17 中得出。在利用力的平衡计算边坡稳定性中，条间力倾角可直接假定为倾斜度。然而，这只能通过力的平衡程序完成。条间力倾斜度不能在其他极限平衡程序直接修改，虽然通过假定 $f(x)$ 和 $g(x)$ 的值，在 Morgenstern 和 Price 程序及 Chen 和 Morgenstern 程序中可以直接改变倾角。

(5) 讨论。

边坡稳定性的计算中定位临界的非圆形滑动面表明，坡趾的临界滑动面的角度将与被动土压力理论所预期的坡脚的角度非常相似（即倾向与那些显示在图 14.17 中的相吻合）。因此，选定一个合理的起始角（45°或更低，取决于土壤的抗剪强度特性）启动搜索是足够的，这时发现临界滑动面通常是没有问题的。它也有助于在自动搜索非圆形滑面时限制滑动面倾角，以避免坡趾处出现很陡的滑面。许多计算机程序，寻找临界的非圆形滑动面时包含了限制滑动面的坡度的选项。

使用适当的被动倾向滑动面似乎是最现实的解决坡趾问题的方法，这可能符合该领域的大多数情况。在所描述的其他技术中的唯一实例是关于圆形滑动面的使用。在这些情况下，第二和第三个选项——单独计算强度，使用普通条带的方法——通常应用很好。

小结

1) 当坡趾处滑动面较陡时，在侧面和条带的底部可能会出现非常大的正或负的力，力的方向与对应的最小的被动土压力的方向显著不同。

2) 弥补坡趾处的不恰当的应力最好的方法是改变滑动面倾角，以便更符合被动土压力剪切面的方向。

3) 在坡趾处的不恰当的应力可以通过以下方法弥补：①直接基于朗肯被动土压力理论估算抗剪强度；②利用通常使用的条带方法；③改变条间力的方向。

14.5 其他细节

影响边坡稳定的计算结果的其他细节包括土体被划分的条带的数量和计算安全系数迭代过程中用于定义收敛性的公差。

14.5.1 迭代误差和收敛性

计算给定滑面的安全系数，除了无限边坡和普通条带程序以外，所有程序需要迭代（试错）过程。为发现足够精确的安全系数，迭代过程需要定义一个或多个收敛准则。在计算安全系数时的连续迭代中，收敛准则可以定义最大的允许转变，或限制允许力和力矩的不平衡，或者这些标准的结合。收敛的公差可以被嵌入在软件中，或者它们可以作为输入数据的一部分。在这两种情况下，采用的标准和可能带来的后果是很重要的。

当搜索临界滑动面位置时，收敛准则是在搜索的过程中，安全系数必须小于相邻的滑动表面之间的安全系数的变化。如果收敛准则生成的安全系数精度小于当滑动面移动小的距离时产生变化的精度，搜索可能生成假的安全系数最小值。

当力和力矩分别小于 100lb 和 100ft - lb 时，平衡准则通常计算比较准确。但是，对于很浅的条带这些限制应当减少。很浅的滑动表面条带，近似无限斜坡破坏有时涉及总重量少于 100lb，由此 100lb 的力用来平衡是不够的。相比之下，巨大条带可能需要比平时大的平衡公差。例如，Gucma 和 Kehle（1978）描述蒙大拿州的 Bearpaw 山脉大规模山体滑坡的边坡稳定。纵向的滑坡从波峰到坡趾质量超过 10km，滑坡的厚度可能达到了 1km。在滑动的分析中使用可以接受的不平衡力是必要的，这个值通常为 100lb 的几个数量级。

当强度包线是弯曲的，而不是线性的，计算安全系数迭代时需要附加值。在这种情况下，剪切强度参数（c、c'和 ϕ、ϕ'）随着正应力变化，但剪切强度参数已知时才能确定正应力。只有无限边坡和普通条带程序可以在未知抗剪强度参数时计算正应力。当用弯曲（非线性）强度包络线时，其他的极限平衡程序要求试错。在试错过程中，估算剪切强度、计算安全系数和正应力，计算新的强度，重复以上步骤，直到假定的和计算的剪切强度符合很好为止。运行计算程序时，误差必须是内置或输入到计算机程序中。如果误差太大，它们可能会导致不准确的解或错误的安全系数的局部最小值。

14.5.2　条带数目

所有有关条带的程序都涉及细分滑动面上的土壤。条带的数目取决于多种因素，包括土壤剖面的复杂性，采用手工计算还是计算机程序，以及精确度的要求。

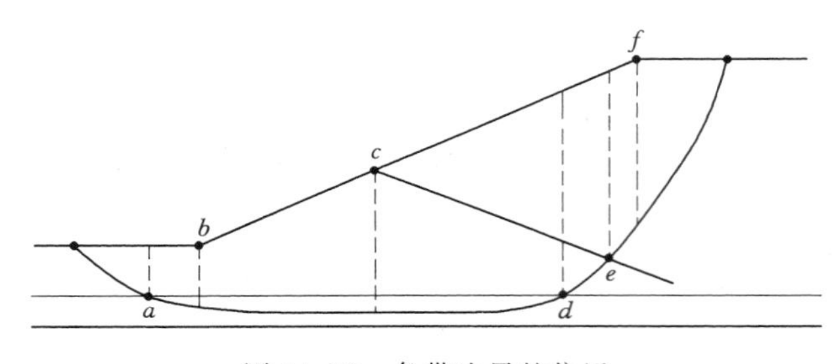

图 14.18　条带边界的位置

（1）需要的条带。

大部分边坡都有必须设置条带的几个地方。例如，条带边界通常设置在边坡剖面有折点的地方（例如图 14.18 中的 b 点和 f 点），不同的地层（例如图 14.18 中的 c 点）处，或是其他地方，比如滑动面跨越两个不同地层之间的边界处（例如图 14.18 中的 a、d 和 e 点）。通过在这些点设置条带边界，每个条带为一种材料，且其中土壤地层是连续的。条带边界也可以设置在一个测压表面斜率变化的地方，比如滑动面穿过地下水位或测压线的地方，且滑坡表面的分布荷载会有突然的变化。

对于圆弧滑动面，一旦确定滑动边界，添加额外的条带，通过近似直线段来实现更精确的弯曲的滑动面（条带为基础）。

也可适当考虑在剪切强度变化或孔隙水压沿着滑动面变化处设置条带。此外，所用条带数取决于手算还是计算机计算。

（2）手算。

当手算时，达到的精度水平为 1%。达到这个精度条带的数量通常不超过 8～12 个。

设置了条带数量后，还可以添加一些额外的条带，使条带大小更加均匀。对于具有各种复杂的几何形状的测压表面和分布载荷，需要获得所有截面的细节，有时需要设置多达30～50片。然而这个数量（30～50）在手工计算中是个例外。这对于手工计算很少采用，除非验证计算机解的正确性。

（3）计算机解。

当使用计算机计算时，可以使用更多的条带。计算机执行计算需要的时间较短，甚至可以使用50个或更多的条带。对于圆弧形，计算安全系数条带的数量最好与 θ_s 角相联系，由半径和包角绘制每个切片（图14.19）。人们已经发现，相比条带的数目，解的准确性与角度 θ_s 关系更加密切（Wright，1969）。为了说明包角和条带的数量的影响，分析了图14.20中两个斜坡的边坡稳定性。对于图14.20中的斜坡，基础采用了两种不同的不排水抗剪强度，对每一个分别进行了计算。条带的包角为1°～40°。三个边坡不同剪切强度的计算结果列于表14.1中。

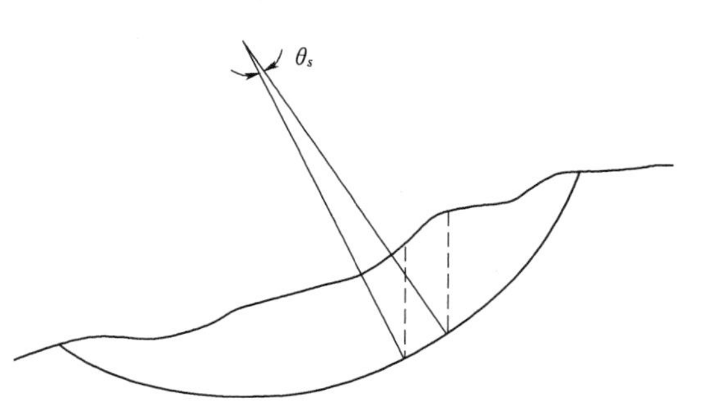

图14.19 用于定义条带尺寸的包角 θ_s

表14.1 **安全系数随着土壤条带的包角的变化**

包角/(°)	安全系数		
	边坡例子1	边坡例子2——剖面Ⅰ	边坡例子2——剖面Ⅱ
1	1.528	1.276	1.328
3	1.529 (0.1)	1.276 (0.0)	1.328 (0.0)
5	1.530 (0.1)	1.277 (0.1)	1.329 (0.1)
10	1.535 (0.5)	1.279 (0.2)	1.332 (0.3)
20	1.542 (0.9)	1.291 (1.2)	1.331 (0.2)
30	1.542 (0.9)	1.323 (3.7)	1.314 (−1.1)
40	1.542 (0.9)	1.323 (3.7)	1.295 (−2.5)

注 括号中的数字代表当土体分割包角为1°时，安全系数增加（+）或减少（−）的百分数。

可以从这些结果中得出以下几个结论：

在划分条带时，利用1°～3°作为最大的包角，安全系数基本上是相同的（最大误差为0.1%）。

当包角从3°～15°增加时，安全系数有非常轻微的增加（不到1%）。

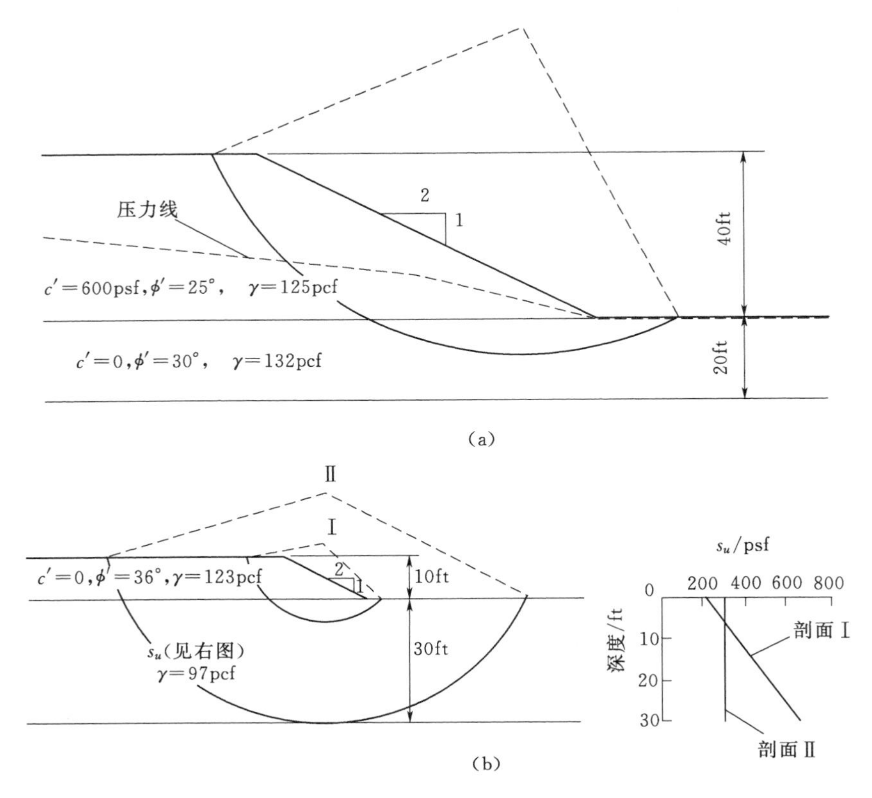

图 14.20　用来说明细分条带效果的边坡

(a) 边坡例子 1；(b) 边坡例子 2

对于非常大的包角（15°以上），安全系数有时增加有时减少，依赖于斜坡的几何形状和土壤性质的变化。

安全系数随着条带的数量变化而变化是很可能发生的，这依赖于计算滑动块重量的特定算法、滑坡的长度、重心和条带的力臂。然而，如果切片用 3°或更小的包角细分似乎不太可能会有任何显著的差异或误差。

基于以上讨论，设置条带数最适当的方式是设置包角的一个上限 θ_s。3°可以很好地满足要求，假设滑动面总包角的度数为 90°～180°，3°通常为 30～60 片条带。

对于具有大的总包角的深层滑动面，3°的包角可能需要 50 个或更多的条带。另一方面，对于近似无限边坡机理的很浅的滑动面，很少的条带即能实现相同的精确度。条带的数目也将取决于斜坡几何的复杂性和所需的条间的边界的数目。

在某些情况下圆弧是很浅的，3°的最大包角可以仅仅划分一个条带。这将导致条带（滑动面）接近于斜坡的表面，条带的面积为零。当这种情况发生时，可使用任意最小数目的条带。条带的数目并不重要，少至 2 个或 3 个条带就足够了。在这些情况下，更适合于用规定的弧长划分滑动面，而不是用包角进行划分。可以选择弧长，使得任何滑动表面，其长度足以分为 5～10 片。例如，如果研究 10ft 或以上长度滑动面，最大弧长可以选用 2ft。

用于非圆形滑动面的条带数目对安全系数有影响，但条带的数量不能用包角来表示。相反，条带的最小数目通常经过选择确定；30 个或更多的条带比较合适。同样对于圆弧，最好的结果是通过近似相等的条带的长度细分土体 Δl，而不是用相等的宽度 Δx。在更加陡峭的边坡表面的末端，利用恒定的长度在滑坡面上生成更多的条带，在平缓的边坡表面生成更加少的条带，如图 14.21 所示。

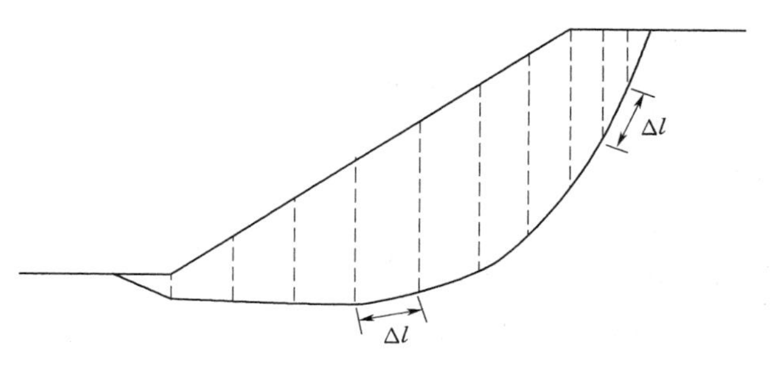

图 14.21 每个条带近似恒定长度的非圆弧形滑动面的分割

小结

1）收敛准则太粗会导致错误的最小值和不正确的临界滑动面的位置。

2）力和力矩不平衡收敛标准应与边坡尺寸成比例。100lb/ft 和 100ft－lb/ft 的误差适合大多数边坡。

3）如果提供了边坡和地下地层的细节，条带的数量不会对安全系数有很大影响。

4）对于手工计算仅需少量条带数（8～12）。

5）对于利用计算机计算圆弧滑动面，条带的数目通常是通过选择一最大包角 θ_s 来确定，每个条带 3°。

6）对于利用计算机解决的非圆形滑动面的方案，可以使用 30 个或更多的切片。条带沿着滑坡面被细分以产生大致相等的长度。

14.6 计算的验证

任何一组边坡稳定性的计算应该由一些独立的方式进行检查。很多关于分析中如何进行检查的例子在第 7 章中已经介绍了。

此外，Duncan（1992）总结了几种检查边坡稳定性计算结果的方法，包括：

1）经验（过去发生什么事情，什么是合理的）。

2）通过执行额外的分析与已知的结果进行比较来确认所使用的方法的合理性。

3）通过执行额外的分析来确保输入的变化引起的结果的变化是否合理。

4）通过使用其他计算程序比较计算的主要成果，比如边坡稳定性图表，电子表格或详细的手工计算。

许多边坡稳定性计算程序使用条带的完全平衡方程。这些（Spencer，Morgenstern 和 Price；Chen 和 Morgenstern；等等）对于手算来说都太复杂。在这种情况下可使用适合手动检查的力的平衡方程进行计算，其中假设计算得到的条间力是倾斜的。为此目的，第 7 章中介绍了合适算例的电子表格。

公布的检验计算机性能的基准问题也提供了一个有用的检查计算机代码有效性的方

法，尽管基准问题不能验证特定问题的解，他们可以表明：计算机软件工作正常，用户能够很好地理解输入的数据。为了达到此目的，几个基准问题已经汇编并公布（例如，Donald 和 Giam，1989；Edris 和 Wright，1987；美国陆军工程兵团，2003；RocScience，2013）。

另外基准问题有几种方法，可以开发简单的问题验证计算机代码工作是否正常。大多数的简单问题是基于这样的事实：有可能以多种方式来模拟同样的问题。几个简单的测试的例子列举如下，如图 14.22 和图 14.23 所示。

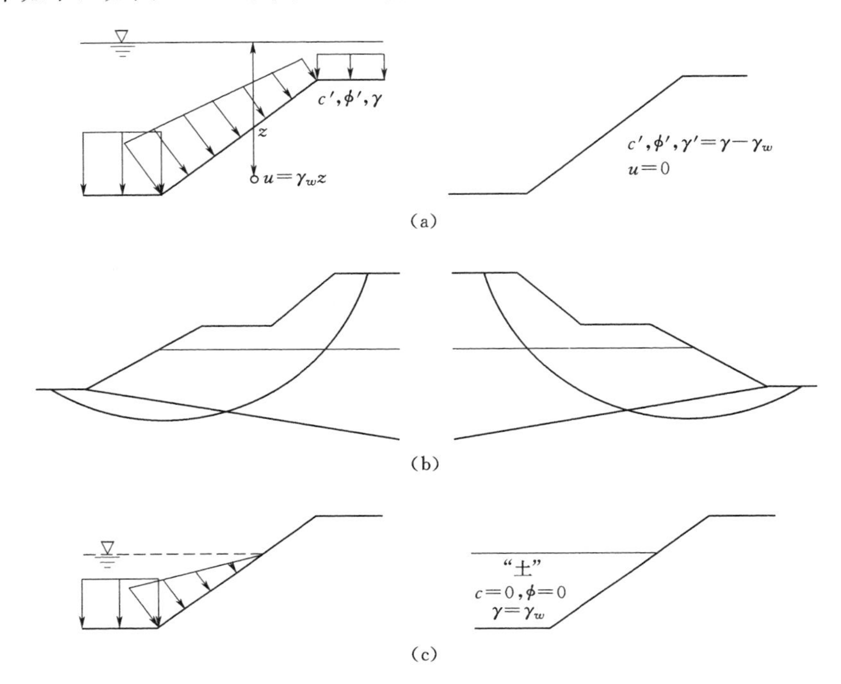

图 14.22　等效表征边坡问题

(a) 简单淹没坡，无水流；(b) 朝左和朝右的边坡；(c) 部分淹没的斜坡

(1) 排水条件下，淹没边坡安全系数的计算：

1）利用总的单位重度，表示外部水压力和内部孔隙水压力的外部载荷。

2）使用没有孔隙水压力和外部水荷载的水下单位重量。

这在图 14.22 (a) 中阐述。这两种方法都应该给出同样的安全系数 1。

(2) 朝左和朝右的边坡计算的安全系数相同 [图 14.22 (b)]。安全系数不应该依赖于边坡的倾斜方向。

(3) 对于部分或完全浸没斜坡安全系数的计算，水荷载简化为：

1）斜坡表面上外部压力。

2）"土" 没有强度 ($c=0$，$\phi=0$)，有单位水重。这在图 14.22 (c) 中示出。

(4) 计算边坡的安全系数时，如果边坡内部有很长的加固构件（土工格栅，回接），施加的加固荷载为：

1）斜坡上的外部荷载。

2）滑动面内部荷载。这在图14.23（a）中示出。虽然直观认为所施加的力的位置有影响，但是只要滑动面没有通过钢筋，力沿着钢筋的长度也不变化，力的位置不会对安全系数产生明显的影响。

（5）假设在水平均匀条形荷载，无限深、纯剪的基础下计算承载力［图14.23（b）］。圆弧滑动面和外荷载等于土壤黏聚力的5.53倍［图14.23（c）］，应统一计算安全系数。

（6）计算边坡的地震稳定性：

1）地震系数 k。

2）没有地震系数，但边坡通过旋转角度 θ 变得更加陡峭，其中 θ 的切线是地震系数（即，$k=\tan\theta$），并且单位重量通过实际单位重量乘以 $\sqrt{1+k^2}$ 而增加。

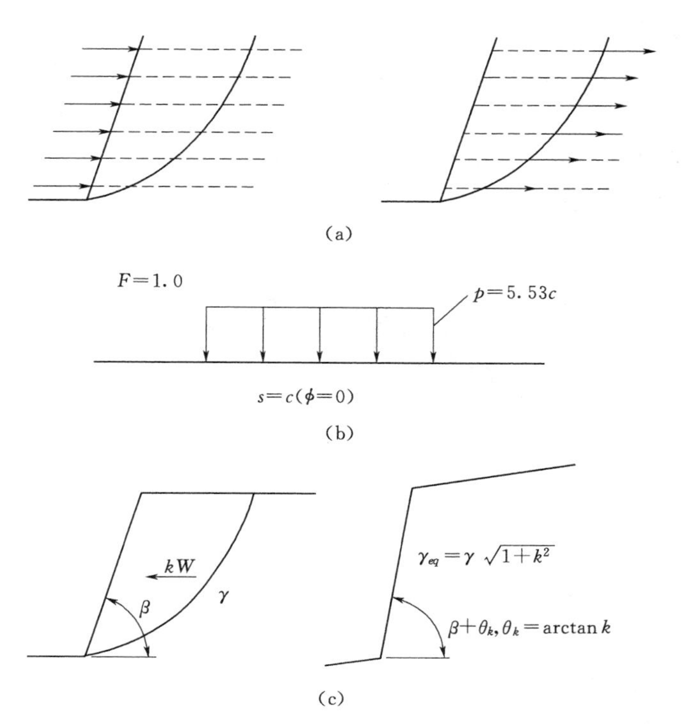

图 14.23 等效表征边坡问题

（a）加筋边坡；（b）饱和土承载力；（c）伪静力分析

这在图14.23（c）中示出。这两种解决方案的力的大小和方向将是相同的，并应产生相同的安全系数。

补充的测试问题也可以使用边坡稳定图表，图表可见附录A。

14.7 三维效果

第6章中讨论的所有分析程序都假设斜坡在垂直于剖面的方向是无限长；假定破坏沿着斜坡的整个长度同时发生。采用的是二维（平面应变）的横截面，两个方向上保持平衡。但是，大多数破坏的边坡是有限的，表面是三维的，经常是碗状。

会出现很多三维的破坏，因为土壤特性和孔隙水压力沿着斜坡的长度变化（即地下条件和土壤性质不均匀）。一般情况下，没有足够详细的数据来描述沿坡的长度特性的变化，以对于空间变化执行更严格的分析。

三维边坡破坏，也可能由于斜坡的三维几何形状产生的。已开发几种分析方法来解决三维几何形状的影响。在二维的结果和三维结果之间进行了对比。在比较三维边坡与二维边坡稳定分析的结果时，重要的是用于二维分析的横截面。二维分析通常选择最大截面或横截面，使安全系数最低。最大的横截面是边坡最高处的截面，或参与潜在滑动的土壤的最大量。对于大坝的最大横截面通常是接近山谷的中心［图14.24（a）］；垃圾填充物的最大横截面是垂直于填充物的暴露面，大约介于边坡两个外侧面中间［图14.24（b）］。

然而，最大横截面的安全系数并不总是最小的。Seed 等（1990）很清楚地描述了发生在 Kettleman 山垃圾填埋场的边坡滑动分析。最大截面的安全系数是 1.10～1.35，而对于边坡附近较小截面的安全系数低至 0.85。关于二维和三维分析之间的差异，得出的结论是取决于是否二维分析中采用的是最大横截面或安全系数最小的横截面。如果二维分析中采用的是其他截面由于差异存在，可能会得出截然不同的结论。

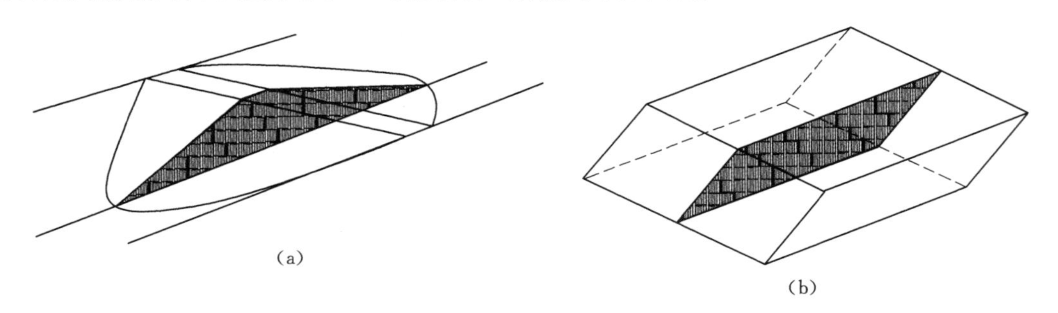

图 14.24　用于二维和三维分析的典型“最大”横断面
（a）土坝；（b）垃圾填充物

大部分的通用三维边坡稳定分析程序是基于列的方法。列的方法是三维计算通过条带法等效成了二维。土体列的方法是土体被细分成多个垂直列，每个俯视图大致是正方形横截面。必须作出相当多的假定来实现列的方法的静定解。使用简化方法的几个程序可以媲美普通的条带法，这些方法不是完全满足静力平衡的 6 个方程。这些假设也会带来很大误差。因此，相当多的不确定的结果存在于许多三维程序中，程序应慎重使用，特别是当它们被用作验收依据时，而二维分析可能表示不可接受的低安全系数。

Hutchinson 和 Sarma（1985）及 Leshchinsky 和 Baker（1986）指出无黏性土的二维和三维分析应该得出相同的安全系数，因为临界滑动面是与斜坡表面一致的平面。除非有很大黏聚力或特殊几何形状和土壤的强度使得破坏面变深，二维和三维分析的区别可能很小。

Azzouz 等（1981）、Leshchinsky 和 Huang（1992）都注意到，当使用二维方法分析三维问题时，得出的剪切强度将太高。然而如果剪切强度随后用于相似条件的二维分析中，这个误差可被弥补。

忽视三维效果在大多数边坡稳定分析中没有显著影响。然而，有 3 个实例，利用二维分析可能是不充足的，必须进行三维分析：

1）当在三维破坏中进行了强度反演分析时，反演分析中强度的偏差在后面的计算中不能得到弥补。

2）当有些边坡的几何形状考虑三维效果的影响可以提高边坡的稳定性时。

3）当一个堤防或自然斜坡是弯曲的，斜坡不能假定为平面应变问题。因为弯曲部分截面的安全系数比平面应变部分的小。

在这些情况下，可能有必要进行三维分析。

第 15 章　稳定性评估结果分析

能否清晰和全面地展示边坡稳定性评估结果是非常重要的，主要有以下几个原因：

1）如第 14 章所述，需对边坡稳定性评估结果进行检查确认，检查输入和验证结果的准确性。

2）边坡稳定性评估结果需要清楚地呈现给客户或那些需要评估结果的人。

3）有时，一个项目的负责人会更换为组织内部或外部的其他人。接手的项目负责人需要对已完成的工作有一个清晰的理解和进行决策的基础。

4）工程师经常需要在多年后“重新审视”他们的工作，或由于某些原因在工作搁置一段时间之后再恢复工作，因此拥有清晰的文档对于已经完成的工作是很重要的。

文档的水平和形式可能取决于工作的进展情况。一般来说，工作开始阶段，采用某种特定形式的文档，并在工作的后续各阶段保持这种形式。这样一来，即使工作提前停止或推迟，之前的工作也可以轻易恢复，且易于理解。本章主要强调的是在边坡稳定性评价工作完成后的最终结果显示，然而最终文档的许多组成部分也应该随着工作的开展逐步进行。

15.1　边坡现场地形地貌表征

稳定性评估结果的呈现首先应该指定地点或被评估边坡的位置。报告至少应包含足够的信息，以便检查该工作的人能够对现场进行定位和访问。表示现场位置的方法可以是一个简单的书面描述，也可以是一个精确的地图、平面图、或者显示详细位置的照片。在平面图和图纸中，还可以包括地形等高线和其他潜在重要特征的标识。例如，平面图上可以标记附近的水库、河流、小溪、回填或挖掘区域、建筑物、运输以及其他基础设施（道路、管道、电力和通信线路等）。

对地质条件进行适当的描述是至关重要的。在边坡稳定的因素中，地质细节常常的发挥主要作用，因此地质信息非常重要。其重要的程度，视其是作为边坡稳定性评估的一部分还是作为整个岩土工程的一部分，会有所不同。当然地质信息也可能不作为整个边坡稳定性评估结果报告的一部分。

应采用一个或多个剖面图来显示被评估的边坡或基础区域的几何形状。在已采用勘探钻孔、试坑或其他非侵入性的地球物理方法进行现场调查的情况下，应采用土壤剖面图或其他等价图形（栅栏图、三维实体和表面模型等）来表示地下的地质信息。

应采用剖面图显示出所有被认为是对边坡稳定分析重要的细节，但是剖面图可能会漏掉那些被认为不重要或无关以及次要的特性。剖面图应按比例绘制。大多数现代计算机边坡稳定计算程序都能导入和导出通用计算机辅助设计（CAD）格式的文件。这使我们可以采用一个额外的控制单元，来确保在剖面图绘制和电脑分析时采用的是相同的几何结构。

15.2　土体物理力学参数

应提交用于稳定性评估的土壤基础特性参数和适当的实验室测试数据。特性参数可以是根据经验估计，或者通过与其他土壤特性参数的相关性得出或从类似的网站获得数据，对特性参数的来源必须加以描述和解释。实验室测试数据的结果应该包括指标特性、水分含量和重度。对于压实土壤，适宜的测试数据应包含湿度-密度击实试验数据。土壤的抗剪强度特性数据尤为重要，报告中应包含原始数据和用于分析的强度包络线（如莫尔-库仑图、τ_{ff} 和 σ'_{fc} 图等）。

用于边坡稳定分析的主要实验室数据有土壤重度和强度包络线。一般情况下，在边坡稳定性评估报告中只需要抗剪强度和重度等信息。如果有更多可用的实验数据，可以独立于稳定性分析在报告其他章节或者采用单独的报告列出。

15.3　孔隙水压力

在进行有效应力分析时，必须给出孔隙水压力数据。如果孔隙水压力数据是通过水平钻孔测量地下水位或使用压强计测量的，测量数据应该采用适当的图表来描述。如果是通过渗流分析来计算孔隙水压力，应该给出计算方法和使用的计算机软件。同时，在渗流分析计算中，应给出土壤特性参数和边界条件以及分析中使用的任何假设。土壤特性参数中应该包含渗透系数。在提交的分析结果中应给出适当的流网或孔隙水压力等值线、总水头和压力水头。

15.4　空间特征

有时，在稳定性分析结果中应该包含边坡加固措施或施工中某些特殊的特征。例如，边坡加固措施的类型（土钉、土工格栅、土工布、锚杆、桩等）是很重要的，应该在分析结果中标出。在进行边坡加固时，应说明决定加固力的因素，包括所施加加固力的安全系数等。任何非土壤材料的重要细节如土工合成材料之间、土工合成材料与土壤之间、或不同类型的非土壤材料之间的界面（如土工膜和土工织物）也应该被包含在报告中。

对于黏土回填压实，其压实工序和施工质量控制对于土的抗剪强度是非常重要的。在某些情况下，施工顺序将确定边坡的几何尺寸。由于抗剪强度的存在，或由于边坡的几何形状，这些几何尺寸在施工中的特殊阶段必须加以考虑。报告中还应包含重要的施工细节。

操作细节也很重要，应包含在报告中。例如，一个大坝或水库控制水位下降的操作程序，将对边坡的稳定性产生直接影响。临时堆放在坡顶附近的施工材料、物料或其他重物也会影响边坡的稳定性，应在稳定性评估时适当地注意和考虑。同时，对地震区的抗震设计特点也应进行描述。

15.5 计算过程

边坡稳定性分析报告中应清晰地确定执行稳定性计算的过程。当使用计算机软件时，应说明软件版本和参考文档（手册），不应使用没有手册或文档的软件。如果如本章其他部分所描述的那样，说明了计算软件的相关文档，则报告中通常不必包含详细的计算机输出。如果报告中包含了计算机输出，则应该在附录中列出并标记清楚。过量的计算机输出通常会使得检查评估结果更难，而不是更容易。

如果将电子表格作为结果演示的一部分，则应包含对电子表格中项目（行、列）内容的完整描述。这种类型文档的一个例子见图 15.1 所示的简化的毕肖普法电子表格。表 15.1 包含了这个电子表格中列内容的描述，除了那些自我解释的信息之外，还包含用于计算每列内容的计算公式。

试算值 F=	1.613

1	2	3	4	5	6	7	8	9	10	11	12	13	14	15	16
土层序号	b	h_{shell}	γ_{shell}	h_{core}	γ_{core}	W	α	$W\sin\alpha$	c'	ϕ'	h_{piez}	u	$c'b+(W-ub)\tan\phi'$	m_α	$c'b+(W-ub)\tan\phi' \div m_\alpha$
1	20.0	13.1	140	0.0	120	36659	43.2	25110	0	38	0.0	0	28641	1.06	27011
2	35.2	20.8	140	26.6	120	215174	40.2	138831	0	20	23.2	1450	59724	0.91	65660
3	65.0	10.0	140	76.0	120	683527	35.0	391572	0	20	38.3	2392	192187	0.95	202533
4	62.5	29.5	140	84.9	120	894190	28.7	429214	0	20	55.3	3449	247055	0.99	250670
5	89.9	52.5	140	69.1	120	1406585	21.7	519784	0	20	59.9	3741	389600	1.01	384751
6	105.7	82.2	140	34.2	120	1648280	13.1	374514	0	20	34.2	2131	517970	1.03	505280
7	21.2	101.4	140	5.6	120	315386	7.7	42435	0	20	11.5	719	109240	1.02	106965
8	81.8	92.2	140	0.0	120	1055716	3.4	62854	0	38	12.9	805	773349	1.03	752971
9	114.7	54.1	140	0.0	120	867907	−4.8	−72569	0	38	7.2	452	637567	0.96	666912
10	49.8	14.2	140	0.0	120	98993	−11.7	−20099	0	38	0.0	0	77342	0.88	87806
							Σ=	1891646						Σ=	3050560
														F=	1.613

注 F 的试算值会反复调整直到计算值 F' 与 F 的试算值是相同的。

图 15.1 简化毕肖普法示例电子表格

表 15.1　　图 15.1 中表格内容的描述示例

编号	描　　述
1	土条的编号
2	土条的水平宽度
3	壳料条的部分高度，在条的中点测量，h_{shell}
4	壳料的总重度 γ_{shell}

续表

编号	描　　述
5	芯料条的部分高度，在条的中点测量，h_{core}
6	芯料的总重度 γ_{core}
7	条的重量，$W=b(\gamma_{shell}h_{shell}+\gamma_{core}h_{core})$
8	条底部的倾角 α，与水平位置的夹角［当条底部倾斜的方向与坡面一致时为正（如靠近坡顶），当条底部倾斜的方向与坡面相反时为负（如靠近坡趾）］
9	土条重与倾角正弦值的乘积 α
10	土条底部土的黏结力
11	土条底部土的摩擦角
12	测压管的水位高度（h_{piez}），在条底部中间部位之上测量
13	条底部中间的孔隙水压力，$u=\gamma_{water}h_{piez}$
14	用于计算安全系数方程式分子的中间项：$c'b+(W-ub)\tan\phi'$
15	用于安全系数试算值的数值 m_α；安全系数试算值如上列所示（$m_\alpha=\cos\alpha+\sin\alpha\tan\phi'/F$）
16	第 14 列除以第 15 列，表示安全系数表达式的分子；列 16 为所有的条的和，并除以第 9 列的总和来计算一个新的安全系数 F'

15.6　计算结果图示

现代计算机边坡稳定性程序在编制图表总结分析结果时具有相当的通用性。要将所有的演示特征合适的编制入当前的软件，需要相当长的时间和技能。应该合理的将这些特征用于清晰、完整地描述分析条件和结果。

各种工况下（例如，施工结束、长期、突然沉降）的稳定性计算结果采用单独的图表显示，至少应单独列出边坡和地下几何尺寸。每个图表也应该显示最小安全系数的滑动面。图 15.2 是一个例子，这是使用 SLIDE 软件为新奥尔良的一个 I 型墙编制的。图中单独的弧是临界圆弧，在这种情况下安全系数为 1.0。对于圆形的破坏面，它也可以显示那些安全系数大于最小安全系数范围的圆弧。图 15.2 显示了安全系数 1～1.05 范围内的圆弧。这种类型的曲线在对比显示破坏区和单一破坏面时非常有用。

SLOPE/W 软件还可以显示一个安全系数范围内的破坏圆，这在 SLOPE/W 软件中叫做安全图。那些具有大约相同安全系数的破坏面被组合分组在一起。图 15.3 所示是第 7 章实例 5 的安全图（Oroville 大坝）。单滑动面是从分析中确定的临界破坏面。

概要图不必包括第 15.1 节所述的断面所示的所有细节，但也应包括足够的细节，以便可以很容易地看到与临界滑动面相关的重要特征位置。例如，对于堤坝，每个断面都应该显示透水和不透水土壤的不同区域。对于堤防和自然土壤的开挖边斜坡，应画出各地层的位置。

每个稳定条件的概要图还应包含所使用的抗剪强度特性参数信息，以及使用何种孔隙水压力条件进行有效应力分析。对于简单的土壤和边坡条件，抗剪强度特性参数可以直接

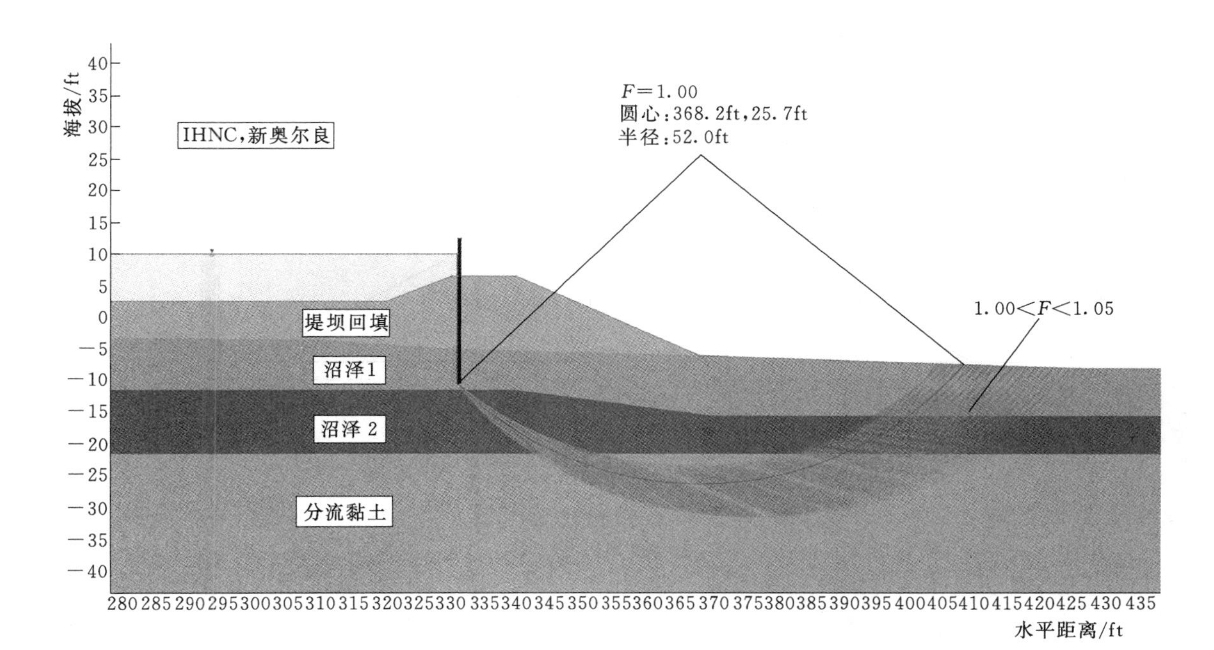

图 15.2 显示关键破坏面和含其他安全系数 1～1.05 破坏面的破坏区域的断面图

注：使用 SLIDE 软件制作。

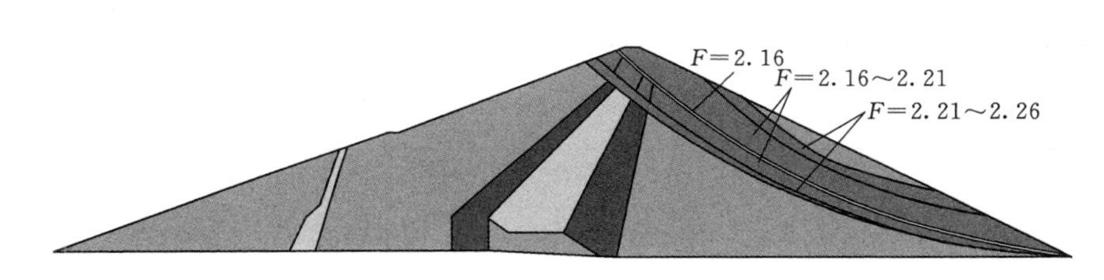

图 15.3 应用 SLOPE/W 软件的 Oroville 大坝安全计算剖面图

在图上显示，在断面的合适位置（图 15.4），或在图中附加一个单独的表格（图 15.5）。对于更为复杂的抗剪强度条件，可能需要有一个单独的表格，并在表格和边坡图之间添加引用和注释。如果使用了单独的表，则应将材料属性参数和对应的边坡区域标识清楚。在这种情况下，应对材料进行编号并使用描述性术语（例如，1—粉砂；2—黏土地基；3—护坡；4—反滤层）（图 15.6 和表 15.2）。

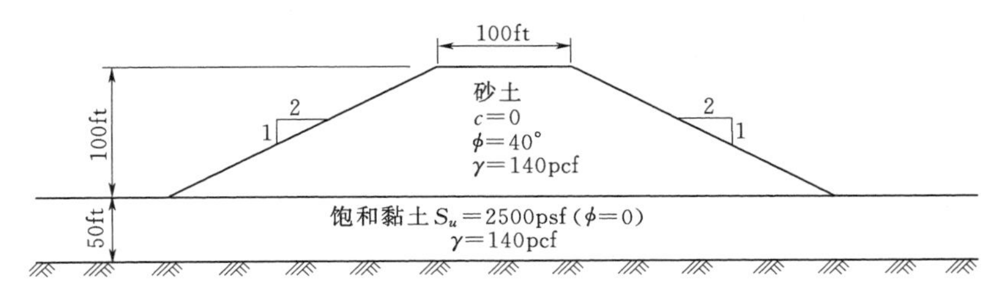

图 15.4 断面中显示土壤特性参数的边坡

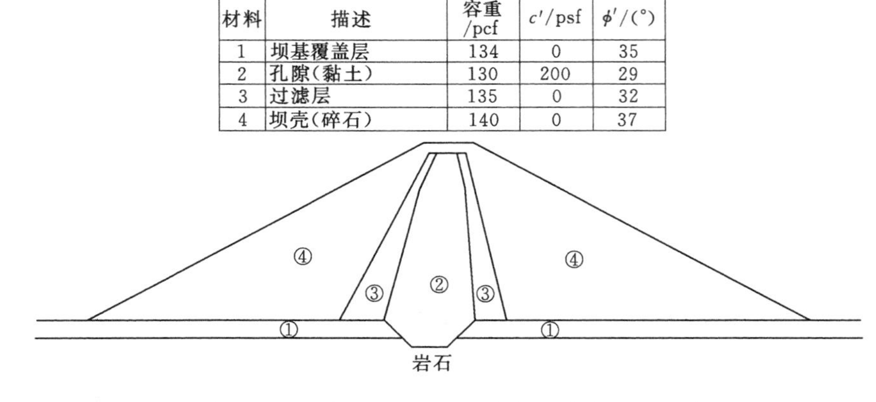

材料	描述	容重/pcf	c'/psf	ϕ'/(°)
1	坝基覆盖层	134	0	35
2	孔隙(黏土)	130	200	29
3	过滤层	135	0	32
4	坝壳(碎石)	140	0	37

图 15.5　在表格中列出土壤特性参数的边坡显示

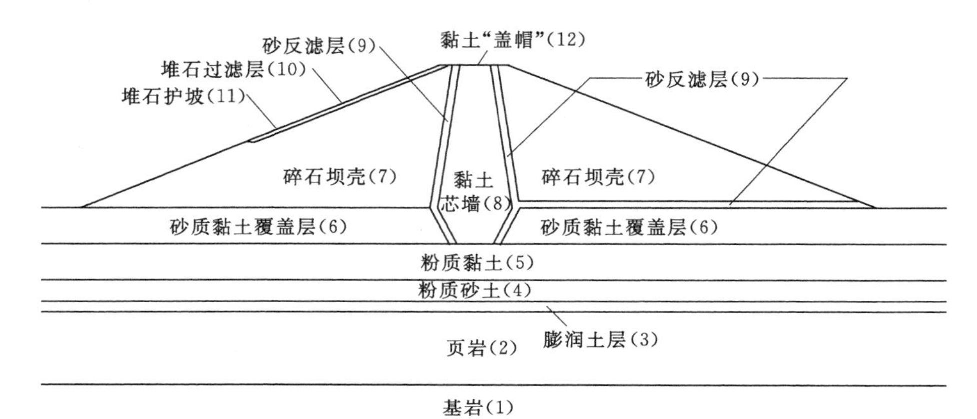

图 15.6　对材料进行编号并在表 15.2 中列出特性参数的边坡

表 15.2　图 15.6 中的材料特性参数

材料编号	描　述	容重/pcf	黏聚力 c'/psf	摩擦角 ϕ'/(°)
1	基岩	150	10000	0
2	页岩（基础）	133	100	21
3	膨润土层（基础）	127	0	12
4	粉质砂土（基础）	124	0	29
5	粉质黏土（基础）	131	100	26
6	砂质黏土覆盖层	125	0	32
7	坝壳沙砾料	142	0	38
8	黏土芯墙	135	250	24
9	砂反滤层/排水层	125	0	35
10	堆石反滤层	125	0	33
11	堆石	130	0	36
12	坡顶的黏土“盖帽”	125	1000	0

如果在稳定性计算中使用了各向异性抗剪强度或非线性的莫尔破坏包络线，则应使用额外的图表来显示抗剪强度。对于各向异性的抗剪强度，应显示不同破坏面（滑动面）方向上的抗剪强度（图 15.7）。对于非线性强度包络线，应采用单独的图表来显示包络线（图 15.8）。

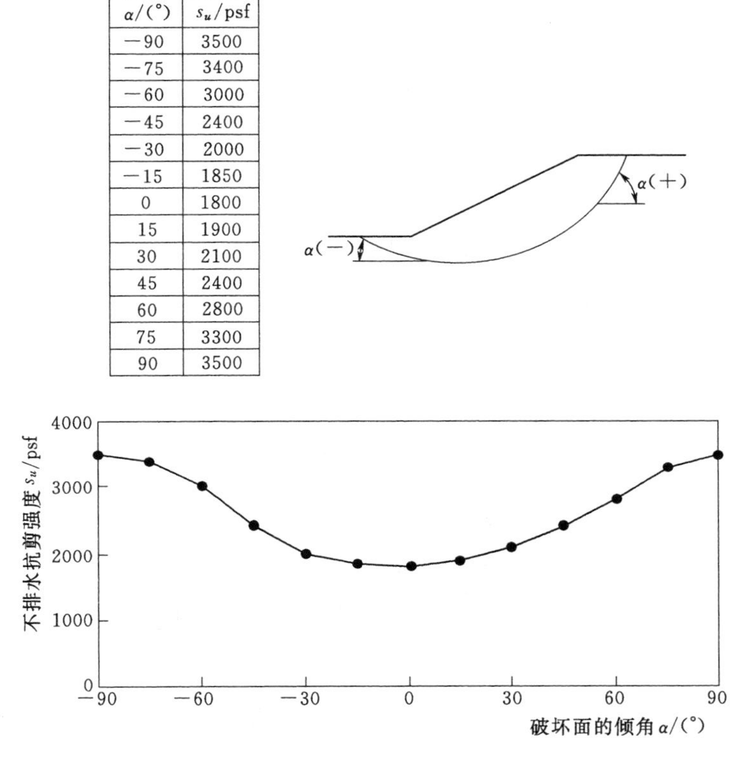

α/(°)	s_u/psf
−90	3500
−75	3400
−60	3000
−45	2400
−30	2000
−15	1850
0	1800
15	1900
30	2100
45	2400
60	2800
75	3300
90	3500

图 15.7　各向异性土不同破坏面方向上不排水抗剪强度示意图

对于加固的斜坡，应在适当的图（图 15.9）中显示分析中假定的加固形式。加固形式可以在分析概要的主图中显示，或如果加固形式比较复杂的，则使用一个单独的图表可能更好。图中应清楚显示加固的间距和长度。应给出适当的信息，以显示加固力。这些信息可以是由图上简单的笔记来表明所有的加固被假定为一个恒定的力，或者可以在表格中显示加固的每一层具体的力。如果加固力随着加固的长度变化，应采用图形（图 15.10）或表格的形式来显示这种变化。使用计算机软件的应注意，在其他信息的基础上自动分配加固力（例如，制造商的名称或产品编号）。应清晰地

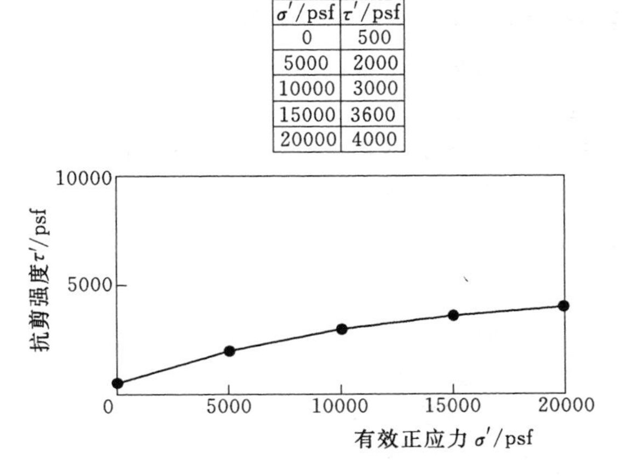

σ'/psf	τ'/psf
0	500
5000	2000
10000	3000
15000	3600
20000	4000

图 15.8　非线性莫尔破坏包络线示意图

给出分配的力值和稳定性分析中最终使用的力值。

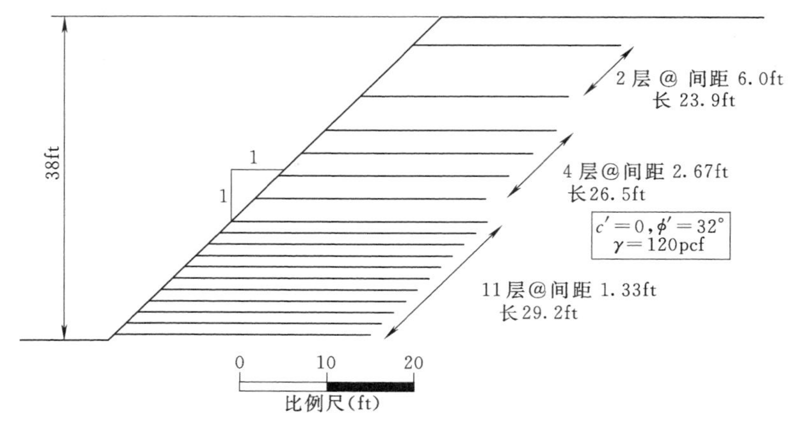

图 15.9　边坡加固示意图

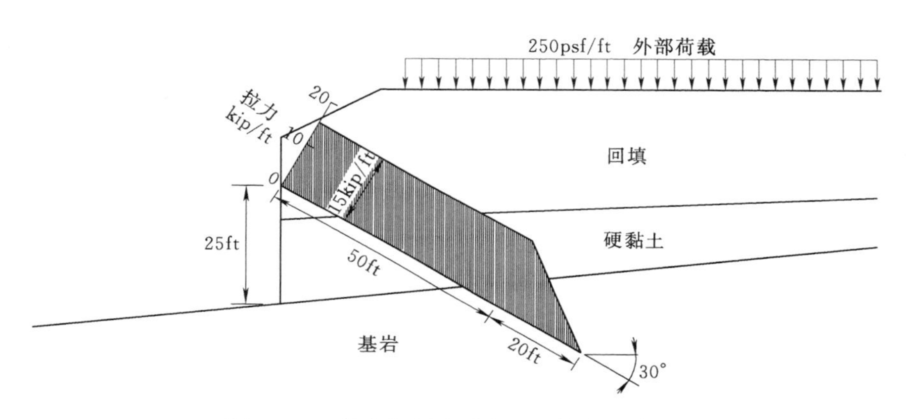

图 15.10　纵向加固力示意图（拉力式锚索）

将多于一个稳定条件下的稳定计算结果绘制在一张图上是不可取的。类似地，在进行参数研究时，如果有一个以上的变量被改变了（见 15.7 节），应该避免在一张图上绘制结果。

使用边坡稳定性图进行分析时，如果可以从图中确定，概要图中应包含临界滑动面。概要图或附加文本应指定使用哪些图表和其他相关信息，包括适当的简要计算。附录 A 中给出了几个边坡稳定图的简要计算例题。

15.7　参数分析

参数研究对于检查各种重要参量假设的影响是有用的，特别是当参数值有显著不确定时。参数研究通常是通过改变抗剪强度、孔隙水压力、表面或地震荷载、边坡和地下几何结构，然后计算每一组假设值的安全系数来进行。当进行参数研究时，每次只改变一个参量。例如，可以对一个特定的地层的采用不同的抗剪强度，或假设不同的水库水位和渗流模式。

当有多个参量变化时，应采用单独的图表来显示每种参量的变化。例如，可以使用一张图来显示一个特定图层的安全系数是如何随着抗剪强度变化的（图 15.11）。图上可以显示断面，并在相同的图中使用图表形式显示安全系数随抗剪强度变化的关系。如果临界滑动面随某个参量的变化而显著变化，应在图中显示被选中的单个临界滑动面或代表极限情况的滑动面。然而，如果参量对临界滑动面位置的影响很小，则没有必要显示每个参量每一个值的临界滑动面。

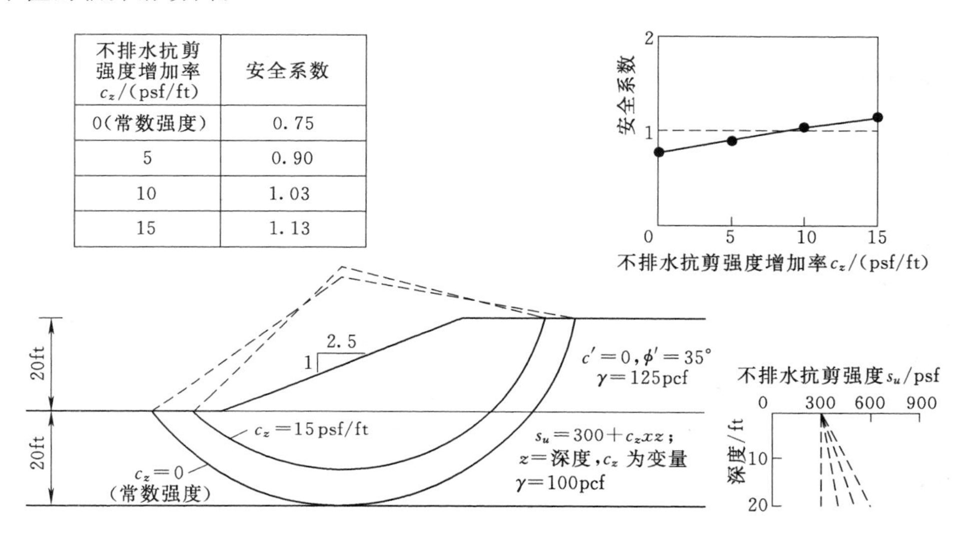

不排水抗剪强度增加率 c_z/(psf/ft)	安全系数
0(常数强度)	0.75
5	0.90
10	1.03
15	1.13

图 15.11 改变地基不排水抗剪强度增加率的参数研究结果

15.8 参数输入细节

如果事先知道其他人会进行额外的分析，且需要输入大量的数据（坐标或孔隙水压力数据），则采用表格形式来提供这样的数据对减少以后的工作量是很有帮助的。如果在演示中包含这样的数据，则应将数据整齐地组织在合适的附录中，且应清晰地标明和描述。也可以提供可移动存储介质上的电子数据。

15.9 数据表

表 15.3 展示了一个稳定性评价的表格内容实例。虽然不同边坡的细节会有所不同，但表中大部分的项目都应包含在显示结果中。

表 15.3 **稳定性分析结果演示内容的示例表**

说明
地点描述
位置
地质情况

续表

土壤特性
试验室测试项目（或选择依据）
重度
剪切强度
不排水剪切强度
排水剪切强度
地下水、渗流和孔隙水压力条件
特殊特征
边坡加固
非土壤材料和界面
施工工序
稳定性评估程序
计算机软件
边坡稳定图
区域边坡的经验关系和经验
结果汇总
施工结束时的稳定性
长期稳定性
快速沉降稳定性
抗震（地震稳定性）
讨论和建议

第16章 边坡稳定及加固

边坡加固前，应先了解边坡破坏的原因和性质。边坡破坏跟坡脚处的土层有关，还是跟整个边坡地质基础有关？破坏是由什么引起的？基础过于薄弱？坡度过于陡峭？地下水位上升？渗流渠道堵塞？坡脚腐蚀？亦或长时间的膨胀、蠕变、风化所造成的泥土强度下降？

调查边坡失稳的原因时，我们要注意，导致边坡破坏的因素是复杂的。"在大多数情况下，很多因素同时存在，如果想在其中为边坡破坏找到某种单独的原因，这不仅困难，而且在技术上是不正确的。通常整个土体本身已经在破坏的边缘，导致边坡最终破坏的原因只是一个触发点而已。如果把这个作为唯一的原因，就像在炸毁大楼时把点燃炸药的火柴认为是爆炸原因一样无稽。"

深入详细的地质研究和探索是边坡破坏调查的第一步。地形调查和测量表面标记可以定义破坏区域的大小和在垂直和水平方向影响的广度。剪切带的位置通常可以用测试钻孔、探槽、边坡指示器的方法确定。边坡的地下水位可以用压强计和观测井来确定。

16.1 反演分析的运用

正如在12章中提到过的，反演分析可确定破坏发生时对应于安全系数等于1.0的抗剪强度。通过反演分析确定的抗剪强度非常依赖于边坡安全系数的变化。通过反演分析不仅可以得到边坡破坏时的抗剪强度，还可以得到破坏时完整的分析模型，通过这个途径得到的分析模型要优于通过试验得到的结果。通过反演分析评估土体强度和其他条件时，得出的稳定边坡的安全系数往往会比传统方法得到的要低。

16.2 影响稳定方法选择的因素

稳定边坡可以使用多种方法，每一种都适用于特殊的情况。如果要在这些方法里选择技术可行的一种，需要考虑以下因素：

1）边坡加固的目的是什么？仅仅是防止出现更大的位移？但更紧迫和更困难的，是恢复边坡承载能力，尤其是对于某些已经有过大位移历史的边坡。

2）需要多少时间？时间因素对于很多加固工作是很重要的，比如疏通堵塞的高速公路、铁路、隧道，对于这些情况，应该选取最迅速的方法来解决问题。而对于不紧迫的情况，往往需要通过详尽的研究来选取经济有效的办法，比如对于边坡开挖重建，干燥季节才是最适合动工的时候。

3）施工现场的道路情况如何？可以安装哪些大型施工器械？如果施工现场只能通过小路、水路进入，或者现场地面不适合大型重机械运行，很多边坡加固的方案就会受到限制。

4）加固费用是多少？如果费用超出收益，能不能用更经济的方案？除非有政治方面的考虑，一个加固费用超出收益的边坡是不合理的。

16.3　边坡排水

边坡排水是最常用的边坡加固方法。很多边坡破坏是由于地下水位上升导致的孔隙水压力上升，因此降低地下水位是边坡加固的有效办法。另外，边坡排水也是最经济的边坡加固方法。所以无论是单独使用或者是跟其他手段结合，边坡排水一直是加固边坡最常使用的方法。

排水在两个方面大大加强了边坡稳定性：①降低了土体的孔隙水压力，从而增加了有效应力和抗剪强度；②降低了裂缝中的水压力。一旦边坡排水系统开始运行，就必须一直保持运作。地表的排水管道和沟渠可能会受到腐蚀破坏，地下水管可能会淤积或者滋生细菌。选择符合过滤标准的管材可以解决淤积问题，而使用很多化学药剂（比如漂白剂）可以解决细菌问题。

16.3.1　地表排水

为了防止地表积水，排掉滑坡区域的水流，降低地下水位和岩块孔隙水压力，增加地表排水的方法有：

1）开挖排水沟渠。

2）边坡分级以消除积水坑的影响。

3）减少渗透。短期：塑料板覆盖；长期：浇筑或者植被。

铺盖塑料板方法有一些缺点：一旦区域被塑料板覆盖，那这一区域再也不能被观察到；塑料表面由于凹凸起伏会积水，水会通过塑料板之间的空隙接触地表。地表植被能稳定地表下一两英尺的泥土，减少水土流失。植被的蒸腾作用同样有助于降低地下水位。

坡面浇筑有助于坡面排水、减少渗透，但是同样会导致蒸腾作用的减少，导致浇筑层下积水。Saleh 和 Wright（1997）研究过得克萨斯州的塑料黏土堤，发现边坡浇筑有助于改善由于季节性的湿润和干燥引起的黏土切应力强度降低，从而减少滑坡的发生频率。

16.3.2　水平渗水管

水平渗水，是将穿孔的管子插入边坡钻孔中排出地下水。Lee（2013）总结了近 70 年来和现在对于边坡加固横向排水的处理方法。如图 16.1 所示，水平渗水管通常是向上钻孔打入边坡，水流通过重力作用自行排出。排水管道一般为 100～300ft 或者更长。早前一直使用钢管作为排水管道，现在一般使用开孔或者开槽的 PVC 管。开孔时一般使用空心钻头（图 16.2），插入排水管，然后退出钻头。管件通过

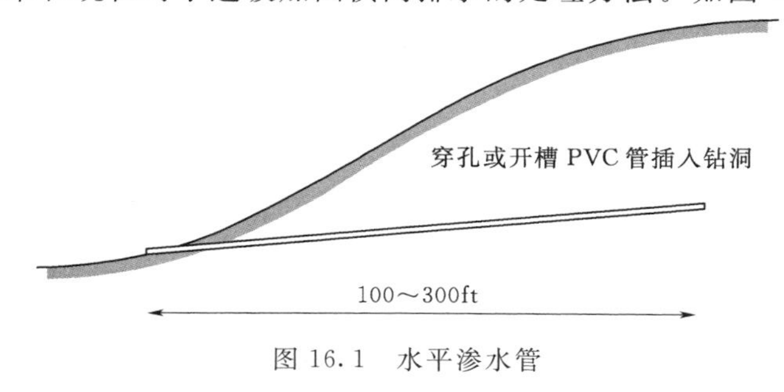

图 16.1　水平渗水管

的孔洞允许坍塌，管件跟土体之间不设置滤层。

图 16.2 厄瓜多尔 La Esperanza 大坝的水平渗水管钻孔

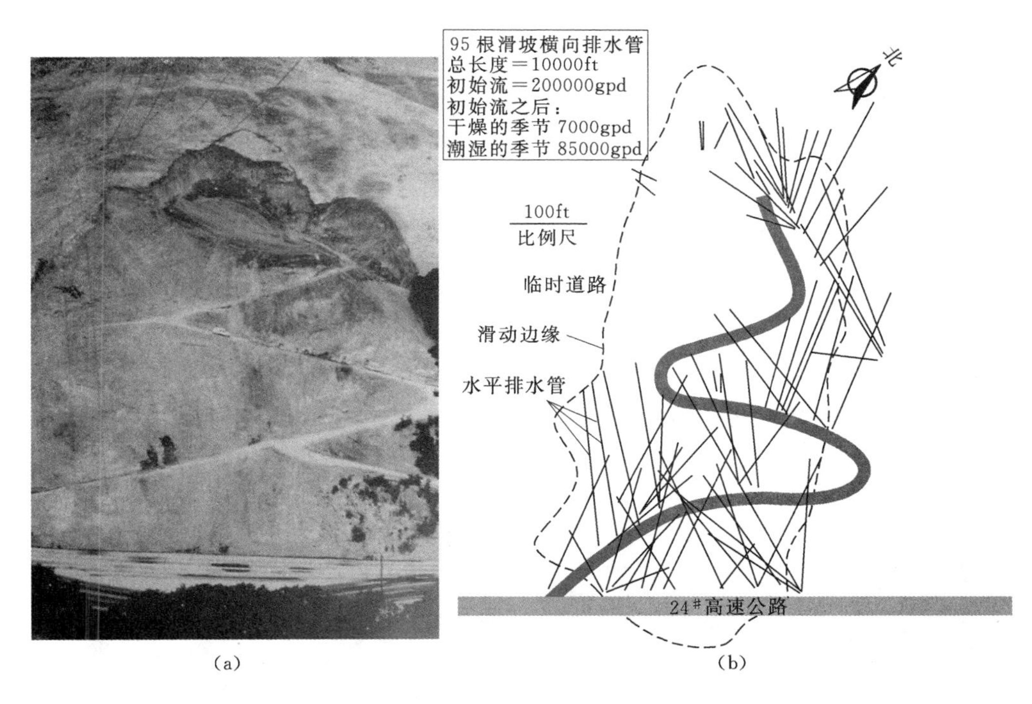

图 16.3 加利福尼亚 Orinda 的滑坡

(a) 进入开挖和排水安装现场的道路；(b) 水平渗水管

水平渗水管一般在适合钻孔作业的位置进行安装（图 16.3）。一些钻孔会起到很好的引流效果，但也有一些不会，这很难在开钻前预判。水流一般会在导管安装后随时间的推移而排出，并随着季节湿度的变化产生大小波动。Rahardjo 等（2003）研究发现如果导管上方的边坡土体中没有高含水率的不同岩层，那么导管安装得越低，水平渗水效果越好。

16.3.3　排水井和碎石桩

当土层中的水流方向是水平时，穿越地层的竖直渗水管往往比水平渗水管在截断渗流上更有效果。如图16.4所示，坡顶线上钻了一个直径2ft的孔，钻孔中充填透水岩石以达到过滤标准。排水井的钻孔从边坡基础开始到预设的排水点。竖直排水井使用深水泵，其缺点是需要持续的动力和定期维护。

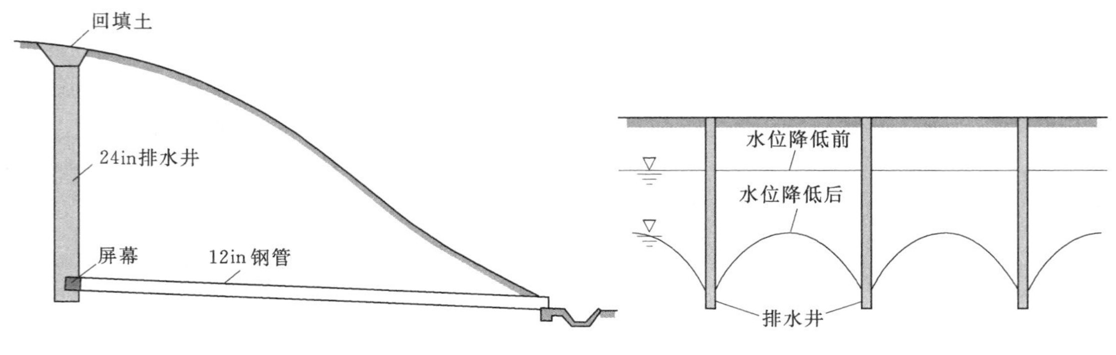

图16.4　西雅图附近边坡加固的排水井（Palmer等，1950）

图16.5　排水井间的水位

排水井的设计可以学习重力井流理论（美国陆军工程兵团，1986）。排水井之间的潜水面上升到井的水位以上，如图16.5所示。有效平均水位在井口水位到井间最大潜水位的2/3处，井间的最大水头随着井间距的减小而降低。

碎石桩排水的原理跟排水井一样，都有一个低位的排水口，碎石桩里的材料跟钻孔里的一样压实，而且会增加周围土体的致密程度，增加侧向压力。

16.3.4　井点和深井

井点是现场安装的小直径真空井——通过一根水平管子把井点中的水抽成真空。井点在干净砂石里的运行效果最好，在细颗粒土体中稍次。由于水位在管道中因真空而固定，所以最大的上限是20～25ft（Mansur和Kaufman，1962；Sowers，1979）。

在更深的开挖排水中可以用到多级系统。如图16.6（a）所示是澳大利亚的一个

(a)

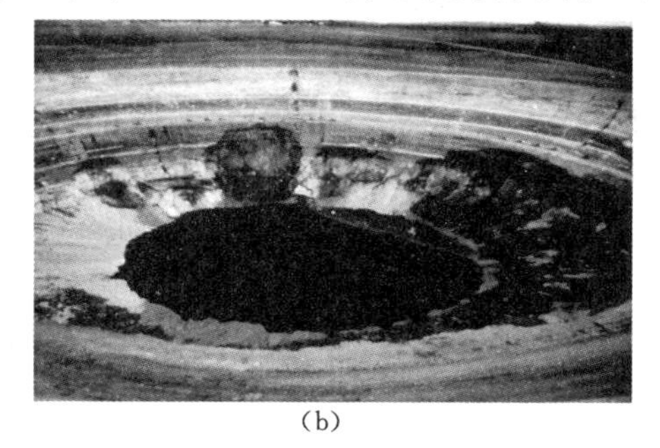

(b)

图16.6

（a）Bowman探坑开挖和降水过程的鸟瞰图；（b）Bowman探坑降水后的鸟瞰图

200ft 深的开挖工程（Anon，1981），使用了 8 个井点和 10 个深井来排水。如图 16.6（b）所示是由于深井排水停止而发生的滑坡。

深井使用水下水泵抽水到井口，跟吸水井一样，不限于 20～25ft。每个井都有独立的水泵并且单独工作。井口直径一般有 20～24in，并且在射口套管周围布有滤网。跟井点一样，他们必须持续运行来保持排水状态。

16.3.5 排水沟

如图 16.7 所示，开挖的排水沟由达到周围土体过滤标准的排水岩石填满，排水沟通过水的重力自然排水，但是通常应该铺设导管来增加导流能力，在铺设导管的位置一般设置检修孔来保持对导管的监测和维护。排水沟能埋设的最大深度主要取决于排水沟被回填之前是否能保持稳定。

图 16.7 Lawrence Berkeley 试验室的沟道排水

16.3.6 排水廊道

在需要深处排水的山坡处可以应用排水廊道（隧道）排水。如图 16.8 所示，可以从排水廊道往外钻孔实现排水。曾被应用于加强洛杉矶 Getty 博物馆山体的稳定性——当地坡体无法被夷平，无法安装水平排水管。这项技术同样被用于新西兰的 Clyde 电力项目（Gillon 等，1992）——开挖一条排水廊道并布置扇形排水孔，以此稳定滑坡。厄瓜多尔的 La Esperanza 大坝也安装了一条通向坝基的排水廊道，并布置垂直排水管来穿过顶层，排出渗透层中的角砾页岩层的水。

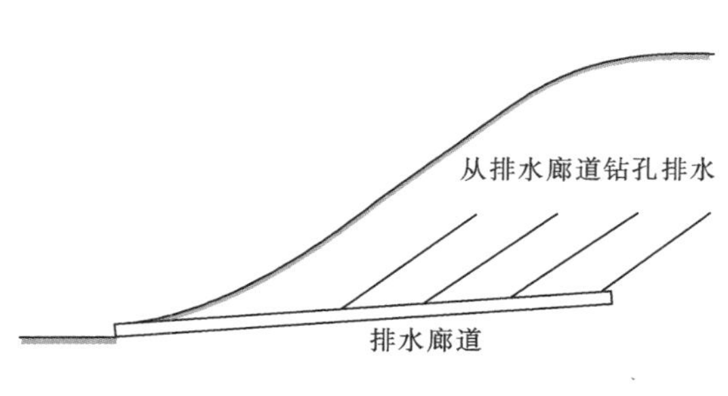

图 16.8 排水廊道

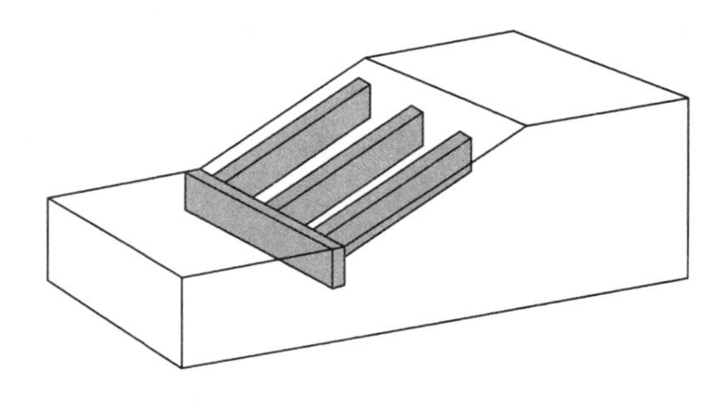

图 16.9 支管排水

16.3.7 支管和挡土墙排水

如图 16.9 所示，垂直于坡面开挖的排水沟称为排水支管，排水支管并不会比平行坡面开挖的排水沟对边坡稳定的影响更大。开挖连接各支管的排水沟应该被限制在小范围内来避免影响边坡的稳定性。

16.4　开挖和扶壁支撑

边坡可以通过开挖来减少高度或者使坡度变缓，从而达到加固的效果。如图 16.10 所示，压坡削顶法可以降低潜在滑坡面的切应力，增加边坡安全系数。任何形式的开挖都会导致边坡顶部可用区域的减少，因此开挖时需要注意：①为了增稳坡顶区域的减少是否可以接受；②施工现场路况是否允许施工机械出入；③是否有场地可以堆放开挖出来的土料。

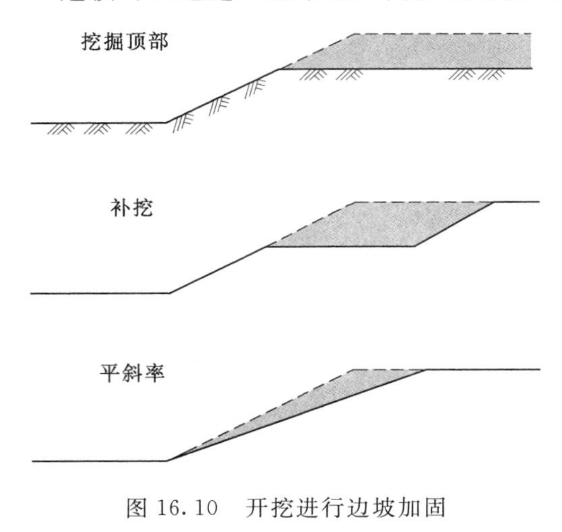

图 16.10　开挖进行边坡加固

扶壁支撑有两种形式。一是由良好压实的高强度支撑，可以提供足够的强度和重量，来增加边坡的稳定性（图 16.11）。二是边坡底部的未压实的坎台（或重力坎台），即便坎台是由软弱的土体构成，也可以提供稳定所需的重量，降低边坡中的剪切力。如果安装于可排水的材料层上，扶壁支撑能发挥更好的效果。

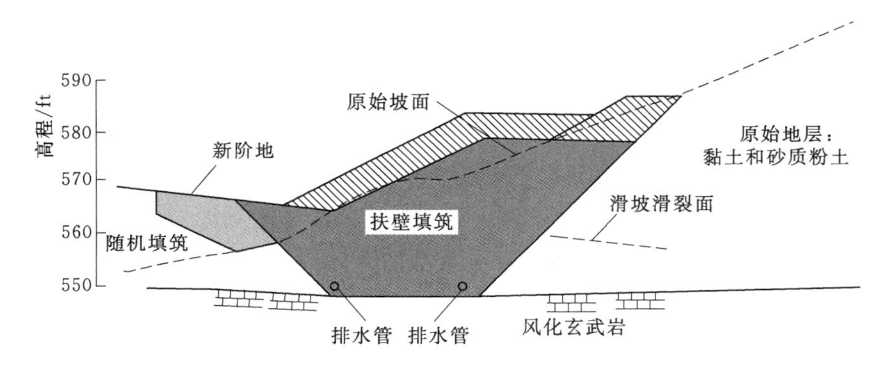

图 16.11　波兰 Oregon 边坡加固中加固支墩（Squier 和 Versteeg，1971）

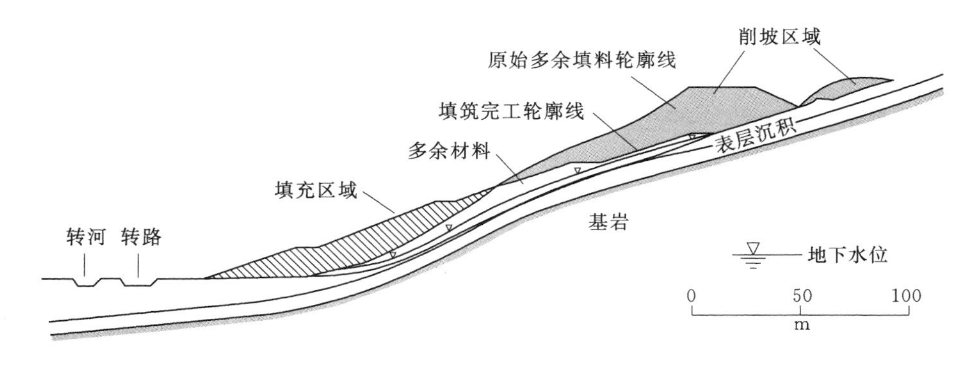

图 16.12　通过削坡和挖填加固边坡（Jones，1991）

这里列举一个同时涉及开挖和扶壁支撑的例子（图 16.12）。开挖和回填同时进行的情况下，开挖材料可供建造扶壁支撑使用。即便是滑坡体中的土体都可以在适当配比后，作为建造扶壁支撑的材料。

16.5 支护结构

支护结构通过加强支撑减少潜在滑动面的剪切力来增加边坡稳定。

16.5.1 预应力锚和锚墙

预应力锚和锚墙的优点是不需要有边坡的位移就可以产生约束力。锚可以在没有垂直墙面的情况下应用，这要求轴瓦来分配在边坡面上的荷载。图 16.13 表示了锚墙对弗吉尼亚的布莱克斯堡附近的 Price's Fork 滑坡加固。在岩石滑坡面顶的位置打上支护桩。在锚墙前面的土体都被开挖，在法兰和支护桩之间安装了木背板之后，在支护桩前浇筑了钢筋水泥加固基础（图 16.14）。支护桩前挂了水泥面板墙来加强美观效果，保护木质防护。

图 16.13 Price's Fork 支护墙

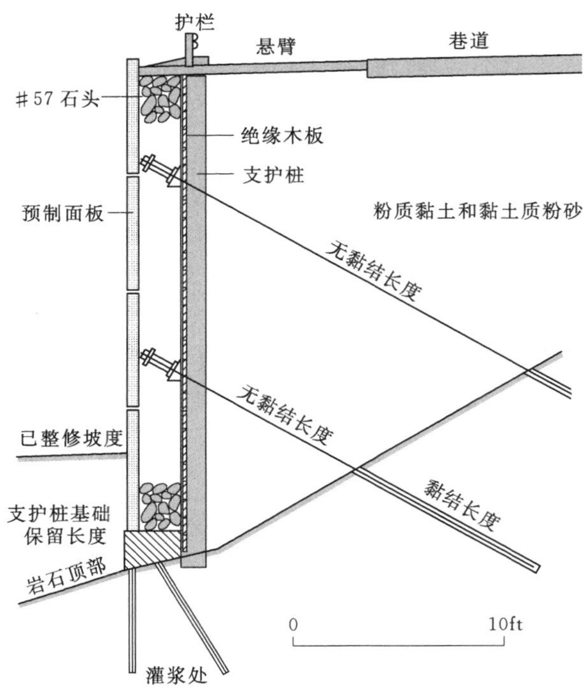

图 16.14 Price's Fork 支护墙的断面图

图 16.15 表示了在秘鲁 Rio Mantaro 河的 Tablachaca 大坝上用来稳定滑坡面的锚（Millet 等，1992）。滑面位于一个大发电厂（供应秘鲁全国 40%的电力）上方的山腰上。关于本滑坡面做过相应的背景研究，来计算加固锚对滑坡面所能提高的安全系数。由于最后计算所能得到的最大可能增加的安全系数小于期望值，所以最后采用了建造排水洞和坎台的办法来增加边坡的稳定性。

传统的极限平衡法可以用来评价预应力锚和锚墙对边坡稳定性的提高，预应力锚在本方法中被处理成作用在边坡上的指定大小方向的工作负荷。安全系数预估了在评价预应力锚索作用以及其失效的时候后果的不确定性。

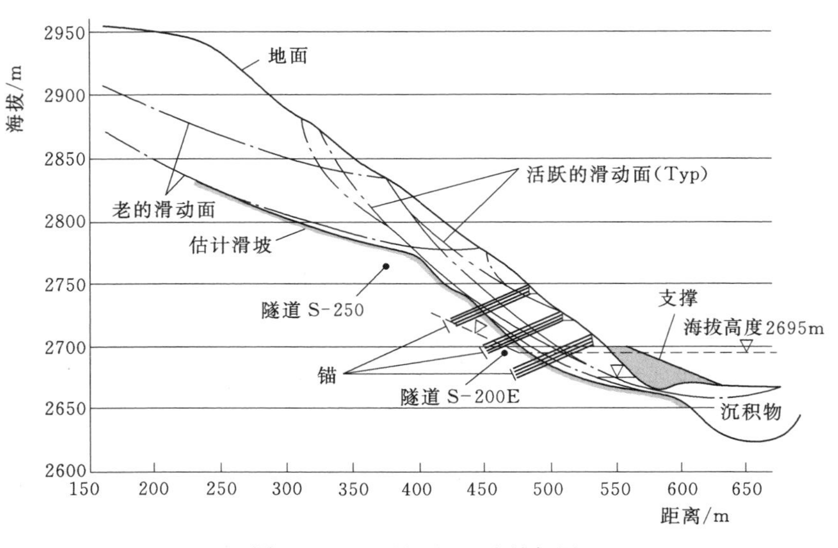

图 16.15 Tablachaca 边坡加固

16.5.2 重力挡土墙、钢筋稳固挡墙、土钉墙

未施加预应力的传统重力挡土墙、钢筋稳固挡墙、土钉墙，必须在它们提高对滑坡稳定的抵抗力之前处理。这些墙可按照以下 3 个步骤设计。

1）应用传统的极限平衡法，可以决定在墙体所在位置边坡达到稳定（也就是安全系数达到期望值）所需要的力。本方法可以在任何已指定外力的方向、大小、作用点的案例中使用。本方法使用反复试验的办法进行，调整力的大小变化，直到计算出所需的安全系数。每个新试验的力都要计算临界滑动面，这个临界滑动面不同于没有施加力时的滑动面，但通常是相同的。

在稳定力的方向为边坡倾角和滑坡面倾角的平均值的情况下，力的大小可以由力平衡分析算出。假定 H 代表墙底到坡面的距离，可以假设稳定力的位置在约 $0.4H$ 处。

2）应用传统的挡土墙设计流程，在已知步骤 1）稳定力的条件下，决定挡土墙、钢筋稳固挡墙、土钉墙的外部尺寸。墙体外部稳定需要考虑的事故因素有滑动、翻倒、承载力、基础上合力的位置和深部滑动（墙体下基础部分的失稳）。

3）应用传统的设计流程，评估内部强度要求。对于重力墙来说，包括趾板和墙体的抗剪、抗弯能力；对于钢筋稳固挡墙来说，包括钢筋的长度、强度和间距；对于土钉墙来说，包括土钉的长度、强度和间距。

16.6 加固桩和钻孔轴

加固桩和钻孔轴均穿过滑动岩块到达更稳定的土体，可以用来增加边坡稳定性（Parra，2007；Pradel 等，2010；Howe，2010；Liang 和 Yamin，2010；Gregory，2011）。比起加固桩来说，建造钻孔轴对于边坡稳定性的影响更小，因此工程应用更广泛。加固桩和钻孔轴在坡顶上被排成一列或者平行的两列，来提供对于滑坡的抵抗力。钻孔轴之间的间距要足够小，防止土体流入而影响功能，通常轴心到轴心间距为 2～4 倍直径。Poulos（1995）认为最佳的钻孔轴安装点应该在潜在滑坡体的中心。

因为不是由预应力锚固定的，加固桩和钻孔轴都只有在滑坡体出现位移后才会发展稳定力。稳定力随着位移增加而增加，直到到达钻孔轴的结构性上限，或者最大被动土压力朝着滑块上钻孔轴面向上坡的方向移动。钻孔轴最大的结构能力由弯矩而不是剪切力控制，Poulos（1995）指出少量的大尺寸钻孔轴比大量的小尺寸轴在维持稳定方面更加有效。钻孔轴应该被足够拉伸使得被固定的潜在滑动面达到足够的安全系数。

就像在挡土墙的例子里提到过，稳定边坡所需要的力可以用任何能够考虑指定大小外力的边坡稳定分析方法来计算。理想的安全系数对应的所求力的大小可以由程序反复迭代计算得到。由此计算出的滑动面跟不添加外力时的滑动面不同，但非常接近。

Reese 等（1992）、Poulos（1995）、Shmuelyan（1996）、Hassiotis 等（1997）、Yamagami 等（2000）及 Reese 和 Van Impe（2010）提出过估算加固桩内剪切力和弯矩的方法。Poulos（1995）应用边界元方法来计算钻孔轴施加在滑坡体上土体的力以及轴和滑坡体下稳定土体之间的力。

Reese 等（1992）、Reese 和 Van Impe（2010）描述过计算用于边坡稳定的加固桩上的剪切力和弯矩的方法。这些方法引入 $p-y$ 概念来估算需要运用加固桩来施加的稳定力和加固桩上的剪切力和弯矩。具体通过以下步骤来完成：

1）估算滑动面上加固桩部分和周围土体的相对滑动。这个估算值应该基于加固桩安装后的边坡滑动值以及加固桩安装受力后的位移偏移值。

2）选择一个直径以及加固桩之间圆心-圆心的间距。

3）应用 $p-y$ 曲线，以及加固桩在滑动面上的投影和土体之间的相对位移，可以决定加固桩投影上每个点的 p 值。图 16.6（b）表示了这种分布的一个例子。p 值指的加固桩侧向土压力，单位是力/单位长度。

4）计算 p 图的面积，用 P 表示。

5）计算相应的单位长度稳定力：

$$P_{\text{slope}}(\text{单位长度上的力})=\frac{P(\text{力})}{S(\text{长度})} \tag{16.1}$$

式中 P_{slope}——单位边坡长度稳定力；

P——一根加固桩上的力；

S——相邻加固桩中心之间的间距。

如果式（16.1）所计算出来的 P_{slope} 值没有达到边坡稳定期望的安全系数值，则加大加固桩直径或者减小桩间距，重复步骤 3）～5）。如果计算出来的 P_{slope} 值大于边坡稳定期望的安全系数值，则减小加固桩直径或者加大桩间距，重复步骤 3）～5）。如此重复直到得到合适的直径和间距，开始步骤 6）。

6）计算打入滑坡面的加固桩部分的剪切力和弯矩。剪切力用 P 表示，弯矩是 $P \cdot Y$，Y 是从滑坡面到 P 点的距离［图 16.16（a）］。

7）计算剪切力 $F=P$ 和弯矩 $M=PY$ 的分布。在加固桩底部的最大弯矩决定了加固桩所需要的最大抗弯能力。符合适当安全系数的加固桩有抵抗脆性破坏和塑性铰形成的能力。

8）根据在步骤 7）中计算得到的剪切力和弯矩，选择合适的桩型。如果对于加固桩来说弯矩过大，则选择更大的桩径以及更大的桩间距，重复步骤 2）。

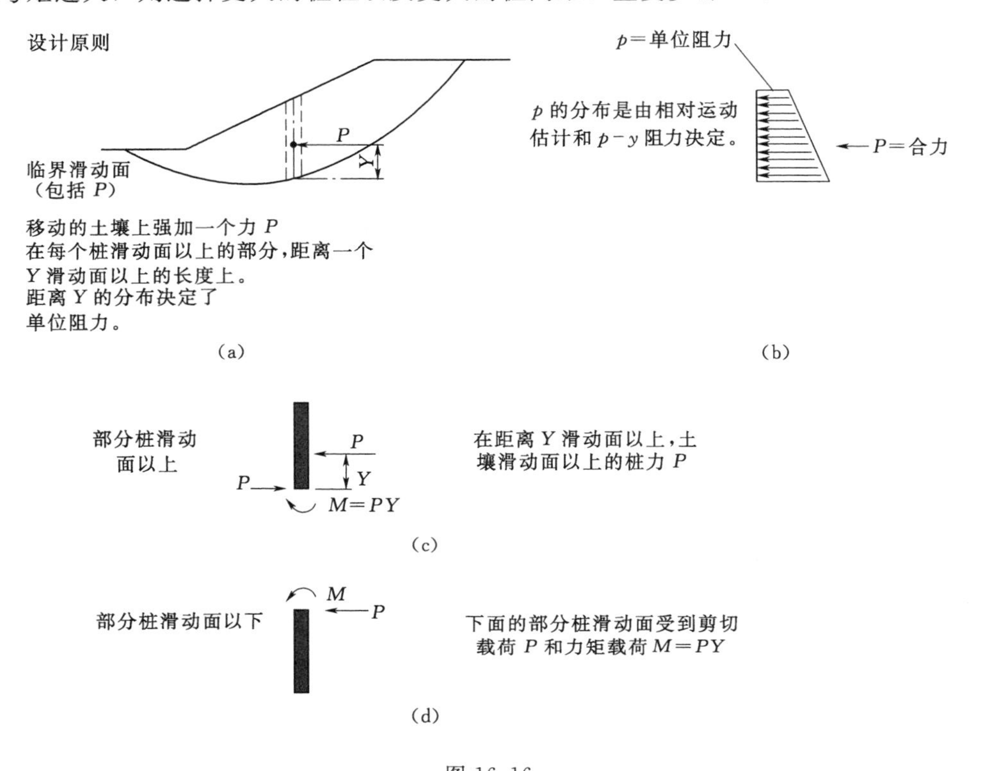

图 16.16

（a）抗滑桩的设计原则；（b）单元抵抗力 p 和抗滑桩组合抗力 P_{pile}；（c）滑面上部的桩；（d）滑面下部的桩

步骤 1）是上述过程中最关键的部分：估算滑动面上加固桩投影部分和周围土体的相对滑动。考虑到桩上荷载的安全假设，一般会设定这个相对滑动足够大，来使加固桩在滑动面上的投影部分全长都达到最大的 p 值（用 p_{ult} 表示）。然而在实际中由于加固桩会随着周围土体产生弯曲变形，p_{ult} 是不太可能达到的。

就如在第 8 章中介绍的方法 A，稳定力 P_{slope} 在边坡稳定研究中被视为一个不会变小的已知力。

16.7 灌浆法

灌浆法一直由于其相对低廉的费用而备受关注。缺点是难以对其有益影响进行量化评估。另外，灌浆施工在短期内会对边坡稳定性造成不良影响，但水泥硬化之后会有所改良。

16.7.1 石灰桩和石灰浆桩

把钻孔用石灰填实，即为石灰桩；而用石灰浆和水填实，则是石灰浆桩。Rogers 和

Glendinning（1993，1994，1997）总结了石灰桩和石灰浆桩在边坡稳定中的应用和其增强土体强度和稳定性的机制。Handy 和 Williams（1967）描述了处理爱荷华州的得梅因滑坡时用生石灰灌浆的稳定作用。在压实粉质黏土上钻出 6ft 直径的孔直到页岩层，并在页岩层上部灌生石灰。每个孔洞灌约 50lb，高出底部 3ft。然后加水，再填土至孔口。钻孔间距 5ft，使用 20t 生石灰来加强 200ft×125ft 区域的稳定性。物理和化学试验表明石灰与粉质黏土发生化学反应并加固了土体强度。此区域在处理 3 个月后停止滑移，而未处理地块则仍有滑移现象。

16.7.2 水泥浆

灌注水泥浆来稳定边坡一直被广泛应用于美国（Smith 和 Peck，1955）和英国铁路建设（Purbrick 和 Ayres，1956；Ayres，1959，1961，1985）。典型的灌注水泥浆施工是每排内各灌浆点间距 5ft，排间距 15ft。灌浆点设在破坏面下 3ft，灌浆量大约 $50ft^3$，并且采用了高压灌浆：在滑动面下仅仅 15ft 的位置，前 $10ft^3$ 采用了 75psi 的高压灌浆，然后逐渐下降到 20psi。

这个方法最值得注意的一点是当它被用于稳定黏土滑坡时，水泥颗粒太大，不能穿越黏土颗粒间的空隙，由于黏土通常是水饱和状态的，连高压灌浆都不起作用。不过，这个方法还是有效的。图 16.17 表示了施工区域的一个横截面。水泥浆没有穿透黏土颗粒之间空隙或者裂缝，但是穿透了大颗粒之间的空隙。在黏土内部，水泥浆沿破坏面渗入，硬化后沿滑移面形成一个平滑的水泥混凝土块。

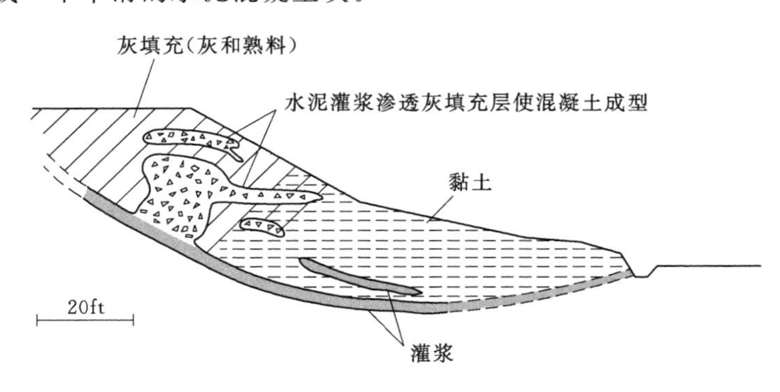

图 16.17　位于英国的芬尼康普顿滑坡的加固措施，采用灌注水泥净浆（Purbrick 和 Ayres，1956）

16.8 植被

边坡上的植被为边坡提供保护，防止侵蚀和浅层滑坡发生（Gray 和 Leiser，1982；Wu 等，1994）。植被根部可以固定土体，增加稳定性来防止浅层滑坡。另外，植物根部可以通过缓解降雨和蒸腾作用，减少边坡土体中的孔隙压力（Wu 等，1994）。Gray 和 Sotir（1992）认为种植在边坡上的木质植物（灌木），可以提供即时的加固，加固效果在植物开始长出新根系之后更加明显。Gray 和 Sotir（1995）认为灌木植物同样缓解了边坡内的水流并将水转移到地表，从而达到减小孔隙压力、稳定边坡的作用。植被经常跟其他物理加固手段（比如土工格栅）一起应用，称为生物技术稳定（Gray 和 Sotir，1992）。

16.9　热处理

热处理方法并没有在边坡稳定中广泛应用。图 16.18 表示了为数不多的热处理例子中的一个［Hill（1934）］。坡趾的位置上，滑坡面的下半部分轻微地超出了水平黏土缝。排水隧道与坡顶走向平行，穿过黏土层。由于黏土的低渗透性，排水廊道变得不起作用。建造一个燃气炉干燥黏土，加热后的空气随着廊道以及钻孔排出，如图 16.18 所示。Hill（1934）指出这个加热系统的费用要比重新加固整个边坡经济很多。

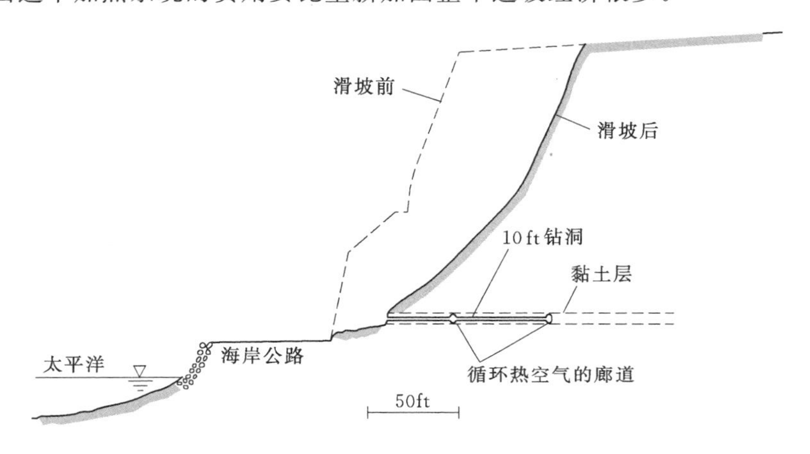

图 16.18　通过干燥土层对加利福尼亚州 Santa Monica 附近的滑坡进行边坡加固（Hill，1934）

16.10　桥联

如图 16.19 所示，加利福尼亚州的 Lawrence Berkeley 实验室（LBL）使用了一种新

(a)

(b)

图 16.19　加利福尼亚州 Lawrence Berkeley 试验室的桥联

(a) 桥顶；(b) 桥下开挖部分

的但是行之有效的边坡稳定方法，在滑坡体顶建造加固桥联，并在下部的土体开挖。桥联依靠预先安装的钻孔轴支撑固定。在钻孔轴完成之后桥面开始建造，桥面下差不多5000t的土体被开挖。这个由LBL工程师Sherad Talati设计的独特系统，阻止了威胁众多建筑物安全的滑坡体的移动，取得了良好的效果。

16.11 滑坡体的转移和回填

当滑坡体移动了较长的距离，变得软化破碎，就有必要将其清理，为将来的建设腾出位置。

如图16.20所示，对滑坡体的开挖会使边坡显得比开挖前更加陡峭。因此，一般只有在提高边坡稳定性（比如使用排水法）之后才能进行开挖。在干燥和潮湿季节的区域，开挖一般在干燥季节完成。在开挖过程中进行观测活动是非常重要的，要保证开挖进行到了破坏面以下，达到了稳定土层，要确认所有的不稳定土体都被完整开挖。

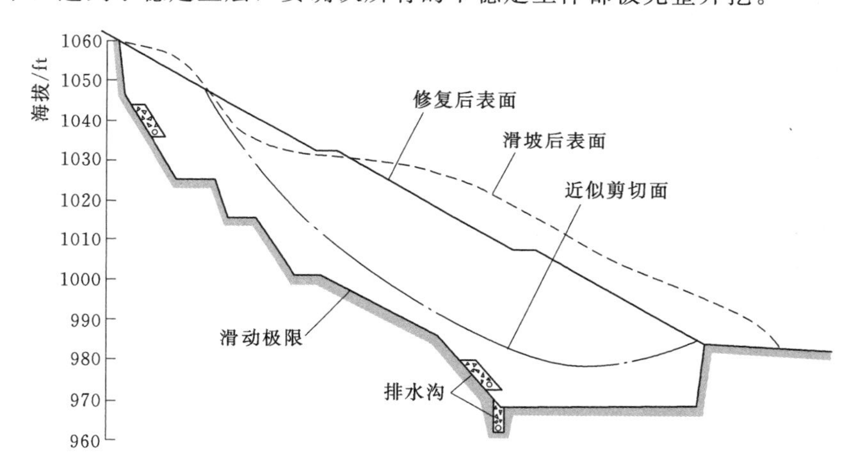

图16.20 Lawrence Berkeley试验室通过换填滑体加固滑坡
（Harding、Miller和Lawson联合公司，1970）

如图16.20所示，在完成滑坡体开挖之后，边坡得到重建。边坡重建一般使用开挖下来的土回填，重建后在土体旁边和下部安装排水管。土体的夯实和排水管的安装是边坡稳定的关键。整个过程要求一个存放开挖材料的暂时区域。在一些开挖量较小的案例里，开挖材料都被直接废弃，而边坡重建采用不需要压实的自由排水材料。

如图16.20所示，LBL实验室通过移除和填补加固边坡。开挖进行到了破坏面以下直到稳定土层。开挖材料经过压实之后进行回填，并且安装了排水。在开挖前安装了横向排水沟和排水井作为暂时稳定手段，在安装的当时就已经外排了相当流量的地下水，并在安装之后每日外排11000gal[1]的水（Kimball，1971）。

对于深层滑坡情况，工程造价是相当高的。在27ft的深度做移除和回填的价格是10

[1] 容积单位，加仑，1gal（美制）＝3.78543L。

美元/立方英尺，或者400000多美元/英亩。尽管造价昂贵，但这是一种十分可靠的方法，可完全恢复区域的稳定性。

小结

1）在做出合理加固措施前，应该先清楚边坡破坏的原因。

2）边坡失稳的反演分析为设计稳定措施和估算安全系数提供了一个非常可靠的基础。

3）排水是至今为止最有效的边坡稳定方法，可以相对较低的价格被单独或者配合其他手段使用来稳定边坡。

4）排水主要通过两种方式提高边坡稳定性：①可以降低土体中的孔隙压力，从而增加有效抗压抗剪强度；②降低裂缝中的水压力驱动力。

5）削坡可降低潜在滑动面的剪切力，增加安全系数。

6）预应力锚和锚墙不要求边坡有滑移就可以提供约束力。

7）传统的重力挡土墙、钢筋稳固挡墙和土钉墙，在预应力处理之前，必须先有位移才可以提供约束力。

8）加固桩和钻孔轴穿过滑坡体，固定在底层的稳定土体，用来增加边坡稳定性。边坡稳定极限平衡分析和 $p-y$ 分析的联合应用可以设计加固桩和钻孔轴来达到边坡稳定要求的安全系数。

9）边坡稳定可以应用石灰桩、灌水泥浆、植被、热处理、加固桥联等方法。

10）存在潜在滑坡危险的边坡可以进行必要的开挖和回填措施来加固稳定。这是一种十分可靠的方法，可恢复区域的完全稳定性。如果滑面太深，这种方法的费用会十分高昂。

附录A 边坡稳定性图表

A.1 边坡稳定性图表的使用及适用性

边坡稳定性分析方法为边坡稳定性快速分析提供了一种手段。它们可用于初步分析和详细检查分析。由于可以快速给出答案，它们在进行设计方案比选时特别有用。边坡稳定性图表的精度通常和抗剪强度评估的精度相当。

在本附录中，对4种类型的边坡采用图表进行了展示：

1）边坡土壤的摩擦角 $\phi=0$，并且土层厚度方向上的强度一致。

2）边坡土壤的摩擦角 $\phi>0$、黏结力 $c>0$，并且土层厚度方向上的强度一致。

3）无限边坡，土壤摩擦角 $\phi>0$、黏结力 $c=0$，以及摩擦角 $\phi>0$、黏结力 $c>0$。

4）边坡土壤的摩擦角 $\phi=0$，并且土壤的强度沿厚度方向线性增长。

如果使用大致相同的边坡几何形状，同时仔细选择土壤特性参数，可以在相当广范围的非均质边坡上使用这些图表。

本附录包含以下图表：

图 A.1：$\phi=0$ 时土壤的边坡稳定性图表

图 A.2：$\phi=0$ 和 $\phi>0$ 时土壤的外部荷载调整系数

图 A.3：$\phi=0$ 和 $\phi>0$ 时土壤的淹没和渗流调整系数

图 A.4：$\phi=0$ 和 $\phi>0$ 时土壤的张开裂缝调整系数

图 A.5：$\phi>0$ 时土壤的边坡稳定性图表

图 A.6：$\phi>0$ 时土壤的稳定渗流调整系数

图 A.7：无限边坡的边坡稳定性图表

图 A.8：$\phi=0$ 且强度随深度增加的土壤的边坡稳定性图表

A.2 平均坡度、重度和抗剪强度

为了简化问题，这些图表都是针对简单的匀质土壤条件设计的。当在非匀质土壤条件下运用这些图表时，有必要将真实的土壤条件近似按等效的均质土坡处理。开发一个简单的用于图表分析的边坡剖面最有效的方法是从绘制边坡断面的比例图开始。在此断面上，通过判断，绘制一个尽可能接近真实边坡几何结构简单的边坡。

将抗剪强度平均进行图表分析时，知道临界滑动面的位置是有用的，至少要知道大致的位置。下面章节中的图表提供了一种估计临界圆弧位置的方法。平均强度值是通过从边坡图上绘制临界圆弧来计算的，而土壤内每层或区域的圆弧中心角是通过量角器来测量的。圆弧中心角被用作计算加权平均强度参数的加权系数 c_{av} 和 ϕ_{av}：

$$c_{av}=\frac{\sum\delta_i c_i}{\sum\delta_i} \tag{A.1}$$

$$\phi_{av}=\frac{\sum \delta_i \phi_i}{\sum \delta_i} \tag{A.2}$$

式中 c_{av}——平均黏结力（应力单位）；

ϕ_{av}——平均内摩擦角，(°)；

δ_i——圆弧中心角，在区域 i 内，在估计的临界圆弧的中心周围测量，(°)；

c_i——区域 i 内的黏结力（应力单位）；

ϕ_i——区域 i 内的内摩擦角，(°)。

当路堤是建在 $\phi=0$ 的饱和黏土这样的软弱基础情况上时，最好不要使用这些平均值计算程序。在这种情况下，使用式（A.1）和式（A.2）计算 c 和 ϕ 的平均值会导致 ϕ_{av} 值偏小（也许是 2°～5°）。当 $\phi_{av}>0$ 时，就必须采用图 A.5 所示的图，其完全是基于通过坡趾的圆弧绘制的。在 $\phi=0$ 的软弱地基土上，临界圆弧通常在坡趾以下进入地基。在这些情况下，最好将路堤近似看作 $\phi=0$ 的土壤，并使用图 A.1 所示的稳定图来计算。$\phi=0$ 时，路堤土的等效强度可以通过计算路堤滑动面上的平均正应力来估算（平均垂直应力的一半一般为滑动面上正应力的合理近似值），并在路堤土强度包络线上确定该点相应的抗剪强度。对于 $\phi=0$ 的路堤，将这个强度值视为路堤的一个参数值 s_u，然后使用上述的方法同时计算路堤和基础的 s_u 的平均值：

$$(s_u)_{av}=\frac{\sum \delta_i (s_u)_i}{\sum \delta_i} \tag{A.3}$$

式中 $(s_u)_{av}$——平均不排水抗剪强度（压力单位）；

δ_i——圆弧中心角，在区域 i 内，在估计的临界圆弧的中心周围测量，(°)；

$(s_u)_i$——第 i 层土的 s_u 值（压力单位）。

然后就可将 s_u 的平均值和 $\phi=0$ 这两个条件用于边坡分析。

为了在图表分析中使用平均重度，通常使用层厚作为加权系数，如下式所示。

$$\gamma_{av}=\frac{\sum \gamma_i h_i}{\sum h_i} \tag{A.4}$$

式中 γ_{av}——平均重度（单位体积上的力）；

γ_i——第 i 层土的重度（单位体积上的力）；

h_i——第 i 层土的厚度。

然后就可将 s_u 的平均值和 $\phi=0$，这两个条件用于边坡分析。计算平均重度时厚度应该只计算至临界圆弧底部为止。如果坡趾下面的材料是一种 $\phi=0$ 材料，则计算平均重度时厚度应该只计算至坡趾，因为这种情况下，坡趾下面的材料的重度不影响边坡的稳定性。

A.3 $\phi=0$ 的土壤

图 A.1 是由 Janbu（1968）给出的 $\phi=0$ 时土壤的边坡稳定性图表。图 A.2 提供了用于外部荷载的调整系数。图 A.3 提供了用于淹没和渗流的调整系数。图 A.4 提供了用于导致张开裂缝的调整系数。

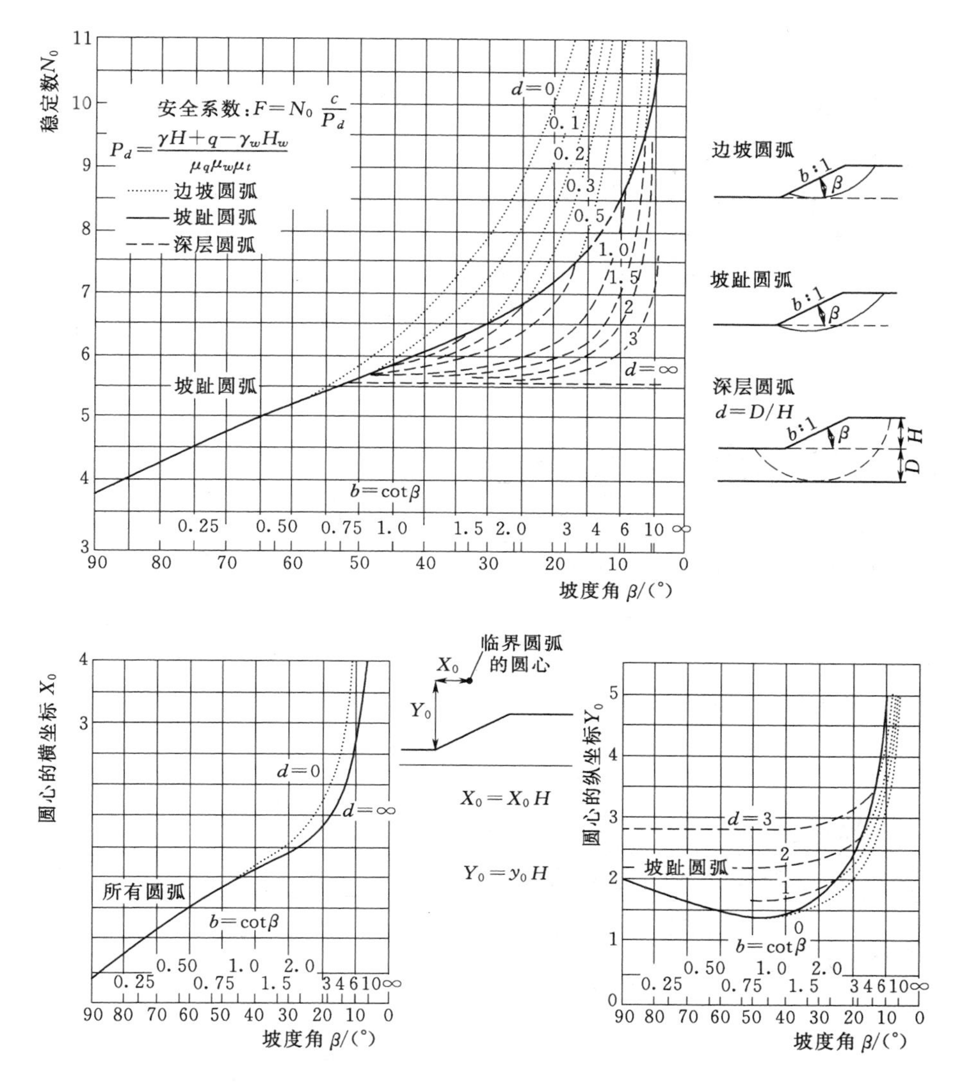

图 A.1　$\phi=0$ 时土壤的边坡稳定性图表（Janbu，1968）

使用 $\phi=0$ 图表的步骤如下。

（1）通过判断，选择在可能的临界圆弧深度范围内进行研究。对于匀质土壤条件，如果坡度陡于1（水平）：1（垂直），则临界圆弧通过会坡趾。对于平坦的斜坡，临界圆弧通常延伸至坡趾之下。图 A.1 可以用于计算临界圆弧延伸到任何深度时的安全系数。应该分析3个或更多深度来确保找出所有的临界圆弧和最小的安全系数。

（2）下面的准则可以用来确定应该检查哪些可能性：

1）如果在边坡外有水，则穿过水上方的圆弧可能是临界圆弧。

2）如果一个土层比它上面的土层弱，则临界圆弧可能会延伸到下面的土层（较弱层）。这条准则同样适用于坡趾上面和下面的土层。

3）如果一个土层比它上面的土层强，则临界圆弧可能与该层顶相切。

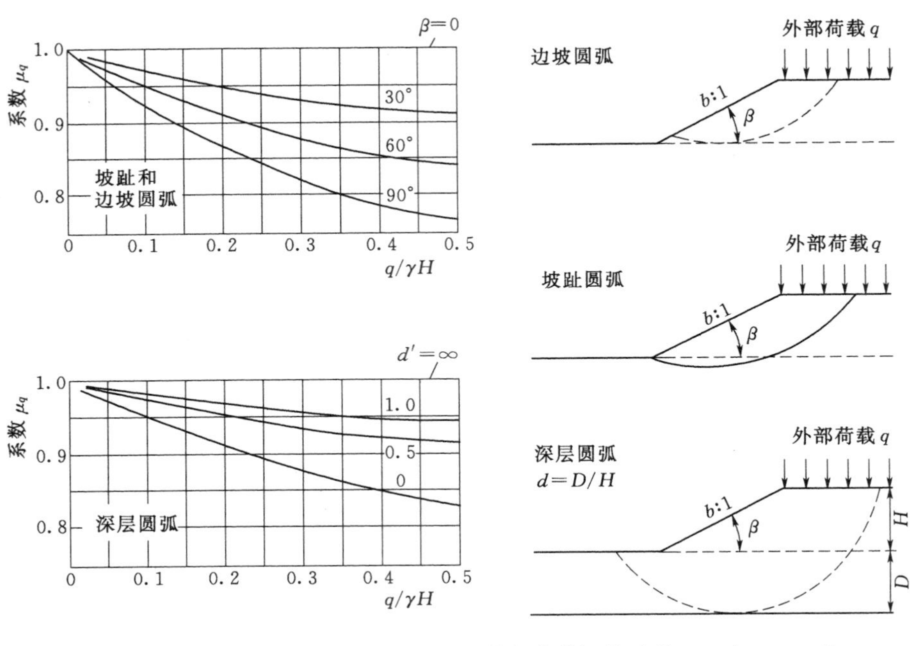

图 A.2 摩擦角 $\phi=0$ 和 $\phi>0$ 时土壤的外部荷载调整系数（Janbu，1968）

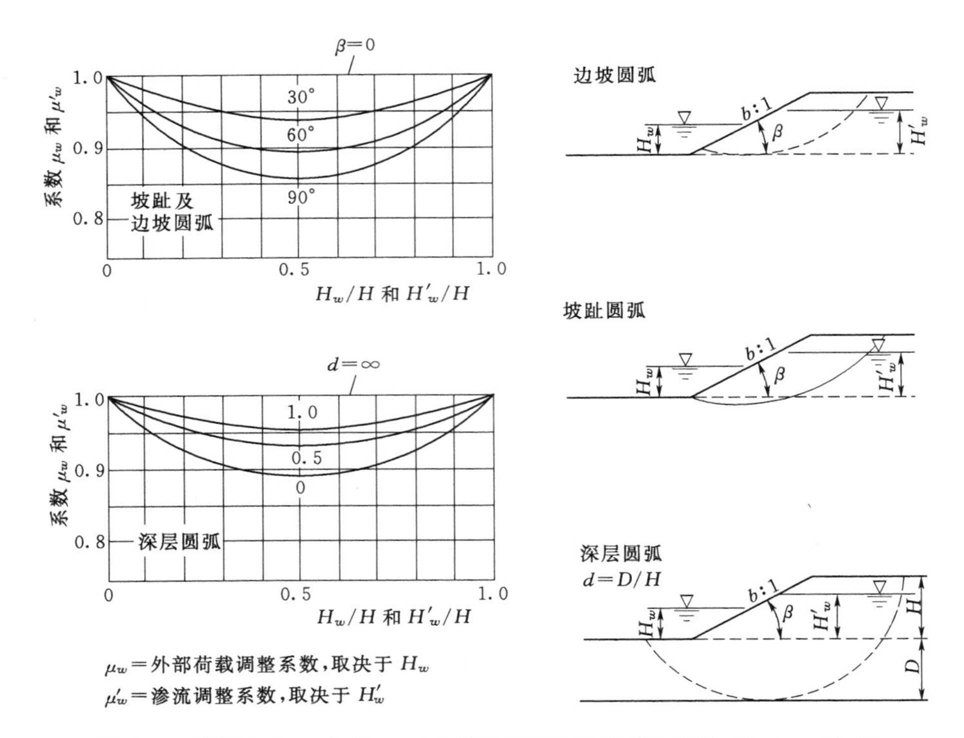

图 A.3 摩擦角 $\phi=0$ 和 $\phi>0$ 时土壤的淹没和渗流调整系数（Janbu，1968）

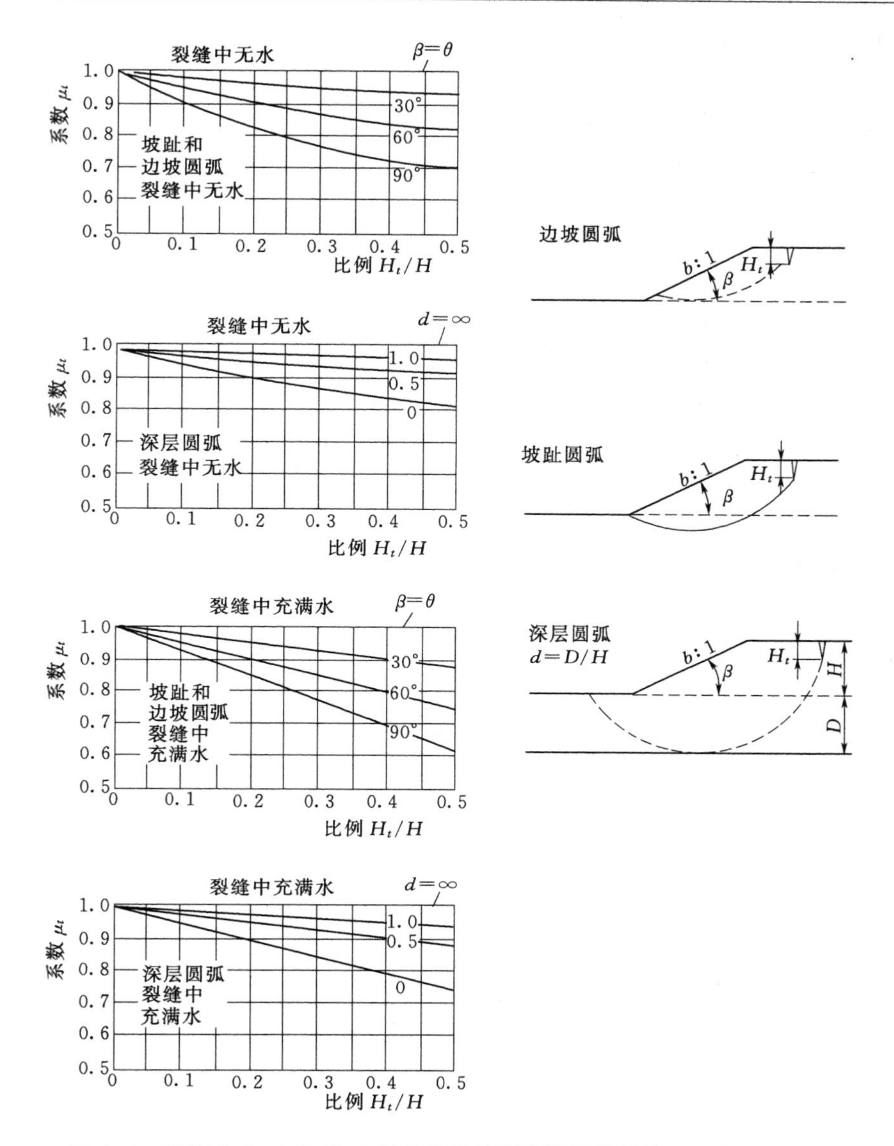

图 A.4 摩擦角 $\phi=0$ 和 $\phi>0$ 时土壤的张开裂缝调整系数（Janbu，1968）

以下的步骤用于对每个潜在的圆弧执行。

(3) 计算厚度系数 d，使用公式：

$$d=\frac{D}{H} \tag{A.5}$$

式中 D——坡趾到滑动面圆弧最底部的深度，L（长度单位）；

H——坡趾以上部分边坡的高度，L。

如果圆弧没有从坡趾下穿过，则 d 值为 0。如果被分析的圆弧完全在坡趾之上，应该将其和边坡的交点视为一个可调整的坡趾，并且在计算中将所有的尺寸（例如，D、H 和 H_w）相应调整。

（4）使用图 A.1 底部的图表来找到试验厚度的临界圆弧的圆心，并在边坡的断面上按比例画出此圆弧。

（5）使用式（A.3）确定该圆弧的强度平均值 $c=s_u$。

（6）使用式（A.6）计算 P_d 值。

$$P_d=\frac{\gamma H+q-\gamma_w H_w}{\mu_q \mu_w \mu_t} \tag{A.6}$$

式中 γ——土壤的平均重度，F/L^3；

H——坡趾以上的边坡高度，L；

q——外部荷载，F/L^2；

γ_w——水的重度，F/L^3；

H_w——坡趾以上外部水位高度，L；

μ_q——外部荷载调整系数（图 A.2）；

μ_w——淹没调整系数（图 A.3）；

μ_t——张开裂缝调整系数（图 A.4）。

如果没有外部荷载，则 $\mu_q=1$；如果坡趾以上没有外部水，$\mu_w=1$；如果没有张开缝，$\mu_t=1$。

（7）使用图 A.1 上部的图来确定稳定数 N_0，稳定数取决于坡度角 β 和 d 值。

（8）计算安全系数 F。

$$F=\frac{N_0 c}{P_d} \tag{A.7}$$

式中 N_0——稳定数；

c——平均剪切强度，$c=(s_u)_{av}$，F/L^2。

图 A.9 和 A.10 中的示例问题，展示了这些方法的使用。注意这两个问题都针对同一个边坡，而这两个问题之间唯一的区别就是所分析的圆弧深度。

A.4 $\phi>0$ 的土壤

图 A.5 显示了 $\phi>0$ 土壤边坡的稳定性图表，这是由 Janbu（1968）提出的。图 A.2 显示了用于外部荷载的调整系数。图 A.3 显示了用于淹没和渗流的调整系数。图 A.4 显示了用于导致张开裂缝的调整系数。图 A.5 的稳定性图可以用于有效应力分析，该图还可用于 $\phi>0$ 土壤的边坡总应力分析。

使用 $\phi>0$ 图表的步骤如下。

（1）估计临界圆弧的位置。对于大多数 $\phi>0$ 的匀质土壤边坡，临界圆弧会通过坡趾。图 A.5 通过分析这些通过坡趾的圆弧给出了稳定数。当 $c=0$ 时，边坡失稳机理为浅层滑动，可当做无限边坡失稳机理分析。图 A.7 显示的稳定图表可以在这种情况下使用。如果边坡外有水，则临界圆弧可能会从水的上面通过。

如果是非匀质土壤条件，则从坡趾上面或下面通过的圆弧可能比从坡趾通过的圆弧更

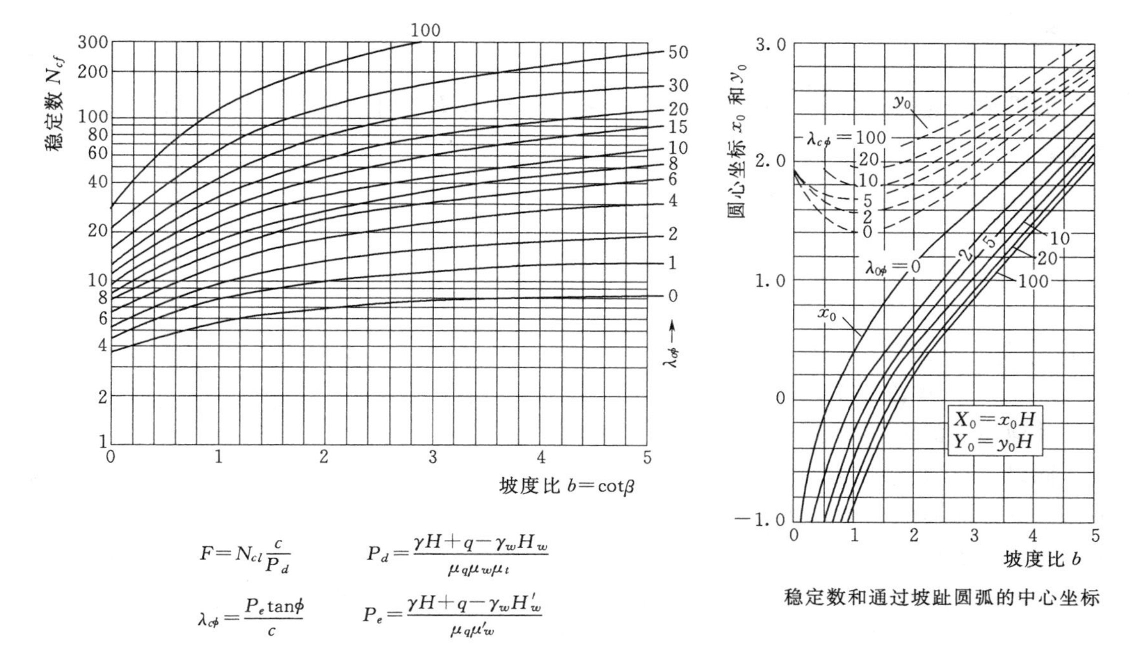

图 A.5 $\phi>0$ 时土壤的边坡稳定性图表（Janbu，1968）

为临界。下面的准则可以用来确定应该检查哪些可能性。

1）如果在边坡外有水，则穿过水上方的圆弧可能是临界圆弧。

2）如果一个土层比它上面的土层弱，则临界圆弧可能会延伸到下层（较弱）的基础。这条准则同样适用于坡趾上面和下面的土层。

3）如果一个土层比它上面的土层强，则临界圆弧可能会延伸到任意一层的基础，应该同时考虑这两种可能性。这条准则同样适用于坡趾上面和下面的土层。

图 A.5 中的图表可用于非匀质土壤条件，用于计算的 c 和 ϕ 值代表了所考虑圆弧的平均值。对每个圆弧进行以下步骤。

（2）计算 P_d。

P_d 值：

$$P_d=\frac{\gamma H+q-\gamma_w H_w}{\mu_q\mu_w\mu_t} \tag{A.8}$$

式中 γ——土壤的平均重度，F/L^3；

H——坡趾以上的边坡高度，L；

q——外部荷载，F/L^2；

γ_w——水的重度，F/L^3；

H_w——坡趾以上外部水位高度，L；

μ_q——外部荷载调整系数（图 A.2）；

μ_w——淹没调整系数（图 A.3）；

μ_t——张开裂缝调整系数（图 A.4）。

如果没有外部荷载，则 $\mu_q=1$；如果坡趾以上没有外部水，$\mu_w=1$；如果没有张开裂缝，$\mu_t=1$。

如果被研究的圆弧从坡趾上面通过，在计算 H 和 H_w 时应将圆弧与坡面的交点作为坡趾。

(3) 计算 P_e。

$$P_e=\frac{\gamma H+q-\gamma_w H_w'}{\mu_q\mu_w'} \tag{A.9}$$

式中 H_w'——边坡中的水位，L；

μ_w'——渗流修正系数（图 A.3）；

其他参数的定义同前。

同时，H_w'是边坡内压力计水位的平均值。对稳定渗流条件，如图 A.6 所示，关系到坡顶以下浸润面的位置。如果被研究的圆弧从坡趾上面通过，H_w'应按照调整后的坡趾来进行测量。如果没有渗流，则 $\mu_w'=1$；如果没有外部荷载，则 $\mu_q=1$；如果没有张开缝，则 $\mu_t=1$。在进行总应力分析时，并没有考虑内部孔隙水压力，所以在计算 P_e 的公式中H_w'

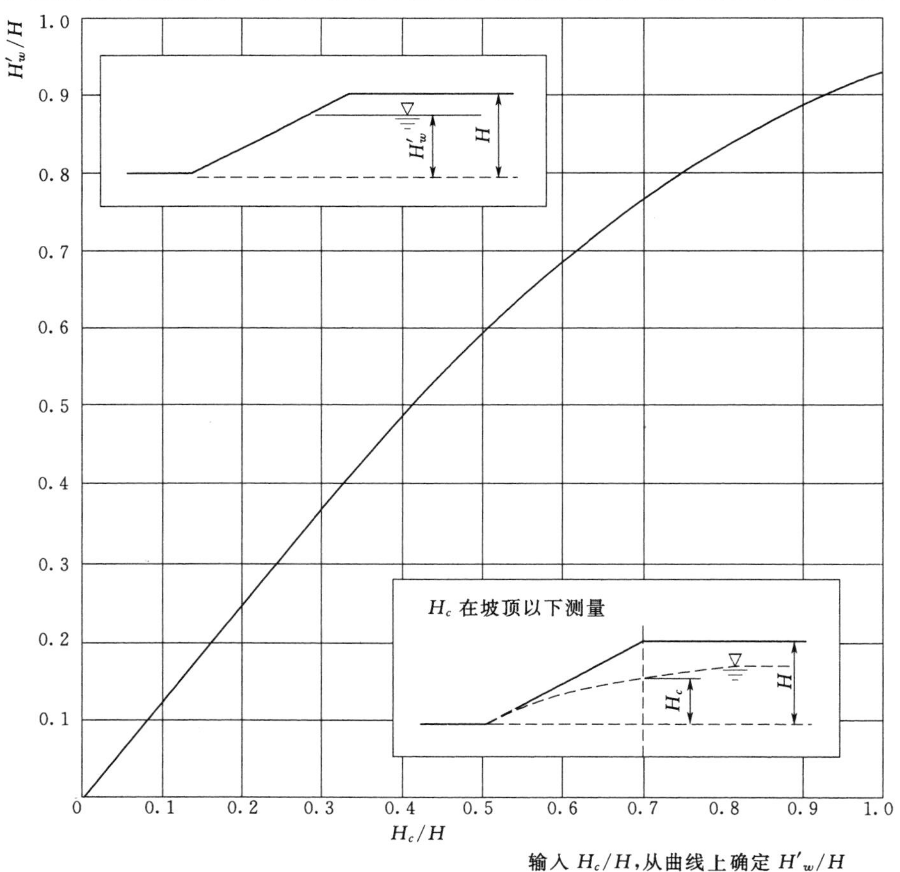

图 A.6 $\phi>0$ 时土壤的稳定渗流调整系数（Duncan 等，1987）

$=0$，$\mu_w'=1$。

(4) 计算无量纲参数 $\lambda_{c\phi}$。

$$\lambda_{c\phi}=\frac{P_e \tan\phi}{c} \tag{A.10}$$

式中 ϕ——ϕ 的平均值；

c——c 的平均值，F/L^2。

$c=0$ 时，$\lambda_{c\phi}$ 为无限的，此时应该使用针对无限边坡的图。

步骤（4）和（5）是迭代步，在进行第一次迭代时，c 和 $\tan\phi$ 的平均值应该使用判断值而不是平均值。

(5) 使用图 A.5 顶部的图表，确定所评估圆弧的圆心坐标。在边坡的断面的比例图上绘制临界圆弧。然后使用式（A.1）和式（A.2）计算 ϕ 和 c 的加权平均值。

得到抗剪强度等参数的平均值后，返回到步骤（4），并重复这个迭代过程，直到 $\lambda_{c\phi}$ 成为常数。通常一次迭代就足够了。

(6) 使用图 A.5 左侧的图，确定稳定数 N_{cf} 的值，这取决于坡度角 β 和 $\lambda_{c\phi}$ 的值。

(7) 计算安全系数。

$$F=N_{cf}\frac{c}{P_d} \tag{A.11}$$

图 A.11 和图 A.12 中的示例问题展示了如何使用这些方法进行总应力和有效应力分析。

A.5 无限边坡图

图 A.7 可以用来分析两种条件的无限边坡。

1) 对于无黏性材料的边坡，其临界失效机理是浅层滑动或表面松散。

2) 对于残积土边坡，薄薄一层土壤覆盖在坚实土壤或岩石表面，其临界失效机理是在坚实层顶部沿平行于边坡的方向滑动。

使用图表分析有效应力的步骤如下。

1) 确定孔隙压力比 r_u，定义如下：

$$r_u=\frac{u}{\gamma H} \tag{A.12}$$

式中 u——孔隙压力，F/L^2；

γ——土壤总重度，F/L^3；

H——孔隙压力 u 相应的高度，L。

对已有的边坡，孔隙压力可以使用安装在滑动面深度的压力计进行测量或者按最不利的渗流条件进行估计。对于平行于边坡的渗流，这是一种常用的设计条件，r_u 可以使用以下计算公式进行计算。

$$r_u=\frac{X}{T}\frac{\gamma_w}{\gamma}\cos^2\beta \tag{A.13}$$

式中 X——从滑动面深度到渗流面的距离，沿坡面法向测量，L；

T——从滑动面深度到坡面的距离，沿坡面法向测量，L；

γ_w——水的重度，F/L^3；

γ——土壤的总重度，F/L^3；

β——坡度角。

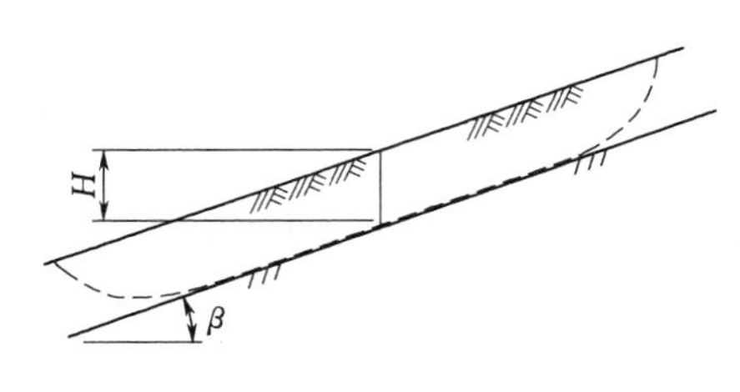

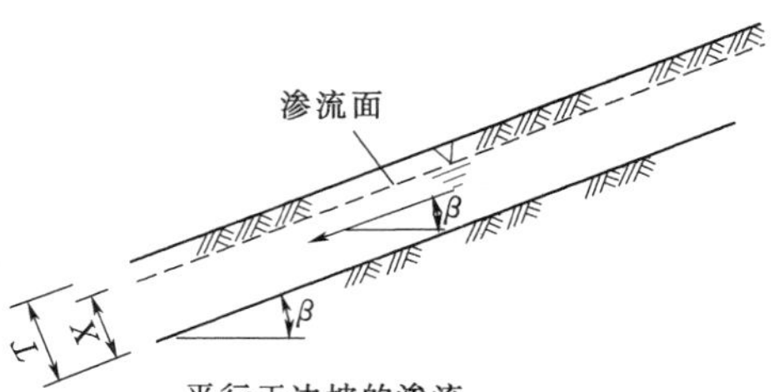

平行于边坡的渗流

$r_u=\dfrac{X}{T}\dfrac{\gamma_w}{\gamma}\cos^2\beta$

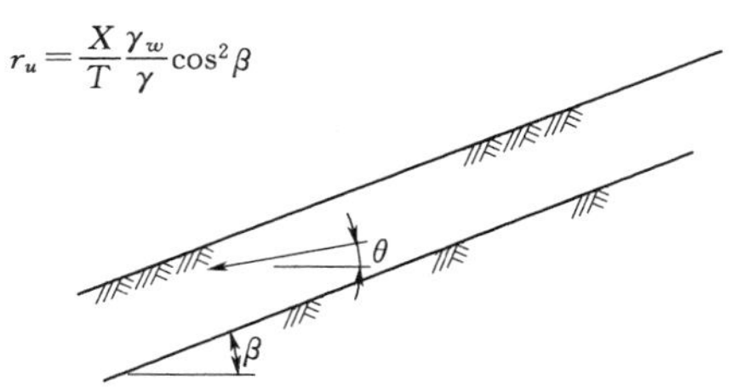

从边坡涌出的渗流

$r_u=\dfrac{\gamma_w}{\gamma}\dfrac{1}{1+\tan\beta\tan 0}$

γ＝土的总重度

γ_w＝水的重度

c＝黏聚力截距

ϕ'＝摩擦角

r_u＝孔隙压力比 $u/\gamma H$

u＝深度 H 处的孔隙压力

步骤：

1. 从测量的孔隙压力或右边的公式确定 r_u

2. 从下面的图中确定 A 和 B

3. 计算 $F=A\dfrac{\tan\phi}{\tan\beta}+B\dfrac{c'}{\gamma H}$

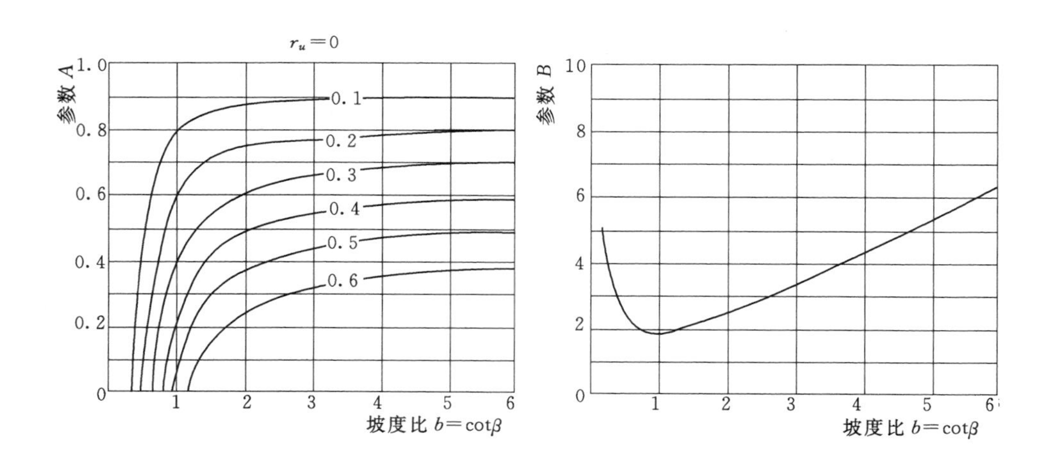

图 A.7 无限边坡的稳定性图表（Duncan 等，1987）

对于从边坡涌出的渗流，比平行于边坡的渗流更为危险，r_u 可以用以下公式计算：

$$r_u=\frac{\gamma_w}{\gamma}\frac{1}{1+\tan\beta\tan\theta} \tag{A.14}$$

式中 θ——渗流方向与水平面的角度。

其他的参数定义同前。对于淹没的边坡，没有额外的孔隙压力，可以使用 $\gamma=\gamma_b$ 和 $r_u=0$ 来进行分析。

2）从图 A.7 底部的图中确定无量纲参数 A 和 B。

3）计算安全系数。

$$F=A\frac{\tan\phi'}{\tan\beta}+B\frac{c'}{\gamma H} \tag{A.15}$$

式中 ϕ'——有效应力对应的内摩擦角；

c'——有效应力对应的黏聚力，F/L^2；

β——边坡角度；

H——垂直测量的滑动面深度，L；

其他的参数定义如前。

使用图表进行总应力分析的步骤如下。

1）使用图 A.7 右下角的图来确定 B 值。

2）计算安全系数。

$$F=\frac{\tan\phi}{\tan\beta}+B\frac{c}{\gamma H} \tag{A.16}$$

式中 ϕ——总应力对应的内摩擦角；

c——总应力对应的黏聚力，F/L^2；

其他的参数定义如前。

图 A.13 中的例子展示了如何使用无限边坡稳定性图表。

A.6 $\phi=0$ 的且强度随深度增加的土壤

图 A.8 显示了 $\phi=0$ 且强度随深度增加的土壤的边坡稳定性图表，使用该图表的步骤如下。

1）选择与强度测量数据拟合度最好的强度与深度线性变化规律。如图 A.8 所示，将这个直线外推来确定直线与零轴的交点 H_0。

2）计算 $M=H_0/H$，式中 H 是边坡高度。

3）从图 A.8 右下角的图中确定无量纲的稳定数 N。

4）确定 c_b 值，坡底（坡趾）的强度。

5）计算安全系数。

$$F=N\frac{c_b}{\gamma(H+H_0)} \tag{A.17}$$

式中 γ_{total}——水位以上部分边坡土壤的总重度；

$\gamma_{buoyant}$——淹没边坡的浮重度；

γ——部分淹没边坡的平均重度。

图 A.14 中的例子展示了如何使用图 A.8 中的稳定性图。

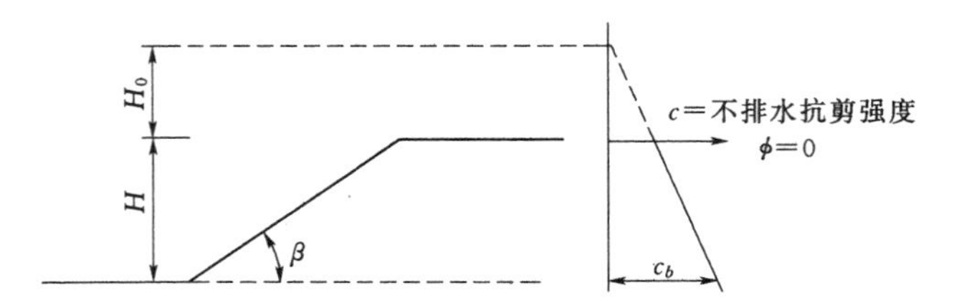

步骤：

1. 将强度包络线外推至直线与零轴的交点来确定 H_0。
2. 计算 $M=H_0/H$。
3. 从下面的图确定稳定数。
4. 确定确定 c_b 值，坡底(坡趾)的强度。
5. 计算 $F=N\dfrac{c_b}{\gamma(H+H_0)}$。

$\gamma=\gamma_{buoyant}$ 针对淹没边坡

$\gamma=\gamma_{total}$ 针对边坡外部无水

平均 γ 针对部分淹没边坡

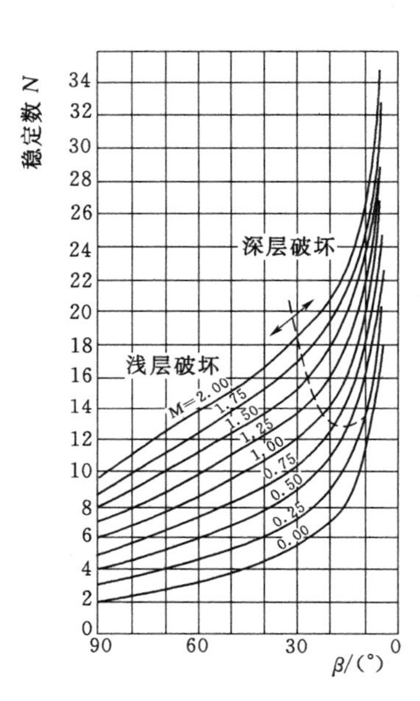

图 A.8 $\phi=0$ 且强度随深度增加的土体边坡稳定性图表（Hunter 和 Schuster，1968）

A.7 示例

A.7.1 示例 1

图 A.9 显示了一个 $\phi=0$ 土质边坡，3 层，每层的强度不同。边坡外有水。对该土坡分析了两个圆弧：与海拔 −8ft 相切的浅圆弧，与海拔 −20ft 相切的深圆弧。

首先分析的是与海拔 −8ft 相切的浅圆弧，对于该圆弧：

$$d=\frac{D}{H}=\frac{0}{24}=0$$

$$\frac{H_w}{H}=\frac{8}{24}=0.33$$

使用图 A.1 底部的图表，加上 $\beta=50°$ 和 $d=0$。

$$x_0=0.35 \text{ 和 } y_0=1.4$$

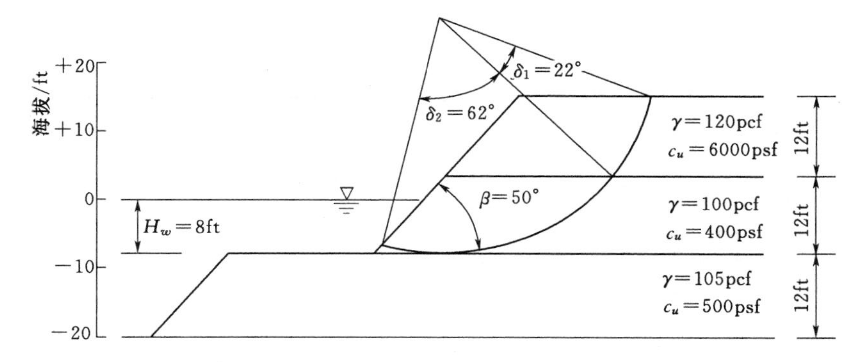

图 A.9 $\phi=0$ 黏性土与海拔−8ft 相切的圆弧

$$X_0=Hx_0=24\times0.35=8.4(\text{ft})$$

$$Y_0=Hy_0=24\times1.4=33.6(\text{ft})$$

在边坡上绘制临界圆弧。圆 A.9 显示了这些圆弧。使用量角器测量每一层圆弧的中心角。利用式（A.1）计算加权平均强度参数 c_{av}。

$$c_{av}=\frac{\sum\delta_i c_i}{\sum\delta_i}=\frac{22\times600+62\times400}{22+62}=452(\text{psf})$$

从图 A.3，加上 $\beta=50°$ 和 $H_w/H=0.33$ 两个条件可以找到 $\mu_w=0.93$。

使用层厚来计算平均容重，只计算从坡底到临界圆弧之间的平均容重。

$$\gamma_{av}=\frac{\sum\gamma_i h_i}{\sum h_i}=\frac{120\times12+100\times12}{12+12}=110(\text{psf})$$

计算下滑力 P_d。

$$P_d=\frac{\gamma H+q-\gamma_w H_w}{\mu_q\mu_w\mu_t}=\frac{110\times24+0-62.4\times8}{1\times0.93\times1}=2302$$

从图 A.1 中，加上 $d=0$、$\beta=50°$ 的条件，得到稳定数 $N_0=5.8$。

使用式（A.7）计算安全系数。

$$F=\frac{N_0 c}{P_d}=\frac{5.8\times452}{2302}=1.14$$

A.7.2 示例 2

图 A.10 显示了与图 A.9 相同的边坡。以下部分分析了与海拔−20ft 相切的较深的圆弧，对于该圆弧：

$$d=\frac{D}{H}=\frac{12}{24}=0.5$$

$$\frac{H_w}{H}=\frac{8}{24}=0.33$$

使用图 A.1 底部的图表，加上 $\beta=50°$ 和 $d=0.5$。

$$x_0=0.35 \text{ 和 } y_0=1.5$$

$$X_0=Hx_0=24\times0.35=8.4(\text{ft})$$

$$Y_0=Hy_0=24\times1.5=36(\text{ft})$$

在边坡上绘制如圆 A.10 所示的临界圆弧。使用量角器测量每一层圆弧的中心角。利

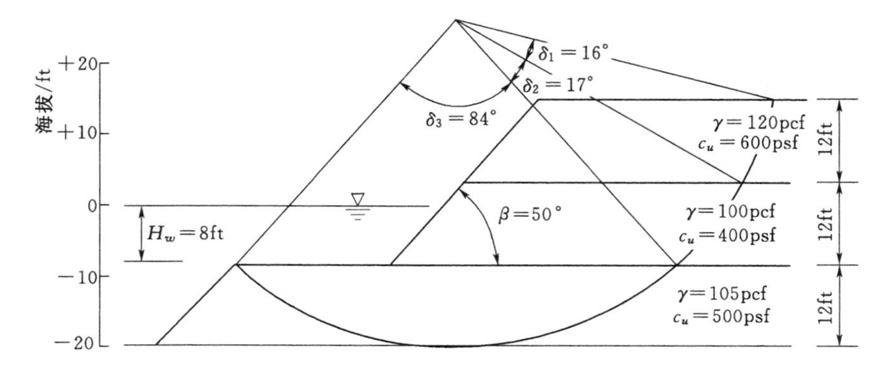

图 A.10 $\phi=0$ 黏性土与海拔－20ft 相切的圆弧

用式（A.1）计算加权平均强度参数 c_{av}。

$$c_{av}=\frac{\sum\delta_i c_i}{\sum\delta_i}=\frac{16\times600+17\times400+84\times500}{16+17+84}=499(\text{psf})$$

在图 A.3 中，$d=0.5$、$H_w/H=0.33$，$\mu_w=0.95$。

使用层厚来计算平均重度，由于坡趾以下部分为 $\phi=0$ 材料，因此只计算坡趾以上部分的平均重度，如果 $\phi=0$，则坡趾以下部分的重度对稳定性没有影响。

$$\gamma_{av}=\frac{\sum\gamma_i h_i}{\sum h_i}=\frac{120\times12+100\times12}{12+12}=110(\text{psf})$$

计算下滑力 P_d。

$$P_d=\frac{\gamma H+q-\gamma_w H_w}{\mu_q\mu_w\mu_t}=\frac{110\times24+0-62.4\times8}{1\times0.95\times1}=2253$$

在图 A.1 中，$d=0.5$、$\beta=50°$，$N_0=5.6$。使用式（A.7）计算安全系数。

$$F=\frac{N_0 c}{P_d}=\frac{5.6\times499}{2253}=1.24$$

这个圆弧的稳定性相比之前分析的那个和海拔－8ft 相切的圆弧要高一些。

A.7.3 示例 3

图 A.11 显示了一个同时拥有 c 和 ϕ 的土坡。该土坡有 3 个强度不同的层，边坡外没有水，通过坡趾的圆弧的安全系数计算如下。

使用层厚来计算平均重度，只计算坡趾以上部分的平均重度，因为坡趾以下部分的重度对稳定性影响较小。

$$\gamma_{av}=\frac{\sum\gamma_i h_i}{\sum h_i}=\frac{115\times20+110\times20}{20+20}=112.5(\text{pcf})$$

由于没有外部荷载，$\mu_q=1$；由于坡趾以上没有外部水，$\mu_w=1$；由于没有渗流，则 $\mu_w'=1$；如果没有张开缝，$\mu_t=1$。计算下滑力 P_d。

$$P_d=\frac{\gamma H+q-\gamma_w H_w}{\mu_q\mu_w\mu_t}=\frac{112.5\times40}{1\times1\times1}=4500(\text{psf})$$

计算 P_e。

$$P_e=\frac{\gamma H+q-\gamma_w H_w'}{\mu_q\mu_w'}=\frac{112.5\times40}{1\times1}=4500(\text{psf})$$

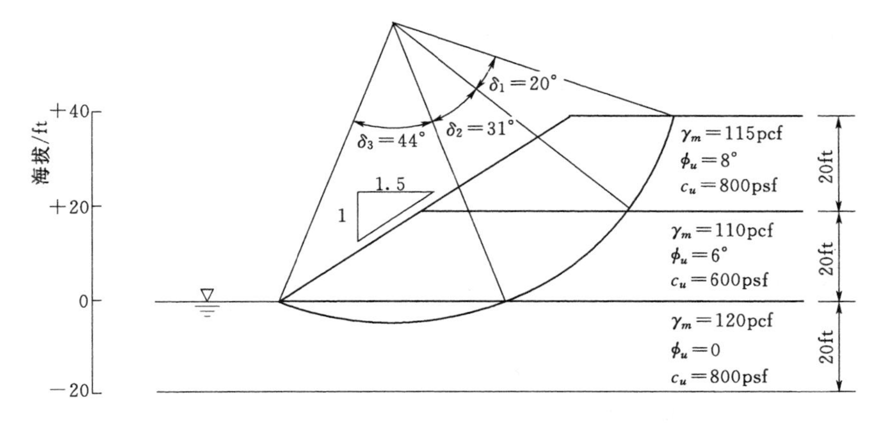

图 A.11 使用 c 和 ϕ 来进行通过坡趾圆弧的总应力分析

估计 $c_{av}=700$，$\phi_{av}=7°$，计算 $\lambda_{c\phi}$。

$$\lambda_{c\phi}=\frac{P_e\tan\phi}{c}=\frac{4500\times0.122}{700}=0.8$$

从图 A.5，加上 $b=1.5$、$\lambda_{c\phi}=0.8$。

$$x_0=0.6 \text{ 和 } y_0=1.5$$

$$X_0=Hx_0=40\times0.6=24(\text{ft})$$

$$Y_0=Hy_0=40\times1.5=60(\text{ft})$$

如图 A.11 所示，在边坡上画出临界圆弧。

计算 c_{av}、ϕ_{av}、$\lambda_{c\phi}$。

$$c_{av}=\frac{\sum\delta_i c_i}{\sum\delta_i}=\frac{20\times800+31\times600+44\times800}{20+31+44}=735(\text{psf})$$

$$\tan\phi_{av}=\frac{\sum\delta_i\tan\phi_i}{\sum\delta_i}=\frac{20\tan8°+31\tan6°+44\tan0°}{20+31+44}=0.064$$

$$\gamma_{av}=\frac{\sum\gamma_i h_i}{\sum h_i}=\frac{4500\times0.064}{735}=0.4$$

在图 A.5 中，加上 $b=1.5$、$\lambda_{c\phi}=0.4$。

$$x_0=0.65 \text{ 和 } y_0=1.45$$

$$X_0=Hx_0=40\times0.65=26(\text{ft})$$

$$Y_0=Hy_0=40\times1.45=58(\text{ft})$$

这个圆弧接近上次的迭代值，所以保持 $\lambda_{c\phi}=0.4$、$c_{av}=735$psf。在图 A.5 中，加上 $b=1.5$、$\lambda_{c\phi}=0.4$、$N_{cf}=6.0$。计算安全系数。

$$F=N_{cf}\frac{c}{P_d}=6.0\times\frac{735}{4500}=1.0$$

根据这个计算结果，边坡处于失稳边缘。

A.7.4 示例 4

图 A.12 显示了和图 A.11 相同的边坡。有效应力强度参数如图所示，并使用有效应力进行分析。边坡外有水，边坡内有渗流。

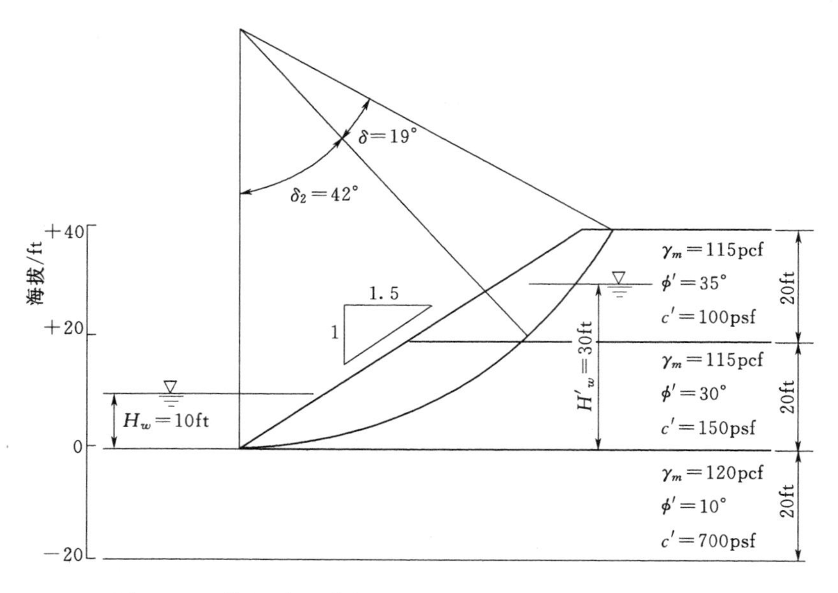

图 A.12 使用 c'和 ϕ'来进行通过坡趾圆弧的有效应力分析

使用层厚来计算平均容重，只计算坡趾以上部分的平均容重。

$$\gamma_{av}=\frac{\sum\gamma_i h_i}{\sum h_i}=\frac{115\times20+115\times20}{20+20}=115$$

对这个边坡：

$$\frac{H_w}{H}=\frac{10}{40}=0.25$$

$$\frac{H'_w}{H}=\frac{30}{40}=0.75$$

由于没有外部荷载，$\mu_q=1$；对坡趾圆弧使用图 A.3，加上 $H_w/H=0.25$ 和 $\beta=33.7°$，找出 $\mu_w=0.96$；对坡趾圆弧使用图 A.3，加上 $H'_w/H=0.75$，$\beta=33.7°$，找出 $\mu'_w=0.95$；由于没有张开缝，$\mu_t=1$。计算驱动力 P_d 如下。

$$P_d=\frac{\gamma H+q-\gamma_w H_w}{\mu_q\mu_w\mu_t}=\frac{115\times40+0-62.4\times10}{1\times0.96\times1}=4141(\text{psf})$$

计算 P_e。

$$P_e=\frac{\gamma H+q-\gamma_w H'_w}{\mu_q\mu'_w}=\frac{115\times40+0-62.4\times30}{1\times0.96}=2870(\text{psf})$$

估计 $c_{av}=120$、$\phi_{av}=33°$，计算 $\lambda_{c\phi}$。

$$\lambda_{c\phi}=\frac{P_e\tan\phi}{c}=\frac{2870\times0.64}{120}=15.3$$

从图 A.5，加上 $b=1.5$、$\lambda_{c\phi}=15.3$。

$$x_0=0 \text{ 和 } y_0=1.9$$

$$X_0=Hx_0=40\times0=0(\text{ft})$$

$$Y_0=Hy_0=40\times1.9=76(\text{ft})$$

如图 A.11 所示，在边坡上画出临界圆弧。

计算 c_{av}、ϕ_{av}、$\lambda_{c\phi}$。

$$c_{av}=\frac{\sum\delta_i c_i}{\sum\delta_i}=\frac{19\times100+42\times150}{19+42}=134(\text{psf})$$

$$\tan\phi_{av}=\frac{\sum\delta_i\tan\phi_i}{\sum\delta_i}=\frac{19\tan35^\circ+42\tan30^\circ}{19+42}=0.62$$

$$\gamma_{av}=\frac{\sum\gamma_i h_i}{\sum h_i}=\frac{4500\times0.62}{134}=13.3$$

从图 A.5，加上 $b=1.5$、$\lambda_{c\phi}=13.3$。

$$x_0=0.02 \text{ 和 } y_0=1.85$$

$$X_0=Hx_0=40\times0.02=0.8(\text{ft})$$

$$Y_0=Hy_0=40\times1.85=74(\text{ft})$$

这个圆弧接近上次的迭代值，所以保持 $\lambda_{c\phi}=13.3$，$c_{av}=134\text{psf}$。在图 A.5 中，加上 $b=1.5$ 和 $\lambda_{c\phi}=13.3$，$N_{cf}=35$。计算安全系数。

$$F=N_{cf}\frac{c}{P_d}=35\times\frac{134}{4141}=1.13$$

安全系数 $F=1.13$，边坡非常接近失稳。

A.7.5 示例 5

图 A.13 显示的边坡，一层薄的土壤覆盖在坚硬土壤上。这个例子的临界失稳机理是在坚实层顶部沿平行于边坡方向的滑动。这个边坡可以使用如图 A.7 所示的无限边坡稳定性图进行分析。计算平行于边坡的渗流条件和从边坡涌出的水平渗透渗流条件下的安全系数如下。

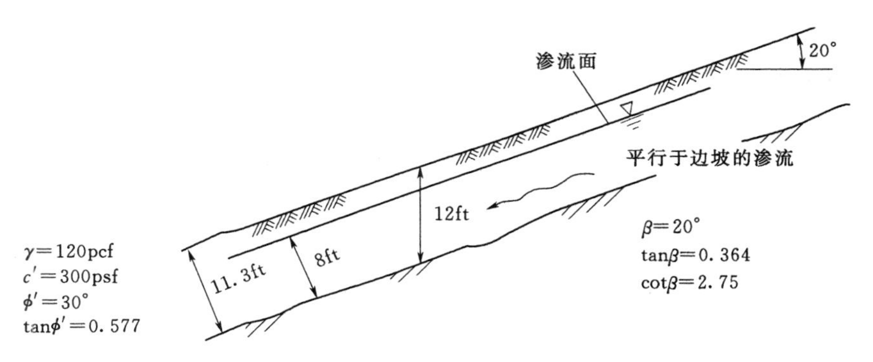

图 A.13 无限边坡分析

对平行于边坡的渗流：

$$X=8\text{ft},\ T=11.3\text{ft}$$

$$r_u=\frac{X}{T}\frac{\gamma_w}{\gamma}\cos^2\beta=\frac{8}{11.3}\times\frac{62.4}{120}\times0.94^2=0.325$$

从图 A.7，加上 $r_u=0.325$、$\cot\beta=2.75$、$A=0.62$ 和 $B=3.1$。计算安全系数。

$$F=A\frac{\tan\phi'}{\tan\beta}+B\frac{c'}{\gamma H}=0.62\times\frac{0.577}{0.364}+3.1\times\frac{300}{120\times12}=0.98+0.65=1.63$$

对从边坡涌出的水平渗流，$\theta=0^\circ$：

$$r_u=\frac{\gamma_w}{\gamma}\frac{1}{1+\tan\beta\tan\theta}=\frac{62.4}{120}\times\frac{1}{1+0.364\times0}=0.52$$

从图 A.7，加上 $r_u=0.52$、$\cot\beta=2.75$、$A=0.41$ 和 $B=3.1$。计算安全系数。

$$F=A\frac{\tan\phi'}{\tan\beta}+B\frac{c'}{\gamma H}=0.41\times\frac{0.577}{0.364}+3.1\times\frac{300}{120\times12}=0.65+0.65=1.30$$

应注意到从边坡涌出的水平渗流条件下的安全系数比平行于边坡的渗流条件下的要小。

A.7.6 示例 6

图 A.14 显示了一个淹没的黏土边坡，$\phi=0$ 且强度随深度呈线性增加。安全系数是采用如图 A.8 所示边坡稳定性图计算。将强度外推至零轴得到 $H_0=15\text{ft}$，计算 M 如下。

$$M=\frac{H_0}{H}=\frac{15}{100}=0.15$$

从图 A.8，加上 $M=0.15$、$\beta=45°$，$N=5.1$。从土壤的强度图中得到 $c_b=1150\text{psf}$。计算安全系数。

$$F=N\frac{c_b}{\gamma(H+H_0)}=5.1\times\frac{1150}{37.6\times115}=1.36$$

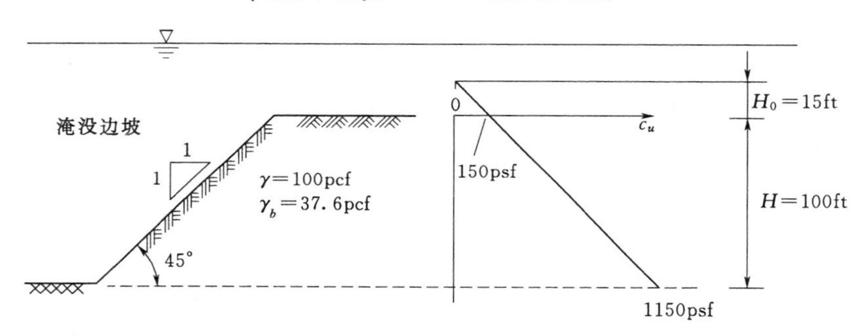

图 A.14 $\phi=0$ 且强度随深度增加

附录B　完全软化的抗剪强度曲线包络线及其对边坡稳定性分析的影响

注：以下内容是由 Stephen G. Wright 所写，2011 年 12 月在弗吉尼亚理工大学岩土工程实践和研究中心召开的“关于高塑性黏土边坡稳定性的抗剪强度研讨会”所做报告中作为附录首次发表，报告编号 67。

B.1　说明

大量数据表明，高塑性黏土完全软化的抗剪强度包络线是一条曲线，并在莫尔图上通过原点（图 B.1）。以下的章节中，给出了其是曲线的依据，并讨论了适当的公式来描述这种弯曲的抗剪强度包络线，并展示了曲线包络对边坡稳定性计算结果的影响。最后，给出结论和一些建议。

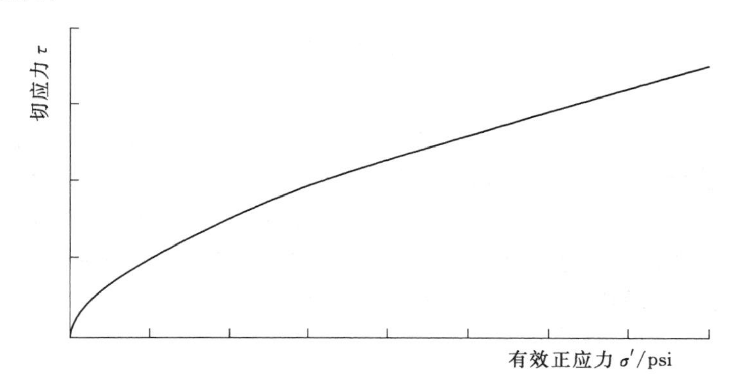

图 B.1　弯曲的有效应力莫尔强度包络线

B.2　测量的强度包络线

完全软化的抗剪强度至少使用了 4 个不同的测试设备进行测量：三轴抗剪，直剪、环剪和倾斜试验台。此外，在重塑正常固结土和受到重复干湿循环压实土样品上都进行了完全软化强度的测量。无论使用何种类型的设备或样品，结果都显示强度包络线是曲线。下面给出了几个例子进行说明。

图 B.2[❶] 是博蒙特（Beaumont）黏土试样的三轴压缩试验数据的修正莫尔-库仑图。图中同时显示了经过重复干湿循环的压实试样和从泥浆进行正常固结的试样数据。两种类型的试样表现出了类似的完全软化强度包络线，因此图中将这两种类型试样的数据结合在

❶　图 B.2 直接在莫尔图上画出了一个非线性的抗剪强度包络线。从图 B.2 计算出相应的强度包络线（$\sigma'-\tau$）图也是曲线，但这里并未画出。图 B.2 更便于从常规三轴试验绘制强度包络线，因为它可以将每次试验的强度值绘制为单个点，而不是在莫尔图上绘成圆。

一起。图中所绘制的包络线是两种类型试样组合数据的最佳拟合结果。在包络线上可以看到一个明显的曲线。

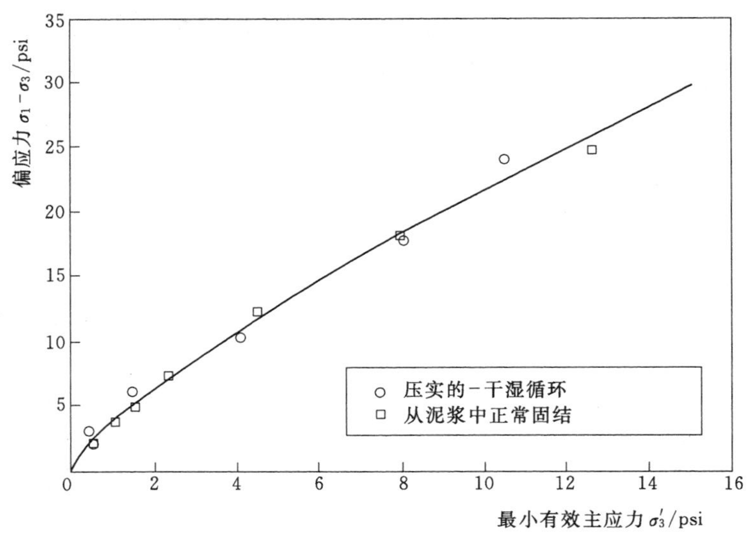

图 B.2　博蒙特黏土试样完全软化强度的修正莫尔-库仑图
(Kayyal 和 Wright，1991)

Pederson 等（2003）对高岭土的正常固结试样进行了倾斜台试验。倾斜台允许在非常低的正常应力进行测试。Pederson 等在正常应力范围从 1Pa（0.02psf）至大约 2400Pa（50psf）内进行了测试。在如图 B.3 所示的常规莫尔图上绘制这些测试数据，可以再次看到，通过这些测试数据的强度包络线是曲线。这可以由割线摩擦角进一步说明（图 B.4），割线摩擦角可以绘制成如图 B.5 所示的有效正应力的函数（注：应力为对数刻度）。

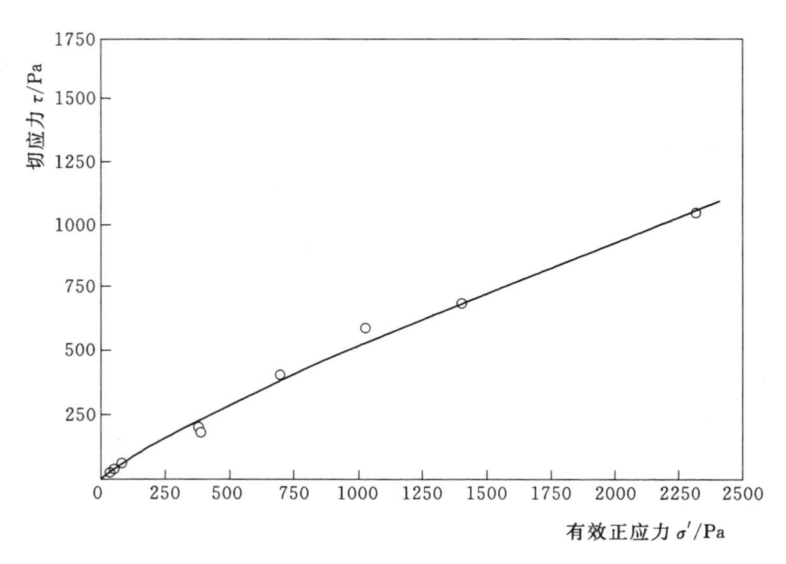

图 B.3　使用倾斜试验台测试的常规固结高岭土的常规莫尔-库仑图
(Pederson 等，2003)

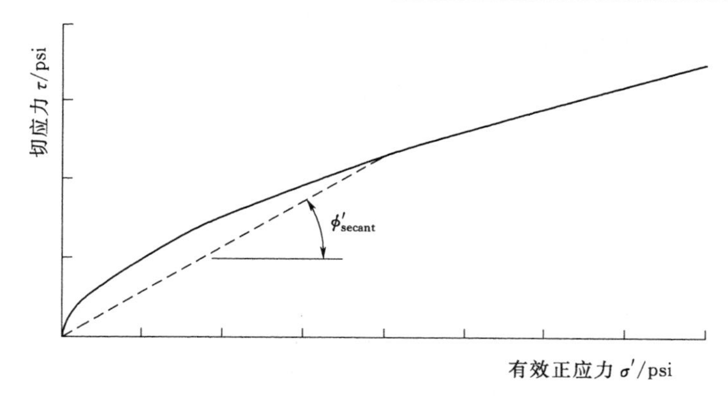

图 B.4 曲线莫尔强度包络线的割线摩擦角

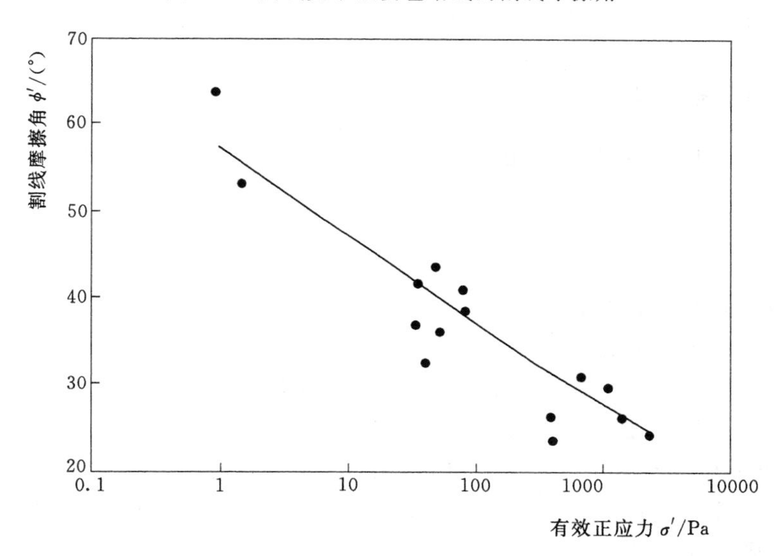

图 B.5 使用倾斜试验台测试的常规固结高岭土的不同割线摩擦角及有效正应力（Pederson 等，2003）

Stark 等（2005）使用环切试验来测量完全软化的抗剪强度包络线。他们的试验结果也表明完全软化的强度包络线是曲线。他们通过在割线摩擦角与液限、颗粒含量和有效正应力之间建立相关性，来反映这种弯曲。作为他们相关性的一个例子，考虑一个颗粒含量为 64%和液限为 88%的土壤。Aguettant 等（2006）对得克萨斯中部的 Eagle Ford 黏土测试了这些值，表 B.1 给出了这种土的 Stark 关系值。

表 B.1 基于 Stark 关系的 Eagle Ford 黏土的完全软化强度包络线

σ'/kPa	τ/kPa	割线 ϕ'/kPa
50	24	25.3
100	40	21.8
400	137	18.9

将表 B.1 中的数据用于绘制图 B.6 中的莫尔图。图中也显示了这个相关性得出的近

似值是一个连续弯曲的强度包络线。

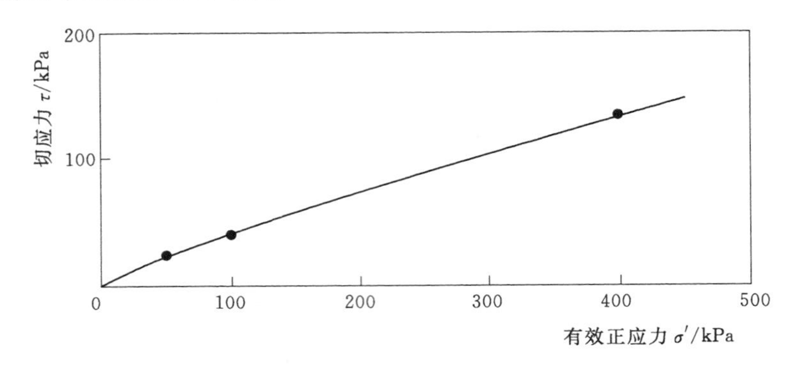

图 B.6　基于 Stark 等（2005）相关性的 Eagle Ford 黏土的抗剪强度莫尔图

B.3　强度包络线的公式

所有在上一节中所示的强度包络线都是基于下列形式的幂函数，该公式由 Lade（2010）推荐。

$$\tau = a p_a \left(\frac{\sigma'}{p_a}\right)^b \tag{B.1}$$

式中　a、b——土壤强度参数；

p_a——标准大气压。

通过引入大气压力，土壤强度参数 a 和 b 成为无量纲参数。如式（B.1）所推荐的幂函数式，对于描述抗剪强度并不新颖。Atkinson 和 Farrar（1985）、Charles 和 Soares（1984）、Charles 和 Watts（1980）、Collins 等（1988）、Crabb 和 Atkinson（1988）、de Mello（1977）、Maksimovic（1989）、Perry（1994）都提出了描述非线性抗剪强度包络线的一些幂函数形式的公式。

虽然看起来之前的工作并没有导致式（B.1）在岩土工程实践中广泛采用，但当对实验室数据进行强度包络线拟合时这些公式相当有吸引力，随后在边坡稳定性分析中便逐步使用了这些结果。这些公式在进行测量的应力值之间内插时，特别是在计算假定的很小应力（见下节）下的浅层滑动的斜坡稳定性时非常方便。图 B.3 和图 B.5 中由 Pederson 等人测试的高岭土试验数据显示了在应力远远小于 1psf 到更高的应力范围内，应力数据与式（B.1）都很一致。

拟合三轴试验数据时，式（B.1）描述强度包络线会出现困难，如图 B.2 所示。式（B.1）认为抗剪强度与抗剪破坏面上的有效正应力相关，这是边坡稳定性计算所需的关系形式。即在边坡稳定性计算时，抗剪强度被认为是潜在破坏面上的正应力的函数。在三轴试验时，抗剪强度 τ 通常采用的是破坏面破坏时的剪应力 τ_{ff}。τ_{ff} 与主应力有关。

$$\tau_{ff} = \frac{(\sigma_1 - \sigma_3)}{2}\cos\phi' \tag{B.2}$$

式中　ϕ'——与有效应力对应的摩擦角。

相应的正应力（σ）是破坏时破坏面上的正应力（σ'_{ff}），由下式计算。

$$\sigma'_{ff}=\frac{(\sigma'_1+\sigma'_3)}{2}-\frac{(\sigma'_1-\sigma'_3)}{2}\sin\phi' \tag{B.3}$$

要计算 τ_{ff} 和 σ'_{ff}，必须知道摩擦角。在目前的工作中，摩擦角 ϕ' 采用的是抗剪强度包络线的斜率（正切值）。然而，这种摩擦角只有当由式（B.1）明确的强度包络线与试验数据吻合时才能确定。因此拟合强度包络线时，通常采用迭代法来确定 τ_{ff} 和 σ'_{ff}：假设一个摩擦角，计算 τ_{ff} 和 σ'_{ff}，使用式（B.1）拟合计算得到的应力。对每个测试，从相应强度包络线的斜率计算出新的摩擦角。由于包络线是曲线，摩擦角会随有效正应力 σ' 变化而变化。使用新的摩擦角，重复这一计算过程，直到结果收敛。

上面描述的迭代过程已被用于拟合本附录中所有的三轴数据的强度包络线。一旦由式（B.1）明确的包络线被确定了，就可以将其画在任何类型的图上，如图 B.2 所示的修正莫尔-库仑图。这涉及很多同样类型的迭代过程以拟合原本的包络线。然而，对于边坡稳定性计算，σ' 和 τ 之间的关系是直接使用的，并不需要确定之前所述的等效摩擦角（ϕ'）。

B.4 边坡稳定性的影响因素

在考虑浅层滑动和低坡时，抗剪强度包络线的特性是很重要的，特别是在低正应力时。为了说明强度包络线的重要性，进行了 2 个系列的边坡稳定性计算。第一个系列是在巴黎附近的得克萨斯建造的压实巴黎黏土土坡。第二个系列分析是针对一组假设的伊格福特黏土边坡。

B.5 系列分析 1：巴黎，得克萨斯边坡

第一个系列的分析是一个如图 B.7 所示的坡度 3：1 的边坡。这个边坡高 20ft，黏土的总容重为 107pcf。假设测压面与边坡顶面和地基重合。这与通过对得克萨斯一些经历过滑坡的高 *PI* 黏土边坡进行反分析的结果是一致的。

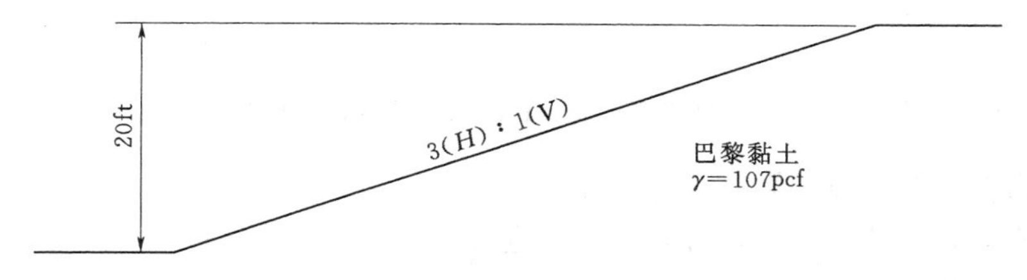

图 B.7 用于分析的巴黎黏土边坡（Kayyal 和 Wright，1991）

图 B.8 显示了通过坡面土壤试验得到的强度包络线。包络线由幂函数方程［式（B.1）］表示，公式近似的参数为：$a=0.62$，$b=0.84$。为了进行边坡稳定性计算，使用了图 B.8 所示的完整包络线以及由曲线包络线在选定的最小“转换”应力 σ'_t 处转换得到的线性包络线。在转换应力之下，假设有一个如图 B.9 所示的通过原点的线性包络线。假设最小（转换）应力范围为 100～1000psf，使用每个最小（转换）应力的包络线的结果来计算安全系数。每种情况下，只计算的最临界（最小的安全系数）圆弧的安全系数，最临界圆弧位置取决于所使用的特定的强度包络线。假定的过渡应力与相应的安全系数的变化如图 B.10 所示。

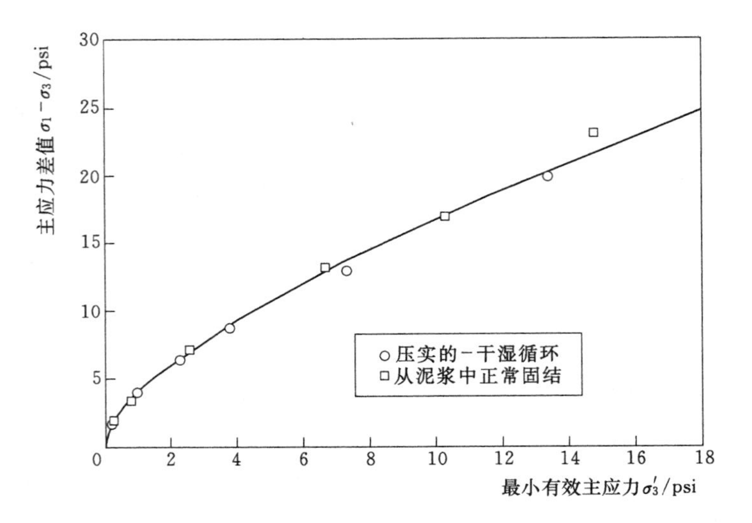

图 B.8　巴黎黏土完全软化抗剪强度的修正莫尔-库仑图
(Kayyal 和 Wright，1991)

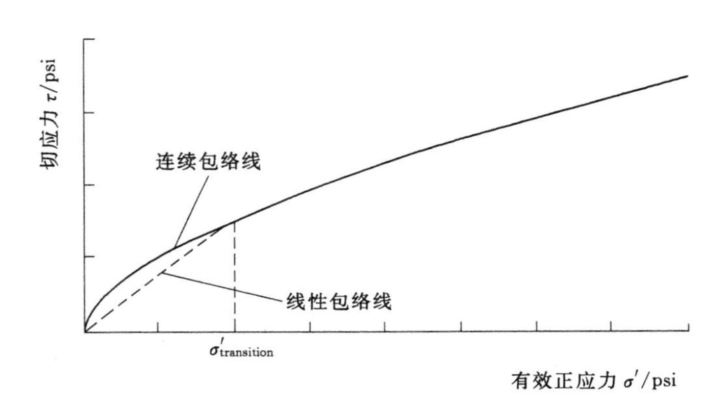

图 B.9　用于分析的修正的（转换的）非线性抗剪强度包络线

转换应力对安全系数的影响，可能部分取决于过渡应力值，过渡应力值与边坡中和滑动面上的正应力相关的。因此，首先将转换应力校正为 σ_t'，将转换应力值除以边坡高度与土的浮容重的乘积 $\gamma'H$。这里使用土的浮容重是因为假定边坡的水位很高。对计算的安全系数也进行校正，将这个安全系数除以用连续弯强度抗剪包络线计算的安全系数，由此得到安全系数比 f_r 的计算结果如下。

$$f_r=\frac{F_{\text{Modified envelope}}}{F_{\text{Continuous curved}}} \tag{B.4}$$

图 B.11 中绘制了校正的安全系数比与校正的转换应力图。

图 B.11 中的结果显示了在低应力水平时确定抗剪强度包络线的重要性。例如，为了得到与连续弯曲的抗剪强度包络线对应的 5%以内应力水平的安全系数，包络线必须延伸到应力降低至 $\gamma'H$ 的 18%左右（0.18）或在特定边坡案例分析中约 160psf。类似地，如果想得到 10%应力水平的安全系数，包络线必须延伸到约 $\gamma'H$ 的 22%（200psf）。

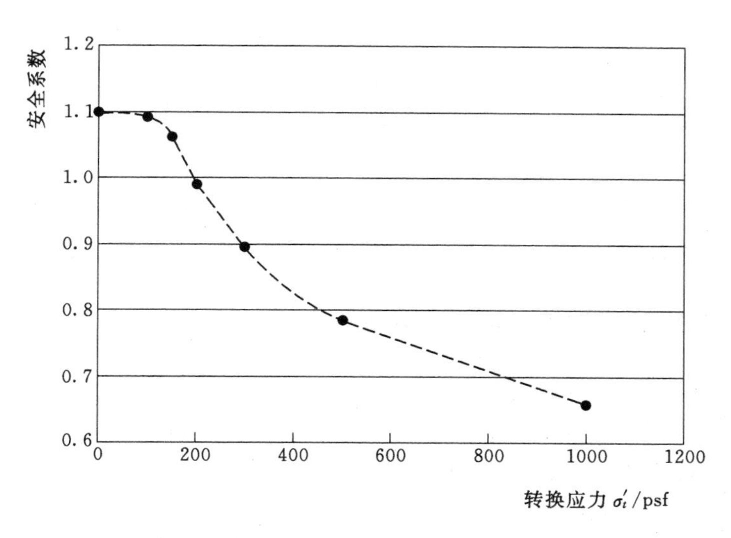

图 B.10 安全系数随转换应力的变化关系（巴黎黏土边坡的曲线强度包络线）

当安全系数随着转换应力变化而变化时，临界滑动面位置也发生变化。图 B.12 显示了采用连续弯取抗剪强度包络获得的临界圆弧（安全系数最低的）。当假定转换应力为 100psf 时获得的临界圆弧看起来也与图 B.12 非常相似。然而，当假定转换应力为 150psf 或以上时，其临界滑动面与无黏性土的无限边坡临界滑动面基本相同，即临界滑动面几乎是平面且和边坡表面几乎平行。从效果上来看，其滑动面就像是拥有固定摩擦角的非黏性土的滑动面那样。只有抗剪强度包络线的初始线性部分对稳定性有影响。其安全系数与无限边坡分析中采用抗剪强度包络线的初始线性斜率计算出的值相同。

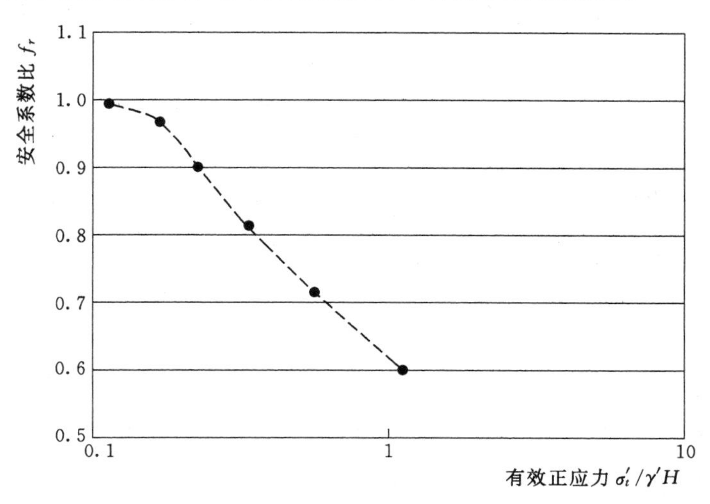

图 B.11 曲线强度包络线的安全系数比 f_r 与校正的转换应力 $\sigma_t'/\gamma' H$ 的关系（巴黎黏土边坡）

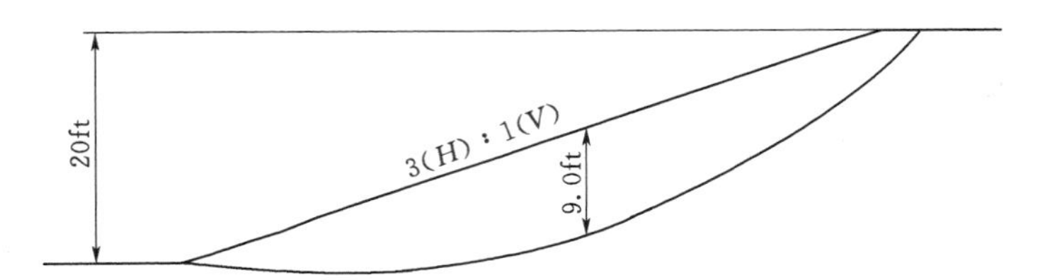

图 B.12　基于连续弯曲抗剪包络线的临界圆弧（巴黎黏土边坡）

B.6　系列分析 2：假设的 Eagle Ford 黏土边坡

系列分析 2 针对的是一组假设的坡度为 3.5：1 的边坡，高度为 10～40ft（图 B.13）。假定边坡是由得克萨斯中部的压实 Eagle Ford 黏土建成，黏土容重为 120pcf。与之前分析的边坡一样，假定自由水位线在坡面和地基面上。

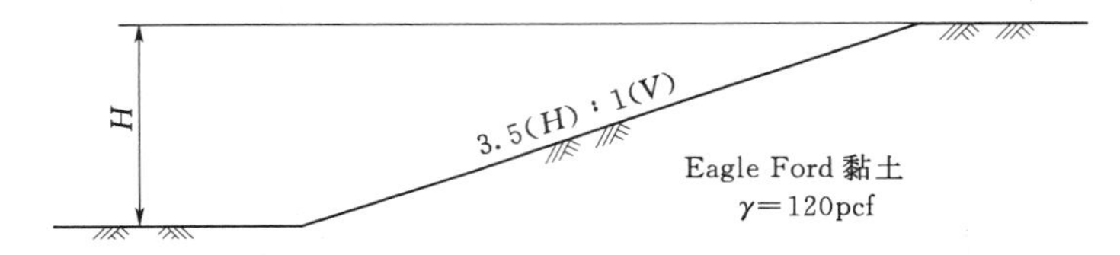

图 B.13　假定的用于参数研究的伊格福特黏土边坡

Eagle Ford 黏土的完全软化强度特性是基于干湿循环试件的三轴试验得到的。这些数据是由 Aguettant（2006）发表的，并画出了如图 B.14 所示的强度包络线。

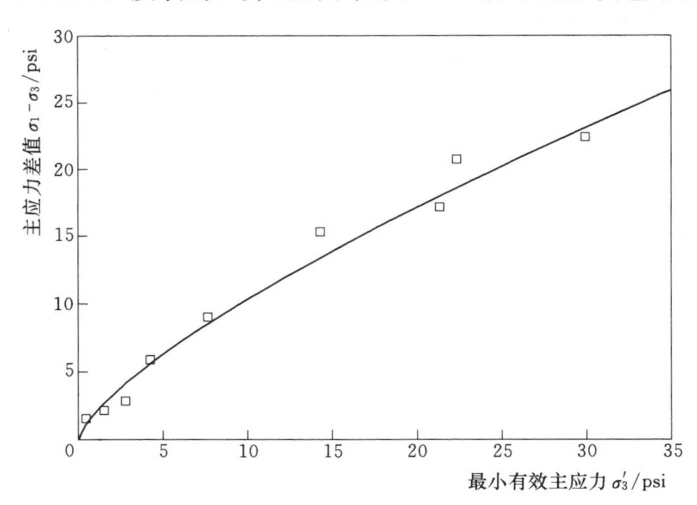

图 B.14　Eagle Ford 黏土的完全软化强度包络线（Aguettant，2006）

使用图 B.14 中连续弯曲抗剪强度包络分别计算了各边坡的安全系数，同时采用了之前图 B.9 中不同转换应力的强度包络线计算了安全系数。假定了 100psf、200psf、500psf 和 1000psf 的转换应力。再通过将安全系数除以连续弯曲强度包络线相应的安全系数来将安全系数正则化以获得安全系数比 f_r。然后将这些数据与正则化后的转换应力 $\sigma_t'/\gamma' H$ 的对数作图，如图 B.15 所示。

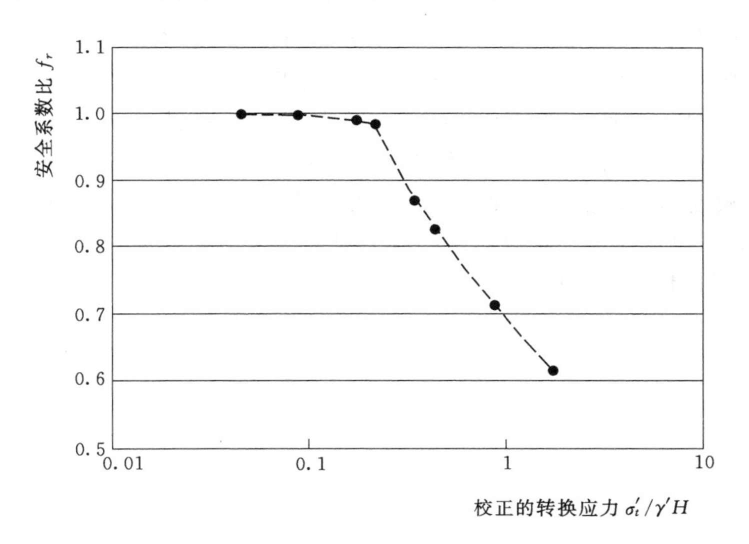

图 B.15 曲线强度包络线的安全系数比与校正的转换应力 $\sigma_t'/\gamma' H$ 的关系
——Eagle Ford 黏土边坡的参数研究

图 B.15 的结果表明在使用线性近似的曲线抗剪强度包络线时，为了获得不超过 5% 的误差，约 25%$\gamma' H$ 对应的最小的转换应力是必要的。因此，对于一个 20ft 高的边坡，需要的最小应力约为 290psf。类似的，如果对于一个 20ft 高的边坡，要求误差不超过 10%，需要的最小应力约 360psf。

图 B.16 显示了该 20ft 高边坡的基于连续弯曲抗剪强度包络线的临界圆弧。还可以画出 10ft 和 40ft 高边坡的类似临界滑动面。所有 3 个斜坡的临界滑动面的最大垂直深度约为相应坡高 48%。此外，对于较低的转换应力值，临界滑动面的垂直深度一般为约 40%～48%的边坡高度。然而，当假定的校正的转换应力值 $\sigma_t'/\gamma' H$ 增加到0.2～0.3，临界滑动面会变得很浅，几乎与坡面一致。在这一点上，其安全系数与无限边坡分析中采用固定摩擦角计算出的值基本相同，该固定摩擦角与抗剪强度包络线的初始线性斜率一致。

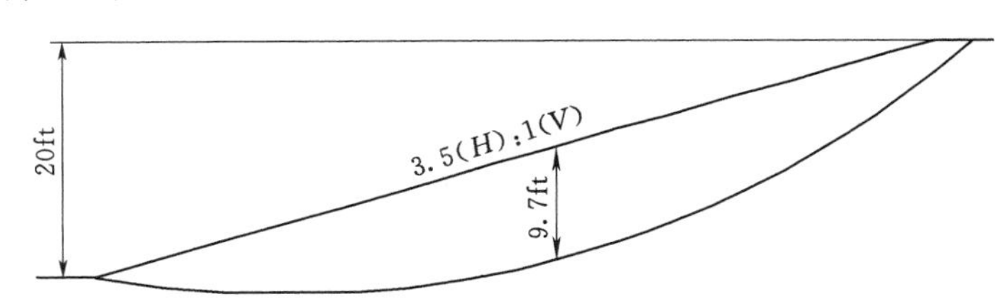

图 B.16 基于连续弯曲抗剪强度包络线的临界圆弧——高 20ft 的 Eagle Ford 黏土边坡

B.7 结论和建议

明确低应力时的完全软化的抗剪强度包络线非常重要，特别是在低坡和较浅的滑动面上。事实上，这可能需要明确低于通常试验应力时的强度包络线。无量纲参数 $\sigma_t'/\gamma' H$ 在明确最小应力 σ_t'时可能很有用。为了从边坡稳定性计算得到可靠的结果，应明确这些强度。目前获得的分析表明，当使用完全弯曲的强度包络线时，如果为了确定 5%～10%值的安全系数，需要明确应力低至约（20%～30%）$\gamma' H$ 时的弯曲强度包络线。明确抗剪强度包络线对于进一步研究 $\sigma_t'/\gamma' H$ 的最小值会有帮助。

由幂函数式（B.1）所定义的弯曲抗剪强度包络线与测量的土壤强度数据拟合较好，即使在非常低的应力时，例如所示的该包络线用于拟合由 Pederson 等测量的应力低至不足 1lb/ft^2 的高岭土数据，如果这种良好的一致性对其他土壤也可以得到确认，式（B.1）对于建立低于正常测试应力或难以测试的应力时的强度会很有用。式（B.1）对于完全软化强度的适用性值得进一步研究。

参 考 文 献

Aas, G., Lacasse, S., Lunne, T., and Hoeg, K. (1986). Use of in situ tests for foundation design on clay, in *Use of In Situ Tests in Geotechnical Engineering*, S. P. Clemence, Ed., GSP 6, American Society of Civil Engineers, New York, pp. 1 - 30.

Abrams, T. G., and Wright, S. G. (1972). *A Survey of Earth Slope Failures and RemedialMeasures in Texas*, Research Report 161 - 1, Center for Highway Research, The University of Texas at Austin, December.

Abramson, L. W., Lee, T. S., Sharma, S., and Boyce, G. M. (2002). *Slope Stability and Stabilization Methods*, 2nd ed., Wiley, Hoboken, NJ.

Acker, W. L., III (1974). *Basic Procedures for Soil Sampling and Core Drilling*, Acker Drill Co, Scranton, PA.

Aguettant, J. E. (2006). "The fully softened shear strength of high plasticity clays," Thesis submitted in partial fulfillment of the requirements for Master of Science in Engineering, The University of Texas at Austin.

Al - Hussaini, M., and Perry, E. B. (1978). Analysis of rubber membrane strip reinforced earth wall, *Proceedings of the Symposium on Soil Reinforcing and Stabilizing Techniques*, 59 - 72.

Anon. (1981). 18 million litres a day! That's the massive dewatering task involving Hanson Sykes for this trial coal pit, in *The Earthmover and Civil Contractor*, Peter Attwater, Australia.

Arai, K., and Tagyo, K. (1985). Determination of noncircular slip surface giving the minimum factor of safety in slope stability analysis, *Soils and Foundations*, 25 (1), 43 - 51.

Arel, E., and Öalp, A. (2012). Geotechnical properties of Adapazari silt, *Bulletin of Engineering Geology and the Environment*, November 2012, 71 (4), 709 - 720.

ASTM Standard D1557 - 12 (2012). Standard Test Methods for Laboratory Compaction Characteristics of Soil Using Modified Effort [56,000 ft - lbf/ft^3 (2,700 kN - m/m^3)], ASTM International, West Conshohocken, PA.

ASTM Standard D1586 - 11 (2011). ASTM D1586 - 11 Standard Test Method for Standard Penetration Test (SPT) and Split - Barrel Sampling of Soils, ASTM International, West Conshohocken, PA.

ASTM Standard D2166 - 13 (2013). Standard Test Method for Unconfined Compressive Strength of Cohesive Soil, ASTM International, West Conshohocken, PA.

ASTM Standard D2573 - 08 (2008). Standard Test Method for Field Vane Shear Test in Cohesive Soil, ASTM International, West Conshohocken, PA.

ASTM Standard D2850 - 07 (2007). Standard Test Method for Unconsolidated - Undrained Triaxial Compression Test on Cohesive Soils, ASTM International, West Conshohocken, PA.

ASTMStandard D3080 - 11 (2011). Standard Test Method for Direct Shear Test of Soils under Consolidated Drained Conditions, ASTM International, West Conshohocken, PA.

ASTM Standard D4594 - 09 (2009). Standard Test Method for Effects of Temperature on Stability of Geotextiles, ASTM International, West Conshohocken, PA.

ASTM Standard D4648 - 13 (2013). Standard Test Method for Laboratory Miniature Vane Shear Test for Saturated Fine - Grained Clayey Soil, ASTM International, West Conshohocken, PA.

ASTM Standard D4767 - 11 (2011). Standard Test Method for Consolidated Undrained Triaxial Compression Test for Cohesive Soils, ASTM International, West Conshohocken, PA.

ASTM Standard D5778 - 12 (2012). Standard Test Method for Electronic Friction Cone and Piezocone Penetration Testing of Soils, ASTM International, West Conshohocken, PA.

ASTM Standard D6528 - 07 (2007). Standard Test Method for Consolidated Undrained Direct Simple Shear Testing of Cohesive Soils, ASTM International, West Conshohocken, PA.

ASTM Standard D6635 - 07 (2007). Standard Test Method for Performing the Flat Plate Dilatometer, ASTM International, West Conshohocken, PA.

ASTM Standard D6637 - 11 (2011) Standard Test Method for Determining Tensile Properties of Geogrids by the Single or Multi - Rib Tensile Method, ASTM International, West Conshohocken, PA.

ASTM Standard D698 - 12 (2012). Standard Test Methods for Laboratory Compaction Characteristics of Soil Using Standard Effort [12400 ft - lbf/ft^3 (600kN - m/m^3)], ASTM International, West Conshohocken, PA.

ASTM Standard D7181 - 11 (2011). Method for Consolidated Drained Triaxial Compression Test for Soils, ASTM International, West Conshohocken, PA.

ASTM Standard D7608 - 10 (2010). Standard Test Method for Torsional Ring Shear Test to Determine Drained Fully Softened Shear Strength and Nonlinear Strength Envelope of Cohesive Soils (Using Normally Consolidated Specimen) for Slopes with No Preexisting Shear Surfaces, ASTM International, West Conshohocken, PA.

Atkinson, J. H., and Farrar, D. M. (1985). Stress path tests to measure soil strength parameters for shallow landslips, *Proceedings of the Eleventh International Conference on Soil Mechanics and Foundation Engineering*, San Francisco, Vol. 2, pp. 983 - 986.

Ausilio, E., Conte, E., and Dente, G. (2000). Seismic stability analysis of reinforced slopes, *Soil Dynamics and Earthquake Engineering*, 19, 159 - 172.

Ausilio, E., Conte, E., and Dente, G. (2001). Stability analysis of slopes reinforced with piles, *Computers and Geotechnics*, 28, 591 - 611.

Ayres, D. J. (1959). Grouting and the civil engineer, *Transaction of the Society of Engineers*, 114 - 124.

Ayres, D. J. (1961). The treatment of unstable slopes and railway track formations, *Journal of the Society of Engineers*, 52, 111 - 138.

Ayres, D. J. (1985). Stabilization of slips in cohesive soils by grouting, *Failures in Earthworks*, Thomas, Telford, London.

Azzouz, A. S., Baligh, M. M., and Ladd, C. C. (1981). Threedimensional stability analysis of four embankment failures, *Proceedings of the Tenth International Conference on Soil Mechanics and Foundation Engineering*, Stockholm, June, Vol. 3, pp. 343 - 346.

Baker, R. (1980). Determination of the critical slip surface in slope stability computations, *International Journal for Numerical and Analytical Methods in Geomechanics*, 4 (4), 333 - 359.

Baldi, G., Bellotti, R., Ghionna, V., Jamiolkowski, M., and Pasqualini, E. (1986). Interpretation of CPTs and CPTUs; 2nd part: drained penetration of sands, *Proceedings of the 4th International Geotechnical Seminar*, Singapore.

Baynes, F. (2005a). Report of site studies between 28 January and 11 February 2005, Report to British Petroleum.

Baynes, F. (2005b). Report of earthworks related to geological conditions. Report to British Petroleum.

Becker, E., Chan, C. K., and Seed, H. B. (1972). *Strength and Deformation Characteristics of Rockfill Materials in Plane Strain and Triaxial Compression Tests*, Report No. TE - 72 - 3, Dept. of Civil Engineering, University of California, Berkeley.

Beles, A. A., and Stanculescu, I. I. (1958). Thermal treatments as a means of improving the stability of earth masses, *Géotechnique*, 8, 156 - 165.

Bishop, A. W. (1954). The use of pore pressure coefficients in practice, *Géotechnique*, Institution of Civil Engineers, Great Britain, 4 (4), 148 - 152.

Bishop, A. W. (1955). The use of slip circle in the stability analysis of earth slopes, *Géotechnique*, 5 (1), 7 - 17.

Bishop, A. W., and Bjerrum, L. (1960). The relevance of the triaxial test to the solution of stability problems, *Proceedings of the ASCE Research Conference of Shear Strength of Cohesive Soils*, Boulder, CO, pp. 437 - 501.

Bishop, A. W., and Eldin, G. (1950). Undrained triaxial tests on saturated sands and their significance in the general theory of shear strength. *Géotechnique*, 2, 13 - 32.

Bishop, A. W., and Morgenstern, N. (1960). Stability coefficients for earth slopes, *Géotechnique*, Institution of Civil Engineers, Great Britain, 10 (4), 129 - 150.

Bishop, A. W., Alpan, I., Blight, G. E., and Donald, I. B. (1960). Factors controlling the shear strength of partly saturated cohesive soils, *Proceedings of the ASCE Research Conference of Shear Strength of Cohesive Soils*, Boulder, CO, pp. 503 - 532.

Bjerrum, L. (1967). Progressive failure in slopes of overconsolidated plastic clay and clay shales. *Journal of the Soil Mechanics and Foundation Division*, 93 (SM5), 1 - 49.

Bjerrum, L. (1972). Embankments on soft ground, *Proceedings of Specialty Conference*, *Performance of Earth and Earth - Supported Structures*, American Society of Civil Engineers, New York, Vol. II, pp. 1 - 54.

Bjerrum, L. (1973). Problems of soil mechanics and construction on soft clays, *Proceedings of 8th International Conference on Soil Mechanics and Foundation Engineering*, Moscow, Vol. 3, pp. 11 - 159.

Bjerrum, L., and Simons, N. E. (1960). Comparison

of shear strength characteristics of normally consolidated clays, *Proceedings of the Research Conference on Shear Strength of Cohesive Soils*, ASCE, Boulder, CO, pp. 711 - 726.

Blacklock, J. R., and Wright, P. J. (1986). Injection stabilization of failed highway embankments, 65th Annual Meeting of the Transportation Research Board, Washington DC.

Bonaparte, R., and Christopher, B. R. (1987). Design and construction of reinforced embankments over weak foundations, *Transportation Research Record*, 1153, 26 - 39.

Bouazzack, A., and Kavazanjian, E. (2001). Construction on old landfills, *Environmental Geotechnics: Proceedings of 2nd Australia and New Zealand Conference on Environmental Geotechnics - Geoenvironment*, Australian Geomechanics Society (Newcastle Chapter), pp. 467 - 482.

Boutrup, E., and Lovell, C. W. (1980). Searching techniques in slope stability analysis, *Engineering Geology*, 16 (1), 51 - 61.

Brahma, S. P., and Harr, M. E. (1963). Transient development of the free surface in a homogeneous earth dam, *Géotechnique*, Institution of Civil Engineers, Great Britain, 12 (4), 183 - 302.

Brandl, H. (1981). Stabilization of slippage - prone slopes by lime piles, *Proceedings of the 8th International Conference on Soil Mechanics and Foundation Engineering*, pp. 738 - 740.

Brandon, T. (2013). Advances in shear strength measurement, assessment, and use for slope stability analysis, Geo - Congress 2013, pp. 2317 - 2337.

Brandon, T. L., Ed. (2001). *Foundations and Ground Improvement*. ASCE Geotechnical Special Publication 113, Reston, VA.

Brandon, T. L., Duncan, J. M., and Huffman, J. T. (1990). *Classification and Engineering Behavior of Silt*. Final Report to the U. S. Army Corps of Engineers, Lower Mississippi Valley Division.

Brandon, T., Rose, A., and Duncan, J. (2006). Drained and undrained strength interpretation for low - plasticity silts, *Journal of Geotechnical and Geoenvironmental Engineering*, 132 (2), 250 - 257.

Brandon, T., Wright, S., and Duncan, J. (2008). Analysis of the stability of I - walls with gaps between the I - wall and the levee fill, *Journal of Geotechnical and Geoenvironmental Engineering*, 134, SPECIAL ISSUE: Performance of Geo - Systems during Hurricane Katrina, 692 - 700.

Bray, J., and Travasarou, T. (2009). Pseudostatic coefficient for use in simplified seismic slope stability evaluation, *Journal of Geotechnical and Geoenvironmental Engineering*, 135 (9), 1336 - 1340.

Bray, J. D., Rathje, E. M., Augello, A. J., and Merry, S. M. (1998). Simplified seismic design procedure for geosynthetic - lined, solid - waste landfills, *Geosynthetics International*, 5 (1 - 2), 203 - 235.

Bray, J. D., Zekkos, D., and Merry, S. M. (2008). Shear strength of municipal solid waste, *Proceedings of the International Symposium on Waste Mechanics*, ASCE, pp. 44 - 75.

Bray, J. D., Zekkos, D., Kavazanjian, E., Athanasopoulos, G. A., and Riemer, M. F. (2009). Shear strength of municipal solidwaste, *Journal of Geotechnical and Geoenvironmental Engineering*, 135 (6), 709 - 722.

Bromhead, E. N. (1979). A simple ring shear apparatus, *Ground Engineering*, 12 (5), 40 - 44.

Bromhead, E. N. (1992). *The Stability of Slopes*, (2nd ed.) Blackie Academic, London.

Bromwell, L. G., and Carrier, W. D. I. (1979). Consolidation of fine - grained mining wastes, *Proceedings of 6th Pan - American Conference on Soil Mechanics and Foundation Engineering*, Vol. 1, Lima, Peru, pp. 293 - 304.

Bromwell, L. G., and Carrier, W. D. I. (1983). Reclamation alternatives for phosphatic clay disposal areas. Symposium on Surface Mining, Hydrology, Sedimentology and Reclamation, University of Kentucky, Lexington, pp. 371 - 376.

Browzin, B. S. (1961). Non - steady flow in homogeneous earth dams after rapid drawdown, *Proceedings of the Fifth International Conference on Soil Mechanics and Foundation Engineering*, Paris, Vol. 2, pp. 551 - 554.

Busbridge, J. R., Chan, P., Milligan, V., La Rochelle, P., and Lefebvre, L. D. (1985). Draft report on "The effect of geogrid reinforcement on the stability of embankments on a soft sensitive Champlain clay deposit," Prepared for the Transportation Development Center, Montreal, Quebec, by Golder Associates and Laval University.

Byrne, J. (2003). Personal communication.

Byrne, R. J., Kendall, J., and Brown, S. (1992). Cause and mechanism of failure, Kettlemen Hills Landfill B - 19, Unit IA, *Proceedings ASCE Specialty Conference on Performance and Stability of Slopes and Embankments—II*, Vol. 2, pp. 1188 - 1215.

Carter, M., and Bentley, S. P. (1985). The geometry of slip surfaces beneath landslides: Predictions from surface measurements, *Canadian Geotechnical Journal*, 22 (2), 234-238.

Casagrande, A. (1937). Seepage through dams, *Journal of the New EnglandWaterWorks Association*, 51 (2), June [reprinted in *Contributions to Soil Mechanics* 1925-1940, Boston Society of Civil Engineers, Boston, 1940, pp. 295-336.]

Celestino, T. B., and Duncan, J. M. (1981). Simplified search for noncircular slip surfaces, *Proceedings of the Tenth International Conference on Soil Mechanics and Foundation Engineering*, Stockholm, Vol. 3, June, pp. 391-394.

Chandler, R. J. (1977). Back analysis techniques for slope stabilization works: A case record, *Géotechnique*, 27 (4), 479-495.

Chandler, R. J. (1988). The in-situ measurement of the undrained shear strength of clays using the field vane, *Vane Shear Strength Testing in Soils: Field & Lab Studies*, STP 1014, ASTM, West Conshohocken, PA, pp. 13-44.

Chandler, R. J. (1991). Slope stability engineering: Developments and applications. *Proceedings of the International Conference on Slope Stability*, Isle of Wight, England, Thomas Telford, London.

Chang, C. Y., and Duncan, J. M. (1970). Analysis of soil movements around a deep excavation, *Journal of the Soil Mechanics and Foundation Division*, 96 (SM5), 1655-1681.

Charles, J. A., and Soares, M. M. (1984). Stability of compacted rockfill slopes, *Géotechnique*, 34 (1), 61-70.

Charles, J. A., and Watts, K. S. (1980). The influence of confining pressure on the shear strength of compacted rockfill, *Géotechnique*, 30 (4), 353-397.

Chen, L. T., and Poulos, H. G. (1997). Piles subjected to lateral soil movements, *Journal of Geotechnical and Geoenvironmental Engineering*, 123 (9), 802-811.

Chen, Z.-Y., and Morgenstern, N. R. (1983). Extensions to the generalized method of slices for stability analysis, *Canadian Geotechnical Journal*, 20 (1), 104-119.

Chen, Z.-Y., and Shao, C. M. (1988). Evaluation of minimum factor of safety in slope stability analysis, *Canadian Geotechnical Journal*, 25 (4), 735-748.

Chirapuntu, S., and Duncan, J. M. (1975). *The Role of Fill Strength in the Stability of Embankments on Soft Clay Foundations*, Geotechnical Engineering Report No. TE 75-3, University of California, Berkeley.

Chirapuntu, S., and Duncan, J. M. (1977). Cracking and progressive failure of embankments on soft clay foundations, *Proceedings of the International Symposium on Soft Clay*, Bangkok, Thailand, pp. 453-470.

Chopra, A. K. (1967). Earthquake response of earth dams, *Journal of the Soil Mechanics and Foundations Division*, 93 (SM2), 65-81.

Christian, J. T. (1996). Reliability methods for stability of existing slopes, *Uncertainty in the Geologic Environment: From Theory to Practice*, Proceedings of Uncertainty'96, ASCE Geotechnical special publication No. 58, Madison, WI, pp. 409-418.

Christian, J. T., and Alfredo, U. (1998). Probabilistic evaluation of earthquake-induced slope failure, *Journal of Geotechnical and Geoenvironmental Engineering*, 1140-1143.

Christian, J. T., and Baecher, G. B. (2001). Discussion on "Factors of safety and reliability in geotechnical engineering by J. M. Duncan," *Journal of Geotechnical and Geoenvironmental Engineering*, 127 (8), 700-702.

Christian, J. T., Ladd, C. C., and Baecher, G. B. (1994). Reliability applied to slope stability analysis, *Journal of Geotechnical Engineering*, 120 (12), 2180-2207.

Chugh, A. K. (1981). Pore water pressures in natural slopes, *International Journal for Numerical Methods in Geomechanics*, 5 (4), 449-454.

Chugh, A. K. (1982). Procedure for design of restraining structures for slope stabilization problems, *Geotechnical Engineering*, 13, 223-234.

Coatsworth, A. M. (1985). A rational approach to consolidated undrained triaxial testing, *Proceedings for the 20th Regional Meeting*, Engineering Group, Guildford, U. K., Geological Society, Vol. 1.

Collins, I. F., Gunn, C. I. M., Pender, M. J., and Wang Y. (1988). Slope stability analysis for materials with a nonlinear failure envelope, *International Journal for Numerical and Analytical Methods in Geomechanics*, 12 (5), 533-550.

Collins, S. A., Rogers, W., and Sowers, G. F. (1982). *Report of Embankment Reanalysis—Mohicanville Dikes*, Report to theHuntington District, U. S. Army Corps of Engineers, Huntington, West Virginia, by Law Engineering Testing Company, July.

Cooper, M. R. (1984). The application of back-analysis to the design of remedial works for failed slopes, *Proceedings, Fourth International Symposium on Landslides*, Toronto, Vol. 2, pp. 387-392.

Crabb, G. I., and Atkinson, J. H. (1988). Determination of soil strength parameters for the analysis of highway slope failures, *Slope Stability Engineering—Developments and Applications*, *Proceedings of the International Conference on Slope, Stability*, Institute of Civil Engineers.

Cruden, D. M. (1986). The geometry of slip surfaces beneath landslides: Predictions from surface measurements: Discussion, *Canadian Geotechnical Journal*, 23 (1), 94.

Dai, S. H., and Wang, M. O. (1992). *Reliability Analysis in Engineering Applications*, Van Nostrand Reinhold, New York.

Das, B. M. (2002). *Principles of Geotechnical Engineering*, 5th ed., Brooks/Cole, Pacific Grove, CA.

Decourt, L. (1990). The standard penetration test: state of the art report, NGI Publication No. 179, Oslo, Norway.

De Mello, V. F. B. (1977). Reflections on design decisions of practical significance to embankment dams, *Géotechnique*, 27 (3), 281 - 354.

Desai, C. S. (1972). Seepage analysis of earth banks under Drawdown, *Journal of the Soil Mechanics and Foundations Division*, 98 (SM11), 1143 - 1162.

Desai, C. S. (1977). Drawdown analysis of slopes by numerical method, *Journal of the Geotechnical Engineering Division*, 103 (GT7), 667 - 676.

Desai, C. S., and Sherman, W. S. (1971). Unconfined transient seepage in sloping banks, *Journal of the Soil Mechanics and Foundations Division*, 97 (SM2), 357 - 373.

Donald, I., and Giam, P. (1989). *Soil Slope Stability Programs Review*, ACADS Publication No. U255, The Association of Computer Aided Design, Melbourne.

Duncan, J. M. (1970). *Strength and Stress - Strain Characteristics of Atchafalaya Levee Foundation Soils*, Office of Research Services, Report No. TE 70 - 1, University of California, Berkeley.

Duncan, J. M. (1971). Prevention and correction of landslides, *Proceedings of the Sixth Annual Nevada Street and Highway Conference*, Nevada.

Duncan, J. M. (1972). Finite element analyses of stresses and movements in dams, excavations, and slopes. State - of - the - Art Report, *Symposium on Applications of the Finite Element Method in Geotechnical Engineering*, U. S. Army EngineersWaterways Experiment Station, Vicksburg, MS, pp. 267 - 324.

Duncan, J. M. (1974). Finite element analyses of slopes and excavations, State - of - the - Art Report, *Proceedings, First Brazilian Seminar on the Application of the Finite Element Method in Soil Mechanics*, COPPE, Rio de Janeiro, Brazil, pp. 195 - 208.

Duncan, J. M. (1986). Methods of analyzing the stability of natural slopes, Notes for a lecture at the 17th Annual Ohio River Valley Soil Seminar, Louisville, KY.

Duncan, J. M. (1988). Prediction, design and performance in geotechnical engineering, Keynote Paper for the Fifth Australia New Zealand Conference on Geomechanics, Sydney, Australia.

Duncan, J. M. (1992). State - of - the - art static stability and deformation analysis, *Stability and Performance of Slopes and Embankments - II*, ASCE, Geotechnical Special Publication No. 31, ASCE, Reston, VA, pp. 222 - 266.

Duncan, J. M. (1993). Limitations of conventional analysis of consolidation settlement, *Journal of Geotechnical Engineering*, 119 (9), 1333 - 1359.

Duncan, J. M. (1996a). *Landslides: Investigation and Mitigation*, Transportation Research Board, National Research Council, National Academy Press, Washington, DC, pp. 337 - 371.

Duncan, J. M. (1996b). State of the art: Limit equilibrium and finite element analysis of slopes, *Journal of Geotechnical Engineering*, 122 (7), 577 - 596.

Duncan, J. M. (1997). Geotechnical solutions to construction problems at La Esperanza dam, *Proceedings of the Central Pennsylvania Conference on Excellence in Geotechnical Engineering*.

Duncan, J. M. (1999). The use of back analysis to reduce slope failure risk, *Civil Engineering Practice*, *Journal of the Boston Society of Civil Engineers*, 14 (1), 75 - 91.

Duncan, J. M. (2000). Factors of safety and reliability in geotechnical engineering, *Journal of Geotechnical and Geoenvironmental Engineering*, 126 (4), 307 - 316.

Duncan, J. M. (2001). Closure to discussion on "Factors of safety and reliability in geotechnical engineering by J. M. Duncan," *Journal of Geotechnical and Geoenvironmental Engineering*, 127 (8), 717 - 721.

Duncan, J. M. (2013). Slope stability then and now, *Proceedings of the ASCE GeoCongress* 2013, San Diego, pp. 2191 - 2210.

Duncan, J. M., and Buchignani, A. L. (1973). Failure of underwater slope in San Francisco Bay, *Journal of the Soil Mechanics and Foundation Division*, 99 (SM9), 687 - 703.

Duncan, J. M., and Chang, C. Y. (1970). Nonlinear analysis of stress and strain in soils, *Journal of the*

Soil Mechanics and Foundation Division, 96 (SM5), 1629 - 1653.

Duncan, J. M., and Dunlop, P. (1969). Slopes in stiff - fissured clays and shales, *Journal of the Soil Mechanics and Foundation Division*, 95 (SM2), 467 - 492.

Duncan, J. M., and Houston, W. N. (1983). Estimating failure probabilities for California levees, *Journal of Geotechnical Engineering*, 109 (2), 260 - 268.

Duncan, J. M., and Schaefer V. R. (1988). Finite element consolidation analysis of embankments, *Computers and Geotechnics*, Special Issue on Embankment Dams.

Duncan, J. M., and Seed, H. B. (1965). *The Effect of Anisotropy and Reorientation of Principal Stresses on the Shear Strength of Saturated Clay*, Office of Research Services, ReportNo. TE 65 - 3, University of California, Berkeley.

Duncan, J. M., and Seed, H. B. (1966a). Anisotropy and stress reorientation in clay, *Journal of the Soil Mechanics and Foundation Division*, 92 (SM5), 21 - 50.

Duncan, J. M., and Seed, H. B. (1966b). Strength variation along failure surfaces in clay, *Journal of the Soil Mechanics and Foundation Division*, 92 (SM6), 81 - 104.

Duncan, J. M., and Stark, T. D. (1989). The causes of the 1981 slide in San Luis dam, The Henry M. Shaw Lecture, Department of Civil Engineering, North Carolina State University, Raleigh, NC.

Duncan, J. M., and Stark, T. D. (1992). Soil strengths from back analysis of slope failures, *Stability and Performance of Slopes and Embankments - II*, Geotechnical special publication No. 31, Berkeley, California, pp. 890 - 904.

Duncan, J. M., and Wong, K. S. (1983). Use and mis - use of the consolidated - undrained triaxial test for analysis of slope stability during rapid drawdown, Paper Prepared for 25th Anniversary Conference on Soil Mechanics, Venezuela.

Duncan, J. M., andWong, K. S. (1999). *SAGE User's Guide*, *Vol. II*, *Soil Properties Manual*, Report of the Center for Geotechnical Practice and Research, Virginia Tech, Blacksburg, VA.

Duncan, J. M., and Wright, S. G. (1980). The accuracy of equilibrium methods of slope stability analysis, *Engineering Geology* (*also*, *Proceedings of the International Symposium on Landslides*, New Delhi, India, June, 1980), 16 (1), 5 - 17.

Duncan, J. M., Bolinaga, F., and Morrison, C. S. (1994). Analysis and treatment of landslides on the abutments of La Esperanza dam, *Proceedings of the First Pan - American Symposium on Landslides*, Guayaquil, Ecuador, pp. 319 - 330.

Duncan, J. M., Brandon, T. L., Jian, W., Smith, G., Park, Y., Griffith, T., Corton, K. and Ryan, E. (2007). *Densities and Friction Angles of Granular Materials with Standard Gradations 21B and # 57*, Center for Geotechnical Practice and Research, No. 45, Virginia Tech, Blacksburg, VA.

Duncan, J., Brandon, T., Wright, S., and Vroman, N. (2008). Stability of I - walls in New Orleans during Hurricane Katrina, *Journal of Geotechnical and Geoenvironmental Engineering*, 134, SPECIAL ISSUE: Performance of Geo - Systems during Hurricane Katrina, 681 - 691.

Duncan, J. M., Buchignani, A. L., and De Wet, M. (1987). *Engineering Manual for Slope Stability Studies*, The Charles E. Via, Jr., Department of Civil Engineering, Virginia Polytechnic Institute and State University, Blacksburg, VA.

Duncan, J. M., Byrne, P., Wong, K. S., and Mabry, P. (1978). *Strength, Stress - Strain and Bulk Modulus Parameters for Finite Element Analyses of Stresses and Movements in Soil Masses*, Report No. UCB/GT/78 - 02, University of California, Berkeley.

Duncan, J. M., Byrne, P., Wong, K. S., and Mabry, P. (1980). *Strength, Stress - Strain and Bulk Modulus Parameters for Finite Element Analyses of Stresses and Movements in Soil Masses*, Geotechnical Engineering Report No. UCB/GT/80 - 01, University of California, Berkeley.

Duncan, J. M., Evans, L. T., Jr., and Ooi, P. S. K. (1994). Lateral load analysis of single piles and drilled shafts, *Journal of Geotechnical Engineering*, 120 (5), 1018 - 1033.

Duncan, J. M., Horz, R. C., and Yang, T. L. (1989). *Shear Strength Correlations for Geotechnical Engineering*, The Charles E. Via, Jr. Department of Civil Engineering, Virginia Polytechnic Institute and State University, Blacksburg, VA.

Duncan, J. M., Lefebvre, G., and Lade, P. V. (1980). *The Landslide at Tuve, nearGoteborg, Sweden, on November 30, 1977*, National Academy Press, Washington, D. C

Duncan, J. M., Low, B. K., and Schaefer V. R. (1985). *STABGM: A Computer Program for Slope Stability Analysis of Reinforced Embankments and Slopes*, Geotechnical Engineering Report, Department of Civil Engineering, Virginia Polytechnic Institute and State University, Blacksburg, VA.

Duncan, J. M., Low, B. K., Schaefer, V. R., and Bentler, D. J. (1998). STABGM 2.0—A computer program for slope stability analysis of reinforced and unreinforced embankments and slopes, Department of Civil Engineering, Virginia Tech, Blacksburg, April.

Duncan, J. M., Navin, M., and Patterson, K. (1999). *Manual for Geotechnical Engineering Reliability Calculations*, Report of a Study Sponsored by the Virginia Tech Center for Geotechnical Practice and Research, Virginia Polytechnic Institute and State University, Blacksburg, VA.

Duncan, M. J., Navin, M., and Wolff, T. F. (2003). Discussion of *Probabilistic Slope Stability for Practice*, by H. El - Ramly, N. R. Morgenstern, and D. M. Cruden, *Canadian Geotechnical Journal*, 39, 665 - 683.

Duncan, J. M., Schaefer V. R., Franks L. W., and Collins S. A. (1988). Design and performance of a reinforced embankment for Mohicanville Dike No. 2 in Ohio, *Transportation Research Record*, No. 1153.

Duncan, J. M., Wright, S. G., and Wong, K. S. (1990). Slope stability during rapid drawdown, *Proceedings of the H. Bolton Seed Memorial Symposium*, *May*, Vol. 2, pp. 253 - 272.

Dunham, J. W. (1954). Pile foundations for buildings, *Proc. ASCE Journal Soil Mechanics and Foundation Division*, 80 (1), 385 - 1 - 385 - 21.

Dunlop, P., and Duncan, J. M. (1970). Development of failure around excavated slopes, *Journal of the Soil Mechanics and Foundation Division*, 96 (SM2), 471 - 493.

Dunlop, P., Duncan, J. M., and Seed, H. B. (1968). Finite element analyses of slopes in soil, Report to the U. S. Army Corps of Engineers, Waterways Experiment Station, Report No. TE 68 - 3.

Dunn, I. S., Anderson, L. R., and Kiefer, F. W. (1980). *Fundamentals of Geotechnical Analysis*, Wiley, New York.

Edris, E. V., Jr., and S. G. Wright (1987). *User's Guide: UTEXAS2 Slope Stability Package*, Vol. 1, *User's Manual*, Instruction Report GL - 87 - 1, Geotechnical Laboratory, Department of the Army, Waterways Experiment Station, U. S. Army Corps of Engineers, Vicksburg, August.

Eid, H. T., Stark, T. D., Evans, W. D., and Sherry, P. E. (2000). Municipal solid waste slope failure: Waste and foundation soil properties, *Journal of Geotechnical and Geoenvironmental Engineering*, 126 (5), 391 - 407.

Elias, V., and Christopher, B. R. (1997). *Mechanically Stabilized EarthWalls and Reinforced Soil Slopes, Design and Construction Guidelines*, Report No. FHWA - SA - 96 - 071, FHWA Demonstration Project 82. U. S. Department of Transportation, Washington, DC.

EMRL (2001). *GMS* 3.1 *Online User Guide*, Environmental Modeling Research Laboratory, Brigham Young University, Provo, UT.

ENR (1982). Fast fix: San Luis Dam up and filling, *Engineering News Record*, 208 (13), 26 - 28.

Evans, M. (1987). *Undrained Cyclic Triaxial Testing of Gravels—The Effects of Membrane Compliance*, Ph. D. Dissertation, University of California, Berkeley, California.

Fellenius, W. (1922). *Staten Jarnjvagars Geotekniska Commission*, Stockholm, Sweden.

Fellenius, W. (1936). Calculation of the stability of earth dams, *Transactions of the 2nd Congress on Large Dams*, International Commission on Large Dams of the World Power Conference, Vol. 4, pp. 445 - 462.

FHWA (1999). *Manual for Design and Construction of Soil Nail Walls*, FHWA - SA - 96 - 069R, Federal Highway Administration, Washington, DC.

FHWA (2001). *Mechanically Stabilized Earth Walls and Reinforced Soil Slopes: Design and Construction-Guidelines*, FHWA - NHI - 00 - 043, Federal Highway Administration, Washington, DC.

FHWA (2009). *Design and Construction of Mechanically Stabilized Earth Walls and Reinforced Soil Slopes*, Vol. 1 and 2, FHWA - NHI - 10 - 024 and FHWA - NHI - 10 - 025, Federal Highway Administration, Washington, DC.

FHWA (2011). *LRFD Seismic Analysis and Design of TransportationGeotechnical Features and Structural Foundations*, Geotechnical Engineering Circular No. 3, Report No. FHWANHI - 11 - 032, Federal Highway Administration, Washington, DC.

Filz, G. M., Brandon, T. L., and Duncan, J. M. (1992). Back Analysis of Olmsted Landslide Using Anisotropic Strengths, *Transportation Research Record* No. 1343, National Academy Press, Washington, DC, pp. 72 - 78.

Filz, G. M., Esterhuizen, J. J. B., and Duncan, J. M. (2001). Progressive failure of lined waste impoundments, *Journal of Geotechnical, and Geoenvironmental Engineering*, 127 (10), 841 - 848.

Fleming, L. N. (1985). The strength and deformation characteristics of Alaskan offshore silts,

Ph. D. Dissertation, University of California, Berkeley.

Fleming, L. N., and Duncan, J. M. (1990). Stress - deformation characteristics of Alaskan silt, *Journal of Geotechnical Engineering*, 116 (3), 377 - 393.

Folayan, J. I., Hoeg, K., and Benjamin, J. R. (1970). Decision theory applied to settlement prediction, *Journal of the Soil Mechanics and Foundation Division*, 96 (4), 1127 - 1141.

Forester, T., and Morrison, P. (1994). *Computer Ethics—Cautionary Tales and Ethical Dilemmas in Computing*, 2nd ed., MIT Press, Cambridge, MA.

Fowler, J., Leach, R. E., Peters, J. F., and Horz, R. C. (1983). Mohicanville reinforced dike No. 2—design memorandum. Geotechnical Laboratory, U. S. Army Waterways Experiment Station, Vicksburg, MS, September.

Foye, K. C., Salgado, R., and Scott, B. (2006). Assessment of variable uncertainties for reliability - based design of foundations, *Journal of Geotechnical and Geoenvironmental Engineering*, 132 (9).

Franks, L. W., Duncan, J. M., and Collins S. A. (1991). Design and construction of Mohicanville dike No. 2, *Proceedings of the Eleventh Annual U. S. Committee on Large Dams Lecture Series*, Use of Geosynthetics in Dams, White Plains, NY.

Franks, L. W., Duncan, J. M., Collins, S. A., Fowler, J., Peters, J. F., and Schaefer V. R. (1988). Use of reinforcement at Mohicanville dike No. 2, *Proceedings of the Second International Conference on Case Histories in Geotechnical Engineering*, St. Louis, MO.

Fredlund, D. G., and Krahn, J. (1977). Comparison of slope stability methods of analysis, *Canadian Geotechnical Journal*, 14 (3), 429 - 439.

Fredlund, D. G., Morgenstern, N. R., and Widger, R. A. (1978). Shear strength of unsaturated soils, *Canadian Geotechnical Journal*, 31, 521 - 532.

Frohlich, O. K. (1953). The factor of safety with respect to sliding of amass of soil along the arc of a logarithmic spiral, *Proceedings of the Third International Conference on Soil Mechanics and Foundation Engineering*, Vol. 2, Switzerland, pp. 230 - 233.

Fukuoka, M. (1977). The effects of horizontal loads on piles due to landslides, *Proceedings of 10th Special Session, 9th International Conference on Soil Mechanics and Foundation Engineering*, pp. 27 - 42.

Geo - Slope (2010). *Stability Modeling with SLOPE/W 2007 Version—An Engineering Methodology*, 4th ed., GEO - SLOPE International, Calgary, Alberta, Canada.

Geo - Slope (2013). *Stability Modeling with SLOPE/W—An Engineering Methodology*, GEO - SLOPE International, Calgary, Alberta, Canada.

Gibbs, H. J., and Holtz, W. G. (1957). Research on determining the density of sands by spoon penetration testing, *Proc. 4th Int. Conf. Soil Mech. Fund. Eng.*, London, Vol. I.

Gilbert, R. B., Long, J. H., and Moses, B. E. (1996a). Analytical model of progressive slope failure in waste containment systems, *International Journal for Numerical and Analytical Methods in Geomechanics*, 20 (1), 35 - 56.

Gilbert, R. B., Wright, S. G., and Liedtke, E. (1996b). Uncertainty in back analysis of slopes, *Uncertainty in the Geologic Environment: From Theory to Practice*, Geotechnical Special Publication No. 58, ASCE, Reston, VA, Vol. 1, pp. 494 - 517.

Gilbert, R. B., Wright, S. G., and Liedtke, E. (1998). Uncertainty in back analysis of slopes: Kettleman Hills case history, *Journal of Geotechnical and Geoenvironmental Engineering*, 124 (12), 1167 - 1176.

Gillon, M. D., Graham, C. J., and Grocott, G. G. (1992). Low level drainage works at the Brewery Creek slide, in *Proceedings of the 6th International Symposium on Landslides*, Christchurch, D. H. Bell, ed., A. A. Balkema, Rotterdam. Vol. 1, pp. 715 - 720.

Glendinning, S. (1995). Deep stabilization of slopes using lime piles, Loughborough University, UK, Ph. D Thesis.

Golder Associates (1991). *Cause and Mechanism of the March, 1988 Failure in Landfill B - 19, Phase IA Kettleman Hill Facility, Kettleman City, California*, report to Chemical Waste Management, prepared by Golder Associates, Inc. Redmond, WA.

Golder, H. Q., and Skempton, A. W. (1948). The angle of shearing resistance in cohesive soils for tests at constant water content, *Proc., 2nd Int. Conf. on Soil Mechanics and Foundation Engineering*, Vol. 1, Rotterdam, The Netherlands, pp. 185 - 192.

Gray, D., and Sotir, R. (1992). Biotechnical stabilization of cut and fill slopes, *Stability and Performance of Slopes and Embankments*, II, Geotechnical Special Publication 31.

Gray, D., and Sotir, R. (1995). Biotechnical Stabilization of Steepened Slopes, *Transportation Research Record* 1474, Transportation Research Board, National Research Council, National Academy Press, Washington, DC.

Gray, D. H., and Leiser, A. T. (1982). *Biotechnical Slope Protection and Erosion Control*, Van Nostrand Reinhold, New York.

Green, R., and Wright, S. G. (1986). *Factors Affecting the Long Term Strength of Compacted Beaumont Clay*, Center for Transportation Research, University of Texas at Austin.

Gregory, G. H. (2011). Stabilization of deep slope failure with drilled shafts: Lake Ridge Parkway Station 248; Grand Prairie, TX, *Proceedings of the Geo - Frontiers 2011: Advances in Geotechnical Engineering*, pp. 3696 - 3705.

Griffiths, D. V., and Lane, P. A. (1999). Slope stability analysis by finite elements, *Géotechnique* 49 (3), 387 - 403.

Gucma, P. R., and Kehle, R. O. (1978). Bearpaw Mountains rockslide, Montana, U. S. A., in *Rockslides and Avalanches*, *Vol.* 1, *Natural Phenomena*, Barry Voight, Ed., Elsevier Scientific, Amsterdam, pp. 393 - 421.

Haliburton, T. A., Anglin, C. C., and Lawmaster, J. D. (1978). Selection of geotechnical fabrics for embankment reinforcement, U. S. Army Engineer District, Mobile, Alabama, Contract No. DACW01 - 78 - C - 0055.

Handy, R. L., and Williams, N. W. (1967). Chemical stabilization of an active landslide, *Civil Engineering*, 37 (8), 62 - 65.

Hansbo, S. (1981). Consolidation of fine - grained soils by prefabricated drains, *Proceedings of 10th International Conference on Soil Mechanics and Foundation Engineering*, Vol. 3, pp. 677 - 682.

Harder, L. F., Jr., and Seed, H. B. (1986). Determination of penetration resistance for coarse - grained soils using the Becker hammer drill, Earthquake Engineering Research Center, University of California, Berkeley, Report UCB/EERC - 86/06.

Harding, Miller, Lawson Associates (1970). Engineering Report to the Lawrence Berkeley Laboratory on Landslide Repair.

Harr, M. E. (1987). *Reliability - Based Design in Civil Engineering*. McGraw - Hill, New York.

Hassiotis, S., Chameau, J. L., and Gunaratne, M. (1997). Design method for stabilization of slopes with piles, *Journal of Geotechnical and Geoenvironmental Engineering*, 123 (4), 314 - 323.

Hatanaka, M., and Uchida, A. (1996). Empirical correlation between penetration resistance and internal friction angle of sandysoils. *Soils and Foundations*, 36 (4), 1 - 9.

Henkel, D. J. (1957). Investigation of two long - term failures in London clay slopes at Wood Green, in *Proceedings of 4th International Conference on Soil Mechanics and Foundation Engineering*, Vol. 2, Butterworth Scientific, London, pp. 315 - 320.

Hill, R. A. (1934). Clay stratum dried out to prevent landslips, *Civil Engineering*, 4, 403 - 407.

Holtz, R. D., andKovacs, W. D. (1981). *An Introduction to Geotechnical Engineering*, Prentice - Hall, Englewood Cliffs, NJ.

Holtz, R. D., Jamiolkowski, M. B., Lancellotta, R., and Pedroni, R. (1991). *Prefabricated Vertical Drains: Design and Performance*, Butterworth Heinemann, Oxford, UK.

Hong, W. P., and Han, J. G. (1996). The behavior of stabilizing piles installed in slopes, *Proceedings of the 7th InternationalSymposium on Landslides*, Rotterdam, pp. 1709 - 1714.

Hong, W. P., Han, J. G., and Nam, J. M. (1997). Stability of a cut slope reinforced by stabilizing piles, *Proceedings of International Conference on Soil Mechanics and Foundation Engineering*, pp. 1319 - 1322.

Howe, W. K. (2010). Micropiles for slope stabilization, *Proceedings of the GeoTrends: The Progress of Geological and Geotechnical Engineering in Colorado at the Cusp of a New Decade*, pp. 78 - 90.

Hull, T. S., and Poulos, H. G. (1999). Design method for stabilization of slopes with piles (discussion), *Journal of Geotechnical and Geoenvironmental Engineering*, 125 (10), 911 - 913.

Hull, T. S., Lee, C. Y., and Poulos, H. G. (1991). Mechanics of pile reinforcement for unstable slopes, Rep. No. 636, School of Civil and Mining Engineering, University of Sydney, Australia.

Hunter, J. H., and Schuster, R. L. (1968). Stability of simple cuttings in normally consolidated clays, *Géotechnique*, 18 (3), 372 - 378.

Hutchinson, J. N., and Sarma, S. K. (1985). Discussion of "Three - dimensional limit equilibrium analysis of slopes by R. H. Chen and J. L. Chameau," *Géotechnique*, 35 (2), 215 - 216.

Hvorslev, M. J. (1949). *Subsurface Exploration and Sampling of Soils for Civil Engineering Purposes*, U. S. Army Corps of Engineers, U. S. Waterways Experiment Station, Vicksburg, MS.

Hynes, M. E. (1988). *Pore Pressure Generation Characteristics of Gravel under Undrained Cyclic Loading*, Ph. D. Dissertation, University of California, Berkeley, California.

Hynes - Griffin, M. E., and Franklin, A. G. (1984). Rationalizing the seismic coefficient method, Final Report, Miscellaneous Paper GL - 84 - 13, Department of the Army, U. S. Army Corps of Engineers, Waterways Experiment Station, Vicksburg, MS.

Idriss, I. M., and Duncan, J. M. (1988). Earthquake analysis of embankments, in *Advanced Dam Engineering*, R. J. Jansen, Ed., Van Nostrand Reinhold, New York, pp. 239 - 255.

Idriss, I. M., and Seed, H. B. (1967). Response of earth banks during earthquakes, *Journal of the Soil Mechanics and Foundation Division*, 93 (SM3), 61 - 82.

Ingenjorsfirman Geotech AB, Sweden (2013). Personal communication.

Ingold, T. S. (1982). *Reinforced Earth*, Thomas Telford, London.

IPET (2007). Performance evaluation of the New Orleans and southeast Louisiana hurricane protection system, Final Report of the Interagency Performance Evaluation Task Force, U. S. Army Corps of Engineers.

Ito, T., and Matsui, T. (1975). Methods to estimate lateral force acting on stabilizing piles, *Soils and Foundations*, 15 (4), 43 - 60.

Ito, T., Matsui, T., and Hong, W. P. (1981). Design method for stabilizing piles against landslide - one row of piles, *Soils and Foundations*, 21 (1), 21 - 37.

Izadi, A. (2006). Static behavior of silts, M. S. thesis, Univ. of Missouri - Rolla, Rolla, MO.

Jamiolkowski, M., Ladd, C. C., Germaine, J. T., and Lancellotta, R. (1985). New developments in field and laboratory testing of soils, *Proceedings of 11th International Conference on SoilMechanics and Foundation Engineering*, Vol. 1, San Francisco, pp. 57 - 153.

Jamiolkowski, M., LoPresti, D. C. F., and Manassero, M. (2001). Evaluation of Relative Density and Shear Strength of Sands from Cone Penetration Test and Flat Dilatometer Test, *Soil Behavior and Soft Ground Construction* (GSP 119), American Society of Civil Engineers, Reston, Va. 2001, pp. 201 - 238.

Janbu, N. (1954a). Application of composite slip surface for stability analysis, *Proceedings*, European Conference on Stability of Earth Slopes, Stockholm, Vol. 3, pp. 43 - 49.

Janbu, N. (1954b). *Stability Analysis of Slopes with Dimensionless Parameters*, Harvard Soil Mechanics Series No. 46, Harvard University Press, Cambridge, MA.

Janbu, N. (1973). Slope stability computations, *Embankment - Dam Engineering—Casagrande Volume*, Wiley, NewYork, pp. 47 - 86.

Janbu, N., Bjerrum, L., and Kjærnsli, B. (1956). *Veiledning ved Løning av Fundamenteringsoppgaver* (Soil Mechanics Applied to some Engineering Problems), Publication 16, Norwegian Geotechnical Institute, Oslo.

Japan Road Association (1990). *Specifications for Highway Bridges*, Part IV. Tokyo, Japan.

Jefferies, M. G., and Davies, M. P., (1993). Use of CPTu to estimate equivalent SPT N_{60}, *ASTM Geotechnical Testing Journal*, 16 (4), 458 - 468.

Jewel, R. A. (1990). Strength and deformation in reinforced soil design, *Proceedings of 4th International Conference on Geotextiles, Geomembranes and Related Products*, The Hague, Netherlands, pp. 913 - 946.

Jewel, R. A. (1996). Soil reinforcement with geotextiles, *CIRIA Special Publication*, 123, 45 - 46.

Jibson, R. W. (1993). Predicting earthquake induced landslide displacements using Newmark's sliding block analysis, *Transportation Research Record* 1411, Transportation Research Board, National Research Council, Washington, DC, pp. 9 - 17.

Jones, D. B. (1991). Slope stabilization experience in South Wales, UK, *Slope Stability Engineering*, Thomas Telford, London.

Jones, N. L. (1990). Solid modeling of earth masses for applications in geotechnical engineering, Ph. D. Dissertation, The University of Texas, Austin.

Jumikis, A. R. (1962). Active and passive earth pressure coefficient tables, *Engineering Research Publication No.* 43, College of Engineering, Bureau of Engineering Research, Rutgers, The State University, New Brunswick, NJ.

Kamei, T., and Iwasaki, K. (1995). Evaluation of undrained strength of cohesive soils using a flat dilatometer, *Soils and Foundations*, Japanese Society of Soil Mechanics and Foundation Engineering, 35 (2), 111 - 116.

Kavazanjian, E., Jr. (1999). Seismic design of solid waste containment facilities, *Proceedings of 8th Canadian Conference on Earthquake Engineering*, pp. 51 - 68.

Kavazanjian, E., Jr. (2001). Mechanical properties of municipal solid waste, *Proceedings of Sardinia 2001: 8th International Waste Management and Landfilling Symposium*, Cagliari (Sardinia), Italy, pp. 415 - 424.

Kavazanjian, E., Jr. (2013). Webinar notes for "The Seismic Coefficient Method for Slope Stability Analysis and Retaining Wall Design," ASCE.

Kavazanjian, E., Jr., and Matasovic, N. (1995). Seismic analysis of solid waste landfills, *Geoenvironment* 2000, ASCE Geotechnical Special Publication No. 46, pp. 1066-1080.

Kavazanjian, E., Jr., Matasovic, N., Bonaparte, R., and Schmertmann, G. R. (1995). Evaluation of MSW properties for seismicanalysis, *Geoenvironment* 2000, ASCE Geotechnical Special Publication No. 46, pp. 1126-1141.

Kavazanjian, E., Jr., Matasovic, N., Hadj-Hamou, T., and Sabatini, P. J. (1997). *Geotechnical Engineering Circular #3, Design Guidance: Geotechnical Earthquake Engineering for Highways*, Vol. 1, *Design Principles*, Publication No. FHWA-SA-97-076, Federal Highway Administration, U. S. Dept. of Transportation, Washington, DC.

Kayyal, M. K. (1991). Investigation of long-term strength properties of Paris and Beaumont clays in earth embankments, M. S. Thesis, University of Texas, Austin.

Kayyal, M. K., and Wright, S. G. (1991). *Investigation of Long-Term Strength Properties of Paris and Beaumont Clays in Earth Embankments*, Center for Transportation Research, University of Texas at Austin, Austin, pp. 134.

Kimball, G. H. (1971). Personal communication.

Kjellman W. (1951). Testing the shear strength of clay in Sweden, *Géotechnique*, 2 (3), 225-235.

Koerner, R. M. (2012). *Designing with Geosynthetics*, 6th ed., Xlibris, Corp.

Konrad, J. M., Bozozuk, M., and Law, K. T. (1984). Study of in situ test methods in deltaic silt, *Proc., 11th Int. Conf. on SoilMechanics and Foundation Engineering*, 2, 879-886.

Krahn, J. (2006). Why I don't like the strength-reduction approach for stability analysis, *GEO-SLOPE Direct Contact Newsletter*, GEO-SLOPE, Int. Calgary, Alberta, Canada.

Kramer, S. L. (1996). *Geotechnical Earthquake Engineering*, Prentice Hall, Engelwood Cliffs, NJ.

Kramer, S. L., and Smith, M. W. (1997). Modified Newmark model for seismic displacements of compliant slopes, *Journal of Geotechnical and Geoenvironmental Engineering*, 123 (7), 635-644.

Kulhawy, F. H. (1992). *On the Evaluation of Soil Properties*, Geotechnical Special Publication 31, ASCE, Reston, VA, pp. 95-115.

Kulhawy, F. H., and Duncan, J. M. (1970). *Nonlinear Finite Element Analysis of Stresses and Movements in Oroville Dam*, Report TE-70-2, Geotechnical Engineering, Department of Civil Engineering, University of California, Berkeley, CA.

Kulhawy, F. H., and Duncan, J. M. (1972). "Stresses and movements in Oroville dam," *Journal of the SoilMechanics and Foundation Division*, 98 (SM7), 653-665.

Kulhawy, F. H., and Mayne, P. W. (1990). *Manual on Estimating Soil Properties for Foundation Design*, EPRI EL-6800, Electric Power Research Institute, Palo Alto, CA.

Kulhawy, F. H., Duncan, J. M., and Seed, H. B. (1969). *Finite Element Analyses of Stresses and Movements in Embankments During Construction*, Office of Research Services, Report No. TE 69-4, University of California.

Lacasse, S., and Nadim, F. (1997). *Uncertainties in Characterizing Soil Properties*, Publication No. 21, Norwegian Geotechnical Institute, Oslo, Norway, pp. 49-75.

Ladd, C. C. (1991). Stability evaluation during staged construction, *Journal of Geotechnical Engineering*, 117, 540-615.

Ladd, C. C., and DeGroot, D. J. (2003). Recommended practice for soft ground site characterization, The Arthur Casagrande Lecture, *Proc. of the 12th Panamerican Conf. on SoilMechanics and Geotechnical Engineering*, Boston, MA, pp. 3-57.

Ladd, C. C., and Foott, R. (1974). New design procedure for stability of soft clays, *Journal of Geotechnical Engineering*, 100 (GT7), 763-786.

Ladd, C. C., and Lambe, T. W. (1963). The strength of undisturbed clay determined from undrained tests, *Laboratory Shear Testing of Soils*, ASTM Special Technical Publication No. 361, pp. 342-371.

Ladd, R. S., Dobry, R., Dutko, P., Yokel, F. Y., and Chung, R. M. (1989). Pore-water pressure buildup in clean sands because of cyclic straining, *Geotechnical Testing Journal*, 12 (1), 77-86.

Ladd, C. C., Foott, R., Ishihara, K., Schlosser, F., and Poulos, H. G. (1977). Stress-deformation and strength characteristics, *Proceedings of 9th International Conference on Soil Mechanics and Foundation Engineering*, Tokyo, pp. 421-494.

Lade, P. V. (2010). The mechanics of surficial failure in soil slopes, *Engineering Geology*, 114, 57-64.

Lee, C. Y., Hull, T. S., and Poulos, H. G. (1995). Simplified pileslope stability analysis, *Computers and Geotechnics*, 17, 1-16.

Lee, D. T., and Schachter, B. J. (1980). Two algorithms for Constructing a Delaunay triangulation, *International Journal of Computer and Information Sciences*, 9 (3), 219 - 242.

Lee, I. K., White, W., and Ingles, O. G. (1983). *Geotechnical Engineering*, Pitman, Boston.

Lee, K. L., and Duncan, J. M. (1975). *Landslide of April* 25, 1974 *on the Mantaro River, Peru*, Report of Inspection Submitted to the Committee on Natural Disasters, NRC, National Academy of Sciences, Washington, DC.

Lee, K. L., and Seed, H. B. (1967). Drained strength characteristics of sands, *Journal of the Soil Mechanics and Foundations Division*, 93 (SM6).

Lee, T. S. (2013). Horizontal drains—state of practice: The past seven decades in the US, *Proceedings of the Geo - Congress* 2013: *Stability and Performance of Slopes and Embankments III*, pp. 1766 - 1780.

Lee, W. F., Liao, H. J., Chang, M. H., Wang, C. W., Chi, S. Y., and Lin C. C. (2012). Failure analysis of a highway dip slope slide, *Journal of Performance of Constructed Facilities*, 27, 116 - 131.

Lefebvre, G., and Duncan, J. M. (1973). *Finite Element Analyses of Traverse Cracking in Low Embankment Dams*, Geotechnical Engineering Report TE 73 - 3, University of California, Berkeley, CA.

Leps, T. M. (1970). Reviewof the shearing strength of rockfill, *Journal of the Soil Mechanics and Foundations Division*, 96 (SM4), 1159 - 1170.

Leshchinsky, D. (1997). Design Procedure for Geosynthetic Reinforced Steep Slopes, Technical Report REMR - GT - 23, U. S. Army Corps of Engineers, Waterways Experiment Station, Vicksburg, MS, January.

Leshchinsky, D. (1999). Stability of geosynthetic reinforced steep slopes, in *Slope Stability Engineering*, Yagi, Yamagami, and Jiang, Eds., IS - Shikoku, Japan, pp. 49 - 66.

Leshchinsky, D. (2001). Design dilemma: Use peak or residual strength of soil, *Geotextiles and Geomembranes*, 19, 111 - 125.

Leshchinsky, D., and Baker, R. (1986). Three - dimensional slope stability: End effects, *Soils and Foundations*, 26 (4), 98 - 110.

Leshchinsky, D., and Boedeker, R. H. (1989). Geosynthetic reinforced soil structures, *Journal of Geotechnical Engineering*, 115 (10), 1459 - 1478.

Leshchinsky, D., and Huang, C. C. (1992). Generalized three - dimensional slope - stability analysis, *Journal of Geotechnical Engineering*, 18 (11), 1748 - 1764.

Leshchinsky, D., and San, K. (1994). Pseudostatic seismic stability of slopes: Design charts, *Journal of Geotechnical Engineering*, 120 (9) 1514 - 1532.

Leshchinsky, D., and Volk, J. C. (1985). *Stability Charts for Geotextile - Reinforced Walls*, Transportation Research Record 1031, Transportation Research Board, National Research Council, National Academy Press, Washington, DC, pp. 5 - 16.

Leshchinsky, D., Ling, H. I., and Hanks, G. (1995). Unified design approach to geosynthetics reinforced slopes and segmental walls, *Geosynthetics International*, 2 (4), 845 - 881.

Li, K. S., and White, W. (1987). Rapid evaluation of the critical slip surface in slope stability problems, *International Journal for Numerical and Analytical Methods in Geomechanics*, Wiley, 11 (5), 449 - 473.

Liang, R. Y., and Yamin, M. M. (2010). Design of drilled shafts for slope stabilization, *Proceedings of the GeoFlorida* 2010: *Advances in Analysis, Modeling & Design*, pp. 1827 - 1836.

Liu, C., and Evett, J. B. (2001). *Soils and Foundations*, 5th ed., Prentice Hall, Columbus, OH.

Low, B. K. (2003). Practical probabilistic slope stability analysis, *Proceedings, Soil and Rock America* 2003, Cambridge, MA, June 22 - 26, Glückauf, Essen, Vol. 2, pp. 2777 - 2784.

Low, B. K. (2008). Practical reliability approach using spreadsheet, in *Reliability - Based Design in Geotechnical Engineering - Computations and Applications*, K. K. Phoon, Ed., Taylor and Francis, London, pp. 134 - 168.

Low, B. K., and Duncan, J. M. (1985). *Analysis of the Behavior of Reinforced Embankments on Weak Foundations*, Geotechnical Engineering Report, Department of Civil Engineering, Virginia Polytechnic Institute and State University, Blacksburg, VA.

Low, B. K., and Duncan, J. M., (2013). Testing bias and parametric uncertainty in analyses of a slope failure in San Francisco Bay mud, *Proceeding of the ASCE Geo - Congress*, San Diego.

Low, B. K., and Tang, W. H. (2004). Reliability analysis using object - oriented constrained optimization, *Structural Safety, Elsevier Science Ltd., Amsterdam*, Vol. 26, No. 1. 69 - 89.

Low, B. K., Gilbert, R. B., and Wright, S. G. (1998). Slope reliability analysis using generalized method of slices, *Journal of Geotechnical, and Geoenvironmental Engineering*, 124 (4), 350 - 362.

Low, B. K., Lacasse, S., and Nadim, F. (2007). Slope reliability analysis accounting for spatial variation,

Georisk: Assessmentand Management of Risk for Engineered Systems and Geohazards, 1 (4), 177 - 189.

Low, B. K., and Tang, W. H. (2007). Efficient spreadsheet algorithm for firstorder reliability method, *Journal EngineeringMechanics*, 133 (12), 1378 - 1387.

Lowe, J., and Karafiath, L. (1959). Stability of earth dams upon drawdown, *Proceedings, First PanAmerican Conference on Soil Mechanics and Foundation Engineering*, *Mexico City*, Vol. 2, pp. 537 - 552.

Lowe, J., III, and Karafiath, L. (1960). Effect of anisotropic consolidation on the undrained shear strength of compacted clays, *Research Conference on Shear Strength of Cohesive Soils*, Boulder, Colorado, ASCE, pp. 837 - 858.

Lu, N., and Likos, W. (2004). *Unsaturated Soil Mechanics*, Wiley, Hoboken, NJ.

Lunne, T., and Christofferson, H. P. (1983). Interpretation of cone penetration data for offshore sands, *Proc 15th OTC*, *Houston*, pp. 181 - 192.

Lunne, T., and Kleven, A. (1982). *Role of CPT in North Sea Foundation Engineering*, Norwegian Geotechnical Institute Publication #139.

Lunne, T., Berre, T., Andersen, K. H., Strandvik, S., and Sjursen, M. (2006). Effects of sample disturbance and consolidation procedures on measured shear strength of soft marine Norwegian clays, *Canadian Geotechnical Journal*, 43, 726 - 750.

Lunne, T., Robertson, P. K., and Powell, J. (1997). *Cone Penetration Testing in Geotechnical Practice*, Spoon Press. London, UK.

Lutenegger, A. (2006). Cavity expansion model to estimate undrained shear strength in soft clay from dilatometer, *Proc.*, *2nd Int. Conf. on the Flat Dilatometer*.

Makdisi, F. I., and Seed, H. B (1977). *A Simplified Procedurefor Estimating Earthquake - Induced Deformation in Dams and Embankments*, Report UCB/EERC - 77/19, Earthquake Engineering Research Center, University of California, Berkeley, CA.

Makdisi, F. I., and Seed, H. B. (1978). A simplified procedurefor estimating dam and embankment earthquake - induced deformations, *Journal of the Geotechnical Engineering Division*, 104 (GT7), 849 - 867.

Maksimovic, M. (1989). Nonlinear failure envelopes for soils. *Journal of Geotechnical Engineering*, 115 (4), 581 - 586.

Mansur, C. I., and Kaufman, R. I. (1962). Dewatering, in *Foundation Engineering*, G. A. Leonards, Ed., McGraw - Hill Civil Engineering Series, McGraw - Hill, New York, Chapter 3.

Marachi, N. D., Chan, C. K., Seed, H. B., and Duncan, J. M. (1969). Strength and deformation characteristics of rockfill materials. Office of Research Services, Report No. TE 69 - 5, University of California, Berkeley.

Marchetti, S. (1980). In situ tests by flat eilatometer, *Journal of the Geotechnical Engineering Division*, 106 (GT3), 299 - 321.

Marchetti, S. (2013). Commercial website: http: // www. marchettidmt. it.

Marchetti, S., Monaco, P., Totani, G., and Calabrese, M. (2001). The flat dilatometer test (DMT) in soil investigations, A Report by the ISSMGE Committee TC16. *Proc. IN SITU* 2001, *International Conference on in Situ Measurement of Soil Properties*, Bali, Indonesia, May.

Marcuson, W. F., Ill, and Bieganousky, W. A. (1977). Laboratorystandard penetration tests on fine sands, *Journal of Geotechnical Engineering*, 103 (6), 565 - 588.

Marcuson, W. F., Hynes, M. E., and Franklin, A. G. (1990). Evaluation and use of residual strength in seismic safety analysis of embankments, *Earthquake Spectra*, *Earthquake Engineering Research Institute*, 6 (3), 529 - 572.

Matasovic, N., and Kavazanjian, E., Jr. (1998). Cyclic characterization of oil landfill solid waste, *Journal of Geotechnical and Geoenvironmental Engineering*, 124 (3), 197 - 210.

Maugeri, M., and Motta, E. (1992). Stresses on piles used to stabilize landslides, *Proceedings of 6th International Symposium on Landslides*, Christchurch, pp. 785 - 790.

McCarty, D. F. (1993). *Essentials of Soil Mechanics and Foundations: Basic Geotechnics*, 4th ed., Prentice Hall, EnglewoodCliffs, NJ.

McCullough, D. (1999). *Path between the Seas: The Creation ofthe Panama Canal* 1870—914. Touchstone Books. ISBN - 13: 9780743201377

McGregor, J. A., and Duncan, J. M. (1998). Performance and use of the standard penetration test in geotechnical engineering practice, Center for Geotechnical Practice and Research, The Charles E. Via, Jr., Department of Civil and Environmental Engineering, Virginia Tech.

Mesri, G. (1989). A reevaluation of $S_{u(\mathrm{mob})}=0.22\sigma'_p$ using laboratory shear tests, *Canadian Geotechnical Journal*, 26, 162 - 164.

Meyerhof, G. G. (1956). Penetration tests and bearing capacity of piles, *Journal of the Soil Mechanics and*

Foundation Division, 82 (SM1), 886 - 1 to 866 - 19.

Meyerhof, G. G. (1976). Bearing capacity and settlement of pile foundations, *Journal of Geotechnical Engineering*, 102 (GT3), 195 - 228.

Millet, R. A., Lawton, G. M., Repetto, P. C., and Garga, V. K. (1992). *Stabilization of Tablachaca Dam landslide, Stability and Performance of Slopes and Enbankments - II*, Vol. 2, ASCE Special Technical Publication No. 31, pp. 1365 - 1381.

Mirante, A., andWeingarten, N. (1982). The radial sweep algorithm for constructing triangulated irregular networks, *IEEE Computer Graphics and Applications Magazine*, Institute of Electrical and Electronics Engineers, May, pp. 11 - 21.

Mitchell, J. K. (1993). *Fundamentals of Soil Behavior*, 2nd ed., Wiley, New York.

Mitchell, J. K., and Soga, K. (2005). *Fundamentals of Soil Behavior*, 3rd ed., Wiley, Hoboken, NJ.

Mitchell, J. K., Seed, R. B., and Seed, H. B. (1990). Kettleman Hills Waste Landfill slope failure. I: Liner system properties, *Journal of Geotechnical Engineering*, 116 (4), 647 - 668.

Morgenstern, N. R. (1963). Stability charts for earth slopes during rapid drawdown, *Géotechnique*, 13 (2), June 121 - 131.

Morgenstern, N. R., and V. E. Price (1965). The analysis of the stability of general slip surfaces, *Géotechnique*, 15 (1), Mar., 79 - 93.

Morgenstern, N. R., and Price, V. E. (1967). A numerical method for solving the equations of stability of general slip surfaces, *Computer Journal*, 9 (4), February, 388 - 393.

MSEW (2000). Adama Engineering, Inc, Newark, DE.

Muromachi, T., Oguro, I., and Miyashita, T. (1974). Penetration testing in Japan, *Proc. European Symposium on Penetration Testing*, Stockholm, Vol. 1, pp. 193 - 200.

Nash, K. L. (1953). The shearing resistance of a fine closely graded sand. *Proc., 3rd Int. Conf. on Soil Mechanics and Foundation Engineering*, 1, Zurich, Switzerland, pp. 160 - 164.

NAVFAC (1986). *Foundations and Earth Structures*, Design Manual 7.02, U. S. Naval Facilities Command, Alexandria, VA.

NCHRP 12 - 70 (2008). *Seismic Analysis and Design of Retaining Walls, Buried Structures, Slopes and Embankments*, NCHRP Report 611, Transportation Research Board, Washington, DC.

Newlin, C. W., and Rossier, S. C. (1967). Embankment drainage after instantaneous drawdown, *Journal of the SoilMechanics and Foundations Division*, 93 (SM6), Nov., 79 - 96.

Newmark, N. M. (1965). Effects of earthquakes on dams and embankments, *Géotechnique*, 15 (2), June, 139 - 160.

Nguyen, V. (1985). Determination of critical slope failure surfaces, *Journal of Geotechnical Engineering*, 111 (2), 238 - 250.

Oakland, M. W., and Chameau, J. - L. A. (1984). Finite element analysis of drilled piers used for slope stabilization, in *Laterally Loaded Deep Foundations: Analysis and Performance*, ASTM STP 835, J. A. Langer, E. T. Mosley, and C. D. Thompson, Eds., ASTM, pp. 182 - 193.

Olson, S., and Johnson, C. (2008). Analyzing liquefaction - induced lateral spreads using strength ratios, *Journal of Geotechnical and Geoenvirononmental Engineering*, 134 (8), 1035 - 1049.

Olson, S. M., and Stark, T. D. (2002). Liquefied strength ratio from liquefaction flow failure case histories, *Canadian Geotechnical Journal*, 39, 629 - 647.

Ooi, P. S. K., and Duncan, J. M. (1994). Lateral load analysis of groups of piles and drilled shafts, *Journal of Geotechnical Engineering*, 120 (5), 1034 - 1050.

Palmer, L. A., Thompson, J. B., and Yeomans, C. M. (1950). The control of a landslide by subsurface drainage, *Proceedings of the Highway Research Board*, Vol. 30, Washington, DC, pp. 503 - 508.

Parra, J. R., Caskey, J. M., Marx, E., and Dennis, N. (2007). Stabilization of failing slopes using rammed aggregate pier reinforcing elements, *Soil Improvement GSP*, 172, 1 - 10.

Peck, R. B. (1969). A man of judgment, Second R. P. Davis lecture on the practice of engineering, *West Virginia University Bulletin*.

Peck, R. B., and Bazaraa, A. R. S. (1969). Discussion to "Settlement of spread footings on sand," *Journal of Geotechnical Engineering*, 95 (3), 905 - 909.

Peck, R. B., Hanson, W. E., and Thornburn, T. H. (1974). *Foundation Engineering*, 2nd ed., Wiley, New York.

Pedersen, R. C., Olson, R. E., and Rauch, A. F. (2003). "Shearand interface strength of clay at very low effective stress," *Geotechnical Testing Journal*, March, 26 (1), 71 - 78.

Penman, A. D. M. (1953). Shear characteristics of a saturated silt measured in triaxial compression, *Géotechnique*, 3, 312 - 328.

Perry, J. (1994). A technique for defining non - linear

shear strength envelopes and their incorporation in a slope stability method of analysis, *Quarterly Journal of Engineering Geology*, 27 (3), 231-241.

Peterson, R., Iverson, N. L., and Rivard, P. J. (1957). Studies of several dam failures clay foundations, *in Proceedings of 4th International Conference on Soil Mechanics and Foundation Engineering*, Vol. 2, Butterworths Scientific, London, pp. 348-352.

Petterson, K. E. (1955). The early history of circular sliding surfaces, *Géotechnique*, 5 (4), Dec., 275-296.

Pockoski, M., and Duncan, J. M. (2000). Comparison of computer programs for analysis of reinforced slopes, Report of a Study Sponsored by the Virginia Tech Center for Geotechnical Practice and Research.

Poulos, H. G. (1973). Analysis of piles in soil undergoing lateral movement, *Journal of the Soil Mechanics and Foundation Division*, 99 (SM5), 391-406.

Poulos, H. G. (1995). Design of reinforcing piles to increase slope stability, *Canadian Geotechnical Journal*, 32 (5), 808-818.

Poulos, H. G. (1999). Design of slope stabilizing piles, *Proceedings of International Conference on Slope Stability Engineering*, IS - Shikoku, Matsuyama, Vol. 1, pp. 67-81.

Poulos, S. J., Castro, G., and France, J. W. (1985). Liquefaction evaluation procedure, *Journal of Geotechnical Engineering*, 111 (6), June, 772-792.

Pradel, D., Garner, J., and Kwok, A. O. L. (2010). Design of drilled shafts to enhance slope stability, *Proceedings of the Earth Retention Conference* 3, pp. 920-927.

Purbrick, M. C., and Ayres, D. J. (1956). Uses of aerated cement grout and mortar in stabilizing of slips in embankments, large scale tunnel works and other works, *Proceedings of the Institution of Civil Engineers*, Part II, Vol. 5, No. 1.

Rahardjo, H., Hritzuk, K. J., Leong, E. C., and Rezaur, R. B. (2003). Effectiveness of horizontal drains for slope stability, *Engineering Geology*, 2154, 1-14.

Rathje, E. M., and Bray, J. D. (1999). An examination of simplified earthquake - induced displacement procedures for earth structures, *Canadian Geotechnical Journal*, 36, 72-87.

Rathje, E. M., and Bray, J. D. (2000). Nonlinear coupled seismic sliding analysis of earth structures, *Journal of Geotechnical and Geoenvironmental Engineering*, 126 (11), Nov., 1002-1014.

Reese, L. C., and Van Impe, W. F. (2010). *Single Piles and Pile Groups under Lateral Loading*, 2nd ed., CRC Press.

Reese, L. C., Wang, S. T., and Fouse J. L. (1992). Use of drilled shafts in stabilizing a slope, *Stability and Performance of Slopes and Embankments -II*, Vol. 2, ASCE, Geotechnical Special Publication No. 31, pp. 1318-1322.

Reuss, R. F., and Schattenberg, J. W. (1972). Internal piping and shear deformation, Victor Braunig Dam—San Antonio, Texas, *Proceedings of the Specialty Conference on Performance of Earth and Earth - Supported Structures*, ASCE, Vol. 1, Part 1, pp. 627-651.

Robertson, P. K., and Campanella, R. G., (1983). Interpretation of cone penetrometer test: Part I: Sand, *Canadian Geotechnical Journal*, 20 (4),

Robertson, P. K., and Robertson (Cabal), K. (2007). *Guideline for Cone Penetration Testing for Geotechnical Engineering*, 2nd ed., Gregg Drilling and Testing, Inc.

Robertson, P. K., Campanella, R. G., Gillespie, D. and Grieg, J. (1986). Use of piezometers cone data, *Proceedings of the ASCE Specialty Conference In Situ'86: Use of In Situ Tests in Geotechnical Engineering*, Blacksburg, VA.

RocScience, Inc. (2010). Slide Version 6.0—2D limit equilibrium slope stability analysis, www.rocscience.com, Toronto, Ontario, Canada.

RocScience, Inc. (2011). Phase^2 Version 8.0—Finite element analysis for excavations and slopes, www.rocscience.com, Toronto, Ontario, Canada.

RocScience, Inc. (2013). Slide sample problems, www.rocscience.com, Toronto, Ontario, Canada.

Rogers, C. D. F., and Glendinning, S. (1993). Stabilization of embankment clay fills using lime piles, *Proceedings of the International Conference on Engineered Fills*, Thomas Telford, London, pp. 226-238.

Rogers, C. D. F., and Glendinning, S. (1994). Deep slope stabilization using lime, *Transportation Research Record* 1440, Transportation Research Board, National Research Council, Washington DC, pp. 63-70.

Rogers, C. D. F., and Glendinning S. (1997). Improvement of clay soils in situ using lime piles in the UK, *Engineering Geology*, 47 (3), 243-257.

Rogers, L. E., and Wright, S. G. (1986). *The Effects of Wettingand Drying on the Long - Term Shear Strength Parameters for Compacted Beaumont Clay*, Center for Transportation Research, University of Texas at Austin, p. 146.

Rose, A. T. (1994). The undrained behavior of saturated dilatant silts, Ph. D thesis, Virginia Tech, Blacksburg, VA.

Rose, A. T., Brandon, T. L., and Duncan, J. M. (1993). Classification and engineering behavior of silts, Research report submitted to the U. S. Army Corps of Engineers.

Rowe, R. K., and Mylleville, B. L. J. (1996). A geogrid reinforced embankment on peat over organic silt: A case history, *Canadian Geotechnical Journal*, 33, 106 - 122.

Rowe, R. K., and Soderman, K. L. (1985). An approximate method for estimating the stability of geotextilereinforced embankments, *Canadian Geotechnical Journal*, 22, 392 - 398.

Rowe, R. K., Gnanendran, C. T., Landva, A. O., and Valsangkar, A. J. (1996). Calculated and observed behavior of a reinforced embankment over soft compressible soil, *Canadian Geotechnical Journal*, 33, 324 - 338.

Ruenkrairergsa, T., and Pimsarn, T. (1982). Deep hole lime stabilization for unstable clay shale embankment, *Proceedings of the Seven S E Asia Geotechnics Conference*, Hong Kong, pp. 631 - 645.

Sabatini, P. J., Griffin, L. M., Bonaparte, R., Espinoza, R. D., and Giroud, J. P. (2002). Reliability of state of practice for selection of shear strength parameters for waste containment system stability analyses, *Geotextiles and Geomembranes*, 20, 241 - 262.

Saleh, A. A., and Wright, S. G. (1997). Shear strength correlations and remedial measure guidelines for long - term stability of slopes constructed of highly plastic clay soils, Research Report 1435 - 2F, Center for Transportation Research, Bureau of Engineering Research, The University of Texas at Austin.

Sarma, S. K. (1973). Stability analysis of embankments and slopes, *Géotechnique*, 23 (3), Sept., 423 - 433.

Schaefer, V. R., and Duncan, J. M. (1986). Evaluation of the behavior of Mohicanville Dike No. 2, Report of Research Conducted for the Huntington District, Corps of Engineers, Department of Civil Engineering, Virginia Polytechnic Institute and State University.

Schaefer, V. R., and Duncan, J. M. (1987). Analysis of reinforced embankments and foundations overlying soft soils, Geotechnical Engineering Report, Department of Civil Engineering, VirginiaPolytechnic Institute and State University.

Schmertmann, G. R., Chouery—Curtis, V. E., Johnson, R. D., and Bonaparte, R. (1987). Design charts for geogrid reinforced soil slopes, *Proceedings from Geosynthetics* ' 87, vol. 1, NewOrleans, pp. 108 - 120.

Schmertmann, J. H. (1975). Measurement of in - situ shear strength—state of the art review, *Proceedings of a Conference on in - Situ Measurement of Soil Properties*, Vol. 2, North Carolina State University, pp. 57 - 138.

Schmertmann, J. H. (1986). Suggested method for performing the flat dilatometer test, *Geotechnical Testing Journal*, 9 (2), 93 - 101.

Schnaid, F. (2009). *In Situ Testing in Geomechanics*, Taylor and Francis, London.

Seed, H. B. (1966). A method for earthquake resistant design of earth dams, *Journal of the Soil Mechanics and Foundations Division*, 92 (SM1), Jan., pp. 13 - 41.

Seed, H. B. (1979). Considerations in the earthquake - resistant design of earth and rockfill dams, Nineteenth Rankine Lecture, *Géotechnique*, 29 (3), Sept., 215 - 263.

Seed, R. B., and Harder, L. F., Jr. (1990). SPT - based analysis of cyclic pore pressure generation and undrained residual strength, *H. Bolton Seed Memorial Symposium Proceedings*, May, Vol. 2, pp. 351 - 376.

Seed, H. B., and Martin, G. R. (1966). The seismic coefficient in earth dam design, *Journal of the SoilMechanics and Foundations Division*, 92 (SM3), May, 25 - 58.

Seed, H. B., Lee, K. L., and Idriss, I. M. (1969). Analysis of Sheffield Dam failure, *Journal of the Soil Mechanics and Foundations Division*, 95 (SM6), Oct., 1453 - 1490.

Seed, R. B., Mitchell, J. K., and Seed, H. B. (1990). Kettleman Hills Waste Landfill slope failure. II: Stability analyses, *Journal of Geotechnical Engineering*, 116 (4), 669 - 690.

Seed, H. B., Seed, R. B., Harder, L. F., Jr., and Jong, H. - L. (1988). *Re - evaluation of the Slide in the Lower San Fernando Dam in the Earthquakes of February* 9, 1971, ReportNo. UCB/EERC - 88/04, University of California, Berkeley, CA.

Senneset, K., Janbu, N., and Svanø, G. (1982). Strength and deformation parameters from cone penetration tests, *Proc.*, *2nd European Symposium on Penetration Testing*, ESOPT - II, Amsterdam, Vol. 2, pp. 863 - 870.

Shmuelyan, A. (1996). Piled stabilization of slopes, *Proceedings of International Symposium on Landslides*, Vol. 3, pp. 1799 - 1804.

Siegel, R. A., Kovacs, W. D., and Lovell, C. W.

(1981). Random surface generation in stability analysis, Technical Note, *Journal of the Geotechnical Engineering Division*, 107 (GT7), 996 - 1002.

Skempton, A. W. (1948). The $\phi=0$ analysis of stability and its theoretical basis, *Proceedings of the Second International Conference on Soil Mechanics and Foundation Engineering*, Vol. 1, Rotterdam, pp. 72 - 78.

Skempton, A. W. (1954). The pore pressure coefficients A and B, *Géotechnique*, 4 (4), Dec., pp. 143 - 147.

Skempton, A. W. (1957). Discussion of "The Planning and Design of the Hong Kong Airport," *Proc. Inst. Of Civil Engr.*, London, pp. 305 - 307.

Skempton, A. W. (1964). Longterm stablity of clay slopes, *Géotechnique*, 14 (2), 75 - 101.

Skempton, A. W. (1970). First - time slides in overconsolidated clays, *Géotechnique*, 20 (3), 320 - 324.

Skempton, A. W. (1977). Slope stability of cuttings in brown London clay, *Proceedings of 9th International Conference on Soil Mechanics*, Vol. 3, Tokyo, pp. 261 - 270.

Skempton, A. W. (1985). Residual strength of clays in landslides, flooded strata and the laboratory, *Géotechnique*, 35 (1), 3 - 18.

Skempton, A. W. (1986). Standard penetration test procedures and the effects in sands of overburden pressure, relative density, particle size, aging and overconsolidation, *Géotechnique*, 36 (3), 425 - 447.

Skempton, A. W., and LaRochelle, P. (1965). The Bradwell Slip: A short - term failure in London clay, *Géotechnique*, 15 (3), September, 221 - 242.

Sleep, M., and Duncan, J. (2014). Manual for geotechnical engineering reliability calculations, (2nd ed.) *Center for Geotechnical Practice and Research*, Virginia Tech, Blacksburg, Virginia, 76 pp.

Smith, R., and Peck, R. B. (1955). Stabilization by pressure grouting on American railroads, *Géotechnique*, 5, 243 - 252.

Sowers, G. F. (1979). *Introductory Soil Mechanics and Foundations: Geotechnical Engineering*, 4th ed., Macmillan, New York.

Spencer, E. (1967). A method of analysis of the stability of embankments assuming parallel inter - slice forces, *Géotechnique*, 17 (1), 11 - 26.

Squier, L. R., and Versteeg, J. H. (1971). History and correction of the OMSI - ZOO landslide, *Proceedings of the 9th Engineering Geology and Soils Engineering Symposium*, pp. 237 - 256.

Srbulov, M. (2001). Analyses of stability of geogrid reinforced steep slopes and retaining walls, *Computers and Geotechnics*, 28, 255 - 268.

Stark, T. D., and Duncan, J. M. (1987). *Mechanisms of Strength Loss in Stiff Clays*, report to the U. S. Bureau of Reclamation, Geotechnical Engineering Report, Department of Civil Engineering, Virginia Polytechnic Institute and State University, Blacksburg, VA.

Stark, T. D., and Duncan, J. M. (1991). Mechanisms of strength loss in stiff clays, *Journal of Geotechnical Engineering*, 117 (1), 139 - 154.

Stark, T. D., and Eid, H. T. (1993). Modified Bromhead ring shear apparatus, *Geotechnical Testing Journal*, 16 (1), 100 - 107.

Stark, T. D., and Eid, H. T. (1994). Drained residual strength of cohesive soils, *Journal of Geotechnical Engineering*, 120 (5), May, 856 - 871.

Stark, T. D., and Eid, H. T. (1997). Slope stability analyses in stiff fissured clays, *Journal of Geotechnical and Geoenvironmental Engineering*, 123 (4), 335 - 343.

Stark, T. D., and Hussain, M. (2013). Empirical correlations: Drained shear strength for slope stability analyses, *Journal of Geotech. Geoenviron. Engineering*, 139 (6), 853 - 862.

Stark, T. D., and Mesri, G. (1992). Undrained shear strength of liquefied sands for stability analysis, *Journal of Geotechnical Engineering*, 121 (11), Nov., 1727 - 1747.

Stark, T. D., and Poeppel, A. R. (1994). Landfill liner interface strengths from torsional ring shear tests, *Journal of Geotechnical Engineering*, 120 (3), 597 - 615.

Stark, T. D., Choi, H., and McCone, S. (2005). "Drained shear strength parameters for analysis of landslides," *Journal of Geotechnical and Geoenvironmental Engineering*, 131 (5), May, 575 - 588.

Stauffer, P. A., and Wright, S. G. (1984). *An Examination of Earth Slope Failures in Texas*, Research Report 353 - 3F, Center for Transportation Research, The University of Texas at Austin, Nov.

Svano, G., and Nordal, S. (1987). Undrained effective stress stability analysis, *Proceedings of the IX European Conference on Soil Mechanics and Foundation Engineering*, Dublin (also Bulletin 22 of the Geotechnical Division, Norwegian Institute of Technology, University of Trondheim, 1989).

Sy, A., and Campanella, R. G. (1994). Becker and standard penetration tests (BPT - SPT) correlations with consideration of casing friction, *Canadian Geotechnical Journal*, 31, 343 - 356.

Tang, W. H. (1984). Principles of probabilistic characterization of soil properties, *Symposium of Probabilistic Characterization of Soil Properties*, ASCE, Reston, VA, pp. 74 - 89.

Tang, W. H., Stark, T. D., and Angulo, M. (1999). Reliability in back analysis of slope failures, *Journal of Soil Mechanics and Foundation*, October.

Tavenas, F., Mieussens, C., and Bourges, F. (1979). Lateral displacements in clay foundations under embankments, *Canadian Geotechnical Journal*, 16 (3), 532 - 550.

Taylor, D. W. (1937). Stability of earth slopes, *Journal of the Boston Society of Civil Engineers*, 24 (3), July. [Reprinted in *Contributions to Soil Mechanics* 1925—1940, Boston Society of Civil Engineers, 1940, pp. 337 - 386.]

Taylor, D. W. (1948). *Fundamentals of Soil Mechanics*, Wiley, New York.

Tervans, F., Mieussens, C., and Bourges, F. (1979). Lateral displacements in clay foundations under embankments, *Canadian Geotechnical Journal*, 16 (3), 532 - 550.

Terzaghi, K. (1936). Stability of slopes of natural clay, *Proceedings of 1st International Conference on Soil Mechanics and Foundation Engineering*, Vol. 1, Cambridge, MA, pp. 161 - 165.

Terzaghi, K. (1943). *Theoretical SoilMechanics*, Wiley, New York.

Terzaghi, K. (1950). *Mechanisms of Landslides*, Engineering Geology (Berkeley) Volume, Geological Society ofAmerica, Boulder, CO, November, pp. 83 - 123.

Terzaghi, K., and Peck, R. B. (1967). *SoilMechanics in Engineering Practice*, 2nd ed., Wiley, New York.

Terzaghi, K., Peck, R. B., and Mesri, G. (1996). *Soil Mechanics in Engineering Practice*, 3rd ed., Wiley, New York.

Tokimatsu, K., and Yoshimi, Y. (1983). Empirical correlation of soil liquefaction based on SPT N - value and fines content, *Soils and Foundations*, 23 (4), 56 - 74.

Torrey, V. H. (1982). *Laboratory Shear Strength of Dilative Silts*, Report prepared for the Lower Mississippi Valley Division, U. S. Army Engineers Waterways Experiment Station, Vicksburg, MS.

Tracy, F. T. (1991). *Application of Finite Element, Grid Generation, and Scientific Visualization Techniques to 2 - D and 3 - D Seepage and Groundwater Modeling*, Technical Report ITL - 91 - 3, Department of the Army, Waterways Experiment Station, Vicksburg, MS, Sept.

Tschebotarioff, G. P. (1973). *Foundations, Retaining and EarthStructures*, 2nd ed., McGraw - Hill, New York.

Turnbull, W. J., and Hvorslev, M. J. (1967). Special problems in slope stability, *Journal of the Soil Mechanics and Foundations Division*, 93 (SM4), July, pp. 499 - 528. [Also in *Stability and Performance of Slopes and Embankments*, Proceedings of an ASCE Specialty Conference, Berkeley, California, August 22 - 26, 1966, pp. 549 - 578.]

U. S. Army Corps of Engineers (1947). *Cooperative Triaxial Shear Research Program of the Corps of Engineers*, Waterways Experiment Station, Vicksburg, MS, MRC - WES - 500 - 4 - 47.

U. S. Army Corps of Engineers (1970). *Engineering and Design: Stability of Earth and Rock - Fill Dams*, Engineer Manual EM 1110 - 2 - 1902, Department of the Army, Corps of Engineers, Office of the Chief of Engineers, Washington, DC, April.

U. S. Army Corps of Engineers (1986). *Seepage Analysis and Control for Dams*, Engineering Manual EM 1110 - 2 - 1901, Department of the Army, Washington, DC.

U. S. Army Corps of Engineers (1998). *Risk - Based Analysis in Geotechnical Engineering for Support of Planning Studies* Engineering Circular 1110 - 2 - 554, Department of the Army, Washington, DC.

U. S. Army Corps of Engineers (2003). *Engineering and Design - Slope Stability*, Engineering Manual EM 1110 - 2 - 1902, Department of the Army, Corps of Engineers, Office of the Chief of Engineers, Washington, DC.

U. S. Army Corps of Engineers (2011). *Engineering and Design—Design of I - walls*, EC 1110 - 2 - 6066, Office of the Chief of Engineers, Washington, DC.

U. S. Department of the Interior, Bureau of Reclamation (1973). *Design of Small Dams*, A Water Resources Technical Publication, 2nd ed., Government Printing Office, Washington, DC.

U. S. Department of the Interior, Bureau of Reclamation (1974). *Earth Manual*, 2nd ed., Denver.

U. S. Department of the Interior, Bureau of Reclamation (2001). *Engineering Geology Field Manual*, 2nd ed., Vol. 2, Denver.

U. S. Department of Transportation, FHWA. (1997). Design guidance: Geotechnical earthquake engineering for highways Vol. IDesign principles, Rep. No. FHWA - SA - 97 - 076, Geotechnical Engineering Circular No. 3.

U. S. Department of Transportation, FHWA. (1999). Mechanically stabilized earth walls and reinforced soil slopes design and construction guidelines, Rep. No. FHWA - NHI - 00 - 043, FHWA Demonstration Project 82 Reinforced Soil Structures MSEW and RSS.

Vanapalli, S. K., Fredlund, D. G., Pufahl, D. E., and Clifton, A. W. (1996). Model for the prediction of shear strength with respect to soil suction, *Canadian Geotechnical Journal*, 33, 379 - 392.

Vaughan, P. R., andWalbancke, H. J. (1973). Pore pressure changes and the delayed failure of cutting slopes in over - consolidated clay, *Géotechnique*, 23, 531 - 539.

Viggiani, C. (1981). Ultimate lateral load on piles used to stabilize landslides, *Proceedings of 10th International Conference on Soil Mechanics and Foundation Engineering*, Vol. 3, Stockholm, pp. 555 - 560.

Wang, J. L., and Vivatrat, V. (1982). Geotechnical properties of Alaska OC marine silts, *Proceedings of 14th Annual Offshore Technology Conference*, Houston, Texas.

Wang, M. C., Wu, A. H., and Scheessele, D. J. (1979). Stress and deformation in single piles due to lateral movement of surrounding soils, in *Behavior of Deep Foundations*, R. Lundgren, Ed., ASTM STP 670, pp. 578 - 591.

Wang, S., and Luna, R. (2012). Monotonic behavior of Mississippi River Valley silt in triaxial compression, *Journal of Geotechnical and Geoenvironmental Engineering*, 138 (4), 516 - 525.

Wanmarcke, E. H. (1977). Reliability of earth slopes, *Journal of Geotechnical Engineering*, 103 (11), 1247 - 1265.

Watson, D. F., and Philip, G. M. (1984). Survey: Systematic triangulations, *Computer Vision, Graphics, and Image Processing*, 26 (2), May, 217 - 223.

Whitman, R. V., and Bailey, W. A. (1967). Use of computers for slope stability analyses, *Journal of the Soil Mechanics and Foundations Division*, 93 (SM4), July, 475 - 498. [Also in *Stability and Performance of Slopes and Embankments*, Proceedings of an ASCE Specialty Conference, Berkeley, California, August 22 - 26, 1966, pp. 519 - 542.]

Wolff, T. F. (1994). *Evaluating the Reliability of Existing Levees*, Report, Research Project: Reliability of Existing Levees, prepared for U. S. Army Engineer Waterways Experiment Station Geotechnical Laboratory, Vicksburg, MI.

Wolff, T. F. (1996). Probabilistic slope stability in theory and practice, *Uncertainty in the Geologic Environment, ASCE Proceedings of Special Conference*, Madison, WI, pp. 419 - 433. Also, ASCE Geotechnical Special Publication 58.

Wolski, W., Szymanski, A., Mirecki, J., Lechowicz, Z., Larsson, R., Hartlen, J., Garbulewski, K., and Bergdahl, U. (1988). *Two Stage—Constructed Embankments on Organic Soils: Field and Laboratory Investigations, Instrumentation, Prediction and Observation of Behavior*, SGI Report 32, 63 (+/3/s), Statens Geotekniska Institut, Linköping, Sweden.

Wolski, W., Szymanski, A., Lechowicz, Z., Larsson, R., Hartlen, J., and Bergdahl, U. (1989). *Full - Scale Failure Test on Stage - Constructed Test Fill on Organic Soil*, SGI Report 36, 87, Linkoping, Sweden, Statens Geotekniska Institut.

Wong, K. S., and Duncan, J. M. (1974). *Hyperbolic Stress - Strain Parameters for Nonlinear Finite Element Analyses of Stresses and Movements in Soil Masses*, Geotechnical Engineering Report No. TE 74 - 3 to the National Science Foundation, Office of Research Services, University of California, Berkeley.

Wong, K. S., Duncan, J. M., and Seed, H. B. (1982). *Comparison of Methods of Rapid Drawdown Stability Analysis*, Geotechnical Engineering Report No. UCB/GT/82 - 05, University of California, Berkeley.

Wong, K. S., Duncan, J. M., and Seed, H. B. (1983). *Comparisons of Methods of Rapid Drawdown Stability Analysis*, Report No. UCB/GT/82 - 05, Department of Civil Engineering, University of California, Berkeley, Dec., 1982, revised July, 1983.

Woodward - Clyde Consultants (1995). Working documents regarding friction angles of rockfill materials.

Wright, S. G. (1969). A study of slope stability and the undrained shear strength of clay shales, Ph. D. Dissertation, University of California, Berkeley.

Wright, S. G. (1974). *SSTAB1—A General Computer Program for Slope Stability Analyses*, Department of Civil Engineering, The University of Texas at Austin.

Wright, S. G. (1999). *UTEXAS4—A Computer Program for Slope Stability Calculations*, Shinoak Software, Austin, Texas.

Wright, S. G. (2002). Long - term slope stability computation for earth dams using finite element seepage analyses, ASDSO paper reference.

Wright, S. G., and Duncan, J. M. (1969). Anisotropy of clay shales, Specialty Session No. 10 on Engineering Properties and Behavior of Clay Shales, *Seventh Inter-*

national Conference on Soil Mechanics and Foundation Engineering, Mexico City, Mexico.

Wright, S. G., and Duncan, J. M. (1972). Analysis of Waco Dam slide, *Journal of the Soil Mechanics and Foundation Division*, 98 (SM9), 869 - 877.

Wright, S. G., and Duncan, J. M. (1987). *An examination of slope stability computation procedures for sudden drawdown*, Final Report toU. S. Army Corps of Engineers, Waterways Experiment Station, Vicksburg, Mississippi.

Wright, S. G., and Duncan, J. M. (1987). An Examination of Slope Stability Computation Procedures for Sudden Drawdown, Miscellaneous Paper GL - 87 - 25, Geotechnical Laboratory, U. S. Army Waterways Experiment Station, Vicksburg, MI, Sept.

Wright, S. G., and Duncan, J. M. (1991). Limit equilibrium stability analyses for reinforced slopes, *Transportation Research Record* 1330, Transportation Research Board, National Research Council, Washington, DC, pp. 40 - 46.

Wright, S. G., Kulhawy, F. H., and Duncan, J. M. (1973). Accuracy of equilibrium slope stability analyses, *Journal of the Soil Mechanics and Foundation Division*, 99 (SM10), 783 - 791.

Wu, T. H. (1976). *Soil Mechanics*, 2nd ed., Allyn& Bacon, Boston.

Wu, T. H., Riestenberg, M. M., and Flege, A. (1994). Root properties for design of slope stabilization, *Proceedings of International Conference on Vegetation and Slopes: Stabilizationn Protection and Ecology*, Oxford, UK.

Yamagami, T., Jiang, J., and Ueno, K. (2000). A limit equilibrium stability analysis of slopes with stabilizing piles, *Slope Stability* 2000, Geotechnical Special Publication 101, pp. 343 - 354.

Youd, T. L., Idris, I. M., Andrus, R. D., Arango, I., Castro, G. Christian, J. T., Dobry, R., Finn, W. D. L., Harder, Jr., L. F., Hynes, M. E., Ishihara, K., Koester, J. P., Liao, S. S. C. Marcuson, III, W. F., Martin, G. R., Mitchell, J. K., Moriwaki, Y., Power, M. S., Robertson, P. K., Seed, R. B., Stokoe, II, K. H. (2001). Liquefaction resistance of soils: Summary report from the 1996 NCEER and 1998 NCEER/NSF workshops on evaluation of liquefaction resistance of soils, *Journal of Geotechnical and Geoenvironmental Engineering*, 127 (10), Oct., 817 - 833.

Zeller, J., and Wullimann, R. (1957). The shear strength of the shell materials for the Goschenenalp Dam, Switzerland, *Proceedings of 4th International Conference on Soil Mechanics and Foundation Engineering*, Vol. 2, Butterworths Scientific, London, pp. 399 - 404.

Zeng, S., and Liang, R. (2002). Stability analysis of drilled shafts reinforced slope, *Soils and Foundations*, 42 (2), 93 - 102.

Zornberg, J. G., Sitar, N., and Mitchell, J. K. (1998a). Limit equilibrium as basis for design of geosynthetic reinforced slopes, ASCE, *Journal of Geotechnical and Geoenvironmental Engineering*, 124 (8), 684 - 698.

Zornberg, J. G., Sitar, N., and Mitchell, J. K. (1998b). Performance of geosynthetics reinforced slopes at failure, *Journal of Geotechnical and Geoenvironmental Engineering*, 124 (8), 670 - 683.